# 变电站 换流站设备
## 抗震理论及工程应用

谢强◎著

中国电力出版社
CHINA ELECTRIC POWER PRESS

## 内 容 提 要

本书内容包括三篇，分别介绍变电站/换流站设备的震害调查、变电站设备的抗震分析理论和应用，以及减隔震理论和相关应用。第一篇内容包括国内外变电站/换流站设备的震害特征及抗震研究现状；汶川地震及一些主要地震下变电站设备的震害调查和统计。第二篇内容包括变压器/换流变压器的抗震理论及分析方法；支柱类设备的抗震理论及分析方法；悬挂类设备的抗震理论及分析方法；软导线、硬导线连接的设备抗震理论及分析方法；水平悬臂安装的穿墙套管的抗震理论及分析方法；设备耦联回路抗震分析及设计方法；变电站室内楼面设备的抗震性能及设计方法；变电站/换流站设备震损评估与抗震韧性。第三篇内容包括大型变压器隔震研究；支柱类设备的减隔震研究及应用；悬吊式换流阀的减震研究；特高压直流穿墙套管的减震研究及应用。

本书可供从事土木工程抗震以及电气工程相关专业人员参考，也可供从事变电站/换流站设计、施工、咨询及建设管理的技术人员参考。

**图书在版编目（CIP）数据**

变电站/换流站设备抗震理论及工程应用/谢强著. —北京：中国电力出版社，2023.12
ISBN 978-7-5198-8145-0

Ⅰ.①变… Ⅱ.①谢… Ⅲ.①变电所—电气设备—防震设计—研究 Ⅳ.①TM63

中国国家版本馆 CIP 数据核字（2023）第 194529 号

出版发行：中国电力出版社
地　　址：北京市东城区北京站西街 19 号（邮政编码 100005）
网　　址：http://www.cepp.sgcc.com.cn
责任编辑：马淑范（010－63412397）
责任校对：黄　蓓　朱丽芳　马　宁
装帧设计：张俊霞
责任印制：杨晓东

印　　刷：三河市万龙印装有限公司
版　　次：2023 年 12 月第一版
印　　次：2023 年 12 月北京第一次印刷
开　　本：787 毫米×1092 毫米　16 开本
印　　张：29.25
字　　数：730 千字
定　　价：118.00 元

# 前　言

电网基础设施是电力生命线工程的重要组成部分，也是维系现代社会生产和人民生活的重要支撑。作为电网基础设施的重要节点，变电站、换流站在其中具备关键作用，其安全稳定运行是电网安全稳定运行的基本要求。由于电气功能的需要，变电站设备经常采用瓷质材料作为绝缘支撑材料。已有的震害表明：变电站的瓷质设备具有较高的地震易损性，设备受损会导致变电站、换流站整体功能出现故障。2008 年 5 月 12 日，我国汶川特大地震造成 110kV 及以上电压等级的变电站停运 89 座。2011 年 3 月 11 日，东日本大地震造成 134 个变电站，共计 621 个设备破坏。大地震造成的变电站故障会导致大范围停电，为震后恢复重建带来很大影响。提高变电站、换流站电气设备的抗震性能，对变电站、换流站在地震作用下的安全运行有非常关键的作用，因此，变电站、换流站设备的抗震研究对电网抵御地震灾害意义重大。

本书主要内容是作者近 15 年来持续不断地从事变电站/换流站抗震研究及工程应用的成果总结。全书共 16 章，第 1、2 章，主要介绍研究背景及现状、变电站的震害调查结果，以我国 2008 年的汶川大地震为主要介绍对象，同时对国内外近些年来的大地震所造成的变电站震害也进行介绍；第 3 章主要介绍变压器/换流变类设备的抗震性能；第 4 章介绍支柱类设备抗震性能分析；第 5 章介绍悬挂类设备的抗震分析；第 6 章介绍软导线连接电气设备的抗震性能分析；第 7 章介绍硬导线连接的电气设备抗震性能分析；第 8 章介绍±800kV 特高压直流穿墙套管抗震性能分析；第 9 章介绍设备耦联回路抗震分析及设计；第 10 章介绍变电站室内楼面设备的抗震性能及设计；第 11～14 章，主要是针对特别重要设备的减隔震理论、方法及实际工程应用进行介绍；第 11 章介绍变电站/换流站设备震损评估与抗震韧性；第 12 章介绍大型变压器隔震研究；第 13 章介绍支柱类设备的减隔震研究；第 14 章介绍悬吊式换流阀的减震研究；第 15 章介绍 ±800kV 特高压直流穿墙套管的减震研究；第 16 章介绍在运变电站抗震改造实例。

本书的研究工作得到了国家自然科学基金“特高压变电站设备体系地震下的耦联振动与抗震性能研究”（编号：51878508）、国家重点研发计划课题“变电站（换流站）电力设施抗震安全防护技术研究”（编号：2018YFC0809404-03）、教育部霍英东教育基金会青年教师基金优选资助课题“特高压电力系统重要设备的设计理论和技术研究”（编号：114021）的资助。国家电网有限公司、中国南方电网有限责任公司超高压输电公司、中国电力科学研究院、中国南方电网有限责任公司电力科学研究院、国网四川省电力公司电力科学研究院、南网云南省电力有限责任公司电力科学研究院、国网湖南省电力有限公司防灾减灾中心、中国电力工程顾问集团有限公司西南电力设计院、中国电力工程顾问集团有限公司西北电力设计院、中国电力工程顾问集团有限公司中南电力设计院、中国能源建设集团有限公司云南省电力设计院、上海电力设计院有限公司、德国西门子股份公司（SIEMENS AG）、苏州阿尔斯通高压电气开关有限公司、特变电工股份有限公司、平高集团有限公司、河南平高电气股份有限公司、西安 ABB 电力电容器有限公司、南京电气（集团）有限责任公司、传奇电气（沈阳）有限公司、西安西电开关电气有限公司、西安西电高压套管有限公司、山东电力设备有限公司、辽宁锦兴电力金具科技股份有限公司等单位对作者团队的研究工作给予了大力的支持和帮助，在此表示感谢！

同时，要特别感谢我的学生：朱瑞元博士、马国梁博士、何畅博士、杨振宇博士、文嘉意博士、李晓璇博士、梁黄彬博士，以及从事抗震研究的硕士：王亚非、王健生、陈辉、李秋熠、廖德芳、秦亮、王晓游、宾志强、张玥、徐俊鑫、姜斌、陈星、赖炜煌、陆军、孙新豪、边晓旭、陈云龙等，正是他们的共同劳动使得研究工作得以深入进行。

此外，还要郑重感谢我的夫人刘少娜女士，是她多年来无微不至的关怀和照顾，使我可以心无旁骛地投身于研究工作中。

本书虽经过多次修改和审定，但是由于作者学识有限，书中错误或不当之处在所难免，敬请读者批评指正。

**谢　强**

2023 年 12 月

# 目 录

## 第二篇　变电站设备的抗震分析理论和应用

## 第三篇 减隔震理论和相关应用

# 第一篇

## 变电站/换流站设备的震害调查

第1章

# 绪　论

## 1.1　变电站（换流站）地震灾害概述

### 1.1.1　中国地震特点及其对变电站（换流站）的威胁

我国位于环太平洋地震构造系与大陆地震构造系的交汇部位，从地震分布特征及地震地质背景两方面而言，我国存在发生频繁、高烈度地震的内因与外在条件。而根据2017年版的《中国地震烈度区划图》，我国地震活动活跃的地震区、地震带主要分布于华北、西北地区（我国煤电生产基地）及西南地区（我国水电生产基地），因此，地震灾害对电力系统构成了巨大的威胁。如果变电站（换流站）在地震中发生严重破坏，震后高昂的灾后恢复、重建费用及停电造成的巨额损失，都将对国民经济和人民的生活带来难以估量的影响，这也已经在近年来国内外发生的历次强烈地震中得到了证明。

变电站（换流站）作为关键节点，由变压器、支柱类设备、电容器或电抗器等电气设备及建构筑物组合成一个复杂的系统。其中，变电站电气设备的自振频率往往位于地震动的卓越频率（1～10Hz）范围内，易发生共振或类共振，地震易损性较高。此外，特高压换流站中的电气设备结构形式特殊、体型庞大，更加不利于抗震，因此，换流站的抗震问题目前也受到了格外关注。在我国，已有大量特高压直流输电工程在建设中或者已经投入运营，也有一些特高压换流站建设在了高地震烈度设防地区。这类特高压换流站站内特高压电气设备及其支架高而宽，结构型式复杂，且相互间通过导线连接，面临更大的地震威胁。

### 1.1.2　变电站（换流站）抗震面临的挑战

在现阶段，国内外针对电气设施抗震研究的研究成果集中于110、220kV电压等级的电气设备。虽然对一些超高压电气设备进行了试验研究和实测，但由于条件所限，对500kV及其以上电压等级的电气设备抗震性能的研究工作仍然不足。主要体现在针对地震作用下电力设备地震响应特征、地震动力放大机理和放大程度的研究不够透彻。

而对于特高压电气设备的抗震，研究则更不充分，面临的难度也更大，较低电压等级电气设备的抗震研究成果并不能直接套用于在结构上具有明显的“重、大、高、柔”特征的特高压电气设备。实际上，由厂家生产的特高压电气设备直接应用于高地震烈度区时，其抗震性能不满足需求是十分常见的情况。而为了保障电气功能，一般难以直接通过结构优化的形式提升特高压设备的抗震性能，这就使得结构工程中的减隔震技术有了巨大的应用空间。但目前，减隔震技术在电力设备的应用缺乏有效的试验验证，理论研究难度较大，完全针对变电站设备的减隔震装置还有待于设计与研发。另一方面，变电站中设备通常通过软、硬导线相互连接。地震中，由于导线连接两侧设备不同的结构动力特性，强震作用下两侧设备由于导线的牵拉会产生强烈的相互牵拉作用，很可能会造成变电站中耦联设备的大面积破坏。而目前对于设备耦联体系的理论研究及抗震规范制定尚不充分。

此外，目前研究与工程设计主要着眼于设备单纯的结构抗震性能。但是，随着社会的发展，城乡建设范围的扩展，对变电站的地震作用下实际电气功能的要求也越来越高。需要在抗震性能研究基础上进一步将电气设备在地震前后的功能性纳入考量。这不但可以在电力系统建设之时针对性地把握变电站的抗震薄弱环节，还能够通过研究变电站内部各组成部分在不同地震峰值加速度、不同烈度下的破坏规律，在地震发生后的第一时间对变电站的损伤情况进行快速评估，为电力行业的防灾规划、灾后的应急抢修、灾后救援和重建工作提供科学、高效的决策基础。但是这一工作目前也尚未系统性地开展，在电力领域内尚处于探索阶段。

### 1.1.3 国内外变电站震害实例

历次大地震震害资料表明：变电站在地震作用下的易损性极高，破坏造成的经济损失也极为严重。2008 年汶川地震造成电网系统 110kV 及以上变电站停运 89 座；2013 年芦山地震造成 24 座变电站停运；2014 年云南鲁甸地震造成 220kV 发界变电站设备破坏。国外方面：1994 年美国洛杉矶北岭（Northridge）大地震变电站受损严重，造成北美地区 110 万人的用电中断；1995 年日本神户地震中，大约有 100 万用户停电；1999 年土耳其科贾埃利省（kocoeli）地震同样发生了很大范围的停电，造成这次事故的最主要的原因是一座 380kV 变电站遭到破坏（藤崎等）；2010 年墨西哥地震、智利、海地地震，2010～2011 年新西兰地震（christchurch）中变电站同样都遭受了较为严重的破坏；2011 年日本东北大地震造成 134 个变电站共计 621 个设备破坏，并造成约 400 万用户断电（日本东京电力公司）。

由于变电站设备的材料脆性及结构高柔，往往容易在根部发生断裂。因此，在变电站震害中最常见的便是各种开关类设备、互感器、避雷器、变压器套管的破坏。典型的例如，2008 年汶川里氏 8.0 级大地震后，受灾最严重的四川电力公司变电站中变压器受损停运共 109 台，其中断路器破坏 87 个，隔离开关破坏 156 个，互感器破坏 193 个。1994 年在美国洛杉矶北岭地震中 230kV 和 550kV 变压器套管破坏十分严重，变压器的破坏率高达 42.3%。2010 年智利里氏 8.8 级大地震中，46 座变电站，共有 12 座被破坏，且破坏主要集中在 500kV 套管、500kV 伸缩式隔离开关、220kV 瓷柱式断路器和 154kV 空气压缩式断路器。2011 年日本 3.11 大地震及之后的余震中，共有变压器 80 台、断路器 200 台、隔离开关 200 台发生损坏。此外，过去的震害情况表明，设备间连接导线产生的牵拉作用可进一步加剧破坏。例如，1978 年日本的宫岛地震，1986 年发生在加利福尼亚州的 North Palm Springs 地震、1988 年加拿大的萨格奈（Saguenay）地震，1995 年日本的神户地震均发现了由导线牵拉作用引起的严重破坏。

## 1.2 变电站设备结构特点与抗震研究现状

### 1.2.1 变电站（换流站）设备结构基本特征与分类

变电站（换流站）电气设备的种类繁多，为了便于描述、突出共性问题，将设备按照各自结构特点统归为四大类：支柱类设备、变压器/换流变压器、悬挂式设备和直流穿墙套管。

1. 支柱类设备

支柱类设备主要是指以支柱绝缘子进行绝缘支撑，并安装在钢支架上的一类设备。这类设备从外形上就可以简单分辨，都是由下部的支柱绝缘子和上部的设备操作部分构成。主要包括支柱绝缘子、避雷器、互感器、隔离开关、旁路开关等。支柱类设备一般呈细长悬臂形，顶部多有设备的操作部分或均压环，另外由管导线或者软导线与其他设备及回路连接。由于其具有高度大、结构柔、重心高的结构特点，震害资料表明，这类设备的地震易损性极高。

变电站（换流站）支柱类设备从结构角度可分成两类：

（1）单支柱设备：包括支柱绝缘子、避雷器、断路器、电压互感器、电流互感器、旁路开关等。

（2）多支柱设备：包括隔离开关、平波电抗器、串补平台等。其中，单支柱设备均由单根支柱绝缘子或绝缘子套管构成，是典型的细长悬臂形结构。

由于设备一般由支柱绝缘子支撑，绝缘子根部在地震作用下极易产生断裂和倾斜导致设备失效。而多支柱设备则是由多根支柱绝缘子进行绝缘子支撑，顶部为设备的主体或操作系统。如隔离开关顶部为其刀闸操作系统，平波电抗器中顶部为电抗器设备本体。多支柱设备一般安装高度较高，顶部质量大，“头重脚轻”的结构特点明显。

2. 变压器/换流变压器

变压器/换流变压器是变电站/换流站中最为重要而结构又十分特殊，在地震作用下响应机理十分复杂的设备。不同厂家生产的变压器型式各不相同，但在结构上均主要由油箱、升高座、套管（换流变压器可分为阀侧套管、网侧套管）、油枕，以及散热器等部分构成。

变压器套管作为变压器中最重要部件，通常安装在油箱侧壁或顶盖的升高座上，为长悬臂结构。其材料多为复合玻璃钢或陶瓷，由于该类材料强度较低，且为脆性材料，地震作用下套管根部的巨大弯矩可能使得套管因强度不足而断裂。另一方面，套管自身的固有频率在1～10Hz范围内，与地震波的卓越频率相近，地震作用下容易发生共振，而且这类设备阻尼较小，一旦共振动力放大系数较大，损坏更加严重。此外，已有研究表明，升高座对安装在其上套管的动力响应有显著的放大效应。且由于升高座根部箱壁面外转动刚度较低，没有布置加劲肋时，易发生摆动效应，对套管的动力响应有进一步放大的效果。因此，变压器箱体升高座对套管的放大作用也是目前研究与工程设计的重点。

3. 悬挂式设备

在变电站（换流站）中另一类结构特殊的设备为悬挂式设备，包括悬挂式换流阀或者滤波器等。这一类设备由于悬吊导致自振频率较低，基频往往在1Hz以下，在地震作用下可能产生较大的位移响应。

以悬挂式换流阀塔为例，其一般通过玻璃钢绝缘子悬挂于阀厅结构的屋架节点上。换流阀塔底部使用软连接方式与阀厅内其他设备连接，在结构上，换流阀塔属于悬吊设备且底端自由。换流阀塔还需要与阀厅内其他设备耦联，一般多在阀塔底部屏蔽罩与相邻设备间设置柔性连接，各阀塔之间亦采用此种连接方式。这种连接方式可以在底部位移较小时保持其他设备不对阀塔造成影响。但是如果柔性连接的裕度过小，则在地震作用下作为悬挂体系的阀塔会产生很大位移。

4. 直流穿墙套管

穿墙套管作为换流站直流场和阀厅的特殊连接设备，处于换流站的“咽喉”位置。穿墙套管分为室外套管和室内套管，内、外套管之间由金属套筒连接。穿墙套管复合材料与金属套筒一般通过胶装方式连接。穿墙套管在金属套筒位置被安装于阀厅墙体上，套管轴向与水平方向呈一定倾角，并且在金属套筒上设置凸出连接板，在连接板位置由螺栓与阀厅墙体相连。外套管出线端设有均压环，以实现电场均衡的效果。

穿墙套管的套筒一般采用陶瓷或复合材料，加上套管结构形式水平细长，质量较大，地震时穿墙套管在竖向地震作用下，其根部承受较大的弯矩，是抗震的关键部位。这是其他类型设备所不具有的结构特征。考虑到直流穿墙套管的重要性及结构特殊性，有必要将其单独作为一类设备进行重点讨论分析。此外，穿墙套管的终端也需要通过导线与其他设备相互连接。如果设备间的连接柔度不够，强震作用下两侧设备由于导线的牵拉会产生强烈的相互作用，也容易造成穿墙套管的破坏。

### 1.2.2　变电站（换流站）抗震研究现状

目前，国内外相关研究人员针对电气设施抗震已经开展了一系列研究，本节主要从工程规范标准、理论研究、仿真模型研究、试验研究与现场测试四个方面概述目前变电站（换流站）的抗震研究现状。

1. 工程规范与标准

随着近年来国内强震频发的态势，我国对电力设施抗震的研究以及工程应用中的抗震实践正在不断地深入开展。针对电力设施的抗震设计，我国颁布了国家标准 GB 50260—2013《电力设施抗震设计规范》，其中对重要电力设施的抗震要求做出了明确的限定，对新建、改建或扩建的电力设施规定必须达到抗震设防的要求。此外，与电力设施抗震相关的规范还包括 GB 50556—2010《工业企业电气设备抗震设计规范》、GB/T 13540—2009《高压开关设备和控制设备的抗震要求》、GB 50011—2018《建筑抗震设计规范》，以及 T/CSEE 0010—2016《1000kV 变电站抗震设计规范》等。但实际上，变电站设备的抗震设计目前仍然面临着十分严峻的挑战，存在着工程规范欠缺、覆盖面不足的问题。

目前，我国关于变电站设备抗震最主要使用的国家标准是 GB 50260—2013《电力设施抗震设计规范》，仅适用于 500kV 及以下变电站及电力设施。而国外诸如 IEEE 及 IEC 系列标准，同样缺乏特（超）高压电气设备的相应抗震研究理论及试验数据支撑。此外，我国特高压工程蓬勃发展，但特高压换流站的抗震设计面临体量大、结构复杂，以及高海拔、高地震烈度及复杂地质条件相叠合的严峻挑战，目前，虽然积累了大量的工程经验，却缺乏相应系统性的理论指导且未形成针对性的规范标准。随着智能电网建设的加快，电力设施的性能监测、震后在线评估及韧性评价的标准制定也已迫在眉睫。

2. 理论研究

关于电气设备的理论研究的重点任务在于建立符合各类设备真实结构特性，能够有效计算设备地震响应的理论分析模型。针对变电站中占比例最大的支柱类设备而言，目前常见的简化理论模型有两类：一类是集中质量模型，该模型中将刚度和质量分离，结构质量全部集中于一点；而另一类是悬臂梁模型，结构刚度和质量分布均匀，地震作用下结构受到的惯性力也是均匀分布的。

而变电站（换流站）中包含了大量的以刀闸或软、硬导线连接的支柱类设备，是典型耦联体系。丘里金（Kiureghian）专门针对线性耦联变电站设备，将变电站设备模型化为广义单自由度体系，并假定设备之间的连接为线性连接，考虑其质量、刚度、阻尼效应。但是在实际变电站（换流站）中，纯粹线性连接的情况并不常见，即便是对于硬导线而言，其两端常通过各类柔性金具与设备进行连接，从而往往表现出非线性特征。目前，关于这类硬导线＋柔性金具的研究也有所开展，包括了对不同形状连接金具的滞回性能、摩擦滑移型金具非线性性质，以及广义布斯温（Bouc-Wen）模型描述下柔性连接带（FSC）性质的研究［菲利亚特洛和斯特恩斯（Filiatrault and Stearns）］。而针对非线性软导线连接的耦联体系的理论模型研究，一直是相关学者的关注热点，但其研究难度也较大，目前也尚未形成较为公认的理论模型。关于软导线耦联体系的研究，大都将软导线简化为无抗弯刚度的索；但实际上在高电压等级变电站（换流站）中，更多采用的是具有一定初始抗弯刚度的分裂导线，目前研究具有明显的局限性。

而对于结构形式特殊复杂的变压器类设备，其地震响应，以及地震放大作用机理十分复杂。但既有的理论模型对于变压器套管与箱体连接部位动力放大效应的考虑在一定程度上都有所欠缺，导致对变压器套管地震响应理论计算的准确性难以保证，这是目前理论研究最大的难点。此外，变电站（换流站）中还存在如穿墙套管、悬吊式设备等结构形式特殊的设备，关于这些设备的理论模型研究目前也刚刚起步。上述各类设备理论模型研究中的重难点实际上也是本书主要关注的问题之一，本书归纳展示了支柱类设备、设备耦联体系、变压器、穿墙套管、悬吊式设备的最新研究成果，与读者进行分享。

3. 仿真模型研究

由于电气设备成本较高且结构参数随电压等级，以及生产厂家的不同往往存在一定差异，因此，在理论分析之外，目前一种常用的也是较为成熟的研究方法即为利用仿真模型进行有限元计算，并对设备抗震性能进行分析。对单体支柱类设备而言，常见的研究对象包括隔离开关、断路器、避雷器、支柱绝缘子等，主要重点在于研究连接方式、安装方式、支架放大、场地条件等因素对高压电气设备的抗震性能的影响。最近的一些研究中，也常常考虑地震作用的不确定性评估设备在地震作用下的易损性。例如，2009 年和 2014 年，保拉奇（Paolacci）等人对隔离开关绝缘子，以及 2017 年扎雷伊（Zareei）对 420kV 断路器均利用精细化的有限元模型进行了设备的抗震易损性分析。由于单体支柱设备的结构形式较为简单，因此，其仿真模型研究目前相对而言已经逐渐不再作为研究关注热点，对于支柱类设备抗震性能的认识也已十分充分，仿真计算分析已经成为工程设计应用中的常规手段。

而对变压器、悬吊设备，以及设备耦联体系等地震响应机理较为复杂的对象，精细化的仿真模型分析则仍具有较大的研究空间，不同的计算假定，以及建模方式可能对计算结果造成较大的影响，值得在研究中不断深入讨论。在这之中，由于变压器功能的重要性以及历次地震中损坏的严重性，针对其的研究分析更为充分，最受关注的问题在于变压器箱体及升高座对套管的放大作用。比较有代表性的包括：2006 年，菲利亚特洛（Filiatrault，2004）用 Sap2000 软件分别对几种不同电压等级及型号的变压器进行有限元建模，通过动力性能分析比较了不同变压器的放大系数；2009 年，梅柳用 ANSYS 软件分析了汶川地震中破坏的一台 500kV 高压变压器有限元模型，认为套管根部的加速度放大系数较规范值偏大，且与场地类别有密切关系；2011～2013 年，同济大学谢强、朱瑞元等对变压器套管根部法兰连接在振动荷载下及非线性等问题进行了研究，发现了套管振动与顶盖、箱壁的面外振动耦合，且得到了顶盖和箱壁的面外振动是影响动力放大效应重要因素的结论。对于设备耦联体系的仿真建模分析，以往仿真研究开展得相对较少。而近几年，笔者的研究团队依托工程项目实践，针对变电站设备耦联回路进行了大量的仿真计算分析研究，相关研究将在本书第 7～9 章中进行介绍。

总的来说，对如变压器—套管体系，以及设备耦联体系等结构复杂的对象，仅进行仿真模型分析是远远不够的，其结果的准确性及结论的可靠性并不能完全保证，因此，还需要真实设备的试验研究进行辅助验证。

4. 试验研究与现场测试

关于目前变电站（换流站）设备的试验研究可以按照 1.2.1 节中的分类进行简要的介绍。对于支柱类设备而言，比较有代表性的研究包括：太平洋地震工程研究中心（PEER）于 2000 年对 5 个 230kV 隔离开关进行了抗震性能试验研究，并建立了隔离开关的单自由度模型，用来估计安装在不同高度和刚度的框架上的隔离开关的动力放大系数。2007 年 Whittaker 等人对 5 个 230kV 的隔离开关进行三向地震动模拟试验，并记录了隔离开关安放在具有不同刚度和高度的框架下的地震动放大响应。2016 年，穆斯塔法（Moustafa）等人对 230kV 的两种材质的陶瓷和复合支柱绝缘子进行了静力试验和地震模拟振动台试验，确定了两种绝缘子抗侧刚度，破坏模式及在静力循环荷载下的力-位移曲线，试验证明复合支柱绝缘子由于质量更轻，因此能够抵抗更大强度的地震。正如 1.1.2 节所述，较早期试验研究成果的适用对象一般为 500kV 以下电气设备，在特（超）高压输电系统大规模建设的当下具有明显的局限性。而自 2016 年以来，包含笔者研究团队在内的国内研究队伍，针对大量特高压支柱类设备进行了振动台真型试验研究，使得目前针对支柱类设备的试验研究达到了较为成熟的水平，这将在本书第 4 章中开展介绍。

而对于设备耦联体系，较为代表性的研究包括早期的布岩（Bhuyan）等人利用振动台试验研究等代模型模拟的变电站设备，设备间连接导线为真实导线。研究发现，软导线对设备频率的影响很小，但对设备的地震响应则有明显的放大或缩小的作用。菲利亚特罗（Filiatrault，2000）先后开展硬、软导线连接的耦联设备的静力及拟静力试验，以研究导线对于两侧支柱的作用特点。穆罕默迪（Mohammadi）及德黑兰尼 Tehrani 针对一跨及两跨的耦联变电站支柱类设备进行了试验及数值模型研究，研究了其在地震作用下的响应规律，并研究了设备的易损性曲线。2016 年莫萨拉姆（Mosalam）等人（2016）针对耦联变电站设备进行了混合仿真试验，评估其地震响应。在国内，目前关于特高压设备耦联方面的研究方兴未艾。例如，程永峰等人（2014）对采用滑移型硬管母连接的 1000kV 特高压避雷器和互感器进行的振动台试验。

而对于结构更为复杂的变压器套管体系，早期的研究限于条件限制，往往对采用钢支架模拟的仿真箱体进行试验，发现了油箱、套管升高座及连接法兰的柔度对套管地震响应造成不利影响。但是这种仿真支架无法完全真实地反映器箱箱壁柔性导致的面外振动的影响，尤其是对于安装在侧壁上的套管，因此具有一定局限性。菲利亚特罗对一台 525kV 变压器箱体和仿真套管组成的体系进行了振动台试验，证明了变压器顶盖的柔度引起的套管摆动是造成变压器动力放大响应的主要原因。在这方面，国内的相关研究一般以真型变压器—套管体系为对象，因此，更加能够反映实际情况。而笔者的研究团队也对真型变压器开展了多次试验，充分研究了套管的响应机理，并基于此进行了大量的理论建模与分析，这将在本书第 3 章进行介绍。此外，目前的研究及工程实践表明，一些体量巨大的特高压设备几乎难以满足抗震性能要求，因此针对性的减隔震技术具有十分广阔的应用空间，但也需要大量的试验研究进行支撑验证，这也是未来试验研究的一个主要方向。

目前，针对电气设备现场测试并公开发表的研究成果相对较少。已有的研究主要以变压器的原位测试为主。贝洛里尼（Bellorini）等人采用强迫振动方法对 230kV 变压器—套管系统进行了现场试验，测得了变压器套管的固有频率和阻尼比数据。而比利亚韦德（Villaverde）等人则采用相同的方法，测得了 500kV 变压器套管的相应动力特性数据。

## 1.3 小　　结

本书总结了作者研究团队近十年来针对变电站（换流站）抗震研究的有关成果，主要按照如下的逻辑脉络开展：

首先在第 2 章，主要根据汶川地震实地调研结果，总结了不同类型变电站设备的主要震害特征及抗震薄弱环节，旨在帮助读者建立对变电站设备抗震的基本认识，更容易理解后续章节的研究重点。

而在第 3～10 章则主要介绍了变电站设备的抗震性能研究。其中第 3～5 章及第 8 章按照 1.2.1 节给出的四种主要结构类型的设备依次展开；第 6～7 章则重点介绍了变电站（换流站）设备耦联体系的分析研究；第 9 章介绍了变电站回路设计的相关工程实践经验；第 10 章则介绍了户内变电站安装在楼面上的电气设备的抗震性能研究。

第 11 章是相对而言较为特殊的章节，在目前关于抗震性能研究已经开展的较为成熟的背景下，旨在指明变电站（换流站）抗震研究在未来的一个重点方向，即考虑地震输入不确定性对设备的易损性分析、震损快速评估技术及纳入设备功能性的韧性评估。

正如 1.2.2 节所提到的，变电站设备减隔震也是具有重大研究价值的研究课题，因此本书第 12～16 章仍然按照变压器、支柱类设备、悬挂类设备、直流穿墙套管四类介绍了笔者团队所开展的减隔震技术研究成果。

# 第2章

# 变电站设备的震害

近年来，国内外由地震灾害引发电网损伤的案例时有发生，而随之而来的次生灾害更有可能给社会带来重大的经济损失，如火灾、缺水、断电等。对电力系统地震灾害进行调查与归纳分析，不仅可以针对性地指导抗震设计与优化，也可对地震后的救援与重建工作提供一定参考。国内外多次地震灾害表明，不同类别的电气设备的破坏呈现出一定的规律性，本章节按照变压器设备、支柱类设备、耦联设备及室内电气设施的震害进行分类，归纳总结了这几类设备的主要震害特征。

## 2.1 汶川地震变电站设备典型震害特征

2008年5月12日14时28分，我国四川省汶川县发生了8.0级强震，该次地震及之后的余震给电力系统造成的影响很大，特别是离地震中心比较近的省市，如四川省、甘肃省、陕西省、重庆市等。这些地区的电力设施遭到了比较严重的破坏，其中四川省的电力设施的破坏是最严重的。5·12汶川大地震后，四川省有6个州市，21个县，244个乡镇电力设施严重损毁，电力供应中断。

地震及其余震期间，四川省很多输电线路和变电站因灾停运，其中包括90座110kV及以上电压的变电站停运以及181条输电线路的中断，由此造成的电力损失估计高达6627MW。停运设施包括：1座500kV高压变电站及4条相关输电线路、1座330kV变电站及1条相关输电线路、14座220kV变电站及47条相关输电线路、74座110kV变电站及129条相关输电线路。此外，地震灾区的配电线路和许多低压电器元件也受到严重破坏。

### 2.1.1 变压器的震害特征

变压器的结构特点是质量大，重心低，套管固定在变压器顶部且高度较大，成为一种底部柔度较大的高耸式结构，在地震作用下容易产生较大的响应而破坏。在2008年汶川地震中，变压器的破坏方式主要可分为三大类破坏情况：

（1）变压器本体破坏，其中包括：变压器本体的移位和倾斜、变压器漏油、变压器及相邻设备牵连破坏。

（2）变压器套管破坏，其中包括：弹簧卡式套管根部相对滑移、水泥胶装连接套管整体破坏、金属夹具连接套管根部挤压破坏、铸铁法兰断裂、套管接线端破坏、升高座顶盖与套管法兰的连接破坏。

（3）变压器附件破坏，如油枕、散热器。

根据变压器—套管体系的破坏情况，对汶川地震中国网四川省电力公司110kV及以上变电站内变压器的破坏情况进行了统计，见表2-1。

表 2-1　　110kV 及以上变电站内变压器破坏情况

| 电压等级（kV） | 主变压器渗漏 | | 主变压器移位 | | 套管损坏 | |
|---|---|---|---|---|---|---|
| | 数量（处） | 占比（%） | 数量（处） | 占比（%） | 数量（处） | 占比（%） |
| 500 | 2 | 40 | 0 | 0 | 3 | 60 |
| 220 | 7 | 35 | 6 | 30 | 7 | 35 |
| 110 | 12 | 41 | 6 | 21 | 11 | 38 |
| 总计 | 21 | 39 | 12 | 22 | 21 | 39 |

1. 变压器本体破坏

变压器本体与基础的连接方式有轨道式、浮放式和锚固式。变压器本体的滑移、倾斜，通常是剧烈的地面水平运动导致锚固螺栓被拉断或者焊缝脱落造成的。图 2-1（a）中轨道式变压器沿着长轴倾倒，直接导致一支中压套管和一支中性点套管从根部被拉断，与中压套管相连母线的另一端连接件已经破坏脱落，母线悬在空中；图 2-1（b）中浮放式变压器发生了大幅移位，保护缆线被拉断，缆线沟上的预制混凝土块被直接拉起，造成地面起拱。

(a)

(b)

图 2-1　变压器破坏

（a）变压器整体倾倒；（b）变压器移位掉台

变压器的内部充满绝缘油，在地震作用下，箱体及其他充油构件产生的裂缝都会导致内部绝缘油泄漏。图 2-2（a）中变压器的大幅移位导致散热器与箱体连接管破坏而漏油；图 2-2（b）中变压器在掉台撞击时使得箱体下部焊缝发生破坏，箱体漏油十分严重，从油枕的油量计读数看出，油枕的油已全部渗完。漏油的原因多种多样，如油箱底部和器身接缝处焊缝的开裂，或者油枕和取油阀的损坏等。按照漏油程度的不同可包括轻微的渗油和比较严重的喷油。变压器漏油很容易引起变电站起火，从而造成灾难性的后果。

2. 变压器套管破坏

在变压器的各种组件中，套管的抗震性能较差。一般情况下，为了满足绝缘距离的要求，套管轴线与竖直方向存在 15°～20°的夹角。由于其特殊的高耸结构形式，套管的基本频率较低，在地震作用下容易发生类共振，而变压器本体及升高座对地面运动有放大作用，在套管根部产生很大的动力弯矩和剪力。瓷质套管本身为脆性材料，变形能力差，强度不足在地震中更易发生根部断裂破坏。

(a)

(b)

图 2-2　变压器漏油

（a）箱体底部漏油；（b）油枕油料渗漏

变压器套管常见的三种结构形式有中心紧固式套管、弹簧卡扣式套管、水泥胶状式。中心紧固式连接的套管容易发生瓷质套管与法兰的相互错动，从而导致套管漏油，引发火灾；弹簧卡扣连接方式中，瓷质套管与法兰在连接处变形不协调，容易发生局部挤压破坏；相比前两种连接方式，水泥胶装连接方式是抗震性能最好的，不存在松动滑移，根据震害调查，其破坏概率较小。

（1）中心紧固式套管震害特征。高压套管最常见的构造是利用弹簧压力将上部瓷质套管和金属法兰紧固在一起，用橡胶垫圈在瓷质套管和法兰之间形成密封构造，如图 2-3（a）所示；另一种相似构造是将上部瓷质套管放置在金属法兰的浅槽中，如图 2-3（b）所示。地震作用下套管的反复摆动容易造成弹簧卡具的松动，预紧力的损失使得上部瓷质套管与法兰之间摩擦力减小，较大的剪力直接导致了两者的相对位移，从而将橡胶垫圈反向挤出来，引起漏油。

(a)

(b)

图 2-3　套管根部与法兰相对位移

（a）普通的法兰连接；（b）有浅槽的法兰连接

（2）弹簧卡扣式套管震害特征。弹簧卡扣式连接的套管中，瓷质套管的抗弯和抗拉能力差，金属夹具容易造成套管根部的应力集中，对于运行多年的变压器，夹具与套管底部翼缘之间不断松动，在地震动作用下前后摇摆，夹具施加给套管底部的冲击荷载容易造成套管局部断裂，如图 2-4 所示。

(a)

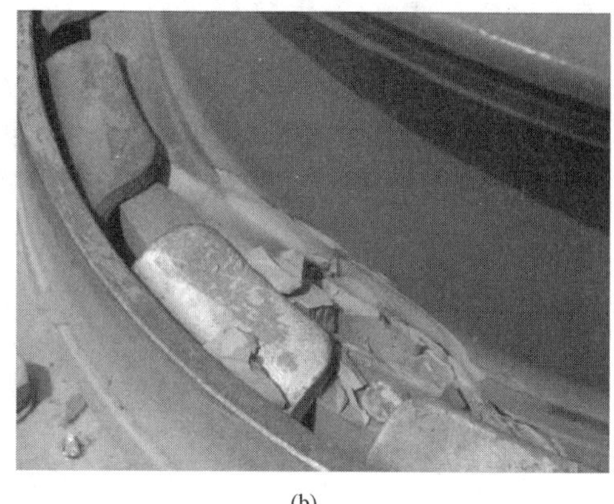

(b)

图 2-4　套管根部局部压碎

(a) 螺栓夹具型；(b) 法兰槽夹具型套管局部断裂

图 2-5　茂县站 2 号主变压器水泥胶装套管破坏

（3）水泥胶装套管震害特征。高压套管的另一种常见构造是用水泥将瓷质套管胶装在金属法兰槽中，称为水泥胶装连接，金属法兰及水泥对包裹的套管段形成对称约束，是一种有利的受力状态，但是法兰槽内的套管段与法兰外部套管段存在刚度突变，不利于抗震。如图 2-5 中，茂县站 2 号主变压器套管在地震作用下套管根部发生断裂，根部以上的瓷质套管与导电杆之间的撞击不断加剧，最终造成瓷质套管破坏并掉落。

套管根部除了陶瓷破坏以外，也有可能是法兰自身破坏。脆性材料在地震这种反复作用下，一旦有初始缺陷，很容易形成裂缝扩展。这种初始缺陷包括焊缝造成的残余应力、材料变脆，还有螺栓开孔造成的截面削弱，如图 2-6 所示。

(a)

(b)

图 2-6　水泥胶装套管法兰破坏

(a) 110kV 银杏变电站法兰下翼缘开裂；(b) 500kV 茂县主变套管铸铝法兰撕裂

3. 变压器附件破坏

变压器附件破坏包括散热器、油枕和继电器的破坏。地震作用下，变压器箱体侧移位，箱底的工字钢梁移动到条形基础的边缘，散热器支架上下变形不协调，导致支架与横梁焊缝开裂，变压器和散热器间的相对运动会导致法兰连接螺栓的松动和变形，引起油料渗漏。油枕的破坏模式主要有两种：结构支撑的破坏，油枕与油箱间连接管道的变形。变压器的震动使得管道接头处的法兰松动，变压器油浸入继电器中导致其失效，与油枕的破坏相比，汶川地震中继电器的破坏比较常见。

### 2.1.2　支柱类设备的震害特征

支柱类设备是变电站最常见的电气设备类型，从结构角度讲，支柱类设备类似于一个悬臂构件，设备的结构形式细长，质量集中在顶部，这一类设备包括断路器、隔离开关、电流互感器、电压互感器、避雷器等，支柱类设备的安全性和可靠性保证了变电站的平稳运行。在地震作用下，支柱类设备底部所受弯矩较大；由于电气绝缘距离的要求，设备大多安置在支架上，而支架对地震作用有放大效应，可加剧设备的地震响应。

1. 断路器的典型震害

断路器可以切断或闭合高压电路中的空载电流和负荷电流，具有完善的灭弧结构和足够的断流能力，以起到保护其他重要设备的作用。2008 年汶川地震中观察到的少油断路器的破坏模式主要是陶瓷套管根部断裂破坏。根据断路器的破坏情况，对汶川地震中国网四川省电力公司 110kV 及以上变电站内断路器的破坏情况进行了统计，见表 2-2。其中，500kV 变电站内未发现断路器破坏情况。

**表 2-2　　汶川地震中 110kV 及以上变电站断路器破坏情况统计**

| 电压等级（kV） | 断裂倾倒数量（支） | 占比（%） | 本体变形数量（台） | 占比（%） | 漏油漏气数量（台） | 占比（%） | 其他数量（台） | 占比（%） |
|---|---|---|---|---|---|---|---|---|
| 220 | 21 | 67.74 | 2 | 6.46 | 7 | 22.58 | 1 | 3.22 |
| 110 | 24 | 54.54 | 1 | 2.27 | 14 | 31.81 | 5 | 11.36 |
| 总计 | 45 | 60 | 3 | 4 | 21 | 28 | 6 | 8 |

（1）少油断路器震害。少油断路器在地震中的破坏模式有多种，可能由于同一设备制造商生产的不同规格少油断路器其抗震性能也大相径庭。由于户外少油断路器由不同材质的元件组合而成，因此，在元件的连接部位（及刚度转换处）常会出现破坏。如图 2-7 中所示的少油断路器在瓷套管根部折断且破坏断面较为平整。

图 2-7　少油断路器在瓷套管根部折断

图 2-8 所示为少油断路器根部断裂并从支座上倾覆掉落。图 2-8（a）中两相邻断路器瓷套管根部全截面断裂，设备掉落地面。该种破坏可能由于强烈地震作用于断路器与导线连接方向，导线的相互连接将断路器的地震响应放

大，使断路器从根部折断并从支架上跌落。

(a)

(b)

图 2-8　少油断路器根部断裂并从支座上倾覆掉落

(a) 110kV 安辕线断路器整体折断掉落瓷瓶部分震碎；(b) 漩口 110kV 变电站断路器折断

(2) 气体绝缘断路器震害。2008 年汶川地震中观测到的绝缘子支持式气体绝缘断路器破坏模式大致分为 4 种：灭弧室瓷套管根部破坏；灭弧室瓷套管下法兰与支柱绝缘子上法兰连接破坏；结构整体倾斜或倾覆；断路器与母线连接断开。

图 2-9 为马角坝站 110kV 断路器设备绝缘子部分折断掉落的情况，图中所示设备在两套管连接的法兰处断裂，灭弧室瓷套管与顶部连接导线断开并掉落，破坏截面即沿横截面立即折断且断面非常平整。图 2-10 中，断路器灭弧室底部法兰与支柱绝缘子上法兰连接截面发生破坏导致上部瓷套管倾斜甚至断裂掉落。

图 2-9　马角坝站 110kV 断路器折断掉落

图 2-10　绵竹站 220kV 断路器破坏

2. 隔离开关的震害特征

隔离开关是一种没有灭弧装置的开关设备，其主要功能是隔离电压，保证高压电器及装置在检修工作时的安全，在需要检修的部分和其他带电部分之间构成足够的空气绝缘间隔。2008 年汶川地震中观察到的隔离开关有以下 6 种破坏情况：①支柱绝缘子的破坏；②绝缘子根部法兰及轴承支座的破坏；③刀闸及支撑结构的破坏；④隔离开关与母线连接处断开；⑤其他设备导致的破坏；⑥结构整体倾斜或倾覆。根据隔离开关的破坏情况，本文对汶川地震中国网四川省电力公司 110kV 及以上变电站内隔离开关的破坏情况进行了统计，见表 2-3。

表 2-3　　汶川地震中 110kV 及以上变电站隔离开关破坏情况统计

| 电压等级（kV） | 支柱绝缘子断裂数量（支） | 占比（%） | 刀闸损坏数量（台） | 占比（%） | 变形数量（台） | 占比（%） | 其他数量（台） | 占比（%） |
|---|---|---|---|---|---|---|---|---|
| 500 | 0 | 0 | 1 | 50 | 1 | 50 | 0 | 0 |
| 220 | 68 | 72.34 | 16 | 17.02 | 8 | 8.51 | 2 | 2.13 |
| 110 | 32 | 71.11 | 6 | 13.33 | 1 | 2.22 | 6 | 13.33 |
| 总计 | 100 | 70.92 | 23 | 16.31 | 10 | 7.09 | 8 | 5.67 |

（1）支柱绝缘子破坏。在隔离开关的震害中，支柱绝缘子的破坏最为普遍。隔离开关的支柱绝缘子由两段陶瓷套管通过金属法兰连接而成。陶瓷材料是典型的脆性材料，刚度及强度较低，因此，在地震作用下容易发生根部脆性破坏甚至是整体的断裂掉落，导致设备无法正常工作。图 2-11 为隔离开关的整根支柱绝缘子从绝缘子根部端断裂的情况记录。

(a)

(b)

图 2-11　隔离开关的整根支柱绝缘子从绝缘子根部端断裂

（a）220kV 天明站隔离开关绝缘子根部断裂；（b）隔离开关支柱绝缘子破坏并掉落

图 2-12 为隔离开关的支柱绝缘子从绝缘子段中间位置断裂的情况。

(a)

(b)

图 2-12　隔离开关的支柱绝缘子从绝缘子段中间位置断裂

（a）110kV 映秀站隔离开关支柱绝缘子断裂；（b）蜀州变电站隔离开关破坏

（2）绝缘子根部法兰及轴承支座破坏。隔离开关设备构成复杂，支柱绝缘子根部法兰连接转动机构中的轴承及轴承支座，另外还有槽型钢支撑，因此该区域的截面材料及刚度的变化明显，在地震作用下截面出现变形或撕裂。绝缘子底部法兰及轴承支座通常为铸铁或铸铝材料，在结构上与隔离开关下部支撑结构相连接，是结构的刚度转换处，在地震中法兰位置的截面应力大，会出现断口平整的破坏现象。图 2-13（a）所示为五所站隔离开关支柱绝缘子与下部轴承座连接的法兰断口；图 2-13（b）所示为草坡站隔离开关根部法兰连接轴承及轴承支座部分整体弯曲变形，导致隔离开关支柱绝缘子倾斜，设备失效。

(a)

(b)

图 2-13　隔离开关法兰、轴承及轴承座的破坏

（a）110kV 五所站隔离开关根部法兰断口；（b）110kV 草坡站隔离开关轴承支座变形

（3）隔离开关的刀闸及支撑结构破坏。图 2-14 是地震中隔离开关的刀闸及支撑结构破坏情况。图 2-14（a）为聚源站隔离开关破坏情况，隔离开关的支柱绝缘子及刀闸均破坏掉落；图 2-14（b）中隔离开关刀闸拐臂在地震作用下发生断裂。图 2-14（c）～（d）为隔离开关的槽型支撑梁在地震作用下发生变形，导致刀闸无法关合。造成以上震害的主要原因为：①隔离开关刀闸自身或支撑其的支柱绝缘子强度不足，在地震中遭到损坏严重；②隔离开关底座槽型钢梁刚度不足或两槽钢间缺少足够的结构连接，钢梁发生变形，使得隔离开关的刀闸臂偏离原本设计位置，卡扣脱开。

(a)

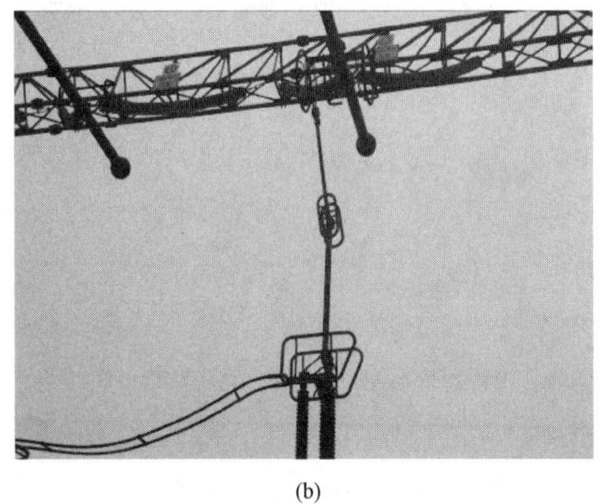
(b)

图 2-14　地震中隔离开关的刀闸及支撑结构破坏情况（一）

（a）成都聚源站源太北线开关刀闸落地；（b）500kV 南潭一线隔离开关刀闸拐臂断裂

(c)

(d)

图 2-14　地震中隔离开关的刀闸及支撑结构破坏情况（二）
（c）隔离开关钢梁变形引起闸刀卡扣断开；（d）映秀站隔离开关槽型钢支架变形

3. 电流互感器的典型震害

变电站中的电流互感器被用于测量高压电路中的电流，具有保护、测量等功能。2008 年汶川地震中观测到的电流互感器的破坏形态共 6 种：①电流互感器根部法兰破坏；②电流互感器与母线连接处法兰破坏导致漏油；③电流互感器与母线连接处瓷质元件破坏导致漏油；④电流互感器与母线断开；⑤结构整体倾斜或倾覆；⑥电流互感器结构的细部破坏。

（1）电流互感器根部法兰破坏。

图 2-15 中连接电流互感器瓷套和底座的法兰处分别产生变形、断裂或者垫圈移位导致上部结构倾斜甚至倾倒。这些破坏情况产生的原因可能有两个：①地震荷载作用下，电流互感器惯性力过大且软母线松弛度不足，根部法兰垫圈受挤压移位；②根部法兰强度不足，在螺栓或法兰应力集中处发生断裂。

(a)

(b)

(c)

图 2-15　电流互感器根部法兰破坏
（a）什邡局万春 110kV 万穿线电流互感器破坏；
（b）漩口 110kV 变电站电流互感器破坏；（c）聚源站破坏的电流互感器

图 2-16　电流互感器与母线连接处法兰垫圈破坏

（2）电流互感器与母线连接处法兰垫圈破坏导致漏油。

电流互感器与母线的连接方式通常如图 2-16 所示。母线先固定在耳板上，耳板和瓷质元件连接，固定在电流互感器上部的储油柜上，储油柜内充满油。瓷质元件与金属罐间通常安装一垫圈。在地震作用下，垫圈受到挤压移位会造成罐内的油外溢，引起电流互感器的破坏。

（3）电流互感器与母线连接处瓷质元件破坏。在电流互感器母线进线端，耳板的不对称连接，使瓷质元件沿横截面受到拉力或压力。在强烈地震作用下，母线对电流互感器产生牵拉作用，当瓷质元件超过抗拉强度时，沿轴向裂开破坏，可能进一步造成漏油。

（4）电流互感器与母线连接处断开。电流互感器顶部金属罐与母线相连，在地震作用下，电流互感器与母线发生相互作用，当连接处抗弯、抗拉刚度不足时发生断裂，如图 2-17 所示。

(a)

(b)

图 2-17　电流互感器与母线连接处断开

（a）聚源站破坏的电流互感器；（b）漩口 110kV 变电站电流互感器

（5）电流互感器结构的细部破坏。电气设备在生产过程中往往由于材料、制造工艺等影响而存在瑕疵。在地震中，强烈的荷载作用使结构在内部瑕疵的部位发生细微的破坏而导致设备不能再正常工作，这类破坏通常不为肉眼所见，需要借助超声探测仪检测。

4. 电压互感器的典型震害

电压互感器用于将电力系统中的高电压变换为低电压，主要是给测量仪表和继电保护装置供电，用来测量线路的电压、功率和电能。通常电压互感器比其他装置要大要重，所以其自振频率较小。220kV 以下的电压互感器抗震性能较好。220kV 以上的电压互感器在地震作用下容易在金属盒连接的法兰处发生破坏。2008 年汶川地震中观测到的电压互感器破坏情况可分为 4 种：①瓷质套管与法兰破坏；②互感器与母线断开；③相邻设备导致的牵连破坏；④漏油烧毁。

（1）瓷质套管与法兰破坏。图 2-18（a）所示为汶川地震中 220kV 南华站 II 段电压互感器破坏的情况。图中电压互感器从瓷质套管底部折断起火，瓷质套管断面不规则。这种破坏可能是由于较大的惯性力和母线牵连作用超过瓷质材料强度造成的。图 2-28（b）所示为汶川地震中绵阳供电公司天明站 220kV 电压互感器破坏的情况。瓷质套管沿法兰连接处断裂，瓷质套管被摔碎。

(a)

(b)

图 2-18　电压互感器瓷质套管与法兰破坏

（a）南华站电压互感器破坏；（b）绵阳天明站 220kV 电压互感器破坏

（2）电压互感器与母线断开。电压互感器顶部由软母线与其他设备相连，软母线通过一金属板连接到电流互感器上。地震作用下软母线与电压互感器发生相互作用，当金属板抗拉强度不足时，连接件沿金属件截面断裂，母线与互感器断开，如图 2-19 所示。

（3）漏油烧毁。图 2-20 所示为电压互感器因漏油烧毁。

图 2-19　互感器与母线断开

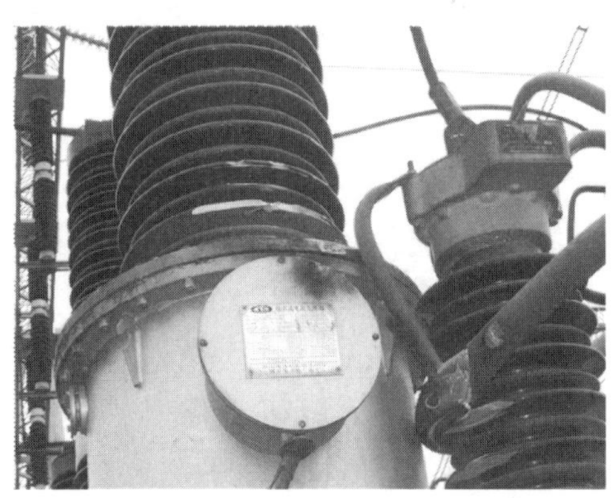

图 2-20　电压互感器漏油烧毁

5. 避雷器的典型震害

避雷器是一种用于保护电气设备避免高瞬态过电压危害并限制续流时间的电气设备。2008 年汶川地震中观测到的避雷器破坏情况可分为 4 种：①支柱绝缘子瓷套管破坏；②法兰连接处断裂移位；③母线与设备连接处脱开；④瓷质绝缘子的局部破坏。

根据避雷器的破坏情况，对汶川地震中国网四川省电力公司 110kV 及以上变电站内避雷器的破坏情况进行了统计，见表 2-4。

**表 2-4　110kV 及以上变电站内避雷器破坏情况统计**

| 电压等级（kV） | 支柱绝缘子断裂（处） | 倾倒角度（°） | 其他（处） |
|---|---|---|---|
| 500 | 0 | 0 | 1 |
| 220 | 16 | 17 | 2 |
| 110 | 7 | 7 | 3 |
| 总计 | 23 | 24 | 6 |

（1）支柱绝缘子瓷套管破坏。此类破坏主要表现为避雷器的支柱绝缘子瓷套管的破坏，其破坏原因为地震作用下根部瓷套管的应力超过其极限强度，导致其发生脆性破坏。如图 2-21 所示，由于上部导线的牵拉作用导致瓷套管根部承受较大的弯矩，支柱绝缘子根部与混凝土支架连接处发生破坏。

(a)

(b)

图 2-21　避雷器绝缘子根部瓷套管破坏

（a）避雷器绝缘子根部瓷套管破坏；（b）避雷器绝缘子根部瓷套管破坏

图 2-22　避雷器法兰连接破坏

（2）法兰连接处断裂移位。此类破坏主要发生在避雷器的法兰连接部位，表现为法兰连接处的断裂或移位。由于法兰连接的横截面面积不足或法兰与瓷质支柱绝缘子连接不紧密，导致连接强度不满足要求，使得地震作用下法兰连接处发生断裂移位，如图 2-22 所示。

（3）母线与设备连接处脱开。在变电站中，避雷器通常通过母线和相邻的设备相连。在地震作用下，两台相连设备的地震响应不同，并通过母线传递相互作用，当相互作用过大时，母线连接件被拉断。图 2-23 中，避雷器顶部软母线在连接处脱落。当母线与绝缘子连接处较薄弱时，软母线连接部可能断开。

（4）瓷质绝缘子的局部破坏。此种破坏发生在避雷器瓷质绝缘子局部区域，由于陶瓷支柱绝缘子为脆性材料，在地震作用下，当其受到的应力超过极

限承载力时，瓷质材料不进入塑性阶段即发生破裂。图 2-24 所示为瓷质绝缘子的局部损坏。

图 2-23　连接母线与避雷器脱开

图 2-24　避雷器支柱支柱绝缘子局部损坏

### 2.1.3　耦联设备的震害特征

由于电气功能的要求，变电站设备间通常采用软导线或硬导线连接。这些耦联的设备在地震作用下，往往容易形成整体的倾覆和倒塌，造成严重的灾害。如图 2-25 所示，隔离开关支柱绝缘子几乎全部被震掉，隔离开关的支座也因强烈的地震发生倾斜及破坏。

(a)

(b)

图 2-25　二台山开关站整体倾覆

(a) 二台山开关站整站设备倾覆；(b) 隔离开关倾斜及破坏

由于相邻设备与电压互感器通过母线相互连接，地震时相邻设备的倾斜或通过母线产生过大的牵拉作用，导致电压互感器的破坏。图 2-26 为避雷器—电压互感器—隔离开关的实物连接图，左侧的 3 个避雷器根部全部断裂并从支柱上掉落，中间的一根电压互感器受到母线牵拉作用造成根部断裂并破坏。

1. 导线牵拉作用导致的设备破坏

在地震中，软母线连接设备的软母线可能会和连接设备发生拉扯，当软母线连接不足时，软母线与设备断开。图 2-27 (a) 所示为隔离开关支柱绝缘子与软母线断开的情况。图 2-27 (b) 中隔离开关的相邻设备由于自身结构特点导致地震响应差异较大，软母线张紧牵

(a)

(b)

图 2-26 映秀电厂开关站耦联回路破坏

(a) 母线牵拉作用；(b) 回路设备倾斜及破坏

拉隔离开关绝缘子端部，使隔离开关受到母线的水平方向连接作用力，根部应力水平超过极限强度，因而出现绝缘子根部断裂甚至被整体拉断的情况。

(a)

(b)

图 2-27 变电站中隔离开关被连接母线拉断

(a) 漩口 110kV 变电站隔离开关破坏；(b) 110kV 草坡站隔离开关支柱绝缘子拉断

在地震作用下，设备端子处将有一定的位移。由于导线两端设备动力特性不一致，导线两个端子之间将存在一定的相对位移，使导线跨度在地震下发生改变。当设备位移较大，而导线冗余度不足时，在地震作用下，导线易被张紧拉直，从而在设备端子处产生较大的端子拉力，从而造成设备的破坏。由导线牵拉引起的设备破坏如图 2-28 所示。

2. 导线及连接端子脱落

当导线中张拉力过大时，也可能引起导线与设备的连接端子变形、破坏，甚至可能引起导线的脱落。由导线牵拉引起的设备破坏如图 2-29 所示。

3. 硬导线地震破坏

硬导线变形能力差，地震作用可能在导线内产生较大的内力，引起导线的变形和破坏。地震作用下，硬导线典型破坏模式如图 2-30 所示。

变压器作为变电站重要设备，一般通过母线与其他设备连接，地震作用下相邻设备产生

(a)

(b)

图 2-28　导线牵拉作用引起的电气设备破坏

（a）软导线牵拉引起的断路器破坏；（b）软导线牵拉引起的隔离开关破坏

图 2-29　导线端子变形及脱落

（a）电抗器端子板变形漏油；（b）阻波器连接导线脱落；（c）电流互感器端子脱落；（d）变压器套管连接导线脱落

较大的相对位移会导致连接母线内力过大，造成牵拉破坏。图 2-31（a）中硬母线具有较高的强度，与套管接头处没有发生破坏，而是导致低压套管根部破坏。图 2-31（b）中变压器沿着母线连接桥方向发生往复位移，母线松弛和绷紧的状态交替发生导致端部的螺栓松脱。

(a)

(b)

(c)

(d)

(e)

(f)

图 2-30　变电站硬导线地震破坏

(a) 硬导线破坏 1；(b) 电流互感器连接硬导线破坏；(c) 硬导线破坏 2；(d) 管母线破坏 2；(e) 刚性导线伸缩节断裂；(f) 变压器连接导线变形

## 2.1.4　悬吊类设备的震害特征

阻波器为变电站内悬吊类设备，在强震下容易产生较大的水平位移。阻波器与其下方的支柱绝缘子通过导线相连，若导线冗余度不足，则可能导致导线因牵拉而破坏，如图 2-32（a）所示。如图 2-32（b）所示，悬吊绝缘子在地震作用下发生了破坏。此外，悬吊绝缘

(a)

(b)

图 2-31 变压器及相邻设备牵拉破坏

（a）变压器低压套管与硬导线破坏；（b）变压器母线桥连接端断开

子强度不足，悬吊绝缘子发生断裂，阻波器掉落，如图 2-32（c）所示。

(a)

(b)

(c)

图 2-32 阻波器的震害

（a）200kV 银杏站阻波器导线破坏；（b）500kV 谭龙二线阻波器悬式绝缘子炸裂；（c）遵道站阻波器掉落

### 2.1.5 楼面设备的震害特征

楼面电气设备是指对一次设备的工作进行监测、控制、调节、保护，以及为运行、维护人员提供运行工况或生产指挥信号所需的低压电气设备。楼面电气设备主要包括：①仪表；②控制和信号元件；③继电保护装置；④操作、信号电源回路；⑤控制电缆及连接导线；⑥发出音响的信号元件；⑦接线端子排及熔断器等设备。

由于楼面电气设备中包含有大量的精密电子元件，用于监控和控制功能，因此，楼面设备不能承受过大的加速度。在巨大的加速度作用下，楼面设备内的电子设备容易发生损坏。

楼面设备破坏通常是由于设备没有锚固造成的。没有锚固的设备在地震中易发生移动、倾覆，或与相邻的设备、墙柱发生碰撞导致破坏。此外，建筑物损坏带来的墙体脱落也可能砸中楼面设备，并由此引起楼面设备的损坏。另外，楼面设备在过大的加速度情况下也可能发生电子元器件的失效。

在汶川地震中，共考查到两类楼面设备的破坏：①楼面设备的破坏；②通信设备的破坏。

1. 楼面设备的破坏

在汶川地震强烈的地面运动作用下，变电站许多楼面设备发生倾倒、移位、散落。楼面电力设备大部分直接放置在地面上，并没有进行锚固，如图 2-33（a）所示。楼面设备箱中放置的小型设备也未与设备箱牢固连接或固定，在地震中发生掉落，如图 2-33（b）所示。

(a)

(b)

图 2-33　楼面设备的破坏特征

（a）110kV 穿心店变电站保护室保护屏移位；（b）什邡局穿心店蓄电池掉落

2. 通信设备的破坏

楼面通信设备箱普遍没有经过锚固，而且重心较高，容易倾覆。图 2-34（a）中的设备箱放在低矮的基槽中，地震作用下同样发生了倾覆。小型设备通常放置在楼面设备箱、立柜或吊顶中，由于未经良好固定，地震中容易滑落，并牵拉连接电力线，发生破坏。

### 2.1.6　其他类型设备的震害特征

电力电容器是一种用于电力网络的电气设备，具有移相、耦合、降压、滤波等作用，常用于高低压系统并联补偿无功功率、并联交流高压断路器断口、电机启动、电压分压等。平波电抗器是电抗器中的一种，平波电抗器在电路中起到阻抗的作用，其实质上是一个无导磁材料的空心线圈，用于整流以后的直流回路中，使输出的直流接近于理想直流。

电容器组与基础之间一般通过瓷质支柱绝缘子相连，或采取悬挂的安装方式，以满足绝缘要求。由于顶部质量大、瓷质支柱绝缘子自身强度低和其脆性特性，前者的瓷质绝缘子在

(a)　(b)　(c)　(d)

图 2-34　通信设备的破坏特征

(a) 安县调度室损坏情况；(b) 安县一号站总体损坏情况；(c) 江油县调度室损坏情况；(d) 游仙县调度室通信损坏情况

地震作用下易破坏。采取悬挂的安装方式对电容器具有较好的隔震效果，故地震中未观察到电容器破坏，但是悬吊装置的基础易发生破坏。

电容器支柱绝缘子断裂、倾斜、错位：电容器上部质量非常大，在地震作用下，支柱绝缘子承受很大的水平力作用，易发生断裂、倾斜和错位，导致电容器组倾斜。图 2-35 中，

(a)

(b)

图 2-35　电容器、电抗器支柱绝缘子断裂、倾斜、错位

(a) 电容器支柱绝缘子倾斜错位；(b) 电抗器底部损坏

支柱绝缘子在法兰处错位、倾斜，并造成上部电容器的整体倾斜。

## 2.2 近年变电站设备震害统计

### 2.2.1 玉树地震震害统计

2010 年 4 月 14 日，青海省玉树藏族自治州玉树县发生 7.1 级地震，震中位于玉树县结古镇附近，震源深度为 14km，属于浅源地震。

本次地震使当地的发电、供电系统基础设施严重毁坏，造成了灾区电力供应中断。受灾地区的发电厂中，有禅古、西杭、当代、拉贡等 13 座电站，地震发生以后，西杭、当代电站受损严重，只有拉贡电站基本运行正常，其余 10 座电站也遭受不同程度的损毁。

在输变电系统方面，35kV 结古中心变电站主变压器和隔离开关等电器设备遭到破坏。在震中的结古地区共有 3 座 35kV 结古中心变电所，3 条 35kV 的输电线路，其中有两条线路在本次地震中损毁严重，基本无法正常使用，需要重新架设，剩余 1 条轻微损伤的线路也需要修复后才能使用。除了 35kV 外，该地区还有 8 条 10kV 的输电线路，这 8 条线路均发生倒杆、断线等情况，致使供电中断，需重新架设。该地区还有总长 798km 的 0.4kV 线路，其中受损长度约 200km，主要震害有倒杆、断线、电杆倾斜、变压器漏油等。

### 2.2.2 云南昭通地震震害统计

1. 2012 年彝良地震变电站震害

2012 年 9 月 7 日 11 时 19 分，云南省昭通市彝良县发生 5.7 级地震，震源深度为 14km；12 时 16 分，彝良县又发生 5.6 级地震，震源深度 10km。至 2012 年 9 月 8 日下午 2 时，地震已经造成了 18.3 万户共计 74.4 万人受灾，因灾死亡的人数 80 人，房屋倒塌 7138 户，共计 30 600 间，灾害造成的直接经济损失为 37.04 亿元。

地震对受灾区域的变电站造成轻微影响，灾害统计如下：

(1) 220kV 发界变电站：9 只 220kV 避雷器断裂、1 只 220kV 电压互感器和 1 只 220kV 耦合电容器破坏。另外，由于变电站填方场地出现地基下沉，Ⅰ和Ⅱ段 220kV GIS 母线出现变形，Ⅰ段 110kV GIS 母线也出现变形。现场调研时发现，GIS 锚固螺栓出现由于地震引起的弯曲变形，避雷针顶端屈曲变形。

(2) 110kV 新场变电站：112 号断路器 A 相极柱底部安装法兰处陶瓷出现裂缝、大量漏气。

(3) 110kV 洛新河变电站：落石造成 1 台 110kV 断路器、1 只电流互感器、8 组隔离开关损害，A | B 相 110kV 母线断裂。

(4) 震中中心变电站：1 台 220kV 主变压器、4 台 35kV 站用变压器、1 台站用变压器，在地震中无轻重瓦斯动作，高压、油化试验合格，均无漏油现象，也无近区短路。

2. 35kV 龙头山变电站地震震害

2014 年 8 月 3 日 16 时 30 分，在云南省昭通市鲁甸县发生 6.5 级地震，震源深度为 12km。在鲁甸地震中，10kV 开关场出现填土场地沉陷、裂缝、围墙倒塌，主控楼地板出现下沉、裂缝，墙体也出现裂缝，控制室内设备天花板掉落、设备倾覆震害。在这次地震中，

3 组 10kV 隔离开关绝缘子破碎。地震中控制楼出现地板下沉、地板裂缝、墙体裂缝、天花板掉落，二次屏柜倾斜、二次屏柜玻璃破损等震害（参见图 2-36～图 2-39）。地震中变电站围墙倒塌，主控室基础沉降、地面裂缝，造成二次屏柜倾斜、柜门震开、玻璃破碎、隔离开关绝缘子破碎，可见这些设施（备）抗震性能差，亟待进行抗震研究以提高其抗震能力。

图 2-36　避雷器、耦合电容器、电压互感器震害

图 2-37　220kV GIS 设备锚固裂缝（地震引起）

图 2-38　倒坍的围墙

图 2-39　隔离开关绝缘子震害

### 2.2.3　芦山地震震害统计

2013 年 4 月 20 日，四川省雅安市芦山县发生了 7.0 级地震，震源深度为 13km，震中位于龙门山构造带南西段，震中烈度达到Ⅸ级，属于强烈地震。震中 IX 度区内的交通、电力等基础设施遭到严重的破坏。本次地震级较高，影响范围广，且多次发生余震给救援造成了很大的困难；此外，地震引起的次生灾害对电力系统的破坏依然不能忽视。

根据国家电网的统计，地震导致芦山、天全、宝兴三县电网全部垮网，34 座 35kV 及以上变电站停运，265 条 10kV 及以上输配电线路停运，共计 626 台变电设备损坏。其中两座 220kV 变电站、7 座 110kV 变电站、15 座 35kV 变电站均严重损毁；224 条 35kV 及以上线路严重受损。受地震影响，雅安地区有 5 座水电厂解列。地震累计造成 18.66 万客户停电，电网直接经济损失超过 7 亿元人民币。

本次芦山地震造成了典型的变电站破坏形式有以下几种：

（1）天全县始阳镇500kV雅安变电站1号、2号主变压器套管漏油，避雷器出现断裂，220kV 3、4号母线TV避雷器受损，导致7条220kV母线停运。

（2）宝兴县的220kV黄岗变电站11支避雷器断裂，主变压器、母线等设备都发生不同程度损毁。

（3）天全县110kV沙坪变电站全站失压，1、2号主变压器高压导管漏油，3号主变压器基础移位；因损坏更换了两台110kV断路器、7组隔离开关、1台电流互感器和1台电压互感器。

（4）沙坪110kV变电站已破坏的高压六氟化硫断路器瓷套；芦山县金花变电站两台变压器都有不同程度的受损，断路器、隔离开关等电气设备均有破坏。

（5）芦山金花110kV变电站墙体的破坏情况。由于芦山地震中地质灾害较多，造成了电线杆被滚石砸坏。

### 2.2.4 九寨沟地震震害统计

2017年8月8日21时19分，在四川省阿坝州九寨沟县（北纬33.20°，东经103.82°）发生7.0级地震，震源深度20km。根据国家强震动台网中心记录的数据，此次地震的最大烈度为Ⅸ度（9度），Ⅵ度（6度）区及以上总面积为18 295km$^2$，共造成四川省、甘肃省8个县受灾。此次地震对阿坝地区典型变电站的破坏分析如下。

（1）九寨沟变电站主变压器1号主变压器高压侧套管3相破裂漏油及中性点1019隔离开关支柱断裂，主变压器未发生倾覆或者位移。

（2）10kV九寨沟变电站主变压器高压侧101断路器断裂，隔离开关1011、1013倾斜及TA漏油。川九线151断路器（LW25-145）断裂，隔离开关1511、1513倾斜及TA漏油，110kV母线TV漏油，破损情况如图2-40所示。

（3）35kV南黄线（松潘城南站-黄龙站）84号杆在地震中因滚石落下，导致线路杆塔被砸倒，如图2-41所示；另有1条110kV川九线（川主寺-九寨沟）N169-170段因滑坡造成树木倒塌搭在导线上，引发线路跳闸。

图2-40　35kV九寨沟变电站部分开关设备受损情况

图2-41　35kV南黄线输电线路84号杆塔倒塌情况

此次九寨沟地震震中附近最大烈度为9度，超过了本地区地震烈度区划为8度的设防标准；变电站设备套管材料为陶瓷材料，其固有频率与地震波频率接近，在本次地震中发生类共振而导致套管受损，且多数设备破坏位置主要发生在套管根部。开关类设备重心高，动力放大效应显著，地震时易在根部折断。此外，输电线路损坏主要由次生灾害引起，其中包括滚石砸坏线路杆塔、滑坡冲垮杆塔、树木倒塌引发跳闸等。

### 2.2.5　海地地震震害统计

2010 年 1 月 12 日下午 4 点 53 分（当地时间），海地发生里氏 7.0 级大地震，地震震源距离太子港 15km，深度为 8km，太子港地区的电力设备在很大程度上遭受破坏性冲击。本次灾害统计调查了太子港及其周围的 10 个地点的电力设备破坏情况，受灾情况分析如下。

（1）无固定不间断电源（Uninterrupted Power Supply，UPS）系统的移位。位于该地区的无固定不间断电源（UPS）系统由多个独立的机柜组成，这些机柜位于坡度级别，顶部有进出电气管道。导管和连接点上的应力在这些点之间是最大的。UPS 外壳在地震后移至其初始安装位置的右侧，从导管和机柜下方裸露的未喷涂地板与垂直位置的偏移可以看出，UPS 橱柜的横向位移高达 12.7cm 或更多。

（2）电缆桥架与建筑物的连接分开。根据受灾情况统计，虽然塔式天线和微波天线未受到损坏，但从信号塔到三层数据中心的电缆桥架受到了相当大的破坏，在地震作用下，电缆桥架与建筑物的连接处断开。

（3）导管从机柜中拉出。在综合医院地区，根据美国地质勘探局的地震图数据，估计该设施场地的地面运动水平峰值地面加速度为 0.21$g$。太子港总医院的 EDH 公共设施电力服务现场主要部件包括 1 个电站断路器、1 个柴油发电机、1 个自动转换控制柜、1 个液体填充垫安装变压器和两个电压仪表变压器。由于缺乏锚定，当机柜从混凝土垫上移开时，地面水平的控制布线导管从机柜中拉出。

（4）锚定螺栓拔出和橱柜基座破坏。位于美国大使馆地区的电气开关室中唯一可见的损坏是一个装有电能质量监测系统的通用独立柜。该柜位于进线公用电力系统抽出式开关柜右侧的设备垫上，未连接到抽出式开关柜。出机柜固定不良，左前角的锚定螺栓已被拔出，并损坏了平垫圈。这种破坏可能是由地震引起的摇摆运动造成的冲击形成的。

（5）屋顶结构位移破坏。位于地震中的屋顶安装的空气处理装置没有锚固到安装基座上，而是通过支架在前部和后部固定，这种没有完全约束的设备在地震中移位。此外，约束支架没有足够的边缘锚固距离来抵抗剪切荷载，导致混凝土底座的局部破坏。

### 2.2.6　新西兰地震震害统计

2011 年 2 月 22 日下午 23 点 51 分（当地时间），新西兰克赖斯特彻奇市发生 6.3 级地震，地震震中位于城市中央商务区（Central Business District，CBD）东南 10km 处，浅层深度为 5km。本次地震导致大量的人员伤亡和破坏，城市中的许多建筑物倒塌并严重破坏了电力系统等城市生命线工程。值得注意的是，本次地震发生时，基督城地区还处在 2010 年 9 月 4 日的 7.1 级地震中灾害恢复过程中。本次地震的特点是持续时间短（剧烈晃动仅持续 15s）和高地面峰值加速度（Peak Ground Acceleration，PGA）：基督城市中央商务区的 PGA 在水平方向平均为 0.5$g$，在垂直方向平均为 0.5$g$。

在 12:51 发生地震之后，电力系统在 30s 内发生了多次馈线和变压器跳闸，损失了约 248 MW 的负载，南部岛屿地区的电压频率瞬间上升到 50.78Hz。新西兰国家电网公司在

13:04 宣布进入电网紧急状态，以允许电网重新配置和需求管理。本次地震在 ADD、BRY、ISL 和 PAP 变电站中损失了约 248MW 负荷，明显低于去年同期的水平。

新西兰 Orion 公司管理着基督城市内和受地震影响的郊区的电缆分布网络，该网络主要由 66kV 和 11kV 地下电缆组成，在本次地震中，基督城市发生了严重的停电事故，据估计此次地震的影响是 2010 年 9 月 4 日地震的 10 倍，并且对该地区的电缆网络造成了严重破坏。有关其电缆电路损坏的具体信息统计如下：

（1）达灵赖（Dallington）和布赖顿（Brighton）两个地区变电站供电的所有主要 66kV 电缆均发生故障。

（2）50%的 66kV 电缆遭受了多次损坏。

（3）5.5%的 11kV 电缆遭受多次损坏。

（4）0.6%的低压电缆遭受多次损坏。

### 2.2.7 日本 3·11 地震震害统计

2011 年 3 月 11 日 14 时 46 分左右在日本东北太平洋地区发生近海地震，此次地震的矩震级 MW 达到 9.0 级，为历史第 5 大地震。地震震中位于日本宫城县以东太平洋海域，震源深度 20km。

由于这次巨大的地震及由此引发的海啸，日本东北部地方生命线工程基础设施造成毁灭性破坏，并引发福岛第一核电站核泄漏事件，日本电力公司的电力流通设备受到了大范围的损害，在其服务区内造成最多约有 405 万家客户停电。这次地震及其引发的海啸，使核电站、火力发电站、水力发电站、变电站、架空输电设备、地下输电设备、通信设备、配电设备、工厂建筑物等各种设备受到了广泛的损害。值得注意的是，电力设备在 1995 年的兵库县南部地震以后进行了抗震加固等措施，此次地震的受灾率较低。此外，与其他地震受灾情况相比，3·11 地震引发的海啸所造成的设备损失所占的比重较大。

地震及海啸引发的电力系统受灾统计如下。

（1）核电站的灾害损失。福岛第一核电站正常运转中的 1 号～4 号机组随着地震的发生而自动停止，5 号机组和 6 号机组因处于定期检查而停止使用。福岛第一核电站的 7 条外部供电线路，因地震造成变电、输电设备损坏等原因所有线路均停止供电。随后受海啸袭来影响，应急用柴油发电机和配电盘被淹，除 1 台 6 号机组外放到停止运转后，紧急用柴油发电机全部停止运转，1 号～5 号机组的所有供电能力全部丧失。

（2）火力发电站的灾害损失。地震受害区域共有 15 个火力发电所 81 台发电机组，在地震发生后，正在运行中的 63 台发电机组中有 13 台停止运行，火力发电所总输出功率减少了 848 万 kW（约 30%）。太平洋沿岸地区的 3 个火力发电站之中正在运转的 7 台发电机组全部停止。除了液态化现象等损失外，随即而来的海啸还造成了电力设备被水淹没的损失，包括停止的 5 台设备。

（3）变电站的灾害损失。在地震影响区域的全部 1592 个变电站中，以震源地附近的福岛县、茨城县、枥木县为中心，9 个都县、134 个变电站、621 个设备发生了大范围的灾害。其中，40 座变电站共计 173 台设备无法继续运行，主要的破坏特征有断路器绝缘子破坏，变流器绝缘子破坏，变压器目前的支撑破坏等。另外，由于振动器、变流器等入油设备的破损，产生了大量的漏油。

(4) 输电设备的灾害损失。地震受害区域的输电总线路数 2062 条线路中，包括轻微的损失在内，267 条线路因地震而摇晃、地裂等发生了设备损坏。受灾大部分发生在震中附近的福岛县、茨城县、枥木县。其中，主要的设备损失如下：66kV 的铁塔合计破坏 12 基，其中 1 基倒塌，11 基部分破损；154kV 和 275kV 的输电塔部分破损数目分别为 2 基和 1 基。

(5) 地下输电设备的灾害损失。虽然地震后发生了液态化及海啸灾害，但没有造成送电事故。受害发生在震度 5 度以上的地区，关于电缆，震度越高受害率就越高，其中电缆线路破坏数目 30 个，管路 4 个。

## 2.3 小　　结

本章统计了变电站设备在地震作用下的灾害形成原因及主要的破坏特征，随后对近年来全球范围内数次地震中的电力设施的破坏情况进行了回顾。

本章主要以汶川地震的灾害为主，详细介绍了变电站设备中的变压器、避雷器、隔离开关、断路器电流互感器、电压互感器、电容器、电抗器等单体设备各自的典型震害特征。除此之外，耦联设备的破坏也值得关注，其在地震中的破坏主要包括：导线牵拉作用导致的设备破坏；导线及连接端子脱落和刚性导线地震破坏等形式。最后，悬吊类设备的震害也在本次统计范围之内，其在强震下容易产生较大的水平位移；或者由于导线冗余度不足导致导线的牵拉破坏。

在全球电气设备地震灾害调查中，我们关注了历次地震中电力设施不同的主要破坏形式。具体包括：国内玉树地震、云南昭通地震、芦山地震、九寨沟地震中输电设施的破坏现象；国外海地地震中室内电器设备的大量损坏；国外新西兰地震引起的砂土液化导致输电线缆的破坏；以及国外日本 3.11 大地震对发电、变电站、输电线路等各个环节的严重破坏。

# 第二篇

## 变电站设备的抗震分析理论和应用

# 第3章

# 变压器/换流变压器抗震性能分析

## 3.1 引　　言

为了掌握变压器/换流变的动力特性和地震响应特征，深入探究变压器/换流变的地震破坏机理，本章将从以下几个方面介绍变压器/换流变的抗震性能研究：

（1）变压器/换流变地震响应数值分析。通过对不同电压等级的变压器/换流变压器进行精细化有限元建模，开展模态分析并进行地震响应时程计算，总结不同电压等级、不同类型变压器/换流变的动力特性和地震响应特征，为后续的变压器振动台试验和抗震理论研究奠定基础。

（2）变压器—套管体系振动台试验研究。在目前的变压器振动台试验研究中，除了菲利亚特罗（Filiatrault）、曹枚根等、朱瑞元、谢强等人的试验将套管安装在变压器箱体上之外，其他试验均以刚性支架—套管体系为试验模型。为深入研究安装在变压器上套管的动力响应特征，本章对一 220kV 仿真变压器—套管体系进行了振动台试验，获得该体系在不同水准地震作用下的地震响应，更贴近实际地评估了变压器—套管体系的抗震性能。

（3）变压器—套管体系地震响应理论分析。目前，变压器—套管体系的理论模型主要为串联多质点体系，忽略了套管的质量及刚度分布，对于变截面套管的计算存在较大的误差，且难以计算套管根部应力。因此，本章将提出新的变压器—套管体系地震响应分析理论模型，考虑变压器—套管体系质量及刚度的分布情况，将应力作为分析的重要指标来评估体系的抗震性能。

（4）变压器—套管体系的抗震性能的改善。由于对抗震性能较差的变压器采用合理措施提高其抗震性能具有极高的工程应用价值，本章根据以往研究成果提出加固措施，并通过试验验证了其有效性。

## 3.2　变压器/换流变压器的结构组成及特征

变压器是变电站中最重要的变电设施之一，其类型复杂多样。变压器基本结构如图 3-1（a）所示。典型变压器主要包括内部的铁芯和线圈，以及外部的油箱和附件等，如图 3-1（b)所示。变压器油箱的外部附件主要有绝缘套管、油枕、散热器、开关设备、继电气、避雷器等。

(a)

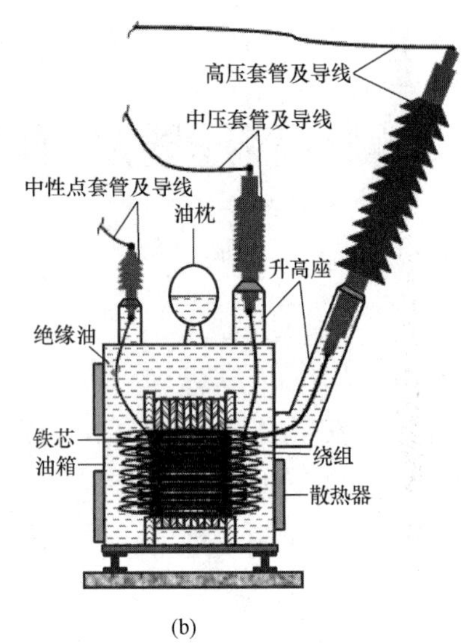


(b)

图 3-1　500kV 变压器结构示意

（a）变压器外观；（b）变压器结构示意

### 3.2.1　铁芯和绕组

铁芯和绕组都是变压器的核心部件，由图 3-2 可见，铁芯由表面涂绝缘材料的硅钢片层叠而成；线圈缠绕在铁芯外，由绝缘铜线等导体制成，成为绕组。油浸式变压器中，铁芯和绕组浸入装满油料的箱体中，其质量和刚性较大，且通常与基础直接连接，对变压器套管地震响应的影响较小，从抗震研究的角度一般可将其简化为集中质量块。

### 3.2.2　箱体及绝缘油

变压器的箱体充满绝缘油，壁板由各种相应规格的钢板制成。变压器箱体通常由 8～20mm 钢板构成，一般采用加劲板或者加劲梁等结构增强其箱体板的面外刚度。

### 3.2.3　绝缘套管

套管是变压器重要而又易损的部件，这与其细长的结构形式有关。变压器常用油纸电容式陶瓷套管和干式复合套管两种类型。电力变压器常用油纸电容式陶瓷套管［图 3-2（b)］，而换流变压器的阀侧套管则常用干式复合套管。

变压器陶瓷套管由外部机械结构和内部电气结构组成。外部机械结构主要包含上部绝缘瓷套、中部连接法兰和下部绝缘瓷套；内部电气结构主要包含导电杆、电容芯和绝缘油料。干式复合套管内部电气结构主要为导电杆、内部绝缘子、铝箔等；外部机械结构主要由玻璃钢绝缘筒、法兰和复合硅橡胶组成。从第 2 章变压器的震害研究可以得知，套管的外部绝缘主体及绝缘主体与法兰的连接方式，决定了整个套管的刚度和强度及破坏模式。

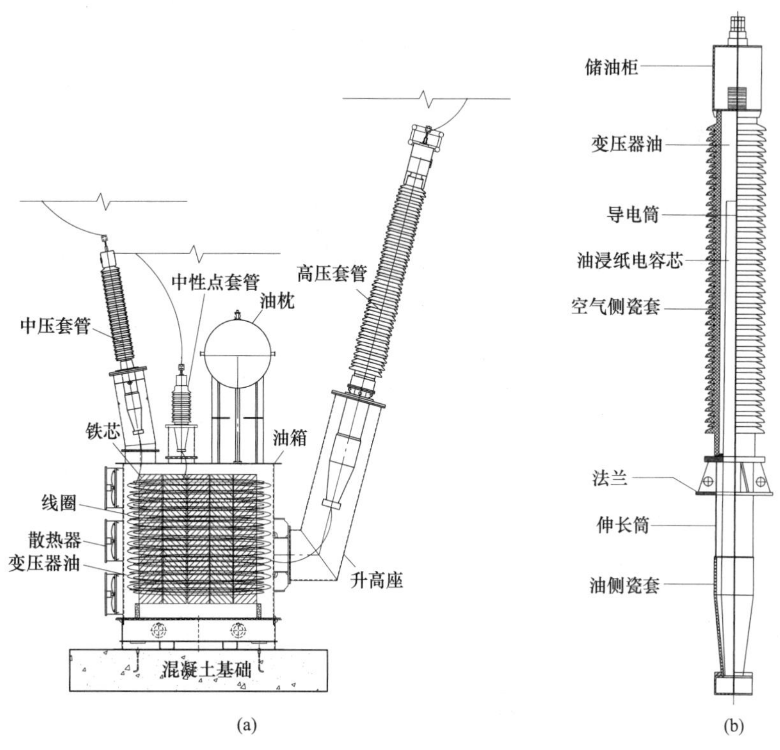


图 3-2　典型变压器及套管结构

（a）变压器剖面；（b）油浸纸电容式变压器瓷套管结构

### 3.2.4　油枕和散热器

油枕是一种圆筒形的油保护装置，一般安装在油箱的顶盖上，通过支腿及连接管与油箱连接。当变压器油的体积随着油的温度膨胀或缩小时，油枕起着储油及补油的作用，从而保证油箱内始终充满油；同时，油枕缩小了变压器油与空气的接触面，可以减缓油的劣化速度。

散热器形式有瓦楞形、扇形、圆形、排管等形式。当变压器上层油温与下部油温有温差时，通过散热器形成油的对流，经散热器冷却后流回油箱，起到降低变压器温度的作用。

## 3.3　变压器/换流变压器的地震响应分析

本节分别对不同电压等级的变压器/换流变压器进行精细化有限元建模，并开展模态分析和地震响应时程计算，总结变压器/换流变压器的动力特性和地震响应特征，进而深入探究变压器/换流变在地震作用下的破坏机理。

### 3.3.1　500kV 变压器有限元分析

本节以第 2 章中汶川地震茂县站 2 号主变压器为对象，进行有限元分析。该变压器的电压等级为 500kV，在汶川地震中其 3 根高压套管表现出 3 种不同的破坏形式，具有代表性和极高的研究价值。该变压器箱体长 12.05m，宽 3.50m，高 4.01m，如图 3-3 所示，其他的详细参数可见文献。500kV 变压器有限元模型如图 3-4 所示。

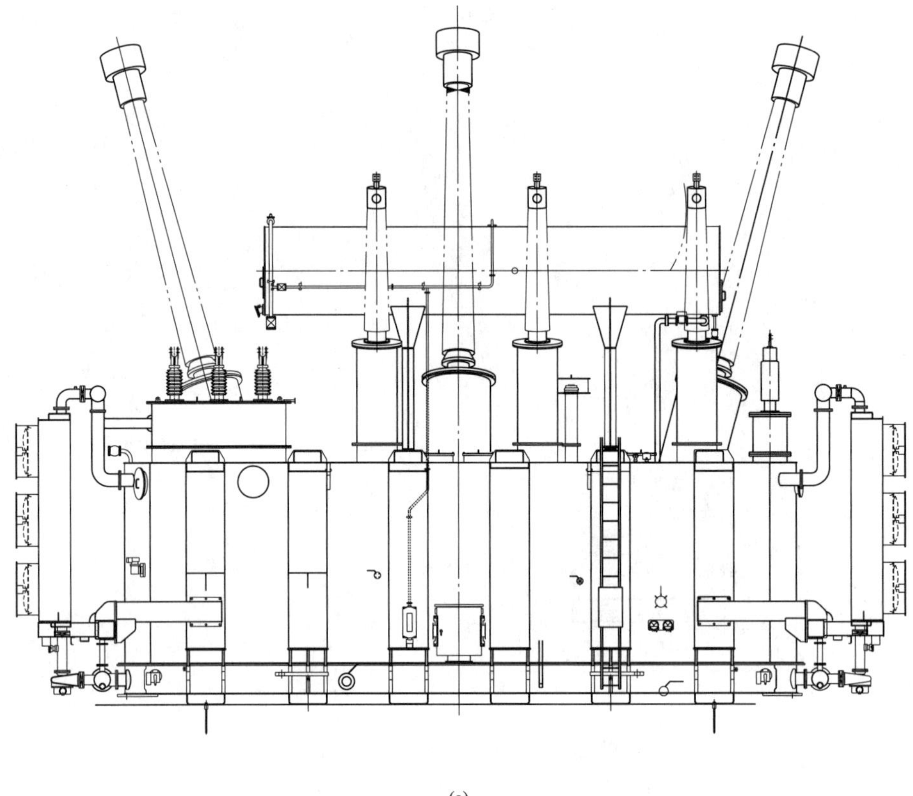

(a)

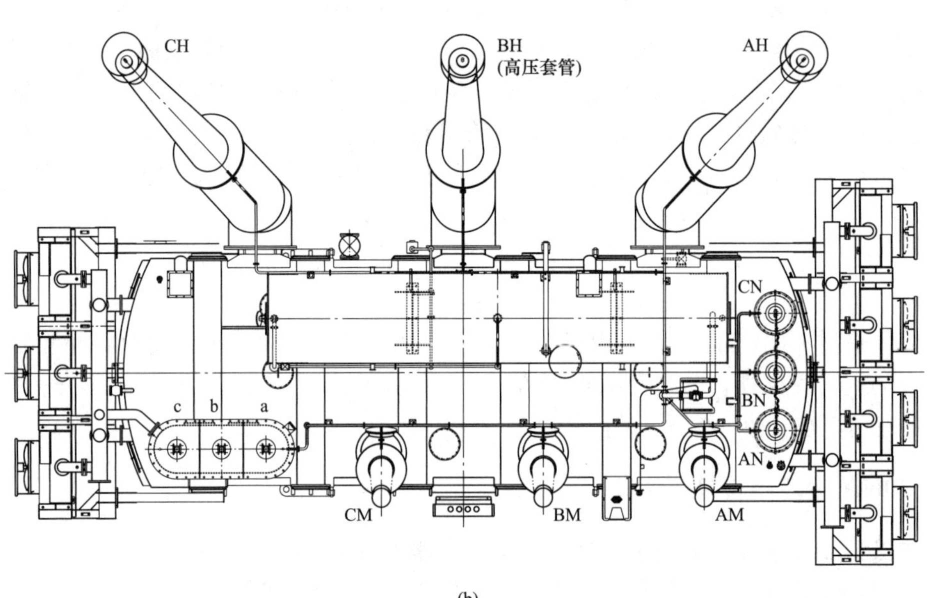


(b)

图 3-3　500kV 变压器设计图纸

(a) 正视；(b) 俯视

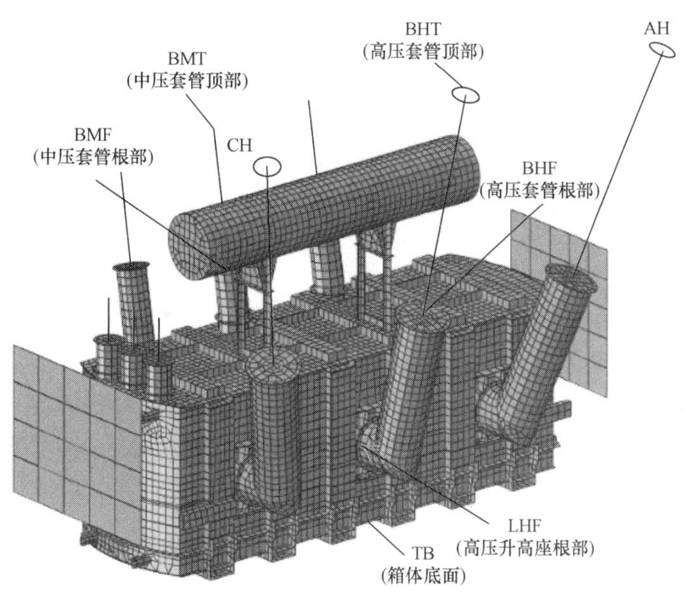


图 3-4　500kV 变压器有限元模型

1. 500kV 变压器动力特性

从频率分析的结果看，该 500kV 变压器为频率密集型结构，结构前 25 阶的自振频率在 2.69～9.88Hz 之间，接近场地的卓越周期，地震下易产生显著的动力放大作用，从而造成结构破坏。其 1～6 阶的模态振型为高压套管和升高座一阶振型，2.69～2.77Hz 对应 $X$ 向摆动，2.94～2.98Hz 对应 $Y$ 向摆动。可见高压侧套管和升高座的摆动为地震作用下变压器结构的主要振动模式。高压套管和升高座的 2 阶振型出现在第 26～31 阶，模态振型为主要是高压侧套管自身的弯曲，频率范围为 10.27～11.05Hz。值得一提的是，当套管安装在升高座上后，其自振频率明显降低，而且模态振型由套管自身的弯曲转变为套管和升高座一体的摆动。

2. 500kV 变压器地震响应分析

本节选取 5 组地震动，分别为埃尔森特罗（El-Centro）波、兰德斯（Landers）波、北岭（Northridge）波、清平波和卧龙波，作为 500kV 变压器时程计算的地震输入。下面从升高座、套管两个方面进行地震响应分析。

（1）升高座的摆动角度。高压升高座的根部通过法兰固定在箱体侧壁，其轴线与竖直方向成 15°夹角。升高座根部以上的结构重心高、质量大，在地震作用下，上部结构在升高座根部产生较大弯矩，导致高压升高座的倾斜角度产生一定的变化（见表 3-1）。升高座与套管两者组成的悬臂构件全长约 9m，根部的微小摆动角度，会在套管顶部会产生较大的位移，1°的摆动角在套管顶部产生的摆动位移将近 157mm。

**表 3-1　　　　高压套管升高座的摆动角**

| 地震波 | Y 向 | | | X 向 | | |
|---|---|---|---|---|---|---|
| | A | B | C | A | B | C |
| 埃尔森特罗（El-Centro）波 | 0°39′45″ | 0°43′57″ | 0°48′58″ | 0°59′13″ | 0°51′15″ | 0°51′56″ |
| 兰德斯（Landers）波 | 0°59′52″ | 0°54′57″ | 1°6′8″ | 1°18′57″ | 1°19′58″ | 1°24′29″ |

续表

| 地震波 | Y 向 | | | X 向 | | |
|---|---|---|---|---|---|---|
| | A | B | C | A | B | C |
| 北岭（Northridge）波 | 0°45′6″ | 0°44′42″ | 0°47′26″ | 0°49′49″ | 0°45′0″ | 0°49′27″ |
| 清平波 | 0°27′45″ | 0°24′51″ | 0°29′22″ | 0°39′32″ | 0°40′50″ | 0°40′49″ |
| 卧龙波 | 1°13′49″ | 1°8′22″ | 1°2′38″ | 0°50′21″ | 0°56′48″ | 1°4′23″ |

（2）套管地震响应。对高压套管根部加速度放大系数峰值和均值进行分析，可得以下结论：多数情况下，高压套管根部的加速度放大系数超过了规范中指定的 2.0，$Y$ 向最大值为 3.22，$X$ 向最大值为 2.882，两者在规范值的 1.4 倍以上；除了卧龙波输入的工况，同一地震波在相同方向输入时，三相高压侧套管的根部加速度放大系数基本一致；不同地震波作用下，同一支套管根部的加速度放大系数有一定的差异，说明加速度放大系数与地震动频谱特性密切相关。

对输入地震动峰值为 $0.9g$ 时高压侧套管根部的弯曲应力峰值进行分析，可得以下结论：高压套管的弯曲应力峰值均超过了陶瓷材料极限强度 30MPa；$X$ 向弯曲应力峰值的最大值产生于兰德斯（Landers）波作用下，其值为 57.8MPa，是陶瓷极限强度的 1.93 倍；$Y$ 向弯曲应力峰值的最大值产生于卧龙波作用下，其值为 70.1MPa，是陶瓷极限强度值的 2.33 倍。

对高压套管顶部位移的峰值进行分析，可得以下结论：除了清平波作用下三相套管的 $Y$ 向位移，其他工况下，三相套管在 $Y$ 向和 $X$ 向的位移峰值均超过了 100mm；$X$ 向位移的最大值为 213mm，为兰德斯（Landers）波作用下的响应；高压套管在 $Y$ 向位移的最大值为 205.9mm，为卧龙波作用下的响应。可见，高压套管顶部的位移峰值较大，可能超过连接母线的设计冗余度，容易导致设备间的牵拉破坏。

### 3.3.2 ±800kV 换流变压器有限元分析

特高压换流变压器多采用各相分离布置，单向变压器布置两根阀侧套管及一根网侧套管。为便于与阀厅内换流阀塔连接，阀侧套管一般采用倾斜布置。某典型的 800kV 特高压换流变压器—套管体系外形及各部分组件如图 3-5 所示。该型变压器的基本结构参数如下：

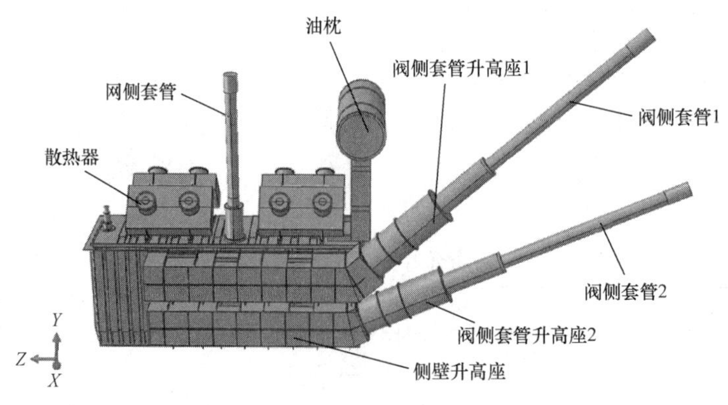


图 3-5 ±800kV 特高压换流变压器—套管体系

变压器箱体长 11.21m，宽 3.16m，高 4.48m。其余参数及建模细节可参见文献。

1. ±800kV 换流变压器动力特性

对换流变压器—套管体系整体模型进行模态分析，得到该体系的各阶自振频率及模态。该体系整体的前 20 阶频率分布在 1～10Hz 之间，接近场地的卓越周期，地震下易产生较大的地震响应。该型换流变压器前 4 阶振型表现为阀侧套管—升高座的摆动及套管自身绕弱轴/强轴的弯曲，频率范围为 1.14～1.49Hz。油枕及散热器的平动和转动出现在 6～10 阶振型，频率范围为 4.39～4.75Hz.。网侧套管的弯曲出现在 12～13 阶振型，频率范围为 5.22～5.32Hz。对于该有限元模型，弱轴方向指变压器箱体短边方向，强轴方向则为箱体长边方向。

2. ±800kV 换流变压器地震响应分析

本节选取埃尔森特罗（El-Centro）波、兰德斯（Landers）波及一组人工波，作为±800kV 换流变压器时程计算的地震输入。

（1）箱壁及升高座的动力放大作用。提取换流变箱壁升高座、侧壁套管升高座，以及网侧套管升高座、各套管根部的加速度响应峰值，并与输入的地震动比较，可得换流变压器的加速度放大系数，其均值见表 3-2。由表 3-2 可知，阀侧套管与网侧套管根部的加速度峰值差异较大，阀侧套管根部的加速度放大系数峰值均超过我国标准中推荐的放大系数值 2.0，而网侧套管根部的放大系数均值在规范推荐值以内。竖向放大系数约为水平向的 1.6 倍，则对于换流变压器，由于其阀侧套管的倾斜角度大，应重点关注竖向动力响应。

**表 3-2　　加速度放大系数均值**

| 套管及升高座编号 | | 套管根部放大系数均值 | 升高座根部放大系数均值 | 箱壁升高座放大系数均值 |
|---|---|---|---|---|
| 弱轴方向 | 阀侧套管 1 | 2.83 | 2.31 | 1.56 |
| | 阀侧套管 2 | 2.75 | 2.31 | 1.37 |
| | 网侧套管 | 1.32 | 1.24 | — |
| 强轴方向 | 阀侧套管 1 | 2.91 | 2.43 | 1.53 |
| | 阀侧套管 2 | 2.13 | 2.03 | 2.03 |
| | 网侧套管 | 1.36 | 1.32 | — |
| 竖向 | 阀侧套管 1 | 4.57 | 2.73 | 1.20 |
| | 阀侧套管 2 | 4.12 | 2.32 | 1.20 |
| | 网侧套管 | 1.70 | 1.41 | — |

（2）套管的位移响应分析。换流变压器在地震作用下各工况的顶端位移均值见表 3-3。由表 3-3 可知，不同的地震波下阀侧套管的位移均较大。阀侧套管 1 在弱轴方向的位移响应最大，峰值均值为 479.98mm。网侧套管在地震动作用下的顶端位移均远小于阀侧套管的位移，峰值最大值为 24.03mm。另外，阀侧套管在各工况下的竖向位移均较大，其值与水平向位移相当，在抗震性能分析时，竖向位移不能忽略。

表 3-3　　套管顶部位移峰值均值

| 套管及升高座编号 | | 套管顶端位移峰值均值（mm） |
|---|---|---|
| 弱轴方向 | 阀侧套管 1 | 479.98 |
| | 阀侧套管 2 | 355.44 |
| | 网侧套管 | 21.49 |
| 强轴方向 | 阀侧套管 1 | 346.90 |
| | 阀侧套管 2 | 115.74 |
| | 网侧套管 | 19.42 |
| 竖向 | 阀侧套管 1 | 387.92 |
| | 阀侧套管 2 | 262.66 |
| | 网侧套管 | 0.73 |

### 3.3.3　1000kV 变压器有限元分析

受制造和运输限制，特高压变压器常为单相自耦式，3 台单相变压器并联组成 1 台三相的特高压变压器组。图 3-6 为 1 台典型的单相特高压变压器三维示意图。1 台单相的特高压变压器由 1 台 1000kV 变压器（主变压器）和 1 台调压补偿变压器组成。调压补偿变压器安装在 1000kV 变压器箱体的外侧，这样的设置方式可以简化主变压器的设计和制造，提高主变压器的可靠性。主变压器与调压补偿变压器，除了低压套管顶端母线连接外，在结构上相互独立。

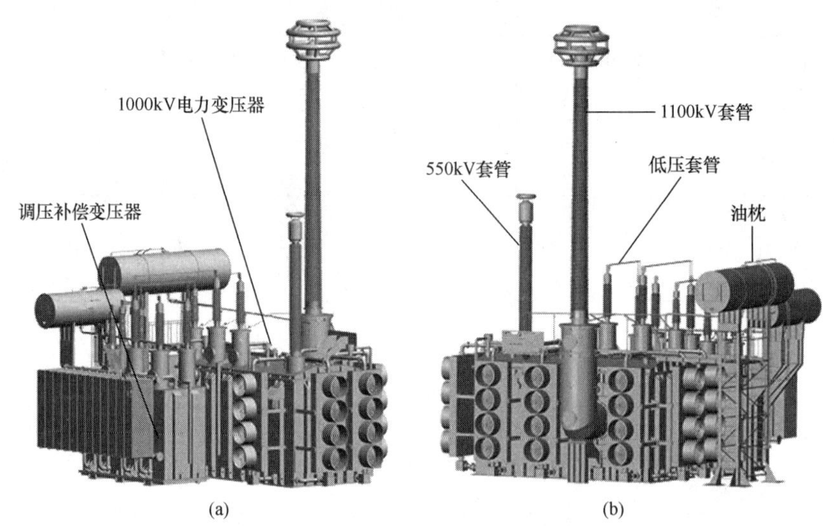


图 3-6　单相特高压变压器三维示意

（a）前视；（b）后视

1000kV 变压器由变压器箱体（内含线圈和铁芯及变压器油）、5 种电压等级（1 支 1100kV、1 支 550kV、两支 170kV 和 1 支 145kV）的升高座和套管（这些套管和升高座在图 3-7 中分别标记为 $A$、$Am$、$x1$、$a1$ 和 $X1$）、油枕、风扇和散热器等组成。该变压器的总质量（包括箱体内部的铁芯和线圈、变压器油、油枕）约为 500 000kg，其中铁芯和线圈质

量为 303 000kg，变压器油为 80 000kg。其他详细参数可以从文献中查阅。

特高压变压器中的变压器和调压换流变压器在结构上相互独立，且 1100kV 和 550kV 套管都安装在 1000kV 变压器上，下文仅对图 3-7 所示的 1000kV 变压器进行抗震分析。图 3-7 为 1000kV 变压器的有限元模型。

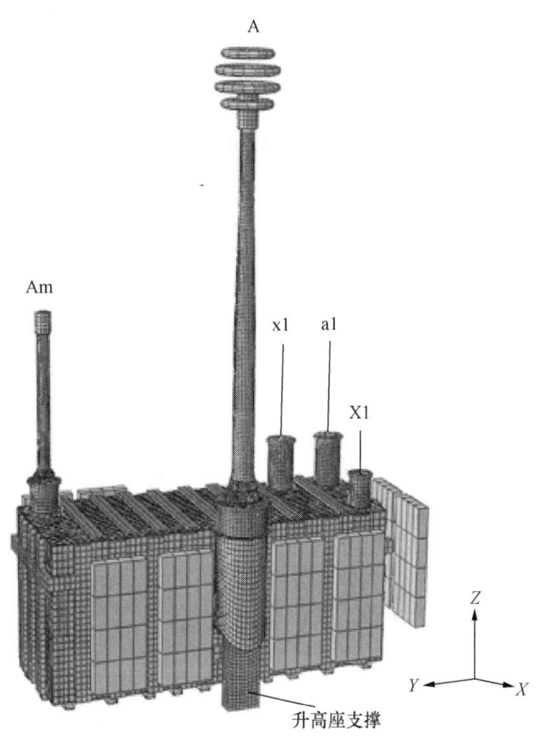

图 3-7　1000kV 变压器有限元模型

1. 1000kV 变压器动力特性

1000kV 变压器的前 20 阶自振频率分布在 2.3～21.7Hz 范围内。前两阶表现为 A 套管及其升高座绕根部的摆动和自身的弯曲，频率为 2.3～2.4Hz；Am 套管及其升高座的弯曲振型出现在第三及第四阶，频率分别为 4.9Hz 和 6.1Hz；a1 套管和 x1 套管的弯曲振型分别出现在第五和第七阶，频率分别为 6.9Hz 和 8.0Hz。箱体的鼓曲振型为第十一阶，频率为 12.2Hz。

2. 1000kV 变压器地震响应分析

（1）谱加速度分析。谱加速度，即根据加速度时程所做的加速度反应谱，其能从频域的角度反映结构的动力特性，如谱加速度的峰值表明结构对某一频率成分的放大。图 3-8 所示为变压器侧壁侧和顶盖侧的平均谱加速度曲线（阻尼比 2%）。在 $A$ 套管的前 3 阶自振频率处，$A$ 升高座顶部的谱加速度均出现明显的峰值，而箱体侧壁的谱加速度仅在自身的自振频率处有很小幅值的峰值。在 $Am$ 和 $x1$ 套管的基本振动频率处和箱体顶盖的自振频率处，$Am$ 和 $x1$ 升高座顶部的谱加速也出现峰值。这表明地震作用中特高压变压器箱体与升高座之间存在强烈的动力相互作用。图中还画出了 1 倍和两倍的特高压电气设备抗震设计反应谱（UHV RRS）。在套管的自振频率处，升高座顶部的谱加速度峰值远大于两倍的特

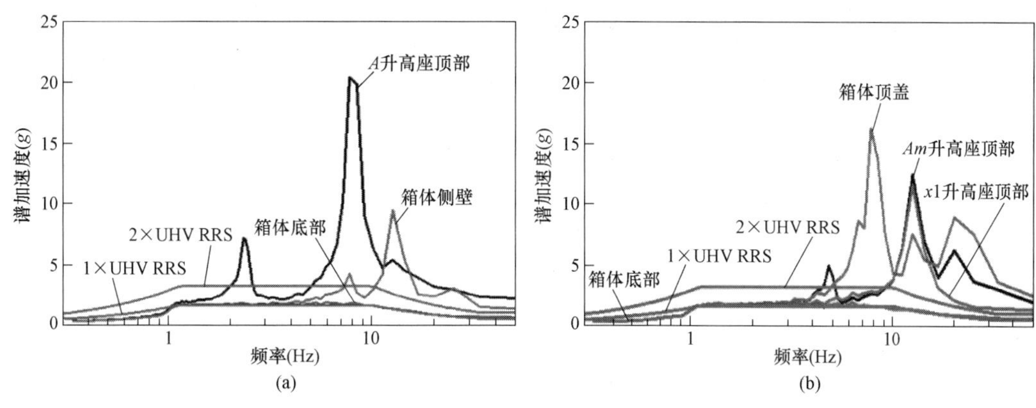

图 3-8　1000kV 变压器平均谱加速度（阻尼比 2%）

（a）变压器 $A$ 套管 $X$ 向的谱加速度；（b）变压器 $Am$ 套管 $X$ 向的谱加速度

高压电气设备抗震设计需求反应谱（UHV RRS)。这说明，按照现有的抗震设计规范对特高压变压器套管进行抗震考核是难以保证其地震安全性的。

（2）套管的地震响应。图 3-9 为地震作用于变压器，安装在变压器上的 $A$、$Am$ 和 $x1$ 套管的地震反应峰值的平均值。其中套管顶部相对变压器箱体底部的位移反应被套管高程（17.9m）标准化。考虑陶瓷的抗拉强度约为 50MPa，1100kV 套管（$A$）根部的最大拉应力已接近陶瓷的抗拉强度。1100kV 套管（$A$）较 550kV 和 170kV 套管（$Am$ 和 $x1$）的应力和位移峰值大数倍。

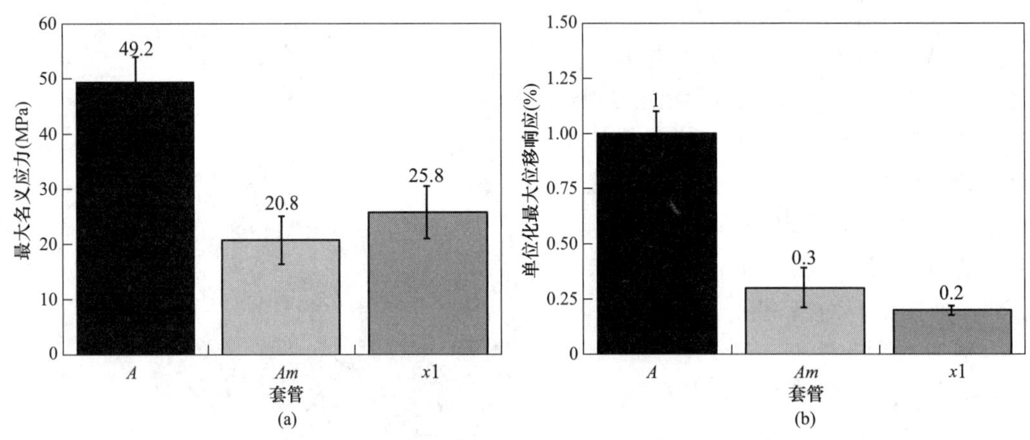


图 3-9　变压器上的 $A$、$Am$ 和 $x1$ 套管的地震反应峰值均值

（a）应变；（b）相对位移

## 3.4　220kV 仿真变压器地震模拟振动台试验

为进一步研究安装在不同位置升高座上套管的抗震性能，设计了 1 个 220kV 仿真变压器-套管体系，并对其进行了振动台试验。该变压器的两支套管为同一型号 220kV 真型套管，分别安装在侧壁伸出的 L 型升高座及顶壁伸出的升高座上。

### 3.4.1　220kV 仿真变压器有限元分析

在开展试验前，先对该 220kV 仿真变压器进行有限元分析，以初步掌握其动力特性及地震响应。建模过程中，在保证体系的动力特性不变的基础上，略去次要设备（如散热器），变压器尺寸及有限元模型如图 3-10 所示，具体参数可见文献。

对 220kV 仿真变压器进行模态分析，获得其前 14 阶频率，见表 3-4。其中，体系的 1、4 阶振型为侧壁套管的 $Y$、$X$ 向振动；体系的 5、6 阶振型为顶盖套管的 $Y$、$X$ 向振动。

**表 3-4　变压器模型前 14 阶频率**

| 模态 | 1 | 2 | 3 | 4 | 5 | 6 | 7 |
|---|---|---|---|---|---|---|---|
| 频率（Hz） | 2.52 | 3.03 | 3.29 | 3.91 | 5.15 | 5.37 | 5.83 |
| 模态 | 8 | 9 | 10 | 11 | 12 | 13 | 14 |
| 频率（Hz） | 9.11 | 9.53 | 10.85 | 11.33 | 13.65 | 15.67 | 18.12 |

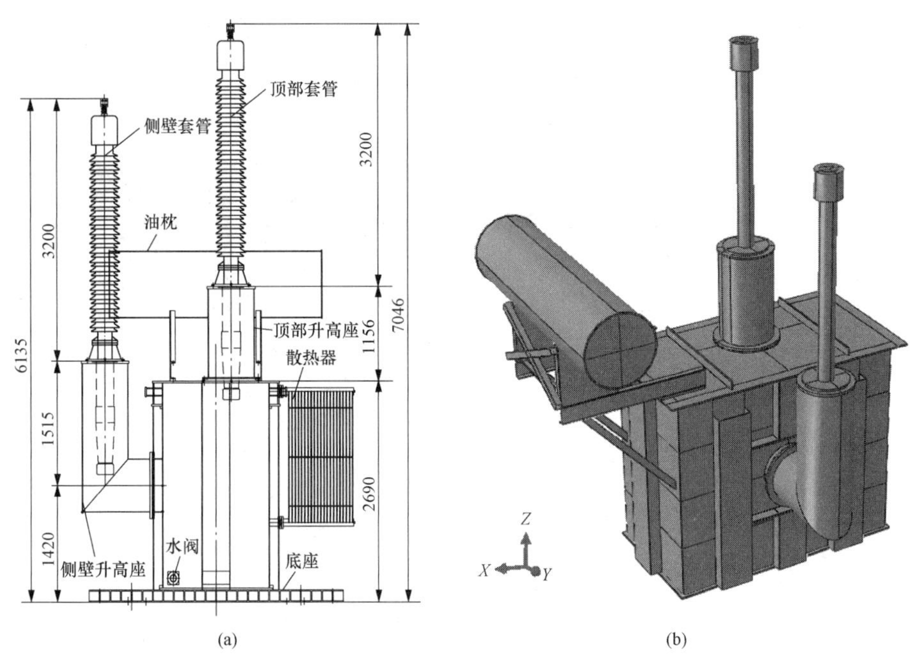


(a)　　(b)

图 3-10　研究对象 220kV 变压器

(a) 变压器尺寸（单位：mm）；(b) 220kV 变压器有限元模型

为深入分析变压器套管的关键振型，绘制顶盖套管 $Y$ 向的前两阶振型如图 3-11 (b)(c) 所示。由图 3-11 可知，顶盖套管 $Y$ 方向的 1 阶振型均表现为套管和升高座绕箱壁的摆动和套管自身弯曲；2 阶振型表现为升高座绕箱壁摆动以及套管绕升高座顶部的摆动。顶壁套管在另一个方向的振型与之类似，而侧壁套管两个水平方向的振型亦是如此。由此可见，在变压器—套管体系的地震响应分析中，升高座绕箱壁的摆动效应不可忽略。

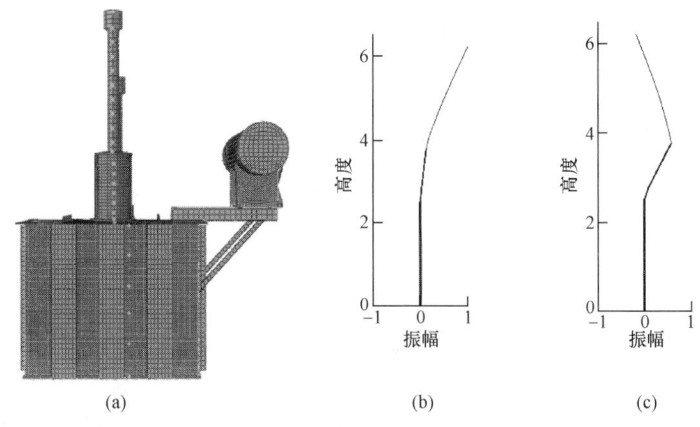


(a)　　(b)　　(c)

图 3-11　顶盖套管 $Y$ 向前两阶振型

(a) 振型提取位置点；(b) $Y$ 向 1 阶振型；(c) $Y$ 向 2 阶振型

### 3.4.2　220kV 仿真变压器试验模型

试验变压器如图 3-12 所示，主要由底座、变压器箱、油枕、散热器及 220kV 真型套管组成。试验模型总尺寸为：高度 7.046m，长度 4.724m，宽度 3.841m。试验模型质量：箱体、套管及其附属部件为 5871kg，采用注水的方式模拟绝缘油，水重为 12 070kg，总重为 17 941kg，另加支座、连接板和锚固板约 2000kg，总重约为 19 941kg。

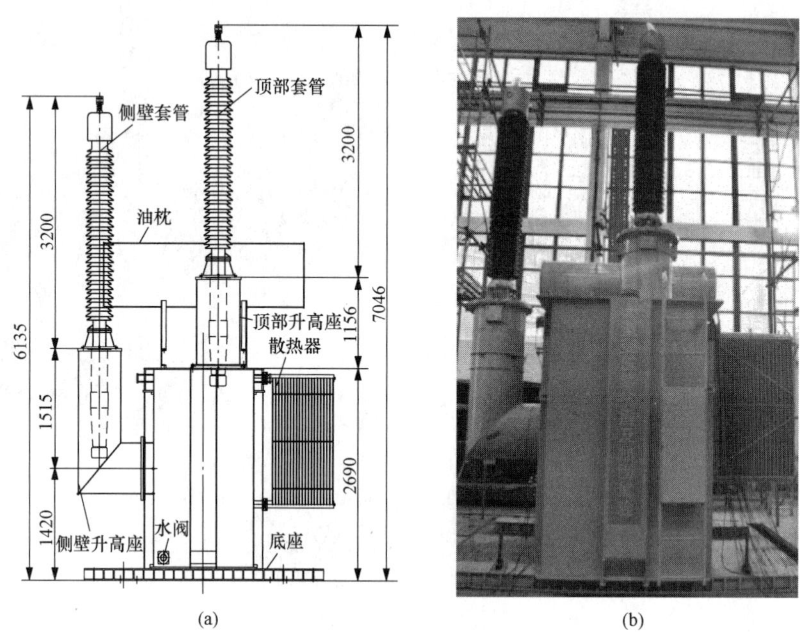


图 3-12　变压器模型

(a) 变压器尺寸（单位：mm）；(b) 变压器整体

220kV 变压器套管如图 3-13（a）所示。套管内部为导电杆和绝缘油等，套管壁为高强陶瓷材料，由空气侧套管和油侧套管两部分组成，总重 572kg，试验安装的套管如图 3-13（b）所示。

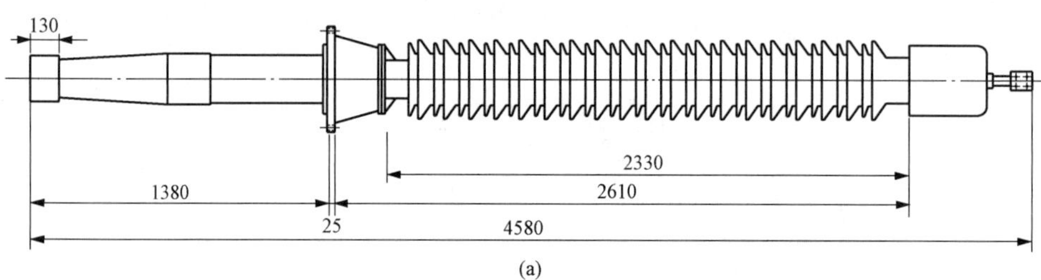


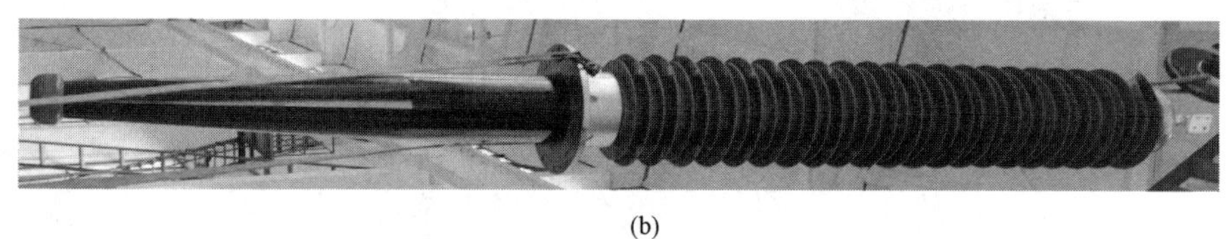


图 3-13　真型套管

(a) 套管尺寸（单位：mm）；(b) 套管实物

### 3.4.3　试验方案

振动台试验中，加速度计布置在套管顶部、根部、升高座根部、油枕和散热器上；应变计布置在套管根部；位移计布置在套管顶部，如图 3-14 所示。其中 A 代表加速度传感器、D 代表位移传感器、S 代表应变传感器。*X* 方向对应变压器箱体短边方向，*Y* 方向对应箱体长边方向。

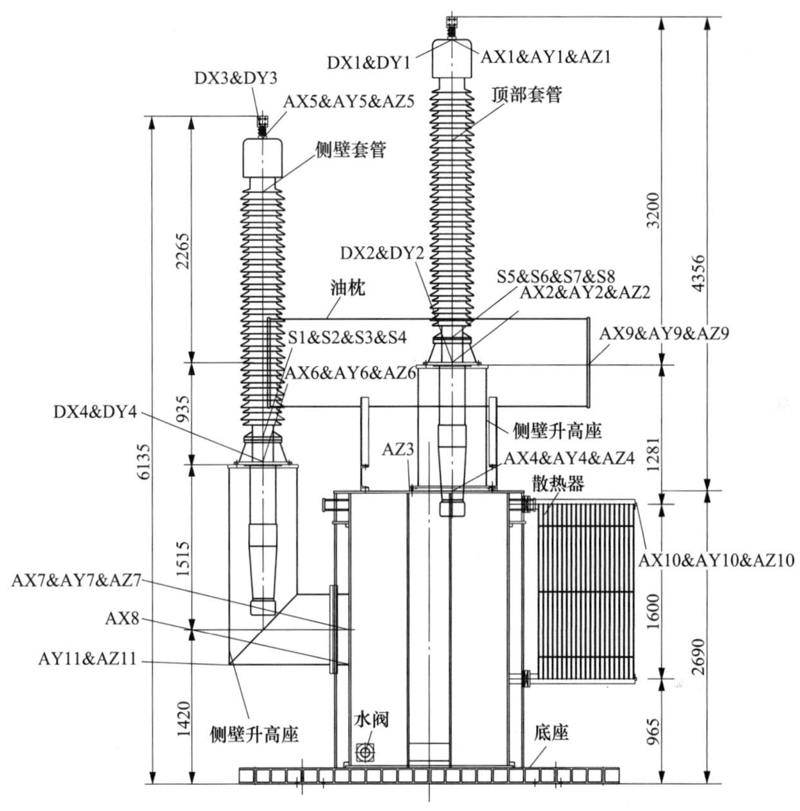


图 3-14　试验测点布置（单位：mm）

输入地震与本章 3.3.1 有限元分析相同，本次试验对试验模型按表 3-5 所示试验工况进行加载，在试验开始、每两个峰值试验之间和试验结束均进行一次白噪声测试其动力特性。

**表 3-5　　试验工况**

| 地震波 | 输入方向 | 加速度峰值（g） | | | | | |
|---|---|---|---|---|---|---|---|
| | | 0.1 | | | 0.2 | | |
| | | *X* | *Y* | *Z* | *X* | *Y* | *Z* |
| 人工波 | *X* 向 | 0.1 | — | — | 0.2 | — | — |
| 八角波 | *XY* 向 | 0.1 | 0.085 | — | 0.2 | 0.17 | — |
| 高鸟（Takatori）波 | *XYZ* 向 | 0.1 | 0.085 | 0.065 | 0.2 | 0.17 | 0.13 |

### 3.4.4 试验结果及分析

1. 基本动力特性

测试得到的变压器—套管体系基频为：侧壁套管 $X$、$Y$、$Z$ 三向的基频分别为 2.43Hz、3.76Hz 和 2.99Hz；顶盖套管 $X$、$Y$、$Z$ 三向的基频分别为 5.14Hz、5.37Hz 和 5.83Hz。可见，安装在变压器侧壁升高座的套管，由于箱体面外刚度不足，其基频相较顶盖套管大大降低。此外，试验的结果与 3.3.1 节有限元的结果较为吻合，验证了有限元模型的准确性。

2. 加速度放大系数

系统的加速度输出可以很好地反应系统的动力响应机理，通过研究变压器—套管体系的加速度响应可以揭示各部件之间的作用规律。考虑到振动台输入地震动峰值的误差，定义加速度放大系数为对应点加速度响应峰值与输入加速度峰值的比值。表 3-6 给出了套管的放大系数，测点位置参照图 3-14，即顶盖套管顶部（$AX1$&$Y1$&$Z1$）、法兰（$AX2$&$Y2$&$Z2$）及侧壁套管顶部（$AX5$&$Y5$&$Z5$）、法兰（$AX6$&$Y6$&$Z6$）。

表 3-6　加速度放大系数

| 编号 | $X$ 向 | | | | $Y$ 向 | | | | $Z$ 向 | | | |
|---|---|---|---|---|---|---|---|---|---|---|---|---|
| | $AX1$ | $AX2$ | $AX5$ | $AX6$ | $AY1$ | $AY2$ | $AY5$ | $AY6$ | $AZ1$ | $AZ2$ | $AZ5$ | $AZ6$ |
| RX 0.1$g$ | 9.18 | 5.06 | 6.27 | 2.06 | — | — | — | — | — | — | — | — |
| RXY 0.1$g$ | 9.02 | 4.82 | 6.16 | 1.96 | 5.76 | 1.88 | 8.19 | 2.66 | — | — | — | — |
| RXYZ 0.1$g$ | 8.90 | 7.90 | 7.90 | 3.40 | 6.40 | 2.81 | 8.31 | 2.70 | 1.91 | 1.62 | 6.32 | 5.15 |
| BX 0.1$g$ | 8.76 | 6.48 | 11.24 | 2.86 | — | — | — | — | — | — | — | — |
| BXY 0.1$g$ | 7.02 | 3.14 | 9.34 | 2.64 | 7.16 | 2.96 | 10.25 | 3.09 | — | — | — | — |
| BXYZ 0.1$g$ | 7.56 | 5.38 | 9.16 | 3.11 | 7.70 | 2.84 | 11.49 | 3.41 | 2.03 | 1.72 | 5.31 | 3.49 |
| KX 0.1$g$ | 10.95 | 5.43 | 6.95 | 2.29 | — | — | — | — | — | — | — | — |
| KXY 0.1$g$ | 8.35 | 4.81 | 6.12 | 2.15 | 10.25 | 2.59 | 8.64 | 2.59 | — | — | — | — |
| KXYZ 0.1$g$ | 8.07 | 4.71 | 7.31 | 2.52 | 10.54 | 3.65 | 9.32 | 3.11 | 2.50 | 2.03 | 4.69 | 3.49 |
| RX 0.2$g$ | 9.22 | 3.85 | 6.51 | 2.14 | — | — | — | — | — | — | — | — |
| RXY 0.2$g$ | 9.20 | 3.45 | 6.70 | 2.20 | 6.72 | 1.94 | 7.72 | 2.67 | — | — | — | — |
| RXYZ 0.2$g$ | 9.39 | 3.08 | 6.77 | 2.37 | 6.30 | 2.01 | 7.34 | 2.72 | 1.44 | 1.31 | 5.69 | 4.51 |
| BX 0.2$g$ | 9.61 | 3.02 | 9.12 | 2.44 | — | — | — | — | — | — | — | — |
| BXY 0.2$g$ | 9.09 | 3.36 | 8.18 | 2.27 | 8.49 | 2.20 | 10.19 | 2.96 | — | — | — | — |
| BXYZ 0.2$g$ | 9.71 | 3.44 | 8.04 | 2.58 | 7.56 | 2.27 | 9.24 | 2.73 | 2.01 | 2.01 | 4.10 | 3.13 |
| KX 0.2$g$ | 9.75 | 4.31 | 6.13 | 1.91 | — | — | — | — | — | — | — | — |
| KXY 0.2$g$ | 8.31 | 3.90 | 6.67 | 2.10 | 9.06 | 2.87 | 7.25 | 2.28 | — | — | — | — |
| KXYZ 0.2$g$ | 8.67 | 3.85 | 8.00 | 2.82 | 8.27 | 2.38 | 7.03 | 2.27 | 2.13 | 1.76 | 6.40 | 4.63 |

由表 3-6 可知，顶盖升高座顶部的 $X$ 向加速度放大系数均在 3.0 以上，$Y$ 向加速度放大系数基本都在 2.0 以上；侧壁升高座顶部 $X$ 向加速度放大系数基本都在 2.0 左右，$Y$ 向加速度放大系数基本都在 6.0 以上。可见升高座顶部实际的加速度放大系数远大于我国规范中

的取值 2.0，说明我国规范在部分情况下偏于不安全；顶盖升高座顶部的 $Y$ 向加速度放大系数较 $X$ 向减小了 30%以上，引起差别的原因在于箱体 $X$、$Y$ 向面外刚度的差异，说明合理的加劲肋布置可以降低升高座绕箱体的摆动，起到控制振动的作用；顶盖升高座顶部的 $Z$ 向加速度放大系数基本在 2.0 左右，侧壁升高座顶部的 $Z$ 向加速度放大系数均超过 4.1，说明侧壁升高座对竖向地震动更加敏感。

3. 谱加速度分析

由于加速度峰值并不能全面反映动力特性和响应机理，故进一步通过谱加速度来研究变压器套管体系的动力响应。取峰值 $0.2g$ 人工波输入下顶盖套管关键位置的加速度时程，求阻尼比为 2%的反应谱得到谱加速度，如图 3-15 所示。图 3-15 中，$X$、$Y$ 向谱加速度的形状基本一致，但是在基频处 $Y$ 向加速度反应谱的幅值有明显减小，这是由于箱体顶盖 $X$ 向的面外刚度低于 $Y$ 向，对地震动的放大作用更明显所致。

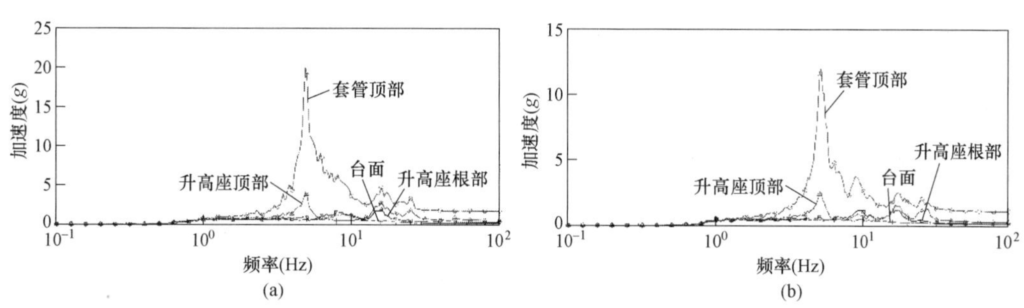


图 3-15　变压器—套管体系关键位置谱加速度

(a) 人工波 $X$ 向谱加速度；(b) 人工波 $Y$ 向谱加速度

为了进一步阐述箱壁面外变形对升高座及套管动力响应的影响，可以将升高座考虑为如图 3-16 所示的根部带有转动弹簧的悬臂结构，升高座顶部的位移 $U_t$ 由根部平动位移 $U_b$、根部转动引起的位移 $U_r$ 和弹性变形 $U_d$ 这 3 部分组成，对于升高座而言，弹性变形主要是升高座的弯剪变形。

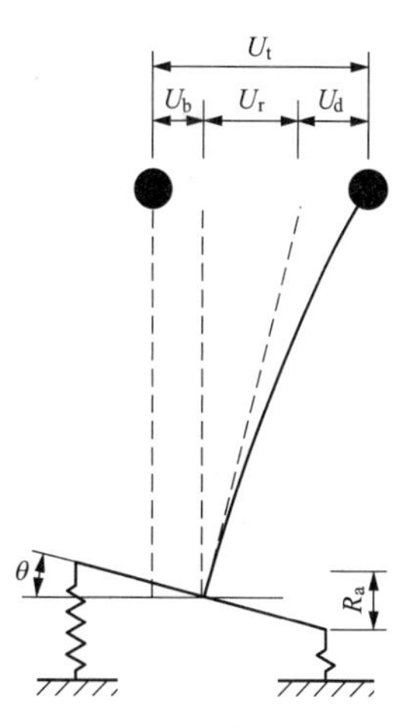


图 3-16　升高座顶部位移分解示意

由图 3-16，升高座顶部的位移可以按式（3-1）进行分解

$$U_t = U_b + U_r + U_d \tag{3-1}$$

其中

$$U_r = L\theta \tag{3-2}$$

$$\theta = \frac{R_a}{D_a} \tag{3-3}$$

$$U_t = U_b + L\frac{R_a}{D_a} + U_d \tag{3-4}$$

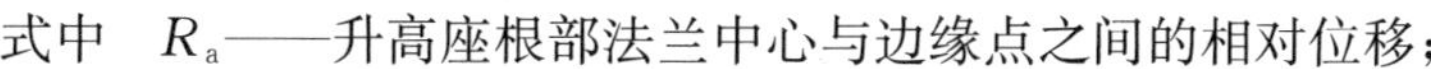

式中　$R_a$——升高座根部法兰中心与边缘点之间的相对位移；

$\theta$——根部法兰面外转角；

$L$——升高座长度沿平动方向的投影长度；

$D_a$——升高座根部法兰的直径。

对式（3-4）求二阶导数，并记 $A_{t0} = (U_t - U_b)''$ 得式（3-5）

$$A_{t0}=L\frac{A_{dif}}{D_a}+A_d \tag{3-5}$$

式中 $A_{dif}$——升高座根部法兰边缘点的面外相对加速度，与式（3-3）中的相对位移 $R$ 相对应；

$A_{t0}$——升高座顶部相对于箱体顶盖的加速度；

$A_d$——箱体顶盖加速度。

因此，升高座加速度的摆动加速度 $A_r$ 和变形加速度 $A_d$ 可以通过式（3-6）和式（3-7）求得

$$A_r=L\frac{A_{dif}}{D_a} \tag{3-6}$$

$$A_d=A_{t0}-A_r \tag{3-7}$$

按照式（3-6）和式（3-7）计算得到人工波输入下的升高座加速度分量，如图 3-17 所示。图 3-17（a）中，摆动分量和升高座顶部相对加速度的波形一致，弹性变形引起的加速度幅值很小，即升高座对加速度的放大主要是升高座的摆动引起的。按照 2%阻尼比计算得到其加速度反应谱如图 3-17（b）所示。

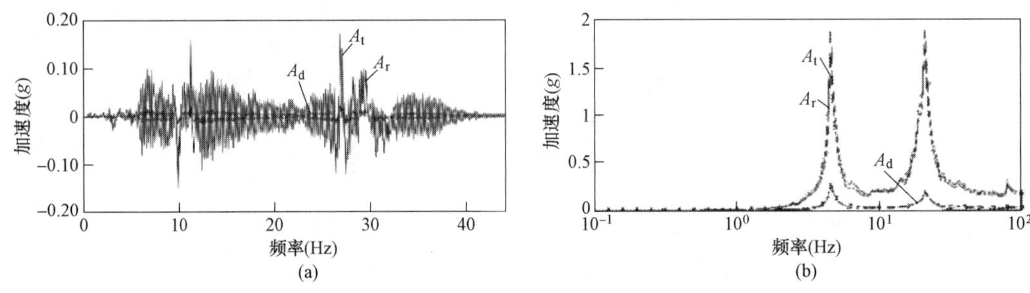


图 3-17 人工波作用下升高座加速度分量的时程及反应谱

（a）升高座加速度分量的时程；（b）升高座加速度分量的反应谱

图 3-17 中升高座顶部加速度的反应谱曲线只在各方向的前两阶频率处有较高的峰值，验证了 3.3 节提到的变压器—套管体系中套管的地震响应主要由对应方向前两阶振型决定的结论。此外，地震作用下，升高座顶部的相对加速度可以分解为摆动分量和弹性分量。对 3 者的时程和加速度反应谱进行分析，发现升高座顶部相对加速度的主要成分为摆动分量，弹性分量的贡献较小。因此，控制升高座的摆动是减小套管地震响应的关键。

由以上分析可知，箱体对输入地震动频谱的影响可以忽略，箱体可以简化为刚体考虑；箱体的面外刚度对套管地震响应有显著影响，箱体和升高座的连接处则需简化成柔性连接。

4. 位移响应

变电站中的变压器通常通过导线与其他设备连接，震害调查中发现地震作用下套管顶部过大的位移会导致冗余度不足的导线拉紧，导线中产生牵拉力，致使连接金具破坏或套管破坏。表 3-7 给出了套管的位移响应。测点位置参照图 3-14，即顶盖套管顶部（DX1&Y1）、顶盖套管根部（DX2&Y2）及侧壁套管顶部（DX3&Y3）、侧壁套管根部（DX4&Y4）。

**表 3-7　　　　套管顶部及根部位移响应**

| 编号 | X 向（mm） | | | | Y 向（mm） | | | |
|---|---|---|---|---|---|---|---|---|
| | DX1 | DX2 | DX3 | DX4 | DY1 | DY2 | DY3 | DY4 |
| RX 0.1g | 17.41 | 15.22 | 30.73 | 17.90 | 2.92 | 2.52 | 8.54 | 2.99 |
| RXY 0.1g | 15.59 | 13.70 | 29.45 | 16.81 | 12.16 | 9.90 | 23.26 | 14.60 |
| RXYZ 0.1g | 16.43 | 14.70 | 29.53 | 16.77 | 12.36 | 9.79 | 23.16 | 14.46 |
| BX 0.1g | 20.67 | 18.18 | 58.71 | 29.70 | 2.54 | 2.39 | 10.38 | 2.83 |
| BXY 0.1g | 20.79 | 17.37 | 56.48 | 28.29 | 11.40 | 10.45 | 22.01 | 14.79 |
| BXYZ 0.1g | 20.86 | 18.10 | 56.13 | 29.17 | 11.13 | 9.15 | 21.24 | 14.19 |
| KX 0.1g | 22.05 | 18.03 | 42.17 | 22.81 | 2.43 | 1.95 | 9.98 | 2.76 |
| KXY 0.1g | 20.79 | 16.67 | 41.07 | 22.14 | 12.06 | 10.20 | 15.88 | 11.70 |
| KXYZ 0.1g | 21.71 | 17.57 | 42.09 | 22.49 | 13.43 | 11.33 | 16.45 | 12.44 |
| RX 0.2g | 31.08 | 28.28 | 55.95 | 32.65 | 5.53 | 3.48 | 17.07 | 5.01 |
| RXY 0.2g | 30.81 | 28.57 | 57.67 | 32.46 | 23.40 | 19.06 | 45.69 | 27.57 |
| RXYZ 0.2g | 31.27 | 30.19 | 60.61 | 32.95 | 22.03 | 17.55 | 44.22 | 26.50 |
| BX 0.2g | 42.75 | 34.89 | 102.98 | 53.91 | 5.36 | 2.89 | 22.02 | 4.50 |
| BXY 0.2g | 42.17 | 34.18 | 101.41 | 53.30 | 20.33 | 17.46 | 34.21 | 24.03 |
| BXYZ 0.2g | 42.05 | 33.85 | 95.33 | 51.17 | 22.89 | 18.24 | 35.05 | 25.48 |
| KX 0.2g | 43.16 | 35.35 | 83.44 | 45.07 | 7.73 | 3.82 | 22.83 | 7.19 |
| KXY 0.2g | 44.69 | 36.67 | 83.18 | 46.07 | 27.71 | 23.61 | 29.93 | 24.82 |
| KXYZ 0.2g | 43.20 | 34.81 | 82.25 | 44.34 | 25.94 | 21.54 | 27.36 | 22.59 |

表 3-7 中的数据体现了输入地震波频谱和峰值对套管位移响应的影响。PGA 为 0.1$g$ 时，在试验所用 3 条地震波作用下，顶盖套管顶部 $X$ 向位移最大为 22.05mm，最小为 15.59mm。当 PGA 从 0.1$g$ 变化到 0.2$g$ 时，位移基本均变为原来的两倍，这说明 0.2$g$ 时体系仍处于弹性阶段；同一工况下侧壁套管顶部位移约为顶盖套管顶部位移的两倍，这主要是因为侧壁升高座具有较长的悬臂端，导致侧壁套管柔度大，放大了地震响应；顶盖套管的 $X$、$Y$ 向位移差异不大，而侧壁套管由于 $X$、$Y$ 向的动力特性差异大，因此，其位移响应也有较大的差异。因此，在设计变压器时，应注意不同方向的差异性，防止某一方向抗震性能过差的情况出现。

5. 应变响应

震害调查表明，套管易在其根部发生强度破坏。套管根部应变最大为 83.38$\mu\varepsilon$，高强陶瓷的弹性模量为 100GPa。此时，套管弯曲应力为 8.4MPa，小于允许应力 30MPa，陶瓷套管处于弹性阶段。当输入峰值为 0.2$g$ 时，顶盖套管根部 $X$ 侧的平均应变为 67.17$\mu\varepsilon$，Y 侧的平均应变为 34.59$\mu\varepsilon$。与之相比，侧壁套管根部 $X$ 侧的平均应变为 69.48$\mu\varepsilon$，$Y$ 侧的平均应变为 45.33$\mu\varepsilon$。可见，侧壁套管在地震中受损的可能性更高；套管在八角波的作用下 $X$ 侧出现最大应变响应，而在塔卡（Taka）波作用下 $Y$ 侧出现最大应变响应。

## 3.5 变压器—套管体系理论模型

目前，对变压器—套管体系的理论分析多将变压器、升高座、套管简化成集中质量点，应力计算较粗糙（黄忠邦，1994）。因此，需要提出变压器—套管体系的合理理论模型，来计算其地震响应和指导设计。

本章在第 3.3 节和第 3.4 节的基础上，根据箱体、升高座、套管的作用机理，提出可以反映体系基本动力特性的理论模型，并将理论模型计算结果与振动台试验结果进行对比，证明了理论模型的合理性。

### 3.5.1 基本假定

有限元计算和振动台试验的结果表明：箱体对地震输入的放大很小，升高座绕箱壁的摆动和套管自身的细长结构是导致地震响应放大的主要因素。因此，对变压器—套管体系中，可做如下假定：

（1）仅考虑结构在水平单向地震作用下的响应，不考虑不同方向的耦合振动和竖直方向的振动。

（2）将变压器箱体简化为刚体，只考虑箱壁的面外转动。

（3）变压器的前两阶振型以升高座和套管的耦合振动为主，两者可简化为欧拉梁。

（4）不考虑其他部件的影响，不考虑变压器质量偏心导致的扭转。

### 3.5.2 变压器—套管体系串联分布参数模型

基于本章第 3.3 节和第 3.4 节的分析，可将变压器—套管体系简化为如图 3-18 所示的分布参数体系。箱体、升高座和套管均简化为具有均匀分布质量和刚度的梁，箱体和升高座之间、升高座和套管间通过转动弹簧连接。图 3-18（b）中 $E_1I_1$、$L_1$、$m_1$ 分别为箱体的等效弯曲刚度、长度和线密度；$E_1I_2$、$L_2$、$\overline{m}_2$ 分别为升高座的等效弯曲刚度、长度和线密度；$E_2I_3$、$L_3$、$\overline{m}_3$ 分别为套管的等效弯曲刚度、长度和线密度；$K_{\theta 1}$ 为升高座与箱体连接处的转动刚度；$K_{\theta 2}$ 为法兰处转动弹簧的刚度。

1. 梁的振型方程

对质量和刚度均匀分布的梁，忽略其剪切变形，得到其无阻尼自由振动的运动方程为

$$EI\frac{\partial^4 v(x,t)}{\partial x^4}+\overline{m}\frac{\partial^2 v(x,t)}{\partial t^2}=0 \tag{3-8}$$

式（3-8）通解可表示为：$v(x,\ t)=\phi(x)Y(t)$，其中，$v(x,\ t)$ 为横向位移响应，$\phi(x)$ 为形函数，$Y(t)$ 为广义坐标。$\phi(x)$ 为分段函数，在局部坐标系中可表示为

$$\phi_i(x_i)=A_{i1}\cos a_ix+A_{i2}\sin a_ix+a_{i3}\cosh a_ix+A_{i4}\sinh a_ix \quad (0\leqslant x\leqslant L_i) \tag{3-9}$$

$$a_i=\sqrt[4]{\frac{\omega^2\overline{m}_i}{E_iI_i}} \tag{3-10}$$

为了方便表述，定义

$$\phi_0(x)=0 \tag{3-11}$$

对振型方程式（3-9）求 1 阶、2 阶、3 阶导数得到

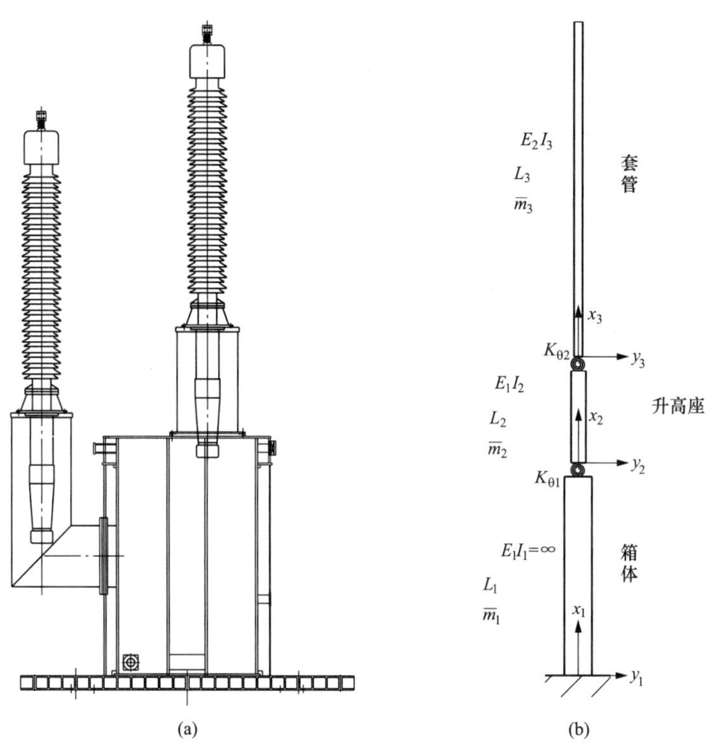


图 3-18　变压器—套管体系串联分布参数模型

(a) 变压器-套管体系结构示意；(b) 变压器-套管体系理论模型示意

$$\phi_i'(x_i)=a_i(-A_{i1}\sin a_ix+A_{i2}\cos a_ix+A_{i3}\sinh a_ix+A_{i4}\cosh a_ix)\quad(0\leqslant x\leqslant L_i) \tag{3-12}$$

$$\phi_i''(x_i)=a_i^2(-A_{i1}\cos a_ix-A_{i2}\sin a_ix+A_{i3}\cosh a_ix+A_{i4}\sinh a_ix)\quad(0\leqslant x\leqslant L_i) \tag{3-13}$$

$$\phi_i''(x_i)=a_i^2(-A_{i1}\cos a_ix-A_{i2}\sin a_ix+A_{i3}\cosh a_ix+A_{i4}\sinh a_ix)\quad(0\leqslant x\leqslant L_i) \tag{3-14}$$

式 (3-9)～式 (3-14) 中，$\omega$ 为整个结构的自振频率，其余 4 个常数决定振型的形状和振幅；$i$ 为梁编号，其取值范围为 $1\sim n$，以下推导中 $i$ 的定义和取值与此处相同，不再赘述。对于本文的变压器—套管体系，可以将其分成 3 段，对于每一段均可得到其振型方程和导数。

2. 边界条件的引入

由图 3-18 可知，串联分布参数模型中存在 3 类节点：刚性节点、柔性节点和自由端。刚性节点表示两段梁之间刚接，转角相等，通常出现在套管截面变化处和与基础相连处；柔性节点表示两段梁之间通过转动弹簧连接，可以发生相对转动，如升高座与箱体的连接处、套管与升高座连接处；自由端表示其没有与任何梁相连，转角和位移均没有限制，通常出现在套管顶端。对于 3 类节点，根据其不同的性质得到其边界条件如下：

对于刚性节点，由节点处上下梁段位移相等、转角相等、弯矩相等和剪力相等得

$$\phi_i(L_i)=\phi_{i+1}(0);\phi_i'(L_i)=\phi_{i+1}'(0);$$

$$E_iI_i\phi''_i(L_i)=E_{i+1}I_{i+1}\phi''_{i+1}(0);$$
$$E_iI_i\phi'''_i(L_i)=E_{i+1}I_{i+1}\phi'''_{i+1}(0) \tag{3-15}$$

对于柔性节点，节点处的弯矩取决于节点处上下梁段的相对转角。根据节点的边界条件有

$$\phi_i(L_i)=\phi_{i+1}(0);$$
$$E_iI_i\phi''_i(L_i)=E_{i+1}I_{i+1}\phi''_{i+1}(0)=K_\theta[\phi'_{i+1}(0)-\phi'_i(L_i)]; \tag{3-16}$$
$$E_iI_i\phi'''(L_i)=E_{i+1}I_{i+1}\phi'''_{i+1}(0)$$

对于自由端，由节点处剪力和弯矩为零得到

$$E_iI_i\phi''_i(L_i)=0;E_iI_i\phi'''_i(L_i)=0 \tag{3-17}$$

将式（3-9）~式（3-13）代入式（3-15）式（3-17），可得到每一类节点关于 $A_{i1}-A_{i4}$ 的线性方程组。由 3 类节点组成的结构体系的线性方程组的矩阵表示如下

$$W\cdot A=0 \tag{3-18}$$

其中

$$A=\{A_{11}\ A_{12}\ A_{13}\ A_{14}\ A_{21}\ A_{22}\ A_{23}\ A_{24}\ A_{31}\ A_{32}\ A_{33}\ A_{34}\}^{\mathrm{T}} \tag{3-19}$$
$$W=\{W_1\ \cdots\ W_2\ \cdots\ W_3\ \cdots\ W_4\}^{\mathrm{T}} \tag{3-20}$$

$W_1$-$W_4$ 的取值如下

$$W_1=\begin{bmatrix}1 & 0 & 1 & 0 & \cdots\\ 0 & 1 & 0 & 1 & \cdots\end{bmatrix} \tag{3-21}$$

$$W_2=\left[\cdots\begin{matrix}\cos\alpha_1L_1 & \sin a_1L_1 & \cosh a_1L_1 & \sinh a_1L_1 & -1 & 0 & -1 & 0\\ \sin a_1L_1+b_1\cos a_1L_1 & -\cos a_1L_1+b_1\sin a_1L_1 & -\sinh a_1L_1-b_1\cosh a_1L_1 & -\cosh a_1L_1-b_1\cosh a_1L_1 & 0 & c_1 & 0 & c_1\\ \sin a_1L_1 & -\cos a_1L_1 & -\sinh a_1L_1 & -\cosh a_1L_1 & E_2I_2a_2^2/(K_\theta a_1) & c_1 & -E_2I_2a_2^2/(K_\theta a_1) & c_1\\ \sin a_1L_1 & -\cos a_1L_1 & -\sinh a_1L_1 & -\cosh a_1L_1 & 0 & e_1 & 0 & -e_1\end{matrix}\cdots\right] \tag{3-22}$$

$$W_3=\left[\cdots\begin{matrix}\cos a_2L_2 & \sin a_2L_2 & \cosh a_2L_2 & \sinh a_2L_2 & -1 & 0 & -1 & 0\\ -\sin a_2L_2 & \cos a_2L_2 & \sinh a_2L_2 & \cosh a_2L_2 & 0 & -c_2 & 0 & -c_2\\ -\cos a_2L_2 & -\sin a_2L_2 & \cosh a_2L_2 & \sinh a_2L_2 & d_1 & 0 & -d_1 & 0\\ \sin a_2L_2 & -\cos a_2L_2 & \sinh a_2L_2 & \cosh a_2L_2 & 0 & e_2 & 0 & -e_2\end{matrix}\cdots\right] \tag{3-23}$$

$$W_4=\left[\cdots\begin{matrix}-\cos a_3L_3 & -\sin a_3L_3 & \cosh a_3L_3 & \sinh a_3L_3\\ \sin a_3L_3 & -\cos a_3L_3 & \sinh a_3L_3 & \cosh a_3L_3\end{matrix}\cdots\right] \tag{3-24}$$

$W_1$-$W_4$ 分别表示固定端、柔性节点、刚性节点和自由端，式中省略号表示其余元素都为 0。从固定端以上的第 1 个节点开始编号，则对于第 $i$ 个节点，表示其边界条件的矩阵位于总矩阵 $W$ 的第 $4i-1$ 到 $4i+2$ 行且对角线上的元素为总矩阵 $W$ 对角线上的元素。矩阵中采用字母的含义如下

$$b_i = E_i I_i a_i / K_{\theta i}; c_i = a_{i+1}/a_i; d_i = E_i I_i a_i^2 / E_{i+1} I_{i+1} a_{i+1}^2$$

$$e_i = E_i I_i a_i^3 / E_{i+1} I_{i+1} a_{i+1}^3 \tag{3-25}$$

对于实际结构，可以适当分段来模拟刚度和质量的不均匀分布、不同设备的结构差异。例如，设备分段用法兰连接，此时，只需要在总矩阵 $W$ 中对应位置添加 $W_2$ 和 $W_3$ 即可。

3. 转动弹簧刚度确定

总矩阵中包含两个转动弹簧刚度 $K_{\theta 1}$ 和 $K_{\theta 2}$，$K_{\theta 2}$ 的计算公式已经在我国规范（GB 50011—2010）《电力设施抗震设计规范》中给出，当法兰与瓷套管之间采用高强水泥胶装连接时（参见图 3-19），转动刚度按式（3-26）确定

$$K_{\theta 2} = 6.54 \times 10^7 \frac{d_f h_c^2}{t_e} \tag{3-26}$$

式中 $d_f$——瓷套管胶装部位的外径，m；

$h_c$——瓷套管与法兰胶装高度，m；

$t_e$——法兰与瓷套管之间的间隙距离，m。

总矩阵中 $K_{\theta 1}$ 的计算按照文献中的方法计算，以刚接边界为例，如图 3-20 所示，将箱体顶盖简化成长度为 $L$ 的梁，升高座根部法兰板简化成长度为 $a$ 的刚性杆件，刚性杆件到等效梁左侧边界的距离为 $x$，到右侧边界的距离为 $L$-$a$-$x$。简化梁的弯曲刚度为 $EI$，刚性杆件承受的外荷载分别为集中力 $P$ 和弯矩 $M$，对应的变形为 $D_P$ 和 $\theta$。定义两个尺寸系数分别为 $\lambda_1 = a/L$，$\lambda_2 = x/L$，经过推导，将公式最终简化为式（3-27）～式（3-31）。

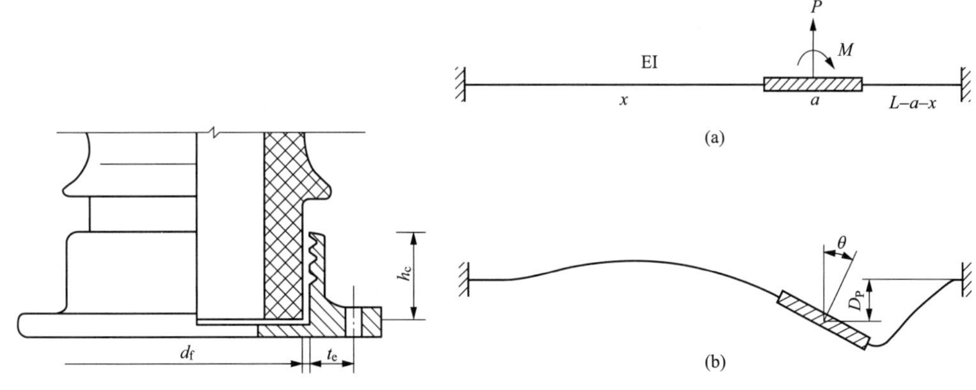


图 3-19　水泥胶装型法兰连接

图 3-20　升高座根部简化计算示意

(a) 刚性杆件的受力；(b) 简化梁的变形

$$K_\theta = \frac{EI}{L} C_1 (C_2 C_3 + C_4) \tag{3-27}$$

$$C_1 = \frac{1}{(\lambda_1 + \lambda_2 - 1)(\lambda_1^2 + 3\lambda_1\lambda_2 + 3\lambda_2^2 - 2\lambda_1 - 3\lambda_2 + 1)\lambda_2} \tag{3-28}$$

$$C_2 = \frac{-12(\lambda_1 + 1)}{\lambda_1^3 + 3\lambda_2\lambda_1^2 + 3\lambda_2^2\lambda_1 - 3\lambda_1^2 - 6\lambda_2\lambda_1 - 3\lambda_2^2 + 3\lambda_1 + 3\lambda_2 - 1} \tag{3-29}$$

$$C_3 = 0.5\lambda_1^4\lambda_3 + 2\lambda_1^3\lambda_2^2 + 3\lambda_1^2\lambda_2^3 + 1.5\lambda_1\lambda_2^4 - 1.5\lambda_1^3\lambda_2 - 4\lambda_1^2\lambda_2^2 - 3\lambda_1\lambda_2^3 + 1.5\lambda_1^2\lambda_2 + 2\lambda_1\lambda_2^2 - 0.5\lambda_1\lambda_2 \tag{3-30}$$

$$C_4 = \lambda_1^3 + 6\lambda_2\lambda_1^2 + 6\lambda_2^2\lambda_1 - 3\lambda_1^2 - 6\lambda_2\lambda_1 + 3\lambda_1 - 1 \tag{3-31}$$

同样，若考虑梁两端为铰接时，公式最终可简化为

$$K_\theta = \frac{EI}{L} C_1 (C_2 C_3 + C_4) \tag{3-32}$$

$$C_1 = \frac{1}{\lambda_1^3 + 3\lambda_2\lambda_1 + 3\lambda_2^2 - 2\lambda_1 - 3\lambda_2 + 1} \tag{3-33}$$

$$C_2 = \frac{-6}{\lambda_1^3 + 3\lambda_2\lambda_1^2 + 3\lambda_2^2\lambda_1 - 3\lambda_1^2 - 6\lambda_1\lambda_2 - 3\lambda_2^2 + 3\lambda_1 + 3\lambda_2 - 1} \tag{3-34}$$

$$C_3 = 0.5\lambda_1^3 + 1.5\lambda_1^2\lambda_2 + 1.5\lambda_2^2\lambda_1 - \lambda_1^2 - 1.5\lambda_1\lambda_2 + 0.5\lambda_1 \tag{3-35}$$

$$C_4 = 3 \tag{3-36}$$

4. 串联分布参数体系的动力响应计算

式（3-18）表示体系的振型与频率的关系，对于给定的结构体系，如果得到频率就可以求得 $A_{i1}$-$A_{i4}$，进而得到振型。为了使 $A_{i1}$-$A_{i4}$不同时为 0，系数矩阵 $W$ 的行列式必须为 0，据此可得到体系自振频率，代入到式（3-18）中解得系数 $A_{i1}$-$A_{i4}$，可得体系的振型。得到频率和振型后可根据式（3-37）求出体系的一致质量矩阵 $M$、一致刚度矩阵 $K$ 和一致阻尼矩阵 $C$，得到正规坐标表示的动力方程式（3-38）。

$$\begin{aligned} k_{ij} &= \int_0^L EI(x)\phi_i^*(x)\phi_j''(x)\mathrm{d}x \\ m_{ij} &= \int_0^L m(x)\phi_i''(x)\phi_j''(x)\mathrm{d}x \\ c_{ij} &= \int_0^L c(x)\phi_i''(x)\phi_j''(x)\mathrm{d}x \end{aligned} \tag{3-37}$$

$$\boldsymbol{M}\left(\sum_{j=1}^{n}\ddot{Y}_j(t)\phi_j\right) + \boldsymbol{C}\left(\sum_{j=1}^{n}\dot{Y}_j(t)\phi_j\right) + \boldsymbol{K}\left(\sum_{j=1}^{n}Y_j(t)\phi_j\right) = -\boldsymbol{M}\left(\sum_{j=1}^{n}\gamma_j\phi_j\right)\ddot{x}_g(t) \tag{3-38}$$

利用振型对质量、刚度和阻尼的正交性对体系运动方程进行解耦得到

$$\ddot{Y}_j(t) + 2\zeta_j\omega_j\dot{Y}_j(t) + \omega_j^2 Y_j(t) = -\gamma_j\ddot{x}_g \tag{3-39}$$

式中　$Y_j(t)$——第 $j$ 阶振型对应的幅值函数；

$\gamma_j$——第 $j$ 阶振型的参与系数，按照式（3-40）计算；

$\zeta_j$——第 $j$ 阶振型的阻尼比，按照式（3-41）计算。

$$\gamma_j = \frac{\phi_j^{\mathrm{T}}\boldsymbol{MI}}{\phi_j^{\mathrm{T}}\boldsymbol{M}\phi_j} \tag{3-40}$$

$$\zeta_j = \frac{\alpha + \beta\omega_1^2}{2\omega_i} \tag{3-41}$$

式中　$\alpha$、$\beta$——瑞雷阻尼系数。

对式（3-39）利用纽马克-$\beta$ 法积分得到 $Y_j(t)$，代入正规坐标表达式即可得到体系的动力响应。下面给出纽马克-$\beta$ 法积分得到 $Y_j(t)$ 的具体过程

$$\begin{cases} \Delta\dot{u}_{ik} = \ddot{u}_{ik}\Delta t + \eta\Delta\ddot{u}_{ik}\Delta t, \\ \Delta u_{ik} = \dot{u}_{ik}\Delta t + \frac{1}{2}\ddot{u}_{ik}\Delta t^2 + \beta\Delta\ddot{u}\Delta t^2 \end{cases} \tag{3-42}$$

式中　$u_{ik}$——对应第 $i$ 个广义坐标在第 $k$ 个时间点的相对位移；

$\dot{u}_{ik}$——对应第 $i$ 个广义坐标在第 $k$ 个时间点的相对速度；

$\ddot{u}_{ik}$——对应第 $i$ 个广义坐标在第 $k$ 个时间点的相对加速度；

$\Delta_{uik}$、$\Delta\dot{u}_{ik}$ 以及 $\Delta\ddot{u}_{ik}$——分别表示对应增量；

$\eta$——参数，取 1/2；

$\beta$——参数，取 1/6。

又根据式（3-39），其增量形式为

$$\Delta\ddot{u}_i + 2\zeta_i\omega_i\Delta\dot{u}_i + \omega_i^2\Delta u_i = -\gamma_i\Delta\ddot{x}_g \tag{3-43}$$

将式（3-42）代入式（3-44）中，有

$$(1+2\eta\omega_i\zeta_i\Delta t+\beta\omega_i^2\Delta t^2)\Delta\ddot{u}_{ik} = -\gamma_i\Delta\ddot{x}_{gk} - \left[2\omega\zeta_i\ddot{u}_{ik}\Delta t + \omega^2\left(\dot{u}_{ik}\Delta t + \frac{1}{2}\ddot{u}_{ik}\Delta t^2\right)\right] \tag{3-44}$$

记

$$S = 1+2\eta\omega_i\zeta_i\Delta t+\beta\omega_i^2\Delta t^2,$$

$$Q = 2\omega\zeta_i\ddot{u}_{ik}\Delta t + \omega^2\left(\dot{u}_{ik}\Delta t + \frac{1}{2}\ddot{u}_{ik}\Delta t^2\right)$$

有：

$$S\Delta\ddot{u}_{ik} = -\gamma_i\Delta\ddot{x}_{gk} - Q \tag{3-45}$$

即当已知地震加速度时程及上一时刻单自由度体系加速度、速度及位移时，利用式（3-42）、式（3-45）即可求得体系在下一时刻的加速度、速度以及位移。不断递推计算最终可以求得体系在时域的地震响应。计算前，假定在初始 0 时刻，有

$$\begin{aligned} \ddot{u}_{i0} &= -\Delta\ddot{x}_{g0} \\ \dot{u}_{i0} &= 0 \\ u_{i0} &= 0 \end{aligned} \tag{3-46}$$

### 3.5.3　理论模型的检验

1. 基本动力特性

试验和理论计算得到顶盖套管、侧壁套管的前两阶频率见表 3-8，可知理论模型的计算结果与试验结果的误差均在 3.5%以下，说明该理论模型能够较好地反映变压器—套管体系的基本动力特性。

**表 3-8　　变压器套管基频试验与理论结果对比**

| 频率阶数 | 顶盖套管 | | | 侧壁套管 | | |
|---|---|---|---|---|---|---|
| | 试验结果（Hz） | 理论结果（Hz） | 误差（%） | 试验结果（Hz） | 理论结果（Hz） | 误差（%） |
| 1 | 5.15 | 5.04 | −2.5 | 2.77 | 2.73 | 1.44 |
| 2 | 10.21 | 10.59 | 3.5 | 14.85 | 14.72 | 0.88 |

2. 地震响应

将仿真变压器单向加载时实测台面加速度输入到变压器—套管体系理论模型中，计算模型的动力响应，并与试验结果对比，验证模型的合理性。

（1）加速度响应。

表 3-9 给出了 3 组地震波输入下理论计算和试验实测的顶盖套管顶部加速度峰值及其误差，可见简化模型计算出来的套管顶部加速度误差在 11%以内，模型计算结果略小于试验结果。

表 3-9　　顶盖套管顶部加速度峰值对比

| 地震波 | 理论结果（g） | 试验结果（g） | 偏差（%） |
| --- | --- | --- | --- |
| 人工波 | 1.64 | 1.77 | −7.34 |
| 八角波 | 1.76 | 1.97 | −10.66 |
| 高鸟（Takatori）波 | 1.78 | 1.99 | −10.55 |

图 3-21 所示为塔卡（Taka）波单向输入下侧壁升高座顶部加速度时程曲线和傅立叶幅值谱。由图 3-21 可知，理论与试验的加速度时程曲线吻合较好，并且理论计算的加速度峰值为 0.60$g$，试验加速度峰值为 0.73$g$，误差为 17.26%；傅立叶谱也吻合较好，且峰值频率基本重合。

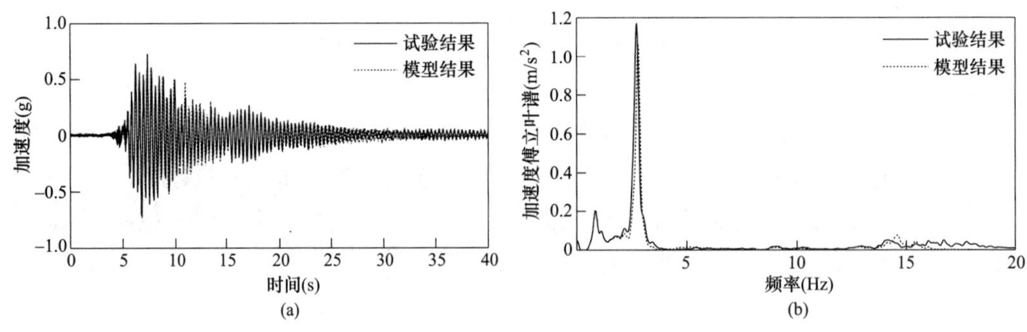


图 3-21　侧壁升高座顶部加速度响应

（a）加速度时程；（b）加速度傅立叶幅值谱

（2）位移响应。图 3-22 所示为理论计算与试验实测的顶盖套管顶部位移时程对比，可见理论计算的位移时程曲线与试验结果基本一致。理论计算与试验实测的顶盖套管顶部位移峰值对比见表 3-10，可见理论计算的位移峰值和试验结果吻合较好，相对误差不超过 7.73%。

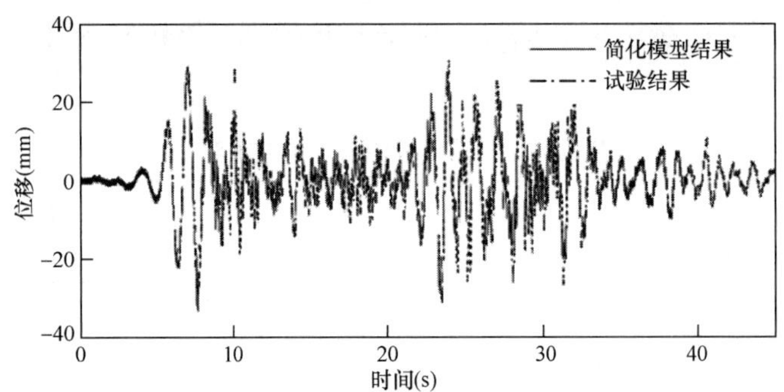


图 3-22　人工波作用下顶盖套管顶部位移时程对比

表 3-10　　顶盖套管顶部位移峰值对比

| 地震波 | 计算结果（mm） | 试验结果（mm） | 误差（%） |
| --- | --- | --- | --- |
| 人工波 | 30.69 | 30.35 | 1.14 |
| 八角波 | 41.14 | 42.74 | −3.75 |
| 高鸟（Takatori）波 | 40.05 | 43.51 | −7.73 |

图 3-23 所示为理论计算与试验实测的侧壁升高座顶部位移时程对比，可见理论计算的侧壁升高座顶部位移时程与试验结果吻合较好，其中理论模型位移时程计算结果峰值为 50.18mm，试验结果峰值为 55.00mm，误差为 8.76%。

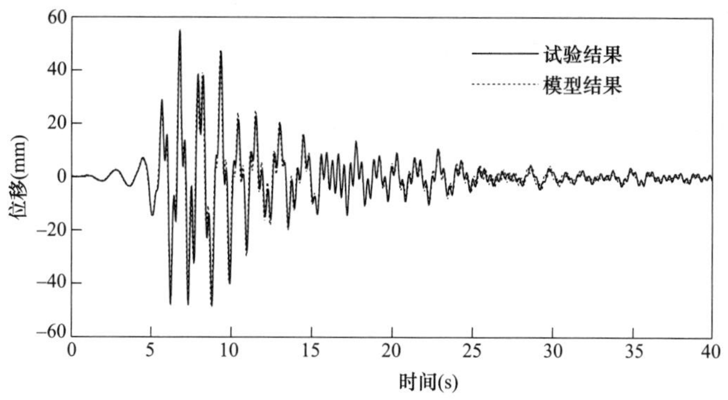


图 3-23　侧壁升高座顶部位移响应时程

(3) 应变响应。在地震调查中发现套管根部破坏是套管的主要破坏模式。模型利用式 (3-47) 积分得到根部弯矩，继而得到瓷套管根部应变时程，并与试验结果对比，如图 3-24 所示，应变峰值对比见表 3-11。由图 3-24 和表 3-11 可知，实测应变峰值和简化模型计算的应变峰值误差均在 20%以下，同时波形一致，简化模型可用于对套管应力的计算。

$$M_{\mathrm{bot}}(t)=\int_{0}^{L_1+L_2} m(x)A(x,t)h(x)\mathrm{d}x \tag{3-47}$$

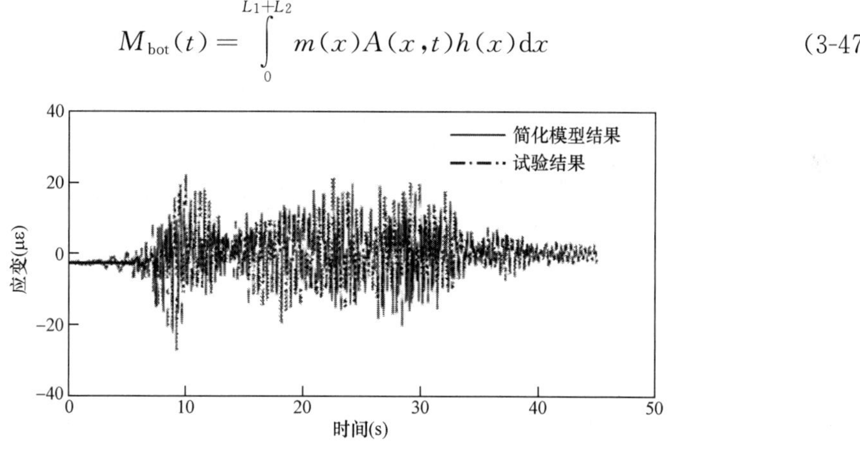


图 3-24　人工波作用下顶盖套管根部应变时程对比

**表 3-11**　　顶盖套管根部应变峰值对比

| 地震波 | 计算结果 ($\mu_\varepsilon$) | 试验结果 ($\mu_\varepsilon$) | 误差 (%) |
|---|---|---|---|
| 人工波 | 40.58 | 49.33 | −17.73 |
| 八角波 | 63.09 | 76.51 | −17.53 |
| 高鸟 (Takatori) 波 | 69.07 | 59.79 | 15.54 |

## 3.6 变压器—套管体系的抗震性能提升措施

本节针对性地提出变压器的抗震性能提升措施，建立有限元模型并对其进行数值分析，并且将提升措施应用于变压器模型，进行了振动台试验。

### 3.6.1 支撑加固的变压器—套管体系有限元分析

当套管法兰弯曲刚度较大时，变压器箱体箱壁的面外刚度不足引起套管动力响应放大和升高座摆动，套管振动与升高座摆动耦合在一起，两者绕升高座根部整体摆动。为降低套管和升高座的整体摆动，拟采用支撑措施，如图 3-25 所示。

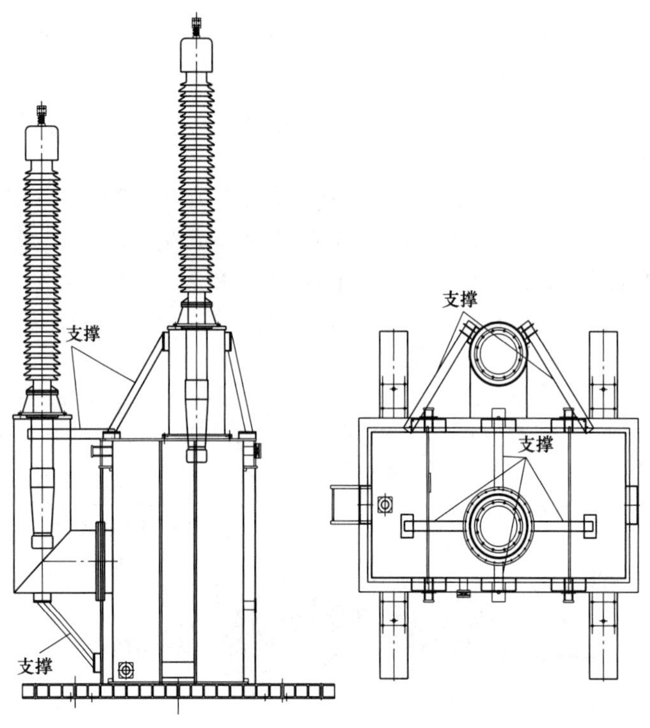


图 3-25 支撑示意

支撑措施可以有效地约束升高座绕箱壁的摆动，从而提高套管的基频，减小升高座顶部的放大系数。图 3-25 中支撑安装在升高座顶部与变压器箱体侧壁加强板之间，通过螺栓和耳板连接在一起。刚连接方法便于安装，避免了在箱体上打孔和焊接，保证了箱体的密封性和电气功能。考虑到侧壁升高座存在的悬臂段显著减小了其基频，在悬臂端安装斜向支撑来减小其影响。支撑根据地震响应机理设计，通过增加连接件来增加升高座和箱体的整体性。为验证支撑措施的有效性，建立了该变压器的精细化有限元模型。在 3.4 节模型的基础上，用梁单元来模拟支撑，建立顶盖套管支撑有限元模型如图 3-26 所示。

1. 模态分析

安装支撑后，该 220kV 变压器—套管体系前 14 阶频率见表 3-12。对比表 3-4 可知，安装支撑后，侧壁套管和顶盖套管的基频均超过 7Hz，侧壁套管基频提升尤为明显，说明

升高座对套管的影响已经得到很好地控制。顶盖套管的前两阶振型如图 3-27 所示，由图可知，安装支撑后，升高座的摆动已经得到控制，各方向的前两阶振型均为套管的弯曲振动。

**表 3-12　　变压器模型前 14 阶频率**

| 模态 | 1 | 2 | 3 | 4 | 5 | 6 | 7 |
|---|---|---|---|---|---|---|---|
| 频率（Hz） | 3.29 | 7.27 | 7.70 | 7.71 | 8.77 | 8.81 | 8.92 |
| 模态 | 8 | 9 | 10 | 11 | 12 | 13 | 14 |
| 频率（Hz） | 9.11 | 11.31 | 12.21 | 12.25 | 18.18 | 19.19 | 23.31 |

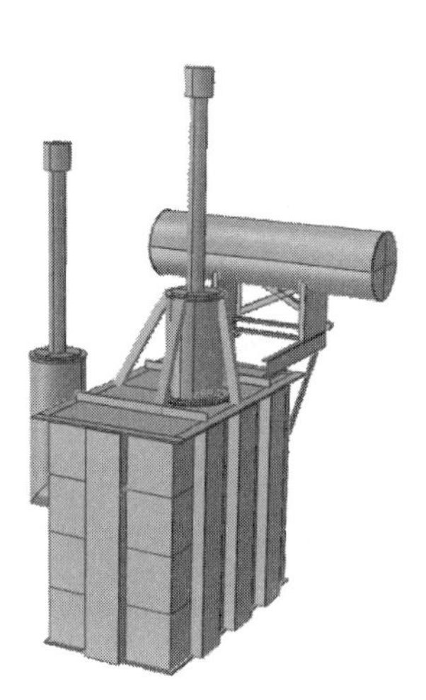

图 3-26　带支撑变压器-套管体系的有限元模型

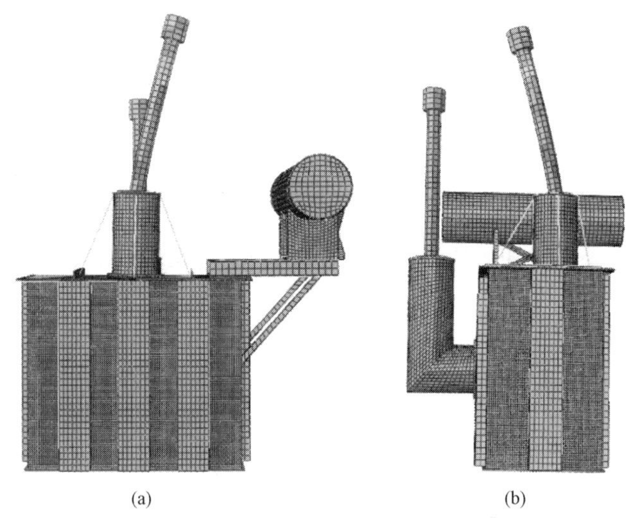


图 3-27　顶盖套管前两阶振型

（a）顶盖套管 1 阶振型；（b）顶盖套管 2 阶振型

2. 地震响应结果对比

安装支撑后的变压器—套管体系各关键位置的地震响应见表 3-13～表 3-15。表中位移为相对位移，加速度为绝对加速度。升高座顶部的加速度放大系数平均下降了 35.8%，最大下降了 54.59%；套管顶部绝对位移也有了较大幅度地下降，最大下降率达 70.26%；套管根部应力作为评价套管是否损坏的最直接判据，其值平均下降了 38.48%。综合模态分析结果可知，支撑可以有效控制升高座的放大作用，减小套管的地震响应。

**表 3-13　　安装支撑后升高座顶部加速度放大系数**

| 输入地震波时程 | 顶部套管 | | | | 侧壁套管 | | | |
|---|---|---|---|---|---|---|---|---|
| | $X$ | 降幅（%） | $Y$ | 降幅（%） | $X$ | 降幅（%） | $Y$ | 降幅（%） |
| 人工波 | 2.89 | 11.08 | 1.60 | 14.44 | 1.73 | 41.51 | 1.44 | 49.65 |
| 八角波 | 2.80 | 10.26 | 1.69 | 23.53 | 1.78 | 54.59 | 2.26 | 33.92 |
| 高鸟（Takatori）波 | 2.68 | 7.90 | 1.67 | 25.78 | 1.91 | 41.59 | 1.67 | 38.38 |

表 3-14　　安装支撑后套管顶部位移　　mm

| 输入地震波时程 | 顶部套管 | | | | 侧壁套管 | | | |
|---|---|---|---|---|---|---|---|---|
| | $X$ | 降幅（%） | $Y$ | 降幅（%） | $X$ | 降幅（%） | $Y$ | 降幅（%） |
| 人工波 | 27.24 | 18.47 | 17.46 | 25.45 | 25.75 | 62.80 | 20.52 | 47.48 |
| 八角波 | 29.24 | 24.68 | 19.06 | 21.04 | 30.30 | 70.26 | 19.11 | 40.13 |
| 高鸟（Takatori）波 | 29.11 | 37.68 | 18.23 | 33.00 | 36.32 | 58.76 | 23.49 | 34.40 |

表 3-15　　安装支撑后套管根部应力　　MPa

| 输入地震波时程 | 侧壁套管 | 降幅（%） | 顶部套管 | 降幅（%） |
|---|---|---|---|---|
| 人工波 | 4.59 | 39.37 | 4.59 | 37.38 |
| 八角波 | 5.73 | 29.43 | 5.90 | 26.43 |
| 高鸟（Takatori）波 | 4.85 | 46.64 | 5.55 | 24.39 |

### 3.6.2　支撑加固的变压器—套管体系的振动台试验验证

1. 试验概况

振动台试验基本信息见 3.4 节。除变压器原始模型之外，本次试验通过安装支撑来改善已有变压器的抗震性能，支撑安装在升高座顶部以及 L 形升高座悬臂端，材料为 10 号方钢管，通过连接板与箱体和升高座连接，安装支撑后的变压器模型如图 3-28（a）所示，支撑如图 3-28（b）、（c）所示。

(a)

(b)

(c)

图 3-28　安装支撑后的变压器模型

（a）安装支撑后的变压器模型；（b）顶部支撑的安装；（c）侧壁支撑的安装

2. 加载制度及试验工况

本次试验分为两个大工况，即安装和未安装支撑的变压器模型的振动台试验。每个试验模型按表 3-5 试验工况进行加载，在试验开始、每两个峰值之间和试验结束均进行一次白噪声扫频。相较 3.4 节，增加了 $0.4g$ 工况。

3. 变压器—套管体系动力特性的试验结果

通过白噪声扫频得到安装支撑前后变压器—套管体系的基频见表 3-16。由表 3-16 可知，安装支撑后侧壁套管和顶盖套管 $X$、$Y$ 方向的基频接近，支撑的存在减小了升高座的影响。相比未安装支撑的变压器，其基频明显提高。侧壁套管和顶盖套管的基频已经比较接近，支撑增强了升高座和箱体的整体性。侧壁套管 $Z$ 向的基频提高到原来的 6 倍，侧壁升高座底部的支撑很好地消除了悬臂段的影响。

**表 3-16　　安装支撑前后基频对比　　Hz**

| 方向＼基频 | 安装支撑前基频 | 安装支撑后基频 |
|---|---|---|
| 侧壁套管 $X$ 方向 | 2.43 | 7.71 |
| 侧壁套管 $Y$ 方向 | 3.76 | 7.25 |
| 侧壁套管 $Z$ 方向 | 2.99 | 18.12 |
| 顶盖套管 $X$ 方向 | 5.14 | 7.67 |
| 顶盖套管 $Y$ 方向 | 5.37 | 8.75 |
| 顶盖套管 $Z$ 方向 | 5.83 | 8.77 |

4. 套管加速度响应及动力放大作用的机理分析

（1）套管加速度响应。表 3-17 给出了安装支撑后套管的放大系数。各测点位置参照图 3-14，即顶盖套管顶部（AX1&Y1&Z1）、法兰（AX2&Y2&Z2）及侧壁套管顶部（AX5&Y5&Z5）、法兰（AX6&Y6&Z6）。

**表 3-17　　安装支撑后的套管放大系数**

| 编号 | $X$ 向 | | | | $Y$ 向 | | | | $Z$ 向 | | | |
|---|---|---|---|---|---|---|---|---|---|---|---|---|
| | AX1 | AX2 | AX5 | AX6 | AY1 | AY2 | AY5 | AY6 | AZ1 | AZ2 | AZ5 | AZ6 |
| RX $0.1g$ | 9.08 | 3.65 | 6.27 | 1.50 | — | — | — | — | — | — | — | — |
| RXY $0.1g$ | 8.38 | 3.33 | 6.49 | 1.44 | 2.80 | 0.75 | 4.19 | 0.65 | — | — | — | — |
| RXYZ $0.1g$ | 9.70 | 4.00 | 6.90 | 1.80 | 5.96 | 1.57 | 6.85 | 1.12 | 1.03 | 0.94 | 3.09 | 2.35 |
| BX $0.1g$ | 7.52 | 4.29 | 4.95 | 1.62 | — | — | — | — | — | — | — | — |
| BXY $0.1g$ | 7.02 | 5.45 | 4.46 | 1.32 | 10.2 | 2.35 | 12.47 | 1.85 | — | — | — | — |
| BXYZ $0.1g$ | 6.97 | 2.44 | 5.46 | 1.60 | 10.4 | 2.16 | 13.65 | 2.03 | 1.88 | 1.56 | 3.13 | 2.03 |
| KX $0.1g$ | 5.40 | 3.70 | 4.70 | 1.60 | — | — | — | — | — | — | — | — |
| KXY $0.1g$ | 5.74 | 4.68 | 5.74 | 1.91 | 6.70 | 1.65 | 6.59 | 1.98 | — | — | — | — |
| KXYZ $0.1g$ | 5.90 | 2.90 | 4.70 | 1.60 | 5.30 | 1.60 | 6.50 | 1.60 | 1.65 | 1.35 | 2.10 | 1.65 |

续表

| 编号 | X 向 | | | | Y 向 | | | | Z 向 | | | |
|---|---|---|---|---|---|---|---|---|---|---|---|---|
| | AX1 | AX2 | AX5 | AX6 | AY1 | AY2 | AY5 | AY6 | AZ1 | AZ2 | AZ5 | AZ6 |
| RX 0.2$g$ | 8.91 | 3.91 | 6.09 | 1.98 | — | — | — | — | — | — | — | — |
| RXY 0.2$g$ | 9.30 | 4.25 | 6.35 | 2.00 | 5.39 | 1.50 | 6.56 | 1.28 | — | — | — | — |
| RXYZ 0.2$g$ | 8.89 | 3.74 | 5.96 | 2.12 | 7.23 | 1.58 | 6.68 | 1.25 | 1.44 | 1.44 | 3.33 | 2.61 |
| BX 0.2$g$ | 7.56 | 3.56 | 5.90 | 1.80 | — | — | — | — | — | — | — | — |
| BXY 0.2$g$ | 7.05 | 3.00 | 5.27 | 1.50 | 9.81 | 1.82 | 12.14 | 2.33 | — | — | — | — |
| BXYZ 0.2$g$ | 7.51 | 3.49 | 5.26 | 1.72 | 9.71 | 1.69 | 11.69 | 2.21 | 2.09 | 1.64 | 3.06 | 2.01 |
| KX 0.2$g$ | 6.76 | 2.79 | 5.34 | 1.81 | — | — | — | — | — | — | — | — |
| KXY 0.2$g$ | 7.23 | 2.92 | 5.85 | 1.74 | 5.26 | 1.58 | 6.14 | 1.58 | — | — | — | — |
| KXYZ 0.2$g$ | 7.23 | 3.28 | 6.46 | 1.64 | 6.05 | 1.62 | 6.00 | 1.62 | 1.69 | 1.25 | 2.79 | 2.28 |
| RX 0.4$g$ | 7.58 | 2.50 | 6.02 | 1.83 | — | — | — | — | — | — | — | — |
| RXY 0.4$g$ | 7.79 | 2.81 | 6.39 | 1.57 | 6.19 | 1.49 | 6.64 | 1.24 | — | — | — | — |
| RXYZ 0.4$g$ | 7.26 | 2.56 | 6.72 | 1.82 | 6.86 | 1.67 | 6.42 | 1.44 | 1.73 | 1.40 | 3.99 | 3.28 |
| BX 0.4$g$ | 6.92 | 2.17 | 6.74 | 1.45 | — | — | — | — | — | — | — | — |
| BXY 0.4$g$ | 6.53 | 2.32 | 6.19 | 1.55 | 7.87 | 2.02 | 11.75 | 1.84 | — | — | — | — |
| BXYZ 0.4$g$ | 6.76 | 2.33 | 5.98 | 1.39 | 7.96 | 2.03 | 10.71 | 1.74 | 1.75 | 1.42 | 3.38 | 2.40 |
| KX 0.4$g$ | 5.03 | 3.36 | 4.01 | 1.81 | — | — | — | — | — | — | — | — |
| KXY 0.4$g$ | 4.72 | 3.75 | 3.91 | 1.88 | 5.95 | 1.94 | 4.97 | 1.64 | — | — | — | — |
| KXYZ 0.4$g$ | 5.70 | 3.15 | 4.71 | 1.78 | 6.84 | 1.83 | 5.17 | 1.83 | 1.65 | 1.30 | 3.37 | 3.10 |

由表 3-17 可知，对于安装支撑后的变压器—套管体系，顶盖升高座顶部的 $X$ 向加速度放大系数均在 4.3 以下，对于大部分工况，其值已经小于 3.0，说明支撑对控制顶部套管的加速度响应有一定效果；顶盖升高座顶部的 $Y$ 向加速度放大系数基本都在 2 以下，最大不超过 2.35，基本可以满足规范的要求；侧壁升高座顶部 $X$ 向加速度放大系数基本都在 2.0 以下，最大值为 2.12；侧壁升高座顶部 $Y$ 向加速度放大系数基本都在 2.0 以下，最大不超过 2.33，与我国规范的放大系数取值 2.0 接近；侧壁升高座对 $Z$ 向加速度的放大仍然非常明显，但最大值不超过 3.28。

对比安装支撑前后的结果发现，升高座根部 $X$ 向加速度放大系数平均减小了 20%以上，侧壁升高座顶部加速度的减小尤为明显；安装支撑后，升高座 $Y$ 向加速度放大系数均在 2.0 左右，已经可以满足规范的要求；箱体的 $Y$ 向面外刚度大于 $X$ 向的面外刚度，试验发现 $Y$ 向的加速度放大系数比 $X$ 向小 30%左右，这说明增加箱体板的面外刚度对控制振动效果明显；套管 $Z$ 向的加速度放大主要由箱体的面外振动和悬臂端的竖向振动引起，支撑可以很

好地增强升高座和箱体的整体性，对减小 $Z$ 向振动效果明显。

（2）动力放大作用机理分析。3.5 节分析了安装和未安装支撑时升高座顶部的放大系数，发现箱体的面外刚度不足引起的升高座摆动对加速度的放大效应明显，支撑可以有效控制摆动效应。但是加速度峰值具有局限性，难以反映动力特性和响应机理，相比加速度放大系数，谱加速度可以较好的反映结构的地震响应机理及其改变，可进一步评价加固措施的有效性。如图 3-29 所示，取峰值 0.2$g$ 三向地震输入下顶盖套管关键位置的加速度时程，阻尼比为 2%的反应谱得到谱加速度。图 3-30 为人工波作用下的谱加速度，图 3-31 为八角波作用下的谱加速度，图 3-32 所示为高鸟波作用下的谱加速度。

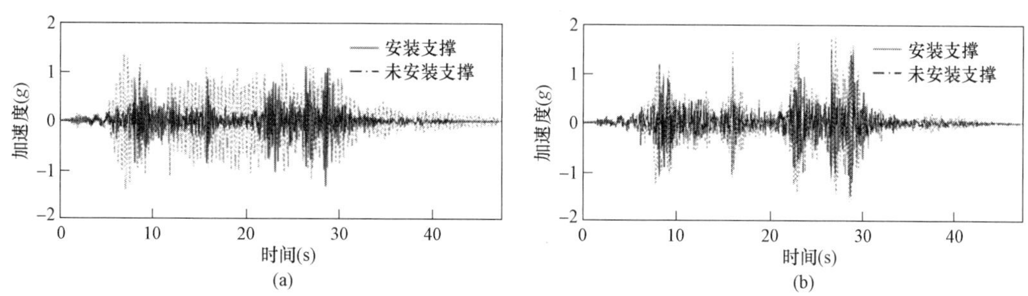


图 3-29 峰值为 0.2$g$ 的人工波三向输入下套管顶部 $X$ 向加速度时程

（a）侧壁套管顶部 $X$ 向加速度时程；（b）顶盖套管顶部 $X$ 向加速度时程

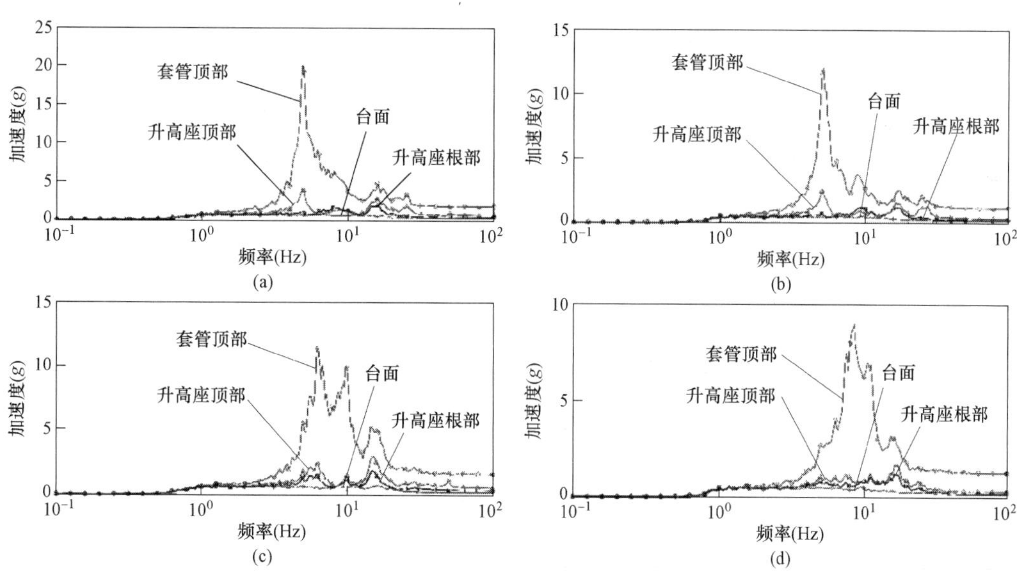


图 3-30 人工波作用下安装支撑后顶盖套管关键位置谱加速度

（a）安装支撑前 $X$ 向谱加速度；（b）安装支撑前 $Y$ 向谱加速度；

（c）安装支撑后 $X$ 向谱加速度；（d）安装支撑后 $Y$ 向谱加速度

如图 3-33 所示，变压器顶盖存在沿着 $X$ 方向布置的加劲肋，Ⅱ区和Ⅲ区是对称的，升高座根部法兰板没有布置在Ⅰ区的中心位置，在 $X$ 向存在一段较长的薄板，导致 $X$ 向的面

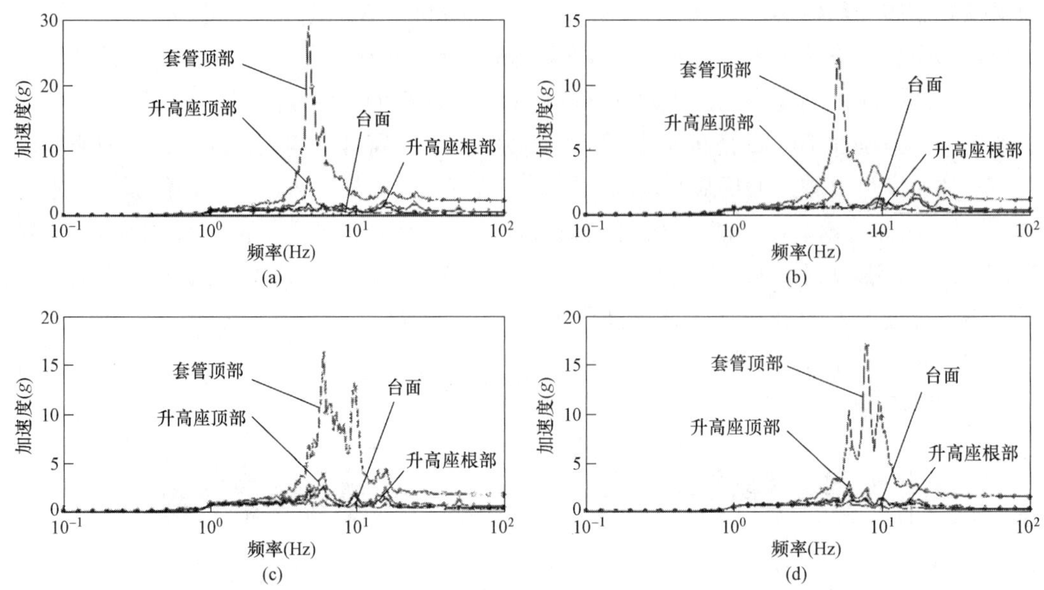


图 3-31　八角波作用下安装支撑后顶盖套管关键位置谱加速度

(a) 安装支撑前 $X$ 向谱加速度；(b) 安装支撑前 $Y$ 向谱加速度；

(c) 安装支撑后 $X$ 向谱加速度；(d) 安装支撑后 $Y$ 向谱加速度

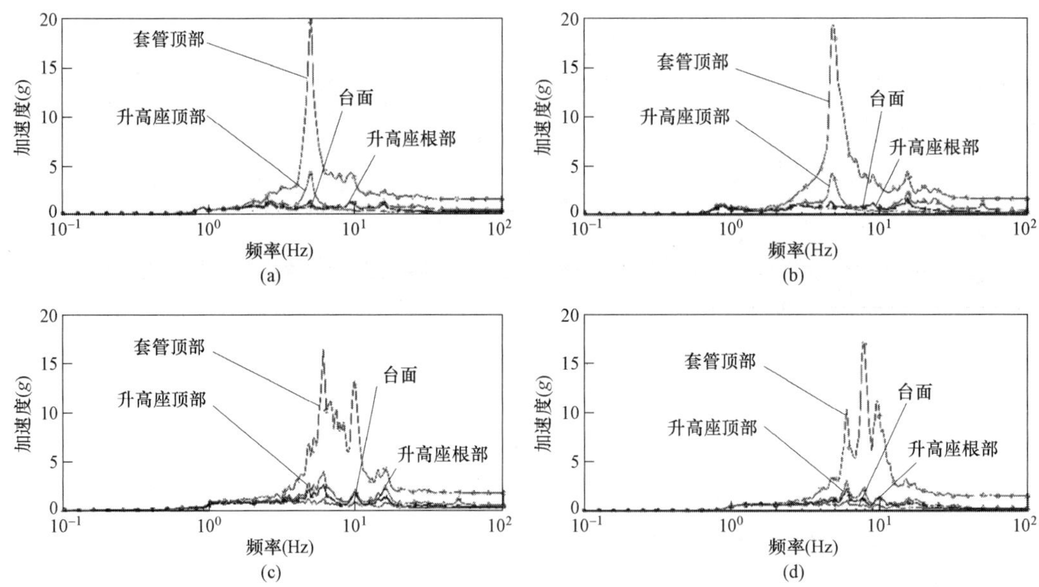


图 3-32　高鸟波作用下安装支撑后顶盖套管关键位置谱加速度

(a) 安装支撑前 $X$ 向谱加速度；(b) 安装支撑前 $Y$ 向谱加速度；

(c) 安装支撑后 $X$ 向谱加速度；(d) 安装支撑后 $Y$ 向谱加速度

外刚度小于 $Y$ 向的面外刚度，这可以从谱加速度的峰值得以印证，$X$ 向谱加速度峰值要大于 $Y$ 向谱加速度峰值。

安装支撑后套管关键位置的谱加速度如图 3-30（c）、（d）～图 3-32（c）、（d）所示，对

比安装支撑前的谱加速度可以发现：

1）安装支撑后，变压器模型的谱加速度幅值明显减小，说明支撑很好地限制了升高座的摆动，减小了升高座的放大作用；

2）在套管基频处，加固的升高座顶部谱加速度不再有明显峰值，其形状与升高座根部谱加速度形状和幅值相似，说明安装支撑后箱体和升高座之间的相互作用得到了控制；

3）由图 3-30（d）～图 3-32（d）可知，升高座根部和顶部的谱加速度在基频处基本没有峰值，这说明升高座的放大作用已经很微小，套管自身对加速度的放大起到绝对主导作用。

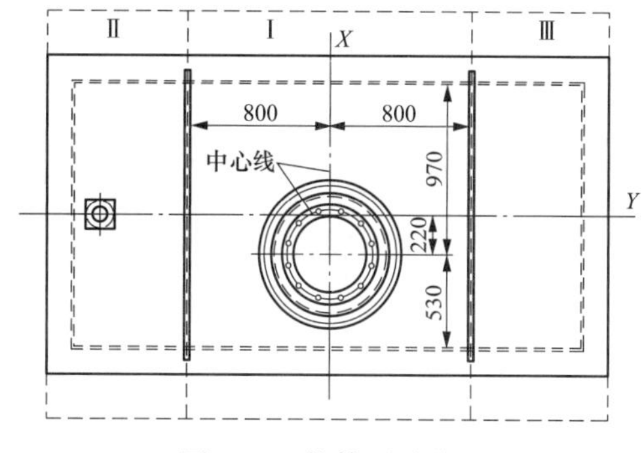


图 3-33　箱体顶盖分区

安装支撑后变压器—套管体系的谱加速度形状和幅值发生了根本性变化，这说明其响应机理发生了根本变化，支撑很好地限制了升高座的振动，从而减小变压器套管的地震响应。

（3）位移响应。试验所用加固措施可以有效地降低套管根部和顶部的位移。安装支撑前工况 0.1$g$ 时，顶盖套管顶部位移为 19.59mm，安装支撑后顶盖套管顶部位移为 16.76mm，总位移减小了 15%。当输入峰值为 0.2$g$ 时，总位移减小了 14%；相比侧壁套管顶部位移的降低幅度，顶部套管顶部位移的降低不明显。这是因为侧壁升高座较长，箱体侧壁的面外刚度较弱，在针对性的加固后可以有效地提高升高座的刚度，降低了套管和升高座的整体摆动效应对套管顶部位移的放大作用；套管位移响应降低效果与地震波的频谱有关，不同的地震波输入下位移减小的幅度差异较大。

（4）应变响应。安装支撑后套管根部应变最大为 66.20$\mu\varepsilon$，高强陶瓷的弹性模量为 100GPa，此时，套管弯曲应力为 6.6MPa，小于允许应力 30MPa，陶瓷套管处于弹性阶段。相比安装支撑前减小了 21%；当输入峰值为 0.2$g$ 时，顶盖套管根部 $X$ 侧的平均应变为 44.71$\mu\varepsilon$，与之相比，侧壁套管根部 $X$ 侧的平均应变为 42.57$\mu\varepsilon$。顶盖套管和侧壁套管的应变平均值相近，与安装支撑前相比减小了 33.43%和 36.44%。

## 3.7　特高压变压器套管抗震性能及振动台试验

随着电压等级的提高，变压器及套管的尺寸越来越大，特高压套管呈现出更加高柔及更低阻尼比的特性，且由于其结构形式较其他电压等级套管具有特殊性，故针对特高压变压器套管的抗震性能研究更加重要。本节对两根除法兰结构外完全一致的足尺 1100kV 特高压变压器套管进行了有限元分析，研究了法兰刚度对于套管地震响应的影响，分别进行了振动台试验验证，并有针对性地提出了抗震改进措施。

### 3.7.1　特高压变压器套管及法兰

1. 1100kV 特高压变压器套管

1100kV 特高压变压器套管结构如图 3-34 所示。1100kV 特高压变压器套管共由 3 个部分组成：空气侧陶瓷套管、油侧套管及金属法兰。空气侧套管内含有导电杆、绝缘油等。另

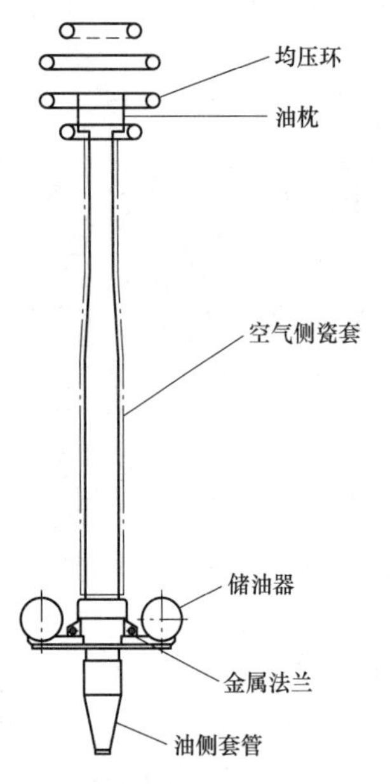


图 3-34 特高压变压器套管及其空气侧套管结构示意图

外，特高压变压器套管在其导电杆上施加有 7t 的预拉力，使套管的陶瓷处于受压状态。

2. 法兰

本节共采用了两种法兰结构，分别命名为法兰 O 及法兰 R。其中法兰 O 为改造前的原结构，而法兰 R 则是改造后的法兰结构。对于安装有法兰 O 及法兰 R 的变压器套管，也同样分别命名为套管 O 及套管 R。该两型法兰除以下 4 个部分外，其余参数均相同：

（1）法兰 O 采用电气设备中经常使用的铸铝材料浇铸而成，法兰 R 采用不锈钢材料制成。相对铸铝材料，不锈钢材料具有更高的材料强度及弹性模量。

（2）法兰 O 的底板厚为 34mm，而法兰 R 底板厚为 36mm。

（3）环绕该两型法兰，法兰 O 共布置有 6 个加劲肋，而法兰 R 布置有 14 个加劲肋。

（4）在法兰 O 中，加劲肋长度为 125mm，而法兰 R 的加劲肋长度为 300mm。对于 1100kV 特高压变压器升高座上的安装孔，其直径为 900mm。当法兰 O 安装在升高座上时，其加劲肋边缘距离升高座安装板间隙为 25mm。而法兰 R 加劲肋延伸到了法兰底板边缘，当法兰安装在加劲肋安装板上时，加劲肋与安装板有一定范围的重叠。

法兰 O 及法兰 R 的剖面图及俯视图如图 3-35 所示。

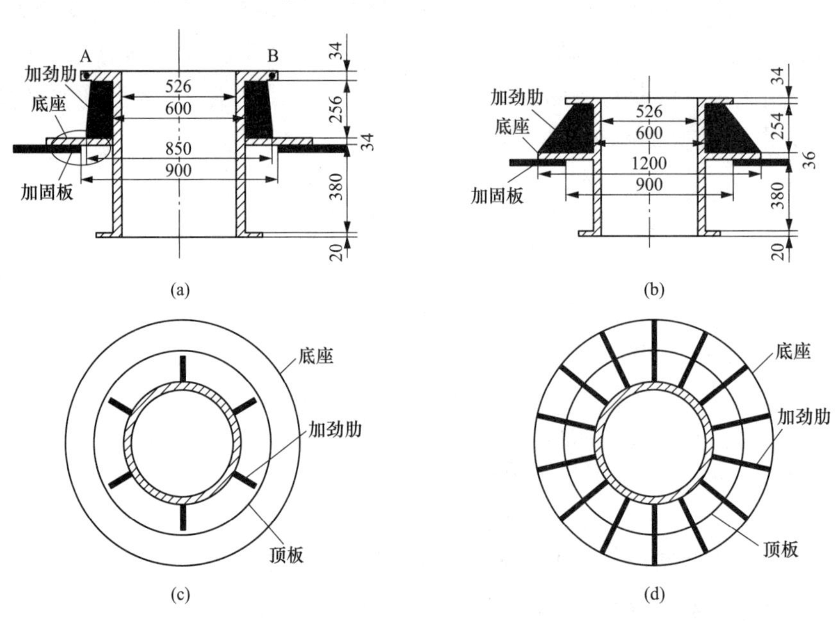


图 3-35 法兰 O 及法兰 R 结构（单位：mm）

（a）法兰 O 剖面；（b）法兰 R 剖面；（c）法兰 O 俯视；（d）法兰 R 俯视

### 3.7.2　特高压变压器套管有限元分析

建立该型特高压变压器套管的有限元模型如图 3-36 所示。在有限元模型中，对两根套管进行动力特性分析，其两阶振型如图 3-37 及图 3-38 所示。

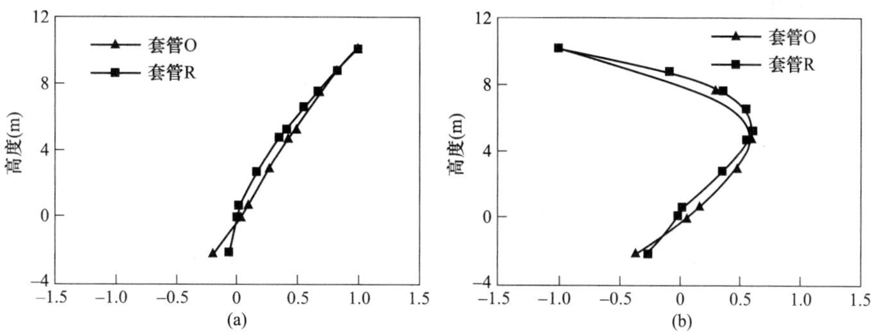


图 3-36　特高压变压器套管的前两阶振型

（a）套管的第一阶振型；（b）套管的第二阶振型

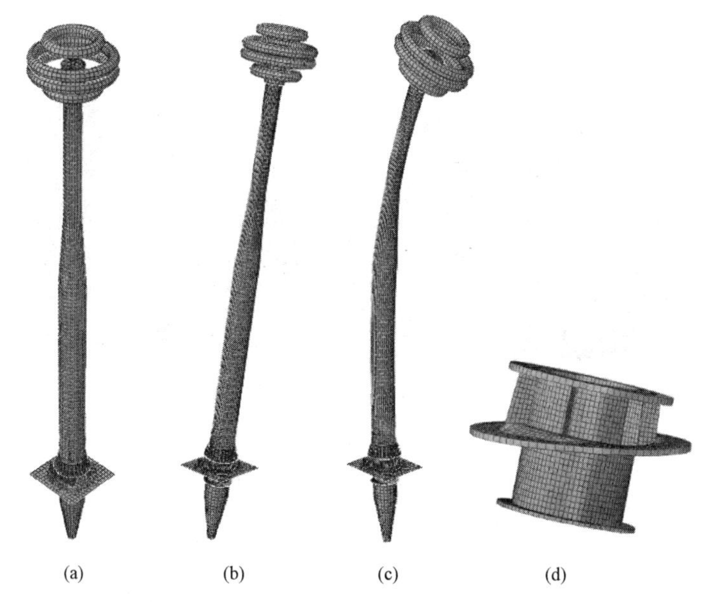


图 3-37　有限元分析中套管 O 的前两阶振型

（a）有限元模型；（b）一阶振型；（c）二阶振型；（d）法兰的变形

在有限元分析中，套管 O 的一阶振型接近直线，第二阶振型表现为空气侧套管的弯曲。其中，第一阶振型中法兰的变形如图 3-37（d）所示。由图 3-37（d）可知，法兰底板在套管的第一阶振型下出现较大面外变形，法兰整体表现为较大的面外转动。套管 O 的第一阶振型主要由法兰底板的面外转动引起。套管 R 的前两阶振型及第一阶振型中法兰的变形如图 3-38 所示。在套管 R 的振型中，法兰 R 的面外变形较小，未出现明显的面外转动；即法兰 R 的抗弯刚度大于法兰 O 的刚度。可见，法兰的抗弯刚度对套管的动力特性有较大影响。

利用 PGA 为 0.6$g$ 的人工波对套管进行有限元分析，可得法兰 O 及法兰 R 在地震作用

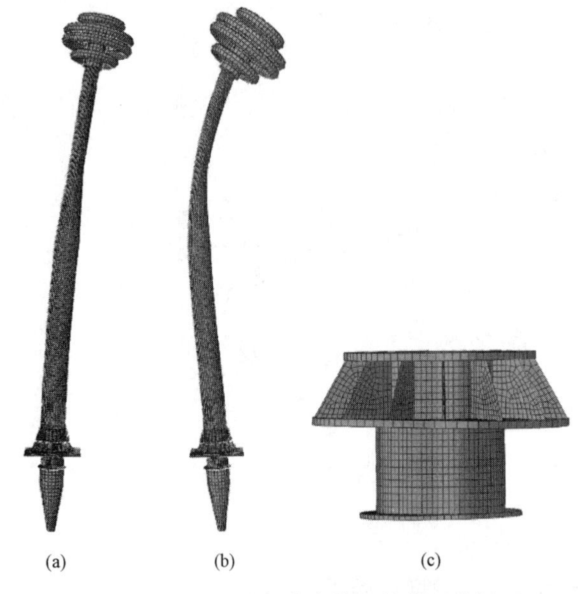


图 3-38　有限元分析中套管 R 的前两阶振型

（a）一阶振型；（b）二阶振型；（c）法兰的变形

下的最大应力，如图 3-39 所示。由图 3-39 可知，法兰 O 的应力远大于法兰 R 的应力。如图 3-39（a）所示，由于法兰 O 的加劲肋边缘与安装板之间有 25mm 的间隙，在地震作用下，加劲肋对法兰底板将产生一定的冲切作用，从而使法兰 O 的应力大于铸铝材料的极限强度而发生破坏。法兰 R 的加劲肋延伸到了法兰底板边缘，与安装板有一定的重叠部位，故不会在法兰底板中出现冲切作用，所以法兰 R 的应力响应远小于法兰 O。另外，由于法兰 O 传力路径不直接，故其抗弯刚度远低于法兰 R 的刚度。由于铸铝为脆性材料，而不锈钢法兰在地震作用下的最大应力响应远小于其屈服强度，在法兰顶部施加力偶后，可得法兰 O 的抗弯刚度为 5.49×108N·m/rad，而法兰 R 的抗弯刚度为 6.58×1010N·m/rad。

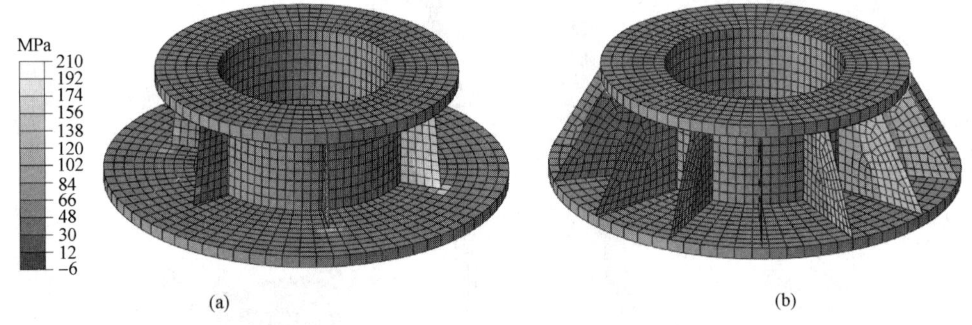


图 3-39　法兰的地震应力响应

（a）法兰 O 的应力响应；（b）法兰 R 的应力响应

### 3.7.3　特高压变压器套管振动台试验

1. 试件介绍

变压器套管一般安装在变压器箱体的升高座上，由于特高压变压器箱体质量高达 500t 以上，现有振动台设备难以满足变压器—套管体系的整体试验要求，故仅对安装在支架上的变压器套管进行试验。变压器箱体及其升高座对套管具有一定的动力放大作用。为模拟变压器对安装在其上的套管的放大作用，规范规定：在试验时，变压器套管应安装在刚性支架上；另外，对输入的地震动应进行放大，放大系数取 2.0。试验如图 3-40、图 3-41 所示。

2. 试验方案

（1）试验工况。对各变压器套管，其试验工况见表 3-18。为了探查试件的动力特性、检查变压器套管在抗震试验后是否出现结构性损伤，在抗震试验前后，均有白噪声扫频。为使抗震试验时振动台输出的台面加速度反应谱（table response spectra，TRS）能较好的吻合规范中的需求反应谱（required response spectra，RRS），采用工况 TS2 对振动台台面参数进行迭代，以调整振动台输入参数，减小 TRS 与 RRS 之间的误差。工况 TS2 在试验时一般进行 3 次。工况 TS4 的目的为检验 1100kV 特高压变压器套管的抗震性能及验证分析模型的准确性。试验输入的人工波为附录中的人工波。

图 3-40　安装在振动台台面上的特高压变压器套管

(a)

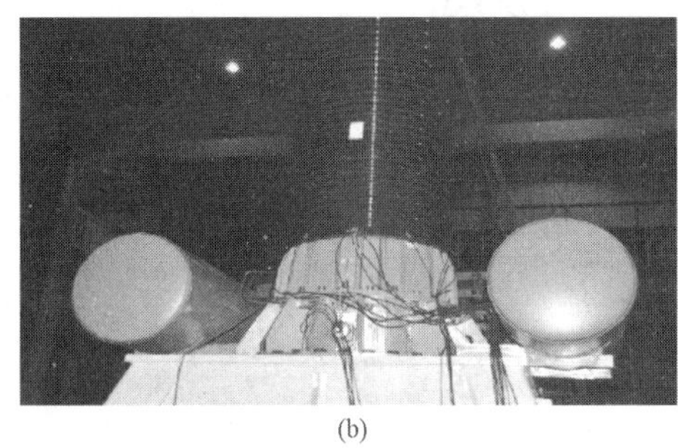

(b)

图 3-41　安装在支架上的法兰 O 及法兰 R
(a) 安装在支架上的法兰 O；(b) 安装在支架上的法兰 R

**表 3-18　　1100kV 特高压变压器套管振动台试验工况**

| 试验工况号 | 试验方案 | |
|---|---|---|
| | 地震波 | 目标峰值（$g$） |
| TS1 | 白噪声 | 0.07 |
| TS2 | 人工波 | 0.15 |
| TS3 | 白噪声 | 0.07 |
| TS4 | 人工波 | 0.60 |
| TS5 | 白噪声 | 0.07 |

（2）传感器布置。布置加速度、位移及应变传感器如图 3-42 所示。

3. 试验结果

由变压器套管顶部的加速度相对于振动台台面的加速度的传递函数可获得安装在支架上的套管的频率，见表 3-19。由表 3-19 可知，在采取 3.7.1 节所述的 4 项措施后，套管 R 的

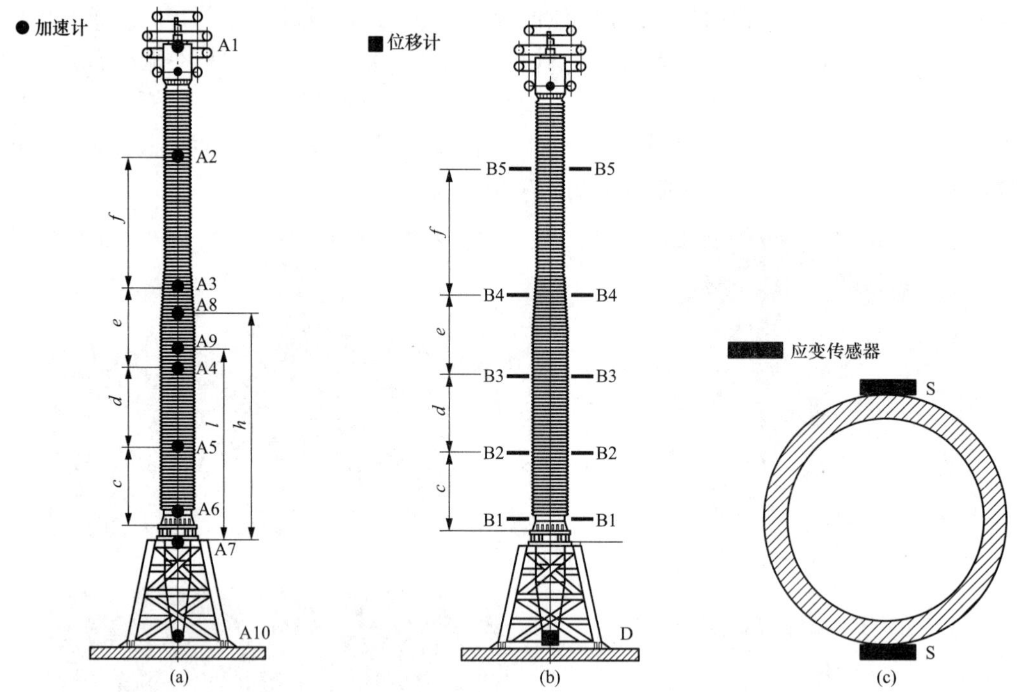


图 3-42　传感器在特高压变压器套管上的布置（单位：mm）

（a）加速度传感器在套管上的布置；（b）位移传感器及空气侧套管根部截面；（c）应变传感器的布置

振动频率高于套管 O，即法兰的结构对套管的振动频率有较大的影响。由试验识别的套管 O 及套管 R 的前两阶振型如图 3-37、图 3-38 所示。由图 3-37（a）可知，套管 O 的第一阶振型接近直线，即在套管 O 的一阶振型中，瓷套管自身变形较小，其振型位移主要来源于法兰结构的转动变形。套管 R 的一阶振型与套管 O 有较大差异，其振型位移主要表现为空气侧套管的弯曲。法兰结构的转动对电气设备的振型有较大影响。

**表 3-19　　1100kV 特高压变压器套管频率及阻尼比**

| 套管 | 一阶频率（Hz） | 二阶频率（Hz） | 阻尼比 |
|---|---|---|---|
| 套管 O | 2.38（2.48） | 15.63（15.62） | 0.6% |
| 套管 R | 3.41（3.40） | 17.59（17.92） | 0.8% |

（1）特高压变压器套管的地震响应。在对套管 O 进行第 4 个工况的试验时，在试验开始后 6～7s 内，可听到试件发出金属断裂的声音。另外，可发现法兰处出现漏油现象，如图 3-43（c）所示。为保证试验数据的完整性，试验未停止。试验结束后，通过外观检查可发现，在法兰底板和加劲肋交界处出现沿着加劲肋发展的裂缝。同时，在设备的瓷质套管部分，未发现破坏现象。由于法兰 O 出现地震破坏，套管 O 的工况 TS5 取消。

在对套管 R 进行工况 TS4 的抗震试验时，法兰未发生破坏。

套管 O 在工况 TS1 及 TS3 时的传递函数如图 3-43（a）所示。由图 3-43（a）可知，在低烈度地震（地震动峰值 PGA=0.15$g$）前后，套管 O 的传递函数曲线与工况 TS1 的传递函数曲线基本重合，即在 PGA 为 0.15$g$ 的地震作用下，套管未发生破坏。图中也绘出了在工况 TS4 中套管破坏后采集数据的传递函数。对比破坏前后套管曲线可知，套管 O 的基频由 2.38Hz 降低到 2Hz，即法兰的破坏降低了套管的整体频率。而套管 R 在不同工况的传递函数如图 3-43（b）所示。由图 3-43（b）可知，套管 R 传递函数在试验前后基本重合，套管 R 未出现结构性损伤。

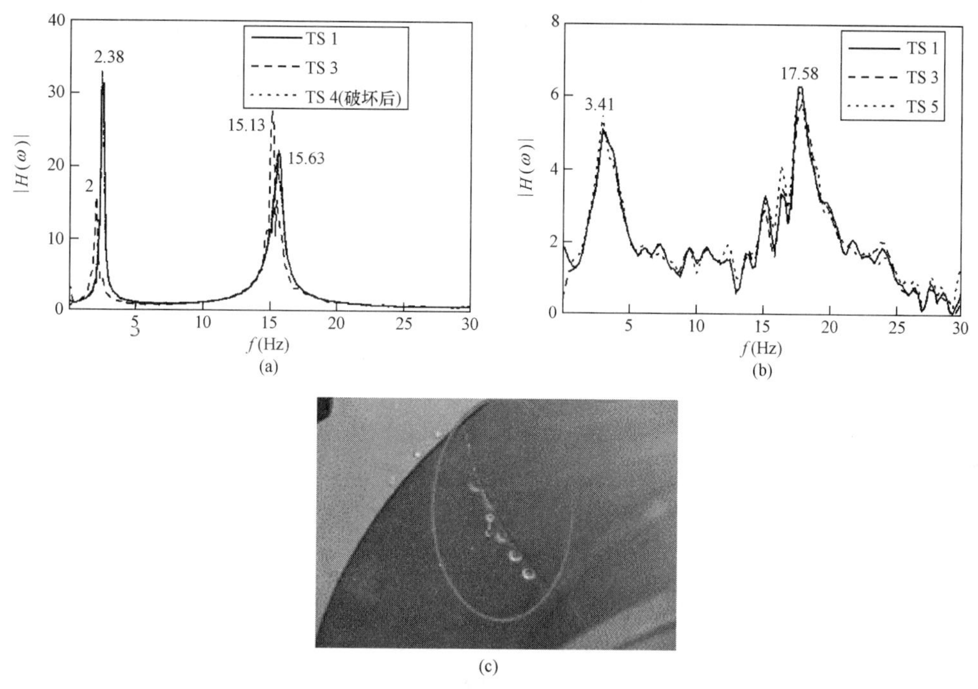


图 3-43　试验破坏现象

（a）套管 O 的传递函数；（b）套管 R 的传递函数；（c）套管出现漏油（仰视）

（2）法兰抗弯刚度对套管地震响应的影响。定义套管加速度放大系数（bushing amplification factor，BAF）为套管一定高度处的加速度响应峰值与 PGA 的比值。在工况 TS4 下，套管 O 破坏前后及套管 R 随高度变化的 BAF 如图 3-44 所示。由图 3-44 可知，套管 R 的 BAF 明显小于套管 O 的相应值。另外，套管 O 破坏后的 BAF 大于破坏前的相应值。由此可知，不能忽略法兰段的刚度对套管的加速度响应的影响。在研究特高压电气设备的地震动响应时，需要考虑法兰的抗弯刚度。

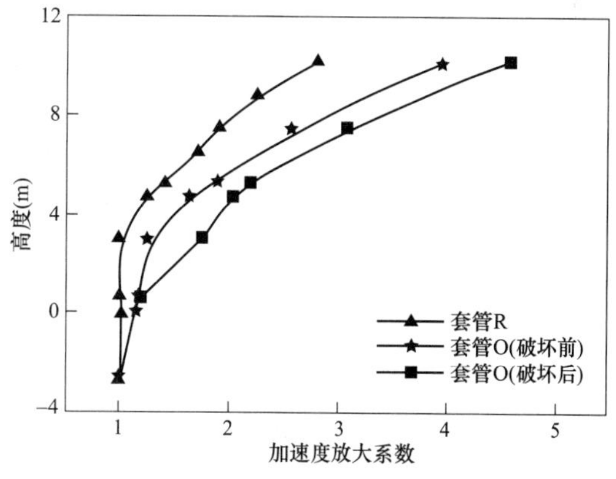


图 3-44　套管加速度放大系数

套管 O 及套管 R 在其空气侧套管根部 B1-B1 截面的最大应变分别为 145$\mu\varepsilon$ 及 123$\mu\varepsilon$，考虑陶瓷材料弹性模量为 106GPa，则套管 O 及套管 R 在地震作用下的应力响应最大值分别为 15.4MPa 及 13.1MPa。套管 R 的应力响应小于套管 O，增加法兰段的抗弯刚度，有助于减小电气设备的应力响应。

特高压电气设备的顶部位移是评判特高压电气设备抗震性能的关键参数。在工况 TS4 下，套管 O 及套管 R 的空气侧套管顶端最大位移分别为 170.5mm 及 109.9mm，即增大套管法兰的抗弯刚度后，显著减小了套管顶端的位移响应。油侧套管在地震下的位移易引起变压器箱体内的电磁场改变。在工况 4 时，套管 O 及套管 R 的油侧套管端部最大位移为 22.3mm 及 3.6mm，套管 R 的油侧套管位移显著小于套管 O 的值。法兰抗弯刚度在评判电气设备的抗震性能时不可忽略。

## 3.8 小　　结

本章通过有限元分析、振动台试验及理论分析这 3 个方面对变压器/换流变压器的动力特性和地震响应特征进行了全面深入的研究。

有限元分析的结果表明，变压器/换流变压器—套管体系普遍具有以下特点：

(1) 安装在不同电压等级、不同类型变压器上套管的基频均处于地震波卓越周期范围内，地震下易发生类共振。

(2) 不同电压等级、不同类型变压器—套管体系的基本振型主要表现为套管—升高座绕箱壁的摆动及套管自身的弯曲。

(3) 变压器箱体的变形主要表现为与升高座连接的箱壁发生面外变形；变压器升高座的动力放大作用主要是由于升高座绕箱壁的摆动；套管的动力响应主要是由自身弯曲和绕根部法兰的摆动造成的。故箱壁局部刚度和套管根部法兰刚度对变压器—套管体系的动力响应影响较大。

以上结论经过 220kV 仿真变压器振动台试验的验证，并在此基础上提出抗震性能提升措施，再次通过振动台试验验证了其有效性。此外，这里还提出了变压器—套管分布参数理论模型，可以高效准确地计算变压器—套管体系的动力响应。最后，对特高压变压器套管的抗震性能进行了深入研究，并针对法兰的抗弯刚度提出了针对性的加固方案。

实际上，随着变压器抗震研究的逐渐深入，工程应用中对于地震作用下设备的深层次性能以及设备的震后性能评估也越来越重视，相关的研究也已逐渐开展起来。

# 第4章

# 支柱类设备抗震性能分析

## 4.1 引　言

支柱类设备是指变电站中采用支柱绝缘子进行支撑绝缘的设备，是变电站中最常见的一类设备，一般由下部支撑结构和上部设备构成，如图 4-1 所示。

图 4-1　典型支柱类电气设备——避雷器

为满足变电站设备及连接导线的对地最小安全距离要求及导线安装高度要求，变电站支柱类设备一般安装在钢管柱或混凝土柱上。随着电压等级的升高，设备支架的高度也相应增加，地震作用下，支架与设备间相互作用增强。支架对设备的地震响应有较大的放大作用。以往大地震中，多有因支架放大作用引起的支柱类设备地震破坏案例。

本章分别建立了支柱类电气设备的串联分布参数模型及电气设备—柔性节点—支架体系动力模型。考虑法兰的转动刚度，将法兰简化为有一定转动刚度的弹簧，用以分析变电站支柱类设备的动力特性及地震响应。利用理论模型，提出了利用电气设备自身的频率参数估计体系整体动力特性参数的方法，并针对各类支柱类电气设备的振动台试验与数值仿真进行了研究，综合分析支柱类电气设备的抗震性能。

## 4.2　支柱类设备理论模型

支柱类设备理论模型分为串联分布参数体系和电气设备—柔性节点—支架体系动力模型两类，前者是采用分布参数体系对实际设备和支架进行简化以求解结构的振动方程，后者是采用梁单元刚度矩阵和一致质量矩阵分析电气设备动力响应的振动方程。

### 4.2.1　支柱类设备串联分布参数模型

1. 梁的振动方程

图 4-2 (a) 展示了一种典型的支柱类电气设备。由于电气设备和设备支架在结构上属于细长结构，其被简化为欧拉梁。该模型考虑了法兰转动刚度的影响，法兰的转动刚度可采用中国标准或者日本标准的推荐值。在这种模型中，为了模拟法兰转动，可将法兰简化为一个线弹性转动弹簧。

图 4-2 (b) 中，$EI$、$m$ 和 $L$ 分别为梁的等效抗弯刚度、线密度和长度。在图 4-2 (b)

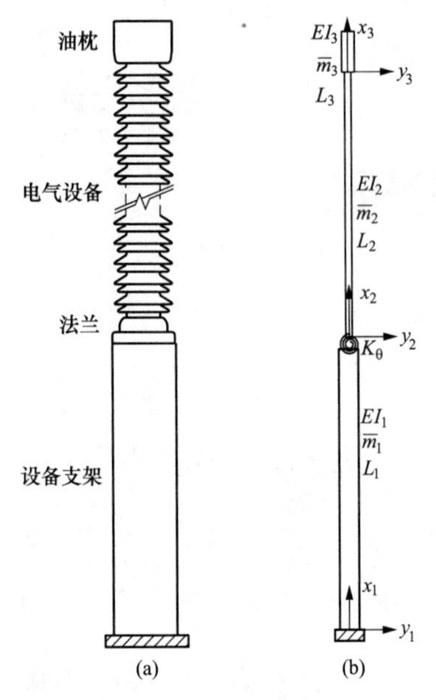


图 4-2　电气设备—支架体系串联分布参数模型

(a) 电气设备结构示意；

(b) 电气设备简化及其参数

中的下标 1、2、3 分别表示支架、电气设备和油枕（或者其他组件）。$K_\theta$ 为法兰的转动刚度。梁的单元坐标系如图 4-2（b）所示。

在线性模型中，梁的弯曲变形可以表示为

$$v_i(x_i,t)=\phi_i(x_i)Y_i(t) \tag{4-1}$$

式中　$v_i(x_i, t)$——第 $i$ 个梁的横向位移函数；

$\phi_i(x_i)$——第 $i$ 个梁的形状函数；

$Y_i(t)$——第 $i$ 个梁的幅值函数；

$x$——单元坐标系中的坐标；

$t$——单元坐标系中的时间。在梁的单元坐标系中，形状函数表示为

$$\phi_i(x_i)=A_{i1}\cos a_i x+A_{i2}\sin a_i x+A_{i3}\cosh a_i x+A_{i4}\sinh a_i x \quad (0<x<L_i) \tag{4-2}$$

$$a_i=\sqrt[4]{\frac{\omega^2\overline{m}_i}{E_iI_i}} \tag{4-3}$$

为了方便表述，定义

$$\phi_0(x)=0 \tag{4-4}$$

式 4.2 中结构的振型和频率是与 $A_{i1}-A_{i4}$ 有关的函数，$A_{i1}$ 到 $A_{i4}$ 由梁的边界条件确定。式（4-3）中 $\omega$ 表示整个结构的自振频率。

2. 梁的边界条件

图 4-2 中的模型包含了 4 种边界条件（固定端、柔性节点、刚性节点及自由端）。固定端和自由端的边界条件分别为

$$\phi_i(L_i)=0\ ;\phi_i'(L_i)=0;\ E_iI_i\phi_i''(L_i)=0;E_iI_i\phi_i'''(L_i)=0 \tag{4-5}$$

对于梁单元之间的刚性节点，节点处的横向位移、转动角、弯矩和剪力相等，则

$$\phi_i(L_i)=\phi_{i+1}(0);\phi_i'(L_i)=\phi_{i+1}'(0);E_iI_i\phi_i''(L_i)=E_{i+1}I''_{i+1}\phi_{i+1}''(0);$$
$$E_iI_i\phi_i'''(L_i)=E_{i+1}I_{i+1}\phi_{i+1}'''(0) \tag{4-6}$$

对于柔性节点，边界条件为

$$\phi_i(L_i)=\phi_{i+1}(0);$$
$$E_iI_i\phi_i''(L_i)=E_{i+1}I_{i+1}\phi_{i+1}''(0)=K_\theta[\phi_{i+1}'(0)-\phi_i'(L_i)];$$
$$E_iI_i\phi_i'''(L_i)=E_{i+1}I_{i+1}\phi_{i+1}'''(0) \tag{4-7}$$

将式（4-5）和式（4-6）代入式（4-2），可得系统的特征方程

$$\boldsymbol{W}\cdot\boldsymbol{A}=0 \tag{4-8}$$

当整个系统有 $i$ 个梁单元时，$\boldsymbol{W}$ 和 $\boldsymbol{A}$ 分别为

$$\boldsymbol{W}=[W_1\quad W_2\quad W_3\quad \cdots\quad W_i\quad W_{i+1}]^{\mathrm{T}} \tag{4-9}$$

$$A=[A_{1,1}\quad A_{1,2}\quad A_{1,3}\quad A_{1,4}\quad \cdots\quad A_{i+1,1}\quad A_{i+1,2}\quad A_{i+1,3}\quad A_{i+1,4}]^{\mathrm{T}} \tag{4-10}$$

式（4-9）中，对于固定端、柔性节点、刚性节点和自由端 4 种边界条件，$W_i$ 分别为

$$W_1=\begin{bmatrix}1 & 0 & 1 & 0 & \cdots\\ 0 & 1 & 0 & 1 & \cdots\end{bmatrix} \tag{4-11}$$

$$W_2=\begin{bmatrix}\cos a_1L_1 & \sin a_1L_1 & \cosh a_1L_1 & \sinh a_1L_1 & -1 & 0 & -1 & 0\cdots\\ \sin a_1L_1+b_1\cos a_1L_1 & -\cos a_1L_1+b_1\sin a_1L_1 & -\sinh a_1L_1-b_1\cosh a_1L_1 & -\cosh a_1L_1-b_1\cosh a_1L_1 & 0 & c_1 & 0 & c_1\cdots\\ \sin a_1L_1 & -\cos a_1L_1 & -\sinh a_1L_1 & -\cosh a_1L_1 & E_2I_2a_2^2/(K_\theta a_1) & c_1 & -E_2I_2a_2^2/(K_\theta a_1) & c_1\cdots\\ & & & -\cosh a_1L_1 & 0 & e_1 & 0 & -e_1\cdots\end{bmatrix}\tag{4-12}$$

$$W_3=\begin{bmatrix}\cdots\cos a_2L_2 & \sin a_2L_2 & \cosh a_2L_2 & \sinh a_2L_2 & -1 & 0 & -1 & 0\\ \cdots-\sin a_2L_2 & \cos a_2L_2 & \sinh a_2L_2 & \cosh a_2L_2 & 0 & -c_2 & 0 & -c_2\\ \cdots-\cos a_2L_2 & -\sin a_2L_2 & \cosh a_2L_2 & \sinh a_2L_2 & d_1 & 0 & -d_1 & 0\\ \cdots\sin a_2L_2 & -\cos a_2L_2 & \sinh a_2L_2 & \cosh a_2L_2 & 0 & e_2 & 0 & -e_2\end{bmatrix}\tag{4-13}$$

$$W_4=\begin{bmatrix}\cdots-\cos a_3L_3 & -\sin a_3L_3 & \cosh a_3L_3 & \sinh a_3L_3\\ \cdots\sin a_3L_3 & -\cos a_3L_3 & \sinh a_3L_3 & \cosh a_3L_3\end{bmatrix}\tag{4-14}$$

式（4-12）和式（4-13）中

$$b_i=E_iI_ia_i/K_\theta;c_i=a_{i+1}/a_i;d_i=E_iI_ia_i^2/E_{i+1}I_{i+1}a_{i+1}^2;$$
$$e_i=E_iI_ia_i^3/E_{i+1}I_{i+1}a_{i+1}^3。\tag{4-15}$$

由图 4-2 可知

$$W=[W_{固定端}W_{弯曲接头}W_{刚性连接}W_{自由端}]^{\mathrm{T}}\tag{4-16}$$

$$A=[A_{1,1}\quad A_{1,2}\quad A_{1,3}\quad A_{1,4}\quad A_{2,1}\quad A_{2,2}\quad A_{2,3}\quad A_{2,4}\quad A_{3,1}\quad A_{3,2}\quad A_{3,3}\quad A_{3,4}]\tag{4-17}$$

另外，$W$ 的行列式必须为 0，即

$$|W|=0\tag{4-18}$$

3. 串联分布参数体系的动力响应

由式（4-18）可解得 $A_i$，从而根据式（4-3）可获得系统的自振频率。再将体系自振频率代入式（4-10），即可求解支柱类电气设备的振型。

当系统的频率和振型已知时，可解得系统的广义质量和刚度，则系统的动力方程如下

$$\ddot{Y}_i(t)+2\zeta_i\omega_i\dot{Y}_i(t)+\omega_i^2Y_i(t)=-\gamma_i\ddot{x}_{\mathrm{g}}\tag{4-19}$$

式中，变量上的点表示此变量关于时间 $t$ 的导数；

$\gamma_i$ 第 $i$ 个振型的振型参与系数；

$\ddot{x}_{\mathrm{g}}$——第 $i$ 个振型的地震加速度；

$\zeta_i$——第 $i$ 个振型的阻尼比。

### 4.2.2　电气设备—柔性节点—支架体系动力模型

1. 电气设备—柔性节点—支架体系模型

变电站支柱类设备及其支架体系参数如图 4-3 所示。图 4-3（a）中，$EI$、$m$ 及 $L$ 分别

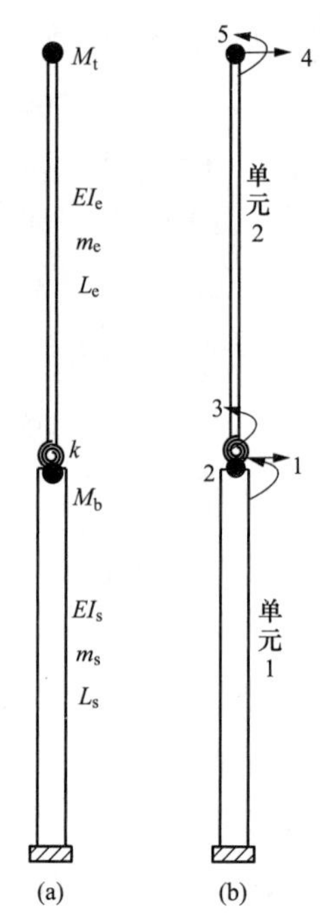


图 4-3　电气设备—柔性节点—支架体系
（a）电气设备简化及其参数；
（b）单元编号及节点编号

表示电气设备或支架的抗弯刚度、线密度及高度，其下标 $e$ 及 $s$ 分别表示电气设备及其支撑支架。$M_t$ 及 $M_b$ 分别表示位于设备顶部及支架顶部的集中质量。模型中单元编号及自由度编号如图 4-3（b）所示。电气设备与支架在平动方向上固接，但在 2、3 号自由度上由转动弹簧连接。在该模型中，模拟法兰段转动刚度的弹簧转动刚度为 $k$。支架顶部转角编号为 2，设备底部转角编号为 3。

对于圆柱形或矩形截面的支柱，其抗弯刚度可根据理论计算。而对于特高压变电站常见的格构式支架，可将其杆件简化为梁单元。在其顶部作用一个单位力，并获得支架顶部位移 $\delta$。如图 4-3（b）所示，将支架简化为悬臂柱后，当其顶部在单位力作用下位移已知时，可获得支架的抗弯刚度 $EI_s$ 为

$$EI_s=\frac{L_s^3}{3\delta} \tag{4-20}$$

对于安装在固定基础上的电气设备，其可视为具有分布质量及刚度的无限自由度的悬臂柱。考虑其顶端集中质量及固定端边界条件后，其特征方程为

$$\begin{aligned}&(\sin aL_e+\sinh aL_e)\left(\sinh aL_e-\sin aL_e-\frac{M_t}{m_eL_e}aL_e\cos aL_e+\frac{M_t}{m_eL_e}aL_e\cosh aL_e\right)\\&=(\cos aL_e+\cosh aL_e)\left(\cosh aL_e+\cos aL_e-\frac{M_t}{m_eL_e}aL_e\sin aL_e+\frac{M_t}{m_eL_e}aL_e\sinh aL_e\right)\end{aligned} \tag{4-21}$$

式（4-21）中，$aL_e$ 为梁的特征值，可通过该式求得。对于特高压变电站常见的支柱类电气设备，将其简化为具有分布参数的体系后，其振动圆频率为

$$\omega_e=a^2\sqrt{\frac{EI_e}{m_e}} \tag{4-22}$$

令 $\lambda_e=(aL_e)^4$，代入式（4-22），则有

$$EI_e=\frac{m_eL_e^4\omega_e^2}{\lambda_e} \tag{4-23}$$

式（4-23）即为考虑了设备顶部集中质量后，电气设备的等效抗弯刚度的计算方法。当设备频率已知时，也可直接代入式（4-23）计算。

2. 电气设备—支架体系结构质量及抗弯刚度矩阵

定义柔性节点处转动弹簧的刚度比为弹簧刚度与设备抗弯刚度之比，即

$$\alpha_k=\frac{kL_e}{EI_e} \tag{4-24}$$

式（4-24）中，各变量含义与 4.2 及 4.3.1 节相同。考虑节点转动后，体系共有 5 个自由度，其刚度矩阵及质量矩阵见式（4-25）～式（4-26）。其中，上标 k 表示模拟法兰段的转动弹簧刚度

$$\boldsymbol{K}^{\mathrm{k}}=\frac{2EI_{\mathrm{e}}}{L_{\mathrm{e}}^{3}}\boldsymbol{K}_{0}^{\mathrm{k}} \tag{4-25}$$

$$\boldsymbol{M}^{\mathrm{k}}=\frac{13m_{\mathrm{e}}L_{\mathrm{e}}}{35}\boldsymbol{M}_{0}^{\mathrm{k}} \tag{4-26}$$

其中

$$\boldsymbol{K}_{0}^{\mathrm{k}}=\begin{bmatrix} 6\left(1+\dfrac{\alpha_{\mathrm{EI}}}{\alpha_{\mathrm{L}}^{3}}\right) & -3\dfrac{\alpha_{\mathrm{EI}}}{\alpha_{\mathrm{L}}^{2}}L_{\mathrm{e}} & 3L_{\mathrm{e}} & -6 & 3L_{\mathrm{e}} \\ 2L_{\mathrm{e}}^{2} & 2\dfrac{\alpha_{\mathrm{EI}}}{\alpha_{\mathrm{L}}}L_{\mathrm{e}}^{2}+\dfrac{\alpha_{\mathrm{k}}L_{\mathrm{e}}^{2}}{2} & -\dfrac{\alpha_{\mathrm{k}}L_{\mathrm{e}}^{2}}{2} & 0 & 0 \\ L_{\mathrm{e}}^{2} & -3L_{\mathrm{e}} & 2L_{\mathrm{e}}^{2}+\dfrac{\alpha_{\mathrm{k}}L_{\mathrm{e}}^{2}}{2} & -3L_{\mathrm{e}} & L_{\mathrm{e}}^{2} \\ & & & 6 & -3L_{\mathrm{e}} \\ 0 & 0 & -\dfrac{\alpha_{k}L_{\mathrm{e}}^{2}}{2} & 2\dfrac{\alpha_{\mathrm{EI}}}{\alpha_{\mathrm{L}}}L_{\mathrm{e}}^{2}+\dfrac{\alpha_{\mathrm{k}}L_{\mathrm{e}}^{2}}{2} & 2L_{\mathrm{e}}^{2} \end{bmatrix} \tag{4-27}$$

$$\boldsymbol{M}_{0}^{k}=\begin{bmatrix} \alpha_{\mathrm{m}}\alpha_{\mathrm{L}}+1+\dfrac{420\gamma_{\mathrm{b}}}{156} & -\dfrac{22\alpha_{\mathrm{m}}\alpha_{\mathrm{L}}^{2}L_{\mathrm{e}}}{156} & \dfrac{22L_{\mathrm{e}}}{156} & \dfrac{54}{156} & \dfrac{13L_{\mathrm{e}}}{156} \\ \dfrac{4L_{\mathrm{e}}^{2}}{156} & \dfrac{4\alpha_{\mathrm{m}}\alpha_{\mathrm{L}}^{3}L_{\mathrm{e}}^{2}}{156} & 0 & 0 & 0 \\ \dfrac{-22L_{\mathrm{e}}}{156} & 1+\dfrac{420\gamma_{\mathrm{t}}}{156} & \dfrac{4L_{\mathrm{e}}^{2}}{156} & \dfrac{13L_{\mathrm{e}}}{156} & -\dfrac{3L_{\mathrm{e}}^{2}}{156} \\ -\dfrac{3L_{\mathrm{e}}^{2}}{156} & \dfrac{13L_{\mathrm{e}}}{156} & \dfrac{4L_{\mathrm{e}}^{2}}{156} & 1+\dfrac{420\gamma_{\mathrm{t}}}{156} & -\dfrac{22L_{\mathrm{e}}}{156} \\ 0 & 0 & 0 & \dfrac{4\alpha_{\mathrm{m}}\alpha_{\mathrm{L}}^{3}L_{\mathrm{e}}^{2}}{156} & \dfrac{4L_{\mathrm{e}}^{2}}{156} \end{bmatrix} \tag{4-28}$$

3. 电气设备—柔性节点—支架体系的动力特性及地震响应

(1) 体系的动力特性。由式 (4-25)～式 (4-26)，可获得电气设备—柔性节点—支架体系的特征方程，即

$$\left|\boldsymbol{K}^{\mathrm{k}}-\omega_{\mathrm{sys}}^{2}\boldsymbol{M}^{\mathrm{k}}\right|=0 \tag{4-29}$$

其中，$\omega_{\mathrm{sys}}$为体系整体的圆频率。由式 (4-25)、式 (4-28) 的关系有

$$\omega_{\mathrm{sys}}=\sqrt{\frac{EI_{\mathrm{e}}}{m_{\mathrm{e}}L_{\mathrm{e}}^{4}}\lambda_{\mathrm{sys}}} \tag{4-30}$$

其中

$$\lambda_{\mathrm{sys}}=\frac{70}{13}\omega_{0} \tag{4-31}$$

$\omega_0$ 由式 (4-31) 解得。

$$\left|\boldsymbol{K}_{0}^{k}-\omega_{0}^{2}\boldsymbol{M}_{0}^{\mathrm{k}}\right|=0 \tag{4-32}$$

由式 (4-23)，有

$$\frac{EI_{\mathrm{e}}}{m_{\mathrm{e}}L_{\mathrm{e}}^{4}}=\frac{\omega_{\mathrm{e}}^{2}}{\lambda_{\mathrm{e}}} \tag{4-33}$$

将式 (4-33) 代入式 (4-30)，可得

$$(\omega_{\mathrm{sys}})_n=\omega_{\mathrm{e}}\sqrt{\left(\frac{\lambda_{\mathrm{sys}}}{\lambda_{\mathrm{e}}}\right)_n} \tag{4-34}$$

式（4-34）中，下标 $n$ 为体系的第 $n$ 阶频率。$\lambda_{\mathrm{e}}$ 可由电气设备的特征方程式（4-14）获得，其拟合曲线见式 4.35（李黎，等，2015）

$$\lambda_{\mathrm{e}}=0.00419+\frac{12.35772}{1+\left(\frac{\gamma_{\mathrm{t}}}{0.24606}\right)^{1.00724}} \tag{4-35}$$

则当体系参数已知后，可得 $\lambda_{\mathrm{e}}$。利用式（4-32）可求得 $\omega_0$。代入式（4-31）可得 $\lambda_{\mathrm{sys}}$。其中，$\lambda_{\mathrm{sys}}$ 仅为 $\alpha_{\mathrm{m}}$、$\alpha_{\mathrm{EI}}$、$\alpha_{\mathrm{L}}$、$\gamma_{\mathrm{t}}$ 及 $\gamma_{\mathrm{b}}$ 的函数。则利用式（2-22）可求得电气设备—柔性节点—支架体系的整体频率。由于 $\lambda_{\mathrm{sys}}$ 仅与支架及集中质量与设备的参数比值相关。对于不同的电气设备，可求得统一的（$\lambda_{\mathrm{sys}}/\lambda_{\mathrm{e}}$）曲线，从而当电气设备自身的频率已知时，可快速求得安装在支架上的电气设备的频率。

（2）体系的地震响应。对于线性结构的地震响应，当校核单体结构的抗震性能时，可采用谱分析方法。对于如图 4-3（a）所示结构，当体系各阶自振频率已知后，由式（4-25）及式（4-26）可求得体系的各阶振型向量 $\Phi_n$，则该阶振型的振型参与系数为

$$\Gamma_n=\frac{\boldsymbol{\Phi}_n^{\mathrm{T}}\boldsymbol{M}^{\mathrm{k}}\boldsymbol{I}}{\boldsymbol{\Phi}_n^{\mathrm{T}}\boldsymbol{M}^{\mathrm{k}}\boldsymbol{\Phi}_n} \tag{4-36}$$

其中，$\boldsymbol{I}=[1\ 0\ 0\ 1\ 0]^{\mathrm{T}}$。则体系第 $n$ 阶振动对应的加速度响应 $a_n$、速度响应 $\dot{v}_n$ 及位移响应 $d_n$ 为

$$\begin{cases}a_n=\Gamma_n S_{\mathrm{a}}(f_n,\xi_n)\\ \dot{v}_n=\Gamma_n S_{\mathrm{a}}(f_n,\xi_n)/\omega_n\\ d_n=\Gamma_n S_{\mathrm{a}}(f_n,\xi_n)/\omega_n^2\end{cases} \tag{4-37}$$

式中　$f_n$——体系的第 $n$ 阶振动频率，且 $f_n=\omega_n/2\pi$；

$\xi_n$——第 $n$ 阶振型的阻尼比；

$S_{\mathrm{a}}(f_n,\xi_n)$——对应振型频率及阻尼比时，地震动的加速度反应谱或规范中给出的加速度需求反应谱。

当体系各阶振型对应的地震响应已知后，可采用 SRSS 方法对各阶振型的地震响应进行组合，即对于地震动响应 $A$（$A$ 为加速度、速度或位移响应），有

$$A=\sqrt{\sum_{n=1}^{N_0}A_n^2} \tag{4-38}$$

式中　$A_n$——第 $n$ 阶地震响应；

$N_0$——参与组合的振型总数。

而对于非线性结构的地震响应，结构中有材料或几何非线性部件时，如转动弹簧刚度为线性或设备顶端连接有软导线时，需采用时程分析方法计算体系的地震响应。如纽马克-$\beta$（Newmark-$\beta$）法、威尔逊-$\theta$（Wilson-$\theta$）法等。

## 4.3 设备与支架的相互作用

### 4.3.1 体系自振频率参数分析

利用 4.2 节提出的动力模型，采用参数分析的方法，研究不同参数对安装在支架上的电

气设备的动力特性的影响。

以某±800kV特高压换流站工程为例，由于电压等级相同，考虑绝缘距离等因素，其电气设备尺寸较为接近。对于特高压变电站，安装在支架上的支柱类电气设备本体高度一般为11～12m，支架高度一般为5～6m，即支架高度$L_s$小于设备高度$L_e$。另外，特高压支柱类电气设备一般较细长，且支架多采用格构式钢支架，支架抗弯刚度$EI_s$一般大于设备抗弯刚度$EI_e$，故在参数分析中，设备与支架的高度比$\alpha_L$取值范围为0～1，设备与支架的刚度比$\alpha_{EL}$取值范围大于1。

1. 刚度比、高度比对体系频率的影响

当不考虑设备顶部或支架顶部集中质量，即$\gamma_b=0$、$\gamma_t=0$时，对支架与设备的刚度比$\alpha_{EI}$进行参数分析，在不同的设备高度比、质量比及柔性节点刚度比的情况下，设备体系的一阶频率系数$\lambda_{sys}/\lambda_e$如图4-4所示。由图4-4可知，随着刚度比$\alpha_{EI}$的增加，安装在支架上

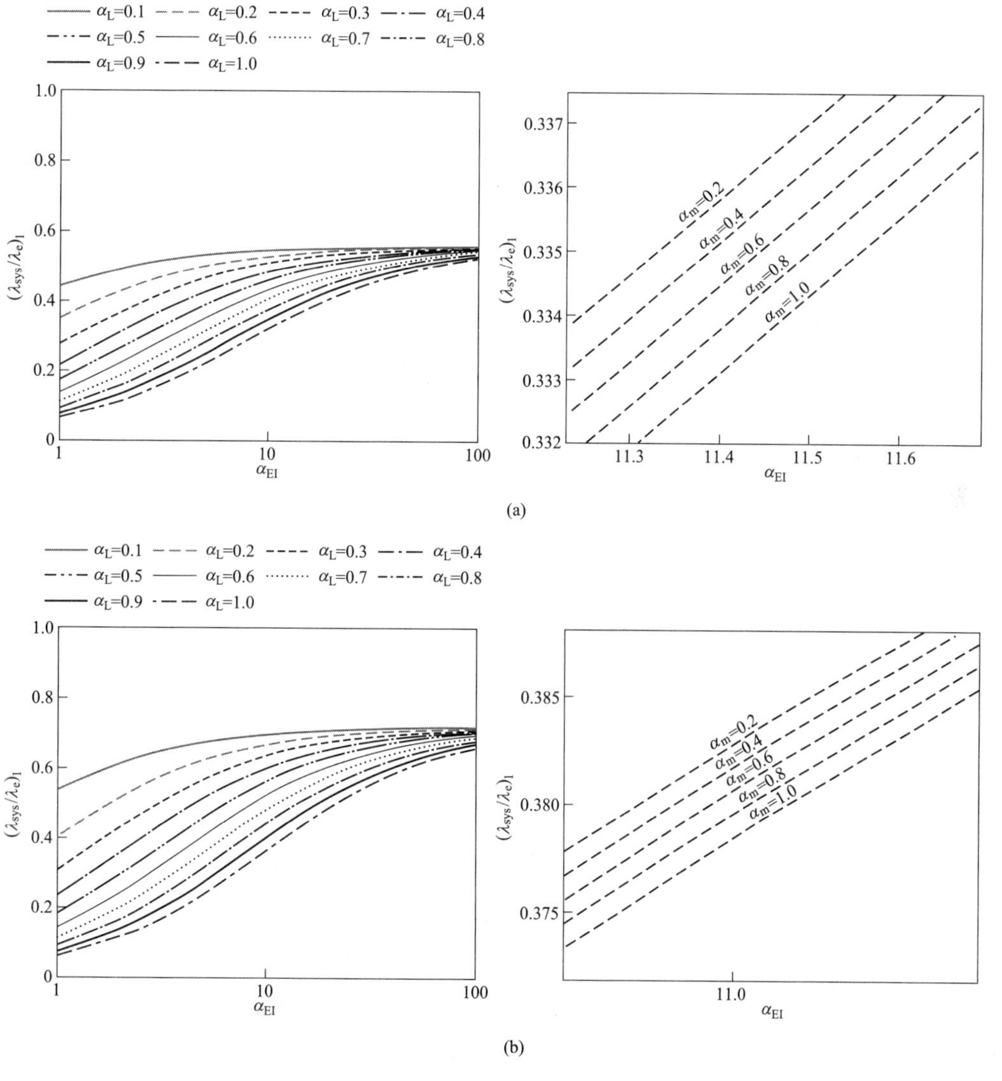


图4-4　一阶$\lambda_{sys}/\lambda_e$与$\alpha_{EI}$的关系（一）

(a) 刚度比$\alpha_k=5$时，不同参数下$\lambda_{sys}/\lambda_e$与$\alpha_{EI}$的关系；(b) 刚度比$\alpha_k=10$时，不同参数下$\lambda_{sys}/\lambda_e$与$\alpha_{EI}$的关系

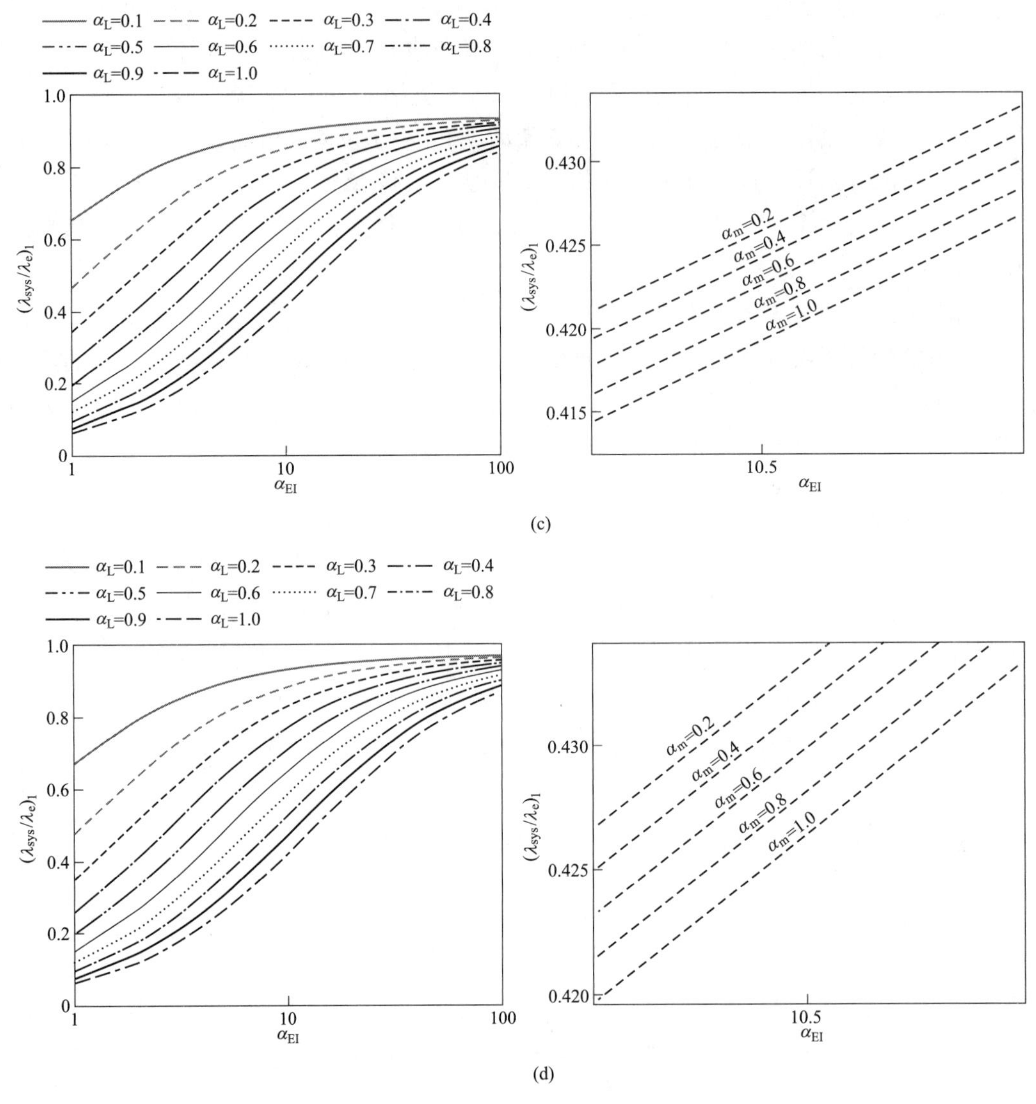


图 4-4 一阶 $\lambda_{sys}/\lambda_e$ 与 $\alpha_{EI}$ 的关系（二）

（c）刚度比 $\alpha_k$＝50 时，不同参数下 $\lambda_{sys}/\lambda_e$ 与 $\alpha_{EI}$ 的关系；（d）刚度比 $\alpha_k$＝100 时，不同参数下 $\lambda_{sys}/\lambda_e$ 与 $\alpha_{EI}$ 的关系

的电气设备体系频率逐渐增加。当刚度比 $\alpha_{EI}<10$ 时，体系一阶频率增长迅速。当体系的高度比 $\alpha_L$ 较大（$\alpha_L>0.5$）时，刚度比 $\alpha_{EI}$ 对体系的一阶频率影响更显著。另外，随着刚度比 $\alpha_{EI}$ 的继续增加，体系一阶 $\lambda_{sys}/\lambda_e$ 逐渐接近 1 且恒小于 1。随着柔性节点刚度比 $\alpha_k$ 的增加，体系整体频率逐渐增加。安装在支架上的电气设备频率小于电气设备本体频率（$\lambda_{sys}/\lambda_e<1$）。

图 4-4 中还绘出了不同质量比 $\alpha_m$ 时的一阶 $\lambda_{sys}/\lambda_e$ 曲线。由图 4-4 可知，随着质量比增加，体系一阶频率逐渐降低。但不同刚度比 $\alpha_{EI}$ 及不同柔性节点刚度比 $\alpha_k$ 下，质量比 $\alpha_m$ 对体系的自振频率影响较小。在分析不同因素对安装在支架上的自振频率时，可忽略质量比的影响。

在设备顶部及底部集中质量 $\gamma_b$ 及 $\gamma_t$ 为 0 时，不同高度比下设备一阶 $\lambda_{sys}/\lambda_e$ 如图 4-5 所示。由图 4-5 可知，随着高度比 $\alpha_L$ 的增加，体系的一阶频率逐渐降低，即在支架刚度比一定的情况下，增加支架刚度将降低体系的频率。在不同高度比下，体系的最大频率系数小于1。当支架的刚度比 $\alpha_{EI}<40$ 时，高度比 $\alpha_L$ 对体系自振频率的影响更显著。不同刚度比 $\alpha_k$ 下，体系一阶频率系数 $\lambda_{sys}/\lambda_e$ 如图 4-6 所示。

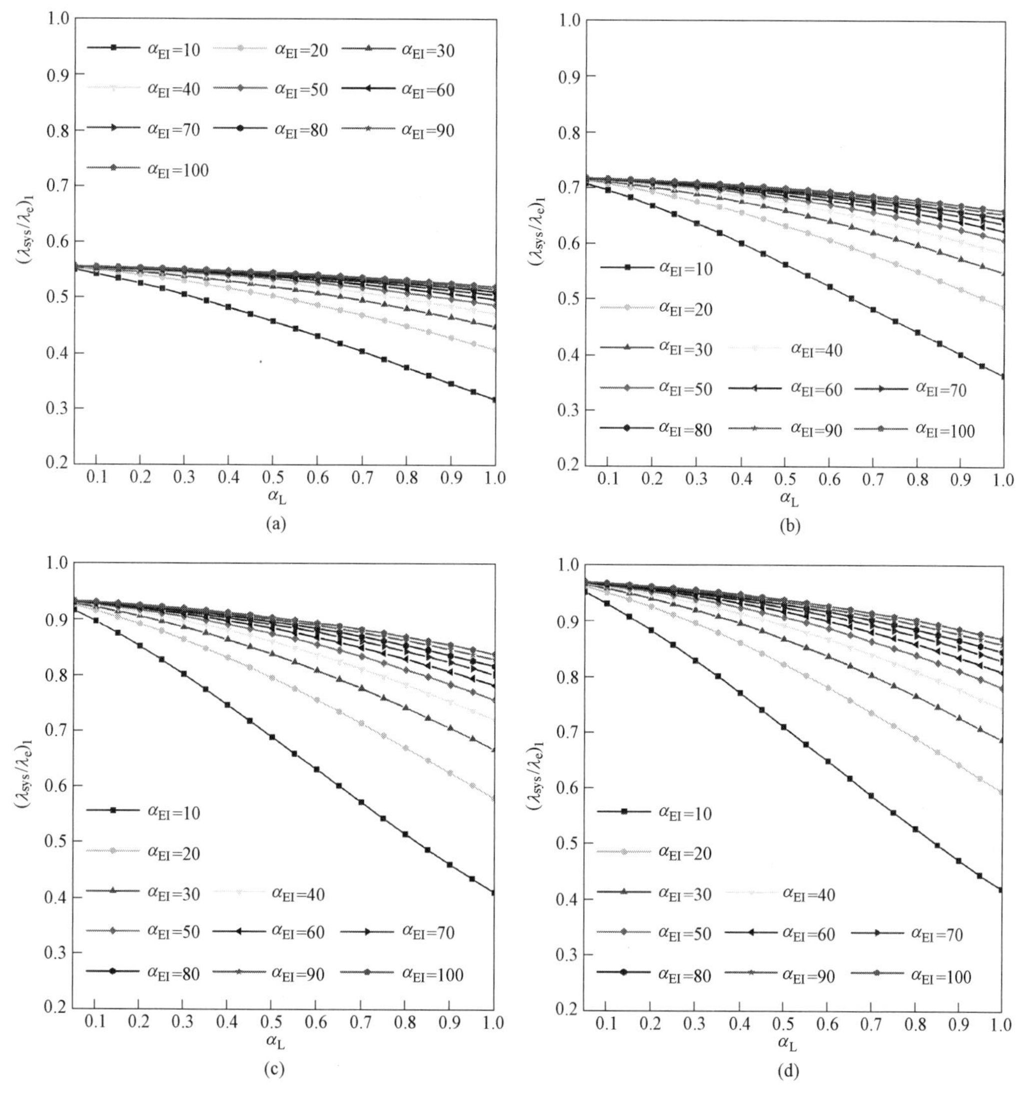

图 4-5 一阶 $\lambda_{sys}/\lambda_e$ 与 $\alpha_L$ 的关系

(a) 不同参数下 $\lambda_{sys}/\lambda_e$ 与 $\alpha_L$ 的关系（$\alpha_k=5$）；(b) 不同参数下 $\lambda_{sys}/\lambda_e$ 与 $\alpha_L$ 的关系（$\alpha_k=10$）；(c) 不同参数下 $\lambda_{sys}/\lambda_e$ 与 $\alpha_L$ 的关系（$\alpha_k=50$）；(d) 不同参数下 $\lambda_{sys}/\lambda_e$ 与 $\alpha_L$ 的关系（$\alpha_k=100$）

由图 4-6 可知，法兰刚度对体系的频率有较大影响，法兰刚度比由 1 增加到 100 时，体系频率系数由 0.16 增加到 0.96。当刚度比 $\alpha_k<10$ 时，随着刚度比 $\alpha_k$ 增加，体系频率增加；而 $\alpha_k>10$ 时，随着刚度比 $\alpha_k$ 增加，体系频率增长率降低，即当刚度比 $\alpha_k$ 较小时，其变化对体系自振频率有更大的影响。

2. 集中质量对体系频率的影响

具有不同设备顶部、底部集中质量比的体系一阶频率系数如图 4-7 所示。由图 4-7 可知，

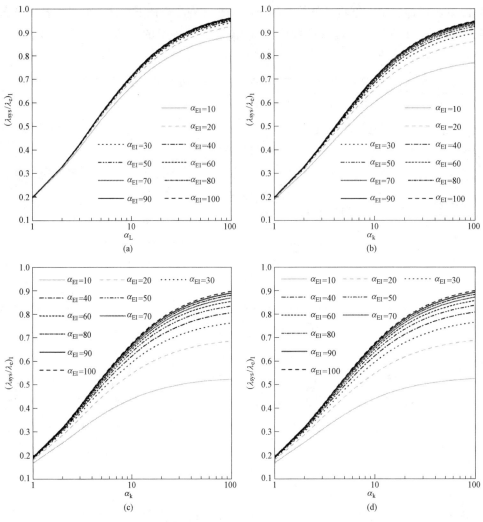

图 4-6　一阶 $\lambda_{sys}/\lambda_e$ 与 $\alpha_k$ 的关系

(a) 不同参数下 $\lambda_{sys}/\lambda_e$ 与 $\alpha_k$ 的关系 ($\alpha_L=0.2$)；(b) 不同参数下 $\lambda_{sys}/\lambda_e$ 与 $\alpha_k$ 的关系 ($\alpha_L=0.4$)；(c) 不同参数下 $\lambda_{sys}/\lambda_e$ 与 $\alpha_k$ 的关系 ($\alpha_L=0.8$)；(d) 不同参数下 $\lambda_{sys}/\lambda_e$ 与 $\alpha_k$ 的关系 ($\alpha_L=1$)

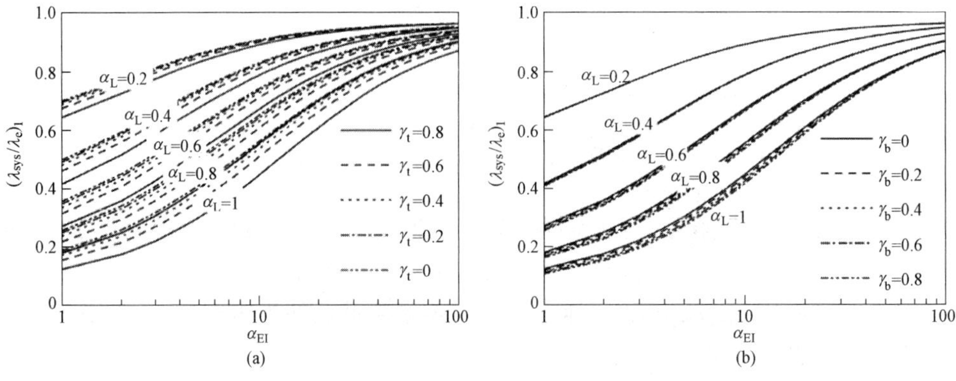


图 4-7　设备顶部及底部集中质量对体系频率的影响

(a) 设备顶部集中质量对体系频率的影响；(b) 设备底部集中质量对体系频率的影响

增加设备顶部或底部集中质量均会降低体系的自振频率。但设备顶部集中质量对设备频率影响较底部大。

### 4.3.2　支柱类电气设备的地震响应

由 4.3.1 节可知，支架与设备的质量比 $\alpha_m$ 对电气设备动力特性的影响较小，故在分析安装在支架上的电气设备的地震响应时，暂不考虑质量比 $\alpha_m$ 的影响。另外，由于特高压电气设备质量大，其顶部或底部的集中质量相对较小，故在支柱类设备的地震响应分析中，暂不考虑集中质量比 $\gamma_b$、$\gamma_t$ 的影响。

考虑特高压变电站中设备的频率分布，利用 4.2 节中计算电气设备地震响应的动力模型，当电气设备自身一阶频率 $f_e$ 分别为 1、2Hz 及 5Hz 时，在不同刚度比及高度比下，设备顶部位移与柔性节点的刚度比的关系分别如图 4-8～图 4-10 所示。由图 4-8～图 4-10 可知，增加设备与支架的连接节点的转动刚度可减小设备顶部位移。当柔性节点的刚度比小于 0.1 时，随着节点刚度的增加，设备顶部的位移迅速下降。当节点刚度比大于 1 时，设备顶部位移逐渐趋于常数。

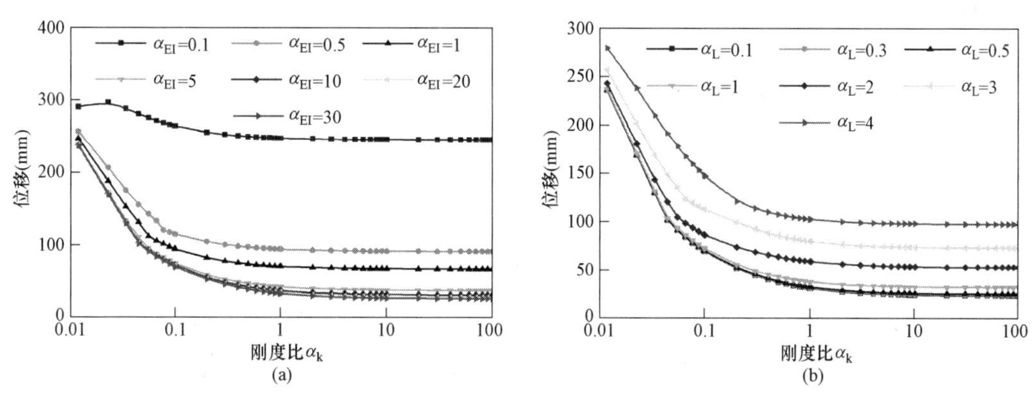


图 4-8　设备自身频率为 1Hz 时，设备顶部位移

（a）设备顶部位移与 $\alpha_{EI}$的关系；（b）设备顶部位移与 $\alpha_L$ 的关系

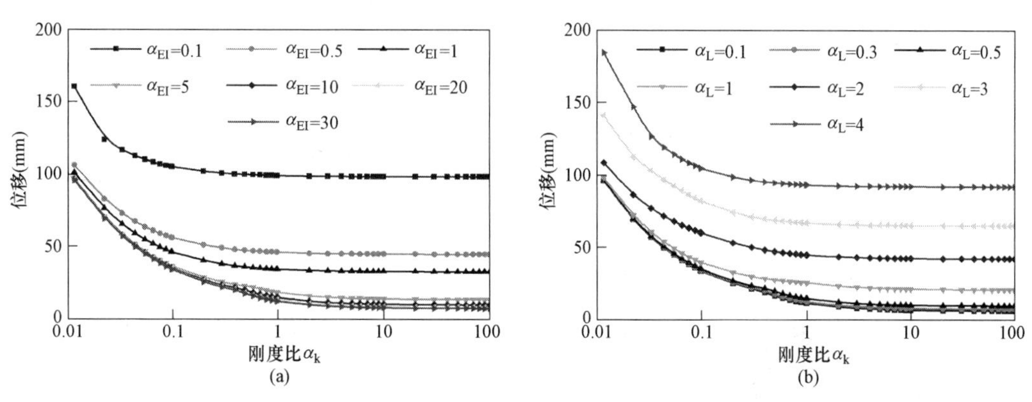


图 4-9　设备自身频率为 2Hz 时，设备顶部位移

（a）设备顶部位移与 $\alpha_{EI}$的关系；（b）设备顶部位移与 $\alpha_L$ 的关系

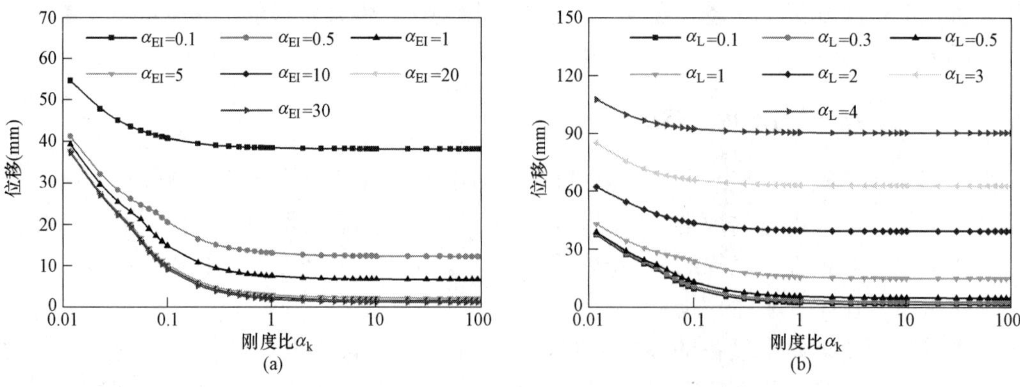


图 4-10　设备自身频率为 5Hz 时，设备顶部位移

(a) 设备顶部位移与 $\alpha_{EI}$ 的关系；(b) 设备顶部位移与 $\alpha_L$ 的关系

当电气设备自身一阶频率 $f_e$ 分别为 1Hz、2Hz 及 5Hz 时，在不同刚度比及高度比下，设备根部截面的弯矩与柔性节点的刚度比的关系分别如图 4-11～图 4-13 所示。由图 4-11 可知，当设备自身频率为 1Hz 时，随着节点刚度比的增加，设备根部的弯矩响应逐渐增加。究其原因，当设备自身频率为 1Hz 时，安装在支架上后，体系整体的频率小于 1Hz。由图 4-7 可知，当体系频率小于 1Hz 时，其未处于 Q/GDW 11132—2013 规范中需求反应谱（required response spectra，RRS）的平台段，故其受到的地震动激励较小。随着结构节点刚度比增加，体系的频率增加（He，et al. 2018）。由图 4-7 可知，随着频率增加，支柱类设备受到的 RRS 增加，故其弯矩响应逐渐增大。当设备自身频率为 2Hz 时，随着其刚度比、高度比及柔性节点刚度比的变化，设备频率分别处于 RRS 上升段或平台段。当频率处于 RRS 的上升段时，随着节点刚度比的增加，如图 4-12 所示，设备弯矩响应逐渐增加。当体系一阶频率处于 RRS 的平台段时，由图 4-12、图 4-13 可知，随着体系频率的增加，电气设备根部截面的弯矩逐渐减小。随着节点刚度比继续增加，设备根部截面的弯矩响应逐渐趋于常数。综上所述，对于安装在支架上且一阶频率处于 RRS 平台段的电气设备，应增加支柱类设备法兰转动刚度或支架抗弯刚度，以减小支柱类电气设备的地震响应。

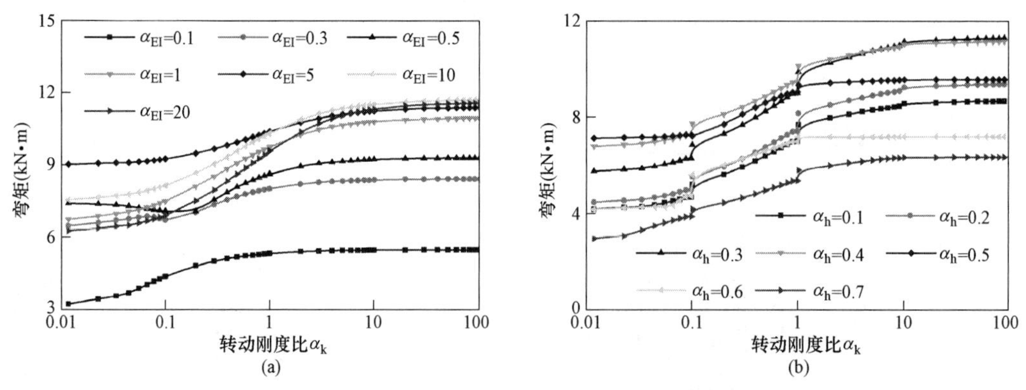


图 4-11　设备自身频率为 1Hz 时，设备根部弯矩

(a) 设备根部弯矩与 $\alpha_{EI}$ 的关系；(b) 设备根部弯矩与 $\alpha_L$ 的关系

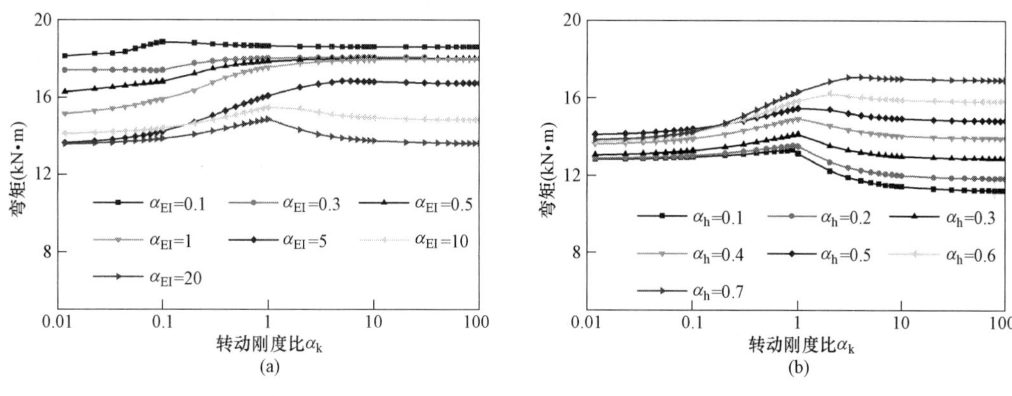


图 4-12　设备自身频率为 2Hz 时，设备根部弯矩

(a) 设备根部弯矩与 $\alpha_{EI}$的关系；(b) 设备根部弯矩与 $\alpha_L$ 的关系

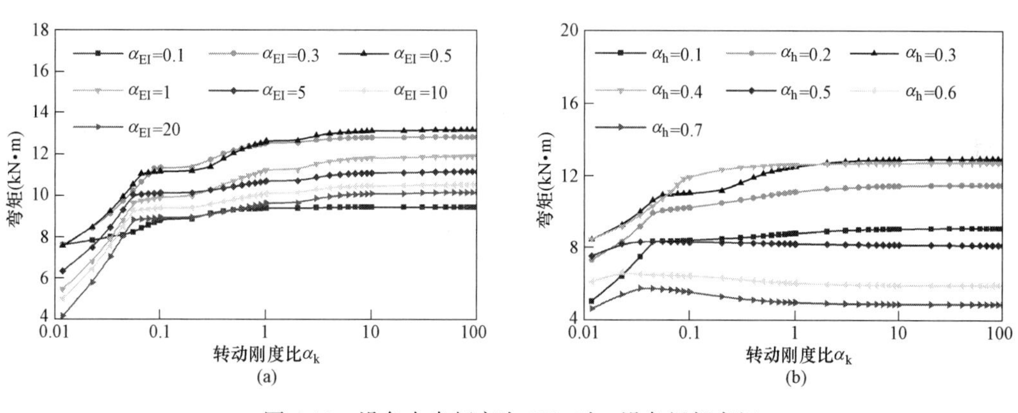


图 4-13　设备自身频率为 5Hz 时，设备根部弯矩

(a) 设备根部弯矩与 $\alpha_{EI}$的关系；(b) 设备根部弯矩与 $\alpha_L$ 的关系

### 4.3.3　支架对 GIS 套管抗震性能的影响

1. GIS 套管—支架体系介绍

特高压 GIS 支撑架系统包括 3 个部分：瓷质套管、钢支架和母线支筒（图 4-14）。瓷套管通过铜制法兰与钢支架连接。母线支筒连接着套管中的导体和 GIS 设备。

4.3.2 节表明，增加支架的刚度可有效降低基频在 RRS 平台段的电气设备的地震响应。本节共介绍两种 GIS 套管支架，分别命名为支架 O 及支架 R，其中“O”和“R”分别表示原始形式和加固后形式。支架 O 是用于非抗震区域变电站的特高压 GIS 套管支架，而支架 R 是支架 O 的加固形式（He，et al. 2019）。图 4-15 为支架 O 和支架 R 的侧视图。

在支架 O 中，梁柱节点仅通过一个连接板连接，且该支架梁柱节点间未安装加劲肋（图 4-16（a））。支架 R 除了以下 3 个方面与支架 O 不同外，其他参数均与支架 O 相同：

（1）为了增加框架的横向刚度，在框架的 $X$-$Z$ 平面上设置了钢支撑，在另一个方向（$Y$-$Z$）上，增加支架的数量，如图 4-16（b）所示。

（2）在节点梁上下翼缘处增加了连接板。

（3）在节点处增设了加劲肋。

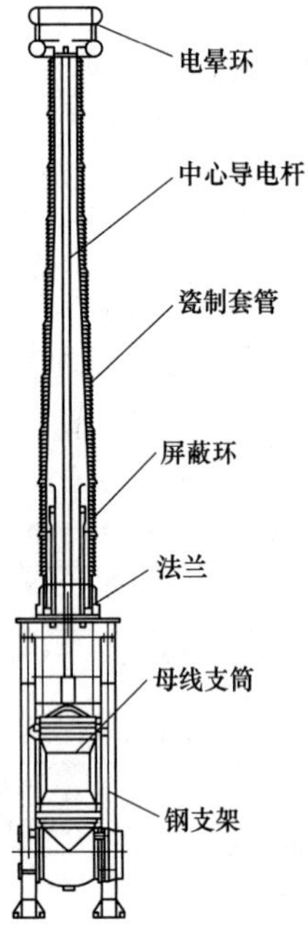

电晕环
中心导电杆
瓷制套管
屏蔽环
法兰
母线支筒
钢支架

图 4-14　安装在支架上的 1100kV 特高压 GIS 套管

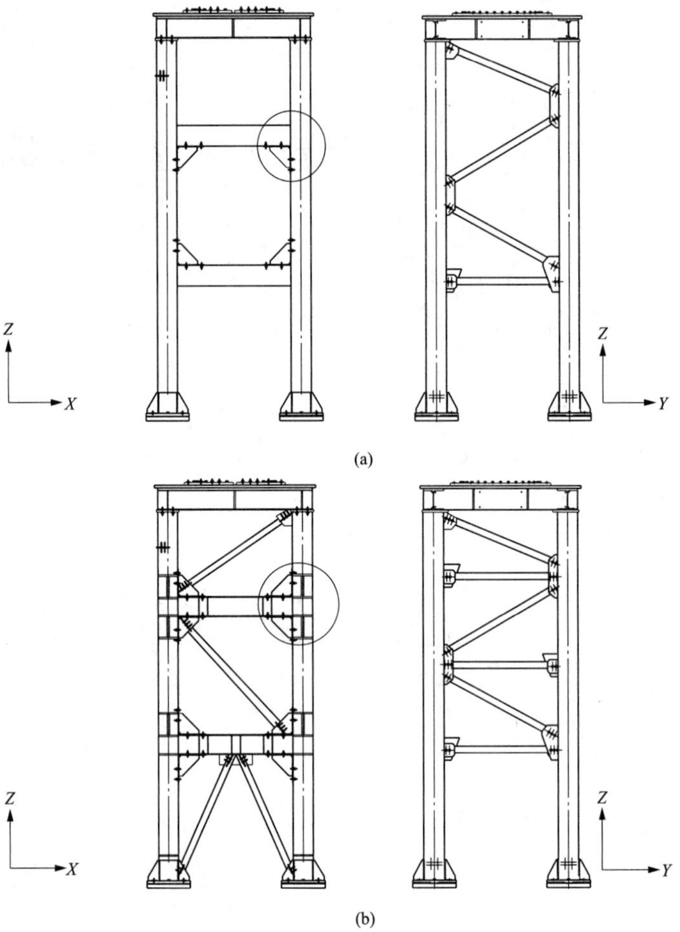

(a)

(b)

图 4-15　加固前后的 GIS 套管支架及其主振方向立面图

（a）加固前支架（支架 O）主振方向立面；（b）加固前支架（支架 R）主振方向立面

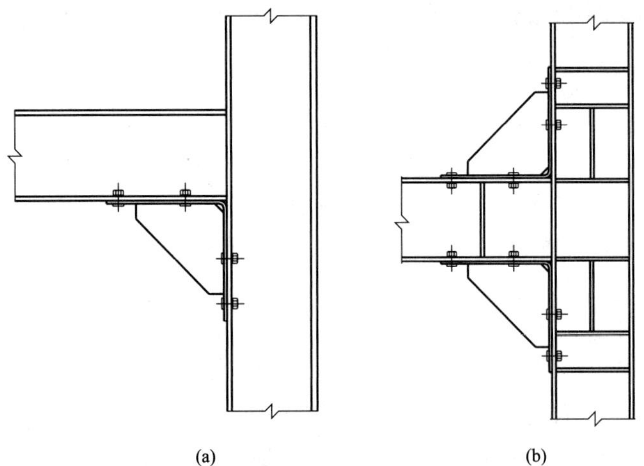


图 4-16　支架 O 和支架 R 中的梁柱节点示意图

（a）支架 O 的梁柱节点；（b）支架 R 的梁柱节点

2. GIS 套管振动台试验

为了验证特高压 GIS 套管的抗震性能并验证加固措施的效果，对足尺 1100kV 特高压 GIS 套管进行了振动台试验。试验中，套管分别安装在支架 O 和支架 R 上。

（1）试验工况和仪器。当地震加速度峰值（peak ground acceleration，PGA）为 0.4*g* 时，试验采用的地震动加速度时程和加速度反应谱（acceleration response spectra，ARS）如图 4-17 所示。

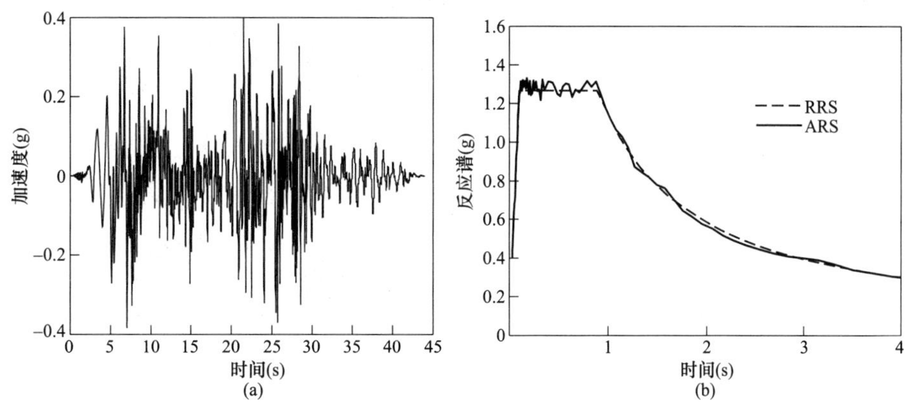


图 4-17　地震动的加速时间历程和加速度反应谱

（a）地震动时程；（b）地震动的加速度反应谱

表 4-1 列出了 GIS 套管—支架体系的试验工况，试验前，为了获得支架的动态特性，在工况 1 中对支架 O 和支架 R 进行了力锤敲击试验。此外，在进行地震试验工况 4、工况 6 和工况 8 之后，再次进行了白噪声扫频试验以判断系统中是否存在结构性损伤。

**表 4-1　　GIS 套管—支架体系的试验方案**

| 试验工况 | 地震动 | 目标加速度 |
|---|---|---|
| 工况 1 | 在支架上进行力锤敲击试验 | — |
| 工况 2 | 白噪声扫频试验 | 0.075 |
| 工况 3（3 次） | 抗震试验 | 0.15 |
| 工况 4 | 白噪声扫频试验 | 0.075 |
| 工况 5 | 抗震试验 | 0.2 |
| 工况 6 | 白噪声扫频试验 | 0.075 |
| 工况 7 | 抗震试验 | 0.4 |
| 工况 8 | 白噪声扫频试验 | 0.075 |

为了获取 GIS 套管—支架体系的动态特性和地震响应，在套管的轴线上布置了 6 个加速度计［图 4-18（a）］。加速度计 A1 布置在套管的顶部，A6 布置在支架的顶部，图 4-18（b）为安装在支架 O 上的完整的特高压 GIS 套管。

为了获得套管的应力响应，在套管的底部横截面处安装了两个应变仪（图 4-18 中的 B1-B1 截面），应变片沿着套管的轴线在主振动方向上排列（图 4-15 中的 *X*-*Z* 平面）。

（2）支架加固前后动力特性。在振动台试验之前，对支架 O 和支架 R 进行了力锤敲击

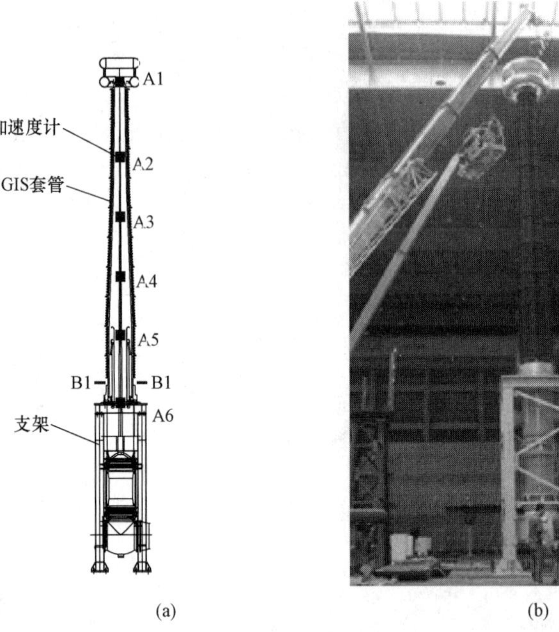


图 4-18　振动台上加速度计和套管—支架体系的布置

(a) 加速计沿套管高度的布置；(b) 地震台上的 GIS 套管—支架 O 体系

试验（工况 1），得到加固前后支架的基本频率分别为 7.39Hz 和 12.14Hz，可知加固措施有效增加了支架的刚度。

工况 2 中，两个体系的传递函数如图 4-19（a）所示。加固前后的体系一阶自振频率分别为 2.75Hz 和 3.13Hz，二阶自振频率分别为 7.38Hz 和 11.13Hz。在考虑了套管的质量之后，体系的二阶频率接近支架的一阶频率。安装在不同支架上的套管的前两阶振型如图 4-19（b）所示。体系的一阶振型主要表现为套管自身的弯曲变形，在这种振型下，支架的振动幅度较小。二阶振型中，支架对套管—支架体系的影响显著。由于两个支架的动态特性不同，因此两个体系的二阶振型有较大差异。此外，根据图 4-19（a）所示的传递函数，两个体系的第一个峰接近，但第二个峰却存在许多差异，这些现象与图 4-19（b）的分析情况一致。

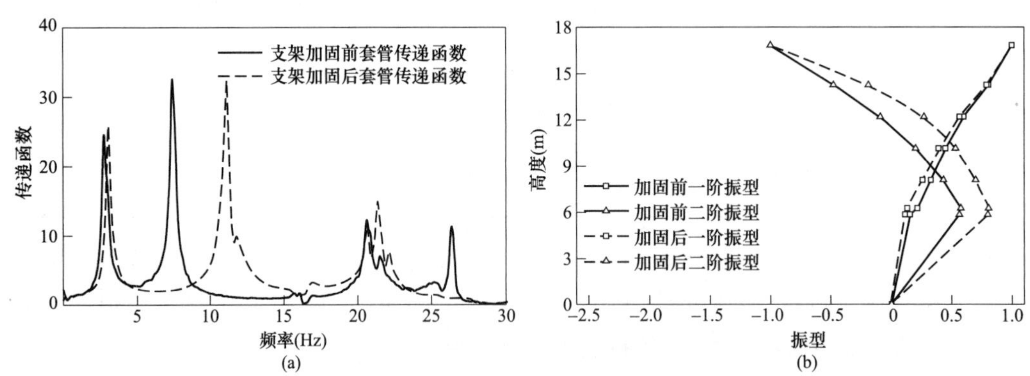


图 4-19　加固前后套管—支架体系的传递函数和前两阶振型

(a) 加固前后套管—支架体系传递函数；(b) 加固前后套管—支架体系前两阶振型

(3) 套管—支架 O 体系的地震破坏。振动台的输入参数应优化到可以使振动台的 ARS 包络 RRS 的要求。因此，在每个体系的试验中，执行了 3 次工况 3，以迭代振动台参数。在工况 3 的 3 个试验中，套管顶部的加速度的传递函数如图 4-20 所示。在套管—支架 O 体系的 3 个试验中，3 个传递函数曲线不一致，在低强度地震中，套管—支架 O 系统的动力特性发生了变化，无法满足相关标准要求。在工况 3 的 3 个试验中，套管—支架 R 体系的传递函数如图 4-20 (b) 所示，3 个曲线相似，加固后，在低强度振动台试验中，套管体系动力特性未发生改变。

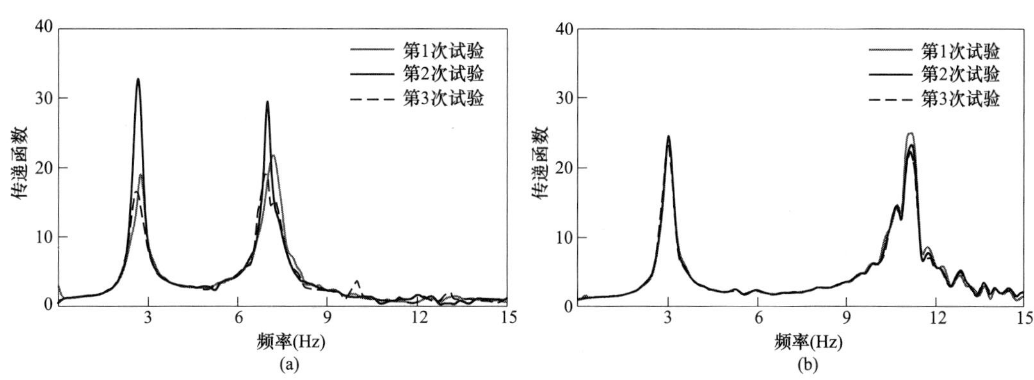


图 4-20　初始体系和加固后体系的工况 3 的 3 个试验中的传递函数

(a) 加固前体系的传递函数；(b) 加固后体系的传递函数

支架的加速度放大因子 (acceleration amplification factor，*AAF*) 定义为支架顶部的峰值加速度与 *PGA* 的比值，表 4-2 中列出了工况 3 中的 3 个迭代试验的 *AAF*。如果结构是线性的，则支架的 *AAF* 应该相对接近。在低烈度地震中，支架 O 的 *AAF* 发生了很大变化，表明套管—支架体系的动力特性发生了很大变化，支架 O 不适宜应用于高地震烈度较高地区。

**表 4-2　　工况 3 的 3 次试验加固前支架的加速度放大因子**

| 试验 | *PGA*(g) | 支架 O 顶部加速度峰值 (g) | *AAF* |
|---|---|---|---|
| 试验 1 | 0.19 | 0.34 | 1.79 |
| 试验 2 | 0.18 | 0.36 | 2.00 |
| 试验 3 | 0.17 | 0.38 | 2.24 |

**表 4-3　　工况 3 的 3 次试验加固后支架的加速度放大因子**

| 试验 | *PGA*(g) | 支架 R 顶部加速度峰值 (g) | *AAF* |
|---|---|---|---|
| 试验 1 | 0.143 | 0.398 | 2.78 |
| 试验 2 | 0.142 | 0.396 | 2.79 |
| 试验 3 | 0.143 | 0.397 | 2.78 |

表 4-3 中列出了工况 3 试验时加固后的 *AAF*，可以看到，试验中支架 R 的 *AAF* 大致相同。图 4-21 绘出了套管—支架 R 体系的试验工况 2、工况 4、工况 6 和工况 8 的传递函数。

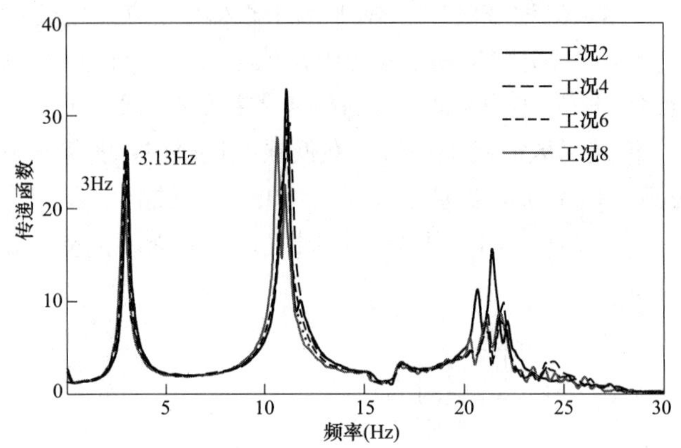


图 4-21　在四个白噪声测试中，套管—支架 R 系统的传递函数

由图 4-21 可知，在 *PGA* 为 0.2*g* 的地震下，套管体系的动态特性没有变化，而在 *PGA* 为 0.4*g* 的试验后，传递函数曲线略有变化，体系的基本频率降低。考虑到试验的安全性，套管—支架 O 体系没有进行在 *PGA* 为 0.2*g* 和 0.4*g* 下的振动台试验。

（4）套管—支架体系的地震响应。图 4-22 为套管—支架 R 体系的试验工况 7 中振动台和支架顶部的加速度响应谱（ABS），支架顶部的加速度响应谱可包络振动台的加速度响应谱。考虑到安装在其上的套管的质量，11.13Hz 的频率接近支架的自振频率 12.14Hz，即支架将在其自振频率附近放大地震动。

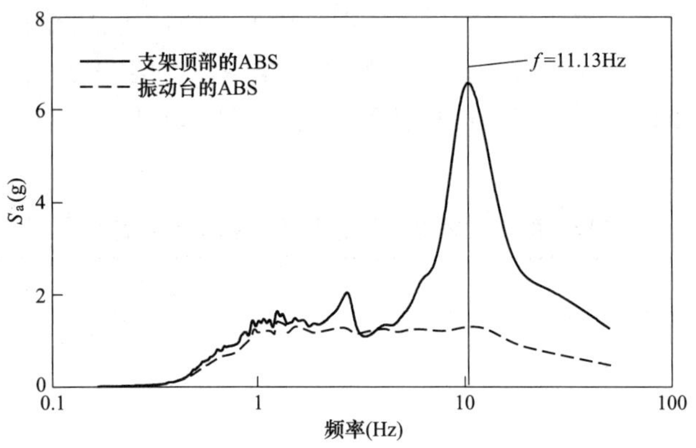


图 4-22　试验工况 7 中支架 R 顶部的 ARS

套管支架的谱放大系数（SAF）定义为套管顶部加速度反应谱与台面输入加速度反应谱的比值。图 4-23 为工况 3 的第 3 次试验中支架 O 的谱放大系数及工况 7 中支架 R 的谱放大系数曲线。由图 4-23 可知，在套管—支架体系和两个支架的基频附近，支架 O 的峰值谱放大系数大于支架 R，而套管本身的基频与支架 O 顶部 ARS 中的主频率之间的差异要小于与支架 R 顶部的 ARS 中的主频率之间的差异。由于支撑结构的频率接近电气设备，因此安装在支架 O 上的套管将承受更大的地震响应。增加支架的节点刚度和横向刚度可以减小支架对安装在其上套管的地震放大作用。

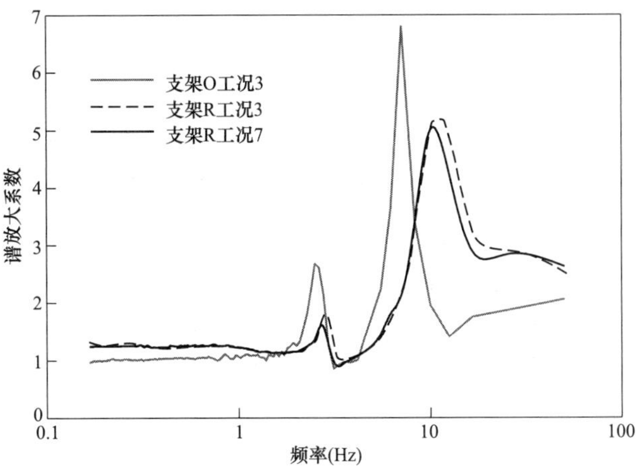


图 4-23　两种支架的谱放大系数

表 4-4　　GIS 套管的峰值应力

| 试验 | 体系 | 目标 *PGA*(g) | 峰值应力（MPa） |
|---|---|---|---|
| 工况 3（3 次） | 原始体系 | 0.15 | 4.22 |
| 工况 3（3 次） | 加固后体系 | 0.15 | 2.89 |
| 工况 5 | 加固后体系 | 0.2 | 3.75 |
| 工况 7 | 加固后体系 | 0.4 | 6.83 |

表 4-4 为加固前后体系在不同试验中的峰值应力。比较工况 3 的第 3 次试验中的最大应力可知，加固措施降低了套管的应力响应。安装在加固支架上的套管在 *PGA* 为 0.2$g$ 下的峰值应力小于安装在支架 O 上的套管在 *PGA* 为 0.15$g$ 下的峰值应力。

## 4.4　单支柱类设备振动台试验

本节对某型 220kV 断路器进行了足尺振动台试验，以该型断路器为例，介绍单支柱类设备地震响应特征（谢强等，2011）。

### 4.4.1　试验概况

断路器自上而下由灭弧式瓷瓶、两个支柱瓷瓶和支架组成，振动台上的足尺真型 220kV 断路器如图 4-24 所示。本次试验基于 IEEE 693 标准的 RRS 选择地震波。地震输入采用天然埃尔森特罗（El-Centro）波、人工波、以及经过频谱修正后的兰德斯（Landers）波。修正后的兰德斯（Landers）波和数值人工波在 1Hz 以上频谱基本可以包络 IEEE 693 标准规定的 RRS。对于每一种地震波，先输入 $X$ 向地震波，再考虑双向地震作用同时输入 $X$ 向和 $Y$ 向地震波。

图 4-24　安装于振动台上的断路器

### 4.4.2 试验结果分析

1. 模态频率分析

断路器单体试验中共进行了 5 次白噪声扫频，$X$ 向第一阶自振频率为 2.93Hz，$Y$ 向第一阶自振频率为 3.125Hz，且在 5 次扫频中自振频率无明显变化。

2. 加速度响应分析

在分别输入 $PGA$ 为 0.125$g$ 的双向埃尔森特罗（El-Centro）波、$PGA$ 为 0.125$g$ 的双向兰德斯（Landers）波和 $PGA$ 为 0.15$g$ 双向人工波的情况下，断路器各个测点的加速度放大系数见表 4-5。由表 4-5 可知，底座顶部的加速度放大系数接近于 1，说明加装刚性底座没有对试验产生明显影响。

表 4-5　　加速度放大系数表

| 标记点 | 埃尔森特罗（El-Centro）波 | | 兰德斯（Landers）波 | | 人工波 | |
|---|---|---|---|---|---|---|
| | $X$ 向 | $Y$ 向 | $X$ 向 | $Y$ 向 | $X$ 向 | $Y$ 向 |
| 台面 | 1 | 1 | 1 | 1 | 1 | 1 |
| 底座顶部 | 0.99 | 1.05 | 1.02 | 0.99 | 1.00 | 1.13 |
| 支架顶部 | 2.39 | 2.65 | 2.55 | 2.53 | 2.69 | 3.11 |
| 断路器顶部 | 3.22 | 3.21 | 3.11 | 3.37 | 3.00 | 4.43 |

3. 位移响应分析

选取 $PGA$ 为 0.125$g$ 的双向埃尔森特罗（El-Centro）波、$PGA$ 为 0.125$g$ 的双向兰德斯（Landers）波和 $PGA$ 为 0.15$g$ 双向人工波进行比较分析。在上述工况中，断路器支架顶部和瓷瓶最顶端位移的峰值以及瓷瓶最顶端与支架顶部的相对位移见表 4-6。在输入双向地震波情况下，$X$ 方向的位移要普遍大于 $Y$ 方向的位移，可知平面内（$X$ 方向）刚度小于平面外（$Y$ 方向）刚度。

表 4-6　　3 种地震波输入情况下的位移峰值表

| 标记点 | 埃尔森特罗（El-Centro）波 | | 兰德斯（Landers）波 | | 人工波 | |
|---|---|---|---|---|---|---|
| | $X$ 向 | $Y$ 向 | $X$ 向 | $Y$ 向 | $X$ 向 | $Y$ 向 |
| 支架顶部 | 14.76 | 6.25 | 7.25 | 6.79 | 6.3 | 8.9 |
| 瓷瓶最顶端 | 22.83 | 12.19 | 21.48 | 15.77 | 19.53 | 19.11 |

图 4-25（a）为输入 $X$ 方向 0.25$g$ 的兰德斯（Landers）波时，断路器顶端的位移变化轨迹曲线。图 4-25（b）为输入 $Y$ 方向 0.25$g$ 的兰德斯（Landers）波时，断路器顶端的位移变化轨迹曲线。当输入单向地震波时，断路器顶部的位移曲线并非在一条直线上，而是在以输入地震波方向为长轴一个椭圆内。说明断路器在振动的时候不只受到弯矩作用，其受力比较复杂。图 4-25（a）表示在 $X$ 轴方向位移较大时候，轨迹曲线明显向下方（即 $Y$ 轴正方向）发展；图 4-25（b）表示曲线有类似趋势，当 $Y$ 轴方向的位移较大的时候，轨迹曲线明显向左方（即 $X$ 轴的负方向）发展。究其原因，断路器支架顶板的刚度较低，试验时由于振动剧烈，而使其产生微小的倾斜，应增加支架顶板处的刚度。

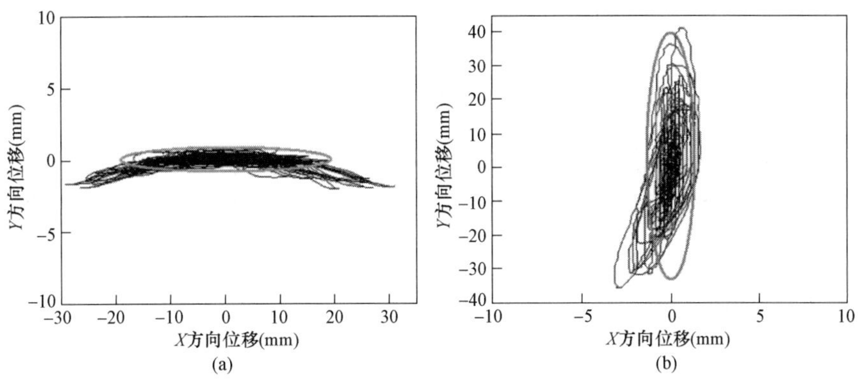


图 4-25　输入 X(a) 和 Y(b) 方向兰德斯（landers）波时轨迹曲线

(a) 输入 X(a) 方向；(b) 输入 Y(b) 方向

4. 应变响应分析

在各种工况下，断路器绝缘子根部的最大应变值见表 4-7 和表 4-8。当输入 X 方向的 0.25g 的人工波激励时，断路器绝缘子根部的应变值最大，而断路器绝缘子没有发生损坏，和试验观察到的现象相一致。由此可知，此型号的断路器在地震烈度 8 度时是安全的，不会发生损坏。此外，笔者研究团队也针对其他类型的单支柱类设备，例如特高压避雷器（李秋熠，等，2013），进行了研究，限于篇幅不在此赘述，感兴趣的读者可自行查阅相关论文。

**表 4-7　瓷瓶根部 X 方向的最大应变值**

| 输入激励 | 波形 | 测点 5 最大值（+X 向） | 测点 6 最大值（-X 向） |
|---|---|---|---|
| 0.125g | 埃尔森特罗（El-Centro）波 | 87.65 | 63.76 |
| | 兰德斯（Landers）波 | 101.73 | 74.56 |
| 0.15g | 人工波 | 152.64 | 104.77 |
| 0.20g | 埃尔森特罗（El-Centro）波 | 130.5 | 91.45 |
| | 兰德斯（Landers）波 | 120.21 | 85.47 |
| 0.25g | 埃尔森特罗（El-Centro）波 | 144.41 | 104 |
| | 兰德斯（Landers）波 | 153.53 | 112.24 |
| | 人工波 | 216.53 | 139.68 |

**表 4-8　瓷瓶根部 Y 方向的最大应变值**

| 输入激励 | 波形 | 测点 7 最大值（+Y 向） | 测点 8 最大值（—Y 向） |
|---|---|---|---|
| 0.125g | 埃尔森特罗（El-Centro）波 | 78.66 | 75.27 |
| | 兰德斯（Landers）波 | 97.20 | 91.09 |
| 0.15g | 人工波 | 126.51 | 110.02 |
| 0.20g | 埃尔森特罗（El-Centro）波 | 89.23 | 81.1 |
| | 兰德斯（Landers）波 | 151.35 | 155.15 |
| 0.25g | 埃尔森特罗（El-Centro）波 | 147.03 | 130.58 |
| | 兰德斯（Landers）波 | 75.33 | 77.23 |
| | 人工波 | 150.88 | 148.67 |

## 4.5 多支柱类设备振动台试验

变电站中，为实现相应电气功能，许多开关类设备由多支柱构成，支柱间采用刀闸等部件连接。本节以 220kV 和 800kV 隔离开关为例，介绍多支柱类电气设备的振动台试验，以期了解多支柱类电气设备的地震响应特征。

### 4.5.1 220kV 隔离开关地震模拟振动台试验研究

图 4-26 隔离开关

1. 试验概况

本次试验是试件为 220kV 双柱水平伸缩式隔离开关，如图 4-26 所示，设备由上部绝缘子及下部支柱组成，动侧绝缘子还包括隔离开关等传动机构。动侧绝缘子和静侧绝缘子为同一型号绝缘子，动侧控制隔离开关开合的绝缘子称为旋转绝缘子，其高度与动静侧绝缘子一致，但外径较小。试验中定义隔离开关平面的垂直方向为 $X$ 向，隔离开关平面的平行方向为 $Y$ 向。试验地震波与本章 4.4.1 相同。

2. 试验结果

(1) 白噪声扫描结果。

1) 结构自振频率。隔离开关在合闸时，静侧绝缘子和动侧绝缘子的自振频率一致，其中 $X$ 方向的第 1 阶自振频率为 3.32Hz，$Y$ 方向的第 1 阶自振频率为 5.078Hz。隔离开关在开闸时，静侧绝缘子和动侧瓷瓶自振频率不一致，其中 $X$ 方向动侧绝缘子的第 1 阶自振频率为 2.539Hz，静侧绝缘子的第 1 阶自振频率为 5.078Hz；$Y$ 方向动侧绝缘子和静侧绝缘子的第 1 阶自振频率一致，均为 5.469Hz。

开闸和合闸两种情况下，动测绝缘子与静侧绝缘子在 $Y$ 方向的频率分别大于各自在 $X$ 方向的频率。绝缘子下部支柱结构在平面内的刚度要大于平面外的刚度。具体而言，在平面内方向，横梁将两侧支柱连接起来，有效提高了下部结构的刚度，从而为绝缘子根部提供相对较强的约束，在平面外方向，下部支柱对绝缘子平面内方向的约束比较弱，支柱的面外变形使得绝缘子根部发生摇摆，降低了绝缘子的振动频率。

对比分析隔离开关合闸到开闸时绝缘子自振特性的变化，就 $X$ 方向而言，动侧绝缘子频率由 3.32Hz 降低到 2.539Hz，静侧绝缘子频率由 3.32Hz 增大到 5.078Hz，变化程度显著。从结构变化分析，隔离开关在合闸时，刀闸机构伸开，静侧绝缘子除了跟动侧绝缘子一起分担刀闸机构的重量，同时静侧触头对刀闸端部也提供了 $X$ 方向约束。而隔离开关在开闸时，刀闸机构弯折成两段竖立在动侧绝缘子顶部，相当于在动侧绝缘子上部形成一个集中质量，在刚度不变的情况下，质量增大，频率降低。与此相反，静侧绝缘子则不再承担刀闸机构在竖向的重力和 $X$ 向的惯性作用，从而频率升高。

绝缘子在 $Y$ 方向的变化规律跟 $X$ 方向不尽一致，无论开闸还是合闸，动静两侧的自振频率均相同，开闸时的频率为 5.469Hz，高于合闸时的频率 5.078Hz，变化程度不明显。在隔离开关平面内，横梁与两侧支柱的连接方式接近于刚接，能有效传递平面内的拉力、剪力以及弯矩，这种结构形式一方面增大了绝缘子根部的约束，另一方面使得动侧和静侧结构的振动有很强的耦合性。隔离开关在合闸时，动侧和静侧绝缘子均分担刀闸机构的重量，并在刀闸机构端部提供 $Y$ 方向约束，开闸时静侧绝缘子与刀闸机构脱开，频率升高；与 $X$ 方向的规律不同的是，动侧绝缘子开闸时频率也有略微升高。动侧绝缘子顶部对刀闸机构在 $Y$ 向提供支点作用，旁边的旋转绝缘子利用杠杆原理约束刀闸机构根部转动，刀闸机构振动产生的根部弯矩使得动侧绝缘子和旋转绝缘子在 $Y$ 向协同作用，两者共同承担刀闸机构的底部剪力。这种复杂的结构形式使得动侧绝缘子与刀闸机构在一定程度上解除了振动耦合关系，因此，该方向频率也随之增大。

2）结构振动相关性。由上述结构频率分析结果可知，合闸时动侧和静侧绝缘子在两个方向频率相同，同时平面内两侧绝缘子的频率均一致，说明动侧和静侧结构相关点之间有较显著的耦合作用。为了进一步考察两侧结构间的动力相互作用，计算了动侧和静侧绝缘子顶点、动侧和静侧支柱顶部之间的加速度响应相干函数，分别对应刀闸机构和横梁对两侧结构的作用。

相干函数为互功率谱密度函数模的平方除以激励和响应自谱乘积所得到的商，即

$$C_{xy}(k)=\frac{|S_{xy}(k)|^2}{S_{xx}(k)S_{yy}(k)} \tag{4-39}$$

式中　$S_{xx}(k)$——平均周期图方法处理得到的随机振动激励信号；

$S_{yy}(k)$——平均周期图方法处理得到的随机响应信号的自功率谱密度函数的估计值；

$S_{xy}(k)$——激励与响应信号的互功率谱密度函数的估计值。

相干函数两个随机振动信号在频域内相关程度的指标，可以评判两个信号间的因果性。图 4-27 为合闸时两组相关点在不同方向加速度响应的相干函数，图 4-28 为开闸时两组相关点在不同方向加速度响应的相干函数。由图 4-27、图 4-28 可知，无论合闸还是开闸，两组相关点的 $Y$ 向加速度响应相干函数要远大于 $X$ 向加速度响应相干函数，说明振动时动侧和静侧结构在 $Y$ 方向有显著的动力相互作用。具体到隔离开关结构平面内的响应，观察图 4-27（d）和图 4-28（d），支柱顶部在 $Y$ 向的加速度响应相干函数为 0.8～1，无论合闸还是开闸，在外部激励下，结构动侧和静侧之间通过支柱横梁进行振动能量的传递，两侧结构响应在 $Y$ 向的相关性显著。对比图 4-27（b）和图 4-28（b）可知，合闸情况下绝缘子顶部的 $Y$ 向加速度响应相干函数为 0.8～1，而开闸情况下有一定降低，说明绝缘子顶部的振动主要靠支柱顶部的能量输入，但顶部隔离开关的能量传递也会影响两侧瓷柱的振动，开闸时两侧绝缘子在顶部互相独立，其加速度响应相关性明显降低。这从另一个角度证实了横梁、隔离开关对两侧结构的平面内约束作用。

分析隔离开关动侧和静侧之间的连接件，如图 4-29（a）所示。支柱横梁由两根独立槽钢组成，单根槽钢端部通过竖向单排螺栓固定在支柱接头上，连接端头在弱轴方向接

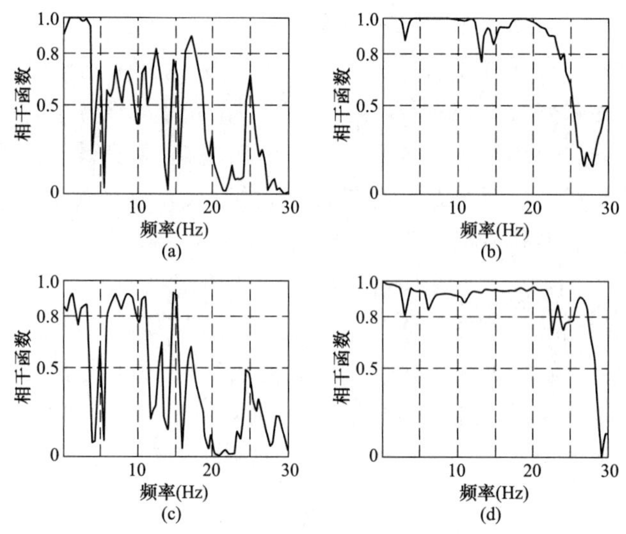


图 4-27　合闸时隔离开关两侧加速度响应的相干函数

（a）瓷瓶顶 $X$ 向；（b）瓷瓶顶 $Y$ 向；（c）支柱顶 $X$ 向；（d）支柱顶 $Y$ 向

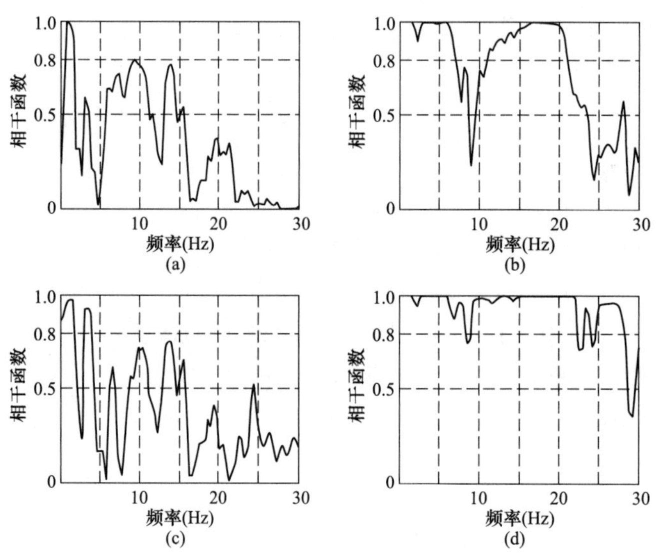


图 4-28　开闸时隔离开关两侧加速度响应的相干函数

（a）瓷瓶顶 $X$ 向；（b）绝缘子顶 $Y$ 向；（c）支柱顶 $X$ 向；（d）支柱顶 $Y$ 向

近铰接。除此之外，槽钢之间没有缀条缀板，无法协同受力，因此，支柱横梁只能传递平面内的作用，而无法有效传递平面外的作用。在图 4-29（b）中，导电刀闸为带转轴的悬臂，静侧触头两侧有挡板，合闸时刀闸机构两段伸展为 1 段，具有一定的轴向刚度，且端部与静侧触头之间呈轴向和侧向接触的状态，可传递平面内的轴力、平面外的弯矩和剪力。正是这种只在平面内传力的特性，使得动侧和静侧结构的响应在平面内有明显的相关性。

(a)

(b)

图 4-29　隔离开关两侧结构之间的连接件

(a) 横梁连接；(b) 刀闸连接

(2) 抗震试验结果。

1) 位移响应。隔离开关地震位移见表 4-9。由表 4-9 可知，除了合闸状态下的静侧绝缘子相对变形以外，无论动侧还是静侧绝缘子，其 $X$ 方向的相对变形显著大于 $Y$ 方向，相应的比值接近于 2。这是由于隔离开关支架在 $X$ 方向（平面外）刚度相对较小，从而导致在该方向的动力放大效应比较显著。

**表 4-9**　　**隔离开关瓷瓶变形峰值**

| 工况 | | | 变形峰值 (m) | |
|---|---|---|---|---|
| | | | 动侧绝缘子 | 静侧绝缘子 |
| $X$ 方向 | 合闸 | 埃尔森特罗（El-Centro）波，0.125$g$ | 13.79 | 7.95 |
| | | 人工波，0.25$g$ | 32.28 | 19.49 |
| | | 兰德斯（Landers）波，0.25$g$ | 20.47 | 9.27 |
| | 开闸 | 埃尔森特罗（El-Centro）波，0.125$g$ | 24.45 | 17.09 |
| | | 人工波，0.25$g$ | 21.52 | 16.92 |
| | | 兰德斯（Landers）波，0.25$g$ | 17.61 | 13.35 |
| $Y$ 方向 | 合闸 | 埃尔森特罗（El-Centro）波，0.125$g$ | 5.18 | 4.22 |
| | | 人工波，0.25$g$ | 9.07 | 7.53 |
| | | 兰德斯（Landers）波，0.25$g$ | 12.51 | 10.39 |
| | 开闸 | 埃尔森特罗（El-Centro）波，0.125$g$ | 5.32 | 3.28 |
| | | 人工波，0.25$g$ | 6.3 | 4.13 |
| | | 兰德斯（Landers）波，0.25$g$ | 9.63 | 5.11 |

2) 应变响应。总体而言，在峰值为 0.25$g$ 的兰德斯（Landers）波激励下，动侧绝缘子根部 $Y$ 方向的应力峰值最大，约为 21.03MPa，为容许应力的 52.5%。因此，此隔离开关

绝缘子在本次试验中未出现地震破坏，与试验现象一致，参见表 4-10。

**表 4-10　　隔离开关绝缘子根部的应变峰值**

| 工况 | | | 应变峰值/($10^{-6}$) | |
|---|---|---|---|---|
| | | | 动侧绝缘子 | 静侧绝缘子 |
| X 方向 | 合闸 | 埃尔森特罗（El-Centro）波，0.125g | 71.16 | 61.65 |
| | 开闸 | 人工波，0.25g | 165.33 | 132.7 |
| | | 兰德斯（Landers）波，0.25g | 92.32 | 66.61 |
| | | 埃尔森特罗（El-Centro）波，0.125g | 125.22 | 117.61 |
| | | 人工波，0.25g | 114.45 | 114.3 |
| | | 兰德斯（Landers）波，0.25g | 95.89 | 95.37 |
| Y 方向 | 合闸 | 埃尔森特罗（El-Centro）波，0.125g | 58.52 | 47.15 |
| | | 人工波，0.25g | 109.1 | 74.29 |
| | | 兰德斯（Landers）波，0.25g | 168.26 | 106.69 |
| | 开闸 | 埃尔森特罗（El-Centro）波，0.125g | 66.2 | 33.57 |
| | | 人工波，0.25g | 77.31 | 42.32 |
| | | 兰德斯（Landers）波，0.25g | 128.44 | 49.36 |

3）加速度响应。本节为取绝缘子根部和支架底部的加速度峰值之比作为动力反应放大系数。隔离开关绝缘子根部的动力反应放大系数见表 4-11。由表 4-11 可知，隔离开关绝缘子根部动力反应放大系数分布在 1.48～2.82 之间，明显大于我国和日本规范中的指定系数 1.2，在某些不利工况下甚至超过了美国规范中最不利参数 2.5。

**表 4-11　　隔离开关瓷瓶根部的动力反应放大系数**

| 工况 | | | 动力反应放大系数 | |
|---|---|---|---|---|
| | | | 动侧瓷瓶 | 静侧瓷瓶 |
| X 方向 | 合闸 | 埃尔森特罗（El-Centro）波，0.125g | 1.76 | 2.07 |
| | | 人工波，0.25g | 2.43 | 1.99 |
| | | 兰德斯（Landers）波，0.25g | 1.58 | 1.78 |
| | 开闸 | 埃尔森特罗（El-Centro）波，0.125g | 2.52 | 2.16 |
| | | 人工波，0.25g | 2.37 | 2.82 |
| | | 兰德斯（Landers）波，0.25g | 2.08 | 2.49 |
| Y 方向 | 合闸 | 埃尔森特罗（El-Centro）波，0.125g | 1.48 | 1.65 |
| | | 人工波，0.25g | 1.8 | 2.01 |
| | | 兰德斯（Landers）波，0.25g | 2.5 | 2.59 |
| | 开闸 | 埃尔森特罗（El-Centro）波，0.125g | 1.69 | 1.74 |
| | | 人工波，0.25g | 1.78 | 1.72 |
| | | 兰德斯（Landers）波，0.25g | 2.42 | 2.55 |

### 4.5.2　800kV 特高压隔离开关地震模拟振动台试验

1. 特高压隔离开关试品抗震优化措施

一般而言，隔离开关属于高柔设备，包含若干单根支柱绝缘子。对于特高压隔离开关，由于电压等级高，设备的高度将进一步提高，柔性进一步加大，不利于抗震。相较于 4.5.1 节介绍的较低电压等级隔离开关，特高压变电站中，从改变结构形式的角度对特高压隔离开关进行抗震优化。优化后的试验试品±800kV 型特高压直流隔离开关如图 4-30 所示。

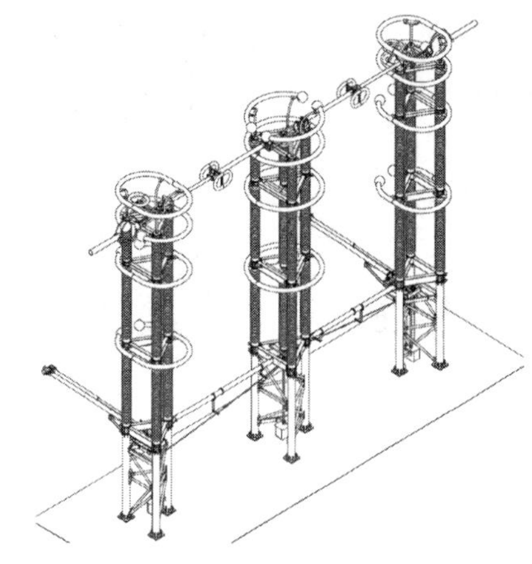
图 4-30　±800kV 型特高压直流隔离开关试品

设备中部支柱为动触头支柱，两侧支柱为静触头支柱。动触头支柱从下至上依次为钢支架、绝缘子、均压环、顶部隔离开关。静触头支柱从下至上依次为钢支架、接地开关、绝缘子、均压环。设备采用了空间格构的形式，在多根支柱绝缘子间设置钢梁连接，组成一整个支柱。对单个支柱而言，其整体变形模式将变为剪切型而不再是单根支柱绝缘子时的弯曲型，抗侧刚度得到极大的提升，有利于减小设备在地震作用下的位移响应。另一方面，在 3 个支柱之间还设置了圆管截面连梁，并加大了设备支架的立柱截面以增强其刚度，这样可以有效减小支架的动力放大效应，并且强化 3 个支柱在地震作用下的协同运动，减小相对位移。

2. 试验方案

（1）试件布置。定义隔离开关 3 个支柱的横向为主震方向，记为 $X$ 向，另一垂直水平方向记为 $Y$ 向。试验方向规定，如图 4-31 所示，设备安装完毕后试验现场，如图 4-32 所示。

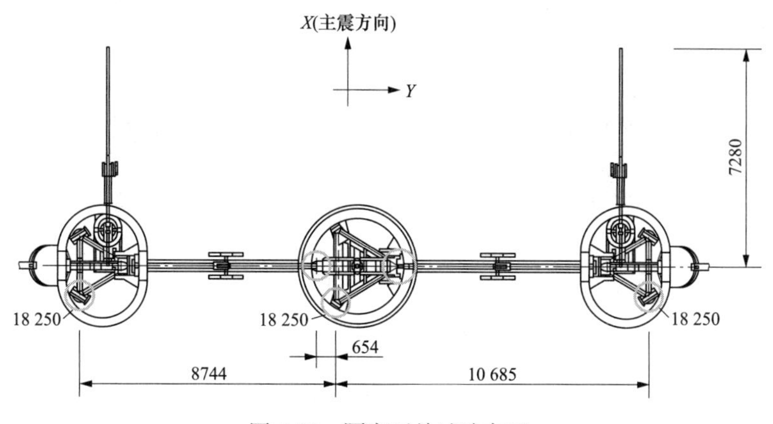

图 4-31　隔离开关试验布置

（2）测点布置。

1）加速度传感器。设备上加速度传感器的布置如图 4-33 所示，在 3 个支柱的 12 个绝

图 4-32　隔离开关现场实拍

缘子连接处布置水平双向加速度计，共计 24 个加速度传感器。因为设备的高度过高，不便于位移传感器的安装，因此，试验中关键位置的位移响应通过对应位置加速度时程结果进行积分获取。

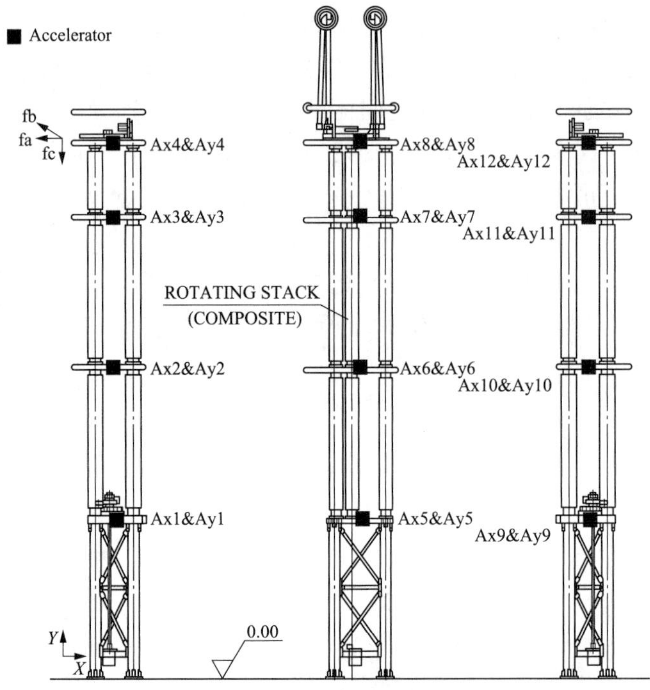


图 4-33　加速度传感器布置及编号

2）应变计。共有 9 个绝缘子截面，共计安装 36 个应变计，为方便后续试验结果展示，对绝缘子进行 B1～B9 编号，如图 4-34 所示。

（3）试验工况。试验全过程进行的工况见表 4-12，试验中输入的地震动为新松人工波。在试验最后阶段的工况 11～13 去除了静触头与动触头之间的所有连接，进行了单个静触头支柱在 0.4$g$ 目标加速度峰值地震波输入下的单台试验。

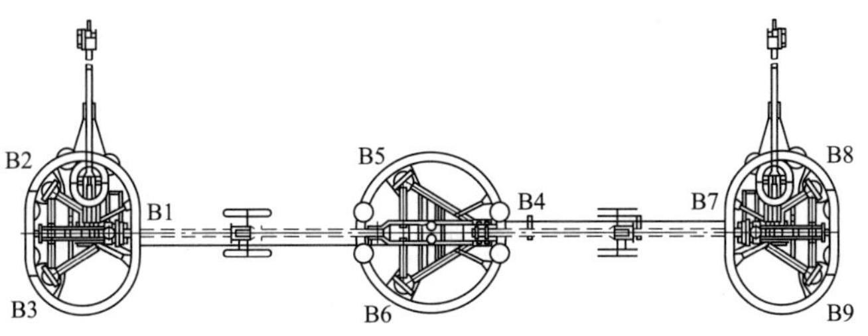

图 4-34　绝缘子编号

表 4-12　试验全过程工况记录

| 序号 | 工况 | | 状态 | 备注 |
|---|---|---|---|---|
| | 输入地震动 | PGA(g) | | |
| 1 | 白噪声 | 0.08 | 隔离开关合位且接地开关分位 | |
| 2 | 人工波（迭代） | 0.15 | 隔离开关合位且接地开关分位 | |
| 3 | 白噪声 | 0.08 | 隔离开关合位且接地开关分位 | |
| 4 | 人工波 | 0.3 | 隔离开关合位且接地开关分位 | 台面实际峰值加速度 0.32*g* |
| 5 | 白噪声 | 0.08 | 隔离开关合位且接地开关分位 | |
| 6 | 操作设备 | | 操作开关并测试回路电阻 | |
| 7 | 白噪声 | 0.08 | 隔离开关分位且接地开关合位 | |
| 8 | 人工波 | 0.2 | 隔离开关分位且接地开关合位 | |
| 9 | 白噪声 | 0.08 | 隔离开关分位且接地开关合位 | |
| 10 | 操作设备 | | 操作开关并测试回路电阻 | |
| 11 | 白噪声 | 0.08 | 静触头支柱 | 单台试验 |
| 12 | 人工波 | 0.4 | 静触头支柱 | 单台试验 |
| 13 | 白噪声 | 0.08 | 静触头支柱 | 单台试验 |
| 14 | 操作设备 | | 操作开关 | |

### 4.5.3　试验结果

1. 设备模态分析

振动台试验前，隔离开关合位且接地开关分位时设备动触头支柱的双向一阶自振频率为 $f_x=2.008$Hz、$f_y=2.109$Hz，两侧静触头支柱为 $f_x=2.156$Hz、$f_y=2.188$Hz；在隔离开关分位且接地开关合位时为动触头支柱 $f_x=1.703$Hz、$f_y=2.250$Hz，两侧静触头支柱 $f_x=2.219$Hz、$f_y=2.188$Hz；去除动、静触头间连接，进行静触头单支柱试验前，静触头支柱 $f_x=2.164$Hz、$f_y=2.180$Hz。

设备各状态下的自振频率如下：隔离开关合位且接地开关分位时设备动触头支柱的双向一阶自振频率为 $f_x=2.000$Hz、$f_y=2.094$Hz，两侧静触头支柱的为 $f_x=2.133$Hz、$f_y=2.172$Hz；在隔离开关分位且接地开关合位时为动触头支柱 $f_x=1.703$Hz、$f_y=2.227$Hz，两侧静触头支柱 $f_x=2.195$Hz、$f_y=2.180$Hz；去除动、静触头间连接，进行静触头单支柱试验前，静触头支柱 $f_x$=2.148Hz、$f_y$=2.164Hz。

由自由衰减法估算试品试验在 $X$ 向阻尼比约为 1.2%，在 $Y$ 向阻尼比约为 1.4%。

2. 设备地震响应

隔离开关分位接地开关合位下 0.2$g$ 目标峰值加速度输入，最大加速度出现在静触头 $X$ 向，为 1.193$g$。动触头 $X$ 向、$Y$ 向放大系数分别为 4.01、5.19；静触头 $X$ 向、$Y$ 向放大系数分别为 5.97、6.93。隔离开关合位接地开关分位下 0.3$g$ 目标峰值加速度输入，最大加速度出现在动触头 $Y$ 向，为 1.783$g$。动触头 $X$ 向、$Y$ 向放大系数分别为 5.51、6.99；静触头 $X$ 向、$Y$ 向放大系数分别为 3.98、5.93。静触头单柱下 0.4$g$ 目标峰值加速度输入，最大加速度出现在静触头 $Y$ 向，为 2.183$g$。静触头 $X$ 向、$Y$ 向放大系数分别为 3.89、6.42。

隔离开关合位接地开关分位下 0.3$g$ 目标峰值加速度输入，最大应变绝对值出现在 B6 号绝缘子根部 $X$ 向，为 1857$\mu\varepsilon$。隔离开关分位接地开关合位下 0.2$g$ 目标峰值加速度输入，最大应变绝对值出现在 B6 号绝缘子根部 $X$ 向，为 776.3$\mu\varepsilon$。静触头单柱下 0.4$g$ 目标峰值加速度输入，最大应变绝对值出现在 B9 号绝缘子根部 $X$ 向，为 1696$\mu\varepsilon$。

根据支柱顶端加速度时程进行数值积分，并且根据支架顶部实测位移结果进行修正，得到了不同工况下支柱顶部的相对位移时程曲线。隔离开关合位接地开关分位下 0.3$g$ 目标峰值加速度输入，动触头 $X$ 向、$Y$ 向最大相对位移绝对值为 105.10mm、73.17mm；静触头 $X$ 向、$Y$ 向最大相对位移绝对值为 69.09mm、95.99mm。静触头单柱下 0.4$g$ 目标峰值加速度输入，静触头 $X$ 向、$Y$ 向最大相对位移绝对值为 112.60mm、136.60mm。

## 4.6 层间型支柱类设备的抗震分析

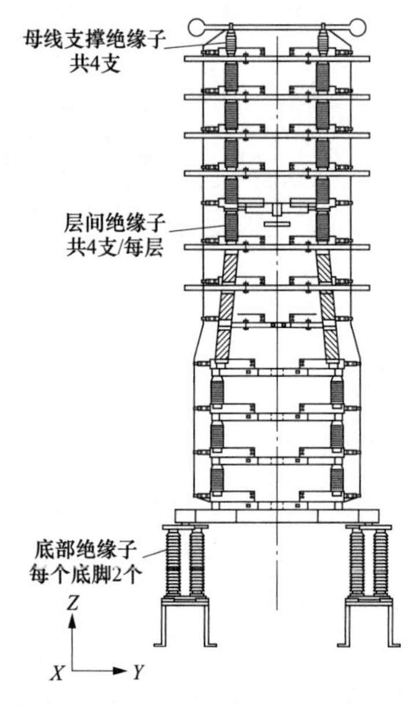


图 4-35 HVDC 电容器塔结构示意

电容器塔为变电站中典型的层间型设备，在地震作用下以层间剪切变形模式为主导。早期研究中，已研究了电压等级较低电容器（王健生等，2012）的抗震性能。而随着超高压、特高压变电站的建设，一些较高等级电容器塔层数可达十数层，每层均设有大量电容单元，整体质量可达数十吨，抗震问题尤为重要。因此，本节以高电压等级电容器塔为例，介绍变电站（换流站）常见的层间支柱类设备的动力特性及地震响应特征。

### 4.6.1 电容器塔参数及模态分析

1. 电容器塔结构简介

研究对象电容器塔如图 4-35 所示，为多层支柱绝缘子支撑式结构，定义图中两水平方向为 $X$、$Y$ 向，竖向为 $Z$ 向。电容器塔总高 12.23m，底层跨度 4.05m，总重 24.2t。结构底部共 8 支绝缘子，每个底脚各两支，中间 1～12 层安放电容模块，且各层层间设置 4 支层间绝缘子，顶部 4 支母线支撑绝缘子。绝缘子均为陶瓷材料实心绝缘子。

2. 电容器塔有限元模型及模态分析

对电容器塔进行有限元建模，模态分析得到的前三阶模态见表 4-13，对应振型如图 4-36 所示。前两阶振型为 $X$ 向及 $Y$ 向的平动，第三阶为扭转，符合典型层间剪切结构的特征。表 4-13 中前两阶振型在 $X$ 向及 $Y$ 向上的振型参与质量系数分别为 0.954 及 0.967，说明结构在地震作用下，在两个水平方向上的反应基本以各方向上的第一振型为主。从结构布置角度而言，电容器塔的结构布置规则，结构质心与刚心基本重合，初步认为扭转效应可以忽略。

**表 4-13　　前三阶模态特性**

| 模态阶数 | 模态频率/Hz | 模态振型 | 振型对应自由度方向参与质量系数 |
|---|---|---|---|
| 1 | 1.369 | $X$ 向平动 | 0.954 |
| 2 | 1.672 | $Y$ 向平动 | 0.967 |
| 3 | 3.130 | 绕 $Z$ 轴扭转 | 0.919 |

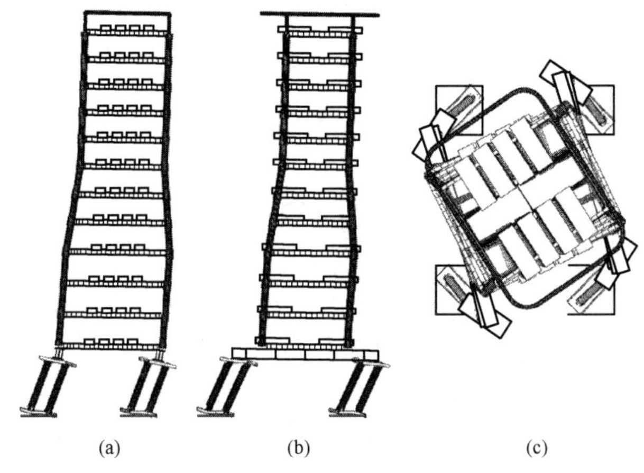


图 4-36　电容器塔前三阶振型

(a) $X$ 向平动模态特性；(b) $Y$ 向平动模态特性；(c) 绕 $Z$ 轴扭转

### 4.6.2　电容器塔地震响应分析

1. 地震波选取

在地震反应分析中，选择某高烈度地震区 ±800kV 特高压换流站场地安评报告中推荐的人工波（Xinsong）作为输入（云南省地震工程勘察院，2014），重点分析电容器塔的响应基本特点。而后选择各类场地下的天然或天然基础上人工修正的地震动进行进一步分析及验算，选择输入包括：北岭（Northridge）波（Ⅱ类）、埃尔森特罗（El-Centro）波（Ⅱ类）、集集（Chi-Chi）波（Ⅲ类）、神户（Kobe）波（Ⅳ类）、天津波（Ⅳ类）、兰德斯（Landers）波（Ⅳ类）。

2. 地震响应规律分析

在 0.4$g$ 峰值人工波双向水平输入下，对电容器塔模型进行弹性时程计算，分析其结构响应特性。电容器塔各层水平双向两榀绝缘子的最大位移及平均位移响应见表 4-14 所示。从表 4-14 可知，各层位移的最大值与平均值之比在双向上均未超过 1.01。在建筑抗震规范中，对于扭转不规则的判定条件为比值大于 1.2。可见，电容器塔在地震下的扭转效应不明显。

**表 4-14　电容器位移响应**

| 层数 | X 向位移 | | | Y 向位移 | | |
|---|---|---|---|---|---|---|
| | 最大值（mm） | 平均值（mm） | 比值 | 最大值（mm） | 平均值（mm） | 比值 |
| 1 | 98.5 | 97.9 | 1.006 | 130.7 | 129.4 | 1.010 |
| 2 | 108.8 | 107.9 | 1.008 | 141.9 | 140.5 | 1.010 |
| 3 | 117.6 | 116.9 | 1.006 | 153.2 | 151.7 | 1.010 |
| 4 | 125.0 | 124.4 | 1.005 | 162.4 | 161.0 | 1.009 |
| 5 | 130.9 | 130.3 | 1.005 | 169.6 | 168.2 | 1.008 |
| 6 | 136.4 | 135.8 | 1.004 | 176.1 | 174.8 | 1.007 |
| 7 | 141.1 | 140.5 | 1.004 | 181.5 | 180.2 | 1.007 |
| 8 | 145.3 | 144.5 | 1.005 | 186.2 | 184.8 | 1.007 |
| 9 | 149.1 | 148.4 | 1.005 | 190.4 | 189.1 | 1.007 |
| 10 | 152.5 | 151.8 | 1.005 | 193.9 | 192.6 | 1.007 |
| 11 | 155.6 | 154.8 | 1.005 | 197.0 | 195.7 | 1.007 |
| 12 | 157.8 | 157.1 | 1.004 | 199.0 | 197.7 | 1.007 |

将电容器塔的质量向各层集中，形成集中质点模型，并绘制一、二阶振型图如图 4-37、图 4-38 所示。对比图 4-37、图 4-38 可见，各层最大位移的分布与振型基本吻合，说明两水平方向上的第一阶平动振型对电容器塔的地震响应起绝对主导作用，模态分析结果一致。在抗震计算时可以仅计算两水平方向上的第一阶振型反应。

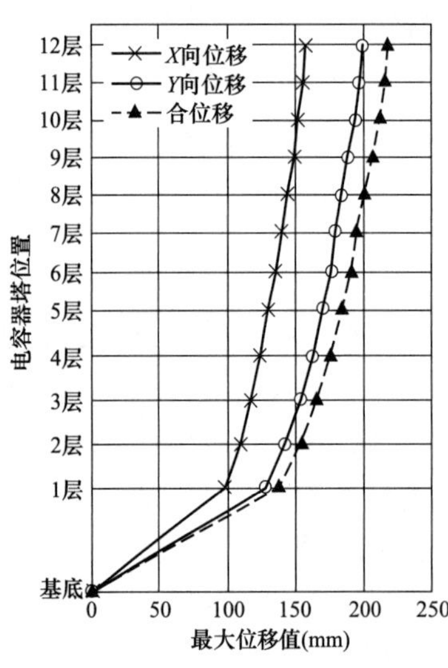


图 4-37　电容器塔单向位移及合位移

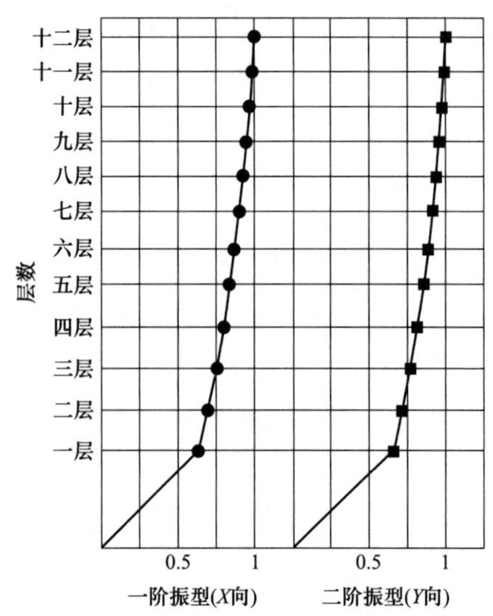


图 4-38　集中质点模型下电容器振型

在人工波作用下，底部、层间、顶部母线支撑绝缘子的最大拉应力见表4-15。可见，底部绝缘子应力超过破坏应力69.2%，是抗震最为薄弱的环节。另外，层间绝缘子最大应力出现在一、二层层间，也超额将近50%。上述两个部位的绝缘子需要增加截面以满足0.4g抗震需求。而对二、三层层间绝缘子，最大应力则迅速减小为54.6MPa。

**表4-15　　人工波下绝缘子应力**

| 绝缘子 | 最大应力（MPa） | 破坏应力（MPa） | 超额 |
| --- | --- | --- | --- |
| 底部 | 128.6 | 76.0 | 69.2% |
| 层间 | 126.9 | 85.3 | 48.8% |
| 母线支撑 | 7.34 | 71.3 | — |

## 4.7　小　　结

本章将支柱类电气设备及其支架简化为梁，建立了支柱类电气设备动力模型，并研究分析了设备与支架之间的相互作用。采用振动台试验的方法，研究了支架对电气设备地震响应的影响，同时对各类典型的支柱类电气设备进行了振动台试验和有限元仿真数值，得到了以下关于支柱类设备抗震的关键结论：

（1）电气设备法兰加劲肋的布置将影响法兰的转动刚度。法兰的转动刚度对电气设备的动力特性及地震响应有较大影响。法兰的转动将会降低设备的频率，增加设备的地震响应。分析安装在支架上的电气设备的抗震性能时，需考虑法兰等节点的转动刚度。

（2）随着支架与设备刚度比、柔性节点刚度比的增加或设备支架高度比的降低，安装在支架上的电气设备频率逐渐升高，但体系的频率系数小于1，即支架将减小电气设备的频率；随着支架与电气设备质量比的增加，体系频率逐渐降低。但质量比对体系动力特性影响较小。在研究安装在支架上的电气设备的动力特性时，可忽略支架与电气设备质量比的影响。

（3）输入单向地震波激励时，断路器顶端的运动轨迹并不在一条直线上，而是在以轴向为长轴的一个椭圆形内。而且可知，由于支架顶板的刚度较小，使断路器顶端发生侧移，建议增加支架顶板的刚度，以确保断路器的安全性。

（4）对于隔离开关这类自振频率在1～10Hz之间的设备，容易在地震中发生类共振，可以考虑采用减震器或阻尼器，从而降低设备的地震反应。

（5）支柱式电容器塔扭转效应可以忽略，且在两水平方向上各自的一阶平动振型反应起绝对主导作用，在抗震计算时，可采用反应谱分别计算两水平方向上的一阶振型反应。

第 5 章

# 悬挂类设备抗震性能分析

## 5.1 引　　言

电气设备使用的绝缘材料如陶瓷等，具有质量大强度低等特点，因此高度较大的电气设备会采用悬挂方式进行安装。典型的悬挂设备包括换流阀、滤波电容器等。

起初换流阀和滤波电容器均为支柱式设备，但是在地震中，支柱式换流阀和滤波电容器根部均遭受了破坏。因此，1989 年美国西海岸太平洋输电工程中开始将换流阀塔悬吊在换流阀厅上，以减小地震作用和换流阀尺寸（Larder，et al. 1989）。此后，悬吊式换流阀开始得到广泛应用。目前主流换流阀厂家在抗震要求较高的区域均采用悬吊式换流阀。如图 5-1 所示，目前悬吊式换流阀主要有两种结构形式，即层间铰接式和层间刚接式。层间铰接式换流阀的每层之间均为铰接连接，吊杆端部为铰链。层间刚接式换流阀的顶部采用两端铰接的悬吊绝缘子，但阀层采用连续绝缘杆连接，阀层之间无法自由相对运动。因此，需要分别研究两种阀塔的动力特性和地震响应特征。

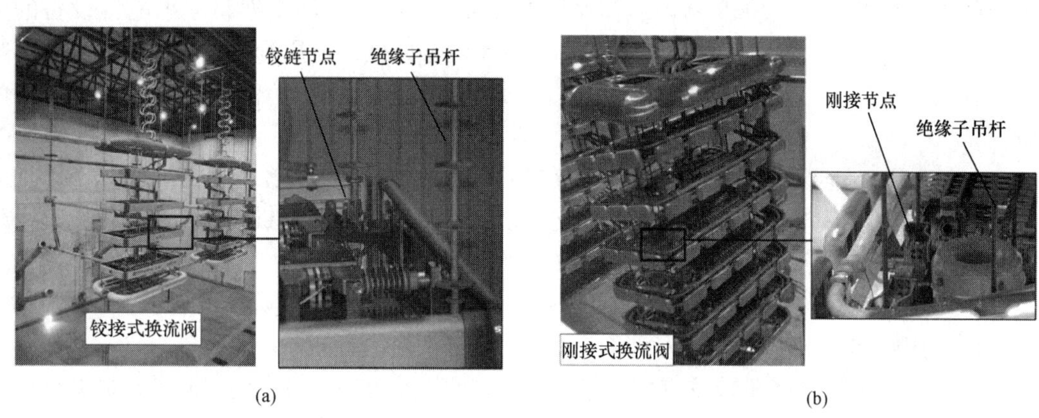


图 5-1　换流阀厅内的悬吊式换流阀

（a）铰接阀；（b）刚接阀

悬吊式电气设备由于水平刚度低，在低频成分丰富的地震作用下容易产生较大的水平位移。IEEE 693 规范指出悬吊类设备可产生高达 1m 的水平位移，且易产生较大的竖向加速度和吊杆中的拉力。因此，需要对悬吊式换流阀和滤波电容器进行地震响应分析。

## 5.2　换流阀抗震性能分析

### 5.2.1　层间铰接式换流阀抗震性能分析

1. 层间铰接式换流阀仿真建模

本节以 800kV 悬吊式层间铰接式换流阀及高端阀厅为研究原型，如图 5-2 所示。模型分为两部分建立，即换流阀塔部分和高端阀厅部分。换流阀塔由 4 层设备层及 2 层屏蔽罩组成，层与层之间由绝缘吊杆铰接连接，如图 5-3（a）所示。悬吊式换流阀通过硬管母线与相邻支柱类设备连接，且部分换流阀底部还需通过柔性导线与阀厅内地面支柱绝缘连接。因此，阀塔的过大位移可能导致电气连接中出现牵拉力，从而导致相邻支柱类设备的破坏。

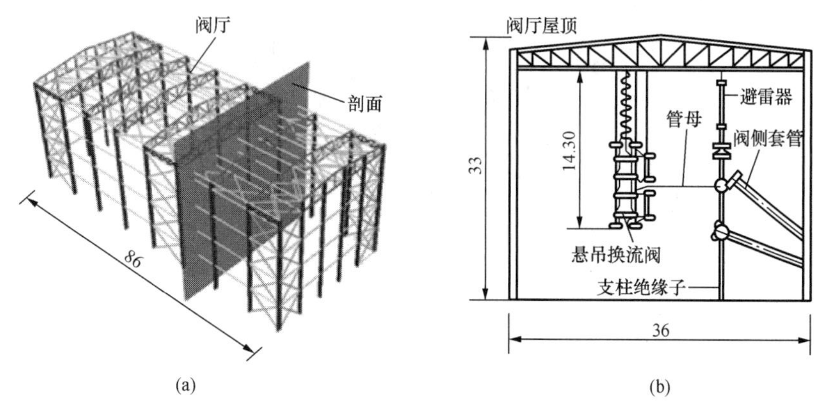


图 5-2　阀厅内阀塔及相邻设备示意图（单位：m）

（a）阀厅示意；（b）阀厅剖面

换流阀塔的有限元模型和单元选取如图 5-3（b）所示，称为阀塔模型。模型采用

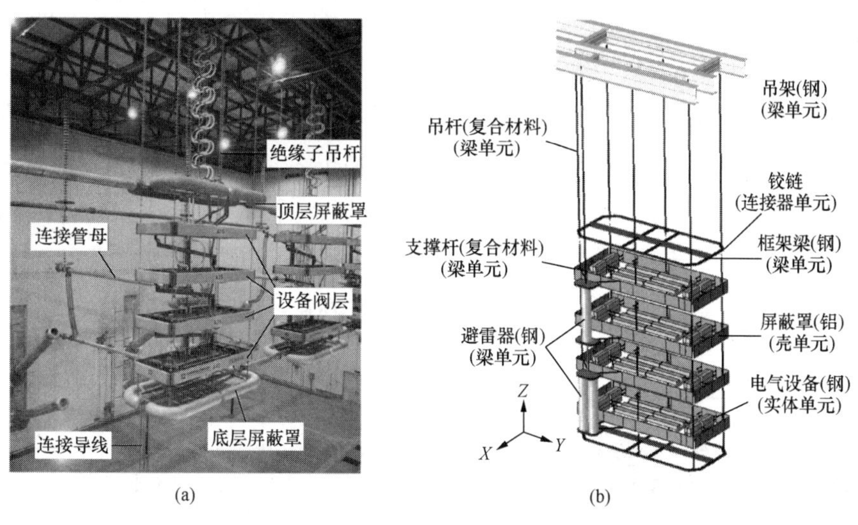


图 5-3　悬吊换流阀组成部分及有限元模型

（a）阀厅内悬吊绝缘子及相邻设备；（b）换流阀模型

ABAQUS 建立，阀塔顶层和底层框架及屏蔽罩采用线性梁单元模拟，屏蔽罩为附加质量单元设置在框架上。4 个设备阀层内，铝制屏蔽罩采用线性壳单元模拟，阀层内铝制及复合材料支撑构件采用线性梁单元，电抗器等换流设备采用实体单元，通过铰接节点连接在支撑构件上。阀塔为多层悬挂体系，每层吊杆的端部设置为铰链连接，无法承受压力。因此，在绝缘子端部设置轴向连接器单元，其受拉刚度为受压刚度的 $10^5$ 倍，以模拟铰链的力学性能。

高端阀厅由钢屋架、钢排架柱和钢筋混凝土框架防火墙组成，阀塔质量仅占阀塔—阀厅模型总质量的 3.8%。阀厅悬挂阀塔后如图 5-4 所示，为阀厅—阀塔整体模型，简称整体模型。由于钢筋混凝土防火墙与钢结构阀厅主体分离，本节模型中仅考虑钢结构阀厅。

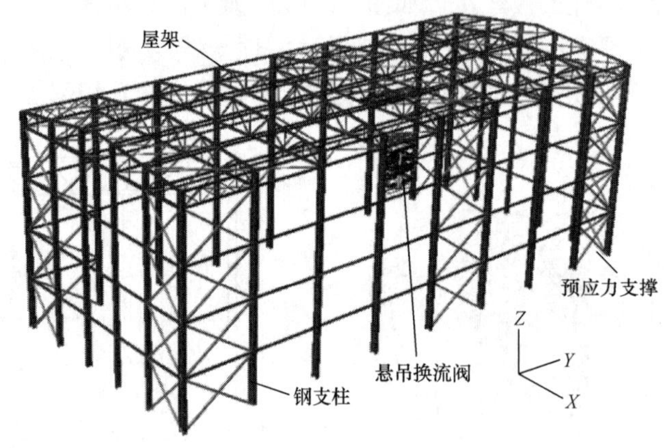


图 5-4　整体模型示意

2. 输入地震波选取

从太平洋地震研究中心（PEER）数据库中选取 8 组长周期成分丰富的天然地震动进行计算，包括 RSN15、RSN777、RSN1244、RSN1541、RSN1605、RSN2114、RSN8130 和 RSN8161。结构位于抗震设防烈度 8 度区，考虑换流站结构重要性提高一度设防。根据 GB 50260，地震波在 *X*、*Y* 和 *Z* 向的地面加速度峰值（peak ground acceleration，*PGA*）比值设为 1∶0.85∶0.65。此外，还选取 1 组人工波进行计算。8 组天然波及 1 组人工波的平均反应谱如图 5-5 所示，9 组地震波具有丰富的低频分量，其平均谱形状与规范需求谱较为接近，且在长周期部分（4～6s）和阀厅基频附近与 GB 50260 中的需求反应谱误差不超过 20%。

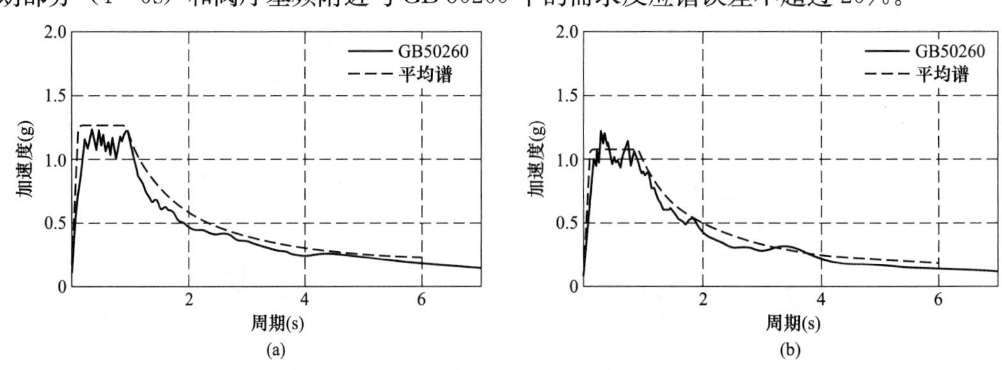


图 5-5　9 组地震波平均谱与规范需求谱对比

（a）*X* 向；（b）*Y* 向

3. 换流阀—阀厅动力特性

对换流阀塔和阀厅进行模态分析得到其前 3 阶模态的动力特性，见表 5-1，阀塔前 3 阶振型如图 5-6 所示。阀塔类似于一个多层悬吊质量摆系统，基频较低，仅为 0.15Hz。阀塔的前 3 阶振型为整体振型，第 4～10 阶为阀层的局部振动振型，多个局部振型中出现顶层与底层的屏蔽罩的振动。

**表 5-1　　阀塔和阀厅的自振频率及振型**

| 振型阶数 | 阀塔频率（Hz） | 阀塔振型 | 阀厅频率（Hz） | 阀厅振型 |
|---|---|---|---|---|
| 1 | 0.15 | *X* 向平动、扭转 | 1.63 | *X* 向平动、扭转 |
| 2 | 0.15 | *Y* 向平动、扭转 | 2.43 | *Y* 向平动、扭转 |
| 3 | 0.18 | 扭转 | 2.74 | 屋架 Z 向振动 |

阀塔的水平向基频较低，而阀厅的自振频率大于 1Hz，远大于阀塔的整体振型的频率。由于位移响应受低阶振型主导，因此，可以推测阀塔的位移响应受阀厅的影响较小。但阀塔有许多高阶局部振型，某些阀塔的高阶局部振型的频率可能与阀厅频率接近而产生共振，因此，阀塔在水平方向仍存在与阀厅共振的可能性。

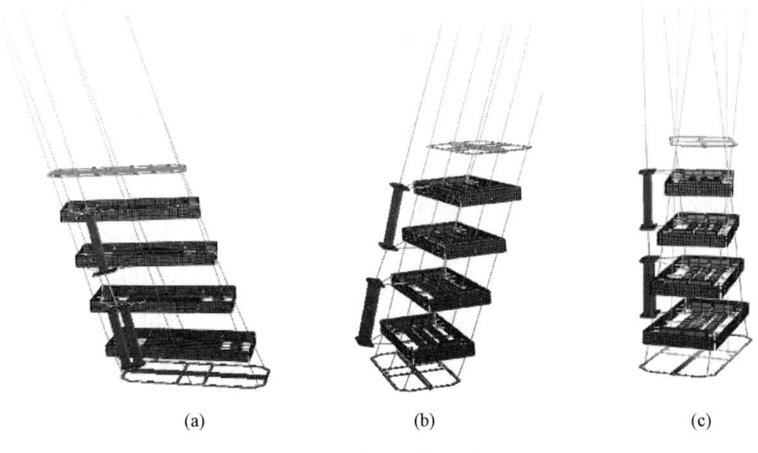


图 5-6　换流阀塔前三阶振型

(a) 第 1 振型；(b) 第 2 振型；(c) 第 3 振型

此外，阀塔及阀厅整体的第 28 阶振型为竖向振型，为阀塔随阀厅屋架的竖向振动，特征频率为 2.74Hz。阀塔的 3 向振型有效质量见表 5-2，由振型有效质量可以看出阀塔的振型方向。

**表 5-2　　阀塔—阀厅模型部分模态特征频率及 3 向振型有效质量**

| 振型阶数 | 频率 | 振型有效质量 | | |
|---|---|---|---|---|
| | | *X* 向 | *Y* 向 | *Z* 向 |
| 1 | 0.149 | 8293.60 | 25.55 | 0.00 |
| 2 | 0.149 | 26.04 | 8161.50 | 0.00 |
| 3 | 0.179 | 0.01 | 0.03 | 0.00 |
| 4 | 0.394 | 53.00 | 389.30 | 0.00 |

续表

| 振型阶数 | 频率 | 振型有效质量 | | |
|---|---|---|---|---|
| | | $X$ 向 | $Y$ 向 | $Z$ 向 |
| 5 | 0.395 | 434.87 | 47.78 | 0.00 |
| 18 | 1.597 | 492 538.00 | 16.24 | 0.35 |
| 19 | 1.610 | 84 834.00 | 1.68 | 0.04 |
| 27 | 2.577 | 9.03 | 594 039.00 | 2.44 |
| 28 | 2.736 | 29.11 | 2.30 | 68 469.00 |
| 29 | 2.840 | 6370.70 | 15 522.00 | 263.77 |
| 30 | 3.467 | 1.05 | 410.92 | 3989.20 |

4. 悬吊式换流阀水平位移及竖向振动

对整体模型输入 9 组地震波进行时程分析，$X$ 向 $PGA$ 为 0.4$g$。提取换流阀底层峰值位移 $U$（3 向位移），设备阀层加速度峰值 $A$（3 向加速度），阀层框架最大应力 $S$ 和吊杆最大轴力 $F$，见表 5-3 所示。9 组地震波在水平方向均有丰富的低频成分，阀塔的水平位移峰值均达到 1m，特别是在 RSN8161 波下位移达到 4.7m。阀塔水平向位移响应与地震输入有关，RSN8161 波在特征周期 6～7s 附近有较大峰值，导致了巨大的阀塔水平位移。阀塔在地震下产生较大的低频位移响应，如图 5-7（a）所示，9 组地震波下位移均值达到 2.51m。因此，阀塔与相邻支柱设备需要采用柔性连接，以防止阀塔对支柱产生牵拉作用。

此外，阀塔的设备阀层出现了竖向吊杆松弛和阀层剧烈振动现象，产生了较大的竖向加速度响应。见表 5-3，设备阀层在部分地震波下发生了吊杆松弛和竖向剧烈振动现象，导致加速度响应较大，如在人工波、RSN15 和 RSN8161 波下产生了超过 2$g$ 的加速度响应。阀层内的电气元件对加速度较为敏感，在过大的加速度输入下可能发生功能失效。例如根据厂家的要求，带有电气元件的套管在运输中的加速度峰值不可超过 5$g$。如图 5-7（b）所示，设备阀层在人工波 28s 附近下产生了巨大的瞬时竖向加速度，高达 3.5$g$。

**表 5-3　换流阀在 9 组地震波下响应峰值**

| 地震输入 | 峰值位移（m） | 峰值加速度（$m/s^2$） | 框架应力（MPa） | 轴力（kN） |
|---|---|---|---|---|
| RSN15 | 1.11 | 22.2 | 92.0 | 27.48 |
| RSN777 | 2.21 | 8.6 | 62.9 | 22.53 |
| RSN1244 | 3.23 | 22.7 | 99.4 | 27.98 |
| RSN1541 | 3.12 | 14.7 | 70.6 | 25.15 |
| RSN1605 | 1.81 | 9.8 | 53.4 | 26.40 |
| RSN2114 | 2.03 | 7.5 | 46.3 | 21.99 |
| RSN8130 | 1.31 | 8.8 | 52.4 | 23.51 |
| RSN8161 | 4.70 | 9.9 | 56.7 | 21.92 |
| 人工波 | 3.21 | 55.5 | 160.6 | 45.08 |
| 平均值 | 2.52 | 17.7 | 77.1 | 26.89 |

在 8 组天然波下，阀塔吊杆中的最大轴力均在 28kN 以下。在 RSN15 和 RSN1244 波下，顶部吊杆出现了松弛，阀塔的设备阀层加速度响应相对于其他波下显著偏大。而在人工

波输入下，如图 5-7（c）所示，不仅阀层加速度响应较大，阀塔吊杆在人工波输入下产生了高达 45kN 的瞬时拉力，且轴力峰值时间点与加速度峰值时间点一致，均在 28s 附近。顶部吊杆在竖向地震作用下发生了松弛，并于松弛后在吊杆中产生了巨大的轴力。

在未发生巨大竖向加速度的情况下，设备阀层框架的最大应力均在 65MPa 以下，但阀塔在人工波、RSN15 和 RSN1244 波下产生了高达 90MPa 的应力响应。因此，阀塔吊杆松弛对于应力和加速度响应有较大影响，抗震分析中需考虑吊杆松弛。

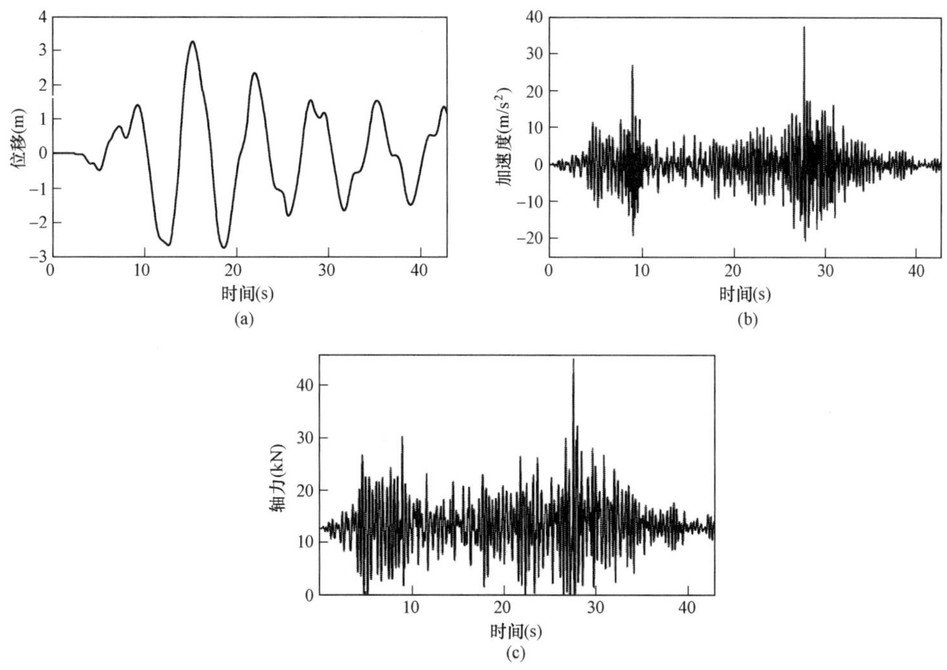


图 5-7　层间铰接换流阀在人工波下响应时程

（a）阀塔底部水平位移；（b）阀层竖向加速度；（c）顶层绝缘子轴力

层间铰接阀塔吊杆在 9 组地震波下都产生了松弛，但大部分吊杆松弛仅局限于底层屏蔽罩，顶部吊杆发生松弛的情况较少，因此，不会对设备阀层内的电子设备造成影响。如在 RSN2114 波下，因顶部吊杆未发生松弛，设备阀层处的最大加速度仅 7.5m/s$^2$。但底层屏蔽罩由于质量较小，其竖向加速度峰值则高达 $7g$，如图 5-8（a）所示。

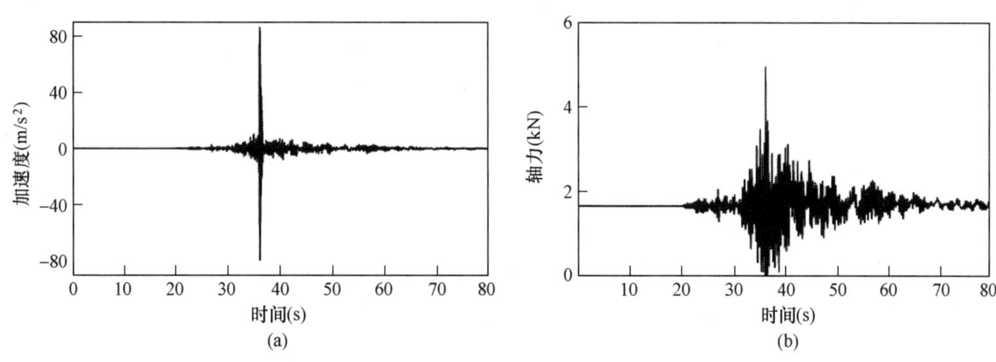


图 5-8　阀塔底层屏蔽罩在 RSN2114 波下响应

（a）竖向加速度；（b）吊杆轴力

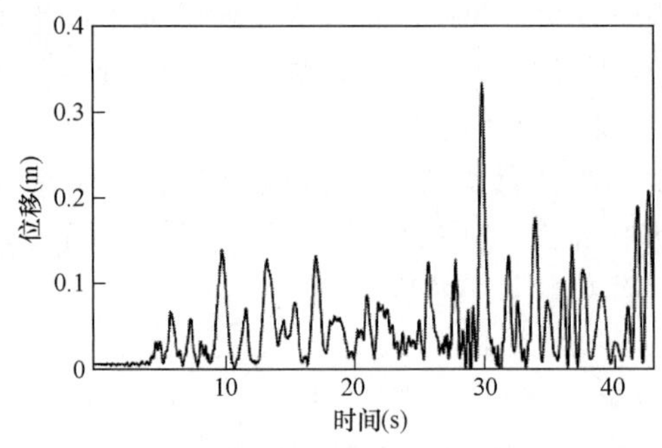


图 5-9 阀塔底层相对于上部阀层的竖向位移（人工波）

但底层屏蔽罩的振荡现象可能导致其竖向位移过大，与上部阀层间的间隙过小，从而引发电气绝缘问题。如图 5-9 所示，阀塔底层屏蔽罩与其上部阀层的相对距离在人工波下可减小到 0.35m，而底层吊杆原长度为 1.11m，因此，需要采取措施防止底部吊杆的松弛。

5. 悬吊式换流阀与阀厅的相互作用

换流阀塔悬吊于阀厅屋架，因此，阀塔的地震响应会受到阀厅动力特性的影响。阀厅屋架会在自身特征频率附近放大地震输入，导致悬挂点的加速度大于地面加速度。与此类似，支柱类设备的格构式支架也会有动力放大作用，根据规范规定，动力放大系数一般取 2.0。根据本文的层间铰接换流阀模型，9 组地震波下悬挂点的平均动力放大系数见表 5-4。

**表 5-4　　层间铰接换流阀悬挂点在 9 组地震波下平均动力放大系数**

| 地震输入 | $X$ 向 | $Y$ 向 | $Z$ 向 |
|---|---|---|---|
| RSN15 | 3.96 | 4.21 | 5.03 |
| RSN777 | 4.00 | 3.14 | 2.15 |
| RSN1244 | 3.00 | 2.58 | 2.55 |
| RSN1541 | 5.13 | 4.42 | 2.23 |
| RSN1605 | 3.60 | 5.12 | 2.59 |
| RSN2114 | 3.01 | 2.06 | 1.42 |
| RSN8130 | 4.27 | 3.97 | 1.20 |
| RSN8161 | 4.72 | 3.01 | 1.31 |
| 人工波 | 4.78 | 2.85 | 5.49 |
| 平均值 | 4.05 | 3.48 | 2.66 |

阀塔和阀厅屋架在竖向有较强的相互作用。在大部分地震波输入下，阀厅屋架的竖向放大系数在 2.0 左右。但是在 RSN15 和人工波作用下，由于其竖向反应谱在阀塔竖向特征频率附近较大，导致了吊杆松弛且阀塔自身产生了竖向振荡，造成屋架处加速度响应较大。

见表 5-5，阀塔模型的竖向加速度响应显著小于整体模型，且阀塔在多个工况下并未发生吊杆松弛和竖向振荡，如图 5-10 所示，人工波作用下阀塔模型中底层屏蔽罩的吊杆轴力峰值仅为 3.4kN，远小于整体模型中的 16.2kN，且吊杆中没有出现松弛。同时，整体模型中底层屏蔽罩的竖向加速度峰值仅为 4.8m/s$^2$，没有出现竖向振荡。因此，阀厅对竖向地震的放大作用是阀塔竖向振荡的关键因素。

**表 5-5　　整体模型及阀塔模型地震响应峰值对比**

| 模型 | 地震输入 | 阀层 $A_z$(m/s$^2$) | 屏蔽罩 $A_x$(m/s$^2$) | $U_x$/m | $F$/(kN) |
|---|---|---|---|---|---|
| 整体模型 | RSN15 | 27.48 | 30.23 | 1.11 | 27.48 |
| | RSN777 | 22.53 | 10.17 | 2.21 | 22.53 |

续表

| 模型 | 地震输入 | 阀层 $A_z$(m/s²) | 屏蔽罩 $A_x$(m/s²) | $U_x$/m | $F$/(kN) |
|---|---|---|---|---|---|
| 整体模型 | RSN1244 | 27.98 | 23.43 | 3.23 | 27.98 |
| | RSN1541 | 25.15 | 13.28 | 3.12 | 25.15 |
| | RSN1605 | 26.4 | 11.38 | 1.81 | 26.4 |
| | RSN2114 | 21.99 | 8.61 | 2.03 | 21.99 |
| | RSN8130 | 23.51 | 10.44 | 1.31 | 23.51 |
| | RSN8161 | 21.92 | 11.4 | 4.70 | 21.92 |
| | 人工波 | 45.08 | 77.78 | 3.21 | 45.08 |
| 阀塔模型 | RSN15 | 2.76 | 1.42 | 1.10 | 19.23 |
| | RSN777 | 2.43 | 2.82 | 2.41 | 18.52 |
| | RSN1244 | 3.35 | 2.59 | 3.31 | 19.85 |
| | RSN1541 | 2.50 | 3.78 | 3.12 | 18.43 |
| | RSN1605 | 1.79 | 2.17 | 1.91 | 17.69 |
| | RSN2114 | 2.77 | 4.01 | 2.25 | 19.04 |
| | RSN8130 | 1.97 | 3.09 | 1.30 | 17.97 |
| | RSN8161 | 2.08 | 2.99 | 5.02 | 17.84 |
| | 人工波 | 3.46 | 4.51 | 3.41 | 20.32 |

在水平方向，阀厅屋架的动力放大系数均值达到 3.76，大于阀厅屋架在竖向的动力放大系数。但是，阀厅屋架主要在自身特征频率附近放大地震输入，如图 5-11 所示，在人工波输入下，阀厅在自身基频 1.66Hz 附近有显著的放大作用，但是在阀塔的基频 0.15Hz 附近则影响较小。所以，从加速度峰值和动力放大系数上看，阀厅的动力放大作用显著，但这种放大作用仅限于阀厅自身特征频率部分，由于阀厅基频通常远高于阀塔的基频，阀厅水平向的动力放大作用对阀塔的位移响应影响很小。因此，在阀塔的水平位移计算中，可以不考虑阀厅屋架的水平动力放大作用。

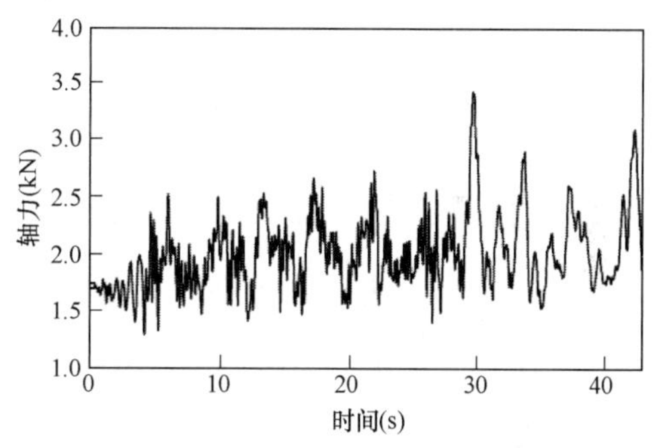

图 5-10　阀塔模型底层吊杆轴力时程（人工波）

如表 5-5 中所示，虽然在水平向阀厅仅在自身基频附近有明显的动力放大作用，但整体模型中阀塔顶部屏蔽罩的水平加速度响应远大于阀塔模型，即阀厅显著放大了阀塔的水平加速度响应。如人工波作用下，整体模型中顶层屏蔽罩水平加速度峰值达到 77m/s²，但阀塔模型中的加速度响应仅为 4.5m/s²。整体模型和阀塔模型中，顶层屏蔽罩的水平加速度响应功率谱密度对比如图 5-12 所示，对于阀塔模型，其在顶层的局部振型对应频率附近有较大响应，但是振动仍以低频的整体振型为主。但整体模型中，阀塔顶层屏蔽罩在阀厅自身特征频率附近有较大响应，且远大于阀塔模型。

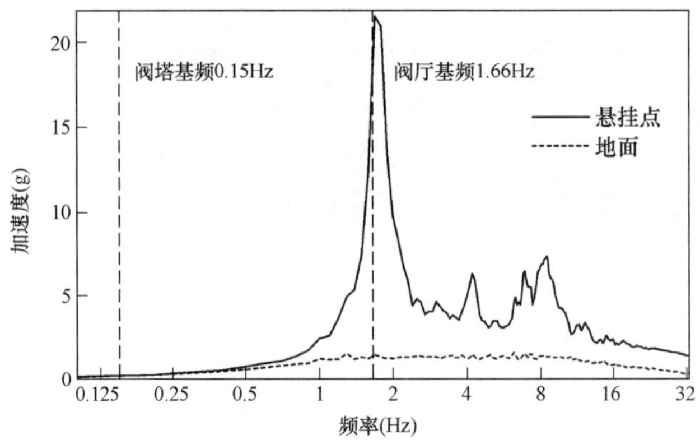


图 5-11　悬挂点及地面加速度输入的加速度反应谱对比（人工波）

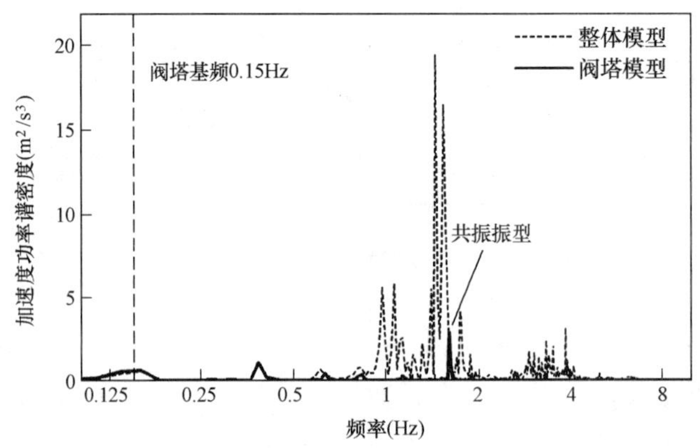


图 5-12　整体模型及阀塔模型中顶层屏蔽罩水平加速度响应功率谱密度对比（人工波）

### 5.2.2　层间刚接式换流阀抗震性能分析

1. 层间刚接式换流阀及阀厅内设备回路仿真建模

除上节所述的层间铰接阀塔外，层间刚接式换流阀也被广泛使用，如图 5-13（a）所示。

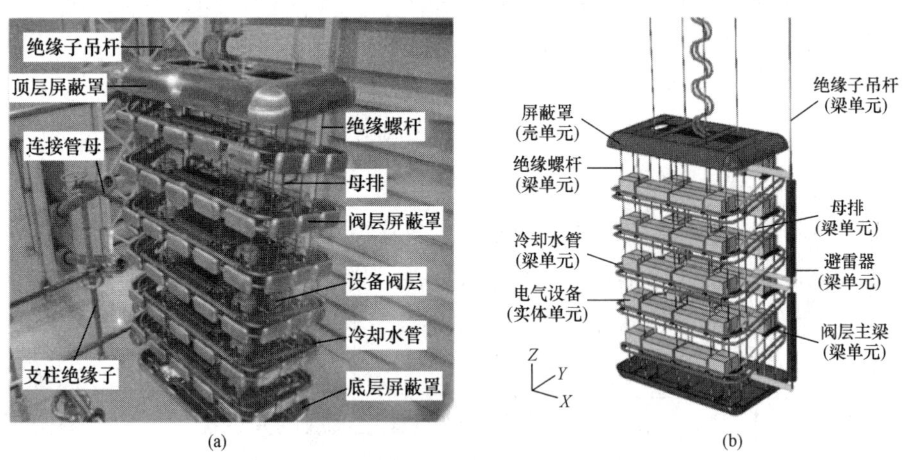


图 5-13　层间刚接换流阀组成部分及有限元模型

（a）层间刚接换流阀组成部分；（b）阀塔单元选取

本节基于实际工程研究层间刚接式换流阀的抗震性能，由于本工程处于高地震烈度区，对换流阀抗震性能要求较高，与 5.2.1 节中的换流阀相比，额外引入了具备大变形能力的 Z 型管母和顶部悬吊弹簧，需要专门进行抗震分析。因此，本章结合工程中阀厅内整个耦联回路，研究悬吊式换流阀与相邻设备的相互作用，及目前悬吊式换流阀抗震方案的有效性。

层间刚接换流阀也为多层悬挂结构，包括顶层和底层屏蔽罩、设备阀层和各层间的层间绝缘吊杆。层间刚接换流阀顶层采用两端铰接的环氧树脂或瓷质绝缘子吊杆，层间采用连续绝缘螺杆。由于绝缘螺杆可以受弯，换流阀的层间变形被约束，因此被称为层间刚接换流阀。

层间刚接式换流阀有限元模型如图 5-13（b）所示，绝缘子吊杆、层间绝缘螺杆、冷却水管、阀侧避雷器、母排和阀层主梁均采用线性梁单元模拟，顶层和底层屏蔽罩采用壳单元模拟，阀层内电气设备采用实体单元模拟。

本节中除了换流阀模型外，还考虑了高端阀厅及阀厅内整体设备回路。高端阀厅为钢框架结构，均采用线性梁单元模拟。高端阀厅内除了悬吊换流阀外，在阀厅山墙上安装了 800kV 和 400kV 穿墙套管，通过钢板安装在阀厅钢框架短边上；阀厅屋架设置有悬吊管母和悬吊式避雷器；阀厅内地面安装了多根支柱绝缘子，支撑阀厅内的管母连接线，并与悬吊式换流阀和阀侧套管用导线进行连接。阀厅内整体设备回路模型如图 5-14（a）所示，为了

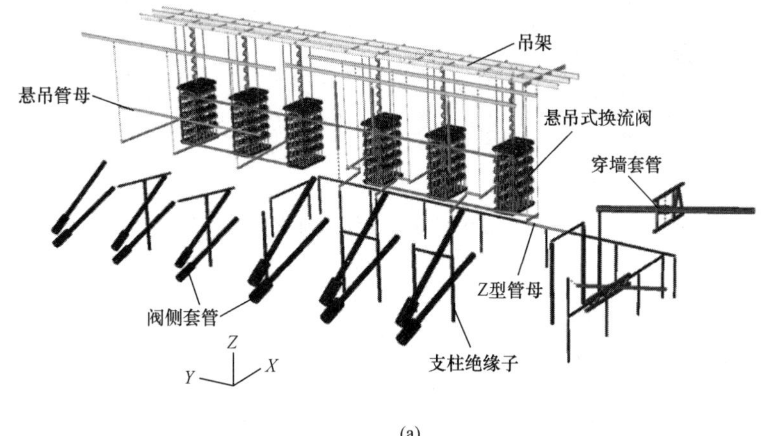


(a)

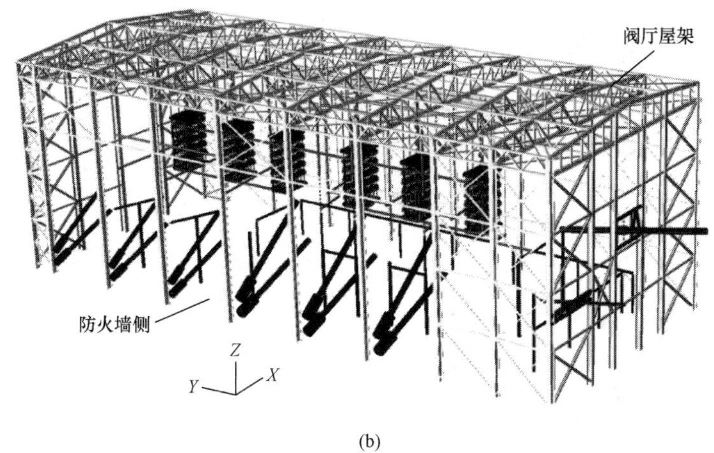


(b)

图 5-14　高端阀厅内电气回路及有限元模型

（a）阀厅内耦联回路示意；（b）整体有限元模型

更清晰地展示设备回路的组成部分和各设备的位置，图中未显示阀厅钢结构。阀厅及阀厅内耦联回路的有限元模型如图 5-14（b）所示。

3 组悬吊式换流阀通过硬管母直接与悬吊管母相连，称为 D 侧阀塔。此外，另外 3 组悬吊式换流阀需要与支柱绝缘子连接，称为 Y 侧阀塔。由于 Y 侧阀塔需要与支柱设备连接，因此，采用变形能力较大的 Z 型柔性管母。阀厅内 6 组换流阀从 D 侧边缘开始编号，依次编为 1～6 号。悬吊式 Z 型管母共 4 个，将 Y 侧 3 换流阀与相邻的支柱绝缘子分隔开。如图 5-15（a）所示，Z 型管母分为 3 段硬管母及两个可沿 Z 轴转动的膝式关节，膝式关节通过悬吊绝缘子悬吊于阀厅屋架上，因此，Z 型管母可以在一定范围内伸缩。此外，为了防止吊杆在竖向地震作用下发生松弛，阀塔顶部吊杆设置了柔性弹簧，轴向刚度为 300kN/m，用于减小阀塔的竖向响应，如图 5-15（b）所示。

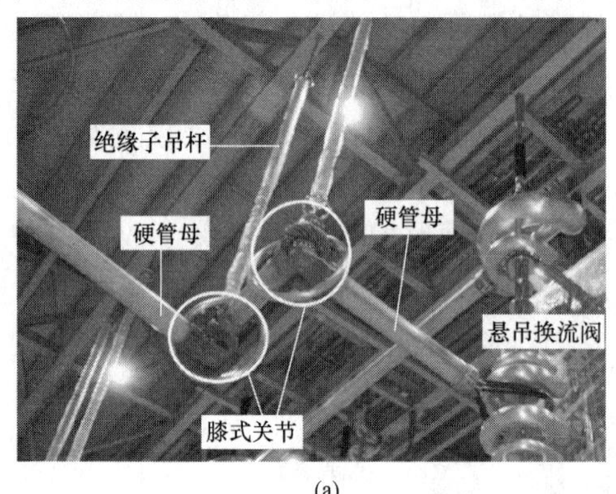


(a)

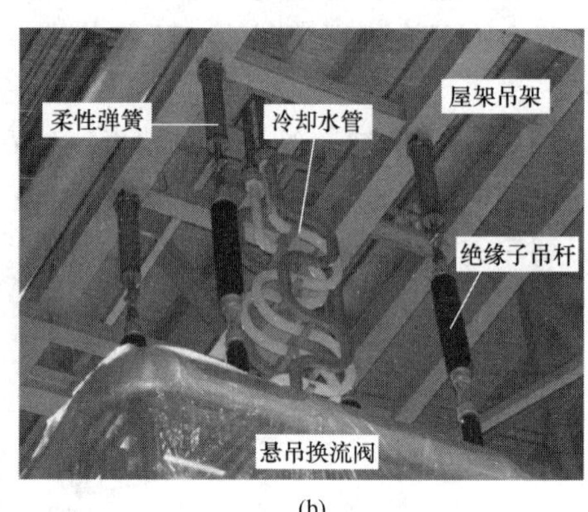


(b)

图 5-15 层间刚接式换流阀抗震设计措施

（a）Z 型柔性管母；（b）顶部柔性弹簧

2. 动力特性及阀厅的动力放大作用

对层间刚接换流阀及阀厅内设备进行模态分析，阀厅内回路的前 4 阶振型如图 5-16 所示，阀塔和阀厅的特征频率见表 5-6。阀厅内耦联回路的前 4 阶振型主要是阀塔的水平运动，

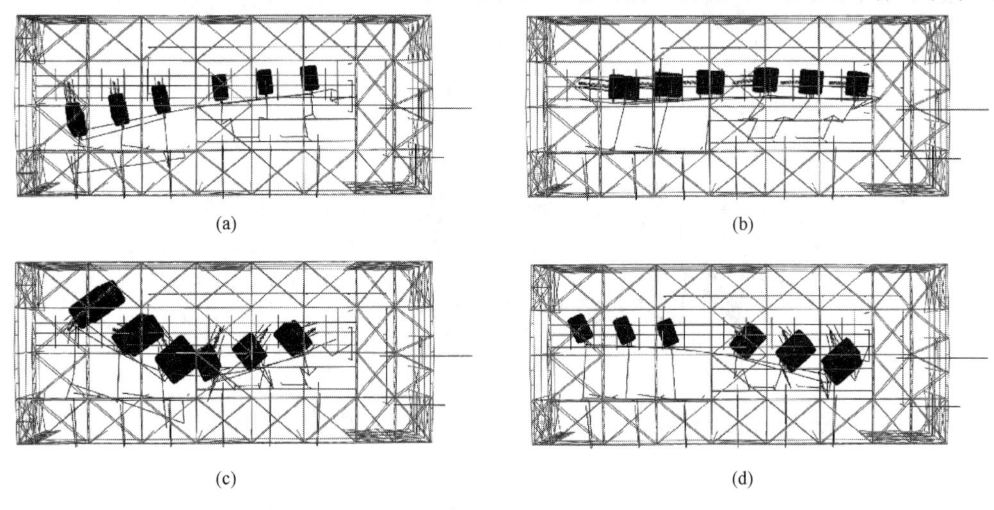

(a) (b) (c) (d)

图 5-16 阀厅内回路前 4 阶振型

（a）第一阶；（b）第二阶；（c）第三阶；（d）第四阶

由于6组阀塔的边界条件不同，其振动形式各异。相对于阀塔的质量，水平连接铝制管母的刚度较小，因此，图5-16（c）中出现了铝制管母弯曲的振型。

阀厅水平向一阶模态频率为1.7Hz，阀厅内回路在低频段有丰富的振型，但阀塔的前几阶特征频率仍远远小于阀厅的水平自振频率。由于阀塔顶部设置了竖向柔性弹簧，阀塔—阀厅体系的竖向振动频率降至1.4Hz，见表5-6。由于阀厅内回路的设备数量较多，存在大量的局部振型，因此，表5-6中仅列出了部分整体振型的模态参数。

**表5-6　阀厅及设备整体模型的自振频率与振型**

| 振型阶数 | 阀厅-阀塔频率（Hz） | 阀厅-阀塔振型 | 振型有效质量 | | |
|---|---|---|---|---|---|
| | | | $X$向 | $Y$向 | $Z$向 |
| 1 | 0.152 | 阀塔$X$向振动 | 45 063 | 341.89 | 5.04E-03 |
| 2 | 0.156 | 阀塔$Y$向振动 | 195.69 | 87 095 | 6.31E-04 |
| 3 | 0.162 | 阀塔$X$向振动 | 19 252 | 7.3541 | 1.22E-03 |
| 4 | 0.165 | 阀塔$X$向振动 | 23 652 | 18.68 | 2.42E-03 |
| … | … | … | … | … | … |
| 121 | 1.41 | 阀厅阀塔$Z$向运动 | 1.31E-02 | 3.22 | 4883.2 |
| … | … | … | … | … | … |
| 152 | 1.70 | 阀厅阀塔$X$向振动 | 1.7035 | 698 087 | 183.96 |

与层间铰接换流阀类似，层间刚接换流阀吊点处也会受到阀厅的动力放大作用，导致输入地震波在特定频段放大。输入0.4$g$峰值的9组地震波进行时程计算，得到各阀塔吊点处的动力放大系数，见表5-7，6组层间刚接换流阀吊点处的水平动力放大系数在3～4之间，与层间铰接换流阀的水平动力放大系数接近。图5-17所示为层间刚接换流阀吊点处与地面输入反应谱对比，阀厅仍在自身特征频率1.7Hz附近显著放大了水平地震输入，而在阀塔基频0.15Hz附近的放大作用较小。

**表5-7　6组层间刚接换流阀悬挂点在9组地震波下$X$向平均动力放大系数**

| 地震输入 | 1号阀 | 2号阀 | 3号阀 | 4号阀 | 5号阀 | 6号阀 |
|---|---|---|---|---|---|---|
| RSN15 | 2.33 | 2.71 | 3.82 | 3.16 | 3.59 | 2.95 |
| RSN777 | 2.71 | 3.02 | 4.09 | 3.59 | 3.88 | 3.25 |
| RSN1244 | 2.57 | 2.62 | 3.44 | 3.07 | 3.03 | 2.59 |
| RSN1541 | 4.75 | 3.57 | 4.83 | 4.36 | 4.67 | 4.15 |
| RSN1605 | 3.02 | 2.90 | 3.35 | 3.09 | 3.28 | 3.04 |
| RSN2114 | 2.26 | 2.59 | 3.39 | 3.05 | 3.31 | 2.87 |
| RSN8130 | 3.04 | 3.13 | 4.37 | 3.72 | 4.10 | 3.26 |
| RSN8161 | 2.44 | 2.93 | 3.77 | 3.43 | 3.58 | 3.23 |
| 人工波 | 5.09 | 3.81 | 5.03 | 4.39 | 4.37 | 4.03 |
| 平均值 | 3.13 | 3.03 | 4.01 | 3.54 | 3.76 | 3.26 |

此外，阀塔的悬挂位置对动力放大系数也有影响。位于阀厅屋架中部的3号阀塔的吊点处动力放大作用比位于边缘的1号阀塔吊点的放大作用更为显著。阀厅为长条状结构，其长度为86m而宽度仅为36m，因此，位于阀厅长边中部的3号阀塔的动力放大系数显著高于其他阀塔。因此，在阀塔—阀厅抗震分析中仅采用1组阀塔进行计算时，应采用阀厅屋架跨

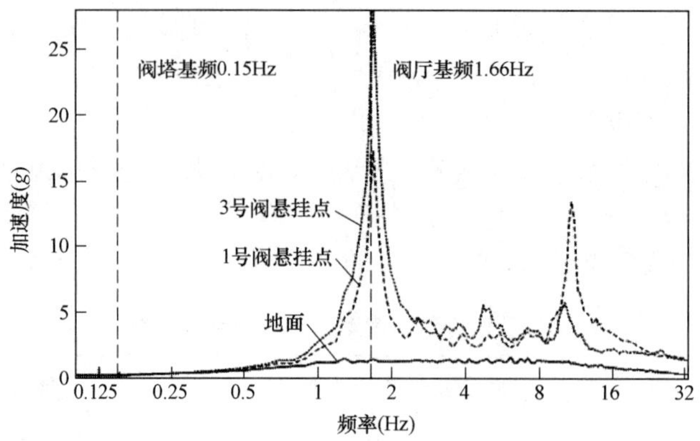


图 5-17　悬挂点及地面加速度输入的 $X$ 向加速度反应谱对比（人工波）

中的阀塔进行分析。

如前所述，阀厅屋架的竖向动力放大作用是导致层间铰接换流阀吊杆松弛和竖向振荡的重要因素。9 组 0.4$g$ 地震波下 6 组阀塔吊点处的竖向动力放大系数见表 5-7。与层间铰接换流阀不同，此处安装了竖向柔性弹簧，层间刚接换流阀吊点处的动力放大系数在 2～3 之间，远小于表 5-4 中阀塔发生竖向吊杆松弛时的动力放大系数。

0.4$g$ 人工波作用下阀塔吊点处和地面的反应谱对比如图 5-18 所示。由于安装了柔性弹簧，阀塔的竖向基频仅为 1.4Hz，但阀厅屋架的竖向振动特征频率达到了 5.38Hz，柔性弹簧使得阀塔和阀厅屋架在竖向相互作用变小，从而显著减小了阀厅屋架竖向动力放大对阀塔响应的影响。所以，尽管表 5-8 中的竖向动力放大系数大于表 5-4 中的部分值，但在 1.4Hz 处阀厅屋架的动力放大效果很小，柔性弹簧在竖向起了隔震作用，导致此处阀厅屋架对阀塔竖向响应的影响较小。

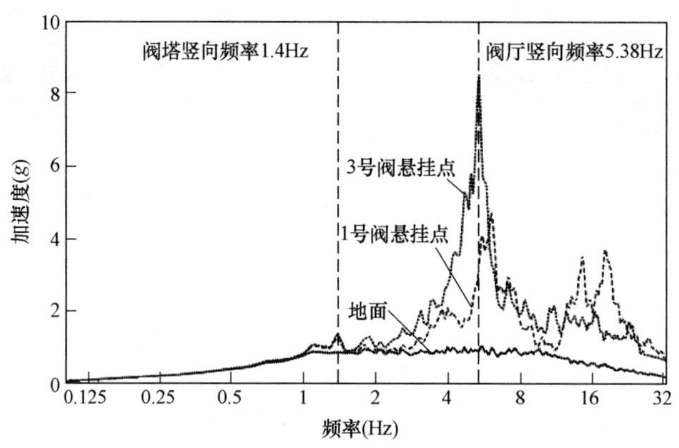


图 5-18　悬挂点及地面加速度输入的 $Z$ 向加速度反应谱对比（人工波）

**表 5-8　　6 组层间刚接换流阀悬挂点在 9 组地震波下 $Z$ 向平均动力放大系数**

| 地震输入 | 1 号阀 | 2 号阀 | 3 号阀 | 4 号阀 | 5 号阀 | 6 号阀 |
|---|---|---|---|---|---|---|
| RSN15 | 1.85 | 2.48 | 2.29 | 2.31 | 2.57 | 2.41 |
| RSN777 | 2.75 | 4.12 | 2.22 | 3.42 | 2.50 | 3.61 |
| RSN1244 | 2.03 | 3.40 | 2.29 | 2.31 | 1.53 | 2.09 |

续表

| 地震输入 | 1 号阀 | 2 号阀 | 3 号阀 | 4 号阀 | 5 号阀 | 6 号阀 |
|---|---|---|---|---|---|---|
| RSN1541 | 2.48 | 2.45 | 2.18 | 2.01 | 2.08 | 2.07 |
| RSN1605 | 2.50 | 2.84 | 1.55 | 2.26 | 1.59 | 1.88 |
| RSN2114 | 2.15 | 3.60 | 1.58 | 2.60 | 1.60 | 2.30 |
| RSN8130 | 2.00 | 2.22 | 1.48 | 1.36 | 1.67 | 1.40 |
| RSN8161 | 2.17 | 2.29 | 2.03 | 1.69 | 1.98 | 1.83 |
| 人工波 | 2.34 | 2.94 | 3.73 | 2.64 | 3.22 | 2.49 |
| 平均值 | 2.25 | 2.93 | 2.15 | 2.29 | 2.08 | 2.23 |

3. Z 型柔性管母对换流阀水平位移响应的影响

对阀厅回路模型输入峰值 0.4$g$ 的 9 组 3 向地震波，通过时程计算得到层间刚接换流阀和阀厅内各设备的地震响应。表 5-9 和表 5-10 所示为 9 组地震波下 6 组换流阀的 $X$ 向和 $Y$ 向水平位移，其中 $X$ 向为阀厅横向，$Y$ 向为阀厅纵向，且 $X$ 向为主震方向。

**表 5-9　　6 组层间刚接换流阀悬挂点在 9 组地震波下 *X* 向水平位移**　　m

| 地震输入 | 1 号阀 | 2 号阀 | 3 号阀 | 4 号阀 | 5 号阀 | 6 号阀 |
|---|---|---|---|---|---|---|
| RSN15 | 0.88 | 0.85 | 0.86 | 0.68 | 0.63 | 0.60 |
| RSN777 | 1.57 | 1.64 | 1.69 | 1.50 | 1.48 | 1.60 |
| RSN1244 | 3.23 | 3.09 | 3.32 | 3.14 | 3.32 | 3.27 |
| RSN1541 | 2.16 | 2.19 | 2.18 | 1.95 | 2.00 | 2.17 |
| RSN1605 | 1.19 | 1.33 | 1.44 | 1.44 | 1.46 | 1.56 |
| RSN2114 | 1.04 | 1.05 | 1.08 | 1.11 | 1.13 | 1.13 |
| RSN8130 | 0.81 | 0.82 | 0.84 | 0.84 | 0.87 | 0.91 |
| RSN8161 | 4.49 | 3.89 | 3.97 | 3.18 | 3.10 | 3.12 |
| 人工波 | 2.89 | 2.96 | 2.96 | 2.32 | 2.35 | 2.20 |
| 平均值 | 2.03 | 1.98 | 2.04 | 1.80 | 1.82 | 1.84 |

**表 5-10　　6 组层间刚接换流阀悬挂点在 9 组地震波下 *Y* 向水平位移**　　m

| 地震输入 | 1 号阀 | 2 号阀 | 3 号阀 | 4 号阀 | 5 号阀 | 6 号阀 |
|---|---|---|---|---|---|---|
| RSN15 | 0.63 | 0.63 | 0.63 | 0.57 | 0.56 | 0.58 |
| RSN777 | 1.69 | 1.71 | 1.72 | 1.47 | 1.49 | 1.49 |
| RSN1244 | 1.62 | 1.63 | 1.66 | 1.55 | 1.41 | 1.59 |
| RSN1541 | 2.84 | 2.90 | 2.92 | 2.45 | 2.45 | 2.36 |
| RSN1605 | 1.67 | 1.67 | 1.68 | 1.53 | 1.50 | 1.51 |
| RSN2114 | 1.87 | 1.87 | 1.88 | 1.68 | 1.75 | 1.73 |
| RSN8130 | 0.98 | 0.98 | 0.98 | 0.92 | 0.88 | 0.89 |
| RSN8161 | 2.39 | 2.35 | 2.34 | 2.11 | 1.90 | 2.05 |
| 人工波 | 3.08 | 3.09 | 3.23 | 2.59 | 2.50 | 2.42 |
| 平均值 | 1.86 | 1.87 | 1.89 | 1.65 | 1.60 | 1.62 |

1号阀塔和6号阀塔在人工波输入下的水平位移响应时程如图5-19所示。在$Y$向，1～6阀通过两根管母连接，因此，其位移响应基本一致。而在$X$向，1号阀与悬吊管母连接，而6号阀通过Z型柔性管母与相邻支柱绝缘子连接。根据图5-19，二者的振动形态有较大差异。6号阀的位移响应特征频率大于1号阀，但位移峰值小于1号阀，表明Z型管母仍具有一定的水平刚度，可以一定程度上提高6号阀的基频，并减小其位移响应。

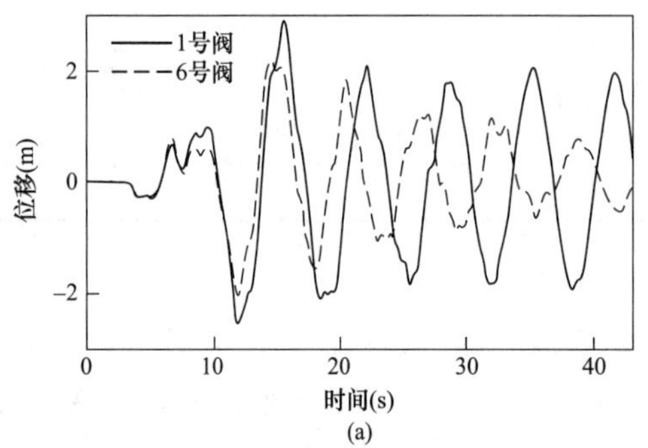


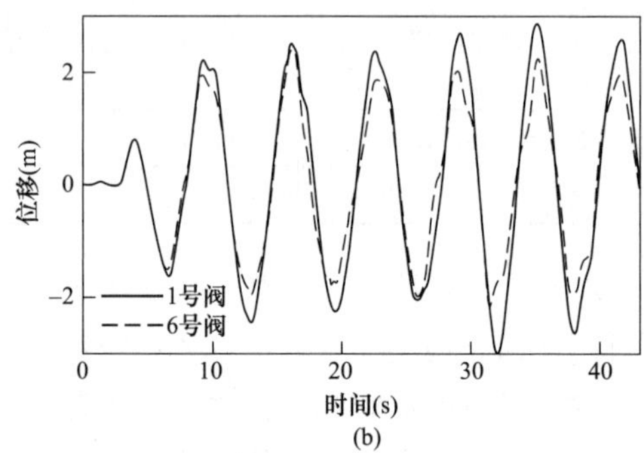


图5-19　1号阀塔和6号阀塔在人工波下水平位移

(a) $X$向；(b) $Y$向

表5-10中所示，层间刚接换流阀的水平位移均不同程度地小于层间铰接换流阀的水平位移。如在低频成分非常丰富的RSN8161波输入下，层间铰接换流阀的$X$向位移峰值达到4.7m，而表5-9中层间刚接换流阀的$X$向位移峰值分布在3.1～4.5m之间。层间铰接和刚接换流阀基频均在0.15Hz附近，因此，其加速度谱响应十分接近。但是，即便是水平向几乎没有约束的1号阀的水平位移仍明显小于层间铰接换流阀。

一方面，因为层间刚接换流阀的阀层之间无法发生运动，故其振型参与系数较小，接近1.0。与之相比，层间铰接换流阀的振型参与系数则达到1.32，明显大于层间刚接换流阀。因此，层间的约束一定程度上减小了层间刚接换流阀的水平位移。另一方面，悬吊式Z型柔性管母一定程度上约束了悬吊式换流阀的水平位移。如表5-9所示，连接Z型管母的4～6号阀的$X$向位移峰值平均值明显小于与悬吊式管母连接的1～3号阀。

尽管层间刚接换流阀层间采用的绝缘螺杆有一定抗弯刚度，其层间依然有无法忽略的相对变形。如图5-14 (a) 所示，在$X$向层间刚接换流阀中部与Z型管母连接，其中部位置的位移比底部小，Z型管母的实际变形不容易达到极限值。与之相比，在$Y$向6号阀在底部的Z型管母中更容易产生较大的变形，因此，在设计中，$X$向的3组Z型管母变形极限为±2m，而$Y$向的Z型管母极限变形量则达到±2.4m，4组Z型管母在9组地震波下的变形量见表5-11。在8组地震波下，4组Z型管母均未达到极限变形量，悬吊式层间刚接阀塔仍处于自由摆动状态。

**表5-11　　9组地震波输入下4组Z型管母极限变形量**　　m

| 地震输入 | 1号Z型管母（$X$向） | 2号Z型管母（$X$向） | 3号Z型管母（$X$向） | 4号Z型管母（$Y$向） |
|---|---|---|---|---|
| RSN15 | +0.40/−0.51 | +0.45/−0.42 | +0.14/−0.13 | +0.51/−0.52 |
| RSN777 | +1.41/−1.63 | +1.35/−1.13 | +0.63/−0.52 | +1.26/−1.29 |
| RSN1244 | +2.12/−3.13 | +2.76/−1.82 | +0.94/−1.23 | +1.39/−1.13 |

续表

| 地震输入 | 1号Z型管母（$X$向） | 2号Z型管母（$X$向） | 3号Z型管母（$X$向） | 4号Z型管母（$Y$向） |
|---|---|---|---|---|
| RSN1541 | +1.82/−2.26 | +1.86/−1.60 | +0.55/−0.56 | +1.62/−1.86 |
| RSN1605 | +1.22/−1.54 | +1.32/−0.99 | +0.48/−0.50 | +1.33/−1.23 |
| RSN2114 | +0.91/−1.21 | +1.08/−0.81 | +0.32/−0.34 | +1.54/−1.55 |
| RSN8130 | +0.73/−1.01 | +0.90/−0.66 | +0.21/−0.29 | +0.77/−0.64 |
| RSN8161 | +2.69/−2.80 | +2.64/−1.63 | +1.25/−1.32 | +1.64/−1.47 |
| 人工波 | +1.92/−2.58 | +2.49/−1.56 | +0.39/−0.49 | +2.11/−2.00 |

但在RSN8161波输入下，由于6号阀在$X$向位移过大。如图5-20所示，3号Z型管母拉伸量达到极限，整体呈直线状。此时，Z型管母中产生了牵拉力，对尺寸较大的支柱绝缘子影响较小，但大大增加了悬吊式阀塔的母排的应力。由于计算中没有对母排设置塑性，母排的边缘应力已达到300MPa，超过其屈服强度。因此，柔性管母绷紧对于层间刚接换流阀有较大的危害。由于层间为刚性连接，且层间连接的绝缘螺杆尺寸较小，抗弯承载力有限，管母中的牵拉力可能导致阀塔机械结构的破坏。Z型管母仅能防止阀塔和相邻设备之间的牵拉力，无法有效减小阀塔的水平位移。若阀塔位移较大，仍可能导致阀厅内空气净距不足。

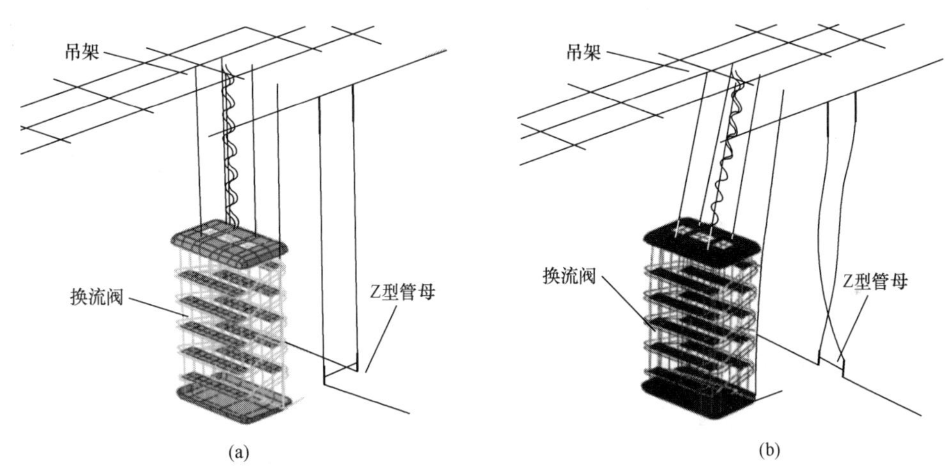


图5-20　RSN8161波输入下Z型管母变形

(a) 自由状态下；(b) 变形最大时

4. 柔性悬吊弹簧对换流阀竖向地震响应的影响

设置柔性弹簧后的层间刚接换流阀底部竖向加速度响应峰值如表5-12所示。与表5-3中层间铰接阀的竖向加速度响应相比，层间刚接阀的竖向加速度响应更小。柔性弹簧有效减小了阀塔的竖向响应，防止了吊杆中出现松弛。

但设置柔性弹簧后，阀塔在竖向也可以产生较大位移。静态下，阀塔在竖向可产生0.1m的向下位移。如表5-13所示，阀塔在9组地震波下的平均竖向位移峰值达到0.3m，其中，跨中位置的阀塔竖向位移更大。因此，在设置柔性弹簧前，需要在电气绝缘计算中充分考虑柔性弹簧的影响。另外，由于柔性弹簧会增大竖向位移，阀厅的高度也需要相应增加。

表 5-12　　6 组层间刚接换流阀在 9 组地震波下底部竖向加速度峰值　　m

| 地震输入 | 1 号阀 | 2 号阀 | 3 号阀 | 4 号阀 | 5 号阀 | 6 号阀 |
|---|---|---|---|---|---|---|
| RSN15 | 7.76 | 7.76 | 7.76 | 7.76 | 7.76 | 7.76 |
| RSN777 | 2.93 | 2.93 | 2.93 | 2.93 | 2.93 | 2.93 |
| RSN1244 | 6.78 | 6.78 | 6.78 | 6.78 | 6.78 | 6.78 |
| RSN1541 | 15.72 | 15.72 | 15.72 | 15.72 | 15.72 | 15.72 |
| RSN1605 | 8.29 | 8.29 | 8.29 | 8.29 | 8.29 | 8.29 |
| RSN2114 | 7.35 | 7.35 | 7.35 | 7.35 | 7.35 | 7.35 |
| RSN8130 | 5.68 | 5.68 | 5.68 | 5.68 | 5.68 | 5.68 |
| RSN8161 | 5.07 | 5.07 | 5.07 | 5.07 | 5.07 | 5.07 |
| 人工波 | 15.51 | 15.51 | 15.51 | 15.51 | 15.51 | 15.51 |
| 平均值 | 8.34 | 8.34 | 8.34 | 8.34 | 8.34 | 8.34 |

表 5-13　　6 组层间刚接换流阀悬挂点在 9 组地震波下 $Z$ 向位移　　m

| 地震输入 | 1 号阀 | 2 号阀 | 3 号阀 | 4 号阀 | 5 号阀 | 6 号阀 |
|---|---|---|---|---|---|---|
| RSN15 | 0.25 | 0.25 | 0.25 | 0.27 | 0.26 | 0.25 |
| RSN777 | 0.19 | 0.20 | 0.20 | 0.20 | 0.20 | 0.20 |
| RSN1244 | 0.40 | 0.43 | 0.49 | 0.40 | 0.44 | 0.47 |
| RSN1541 | 0.36 | 0.39 | 0.41 | 0.26 | 0.24 | 0.28 |
| RSN1605 | 0.20 | 0.20 | 0.20 | 0.22 | 0.22 | 0.22 |
| RSN2114 | 0.25 | 0.25 | 0.25 | 0.25 | 0.26 | 0.25 |
| RSN8130 | 0.20 | 0.22 | 0.22 | 0.23 | 0.23 | 0.22 |
| RSN8161 | 0.89 | 0.80 | 0.81 | 0.49 | 0.43 | 0.44 |
| 人工波 | 0.51 | 0.56 | 0.58 | 0.37 | 0.37 | 0.31 |
| 平均值 | 0.36 | 0.37 | 0.38 | 0.30 | 0.29 | 0.29 |

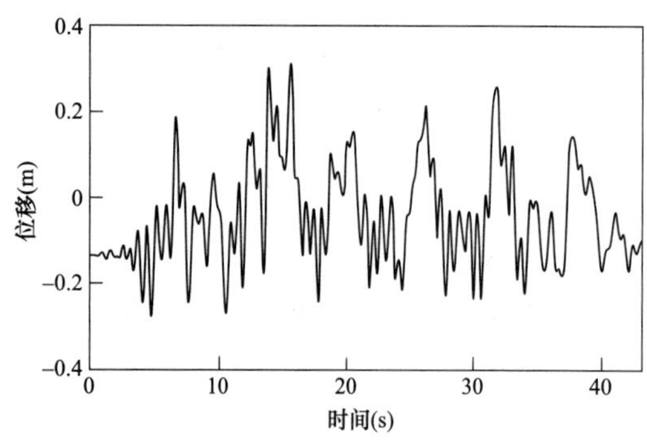


图 5-21　6 号阀在人工波下的竖向位移时程

设置柔性弹簧后，6 组阀塔均未发生吊杆松弛的现象。如图 5-21 所示，阀塔在竖向有明显的大幅位移，但吊杆均未出现压力，最小拉力为 3.0kN。因此，柔性弹簧能有效防止层间刚接换流阀的竖向松弛，但会相应地增大竖向位移响应。工程中可根据阀塔和阀厅的动力特性选择是否设置柔性弹簧。

### 5.2.3　换流阀方案对比

根据上述研究内容，层间铰接和层间刚接换流阀都具有基频低、水平位移大的特点。同时，二者的吊杆和阀层内部应力响应较低，表明悬吊隔震对换流阀是有效的。但层间铰接与层间刚接的结构形式仍存在一些差异，需要在抗震设计中注意：

（1）层间铰接阀的层间吊杆为两端铰接，只受到轴力作用，吊杆应力响应较小，通常远小于吊杆机械强度。但层间刚接阀层间吊杆为连续绝缘杆，在水平地震作用下受到弯矩作用，吊杆截面较小，弯曲应力可能较大。在 1994 年美国北岭（Northridge）地震中一台层间刚接换流阀曾发生层间吊杆断裂现象。因此，层间刚接换流阀应特别校核其层间吊杆应力。

（2）层间铰接阀的各阀层之间可以发生相对运动，但层间刚接阀各阀层也被吊杆约束，这使得层间铰接阀的底部位移更大。层间刚接阀仅通过顶部吊杆实现悬吊隔震，因此，其阀层位移基本一致。抗震分析中，层间铰接阀应特别校核其底部位移。

（3）层间铰接和层间刚接换流阀均可能出现吊杆松弛和竖向剧烈振动的现象。由于层间铰接换流阀底部屏蔽罩吊长小、质量小，更容易出现吊杆松弛现象。而层间刚接换流阀通过顶部柔性弹簧即可有效防止吊杆松弛。因此，层间铰接换流阀还需要额外关注其吊杆松弛问题。

## 5.3　滤波电容器抗震性能分析

换流站的电气设备中，除了换流阀之外，支撑式滤波电容器由于其质量和高度都很大，在地震作用下下部支撑存在较高的地震易损性，为了减小其地震作用和风荷载，保证滤波电容器结构的安全性，也采用悬挂方式进行安装，称为悬吊式滤波电容器。

### 5.3.1　滤波电容器单体抗震性能分析

1. 滤波电容器—门型架体系有限元模型及模态分析

（1）电容器—门型架结构简介。±800kV 特高压直流滤波电容器为悬挂结构，安装在钢结构门型架上。门型架采用单跨形式，其梁、柱均采用格构式结构。整体结构如图 5-22 所示。±800kV 特高压直流滤波电容器共有 32 层，采用双排平卧形式，各层分别布置 8 台电容器组件。悬吊绝缘子采用玻璃纤维复合材料。为减小滤波电容器在外荷载作用下的响应，其底层采用绝缘子与基础连接，并在绝缘子中施加预张拉力。绝缘子初始张拉角度为 63°。定义滤波电容器预拉力为底部绝缘子内预张力，由文献（刘朝丰等，2015）可知，对滤波电容器采用一定的预应力张拉后，能有效减小其地震响应，故初始设计时该型滤波电容器对各底层绝缘子采用 20kN 张拉力。

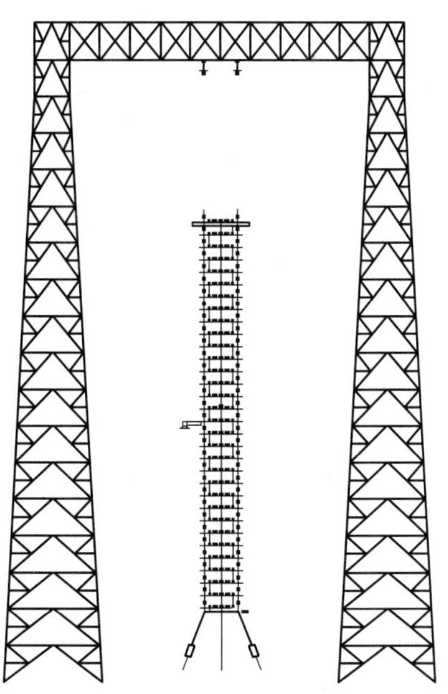

图 5-22　滤波电容器及门型架结构示意图

（2）电容器—门型架体系有限元模型。由于滤波电容器悬吊绝缘子两端采用球头球窝的形式连接，且其横截面直径较小，抗弯刚度较低，故采用杆单元模拟悬吊绝缘子，该单元两端铰接，具有轴向刚度，与滤波电容器悬吊绝缘子受力情况较符合。门型架及滤波电容器组件底部托架为格构式钢结构，主要材料为 Q345。各层的滤波电容器组件刚性大、单体自振频率较高，且由于模型主要考虑悬吊绝缘子及钢结构的抗震性能，故将电容器组件及均压环等附件简化为分布质量均匀施加在各层钢支架上。

（3）滤波电容器—门型架模态分析。对滤波电容器—门型架体系进行模态分析。定义门型架平面内水平方向为 $X$ 方向，平面外水平方向为 $Y$ 方向，竖向为 $Z$ 方向。由于滤波电容器为悬吊体系，其在各层绝缘子处采用球铰连接，故其可视为一悬挂质量体系，其自振频率较低。门型架自振频率远高于悬吊滤波电容器频率，在体系第 23 阶模态处，出现滤波电容器与门型架耦合振动，其自振频率为 1.78Hz。在各底层绝缘子预拉力为 20kN 的情况下，滤波电容器前 3 阶自振频率见表 5-14。滤波电容器前三阶振型如图 5-23 所示。

**表 5-14　　滤波电容器前三阶自振频率**

| 阶数 | 电容器频率（Hz） | 电容器振型 |
|---|---|---|
| 1 | 0.18 | $Y$ 向弯曲 |
| 2 | 0.18 | $X$ 向弯曲 |
| 3 | 0.25 | 绕 $Z$ 轴扭转 |

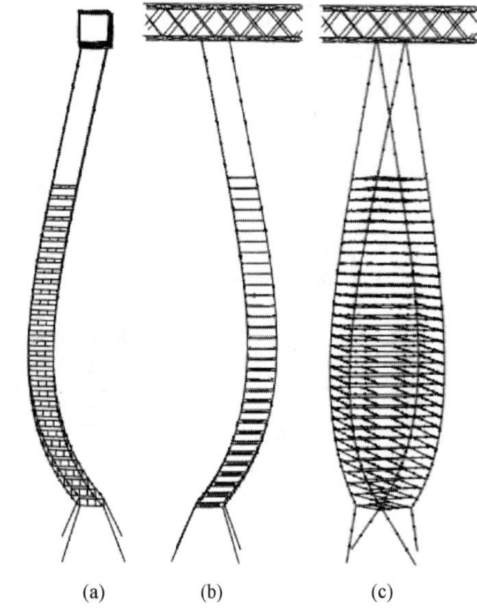

图 5-23　滤波电容器前三阶振型

根据设计资料，±800kV 特高压滤波电容器在底部绝缘子与张拉力为 35kN 时，设备自振频率为 0.23Hz。由于滤波电容器绝缘子截面小，且其两端为铰接形式，则可将滤波电容器视为具有预张拉力的悬索。同电压等级的滤波电容器，其结构尺寸与质量有一定的相似性，而本文研究的滤波电容器无实测的试验数据，因此参考文献（刘朝丰等，2015）中的相关数据。设本文中滤波电容器自振频率为 $f_1$，文献（刘朝丰等，2015）中电容器频率为 $f_2$。由有张拉力的悬索自振频率可知

$$f_1=\frac{l_2}{l_1}\sqrt{\frac{N_1m_2}{N_2m_1}}\times f_2=\frac{39.5}{41.646}\times\sqrt{\frac{20\times55}{35\times47.2}}\times0.23=0.178\text{Hz} \tag{5-1}$$

式中，$N_1$、$N_2$ 分别为本文中及文献（刘朝丰等，2015）中滤波电容器悬吊绝缘子中预张拉力；$m_1$、$m_2$ 分别为本文中及文献中滤波电容器的质量；$l_1$、$l_2$ 分别为本文及文献中滤波电容器高度。由该式计算的滤波电容器频率与本文有限元模型计算结果接近。

2. 滤波电容器—门型架体系地震响应分析

（1）地震波选取。地震波采用塔夫特（Taft）波、埃尔森特罗（El-Centro）波及安评报告中推荐的该场地新松人工波。由于滤波电容器 $Y$ 向频率略低于 $X$ 向，故地震波主振方向施加在结构的弱轴 $Y$ 向。针对此型±800kV 特高压直流滤波电容器的原设计，采用 $PGA$ 为 $0.4g$ 的地震动进行计算。

（2）地震响应分析。

1）位移响应分析。在地震动作用下，当滤波电容器接线端子发生位移时，可能引起其所连接的母线中出现拉力，从而可能造成滤波电容器或与其连接的设备在地震作用下出现损害。定义滤波电容器自下向上分别为 1～32 层，在 *PGA* 为 0.4*g* 时，滤波电容器各方向最大位移及出现位置如图 5-24 所示。

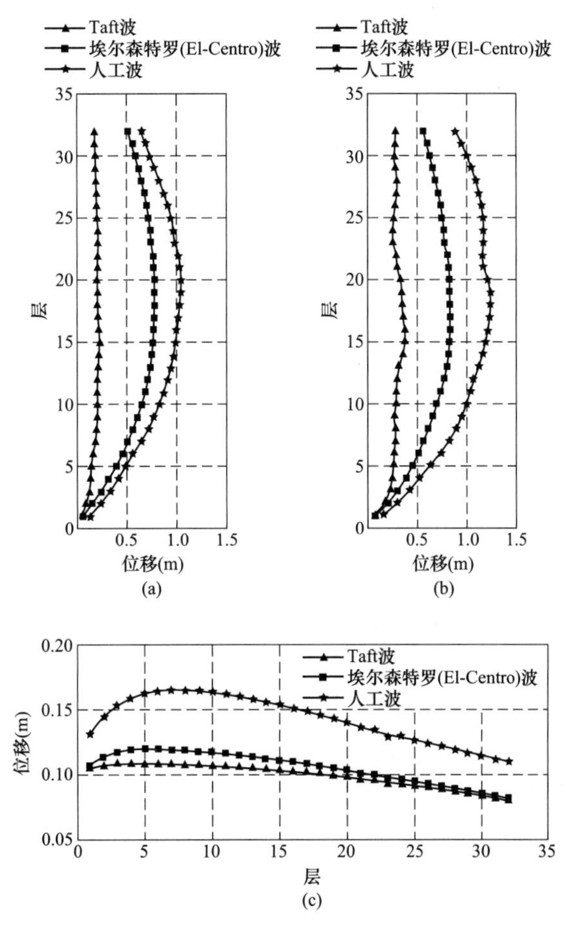


图 5-24　滤波电容器各方向位移最大值

（a）电容器 *X* 方向最大位移；（b）电容器 *Y* 方向最大位移；（c）电容器 *Z* 方向最大位移

在场地人工波作用下，滤波电容器 *X*、*Y*、*Z* 方向的位移最大值分别为 1.035m、1.226m 及 0.165m，分别出现在第 20、第 18 及第 8 层。另外，滤波电容器顶层及底层连接有出线端子板，故其位移对判定在地震作用下设备间的耦联效应有重要意义。由图 5-24 可知，特高压滤波电容器顶层 *X*、*Y* 两方向的位移最大值分别为 0.64m、0.89m。而底层在两方向的位移分别为 0.12m 及 0.15m，应设置足够的冗余度，以防止母线造成的牵拉破坏。

2）应力响应分析。在地震作用下，滤波电容器悬吊绝缘子内将产生随时间变化的内力，由于绝缘子两端采用球头—球窝的铰接连接形式，故悬吊绝缘子内力仅考虑轴向拉力。

根据有限元计算结果，滤波电容器悬吊绝缘子最大轴力出现在顶层绝缘子上，在埃尔森特罗（El-Centro）波、塔夫特（Taft）波及人工波作用下，滤波电容器顶层悬吊绝缘子最大轴力分别为 181.26kN、154.06kN 及 266.11kN。考虑绝缘子额定拉伸荷载为 300kN，则悬吊绝缘子在 *PGA* 为 0.4*g* 的地震动作用下不会发生破坏，其最小应力安全系数为 1.13。根据 IEEE 693 要求，复合材料绝缘子地震作用下应满足应力安全系数大于 2 的强度要求，故该型滤波电容器悬吊绝缘子不满足规范要求，需要对其进行进一步的抗震优化。

根据规范，悬吊设备在竖向地震动作用下杆件中可能出现压应力甚至导致绝缘子出现失稳的情况。当绝缘子受压突然失稳时，电容器组可能出现较大的加速度而对电气功能造成冲击。滤波电容器底层及第一层悬吊绝缘子轴力见表 5-15。在 Taft 波作用下，底层及第一层悬吊绝缘子出现负轴力，在人工波作用下，悬吊绝缘子底层出现负轴力，即悬吊绝缘子中存在压力。故该型滤波电容器需要对其预拉力进行调整，以避免悬吊绝缘子中出现受压状态。

**表 5-15　　滤波电容器第一层与底层绝缘子最小轴力**

| 分类 \ 最小轴力 \ 层数 | 第一层 | 底层 |
|---|---|---|
| 塔夫特（Taft）波 | −3.65 | −10.95 |
| 塔尔森特罗（El-Centro）波 | 10.43 | 6.51 |
| 人工波 | 0.76 | −5.07 |

3）加速度响应分析。在 PGA 为 0.4*g* 的地震波作用下，设备各层加速度响应功率谱峰值对应的频率基本一致，在不同地震波作用下，滤波电容器功率谱峰值频率见表 5-16。在不同地震波作用下，滤波电容器加速度响应功率谱峰值频率高于 0.21Hz，而由前述模态分析可知，滤波电容器主振方向一阶自振频率仅为 0.18Hz，小于功率谱中的峰值频率。在地震作用下，滤波电容器各层绝缘子中将产生轴拉力而使滤波电容器绝缘子处于张拉状态，结构的地震位移增大结构的几何刚度，使滤波电容器在地震作用下加速度响应功率谱峰值频率大于其自振频率。

**表 5-16　　滤波电容器加速度响应功率谱卓越频率**

| 地震波 | 电容器 |
|---|---|
| 埃尔森特罗（El-Centro）波 | 0.22 |
| 塔夫特（Taft）波 | 0.21 |
| 人工波 | 0.24 |

3. 滤波电容器抗震性能参数分析

为判别不同参数对滤波电容器抗震性能的影响，现针对滤波电容器的绝缘子预张拉力，底部绝缘子安装角度等参数进行分析。由于人工波对场地需求谱覆盖程度较好，以下均以人工波为例进行分析。

（1）预张拉力的影响。以该型滤波电容器在 20kN 预张拉力下绝缘子中产生的最大拉力为基准，定义拉力系数 $\alpha(F)$ 如下

$$\alpha(F)=\frac{N(F)-N(20)}{N(20)} \tag{5-2}$$

式中，$N(F)$ 为预张拉力为 F 时绝缘子在地震作用下出现的最大轴力。$\alpha(F)$ 表征了滤波电容器最大轴力随预张拉力的增长速率。当拉力系数小于 0 时，表示绝缘子中最大轴力小于原设计中预拉力为 20kN 时绝缘子中最大轴力。为分析地震动峰值对滤波电容器轴力响应的

影响，取 PGA 分别为 0.2$g$、0.3$g$ 及 0.4$g$，在不同 PGA 及不同预张拉力下，滤波电容器拉力如图 5-25（a）所示，其拉力系数如图 5-25（b）所示。

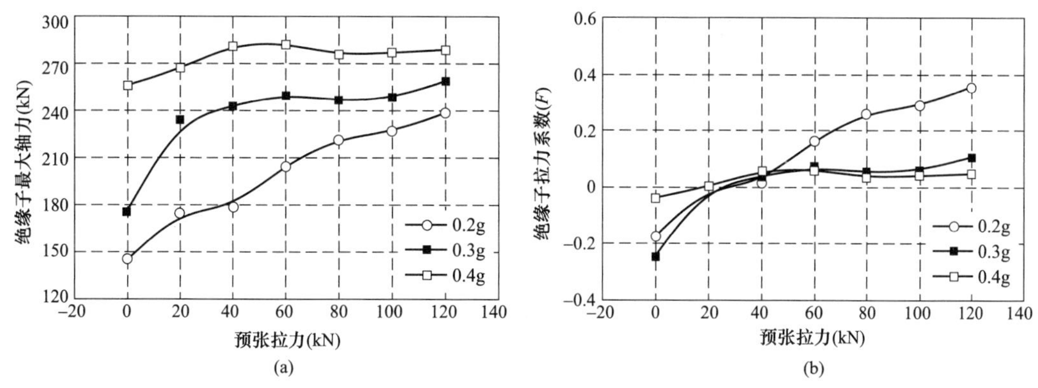


图 5-25　滤波电容器拉力及拉力系数

（a）绝缘子最大轴力与预张拉力的关系；（b）绝缘子拉力系数与预张拉力的关系

由图 5-25 可知，随着地震动峰值增大，滤波电容器绝缘子中最大拉力显著增大，且随着预张拉力的增加，滤波电容器绝缘子中最大轴力呈增加趋势。由前述的分析可知，由地震作用引起的绝缘子中的拉力将为结构带来一定的几何刚度。当 PGA 较小时（0.2$g$），地震动对结构刚度影响较小，随着预张拉力的增加，绝缘子中轴力增大，绝缘子拉力系数 $\alpha(F)$ 急剧增大。说明预张拉力对结构有较大影响，预张拉力的增加导致结构几何刚度的增大，使最大轴力逐渐增加；当 PGA 较大（0.4$g$）时，随着预张拉力的增加，绝缘子中最大轴力增加。但由于 PGA 较大，地震引起的结构几何刚度增加效果大于预张拉力引起的刚度增加效果，故预张拉力对滤波电容器刚度的影响相对 PGA 的影响较小，从而使拉力系数 $\alpha(F)$ 随预张拉力变化程度较为缓和，由图 5-25（b）可知，预张拉力大于 20kN 后，$\alpha(F)$ 整体在 0～0.1 之间。

人工波作用下，不同 PGA 时滤波电容器底层绝缘子最小轴力如图 5-26（a）所示（竖轴正值表示拉力，负值表示压力，下同）。由图 5-26（a）可知，随着 PGA 增加，滤波电容器中绝缘子最小轴力逐渐减小，且随着预张拉力的增加，绝缘子中最小轴力逐渐增加，当预张拉力大于 40kN 时，不同峰值地震动下底层绝缘子均未出现压力。故原结构中预拉力需要予以调整，以满足相关规范要求。

不同预张拉力及不同 PGA 作用下，滤波电容器最大位移如图 5-26（b）所示。随着 PGA 的增大，滤波电容器位移增大，但随着预张拉力的增大，滤波电容器最大位移减小，即预张拉力增大了滤波电容器的刚度，减小了其在地震作用下的位移响应，且当预张拉力大于 60kN 时，滤波电容器最大位移下降趋势更加显著。当 PGA 为 0.4$g$ 时，随着预张拉力增大，滤波电容器最大位移由原设计的 1.23m 逐渐下降到 0.59m，小于 PGA 为 0.2$g$ 下零预张拉力时结构最大位移。由此可知，预张拉力对减小位移作用显著。

（2）底部绝缘子张拉角度的影响。滤波电容器底部绝缘子的张拉角度对滤波电容器抗震性能有重要影响。定义滤波电容器底部绝缘子与水平面所成锐角为滤波电容器底部绝缘子张拉角 $\theta_2$，设滤波电容器底部夹角分别为 10°、30°、45°、80°、85°、90°及原设计中使用的 63°，针对不同绝缘子夹角，对滤波电容器抗震性能进行分析。在实际工程中，通常通过底

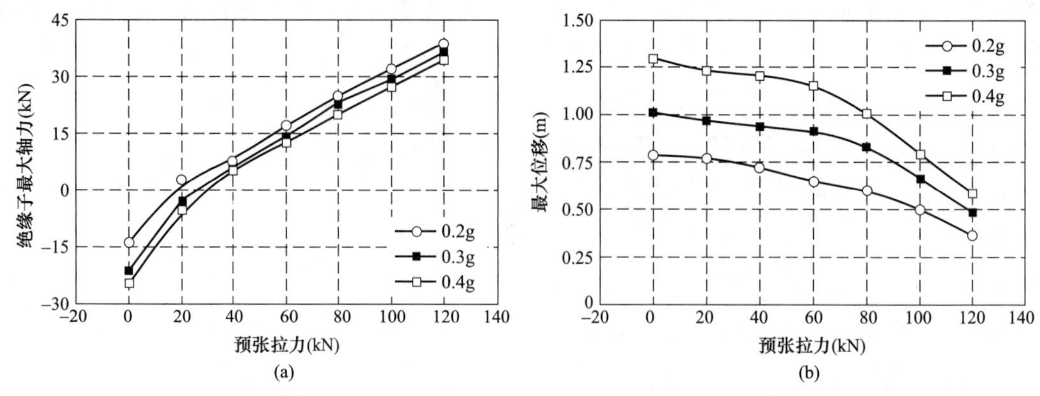


图 5-26　不同预张力下设备响应

(a) 绝缘子最小轴力与预张拉力关系；(b) 各层最大位移与预张拉力关系

部绝缘子上的花篮螺栓及弹簧调节结构中的预张力，利用有限元模型对张拉角度进行分析时，保持底部斜张拉绝缘子中 20kN 预拉轴力不变。

在不同张拉角度下，滤波电容器绝缘子中最大轴力如图 5-27 (a) 所示。由图 5-27 (a) 可知，当底层绝缘子角度 $\theta_2<80°$时，随着张拉角度的增加，即随着底层绝缘子水平投影距离的减小，滤波电容器最大轴力呈增加趋势；当张拉角度>80°时，随着 $\theta_2$ 增加，滤波电容器绝缘子中的最大轴力开始减小。由于底部绝缘子中预拉力保持不变，随着绝缘子角度 β 的增大，绝缘子预拉力中的竖向分量增加，故滤波电容器绝缘子中的最大轴力增加，与图 5-35 (a) 结论一致。当 $\beta>80°$时，绝缘子预拉力中的竖向分量继续增加，但其水平分量减小，从而使滤波电容器水平方向刚度减小，使电容器中最大轴力下降。

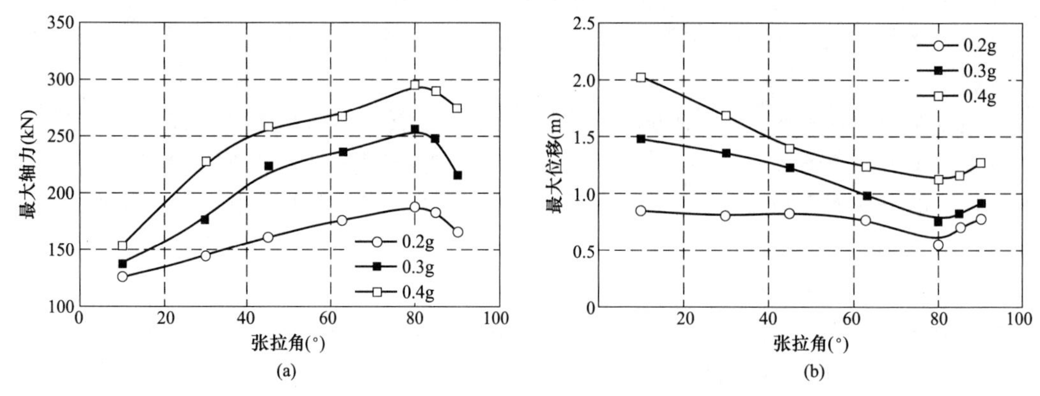


图 5-27　不同张拉角度下设备最大响应

(a) 不同张拉角度下滤波电容器最大轴力；(b) 不同张拉角度下滤波电容器最大位移

当底部绝缘子预张拉力为 20kN 时，滤波电容器不同张拉角度下的最大位移如图 5-27 (b) 所示。随着张拉角度的增加，底层绝缘子预张力竖向分量增加，使各层悬吊绝缘子所受预拉力增加，使滤波电容器整体刚度增加而使电容器最大位移减小，与图 5-26 (b) 结论一致。

(3) 滤波电容器预张拉力与张拉角度建议。当滤波电容器悬吊绝缘子强度满足要求时，可以适当增加结构底部绝缘子预拉力，以减小设备最大位移，方便连接母线设计及电气净距的校核。

当滤波电容器悬吊绝缘子强度安全系数难以满足要求时，可适当减小底层绝缘子张拉角度，使其呈现较大的放脚，减小滤波电容器轴力响应，但此时应注意对结构的位移控制（何畅等，2017；赖炜煌等，2020）。如该型滤波电容器在 PGA 为 0.4$g$ 时，悬吊绝缘子安全系数小于规范要求，此时若将其底部绝缘子张角从原设计 63°更改为 10°，则安全系数可接近 2，但此时最大位移增大到 2.0m，应校核耦联及电气净距是否满足要求。滤波电容器绝缘子中不应出现压力，当有绝缘子出现压力时，可通过增大预应力等方法防止此现象出现。

（4）预拉力与张拉角设计参数组合分析。由于 IEEE 693 规定悬吊式设备底部必须采用张拉措施，且不允许出现压力，故对该型滤波电容器结构进行优化时，不考虑无预张力的情况。当预张拉力为 120kN 时，将给门型架带来较大应力及变形，故对滤波电容器进行抗震优化时，考虑最大预张拉力为 100kN。另外，当底部绝缘子张角为 10°时，滤波电容器占地位置过大，影响其他电气设备布置，故在优化时不采用此种布置情况。当底部绝缘子张拉角度大于 80°时，滤波电容器在地震作用下动力响应发生转折变化，故不采用大于 80°张拉情况。

当 PGA 为 0.4$g$，底部绝缘子预张拉力在 20～100kN 之间，张拉角度在 30°～80°之间时，滤波电容器绝缘子最大轴拉力及最大位移如图 5-28 所示。考虑到滤波电容器与其门型架之间的电气净距要求，滤波电容器在地震作用下最大位移不宜超过 1.13m。由图 5-28 可知，张拉角度为 80°时，滤波电容器最大位移满足此要求，另外，当张拉角度为 63°且预张拉力大于 80kN 或张拉角度为 45°且预张拉力大于 100kN 时，滤波电容器最大位移也满足此要求。考虑到门型架及悬吊绝缘子强度，建议采用预张拉力 40kN，底部绝缘子张拉角度为 80°情况，此时滤波电容器最大位移为 0.98m，且门型架强度及位移满足相关要求。另外，此时滤波电容器悬吊绝缘子中最大轴力为 267.74kN，考虑应力安全系数需求，此时悬吊绝缘子额定拉伸荷载不应小于 536kN。

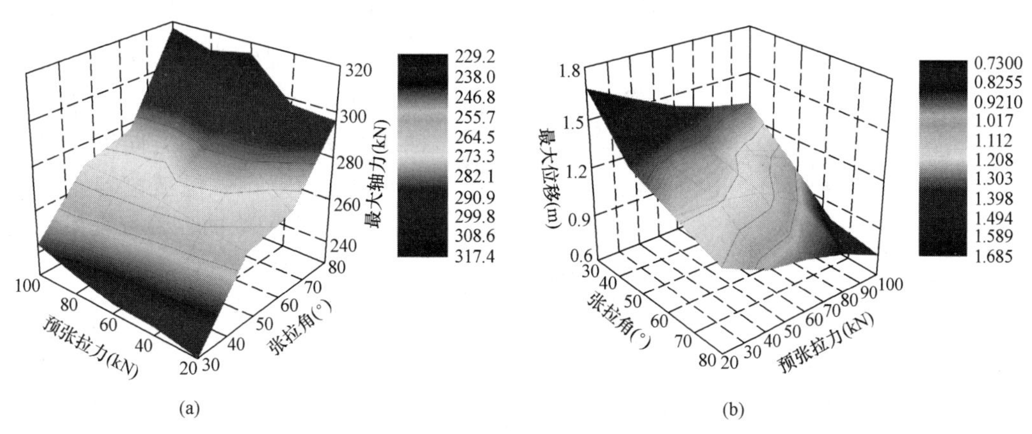


图 5-28　不同情况下滤波电容器最大轴力及位移

（a）不同情况下滤波电容器绝缘子最大轴拉力；（b）不同情况下滤波电容器最大位移

由于电压等级及电气性能的要求，特高压直流滤波电容器及类似悬挂设备在结构上具有一定的相似性，故对此类设备进行抗震分析或设计时，考虑设备电气功能对位移的限值及考虑绝缘子强度后，可根据图 5-15 选取相应的底层绝缘子参数。

### 5.3.2　滤波电容器单体与耦联状态抗震性能对比分析

1. 特高压悬吊式直流滤波器耦联回路介绍

特高压悬吊式直流滤波器耦联回路主要由两部分构成，第一部分是悬吊式滤波电容器、复合支柱绝缘子和电压互感器组成的高压侧设备区，悬吊式滤波电容器结构由电容器和龙门架组成，高压侧设备之间以管母线相互连接；第二部分是避雷器、平波电抗器和支撑式滤波器低塔等低压侧设备区，低压区设备之间采用铝绞线相互连接。图 5-29 是特高压悬吊式直流滤波器耦联回路平面布置图和侧面剖面图。

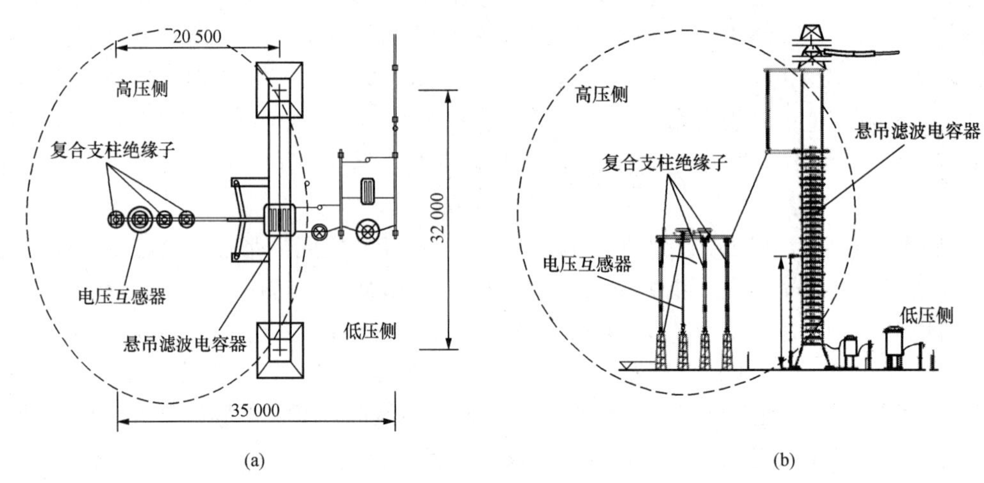


图 5-29　直流滤波器耦联回路

(a) 直流滤波器耦联回路平面布置（单位：mm）；(b) 直流滤波器耦联回路剖面

2. 特高压悬吊式滤波电容器单体与耦联回路有限元分析

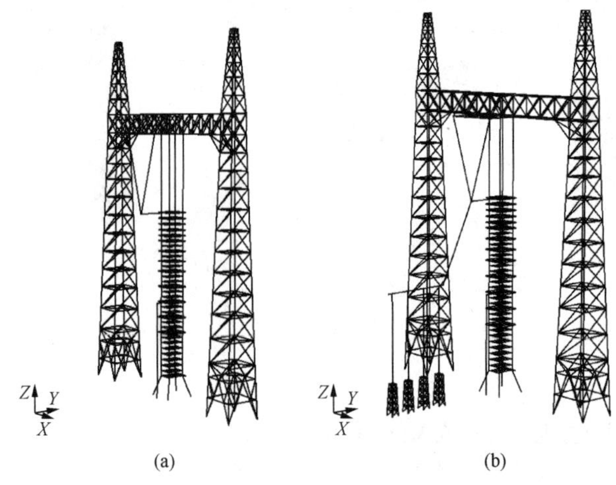


图 5-30　悬吊式滤波电容器单体和耦联状态有限元模型

(a) 单体状态；(b) 耦联状态

(1) 有限元建模。在有限元模型中，对悬吊式滤波电容器单体与耦联回路整体参考坐标系方向进行统一处理，以平行悬吊式滤波电容器龙门架钢横梁方向为 $X$ 向，垂直悬吊式滤波电容器龙门架横梁方向为 $Y$ 向，竖直方向为 $Z$ 向，建立三维平面坐标系。特高压悬吊式滤波电容器单体有限元模型如图 5-30 (a) 所示，特高压悬吊式直流滤波器耦联回路如图 5-30 (b) 所示。

(2) 模态分析。由于悬吊式滤波电容器是悬挂结构，本身依靠底部悬吊绝缘子与地面之间的预拉力提供侧向刚度，在所有高压侧设备中刚度最低，而其他设备非

悬挂式结构的支柱类电气设备刚度大，且与悬吊式滤波电容器基频相差5倍以上，故整体耦联回路的前几阶振型主要呈现悬吊式滤波电容器的平面振动情况。

悬吊式滤波电容器单体的基频为0.198Hz，见表5-17；整体耦联回路下悬吊式滤波电容器的基频为0.206Hz，见表5-18，整体回路耦联后相差很小，仅4.04%。而第二阶振型下，悬吊式滤波电容器单体的频率为0.212Hz，整体耦联回路下悬吊式滤波电容器的频率为0.253Hz，整体耦联后有一定的差距，相差19.34%。这是因为两者的第一阶振型都是平行于龙门架横梁方向的振动即$X$向的振动，而第二振型是垂直于龙门架横梁方向的振动即$Y$向的振动，在连接的安装布置上，整体回路耦联所采用的管母线连接方式对于$Y$方向刚度的有效提供性上远大于$X$方向，故整体耦联作用下悬吊式滤波器在$Y$方向上的动力特性具有较大的变化而在$X$方向上改变很小。悬吊式直流滤波器耦联回路整体模型前两阶振型图如图5-31所示。

**表5-17　　悬吊式滤波电容器单体频率和振型**

| 振型阶数 | 频率（Hz） | 耦联回路振型 |
|---|---|---|
| 1 | 0.198 | 悬吊滤波电容器$X$向振动 |
| 2 | 0.212 | 悬吊滤波电容器$Y$向振动 |

**表5-18　　悬吊式直流滤波器耦联回路整体频率和振型**

| 振型阶数 | 频率（Hz） | 耦联回路振型 |
|---|---|---|
| 1 | 0.206 | 悬吊滤波电容器$X$向振动 |
| 2 | 0.253 | 悬吊滤波电容器$Y$向振动 |
| … | … | … |
| 14 | 1.186 | 支柱类设备$X$向振动 |

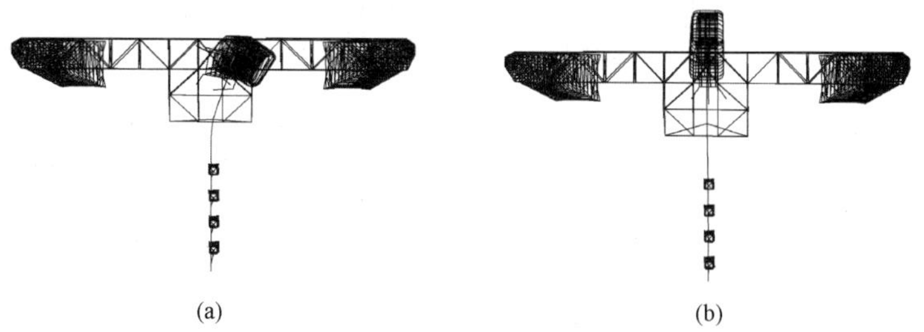


图5-31　悬吊式直流滤波器耦联回路整体模型前两阶振型
（a）第1振型；（b）第2振型

3. 地震响应分析

（1）地震波的选择。地震响应时程分析采用集集（Chi-Chi）波、埃尔森特罗（El-Centro）波和新松人工波，输入地震动时，地震动的主震方向选择整体坐标系的$X$向，因为悬吊式滤波电容器单体和耦联状态下第一阶频率振型方向均为$X$向振动，说明悬吊式滤波电容器$X$向水平抗侧刚度小于$Y$向的水平抗侧刚度，所以为了考虑最不利情况，将模型的$X$向设为地震动的主震方向。

（2）地震响应分析。

1）加速度响应分析。为了更为直观地反映加速度响应大小的量化性，定义电气设备中某一研究点的绝对加速度与地面输入同向加速度峰值的比值为加速度放大系数，以此作为最大加速度响应的定量指标。复合支柱绝缘子的动力特性会通过管母线连接影响到悬吊式滤波电容器地震响应，各层三向加速度放大系数峰值的最大值见表 5-19。

**表 5-19　单体和耦联状态下悬吊式滤波电容器各层加速度放大系数峰值的最大值**

| 地震动 | 单体 | 耦联 |
| --- | --- | --- |
| 集集（Chi-Chi）波 X 向 | 3.49 | 3.14 |
| 集集（Chi-Chi）波 Y 向 | 4.10 | 3.28 |
| 集集（Chi-Chi）波 Z 向 | 1.22 | 3.28 |
| 埃尔森特罗（El-Centro）波 X 向 | 1.22 | 1.19 |
| 埃尔森特罗（El-Centro）波 Y 向 | 3.25 | 3.17 |
| 埃尔森特罗（El-Centro）波 Z 向 | 1.09 | 0.66 |
| 集集（Chi-Chi）波 X 向 | 3.49 | 3.14 |
| 集集（Chi-Chi）波 Y 向 | 4.10 | 3.28 |
| 集集（Chi-Chi）波 Z 向 | 1.22 | 3.28 |

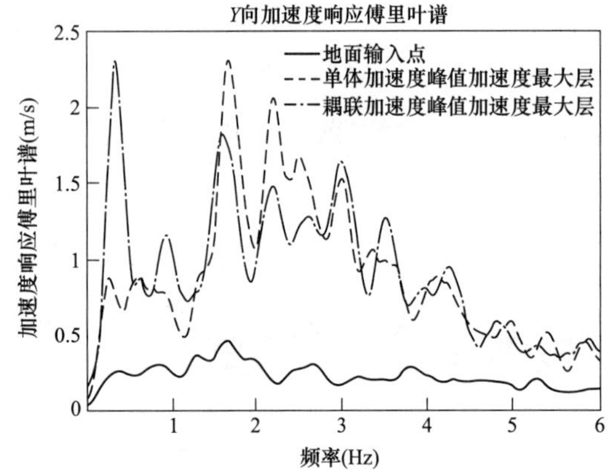


图 5-32　地面输入点和滤波电容器单体及耦联状态下加速度响应峰值最大层 Y 向傅立叶谱

分析表 5-19 可知，悬吊滤波电容器各层加速度放大系数峰值的最大值在耦联状态下均低于单体状态。同时，悬吊式滤波电容器的两种状态均在人工波作用时产生最大的加速度响应，尤其是耦联体系的面内 Y 向，对地面输入点和人工波作用时悬吊式滤波电容器单体及耦联状态下加速度响应峰值最大值所在层的 Y 向作频域分析，得到傅立叶谱，如图 5-32 所示。

悬吊滤波电容器在单体状态和耦联状态下，加速度傅立叶谱曲线形状在 4Hz 以上较为接近，而在 0～4Hz 之间呈现一定的差异性。在悬吊式滤波电容器单体状态下，第一个纵坐标极值点出现在 0.231Hz 频率处，而模态分析结果表明电容器 Y 向基频为 0.212Hz，这是因为悬吊式滤波电容器作为等效悬索模型结构，在地震波作用下由于电容器不断摇摆运动悬吊绝缘子内部张拉力增大，悬吊绝缘子轴力的变化影响自身的侧向刚度，悬吊滤波电容器刚度增加基频升高，从而导致第一个纵坐标极值点高于静止状态下的基频，而悬吊滤波电容器在耦联状态下第一个纵坐标极值点出现于 0.329Hz，模态分析结果显示 Y 向基频为 0.253Hz，同时耦联状态下首频率极值点的数值升高率高于单体状态，表明在 Y 向面内支柱类设备通过管母线耦联对悬吊式滤波电容器的侧向刚度起到一定的增强作用。

根据图 5-33 可知，由于新松波的地震波频率更多集中在 1.3～2.6Hz 频率段之间，此频率范围内单体状态下悬吊式滤波电容器加速度响应放大作用明显高于耦联状态下的加速度响

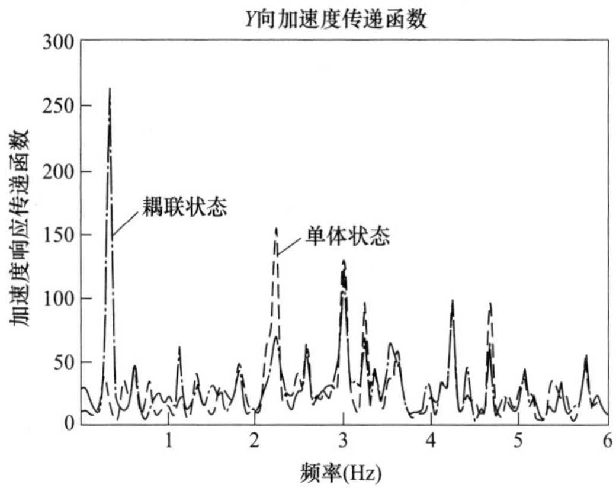


图 5-33　地面输入点和滤波电容器单体和耦联状态下加速度响应峰值最大层 Y 向的传递函数

应，所以新松波作用下 Y 向加速度响应峰值最大值在单体状态下更大。同时，耦联状态下悬吊式滤波电容器在地震波低频段 0.232～0.457Hz 具有很高加速度响应敏感性，说明耦联体系中悬吊滤波电容器在 1Hz 以下的低频段范围内的地震动有很强的加速度响应放大作用，因为耦联状态下悬吊式滤波电容器设备的加速度响应受到相耦联电气设备振动的影响。

2）位移响应分析。悬吊式滤波电容器整体最大位移偏移值表征电容器与周围电气设备及龙门架的距离是否会造成互相碰撞毁坏的危险。结合图 5-34 和图 5-35 分析，相对于单体状态下悬吊式滤波电容器的各层最大位移图，耦联状态下悬吊式滤波电容器面内 Y 向的各层最大位移图变化明显而面外 X 向形状几乎保持一致，说明支柱类电气设备耦联牵拉作用主要影响悬吊式滤波电容器耦联作用平面内即 Y 向的位移响应。

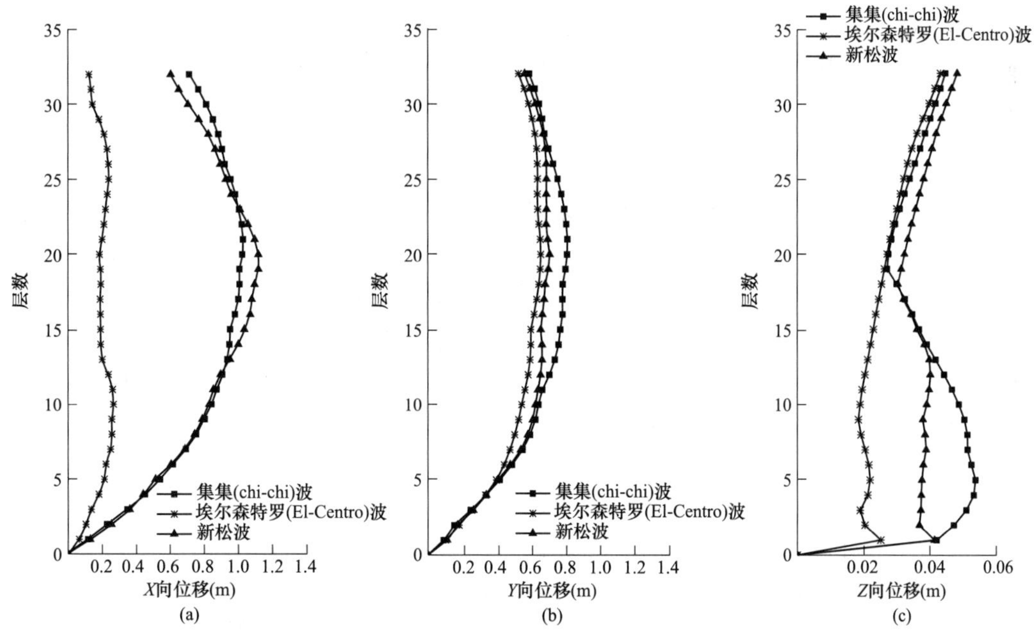


图 5-34　悬吊式滤波电容器单体状态各层水平三向位移最大值

（a）X 向位移；（b）Y 向位移；（c）Z 向位移

两种状态下，水平双向各层位移峰值最大值均发生于人工波，且水平位移特征呈现月牙状张拉悬索线形状，在耦联状态下，$X$ 向位移峰值最大值减少 9.4%，差距不大，说明 $X$ 向耦联体系具有较弱的牵拉影响并对悬吊式滤波电容器位移影响较少；$Y$ 向位移峰值最大值增加 24.8%，差距很大，说明 $Y$ 向耦联体系具有较强的牵拉作用并对位移响应影响更强；而竖向各层位移最大值峰值，单体状态发生于集集波，耦联状态发生于新松波但是集集（Chi-Chi）波下为 0.056m，相差很小，竖向位移特征呈现水平 S 状先增后减再回增规律。两种状态下，竖向位移响应峰值几乎一致，说明竖向位移响应受支柱类电气设备耦联作用很弱。

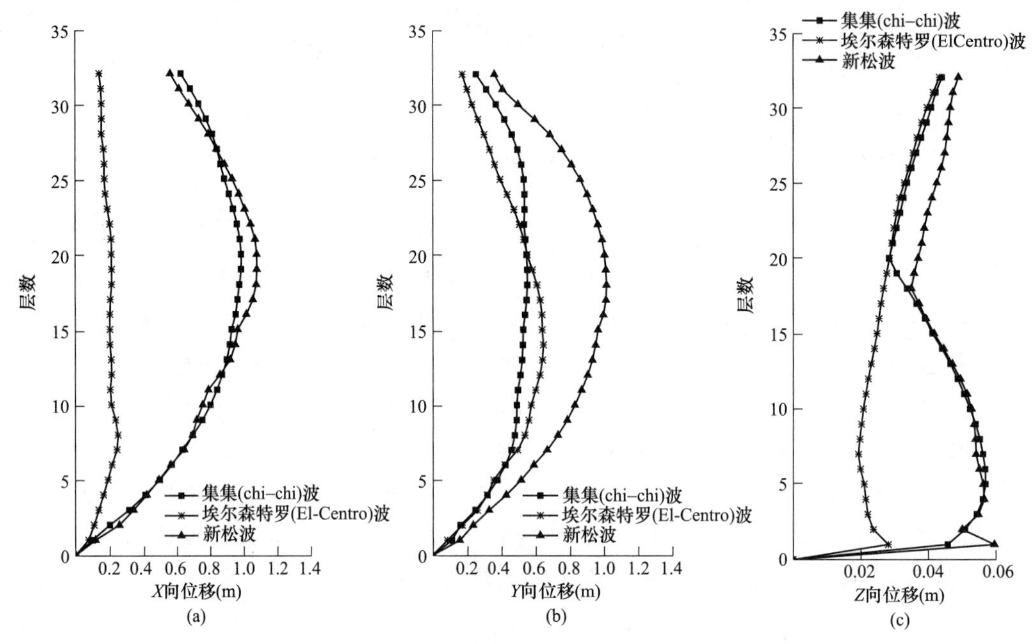


图 5-35 悬吊式滤波电容器耦联状态各层水平三向位移最大值
(a) $X$ 向位移；(b) $Y$ 向位移；(c) $Z$ 向位移

悬吊式滤波电容器水平位移峰值的最大值集中在电容器中间偏上部位，前两阶对于悬吊滤波电容器位移响应的影响占主导地位。悬吊式滤波电容器耦联状态下 $Y$ 向前两阶振型频率为 0.254Hz 和 0.444Hz，图 5-36 为斜向管母线和悬吊式滤波电容器连接点处和地面的 $Y$ 向加速度响应传递函数，体现支柱类电气设备通过管母线对悬吊式滤波电容器加速度放大作用，可知耦联体系下支柱类电气设备对悬吊式滤波电容器高压顶部水平 $Y$ 向加速度响应放大作用在 0.7Hz 和 2.5Hz 小范围附近放大作用最为显著，仅接近第二阶频率附近，所以支柱类电气设备对于悬吊式滤波电容器水平位移响应的放大作用并不显著。与单体状态下因为水平位移响应预留的设备间距相比，可不用过于关注由于耦联水平位移响应导致的悬吊式滤波电容器与其他电气设备之间距离调整的问题。

3）应力响应分析。地震作用下由于悬吊绝缘子两端球铰式连接的特点，悬吊式滤波电容器的悬吊绝缘子内部随时间变化的内力主要以轴力为主。悬吊式滤波电容器应力响应着重关注悬吊绝缘子最大轴力和弹性回跳位置，两者都是抗震性能的薄弱区。

单体和耦联状态下，悬吊式滤波电容器的悬吊绝缘子最大轴力位置均在顶部悬吊绝缘子处，在加速度峰值为 0.4$g$ 的所选地震波作用下，内力向响应值见表 5-21。

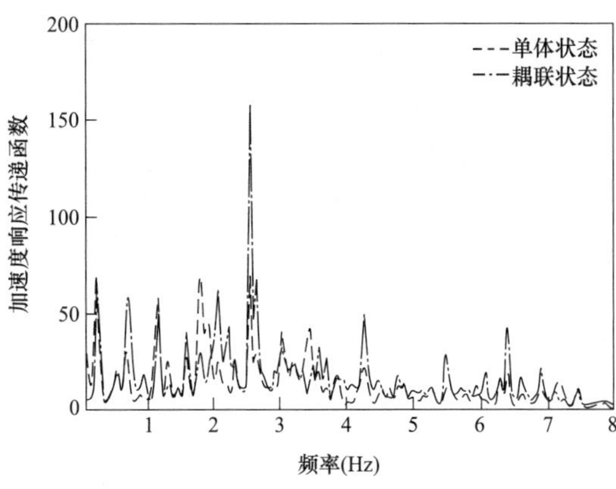


图 5-36　单体和耦联状态下地面输入点和连接点 $Y$ 向的传递函数

根据表 5-20 可知，两种状态下悬吊式滤波电容器应力响应最大值提高不明显，并且远小于悬吊绝缘子采用玻璃纤维复合材料额定强度为 650MPa，两种状态下最小应力安全系数均在 3.36 以上，安全性很高。

**表 5-20　　两种状态下滤波电容器绝缘子应力响应最大值　　MPa**

| 输入地震动 | 单体状态 | 耦联状态下 |
|---|---|---|
| 集集（Chi-Chi）波 | 192.54 | 192.53 |
| 埃尔森特罗（El-Centro）波 | 135.51 | 133.44 |
| 新松波 | 181.67 | 193.27 |

但 IEEE 693 规范建议，悬吊结构设备在地震作用下悬吊绝缘子不应出现轴力负值的弹性回跳情况，对于本文悬吊式滤波电容器的悬吊绝缘子，绝缘子两端近似铰接的细长直杆结构有着十分敏感的受压瞬间屈曲失稳特点。杨振宇（2016）发现在三向地震波作用下，竖向地震的输入可能会导致弹性回跳出现在悬吊结构绝缘子内部，产生使绝缘子失稳弯溃的压应力。因为本文输入的地震动为三向地震动，可能会在某些层发生弹性回跳现象，故需要对此现象进行甄别。对 0.4$g$ 加速度峰值的地震动响应进行分析可知，底层悬吊绝缘子时程变化轴力会产生代数上的最小值，当出现负值时会发生弹性回跳现象。地震作用下单体和耦联状态的悬吊式滤波电容器底层悬吊绝缘子最小应力值见表 5-21。

**表 5-21　　两种状态下滤波电容器底层悬吊绝缘子轴力最小值　　kN**

| 输入地震波 | 单体状态 | 耦联状态 |
|---|---|---|
| 集集（Chi-Chi）波 | 3.88 | 4.23 |
| 埃尔森特罗（El-Centro）波 | 7.55 | 8.35 |
| 新松波 | −0.35 | 0.37 |

**表 5-22　　两种状态下电容器外侧斜向悬吊绝缘子应力响应最大值　　MPa**

| 输入地震动 | 单体状态 | 耦联状态下 |
|---|---|---|
| 集集（Chi-Chi）波 | 26.56 | 72.12 |
| 埃尔森特罗（El-Centro）波 | 18.59 | 60.97 |
| 新松波 | 38.21 | 128.09 |

根据表5-22可知，单体状态下悬吊滤波电容器底层悬吊绝缘子在人工波下有弹性回跳现象，而在耦联状态下均未出现。说明耦联作用对弹性回跳现象的发生起到抑制作用，而对悬吊式滤波电容器各层悬吊绝缘子应力响应的安全影响微弱。

由于连接处端子力的加强，根据悬吊式滤波电容器的结构特点可知，悬吊式滤波电容器外侧顶部斜向的悬吊绝缘子因为靠近金具端部，管母线牵拉作用可能会导致此处悬吊绝缘子应力响应增大。由表5-22可知，单体状态下外侧斜向悬吊绝缘子最大应力响应为38.21MPa，而耦联状态下应力响应最大值增大到了128.09MPa。在耦联状态下，悬吊式滤波电容器外侧斜向悬吊绝缘子应力响应显著增大，在新松波下甚至增大到了335%。

## 5.4 小　　结

本章对换流站内两种典型的悬吊式设备，即换流阀和滤波电容器进行了抗震研究，通过有限元方法计算了悬吊式设备的地震响应特征。

### 5.4.1 悬吊式换流阀

阀厅对地震波有放大及滤波作用，对比悬挂点与地面输入的地震波可以发现，阀厅仅在自身自振频率附近对地震波进行放大。由于阀厅基频远大于阀塔基频，所以阀厅的动力放大作用对阀塔位移影响较小，但顶层屏蔽罩的局部振型频率可能与阀厅的基频接近而导致水平方向的共振。

绝缘子的松弛可能导致阀塔的竖向响应急剧增加，实际中需注意绝缘子在竖向地震作用下的受压松弛问题，建议设计时使用直径较大的绝缘子，并校核绝缘子是否会发生松弛。此外，阀塔还可能存在位移过大及竖向加速度响应较大的问题，这些响应对设备的影响需要加以考虑。

由于悬吊式换流阀水平位移巨大，因此，需要采用柔性管母将其与支柱设备连接。Z型管母线在地震作用下相当于一个柔性弹簧，管母线内没有产生巨大的牵拉力，阀塔及其相邻设备在地震作用下没有受到管母线的拉扯作用，因此，采用具有大位移变形能力的Z型管母线是一种行之有效的设计方案。

参数相近时两种结构形式的换流阀相比，层间刚接换流阀水平位移更小，但层间吊杆应力较大；层间铰接换流阀水平位移更大，但吊杆应力较小。

### 5.4.2 滤波电容器

特高压直流滤波电容器为悬吊结构，在地震作用下存在较强的非线性特性。预张力对悬吊式滤波电容器的抗震性能有较大影响。通过增大底层绝缘子预张拉力，可减小滤波电容器位移响应，且当设防地震峰值较大时，增大预张拉力对绝缘子最大轴力影响较小，是对滤波电容器位移进行控制的有效方法。通过减小底层绝缘子张拉角度，增大底层绝缘子投影面积，可降低滤波电容器的轴力响应，且在张拉角度小于80°时较为明显，但此时应校核滤波

电容器的位移响应。

当悬吊式滤波电容器与相邻设备连接时，耦联体系对悬吊滤波电容器抗震性能的影响主要体现在耦联作用平面内，对耦联平面外的影响不明显。在地震作用下，支柱类电气设备对悬吊滤波电容器耦联平面内的侧向刚度有一定的强化，同时耦联体系下悬吊滤波电容器在1Hz以下的低频段响应在地震作用下有更显著的放大效应。耦联状态下支柱类电气设备对于悬吊式滤波电容器水平位移响应的放大作用较小，设计中可偏安全的不用考虑耦联对水平位移的影响。

第6章

# 软导线连接电气设备的抗震性能分析

## 6.1 引　言

在变电站中，电气设备一般通过硬导线或软导线连接。1978 年日本宫城地震后，软导线对电气设备抗震性能的影响开始受到关注。在高烈度地震下，设备间的相对位移导致其导线突然张紧，产生较大的张拉力，从而可能引起电气设备的破坏。软导线连接的电气设备如图 6-1 所示。由于电气净距的要求，软导线长度受到一定限制。研究表明，软导线对电气设备的张拉力是造成电气设备地震破坏的主要原因之一（大友等，2005；佐藤等，2006；佐藤等，2001）。针对软导线连接的耦联设备结构体系相互作用机理的研究具有重要意义。

(a)

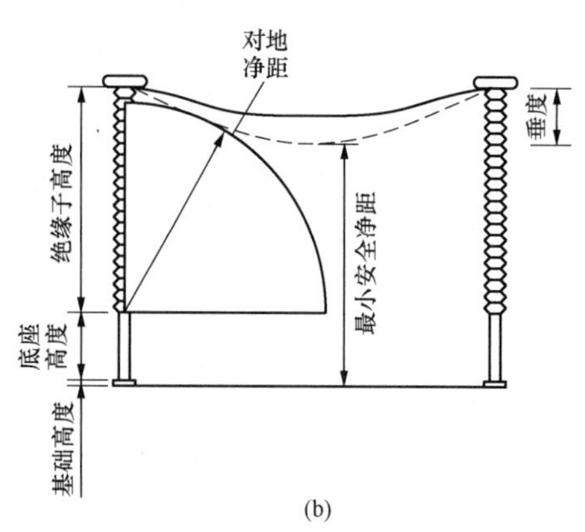


(b)

图 6-1　电气设备连接示例及其外绝缘要求

(a) 导线连接电气设备示例；(b) 电气设备外绝缘要求

为了提高输电效率、优化导线周围电场分布，特高压输电导线多使用分裂导线。分裂导线子导线之间利用间隔棒连接，使多分裂导线具有一定的空间效应。特高压多分裂导线弯曲性能与传统单根导线或双分裂导线弯曲性能不一致，其力学性能将会对耦联后的电力设备地震响应产生影响。

本章建立了可忽略抗弯刚度的软导线力学模型及考虑抗弯刚度的分裂导线模型，并建立了耦联体系的地震响应分析模型。对 220kV 足尺真型隔离开关—断路器耦联体系进行了振动台试验，并利用试验及模型对耦联体系的关键参数进行了分析。

## 6.2　不考虑抗弯刚度的软导线力学性能

### 6.2.1　导线位形及水平端子力

对于电压等级较低的变电站，其软导线横截面面积及抗弯刚度较小，在实际计算中，软导线可被视为不能承受弯矩和压力的理想柔性悬索，其在平面内的刚度由悬索内的张力提供（何畅等，2018）。

变电站中软导线的垂度相对较小，可认为重力在跨度上均匀分布。变电站软导线示意图及其坐标系如图 6-2 所示。均布荷载 $q_x$ 和 $q_z$ 分别沿 $x$ 轴和 $z$ 轴施加在索上。$z=z(x)$ 为索的位形。$T$ 是索中的张力。由于索不能承受弯矩和剪力，则 $T$ 沿索的轴线的方向。另外，$H$ 为 $T$ 在水平方向上的分量。变电站中软导线的边界条件如图 6-3 所示，其中 $l$ 是软导线的水平跨度，$h_1$ 是其两端高度差，$f$ 为软导线垂度。

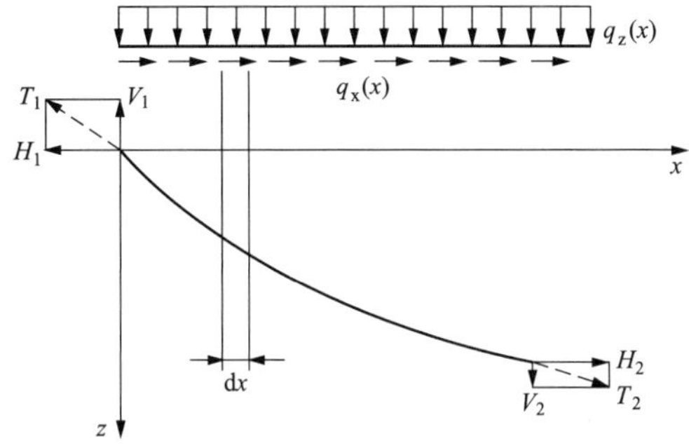


图 6-2　施加在导线上的外部荷载

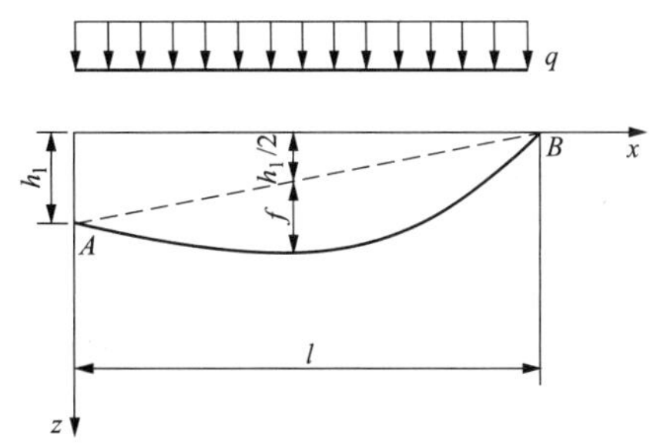


图 6-3　索的边界条件

将软导线简化为悬索后，软导线微分单元的受力如图 6-4 所示（谢强、王亚非，2010）。

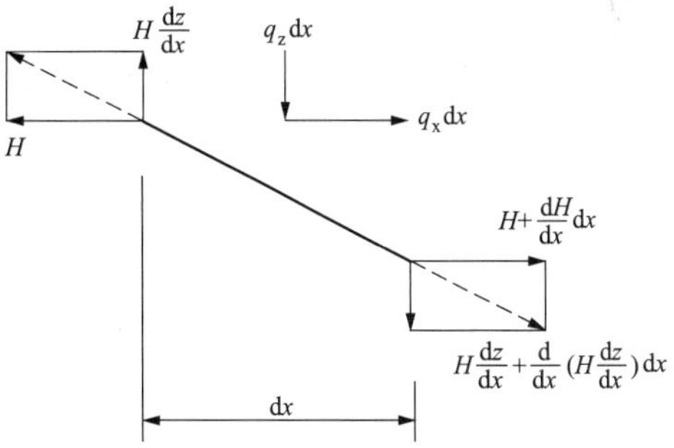

索的曲线形状为 $z=z(x)$，则它的竖向分量为

$$V=H\tan\theta=H\frac{\mathrm{d}z}{\mathrm{d}x} \tag{6-1}$$

由该索截出的水平投影长度为 $\mathrm{d}x$ 的任意微分单元及其内、外力如图 6-4 所示。根据微分单元的静力平衡条件有

图 6-4　索微分单元及所作用的内力和外力

$$\frac{\mathrm{d}H}{\mathrm{d}x}+q_x=0 \tag{6-2}$$

$$\frac{\mathrm{d}}{\mathrm{d}x}\left(H\frac{\mathrm{d}z}{\mathrm{d}x}\right)+q_z=0 \tag{6-3}$$

式（6-2）、式（6-3）为单索问题的基本平衡微分方程。变电站软导线主要承受竖向荷载作用，即 $q_x=0$。由式（6-2）可知，$H$ 为常量，由竖向荷载沿跨度均匀分布，则 $q_x=0$，为常量，则式（6-3）可改写成

$$\frac{d^2 z}{dx^2} = -\frac{q}{H} \tag{6-4}$$

对式（6-4）进行两次积分，可得导线的位形方程［欧文和柯西（Irvine and Caughey），1974］如下

$$z = -\frac{q}{2H}x^2 + C_1 x + C_2 \tag{6-5}$$

其中，水平力 $H$ 为

$$H = \frac{q l_1^2}{8f} \tag{6-6}$$

软导线的长度 $s$ 为

$$s = l_1 + \frac{h_1^2}{2l_1} + \frac{8f^2}{3l_1} \tag{6-7}$$

将式（6-7）代入式（6-6），可得软导线初始位形下索中的水平端子力 $H$ 为

$$H = \frac{q l_1^2}{8\sqrt{\frac{3}{8}\left(s - l_1 - \frac{h_1^2}{2l_1}\right) l_1}} \tag{6-8}$$

### 6.2.2 导线刚度

1. 几何刚度

软导线的几何刚度定义为松弛状态下软导线发生单位跨度变化时的水平张力变化量。当导线松弛时，如式（6-8）所示，导线末端的水平力是跨度 $l$ 的函数。将式（6-6）两边对 $l$ 求导，得

$$\frac{dH}{dl} = \frac{ql - 4H\frac{df}{dl}}{4f} \tag{6-9}$$

若导线处于松弛状态，则在振动过程中导线长度可视为固定值。因此，$s$ 为常量。式（6-7）两边对 $l$ 求导，得

$$\frac{df}{dl} = -\frac{1 - \frac{c^2}{2\,l^2} - \frac{8f^2}{3\,l^2}}{\frac{16f}{3l}} \tag{6-10}$$

将式（6-10）代入式（6-9），可得软导线的几何刚度 $k_g$ 如式（6-11）所示

$$k_g = \frac{dH}{dl} = \frac{8qfl^2 + 6Hl^2 - 3Hc^2 - 16Hf^2}{32f^2 l} \tag{6-11}$$

2. 材料刚度

软导线材料刚度定义为张紧状态下软导线发生单位跨度变化时的水平张力变化量。当软导线拉直时，导线中的水平力主要由材料的应变产生，如图 6-5 所示。导线伸长量 $\Delta s$ 为

$$\Delta s = \Delta l \cos\theta \tag{6-12}$$

其中，$\Delta l$ 是导线端部位移的变化量。软导线轴向力的水平分量表示为

$$H = N\cos\theta = \frac{EA\cos^2\theta}{s}\Delta l \tag{6-13}$$

因此，拉直导线的水平刚度可以表示为

$$k_m = \frac{dH}{dl} = \frac{EA\cos^2\alpha}{s} \tag{6-14}$$

3. 等效刚度

考虑软导线的几何刚度及材料刚度后，可得软导线的等效刚度。软导线刚度由几何刚度及材料刚度中的较小刚度控制。当软导线松弛时，其几何刚度小于其材料刚度。软导线的等效刚度主要由几何刚度贡献。当软导线张紧，几何刚度趋近$+\infty$，等效刚度由材料刚度控制。等效刚度的变化表明软导线可简化为两串联弹簧。这两弹簧的刚度分别包括导线的几何刚度$k_g$和材料刚度$k_m$，则导线的等效刚度为

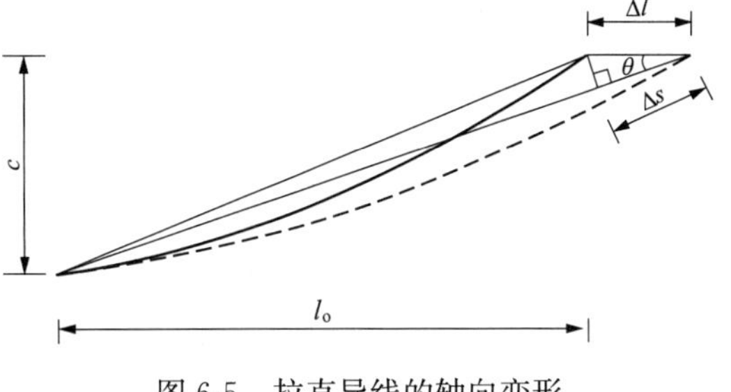

图 6-5　拉直导线的轴向变形

$$k_{eff} = \frac{k_g k_m}{k_g + k_m} \tag{6-15}$$

## 6.3　不考虑软导线抗弯刚度的耦联体系的动力模型

达斯托斯（Dastous）等人建议评估电气设备的抗震性能时，可仅考虑其第一阶振型的影响。在评估抗震性能时，电气设备可以简化为具有单个自由度的系统。耦联电气设备的结构如图 6-6（a）所示，其简化力学模型如图 6-6（b）所示。该模型具有两个自由度，耦联设备的动力模型表示如下

$$[m]\{\ddot{x}(t)\} + [c]\{\dot{x}(t)\} + [k]\{x(t)\} = \{F(t)\} - [l]\{\ddot{x}_g(t)\} \tag{6-16}$$

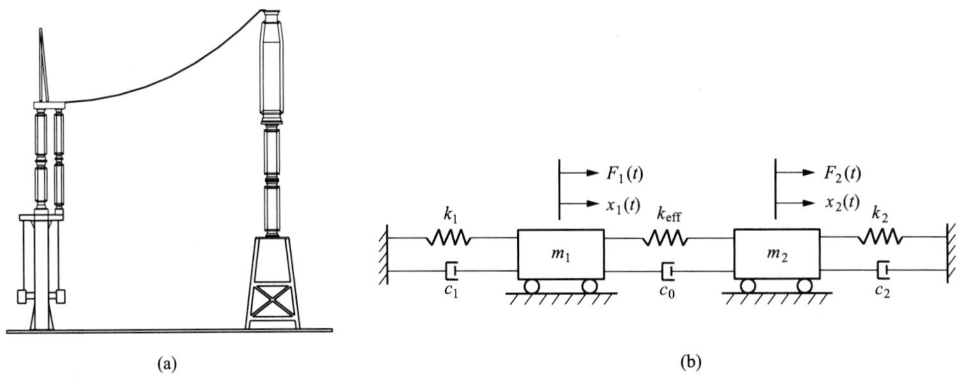

图 6-6　耦联电气设备和简化力学模型

（a）耦联电气设备；（b）耦联系统的力学模型

对于通过软导线连接的设备，式（6-16）中的矩阵可以表示为

$$[m]=\begin{bmatrix}m_1 & 0\\ 0 & m_2\end{bmatrix},[c]=\begin{bmatrix}c_1+c_0 & -c\\ -c_0 & c_2+c_0\end{bmatrix},[k]=\begin{bmatrix}k_1+k_{\mathrm{eff}} & -k_{\mathrm{eff}}\\ -k_{\mathrm{eff}} & k_2+k_{\mathrm{eff}}\end{bmatrix}$$

$$\{x(t)\}=\begin{Bmatrix}x_1(t)\\ x_2(t)\end{Bmatrix},\{F(t)\}=\begin{Bmatrix}P_1(t)+H_0\\ P_2(t)-H_0\end{Bmatrix},\{\ddot{x}_{\mathrm{g}}(t)\}=\ddot{x}_{\mathrm{g}}(t)\begin{Bmatrix}1\\ 1\end{Bmatrix},[l]=\begin{bmatrix}l_1 & 0\\ 0 & l_2\end{bmatrix} \tag{6-17}$$

其中，$[m]$、$[c]$ 和 $[k]$ 分别是耦联体系的质量矩阵，阻尼矩阵和刚度矩阵。$H_0$为施加在设备上的软导线的水平端子力。$\ddot{x}_{\mathrm{g}}$ 是地震加速度时程，$x$ 上方的点表示位移相对于时间 $t$ 的导数。$c_0$是导线的阻尼系数。$x_i$是第 $i$ 个设备的位移。$F(t)$是设备上的外荷载。$m_i$，$c_i$和$k_i$分别是设备 $i$ 的广义质量，阻尼系数及广义刚度。广义质量和刚度可由式（6-18）、式（6-19）获得

$$k=\int_0^{L6} EI(y)\,[\psi''(y)]^2\mathrm{d}y \tag{6-18}$$

$$m=\int_0^{L6} \rho(y)\,[\psi(y)]^2\mathrm{d}y \tag{6-19}$$

其中，$L_6$是电气设备的高度。$EI(y)$、$\rho(y)$和 $\psi(y)$分别是电气设备沿 $y$ 轴的弯曲刚度，线密度和振型位移。$\psi''(y)$是 $\psi$ 相对于 $y$ 的二阶导数。$l_i$是电气设备的等效质量，可以表示为

$$l=\psi(h_{\mathrm{a1}})\int_0^{L6}\rho(y)\psi(y)\mathrm{d}y \tag{6-20}$$

其中，$h_{\mathrm{a1}}$是电气设备的端子板的高度。

式（6-17）中阻尼和刚度矩阵中的非对角线元素，表征了两个电气设备系统之间的相互影响。导线的等效刚度是跨度 $l$ 的函数，则导线刚度矩阵是非线性，且在地震作用过程中是可变的。因此，可用式（6-16）的增量形式分析耦联体系的地震响应，如式（6-21）所示

$$[m]\{\Delta\ddot{x}(t)\}+[c][\Delta\dot{x}\ (t)]+[k\cdot l(t)]\{\Delta x(t)\}=\{\Delta F(t)\}-[l]\{\Delta\ddot{x}_{\mathrm{g}}(t)\} \tag{6-21}$$

## 6.4 不考虑软导线抗弯刚度的耦联体系参数分析

为分析软导线及设备动力特性对耦联体系地震响应的影响，利用上述模型对耦联体系进行参数分析。

### 6.4.1 垂跨比的影响

软导线垂跨比是反映导线松弛度的指标。不同垂跨比软导线对耦联体系的抗震性能的影响程度不同。软导线初始跨度为 5m 时，地震动的峰值分别为 0.25$g$ 与 0.5$g$。当峰值加速度为 0.25$g$ 时，软导线垂跨比（$f/l$）的变化范围为 0.02～0.15；当峰值加速度为 0.5$g$ 时，软导线垂跨比（$f/l$）的变化范围为 0.02～0.20。图 6-7 与图 6-8 为地震动峰值加速度为 0.25$g$ 时软导线水平跨度、最大水平张力随垂跨比的关系图。图 6-9 与图 6-10 为地震动峰值加速度为 0.5$g$ 时的情况。当软导线的垂跨比较大时，其最大跨度小于软导线的初始长度，软导线在地震动作用过程中处于松弛的状态。随着软导线垂跨比减小，其最大跨度开始达到软导线初始长度，此垂跨比称为关键垂跨比，在地震动峰值加速度为 0.25$g$ 时，埃尔森特罗（El-Centro）波、兰德斯（Landers）波及人工波的关键垂跨比分别为 0.07、0.12

及 0.09，在地震动峰值加速度为 0.5$g$ 时，El-Centro 波、兰德斯（Landers）波及人工波的关键垂跨比分别为 0.10、0.17 及 0.12。关键垂跨比随地震动峰值加速度增大而增大。当软导线的垂跨比小于其关键垂跨比时，软导线内将产生较大张力。图 6-7、图 6-9 为不同地震峰值加速度下软导线水平跨度与垂跨比的关系。图中红线为不同垂跨比软导线长度。图 6-8 与图 6-10 为在 3 种地震动作用下，不同垂跨比下导线水平张力峰值。在工程中，为避免由于软导线的牵拉作用而导致的设备地震破坏，软导线垂跨比需小于其关键垂跨比。

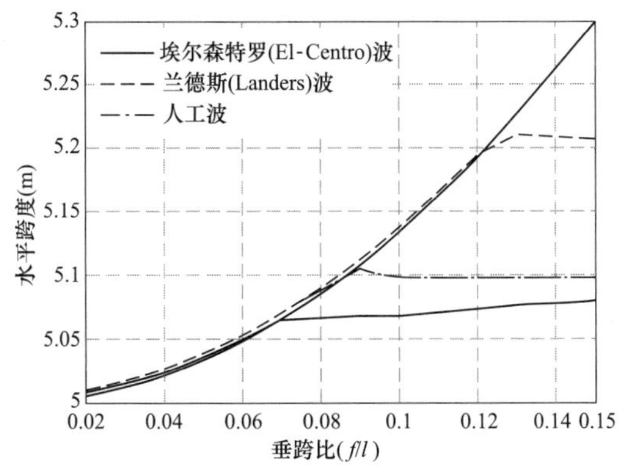


图 6-7　水平跨度与垂跨比关系（$PGA$＝0.25$g$）

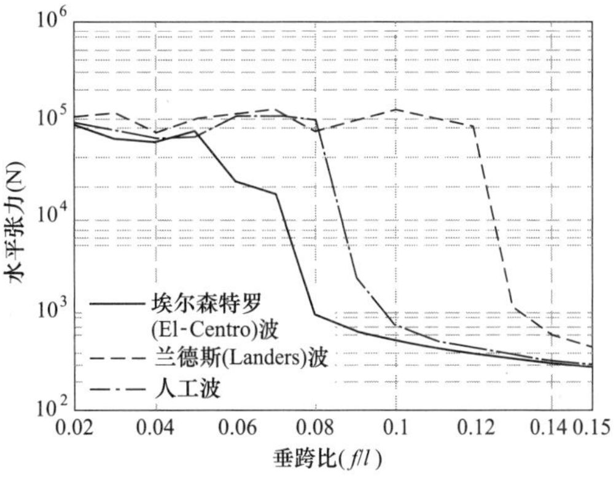

图 6-8　水平张力与垂跨比关系（$PGA$＝0.25$g$）

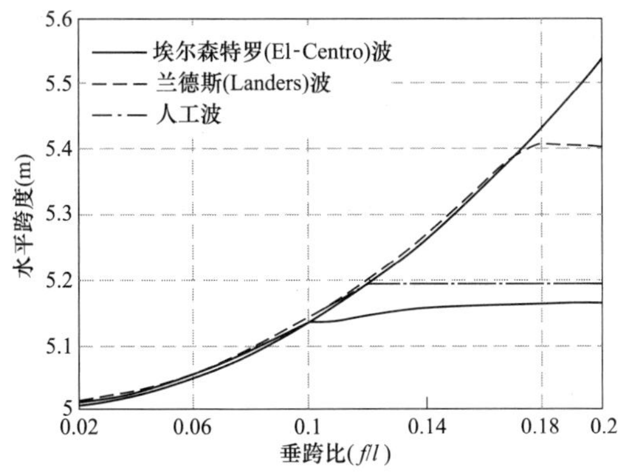


图 6-9　水平跨度与垂跨比关系（$PGA$＝0.5$g$）

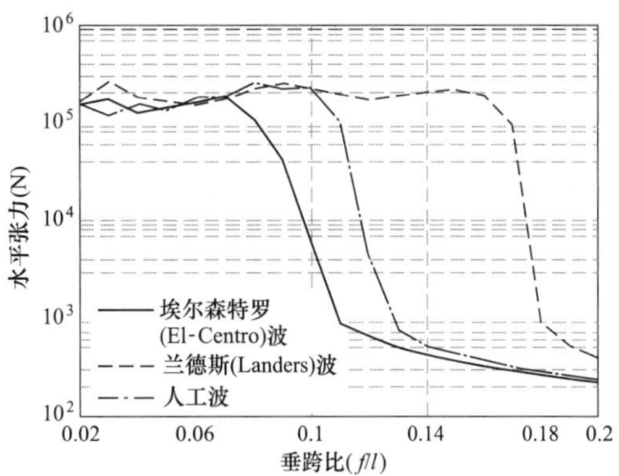


图 6-10　水平张力与垂跨比关系（$PGA$＝0.5$g$）

### 6.4.2　设备频率的影响

本节中，通过改变软导线两端设备的频率比探究设备频率的变化对耦联体系抗震性能的影响。设备 1 的频率为定值，分别为 1Hz 及 5Hz。改变设备 2 的频率，使其在 1～10Hz 之间变化，步长为 0.1Hz。地震动的峰值加速度分别定为 0.25$g$ 与 0.5$g$。图 6-11 为设备 1 频率为 5Hz 时软导线最大水平跨度随设备频率比的变化图，图 6-12 为软导线水平张力峰值随设备频率比的变化图。图 6-13 与 6-14 为设备 1 频率为 1Hz 的情况。

由图 6-11 及图 6-13 可知，耦联体系的抗震性能不但受设备频率比的影响，且与设备 1

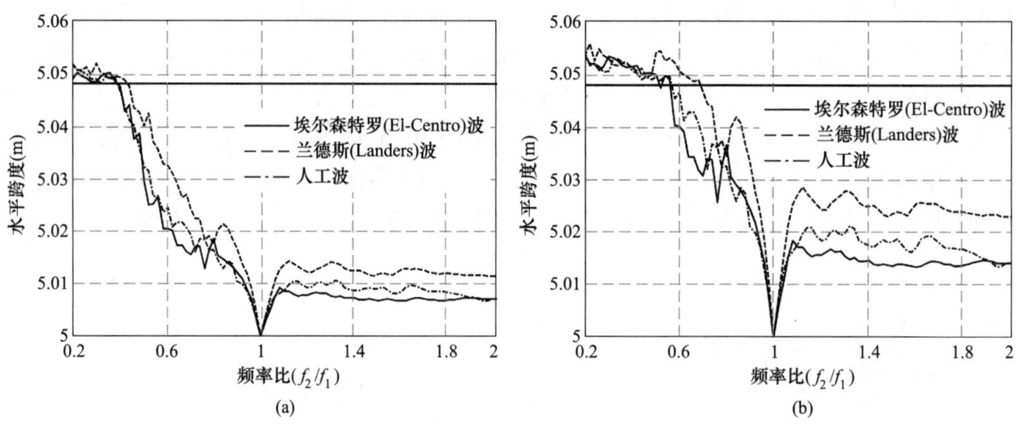


图 6-11 软导线最大水平跨度随设备频率比的变化（$f_1$=5Hz）

（a）地震动峰值加速度为 0.25$g$；（b）地震动峰值加速度为 0.5$g$

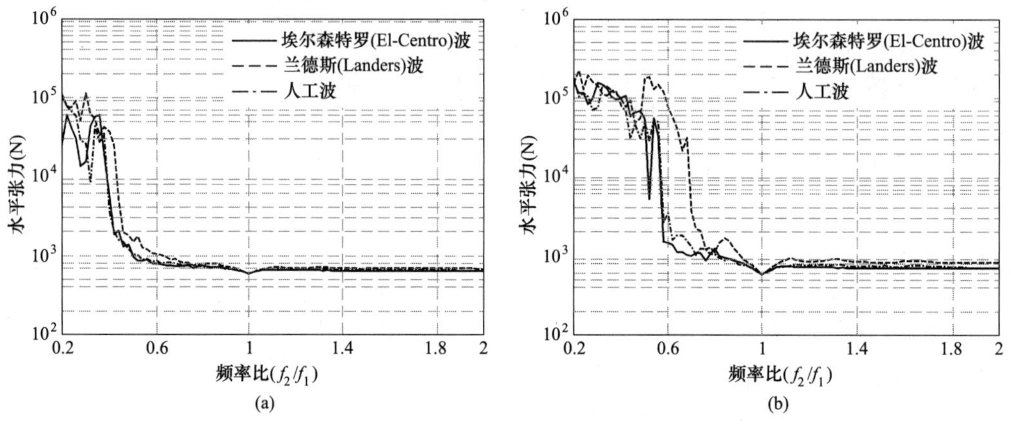


图 6-12 软导线水平张力峰值随设备频率比的变化（$f_1$=5Hz）

（a）地震动峰值加速度为 0.25$g$；（b）地震动峰值加速度为 0.5$g$

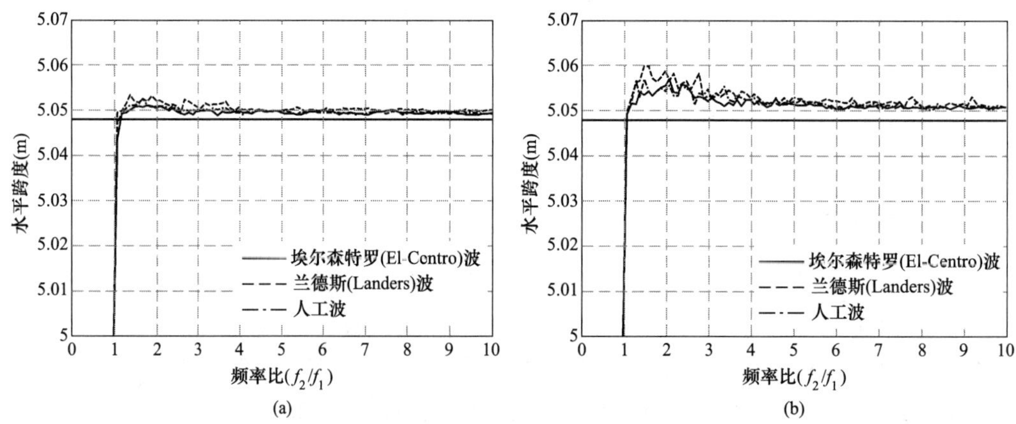


图 6-13 软导线最大水平跨度随设备频率比的变化（$f_1$=1Hz）

（a）地震动峰值加速度为 0.25$g$；（b）地震动峰值加速度为 0.5$g$

的频率有关。当设备1频率为5Hz时，软导线最大跨度如图6-11所示。当软导线两端设备频率较小时，设备间最大跨度大于软导线的初始长度，由图6-12可得此时软导线的水平张力峰值也较大；随着频率比的增加，软导线的最大跨度逐渐减小，在频率比为1时最大跨度达到极小值（接近初始水平跨度），此时软导线的水平张力峰值减小至极小值；随着频率比的进一步增大，软导线最大跨度及水平张力峰值又有一定程度的回升，此时两个设备的自振频率及抗侧刚度都较大，从而使软导线中的水平张力峰值维持在一个比较低的稳定的水平。

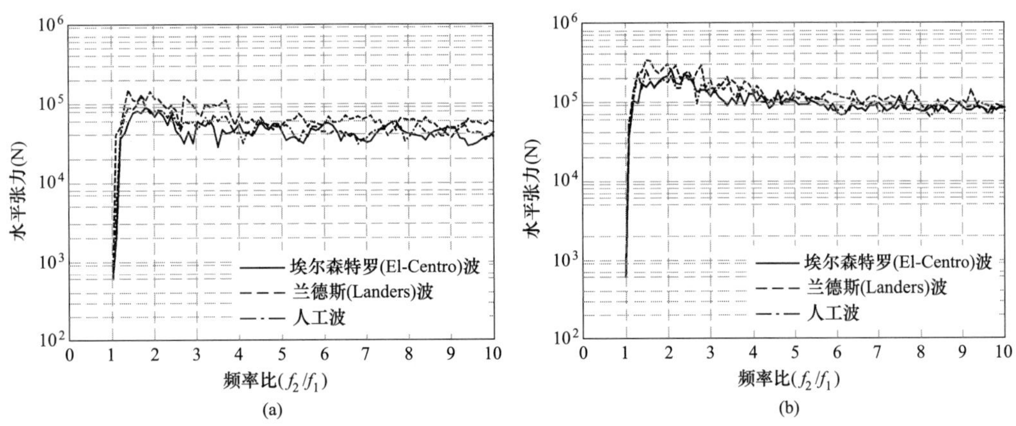


图6-14　软导线水平张力峰值随设备频率比的变化（$f_1=1$Hz）

（a）地震动峰值加速度为0.25$g$；（b）地震动峰值加速度为0.5$g$

## 6.5　软导线耦联设备体系地震模拟振动台试验

为进一步研究可不考虑抗弯刚度的软导线对电气设备地震响应的影响，本节对软导线耦联体系开展了振动台试验研究。

### 6.5.1　试验概况

本次振动台试验选用的真型高电压设备分别为：220kV单极瓷柱式断路器，220kV双柱水平伸缩式隔离开关，其具体参数可见本书4.5。由于整个振动台台面尺寸的限制，拆除隔离开关静侧，在试验中只考虑其动侧部分。隔离开关与断路器采用双分裂导线连接，并在其中部安装一个间隔棒，在振动台上的布置如图6-15所示。

分别选用三种不同长度的软导线来研究不同的垂跨比对耦联设备结构体系抗震性能的影响，即：垂跨比为25%的软导线1；垂跨比为16%的软导线2；垂跨比为6%的软导线3。试验的地震输入分别选取天然的埃尔森特罗（El-Centro）波、经过频谱处理的兰德斯（Landers）波，以及人工波。地震动峰值分别取0.25$g$及0.5$g$。试验进行了单体设备、垂跨比为25%的软导线连接电气设备体系、垂跨比为16%的软导线连接电气设备体系、垂跨比为6%的软导线连接电气设备体系四种设备形式的振动台试验。

(a)

(b)

(c)

图 6-15　安装有不同垂度软导线时，耦联体系在振动台上的布置

(a) 软导线垂跨比 25%；(b) 软导线垂跨比 16%；(c) 软导线垂跨比 6%

### 6.5.2　试验结果分析

1. 自振频率及阻尼比的识别

在不同工况下，断路器及隔离开关一阶频率见表 6-1。由表 6-1 可知，对于不同的导线，断路器与隔离开关的自振频率具有相似的变化规律。$X$ 向（面内）：从设备单体到加装软导线再到垂跨比比较小的软导线，断路器的自振频率先减小后增大，断路器单体的自振频率为 2.81Hz，加装软导线 1 后断路器的频率变为 2.79Hz，减小 0.71%，当软导线 1 换成软导线 3 后，断路器的自振频率变为 3.11Hz，增大了 10.68%；隔离开关也有相似的规律。

**表 6-1　　断路器的自振频率（Hz）与阻尼比**

| 工况 | 断路器 | | | | 隔离开关 | | | |
|---|---|---|---|---|---|---|---|---|
| | $x$ 向第 1 阶 | | $y$ 向第 1 阶 | | $x$ 向第 1 阶 | | $y$ 向第 1 阶 | |
| | 频率 | 阻尼比 | 频率 | 阻尼比 | 频率 | 阻尼比 | 频率 | 阻尼比 |
| 无导线 | 2.81 | 0.03 | 3.02 | 0.02 | 4.23 | 0.08 | 2.35 | 0.06 |
| 软导线 1 | 2.79 | 0.02 | 3.02 | 0.03 | 4.06 | 0.10 | 2.28 | 0.07 |
| 软导线 2 | 2.81 | 0.05 | 3.01 | 0.04 | 4.20 | 0.08 | 2.33 | 0.05 |
| 软导线 3 | 3.11 | 0.06 | 3.08 | 0.03 | 4.45 | 0.10 | 2.36 | 0.04 |

2. 设备位移响应的分析

为研究软导线的垂跨比对耦联设备结构体系抗震性能的影响，对四种不同形式下输入相同峰值的地震动加速度时设备顶端的位移响应进行比较分析。埃尔森特罗（El-Centro）波和兰德斯（Landers）波的峰值加速度为 0.25$g$，人工波的峰值加速度为 0.15$g$。三种地震动下，四种结构形式的设备顶端位移响应的峰值如图 6-16 所示。当使用软导线 1 和软导线 2 时，软导线的垂跨比较大，设备顶端的位移响应峰值有所增加；当使用软导线 3 时，软导线的垂跨比比较小，设备顶端的位移响应的峰值有明显的减小。就断路器和隔离开关而言，在相同的工况及设备形式下，断路器的位移响应峰值明显大于隔离开关的位移响应峰值。这种变化规律与表 6-1 中设备频率变化相关。当设备间用垂跨比较小的软导线 3 时，其水平张力和水平张力刚度对耦联体系的影响较大，使耦联体系设备的频率变大；进而导致设备顶端位移响应峰值的减小，断路器位移峰值最小为单体设备的 0.60，隔离开关位移峰值最小为其单体的 0.67。

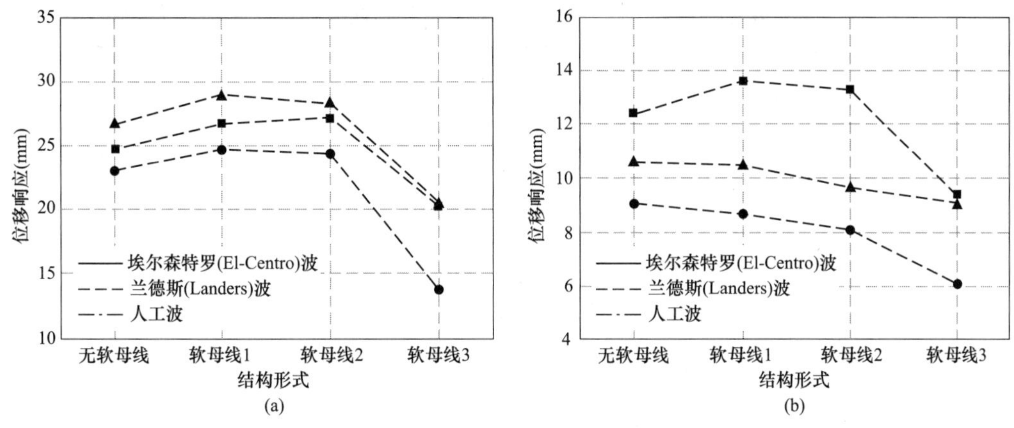


图 6-16　设备顶部位移峰值随设备形式的变化

（a）断路器；（b）隔离开关

设备顶端相对位移的变化可以反映耦联设备间相互作用的剧烈程度（陈辉等，2013）。表 6-2 为三种地震动、四种结构形式下设备间相对位移的最大值与最小值。由表 6-2 可知，当使用软导线 3 时，地震动的峰值加速度为 0.5$g$ 的兰德斯（Landers）波时设备间的位移取最大值，为 49.3mm。在地震动峰值加速度为 0.25$g$ 时，使用软导线 1 或软导线 2 时与设备单体相比，相对位移的峰值略有增加；使用软导线 3 时与设备单体相比，相对位移的峰值大幅减小，这与设备顶端位移变化规律相一致。

**表 6-2　　设备间相对位移的最值**

| 结构形式 | 地震动峰值（$g$） | 埃尔森特罗（El-Centro）波（mm） | | 兰德斯（Landers）波（mm） | | 人工波（mm） | |
|---|---|---|---|---|---|---|---|
| | | 最大值 | 最小值 | 最大值 | 最小值 | 最大值 | 最小值 |
| 单体 | 0.25 | 25.7 | −26.5 | 29.4 | −23 | 25.3 | −24 |
| 软导线 1 | 0.25 | 26.5 | −26.4 | 30.6 | −24.3 | 25.9 | −25.1 |
| 软导线 2 | 0.25 | 25.6 | −27.7 | 30.7 | −24.7 | 26.2 | −25 |
| 软导线 3 | 0.25 | 16.7 | −17.3 | 17 | −16.7 | 14.3 | −12.7 |
| | 0.5 | 48.8 | −50.4 | 49.3 | −52.9 | 40.8 | −39.1 |

3. 设备应变响应的分析

叠加设备在地震作用下产生的动应力、自重产生的压应力及软导线初始水平拉力产生的应力后，可得到瓷瓶根部的应力最大值。试验中共使用垂跨比为 25％的软导线 1，垂跨比为 16％的软导线 2 及垂跨比为 6％的软导线 3 等三种结构形式的软导线，由式（6-13）可求得软导线的初始水平张力分别为：33N、52N 和 138N。组合计算后设备最大应力如表 6-3 所示。由表 6-3 可知，当地震动峰值为 0.25$g$ 时，使用软导线 1 和软导线 2 会对设备的抗震性能产生不利的影响，使用软导线3会降低瓷瓶根部的最大应力响应值。综上所述，在设备的自振特性确定的情况下，软导线的垂跨比是耦联体系抗震性能的决定性的因素，当软导线的垂跨比大于其关键垂跨比时，其对耦联体系抗震性能影响不大；当软导线的垂跨比小于其关键垂跨比时，其通常会放大其连接高频设备的应力响应。

**表6-3　　断路器支柱瓷瓶根部与隔离开关动侧瓷瓶根部的最大应力值**

| 结构形式 | 地震动峰值($g$) | 埃尔森特罗（El-Centro）波（MPa） | | 兰德斯（Landers）波（MPa） | | 人工波（MPa） | |
|---|---|---|---|---|---|---|---|
| | | 断路器 | 隔离开关 | 断路器 | 隔离开关 | 断路器 | 隔离开关 |
| 单体 | 0.25 | 10.36 | 9.91 | 11.36 | 7.91 | 9.47 | 6.67 |
| 软导线1 | 0.25 | 11.40 | 9.88 | 12.17 | 7.90 | 10.13 | 6.48 |
| 软导线2 | 0.25 | 11.68 | 10.63 | 12.23 | 7.60 | 10.22 | 6.50 |
| 软导线3 | 0.25 | 9.54 | 8.13 | 9.24 | 8.27 | 6.77 | 6.20 |
| | 0.5 | 24.69 | 22.67 | 20.30 | 16.11 | 17.63 | 11.77 |

为了得到软导线的水平张力，在软导线的端板上布置了应变片。在设备安装及试验的过程中，软导线端部的应变片多数发生了破坏。本节只对部分工况进行定性的讨论。图6-17（a）为峰值加速度为0.25$g$的埃尔森特罗（El-Centro）波时软导线1端板处的应变响应，图6-17（b）为峰值加速度为0.25$g$的埃尔森特罗（El-Centro）波时软导线3端板处的应变响应。在输入的地震动同为0.25$g$的埃尔森特罗（El-Centro）波时，垂跨比为25%的软导线1端板上的应变值较小，且图形对称；垂跨比为6%的软导线3端板上的应变值较大，且从图形上看，有单向振荡的特性。耦联体系的地震动响应具有非线性的特征。

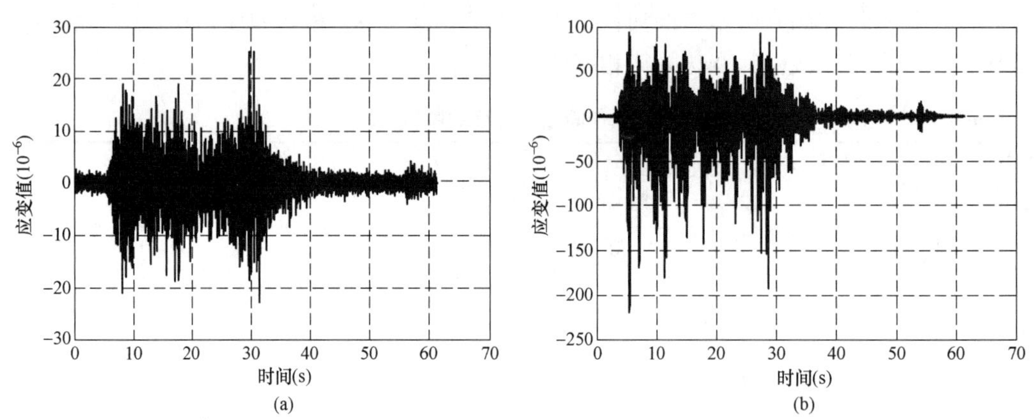


图6-17　峰值加速度为0.25$g$的埃尔森特罗（El-Centro）波时软导线端板处应变响应
（a）软导线1；（b）软导线3

## 6.6　分裂导线力学模型与力学性能

随着电压等级的增加，变电站中导线截面积及刚度也相应增加。另外，为保持导线的载流能力，多将软导线通过间隔棒连接组成分裂导线。在对由分裂导线连接的设备进行抗震性能分析时，将软导线简化为空间大变形梁，以考虑导线的抗弯刚度及间隔棒对软导线的约束作用（He，et al. 2019）。

### 6.6.1　链式空间梁约束模型

1. 空间梁约束模型（Sen and Awtar，2013）

森（Sen）和阿塔（Awtar）于 2013 年提出空间梁约束模型（spatial beam-constraint model，SBCM）。当悬臂梁自由端的荷载或位移条件已知时，可以快速求得该悬臂梁的端部位移或所受到的荷载。当悬臂梁自由端挠度小于梁跨度的 10%，且自由端转角小于 0.1 时，该模型可求得较精确的结果。

空间中大变形梁及其全局坐标系如图 6-18 所示。悬臂梁自由端在 $X$、$Y$、$Z$ 轴方向的位移及绕 $X$、$Y$、$Z$ 轴的转角分别为 $U_{XL}$、$U_{YL}$、$U_{ZL}$ 及 $\Theta_{XL}$、$\Theta_{YL}$、$\Theta_{ZL}$。悬臂梁自由端所受到沿 $X$、$Y$、$Z$ 轴三个方向集中力及绕 $X$、$Y$、$Z$ 轴的弯矩分别为 $F_X$、$F_Y$、$F_Z$ 及 $M_X$、$M_Y$、$M_Z$。

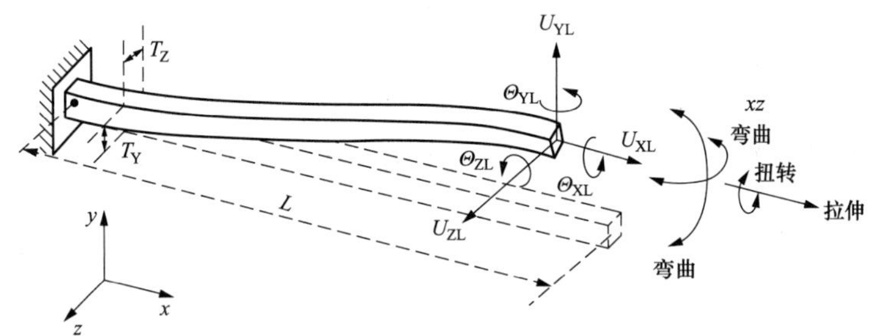


图 6-18　端部荷载作用下空间大变形梁变形示意（Sen and Awtar，2013）

SBCM 是研究空间梁大变形的一种参数化方法，如式（6-22）所示，将大变形梁的自由端荷载与梁的挠度进行参数化

$$m_{zl}=\frac{M_{ZL}L}{EI},m_{yl}=\frac{M_{YL}L}{EI},m_{xdl}=\frac{M_{XdL}L}{EI},f_{zl}=\frac{F_{ZL}L^2}{EI},f_{yl}=\frac{F_{YL}L^2}{EI},$$
$$f_{xl}=\frac{F_{XL}L^2}{EI},u_y=\frac{U_Y}{L},u_z=\frac{U_Z}{L},u_{yl}=\frac{U_{YL}}{L},u_{zl}=\frac{U_{ZL}}{L},u_x=\frac{U_{XL}}{L},$$
$$\theta_{xd}=\Theta_{Xd},\theta_{xdl}=\Theta_{XdL} \tag{6-22}$$

空间大变形悬臂梁轴向变形与其他位移和荷载的关系为（Sen and Awtar，2013）

$$u_{xl}=\frac{f_{xl}}{k_1}-\frac{m_{xdl}^2}{k_2^2k_1}+\begin{Bmatrix}u_{yl}\\u'_{yl}\\u_{zl}\\-u'_{zl}\end{Bmatrix}^{\mathrm{T}}\boldsymbol{H}_2\begin{Bmatrix}u_{yl}\\u'_{yl}\\u_{zl}\\-u'_{zl}\end{Bmatrix}+\begin{Bmatrix}u_{yl}\\u'_{yl}\\u_{zl}\\-u'_{zl}\end{Bmatrix}^{\mathrm{T}}\left[f_{xl}\boldsymbol{H}_4+\frac{1}{2}m_{xdl}\boldsymbol{H}_5\right]\begin{Bmatrix}u_{yl}\\u'_{yl}\\u_{zl}\\-u'_{zl}\end{Bmatrix}+\cdots \tag{6-23}$$

$$\theta_{xdl}=\frac{m_{xdl}}{k_2}-\frac{2m_{xdl}f_{xl}}{k_1k_2^2}+\begin{Bmatrix}u_{yl}\\u'_{yl}\\u_{zl}\\-u'_{zl}\end{Bmatrix}^{\mathrm{T}}\boldsymbol{H}_3\begin{Bmatrix}u_{yl}\\u'_{yl}\\u_{zl}\\-u'_{zl}\end{Bmatrix}+\begin{Bmatrix}u_{yl}\\u'_{yl}\\u_{zl}\\-u'_{zl}\end{Bmatrix}^{\mathrm{T}}\left[m_{xdl}\boldsymbol{H}_6+\frac{1}{2}f_{xl}\boldsymbol{H}_5\right]\begin{Bmatrix}u_{yl}\\u'_{yl}\\u_{zl}\\-u'_{zl}\end{Bmatrix}+\cdots \tag{6-24}$$

式（6-23）和式（6-24）即为求解空间大变形梁的 SBCM 方法。当悬臂梁自由端所受荷载已知时，可通过此方程求得悬臂梁自由端挠度及各个方向转角，反之亦然。

2. 链式空间梁约束模型（Chen and Bai，2016）

为增加 SBCM 模型使用范围，Chen 和 Bai 于 2016 年提出了链式空间梁约束模型（chained spatial beam-constraint model，CSBCM）。该模型将空间大变形梁分成多个 SBCM 单元，对每个单元应用 SBCM 方法获得各单元变形，并采用坐标转换的方法定义各个 SBCM 单元的边界条件。当各个 SBCM 单元满足误差限值要求时，CSBCM 将具有较大的精度。

（1）坐标转换矩阵。空间中大变形梁如图 6-19 所示。为提高计算精度及计算方法适用范围，将空间大变形梁划分为 $N$ 个 SBCM 单元。各单元含有左右两端共两个节点，为方便表述，定义第 $i$ 个单元左右两侧节点编号分别为 $N_{i-1}$，$N_i$。如图 6-20 所示，第 $i$ 个单元的局部坐标系远点位于节点 $N_{i-1}$。对于第 $i$ 个单元的单元局部坐标系，其 $X$、$Y$、$Z$ 轴分别为 $x_i$、$y_i$、$z_i$。当梁未发生形变，处于平直状态时，单元局部坐标系各轴与梁全部坐标系平行。其中，第一个单元的局部坐标系 $O\text{-}x_1y_1z_1$ 与全局坐标系重合。当梁发生变形时，单元局部坐标系 $O-x_iy_iz_i(i>1)$ 随节点位移发生平动与转动。当梁单元发生大变形时，全局坐标系与第 $i$ 个单元的单元局部坐标系之间的坐标转换矩阵如式（6-25）所示

$$\boldsymbol{R}=\prod_{i=1}^{n}\boldsymbol{R}_i \tag{6-25}$$

式中　$R_i$——各单元的坐标转换矩阵。

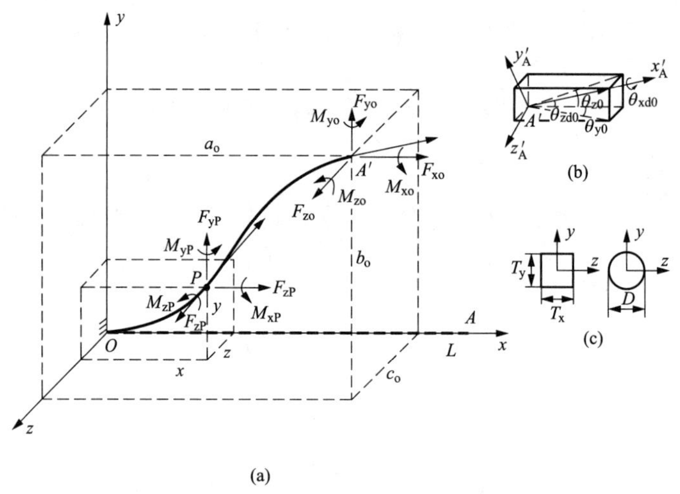


图 6-19　空间大变形梁变形示意

(a) 整体变形示意图；(b) 端部位移；(c) 对称截图

全局坐标系中的变量 $S$ 与第 $n$ 个单元局部坐标系中的变量 $\overline{S}$ 关系如式（6-26）所示

$$\overline{\boldsymbol{S}}=\boldsymbol{R}\cdot\boldsymbol{S},\boldsymbol{S}=\boldsymbol{R}^{-1}\cdot\overline{\boldsymbol{S}} \tag{6-26}$$

（2）修正的 SBCM。在各 SBCM 的单元局部坐标系中，单元的大变形满足 SBCM 方程。对于单元的局部坐标系，有

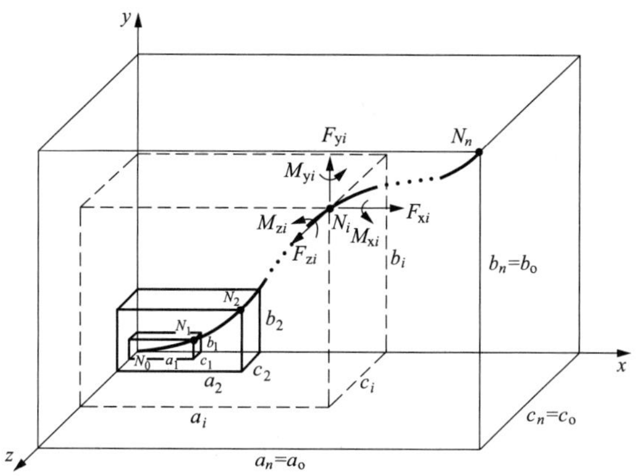


图 6-20 空间大变形梁的单元划分（Chen and Bai，2016）

$$\overline{u}'_{yl}=\overline{\theta}_z,\overline{u}'_{zl}=-\overline{\theta}_y$$

另外，对于跨度为 $L$ 的悬臂梁，当其被划分为 $N$ 个 SBCM 单元时，则在单元局部坐标系中，SBCM 方程被修正为式（6-27）～式（6-30）所示

$$\overline{m}_{xdi}=\overline{m}_{xi}+\overline{\theta}_{zi}\overline{m}_{yi}+\overline{\theta}_{yi}m_{zi} \tag{6-27}$$

$$\begin{Bmatrix}\overline{f}_{yi}\\\overline{m}_{zi}\\\overline{f}_{zi}\\\overline{m}_{yi}\end{Bmatrix}=\boldsymbol{H}_1\begin{Bmatrix}\overline{u}_{yi}\\\overline{\theta}_{zi}\\\overline{u}_{zi}\\\overline{\theta}_{yi}\end{Bmatrix}-[2\overline{f}_{xi}\boldsymbol{H}_2+\overline{m}_{xdi}(2\boldsymbol{H}_3+\boldsymbol{H}_7)]\begin{Bmatrix}\overline{u}_{yi}\\\overline{\theta}_{zi}\\\overline{u}_{zi}\\\overline{\theta}_{yi}\end{Bmatrix}$$
$$-[\overline{f}^2_{xi}\boldsymbol{H}_4+\overline{m}_{xdi}\overline{f}_{xi}\boldsymbol{H}_5+\overline{\boldsymbol{m}}^2_{xdi}\boldsymbol{H}_6]\begin{Bmatrix}\overline{u}_{yi}\\\overline{\theta}_{zi}\\\overline{u}_{zi}\\\overline{\theta}_{yi}\end{Bmatrix} \tag{6-28}$$

$$\overline{u}_{xi}=\frac{\overline{f}_{xi}}{k_1}-\frac{\overline{m}^2_{xdi}}{k^2_2k_1}+\begin{Bmatrix}\overline{u}_{yi}\\\overline{\theta}_{zi}\\\overline{u}_{zi}\\\overline{\theta}_{yi}\end{Bmatrix}\quad\boldsymbol{H}_2\begin{Bmatrix}\overline{u}_{yi}\\\overline{\theta}_{zi}\\\overline{u}_{zi}\\\overline{\theta}_{yi}\end{Bmatrix}+\begin{Bmatrix}\overline{u}_{yi}\\\overline{\theta}_{zi}\\\overline{u}_{zi}\\\overline{\theta}_{yi}\end{Bmatrix}\left[\overline{f}_{xi}\boldsymbol{H}_4+\frac{1}{2}\overline{m}_{xdi}\boldsymbol{H}_5\right]\begin{Bmatrix}\overline{u}_{yi}\\\overline{\theta}_{zi}\\\overline{u}_{zi}\\\overline{\theta}_{yi}\end{Bmatrix} \tag{6-29}$$

$$\overline{\theta}_{xdi}=\frac{\overline{m}_{xdi}}{k_2}-\frac{2\overline{m}_{xdi}\overline{f}_{xi}}{k_1k^2_2}+\begin{Bmatrix}\overline{u}_{yi}\\\overline{\theta}_{zi}\\\overline{u}_{zi}\\\overline{\theta}_{yi}\end{Bmatrix}^{\mathrm{T}}\quad\boldsymbol{H}_3\begin{Bmatrix}\overline{u}_{yi}\\\overline{\theta}_{zi}\\\overline{u}_{zi}\\\overline{\theta}_{yi}\end{Bmatrix}+\begin{Bmatrix}\overline{u}_{yi}\\\overline{\theta}_{zi}\\\overline{u}_{zi}\\\overline{\theta}_{yi}\end{Bmatrix}\left[\overline{m}_{xdi}\boldsymbol{H}_6+\frac{1}{2}\overline{f}_{xi}\boldsymbol{H}_5\right]\begin{Bmatrix}\overline{u}_{yi}\\\overline{\theta}_{zi}\\\overline{u}_{zi}\\\overline{\theta}_{yi}\end{Bmatrix} \tag{6-30}$$

式（6-27）～式（6-30）中，当 SBCM 悬臂梁单元右侧节点 $i$ 的位移（$\overline{u}_{xi}$，$\overline{u}_{yi}$，$\overline{u}_{zi}$，$\overline{\theta}_{xi}$，$\overline{\theta}_{yi}$，$\overline{\theta}_{zi}$）已知时，可解得其自由端荷载（$\overline{f}_{xi}$，$\overline{f}_{yi}$，$\overline{f}_{zi}$，$\overline{m}_{xi}$，$\overline{m}_{yi}$，$\overline{m}_{zi}$），反之亦然。

（3）空间大变形梁节点坐标。如图 6-20 所示，跨度为 $L$ 的悬臂梁共被划分为 $N$ 个 SBCM 单元。在全局坐标系中，外荷载（$F_{xo}$，$F_{yo}$，$F_{zo}$，$M_{xo}$，$M_{yo}$，$M_{zo}$）作用下，悬臂梁发生变形后，其自由端坐标为（$a_o$，$b_o$，$c_o$），悬臂梁自由端转角为（$\theta_{xo}$，$\theta_{yo}$，$\theta_{zo}$）。在单元局部坐标系中，单元右侧节点的坐标为（$\overline{a}_i$，$\overline{b}_i$，$\overline{c}_i$）。由于悬臂梁全局坐标系与第 1 个 SBCM 单元坐标系重合，有

$$a_1=\overline{a}_1, b_1=\overline{b}_1, c_1=\overline{c}_1 \tag{6-31}$$

当 $i>1$ 时，单元局部坐标系中坐标经过式（6-30）坐标变换后，可得单元节点在全局坐标系中的坐标

$$[a_i \quad b_i \quad c_i]^{\mathrm{T}}=[a_1 \quad b_1 \quad c_1]^{\mathrm{T}}+\sum_{j=2}^{i}\left(\prod_{k=1}^{j-1}\boldsymbol{R}_{\mathrm{k}}^{-1}[\overline{a}_i \quad \overline{b}_i \quad \overline{c}_i]^{\mathrm{T}}\right) \tag{6-32}$$

式（6-32）中

$$[\overline{a}_j \quad \overline{b}_j \quad \overline{c}_j]^{\mathrm{T}}=\left[\overline{U}_{\mathrm{xj}}+\frac{L}{N} \quad \overline{U}_{\mathrm{yj}} \quad \overline{U}_{\mathrm{zj}}\right]^{\mathrm{T}} \tag{6-33}$$

（4）大变形梁节点荷载。

在 CSBCM 模型中，仅考虑悬臂梁在自由端作用有外荷载，跨中不受其他荷载作用。进行 SBCM 单元计算时，应采用单元局部坐标系，利用坐标转换矩阵，则在第 $i$ 个单元的单元局部坐标系内，节点 $N_i$ 所受的集中力为

$$\begin{bmatrix}\overline{F}_{\mathrm{xi}}\\ \overline{F}_{\mathrm{yi}}\\ \overline{F}_{\mathrm{zi}}\end{bmatrix}=\left(\prod_{k=1}^{i-1}\boldsymbol{R}_{i-k}\right)\begin{bmatrix}F_{\mathrm{x1}}\\ F_{\mathrm{y1}}\\ F_{\mathrm{z1}}\end{bmatrix}=\left(\prod_{k=1}^{i-1}\boldsymbol{R}_{i-k}\right)\begin{bmatrix}F_{\mathrm{xo}}\\ F_{\mathrm{yo}}\\ F_{\mathrm{zo}}\end{bmatrix}=\left(\prod_{k=1}^{i-1}\boldsymbol{R}_{i-k}\right)\begin{bmatrix}F_{\mathrm{xi}}\\ F_{\mathrm{yi}}\\ F_{\mathrm{zi}}\end{bmatrix} \tag{6-34}$$

节点 $N_i$ 所受的集中弯矩为

$$\begin{bmatrix}\overline{M}_{\mathrm{xi}}\\ \overline{M}_{\mathrm{yi}}\\ \overline{M}_{\mathrm{zi}}\end{bmatrix}=\left(\prod_{k=1}^{i-1}\boldsymbol{R}_{i-k}\right)\begin{bmatrix}M_{\mathrm{xi}}\\ M_{\mathrm{yi}}\\ M_{\mathrm{zi}}\end{bmatrix} \tag{6-35}$$

式（6.30）~式（6.35）为 CSBCM 方程。当空间大变形悬臂梁的自由端所受荷载 $F_{xo}$、$F_{yo}$、$F_{zo}$、$M_{xo}$、$M_{yo}$、$M_{zo}$ 已知时，通过解上述方程组，可获得发生空间大变形后悬臂梁自由端坐标 $a_o$、$b_o$、$c_o$、$\theta_{xo}$、$\theta_{yo}$、$\theta_{zo}$，反之亦然。另外，通过式（6-32），可获得各个节点在全局坐标系中的空间坐标。

### 6.6.2　考虑抗弯刚度的软导线力学模型

链式空间梁约束模型适用于求解仅在自由端受集中荷载的悬臂梁空间大变形。对于应用在变电站的软导线，其通常受到重力荷载、风荷载、地震作用下的惯性力等跨中荷载的作用，故需对 CSBCM 进行修正，以使其能模拟跨中受荷载作用的空间大变形梁的挠曲线及端子力。

（1）SBCM 模型的修正。利用 CSBCM 模拟变电站用软导线时，将软导线简化为梁模型。由 IEEE 1527 规范可知，变电站用软导线的抗弯刚度最小值为（IEEE 1527—2006）

$$EI_{\min}=\sum_{i=1}^{n_{\mathrm{e}}}E_i\frac{\pi\delta_i^4}{64} \tag{6-36}$$

式中　$E_i$——第 $i$ 根金属丝的弹性模量；

$\delta_i$——第 $i$ 根金属丝的直径；

$n_e$——金属丝总根数。

软导线的拉伸刚度为

$$EA_{\min}=\sum_{i=1}^{n_e}E_i\ \frac{\pi\delta_i^2}{4} \tag{6-37}$$

由于 SBCM 方法仅考虑在单元右侧节点处作用有外荷载，故参照有限单元法的方法，将导线外荷载简化成节点荷载，作用在各 SBCM 单元的节点上。设第 $i$ 个节点各方向受到的外荷载分别为 $G_{Xi}$、$G_{Yi}$、$G_{Zi}$、$M_{Gxi}$、$M_{Gyi}$、$M_{Gzi}$。当长度为 $L$ 的软导线被划分为 $N$ 个 SBCM 单元时，参数化后的外荷载分别为

$$m_{gxi}=\frac{M_{GXi}L}{NEI},m_{gyi}=\frac{M_{GYi}L}{NEI},m_{gzi}=\frac{M_{GZi}L}{NEI},$$
$$g_{xi}=\frac{G_{Xi}L^2}{N^2EI},g_{yi}=\frac{G_{Yi}L^2}{N^2EI},g_{xi}=\frac{G_{Zi}L^2}{N^2EI} \tag{6-38}$$

利用泰特—布莱恩（Tait-Bryan）角对参数化后的外荷载进行坐标转换，将其变换到各个 SBCM 单元的单元局部坐标系内有

$$\begin{bmatrix}\bar{g}_{xi}\\ \bar{g}_{yi}\\ \bar{g}_{zi}\\ \bar{m}_{gxi}\\ \bar{m}_{gyi}\\ \bar{m}_{gzi}\end{bmatrix}=(\prod_{k=1}^{i=1}\boldsymbol{R}_{i-k})\begin{bmatrix}g_{xi}\\ g_{yi}\\ g_{zi}\\ m_{gxi}\\ m_{gyi}\\ m_{gzi}\end{bmatrix} \tag{6-39}$$

另外，当导线截面发生扭转后，在其变形后的横截面上扭矩为

$$\bar{m}_{gxdi}=\bar{m}_{gxi}+\bar{\theta}_{zi}\bar{m}_{gyi}+\bar{\theta}_{yi}\bar{m}_{gzi} \tag{6-40}$$

此外，荷载作用于 SBCM 单元右侧的节点上，则 SBCM 方程应修正为如下形式

$$\begin{Bmatrix}\bar{f}_{yi}+\bar{g}_{gi}\\ \bar{m}_{zi}+\bar{m}_{gzi}\\ \bar{f}_{zi}+\bar{g}_{zi}\\ \bar{m}_{yi}+\bar{m}_{gyi}\end{Bmatrix}=\boldsymbol{H}_1\begin{Bmatrix}\bar{u}_{yi}\\ \bar{\theta}_{zi}\\ \bar{u}_{zi}\\ \bar{\theta}_{yi}\end{Bmatrix}-[2(\bar{f}_{xi}+\bar{g}_{xi})\boldsymbol{H}_2+(\bar{m}_{xdi}+m_{gxdi})(2\boldsymbol{H}_3+\boldsymbol{H}_7)]\begin{bmatrix}\bar{u}_{yi}\\ \bar{\theta}_{zi}\\ \bar{u}_{zi}\\ \bar{\theta}_{yi}\end{bmatrix}$$
$$-[(\bar{f}_{xi}+\bar{g}_{xi})^2\boldsymbol{H}_2+(\bar{m}_{xdi}+m_{gxdi})(\bar{f}_{xi}+\bar{g}_{xi})\boldsymbol{H}_5+(\bar{m}_{xdi}+m_{gxdi})^2\boldsymbol{H}_6]\begin{Bmatrix}\bar{u}_{yi}\\ \bar{\theta}_{zi}\\ \bar{u}_{zi}\\ \bar{\theta}_{yi}\end{Bmatrix} \tag{6-41}$$

$$\bar{u}_{xi}=\frac{(\bar{f}_{xi}+\bar{g}_{xi})}{k_1}-\frac{(\bar{m}_{xdi}+\bar{m}_{gxdi})^2}{k_2^2k_1}+\begin{Bmatrix}\bar{u}_{yi}\\ \bar{\theta}_{zi}\\ \bar{u}_{zi}\\ \bar{\theta}_{yi}\end{Bmatrix}\quad\boldsymbol{H}_2\begin{Bmatrix}\bar{u}_{yi}\\ \bar{\theta}_{zi}\\ \bar{u}_{zi}\\ \bar{\theta}_{yi}\end{Bmatrix}$$

$$+\begin{Bmatrix}\bar{u}_{yi}\\ \bar{\theta}_{zi}\\ \bar{u}_{zi}\\ \bar{\theta}_{yi}\end{Bmatrix}\left[(\bar{f}_{xi}+\bar{g}_{xi})\boldsymbol{H}_4+\frac{1}{2}(\bar{m}_{xdi}+\bar{m}_{gxdi})\boldsymbol{H}_5\right]\begin{Bmatrix}\bar{u}_{yi}\\ \bar{\theta}_{zi}\\ \bar{u}_{zi}\\ \bar{\theta}_{yi}\end{Bmatrix} \tag{6-42}$$

$$\bar{\theta}_{xdi}=\frac{\bar{m}_{xdi}+\bar{m}_{gxdi}}{k_2}-\frac{2(\bar{m}_{xdi}+\bar{m}_{gxdi})(\bar{f}_{xi}+\bar{g}_{xi})}{k_1k_2^2}+\begin{Bmatrix}\bar{u}_{yi}\\ \bar{\theta}_{zi}\\ \bar{u}_{zi}\\ \bar{\theta}_{yi}\end{Bmatrix}^{\mathrm{T}}\boldsymbol{H}_3\begin{Bmatrix}\bar{u}_{yi}\\ \bar{\theta}_{zi}\\ \bar{u}_{zi}\\ \bar{\theta}_{yi}\end{Bmatrix}$$

$$+\begin{Bmatrix}\bar{u}_{yi}\\ \bar{\theta}_{zi}\\ \bar{u}_{zi}\\ \bar{\theta}_{yi}\end{Bmatrix}\left[(\bar{m}_{xdi}+\bar{m}_{gxdi})\boldsymbol{H}_6+\frac{1}{2}(\bar{f}_{xi}+\bar{g}_{xi})\boldsymbol{H}_5\right]\begin{Bmatrix}\bar{u}_{yi}\\ \bar{\theta}_{zi}\\ \bar{u}_{zi}\\ \bar{\theta}_{yi}\end{Bmatrix} \tag{6-43}$$

式（6-40）～式（6-43）即为考虑了跨中节点荷载的 SBCM 模型。

（2）大变形梁节点荷载修正。对于有外荷载作用在跨中节点上时，节点 $i$ 处的荷载应修改为

$$\begin{cases}F_{xi}=F_{xo}+\sum_{j=1}^{N}G_{Xj}\\ F_{ji}=F_{yo}+\sum_{j=1}^{N}G_{Yj}\\ F_{zi}=F_{zo}+\sum_{j=1}^{N}G_{Zj}\\ M_{xi}=M_{xo}+(b_o-b_i)F_{zo}-(c_o-c_i)F_{yo}+\sum_{j=1}^{N}[(b_o-b_j)G_{Zo}-(c_o-c_j)G_{Yo}+M_{GXj}]\\ M_{yi}=M_{yo}-(a_o-a_i)F_{zo}+(c_o-c_i)F_{yo}+\sum_{j=1}^{N}[(a_o-a_j)G_{Zo}+(c_o-c_j)G_{Yo}+M_{GXj}]\\ M_{zi}=M_{zo}+(a_o-a_i)F_{yo}+(b_o-b_i)F_{xo}+\sum_{j=1}^{N}[(a_o-a_j)G_{Yo}+(b_o-b_j)G_{Xo}+M_{GZj}]\end{cases} \tag{6-44}$$

式（6-40）～式（6-43）替代式（6-27）～式（6-30），式（6-44）则为考虑导线抗弯刚度的模型。

### 6.6.3 分裂导线模型

1. 间隔棒约束方程

（1）间隔棒基本假设。间隔棒采用螺栓紧固夹具与软导线连接。在正常情况下，软导线在间隔棒夹具内无法滑移转动。另外，当夹具与软导线充分接触时，软导线在此处的切线与间隔棒平面应处于垂直状态。由于间隔棒杆件及夹具刚度远大于软导线刚度，故在分裂导线的模型中，对间隔棒作如下假定：①间隔棒为平面结构；②在间隔棒与软导线连接处，软导线在二者连接点处的切线与间隔棒平面垂直；③间隔棒杆件及夹具刚度远大于软导线刚度，

将间隔棒假设为刚体结构；④软导线与间隔棒的连接视为固接。

（2）间隔棒位移约束方程。以图 6-21 所示四分裂导线为例，分析间隔棒对软导线的约束作用。在分裂模型中，各软导线称为子导线。定义分裂导线整体的全局坐标原点位于导线最左侧间隔棒（间隔棒 0）的中心，其 $X$、$Y$、$Z$ 轴分别与右侧相连子导线的全局坐标系（各子导线的第 1 个 SBCM 单元的单元局部坐标系）平行。

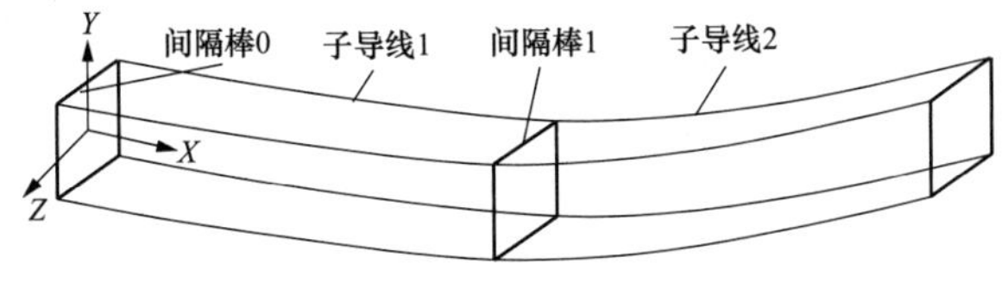

图 6-21　分裂导线模型示意

设第 $i$ 个间隔棒形心的在整体坐标系的位移为 $\boldsymbol{U}_{\mathrm{i}}=\{U_{\mathrm{xi}}\quad U_{\mathrm{yi}}\quad U_{\mathrm{zi}}\quad \Theta_{\mathrm{xi}}\quad \Theta_{\mathrm{yi}}\quad \Theta_{\mathrm{zi}}\}^{\mathrm{T}}$ 与该间隔棒连接的第 $j$ 根子导线连接节点位移为 $\boldsymbol{U}_{\mathrm{i}}^{\mathrm{j}}=\{U_{\mathrm{xi}}^{\mathrm{j}}\quad U_{\mathrm{yi}}^{\mathrm{j}}\quad U_{\mathrm{zi}}^{\mathrm{j}}\quad \Theta_{\mathrm{xi}}^{\mathrm{j}}\quad \Theta_{\mathrm{yi}}^{\mathrm{j}}\quad \Theta_{\mathrm{zi}}^{\mathrm{j}}\}^{\mathrm{T}}$ 间隔棒平面结构如图 6-22 所示，则有

$$\boldsymbol{U}_{\mathrm{i}}^{\mathrm{j}}=\boldsymbol{A}^{\mathrm{j}}\boldsymbol{U}_{\mathrm{i}}=\begin{bmatrix}1&0&0&0&0&-b_{\mathrm{j}}\\0&1&0&0&0&h_{\mathrm{j}}\\0&0&1&b_{\mathrm{j}}&-h_{\mathrm{j}}&0\\0&0&0&1&0&0\\0&0&0&0&1&0\\0&0&0&0&0&1\end{bmatrix}\boldsymbol{U}_{\mathrm{i}}\tag{6-45}$$

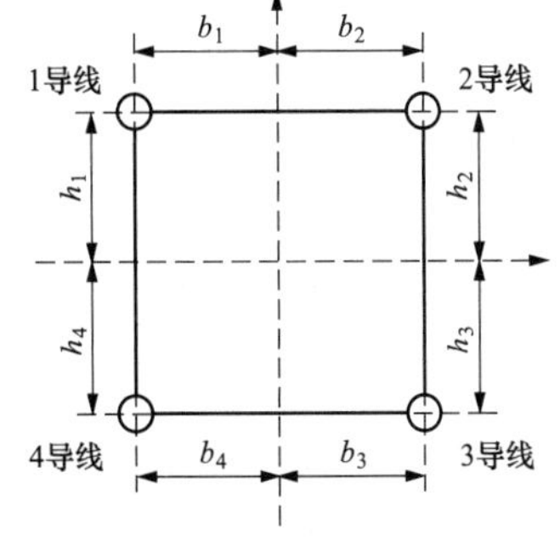

图 6-22　间隔棒平面

式（6-45）即为间隔棒对软导线的位移约束方程。其中，$h_{\mathrm{i}}$、$b_{\mathrm{i}}$的正负与 $j$ 号导线在图 6-22 中坐标系各象限符号一致。

（3）间隔棒静力约束方程。在分裂导线的全局坐标下，软导线变形后，间隔棒 $i$ 各方向转角分别为 $\Theta_{\mathrm{xi}}$、$\Theta_{\mathrm{yi}}$及 $\Theta_{\mathrm{zi}}$，如图 6-21 所示，第 $i$ 个间隔棒左右两侧子导线编号分别为子导线 $i$ 及子导线 $i+1$。考虑子导线 $i+1$ 与子导线 $i$ 的转角后，子导线 $i+1$ 与子导线 $i$ 的坐标转换矩阵为

$$\boldsymbol{R}_{\mathrm{i}}^{\mathrm{i+1}}=\boldsymbol{R}_{\mathrm{x}}(\delta\Theta_{\mathrm{x}})\boldsymbol{R}_{\mathrm{z}}(\delta\Theta_{\mathrm{z}})\boldsymbol{R}_{\mathrm{y}}(\delta\Theta_{\mathrm{y}})=\begin{bmatrix}1&0&0\\0&\cos\delta\Theta_{\mathrm{x}}&\sin\delta\Theta_{\mathrm{x}}\\0&-\sin\delta\Theta_{\mathrm{x}}&\cos\delta\Theta_{\mathrm{x}}\end{bmatrix}$$
$$\times\begin{bmatrix}\cos\delta\Theta_{\mathrm{z}}&\sin\delta\Theta_{\mathrm{z}}&0\\-\sin\delta\Theta_{\mathrm{z}}&\cos\delta\Theta_{\mathrm{z}}&0\\0&0&1\end{bmatrix}\times\begin{bmatrix}\cos\delta\Theta_{\mathrm{y}}&0&-\sin\delta\Theta_{\mathrm{y}}\\0&1&0\\\sin\delta\Theta_{\mathrm{y}}&0&\cos\delta\Theta_{\mathrm{y}}\end{bmatrix}\tag{6-46}$$

其中，$\delta\Theta_{\mathrm{x}}=\Theta_{\mathrm{x+1}}-\Theta_{\mathrm{xi}}$，$\delta\Theta_{\mathrm{y}}=\Theta_{\mathrm{y+1}}-\Theta_{\mathrm{yi}}$，$\delta\Theta_{\mathrm{z}}=\Theta_{\mathrm{z+1}}-\Theta_{\mathrm{zi}}$。

在子导线 $i$ 的全局坐标内，子导线 $i$ 右侧端部各个方向受力分别为 $F_{\mathrm{xi}}$、$F_{\mathrm{yi}}$、$F_{\mathrm{zi}}$、$M_{\mathrm{xi}}$、$M_{\mathrm{yi}}$及 $M_{\mathrm{zi}}$。而在子导线 $i+1$ 的全局坐标系内，在外荷载作用下，子导线 $i+1$ 左侧端点所受荷载可由式（6-44）求得，分别记为 $F_{\mathrm{xi+1}}$、$F_{\mathrm{yi+1}}$、$F_{\mathrm{zi+1}}$、$M_{\mathrm{xi+1}}$、$M_{\mathrm{yi+1}}$及 $M_{\mathrm{zi+1}}$。将子导线 $i+1$ 左侧端部内力转化到子导线 $i$ 的全局坐标系，有

$$\begin{aligned}&[F^{\mathrm{i}}_{\mathrm{xi+1}}\quad F^{\mathrm{i}}_{\mathrm{yi+1}}\quad F^{\mathrm{i}}_{\mathrm{zi+1}}\quad M^{\mathrm{i}}_{\mathrm{xi+1}}\quad M^{\mathrm{i}}_{\mathrm{yi+1}}\quad M^{\mathrm{i}}_{\mathrm{zi+1}}]^{\mathrm{T}}\\&=(\boldsymbol{R}^{\mathrm{i+1}}_{\mathrm{i}})^{-1}[F_{\mathrm{xi+1}}\quad F_{\mathrm{yi+1}}\quad F_{\mathrm{zi+1}}\quad M_{\mathrm{xi+1}}\quad M_{\mathrm{yi+1}}\quad M_{\mathrm{zi+1}}]^{\mathrm{T}}\end{aligned}\tag{6-47}$$

在间隔棒两端导线作用下，间隔棒应处于平衡状态。在子导线 $i$ 的全局坐标系内，第 $i$ 个间隔棒的平衡方程为

$$\begin{cases}F_{\mathrm{xi}}=F^{\mathrm{i}}_{\mathrm{xi+1}}+W_{\mathrm{xi}}\\F_{\mathrm{yi}}=F^{\mathrm{i}}_{\mathrm{yi+1}}+W_{\mathrm{yi}}\\F_{\mathrm{zi}}=F^{\mathrm{i}}_{\mathrm{zi+1}}+W_{\mathrm{zi}}\\M_{\mathrm{xi}}=M^{\mathrm{i}}_{\mathrm{xi+1}}+W_{\mathrm{mxi}}\\M_{\mathrm{yi}}=M^{\mathrm{i}}_{\mathrm{yi+1}}+W_{\mathrm{myi}}\\M_{\mathrm{zi}}=M^{\mathrm{i}}_{\mathrm{zi+1}}+W_{\mathrm{mzi}}\end{cases}\tag{6-48}$$

其中，$W_{\mathrm{i}}=[W_{\mathrm{xi}}W_{\mathrm{yi}}W_{\mathrm{zi}}W_{\mathrm{mxi}}W_{\mathrm{myi}}W_{\mathrm{mzi}}]^{\mathrm{T}}$为在子导线 $i$ 的全局坐标系内第 $i$ 个间隔棒上所受的外荷载。且

$$\boldsymbol{W}_{\mathrm{i}}=\Big(\prod_{k=1}^{i-1}\boldsymbol{R}^{i-k+1}_{i-k}\Big)\boldsymbol{W}^{\mathrm{G}}_{\mathrm{i}}\tag{6-49}$$

式中　$W^{\mathrm{G}}_{\mathrm{i}}$——在分裂导线整体全局坐标系下，作用在第 $i$ 个间隔棒上的外荷载。

2. 分裂导线几何约束方程

当分裂导线两端连接的设备在地震下出现相对位移时，分裂导线端部空间坐标发生变化，各子导线坐标也随之发生改变。设分裂导线左侧端部间隔棒（间隔棒 0）中心位于分裂导线全局坐标系原点，右侧端部间隔棒中心在分裂导线全局坐标系内的坐标为 $\{X_{\mathrm{end}}\quad X_{\mathrm{end}}\quad Z_{\mathrm{end}}\quad \Theta_{\mathrm{xend}}\quad \Theta_{\mathrm{xend}}\quad \Theta_{\mathrm{xend}}\}^{\mathrm{T}}$，分裂导线内分裂段数为 $S$（图 6-21 中，$S=2$）。则分裂导线发生变形后其右侧端部节点在全局坐标系内的坐标应满足式（6-50）～式（6-51）。

$$\begin{bmatrix}X_{\mathrm{end}}\\Y_{\mathrm{end}}\\Z_{\mathrm{end}}\end{bmatrix}=\begin{bmatrix}U_{\mathrm{x1}}\\U_{\mathrm{y1}}\\U_{\mathrm{z1}}\end{bmatrix}+\sum_{j=2}^{S}\Big(\prod_{k=1}^{j-1}(\boldsymbol{R}^{k+1}_{k})\Big)\begin{bmatrix}U_{\mathrm{xj}}\\U_{\mathrm{yj}}\\U_{\mathrm{zj}}\end{bmatrix}\tag{6-50}$$

$$\begin{bmatrix}\Theta_{\mathrm{xend}}\\\Theta_{\mathrm{yend}}\\\Theta_{\mathrm{zend}}\end{bmatrix}=\sum_{j=1}^{S}\begin{bmatrix}\Theta_{\mathrm{xj}}\\\Theta_{\mathrm{yj}}\\\Theta_{\mathrm{zj}}\end{bmatrix}\tag{6-51}$$

式（6-50）～式（6-51）即为分裂导线整体的几何约束方程。

由修正的 CSBCM、间隔棒位移方程、间隔棒静力约束方程及分裂导线的几何约束方程共同构成了变电站用分裂导线的非线性分析模型。在实际应用时，当分裂导线一端固定，另一端 6 个荷载分量已知时，通过以上方程可解得该端部 6 个位移分量。当一端固定，另一端 6 个位移分量已知时，通过以上方程也可求得导线的端部荷载分量。

### 6.6.4 分裂导线模型试验

为验证分裂导线非线性模型的有效性及对不同形状的分裂导线的适用性，对特高压变电站常见的倒半圆形的六分裂导线进行了静力试验，获取了其位形及端子力。另外，对悬链线型的四分裂导线的模型分析结果与文献中的试验结果进行对比，以验证模型的有效性。

以某±800kV特高压换流变电站中分裂导线常见跨度为参考，试验时，倒半圆形六分裂导线初始跨度为3.0m。该倒半圆形六分裂导线所使用的子导线为LGKK-600型。定义分裂间距为分裂导线中各子导线间的距离，与实际情况一致，试验时分裂导线的分裂间距为150mm，即六分裂导线间隔棒的中心圆直径为300mm。间隔棒采用线夹固定软导线，如图6-23所示。

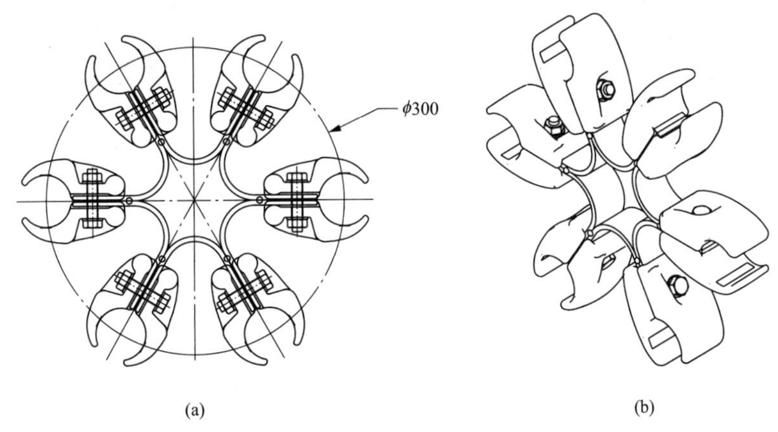


图6-23　六分裂导线间隔棒
(a) 六分裂导线间隔棒剖面；(b) 六分裂导线间隔棒示意

倒半圆形六分裂导线一端安装在反力架上的固定支座上，另一端安装在电液伺服作动器上。六分裂导线通过与实际工程中一致的铝质线夹与固定支座及电液伺服作动器连接。安装在反力架上的倒半圆形六分裂导线如图6-24所示。考虑到±800kV特高压变电站电气设备在地震作用下的相对位移及电液伺服作动器的行程范围，试验时，六分裂导线右侧端部的位移为−0.96～0.96m，即导线跨度的变化范围为2.04～3.96m。

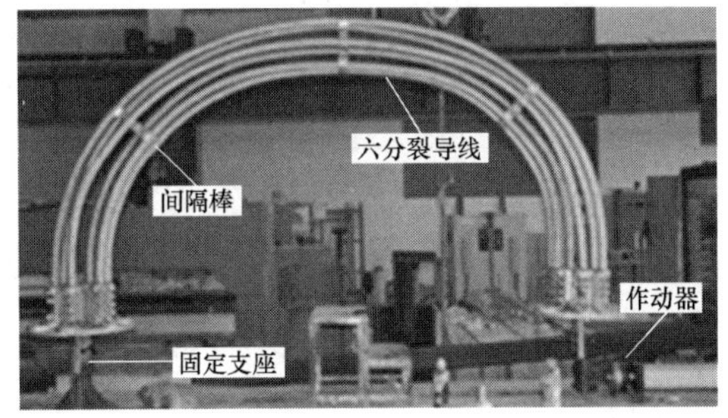


图6-24　安装在反力架上的六分裂导线

为模拟试验中的倒半圆形六分裂导线，在分裂导线计算模型中，导线分裂数$B=6$。由于试验中分裂导线安装有3个间隔棒及1个作动器线夹，故模型中导线分裂段数$S=4$，间隔棒数量设为4个。各段子导线划分SBCM单元数量$N_1=10$。在作动器位移分别为±0.96m时，试验中倒半圆形六分裂导线位形如图6-25 (a)、(b) 所示，由模型计算得到的六分裂分裂导线最外侧子导线位形如图6-25 (c) 所示。由图6-25可知，由模型计算得到的分裂导线位形与试验得到的导线位形一致，该章节提出的分裂导线模型能有效求得分裂导线的位形，可用于分裂导线位形计算、变电站导线电气净距校核等。

当作动器位移在−0.96～0.96m之间时，试验与模型计算获得的导线端子力-位移关系如图6-26所示。由试验与分析模型获得的导线端子力结果较接近，且变化趋势一致，验证了本章节模型的准确性。

(a)

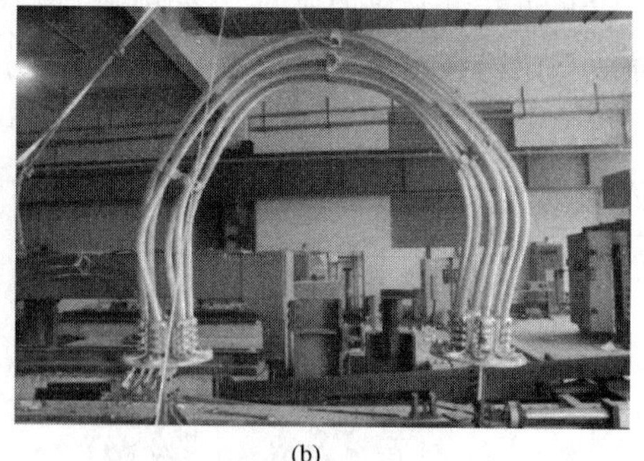
(b)

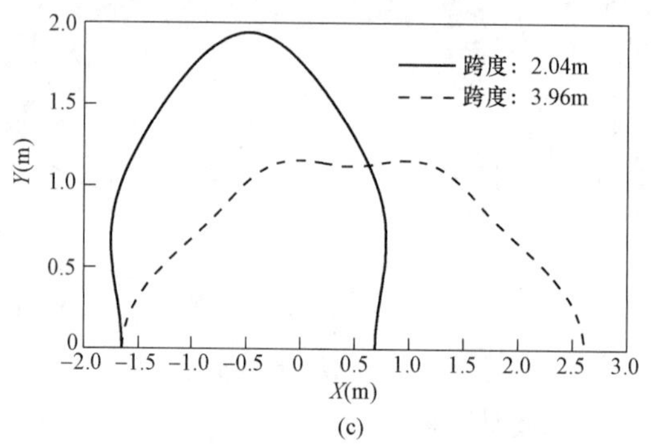

(c)

图 6-25 试验与理论分析的六分裂导线位形对比

（a）跨度 3.96m 时六分裂导线位形；（b）跨度 2.04m 时六分裂导线位形；（c）六分裂导线最外侧子导线位形

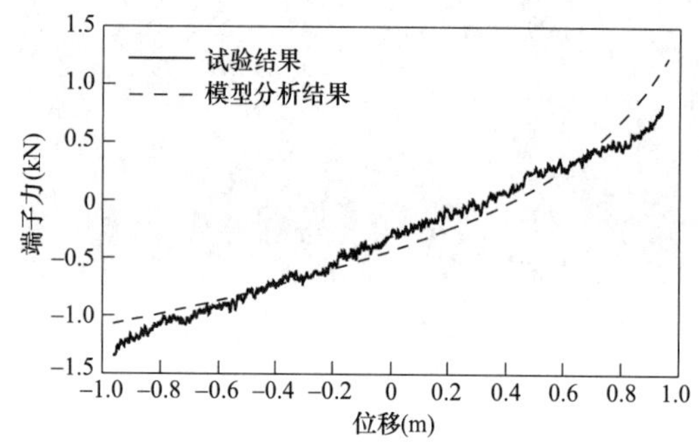


图 6-26 试验与理论分析的六分裂导线端子力对比

### 6.6.5 分裂导线参数分析

在以往研究中，多对单根软导线的力学性能进行分析。另外，通常忽略导线刚度而将其简化为索进行分析建模。为分析考虑软导线抗弯刚度的分裂导线的力学性能，以 LGKK-600 型钢芯铝绞线组成的四分裂导线为例，对分裂导线的位形、端子力等参数进行分析。本节中，未明确说明时，算例中导线长度为 4.2m，初始水平跨度 4.0m，且导线分裂间距为 300mm，导线两端等高。

1. 分裂导线位形与端子力

（1）分裂导线垂度。设分裂导线水平跨度为 $L_b$，分裂导线长度为 $L_4$，定义分裂导线冗余度 $\beta_1$ 为

$$\beta_1 = \frac{L_4 - L_b}{L_b} \tag{6-52}$$

对于变电站中常见的软导线连接，其水平跨度一般在 3～12m 之间。现以国内某 ±800kV 特高压换流站内常见的 4m 水平跨度、5%冗余度的四分裂导线为例，分析不同边界位移下导线位形。为简化计算，间隔棒在导线中等分布置。

不同间隔棒数量下的分裂导线跨中垂度如图 6-27 所示。当间隔棒数量为 2 时，分裂导线各子导线跨中无间隔棒约束，则其上下两根子导线将出现不同的变形，从而呈现不同的垂度。如图 6-27 所示，当分裂导线跨度小于其初始水平跨度 $L_b$时，含有两个间隔棒的分裂导线上部子导线的垂度显著大于下部子导线垂度。无间隔棒、具有 1 个、3 个间隔棒的分裂导线在不同端子位移下的垂度较接近。当分裂导线受压程度较大时，具有 3 个间隔棒分裂导线最大垂度略小于具有 1 个间隔棒或无间隔棒的分裂导线垂度。为分析导线弯曲刚度对分裂导线整体弯曲性能的影响，图 6-27 中还绘制出了将导线简化为无弯曲刚度的悬索时的最大垂度。由图 6-27 可知，将导线简化为无弯曲刚度的悬索进行分析时，将获得较大的垂度值，而根据此垂度值校核的电气设备对地净距及最小安全距离等值将较保守。

(2) 子导线间距。当四分裂导线长度为 4.2m，初始水平跨度为 4m，在地震作用下，设备的位移使导线水平跨度变为 3m 时，含有两个间隔棒的四分裂导线位形如图 6-28 所示。此时，分裂导线内各子导线间距减小，使分裂导线电气等效半径减小，从而可能使此处电气场强发生改变而不满足相关的电气规范要求。另外，为验证模型准确性，同时建立该分裂导线有限元模型，有限元计算结果也在图 6-28 中标明。由图 6-28 可知，本章提出的分裂导线弯曲刚度计算模型在导线位形上结果与有限元结果一致。

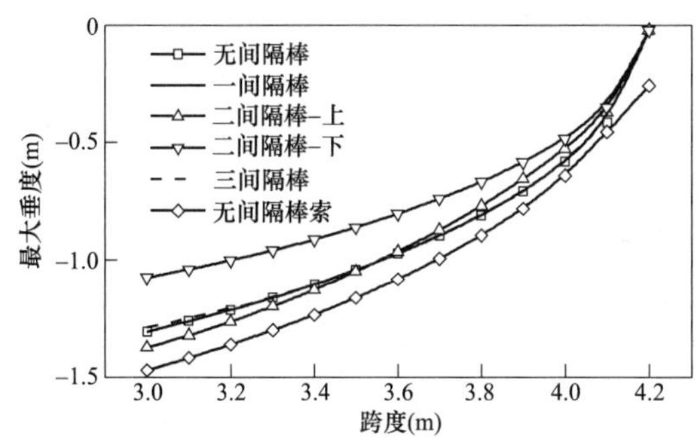


图 6-27　不同跨度下四分裂导线垂度

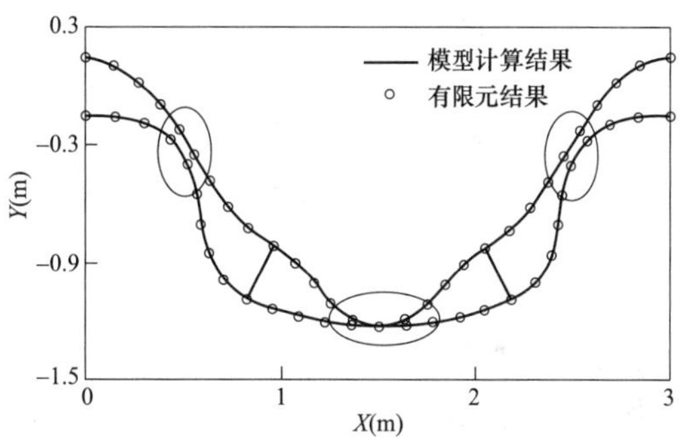


图 6-28　跨度为 3m 时具有两个间隔棒的四分裂导线位形

(3) 分裂导线端子力。由 6.4、6.5 节分析可知，软导线端子力对变电站电气设备耦联体系的抗震性能具有较大的影响。利用本节提出的分裂导线理论模型，可获得分裂导线在不同水平跨度下分裂导线端子力与其水平跨度的关系曲线。

当 LGKK-600 型四分裂导线长度 $L$ 为 4.2m 时，具有不同数量间隔棒的四分裂导线端子力-水平跨度关系曲线如图 6-29 所示。当四分裂导线的跨度小于其初始设计跨度 4.0m 时，导线端子力小于 0，即分裂导线处于受压状态。另外，随着分裂导线内间隔棒数量的增加，相同跨度下导线端子处所受到的压力逐渐增大。间隔棒的存在增强了导线的空间整体性，从而使分裂导线具有更大的抗弯刚度。在相同位移下，具有更多间隔棒的导线具有更大的端子力。为分析软导线抗弯刚度对分裂导线端子力的影响，图 6-29 中绘出了忽略导线抗弯刚度悬索的端子力与水平跨度的关系曲线。忽略软导线抗弯刚度的分裂导线端子力绝对值小于考虑软导线抗弯刚度的端子力绝对值。当变电站电压等级较高，站内软导线分裂数较多时，忽略软导线的弯曲刚度而获得的分裂导线端子力较小，对使用

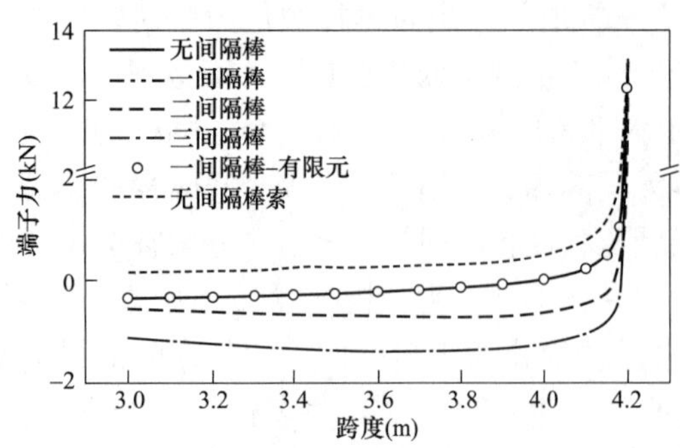

图 6-29　不同数量间隔棒下四分裂导线端子力与跨度关系

软导线连接的电气设备耦联体系进行抗震设计时，将偏于不安全。

另外，由图 6-29 可知，当软导线连接的设备在地震作用下出现异相位运动增加了连接软导线的水平跨度时，将会引起分裂导线的端子力出现较大变化。不论是否考虑导线的弯曲刚度，在分裂导线接近拉直时，导线端子力急剧增加，远大于在分裂导线初始跨度时的端子力。在对变电站耦联体系进行抗震设计时，分裂导线应具有充足的冗余度，从而避免导线中产生较大的张力而引起耦联设备在地震下的牵拉破坏。

2. 分裂间距的影响

为满足不同电压及电流的输送要求，一般情况下，变电站用分裂导线的分裂间距由电气要求决定。为分析由间隔棒连接的分裂导线中分裂间距对导线抗弯刚度的影响，本节对具有不同分裂间距的端子力进行参数分析。当分裂导线长度为 4.2m 时，在不同的水平跨度下，其端子力与分裂间距的关系曲线如图 6-30 所示。由图 6-30 可知，当分裂导线水平跨度为其长度 4.2m 时，具有 2 个和 3 个间隔棒的分裂导线端子力较接近，且在不同分裂间距下，其端子力均为 12kN。当分裂导线的水平跨度等于导线长度时，分裂导线处于拉直状态，故分裂导线的间隔棒数量及分裂间距对导线端子力的影响较小。

在间隔棒作用下，分裂导线中的子导线与间隔棒共同构成格构式结构。其中，子导线可视为格构式结构中的弦杆，而间隔棒可视为格构式结构中的腹杆。当分裂间距小于 0.2m 时，在同一跨度下，随着导线分裂间距的增加，不同子导线之间距离扩大，即格构式结构中弦杆的力臂增加，从而增大了分裂导线的刚度。在相同跨度下，随着分裂间距的增加，分裂导线的端子力逐渐增大。当分裂导线的分裂间距大于 0.2m 时，由于软导线刚度较小且间隔棒距离较远，间隔棒对子导线的约束减弱，从而限制了分裂导线空间效应的增加。故随着导线分裂间距的增加，导线端子力不再继续增加而趋于常数。

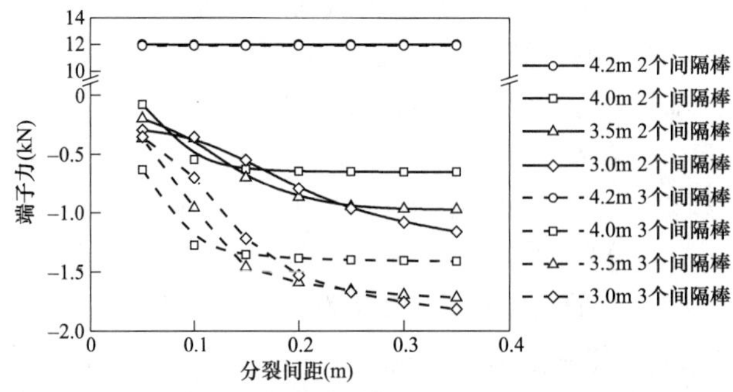

图 6-30　不同间隔棒数量下四分裂导线力端子力与分裂间距关系

另外，由图 6-30，比较具有 2 个和 3 个间隔棒的导线端子力可知，相同位移下，间隔棒数量的增加显著增大了分裂导线的端子力，且缩小了分裂导线格构式结构的弦杆节间距离，从而增大了分裂导线的刚度及其端子力。

3. 分裂导线冗余度的影响

当分裂导线具有较大冗余度时，能有效避免导线内产生较大的张力，从而导致电气设备的破坏；但当导线冗余度较大时，悬链线型导线弧垂较大，从而可能引起软导线的最小安全距离或对地净距的不足。故对采用不同抗震设防等级的变电站耦联电气设备，其连接软导线应具有不同的冗余度。

当分裂导线初始水平跨度为 4.0m，冗余度分别设为 2%、5% 及 10% 时，分裂导线端子力与水平跨度的关系曲线如图 6-31 所示。由图 6-31 可知，当分裂导线水平跨度小于 4.0m 时，其呈受压状态，且冗余度较小的导线的端子压力大于冗余度较大的导线。当导线接近张紧时，分裂导线的端子力由压力转为拉力，且拉力急剧增加。另外，由图 6-31 可知，当分裂导线水平跨度逐渐减小时，其端子压力先增加后减小。这是因为当分裂导线受到端子带来的压力时，导线在重力作用下向下弯曲，由于子导线自身有一定的弯曲刚度，则弯曲的分裂导线形成了一个“倒拱”，从而对端子产生推力。随着导线水平跨度的减小，分裂导线弯曲程度增加，而使该推力随逐渐加大。当导线跨度继续减小时，导线垂度增加，导线轴向与竖直方向夹角减小，则导线中产生更大轴向拉力以平衡导线受到的重力，从而使导线端子受到的压力减小。

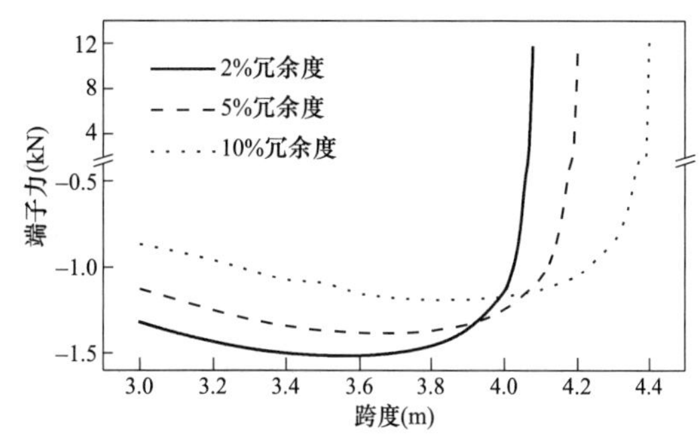


图 6-31 不同冗余度下四分裂导线端子力与跨度关系

4. 分裂导线面外变形的影响

在地震作用下，耦联的电气设备在分裂导线面外也会出现相对位移，从而引起分裂导线出现面外变形。对于电压等级较低的设备，由于其主要使用的是单根软导线，软导线的面外刚度较低，故在以往研究中，通常忽略软导线的面外变形，而只考虑其面内刚度与端子力。随着电压等级的升高，分裂导线逐渐应用于变电站中。由于间隔棒将分裂导线组成了一个类格构式结构，从而增强了分裂导线的面外刚度。故在分裂导线的力学特性分析中，需研究分裂导线面外变形与其端子力及位形的关系，为耦联体系的面外变形研究提供一定的支撑。

当导线在面内保持设计跨度（$L_o$=4.0m），一端固定，一端出现面外变形时，导线的弧垂与导线面外变形位移关系曲线如图 6-32 所示。在图 6-32 中，当分裂导线面内位移使分裂导线跨度减小时，位移为负，反之为正。由图 6-32 可知，当端子位移相同时，面内变形引起的弧垂变化远大于面外变形引起的弧垂变化量，即分裂导线面外变形对导线弧垂的影响较面内变形小。

当导线长度为 4.4m、跨度为 4.0m 时，分裂导线端部面外变形引起的导线面内及面外端子力如图 6-33 所示。由图 6-33 可知，导线面外变形引起的分裂导线在面外方向的端子力远小于面内方向的端子力，且面外方向端子力的变化量也小于面内方向相关变化量。由图 6-33 可知，当导线端部的面外位移较大（>1.0m）时，导线面内端子力将受到面外变形的影响。但对于一般的支柱类特高压耦联电气设备，两设备面外相对位移小于 1.0m。此时，设备在分裂导线的面外方向振动对设备的地震响应影响较小。当设备相对位移大于 1.0m 时（如电容滤波器、阀塔等悬挂类设备），应考虑分裂导线的面外变形对设备地震响应的影响。

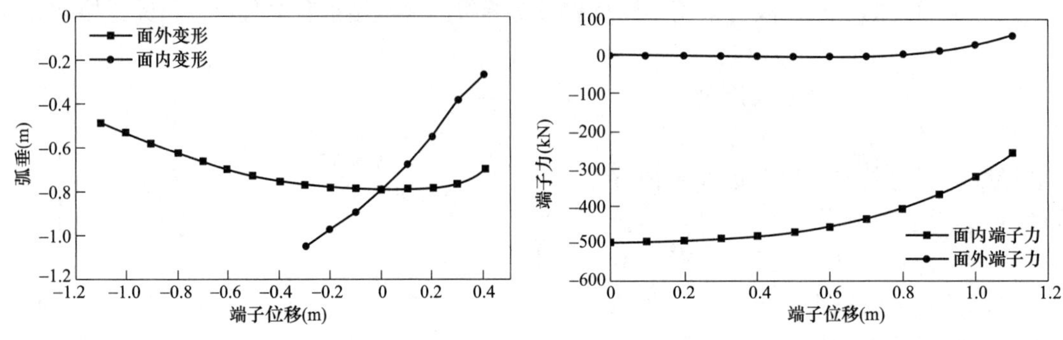


图 6-32　分裂导线弧垂-面内面外位移关系曲线　　图 6-33　分裂导线面外变形引起的端子力

## 6.7　分裂导线连接的电气设备耦联体系地震响应

### 6.7.1　分裂导线连接的特高压电气设备耦联体系动力模型

特高压变电站中常见的分裂导线连接的电气设备耦联体系如图 6-34（a）所示。图 6-34（a）为±800kV 特高压换流站中典型的支柱绝缘子与避雷器的耦联体系。对于±800kV 的特高压设备，其分裂导线与支架等导电部件最小安全对地距离为 10.5m。

为简化动力模型，且特高压电气设备上的集中质量远小于其总质量，故分裂导线耦联体系中暂不考虑特高压电气设备上的集中质量。按第 4 章中安装在支架上的电气设备简化方法，图 6-34（a）中的电气设备可简化为如图 6-34（b）所示。图 6-34（b）中，$EI_e$、$m_e$、$L_e$及 $EI_s$、$m_s$、$L_s$的含义与第 4 章中相同。下标“1”“2”分别表示第 1 个或第 2 个电气设备。

分裂导线对耦联的电气设备的影响主要表现为其端子力。将耦联体系中的分裂导线简化为作用在设备端子处的端子力，则地震作用下耦联的电气设备受到分裂导线面内的作用力如图 6-35 所示。电气设备端子处受到的分裂导线的面外端子力与面内类似。由于特高压电气设备质量远大于分裂导线的质量，故暂不考虑分裂导线在地震下受到的惯性作用。将分裂导线质量简化为两集中质量 $m_c$，分别作用在耦联的电气设备端子处。集中质量 $m_c$ 为分裂导线总质量的一半。

在地震作用下，电气设备受到惯性力、阻尼力及弹性恢复力的作用。另外，受到分裂导线的水平端子力 $F_c$ 及弯矩 $M_c$ 作用。由于竖向端子力对设备地震响应影响较小，故在耦联体系模型中暂不考虑。将分裂导线质量简化为集中质量作用在电气设备顶端后，第 $i$ 个电气设备的质量矩阵与式（4-28）一致。其中

$$\gamma_t=\gamma_c,\gamma_b=0 \tag{6-53}$$

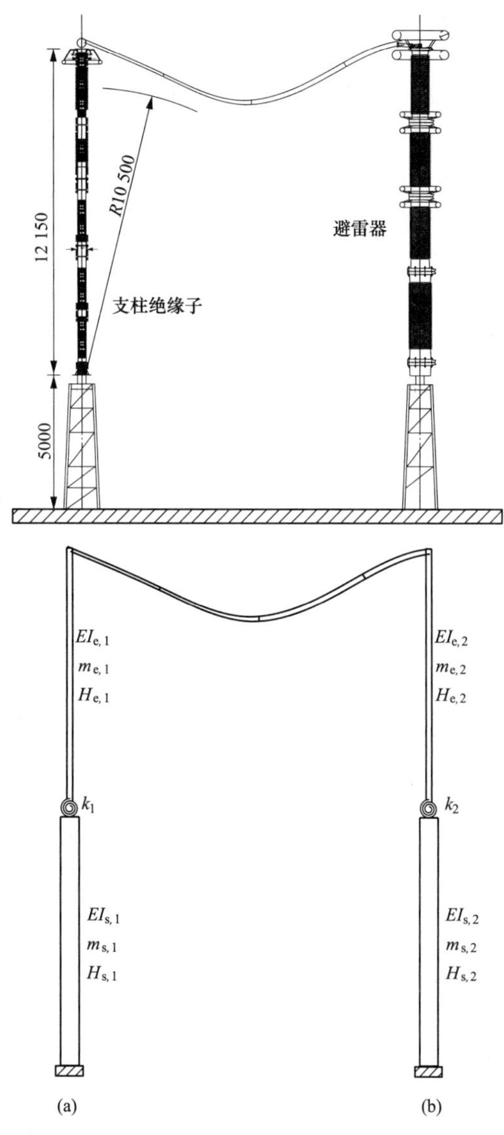


图 6-34　典型的特高压变电站分裂导线耦联的电气设备及其力学模型

（a）软导线耦联设备示意（单位：mm）；（b）设备耦联体系力学模型

且

$$\gamma_c = \frac{m_c}{m_e L_e} \tag{6-54}$$

第 $i$ 个电气设备的刚度矩阵与式（4-27）一致。在地震作用下，耦联的特高压电气设备动力方程为（He，et al. 2021）

$$\begin{cases} [M]_1\{\ddot{u}\}_1 + [C]_1\{\dot{u}\}_1 + [K]_1\{u\}_1 + \{H_c\} = -[M]_1\{I\}\ddot{u}_g \\ [M]_2\{\ddot{u}\}_2 + [C]_2\{\dot{u}\}_2 + [K]_2\{u\}_2 - \{H_c\} = -[M]_2\{I\}\ddot{u}_g \end{cases} \tag{6-55}$$

式中　下标“1”、“2”——第 1 个或第 2 个电气设备；

$\{u\}$——电气设备各自由度组成的位移向量；

$[C]$——电气设备阻尼矩阵，当设备阻尼比确定时，可通过瑞利阻尼系数确定；

$\ddot{u}_g$——地震动加速度时程；

$\{I\}$——单位向量；

$\{H_c\}$——分裂导线端子力向量，即

$$\{H_c\}=\{0 \quad 0 \quad 0 \quad F_c \quad M_c\}^{\mathrm{T}} \tag{6-56}$$

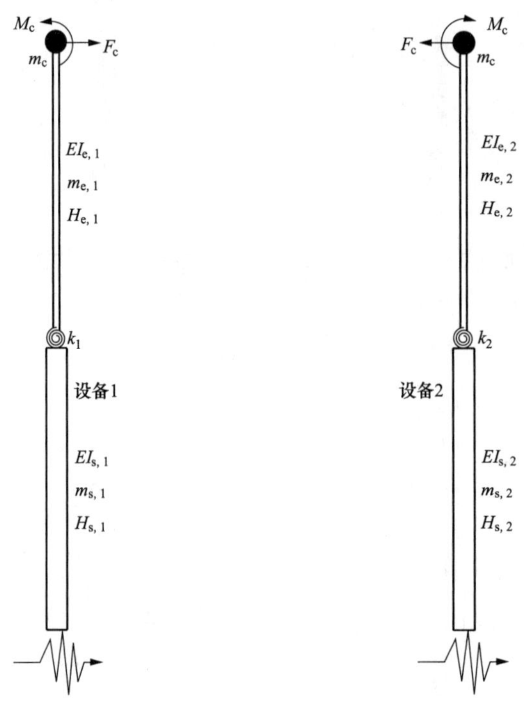


图 6-35　耦联电气设备受分裂导线作用力示意

式（6-57）即为分裂导线连接的特高压电气设备耦联体系动力模型。

由于分裂导线端子力与分裂导线的跨度，即耦联电气设备的相对位移有关，故分裂导线力向量 $\{H_c\}$ 表征了两个电气设备的耦联关系。另外，由分裂导线参数分析可知，分裂导线的端子力与跨度之间具有非线性关系。

### 6.7.2　动力模型数值计算方法

1. 耦联体系的时程分析方法

对于具有非线性特性的结构，使用纽马克-$\beta$(Newmark-$\beta$) 法可以较高效率及精度求得结构的地震响应。对于式（6-55）中的第 1 式，考虑 $t_{j+1}$时刻及 $t_j$时刻的表达式，可得在 $t_j$时刻的增量方程为

$$[M]_1\{\Delta\ddot{u}\}_{1,j}+[C]_1\{\Delta\dot{u}\}_{1,j}+[K]\{\Delta u\}_{1,j}+\{\Delta H_c\}_j=-[M]_1\{I\}\ddot{u}_{g,j} \tag{6-57}$$

式（6-58）中，下标 $j$ 表示 $t_j$时刻。$\Delta$ 表示响应变量从 $t_j$时刻到 $t_{j+1}$时刻的增量。

对于纽马克-$\beta$（Newmark-$\beta$）法，当 $\alpha=1/2$、$\beta=1/6$ 时，有

$$\{\Delta\ddot{u}\}_{1,j}=6\frac{\{\Delta u\}_{1,j}}{\Delta t^2}-6\frac{\{\dot{u}\}_{1,j}}{\Delta t}-3\{\ddot{u}\}_{1,j} \tag{6-58}$$

$$\{\Delta\dot{u}\}_{1,j}=3\frac{\{\Delta u\}_{1,j}}{\Delta t}-3\{\dot{u}\}_{1,j}-\frac{1}{2}\{\dot{u}\}_{1,j}\Delta t \tag{6-59}$$

将式（6-58）及式（6-59）代入式（6-57），有

$$\left(\frac{6}{\Delta t^2}[M]_1+\frac{3}{\Delta t}[C]_1+[K]_1\right)\{\Delta u\}_{1,j}=[M]_1\left(-\{\Delta\ddot{u}_g\}_{1,j}+6\frac{\{\dot{u}\}_{1,j}}{\Delta t}+3\{\dot{u}\}_{1,j}\right)$$

$$+[C]_1\left(3\{\dot{u}\}_{1,j}+\frac{1}{2}\{\ddot{u}\}_{1,j}\Delta t\right)-\{\Delta H_c\}_j \tag{6-60}$$

根据纽马克-$\beta$（Newmark-$\beta$）法，令

$$[\overline{K}]_{1,j}=\frac{6}{\Delta t^2}[M]_1+\frac{3}{\Delta t}[C]_1+[K]_1 \tag{6-61}$$

$$\{\Delta P\}_{1,j}=[M]_1\left(-\{\Delta\ddot{u}_g\}_{1,j}+6\frac{\{\dot{u}\}_{1,j}}{\Delta t}+3\{\dot{u}\}_{1,j}\right)+[C]\left(3\{\dot{u}\}_{1,j}+\frac{1}{2}\{\dot{u}\}_{1,j}\Delta t\right) \tag{6-62}$$

则式（6-60）可写为

$$[\overline{K}]_{1,j}\{\Delta u\}_{1,j}=\{\Delta P\}_{1,j}-\{\Delta H_c\}_j \tag{6-63}$$

式（6-61）为结构的拟静力刚度矩阵，式（6-62）为拟静力荷载向量。式（6-62）即为分裂导线耦联体系中设备 1 的振动方程。与单体设备的纽马克-$\beta$(Newmark-$\beta$）法不同，式（6-63）中的 $\{\Delta H_c\}_j$项，体现了分裂导线的作用。对于设备 2［式（6-55）中第 2 式］，类似有

$$[\overline{K}]_{2,j}\{\Delta u\}_{2,j}=\{\Delta P\}_{2,j}+\{\Delta H_c\}_j \tag{6-64}$$

其中

$$[\overline{K}]_{2,j}=\frac{6}{\Delta t^2}[M]_2+\frac{3}{\Delta t}[C]_2+[K]_2 \tag{6-65}$$

$$\{\Delta P\}_{2,j}=[M]_2\left(-\{\Delta\ddot{u}_g\}_{2,j}+6\frac{\{\dot{u}\}_{2,j}}{\Delta t}+3\{\ddot{u}\}_{2,j}\right)+[C]\left(3\{\ddot{u}\}_{2,j}+\frac{1}{2}\{\dot{u}\}_{2,j}\Delta t\right) \tag{6-66}$$

对于 $t_j$时刻，式（6-61）和式（6-62）、式（6-65）和式（6-66）中各变量均已知，则确定了 $\{\Delta H_c\}_j$后，可求解式（6-63），获得位移增量 $\{\Delta u\}_{1,j}$；求解式（6-64），获得位移增量 $\{\Delta u\}_{2,j}$。但在式（6-63）和式（6-64）中，$t_j\sim t_{j+1}$时刻的端子力增量 $\{\Delta H_c\}_j$未知，故考虑使用迭代的方法求解 $\{\Delta H_c\}_j$。

当位移增量已知后，可利用式（6-59）可求得结构的速度增量。为避免计算中产生累计误差，可利用增量动力平衡方程式（6-57）计算加速度增量。对于设备 1，有

$$\{\Delta\ddot{u}\}_{1,j}=-\{I\}\ddot{u}_{g,j}+[M]_1^{-1}([C]_1\{\Delta\dot{u}\}_{1,j}+[K]\{\Delta u\}_{1,j}+\{\Delta H_c\}_j) \tag{6-67}$$

对于设备 2，有

$$\{\Delta\ddot{u}\}_{2,j}=-\{I\}\ddot{u}_{g,j}+[M]_2^{-1}([C]_2\{\Delta\dot{u}\}_{2,j}+[K]\{\Delta u\}_{2,j}-\{\Delta H_c\}_j) \tag{6-68}$$

2. 分裂导线端子力的迭代

由于 $t_{j+1}$时刻两耦联设备位移未知，故无法求出 $t_{j+1}$时刻分裂导线端子力 $\{H_c\}_{j+1}$的精确值，则增量 $\{H_c\}_{j+1}$未知，方程式（6-63）和式（6-64）不可解。在求解方程式（6-63）和式（6-64）时，可采用迭代方法求解。

对于 $t_{j+1}$时刻的初次迭代，假设 $\{\Delta H_c\}_j=\{\Delta H_c\}_{j-1}$ 且 $\{H_c\}_{j+1}=\{H_c\}_j+\{\Delta H_c\}_j$，代入

式（6-63）和式（6-64），可解出位移增量初始值$\{\Delta u\}_{1,j}^{0}$及$\{\Delta u\}_{2,j}^{0}$，求得$t_{j+1}^{0}$时刻位移后，可得分裂导线在$t_{j+1}^{0}$时刻跨度，从而可利用相关方法求得分裂导线的端子力$\{H_c\}_{j+1}^{1}$，则可获得该迭代步后的端子力增量，即

$$\{\Delta H_c\}_j^{(1)}=\{H_c\}_{j+1}^{(1)}-\{H_c\}_j \tag{6-69}$$

定义分裂导线端子力向量增量的相对范数为

$$\frac{\|\Delta H_c\|_j^{(i)}}{\|\Delta H_c\|_j^{(0)}}=\sqrt{\frac{\sum_{k=1}^{5}(\Delta H_k^2)_j^{(i)}}{\sum_{k=1}^{5}(\Delta H_k^2)_j^{(0)}}} \tag{6-70}$$

式中　$H_k$——端子力向量中的各元素。

分裂导线端子力增量向量的范数为

$$\|\Delta H_c\|_j^{(i)}=\sqrt{\sum_{k=1}^{5}(\Delta H_k)_j^{(i)}} \tag{6-71}$$

式中　$\Delta H_k$——端子力增量向量中的各元素。

将式（6-69）代入式（6-70）及式（6-71），即可获得进一步迭代值。经过$i$次迭代后，当端子力向量增量的相对范数小于$10^{-6}$，且端子力增量向量的范数小于$10^{-2}$时，迭代停止。可认为此时设备位移及分裂导线的端子力即为$t_{j+1}$时刻相应值。

### 6.7.3　分裂导线对耦联体系地震响应的影响

为研究分裂导线连接的特高压电气设备耦联体系的地震响应，从太平洋地震研究中心地震动数据库中选取6条地震波，并对地震波进行修正。另外，还补充了人工波2进行计算。定义耦联体系导线平面内水平方向为$X$向，垂直于$X$向的水平方向为$Y$向，竖直方向为$Z$向。利用本章模型分析分裂导线连接的特高压电气设备耦联体系地震响应时，对于不同地震动，不同方向的零周期加速度（zero period acceleration，$ZPA$）比值分别为$X:Y:Z=1:0.85:0.65$。

1. 分裂导线冗余度的影响

为分析不同冗余度导线对特高压电气设备的影响，对分裂导线的冗余度进行参数分析。为控制变量，在分析时，地震动仅在$X$方向输入。为简化分析，支架与设备质量比$\alpha_m$、刚度比$\alpha_{EI}$、高度比$\alpha_L$均取1.0，柔性节点刚度比$\alpha_k$取$10^3$。考虑特高压变电站电气设备实际频率范围，在参数分析中，设备1的频率取5Hz，设备2频率为1Hz。设备阻尼比取2%。

在对分裂导线连接的特高压电气设备耦联体系进行抗震性能分析时，采用所示LGKK-600型扩径空心钢芯铝绞线。参照某±800kV特高压直流工程，对耦联体系跨度取4m。在参数分析中，导线的冗余度分别取2%、3%、4%、5%、8%、10%、12%及14%，即分裂导线长度分别为4.08m、4.12m、4.16m、4.20m、4.32m、4.40m、4.48m及4.56m。在本节数值分析中，未特别说明的情况下，软导线采用四分裂导线，分裂间距300mm，且在分裂导线中均匀布置了3个间隔棒。

在以往电气设备地震破坏中，瓷质电气设备往往在其根部截面发生断裂，故其根部截面的应力是判定电气设备抗震性能的一个关键指标。当$ZPA$为$0.2g$与$0.4g$时，在7条地震

波作用下，设备 1 与设备 2 根部截面应力最大值的均值如图 4-11 所示。在图 6-36 中，绘制出了两耦联设备在单体时的地震响应。由图 6-36 可知，经过分裂导线连接后，较单体设备，设备 1 的应力响应增加，设备 2 应力的应力响应较小，即分裂导线增加了高频设备的地震响应，降低了低频设备的地震响应。

随着分裂导线冗余度的增加，电气设备间耦联效应逐渐降低，设备响应逐渐与单体时接近。当地震动 $ZPA$ 为 $0.4g$、冗余度为 14%时，耦联体系地震动响应与单体设备接近；当地震动 $ZPA$ 为 $0.2g$、分裂导线冗余度大于 8%时，分裂导线的耦联效应不明显。分裂导线对耦联的电气设备的影响与地震动强度相关，随着地震动强度的增加，分裂导线的耦联效应越强。为避免分裂导线对电气设备的不利影响，在高地震烈度时，分裂导线应设置更大的冗余度。

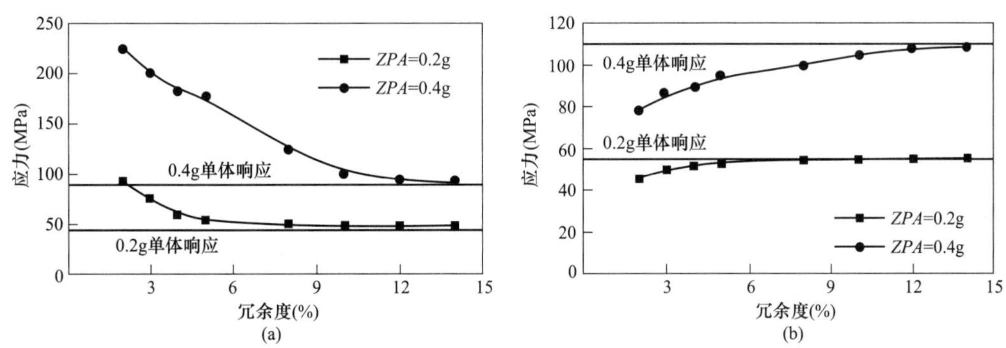


图 6-36　不同冗余度下，耦联电气设备的应力响应

（a）不同冗余度下设备 1 应力响应；（b）不同冗余度下设备 2 应力响应

由式（6-55）可知，分裂导线对耦联的电气设备的影响主要体现在其作用在设备上的端子力上，考虑导线抗弯刚度后，除分裂导线轴向力外，其作用下电气设备端子处的集中弯矩也需要考虑。在 $ZPA$ 分别为 $0.2g$ 及 $0.4g$ 时，分裂导线轴向张力及端子弯矩分别如图 6-37 所示。则当分裂导线冗余度不足时，将产生较大的端子拉力及弯矩。

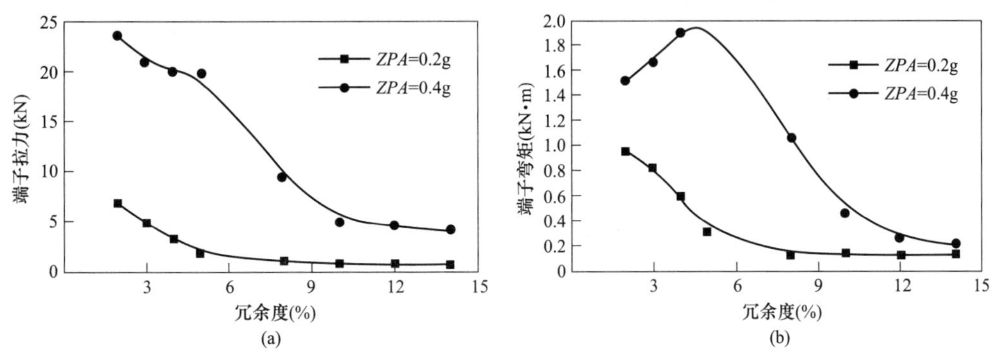


图 6-37　不同冗余度下，分裂导线的端子荷载

（a）不同冗余度下分裂导线端子拉力；（b）不同冗余度下分裂导线端子弯矩

由图 6-36 可知，在 $ZPA$ 分别为 $0.2g$ 及 $0.4g$，分裂导线冗余度分别大于 8%及 14%时，电气设备耦联效应较弱。由图 6-37 可知，当软导线耦联效应较弱时，仍有一定的端子

力作用在电气设备顶部。当 $ZPA$ 为 $0.4g$ 时，最小端子力为 4kN；而当 $ZPA$ 为 $0.2g$ 时，最小端子力为 0.7kN。故在对单体电气设备抗震性能进行校核时，即使分裂导线冗余度较大，设备间耦联效应较低，仍需在设备顶部施加一定的集中力，以模拟分裂导线端子力的作用。

在不同的冗余度下，设备 1 与设备 2 顶部之间的相对位移最大及最小值如图 6-38 所示。当两设备相对位移为正时，两设备顶部互相远离；当设备间相对位移为负时，设备顶部相互靠近。由图 6-38 可知，在分裂导线耦联下，耦联体系的最大相对位移小于单体时两设备间的相对位移，即分裂导线在两设备间产生了牵拉作用，抑制了两设备相背的地震位移。

$ZPA$ 为 $0.2g$，导线冗余度小于 6%时，耦联体系的最小相对位移大于单体时的最小相对位移。当分裂导线冗余度小于 6%时，分裂导线整体受压刚度较大。在地震作用下，分裂导线内产生压力，此压力抑制了两个设备的相向运动，从而使耦联设备间的最小相对位移大于单体设备间的最小相对位移。随着分裂导线冗余度的逐渐增加，分裂导线受压刚度逐渐降低。故耦联设备间的最小相对位移逐渐减小，且小于单体设备间的相对位移值。在地震作用下，如图 6-37（a）所示，分裂导线中会产生较大张拉力。当分裂导线冗余度较大时，其抗压刚度相对较低，故分裂导线中的牵拉力会使耦联的电气设备出现相向运动，减小设备间的最小相对位移值。

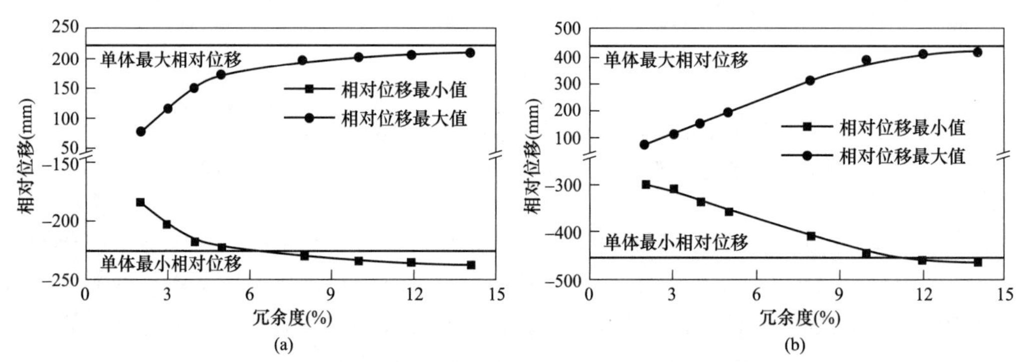


图 6-38　不同冗余度下，耦联设备间最大及最小相对位移

（a）ZPA 为 $0.2g$ 时，设备间相对位移；（b）ZPA 为 $0.4g$ 时，设备间相对位移

在 $ZPA$ 分别为 $0.2g$ 及 $0.4g$ 时，耦联设备间的最大相对位移与分裂导线冗余长度对比如图 6-39 所示。由图 6-39 可知，当 $ZPA$ 为 $0.2g$ 时，冗余度小于 4%时，分裂导线在地震下被张紧，从而产生了较大的牵拉力；当 $ZPA$ 为 $0.4g$ 时，冗余度小于 8%时，导线在地震作用下被张紧。对比图 6-36 中的设备应力响应可知，当导线张紧后，将显著增大耦联的高频设备的应力响应。但即使分裂导线在地震作用下未张紧，其依旧会显著放大高频设备的地震响应。在对分裂导线连接的电气设备耦联体系进行抗震设计时，应考虑这种放大作用。

2. 软导线抗弯刚度的影响

为分析分裂导线中子导线抗弯刚度对电气设备耦联体系抗震性能的影响，改变 LGKK-600 型导线的弹性模量。在参数分析中，分别取其弹性模量为真实 LGKK-600 型导线的 2 倍、3 倍、4 倍、5 倍及 10 倍。由图 6-36（a）可知，在地震动 $ZPA$ 为 $0.4g$ 时，分裂导线冗余度分别为 2%、10%及 14%时，分裂导线对耦联设备体系的作用处于 3 个不同的状态。

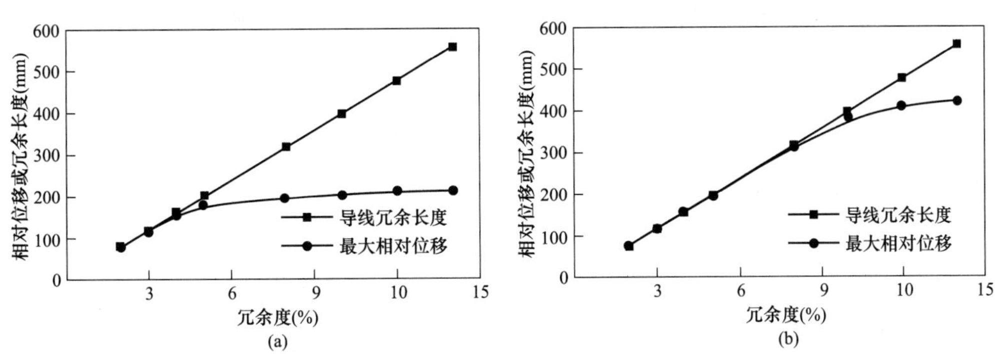


图 6-39　不同冗余度下，耦联设备间最大相对位移与导线冗余长度对比

(a) 相对位移与冗余长度对比（0.2$g$）；(b) 相对位移与冗余长度对比（0.4$g$）

当冗余度为 2%时，分裂导线在地震下被张紧，产生的冲击荷载放大了高频设备的地震响应；当冗余度为 10%时，分裂导线的端子力放大了高频设备的地震响应，但导线未出现张紧状态。

在不同的子导线刚度下，不同冗余度分裂导线连接的特高压电气设备根部截面最大应力如图 6-40 所示。在图 6-40 中，当子导线采用不同的弹性模量值时，在 3 种不同的状态下，不同刚度的导线连接的电气设备应力响应较接近，即子导线抗弯刚度对耦联体系的应力响应影响较小。

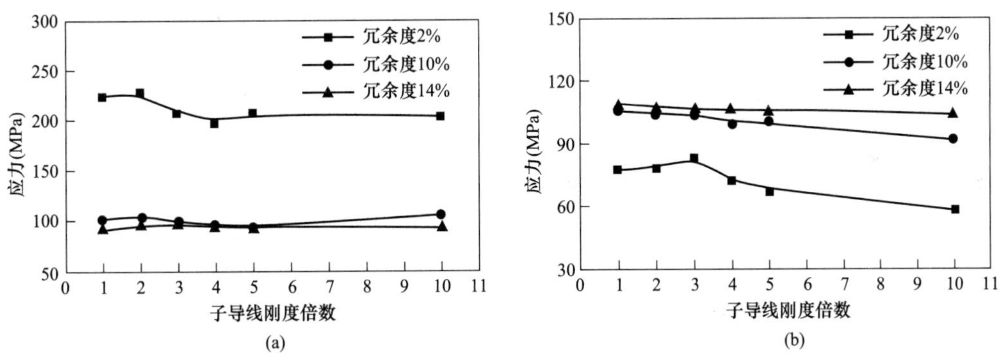


图 6-40　子导线刚度对设备应力响应的影响

(a) 子导线刚度对设备 1 应力的影响；(b) 子导线刚度对设备 2 应力的影响

在不同刚度的分裂导线的连接下，电气设备的最大位移如图 6-41 所示。由图 6-41（a）可知，分裂导线中子导线刚度对高频设备的位移影响较小。另外，由于高频设备位移小于低频设备，故刚度效应对高频设备位移的影响可不考虑。在特高压变电站中，低频电气设备往往具有较大的地震位移。这种大位移除造成导线的牵拉等不利影响外，也会影响电气设备间及导线与地面或金属支架之间的电气净距。减小低频设备的位移响应，可显著减小此种不利影响。由图 6-41（b）可知，增大分裂导线中子导线刚度可降低低频设备位移。当导线冗余度较小时，此种效果更明显。耦联设备间相对位移最大及最小值如图 6-42 所示。由图 6-42 可知，增大分裂导线中子导线的弯曲刚度，可显著减小耦联设备间的最小间距，从而可减小耦联电气设备间净距要求。当需要降低低频设备位移响应，增加电气设备间电气净距时，在

导线导流能力等电气性能满足要求的前提下，可使用具有更大抗弯刚度的子导线组成的分裂导线来连接特高压电气设备。

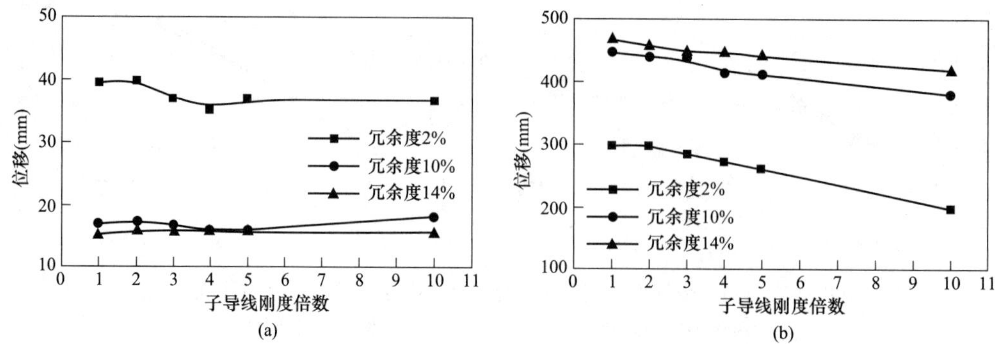


图 6-41 子导线刚度对设备位移响应的影响

（a）子导线刚度对设备 1 位移的影响；（b）子导线刚度对设备 2 位移的影响

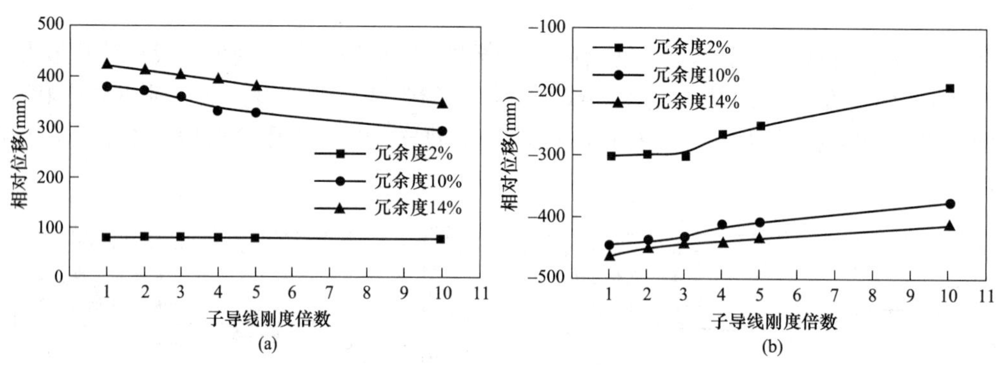


图 6-42 子导线刚度对耦联设备相对位移的影响

（a）子导线刚度对相对位移最大值的影响；（b）子导线刚度对相对位移最小值的影响

3. 分裂导线中间隔棒的影响

间隔棒可减小分裂导线的次档距，以防止分裂子导线在短路冲击荷载作用下间距过小而出现电气问题，间隔棒一般根据电流大小及分裂导线次档距等电气要求确定。由针对分裂导线的参数分析可知，间隔棒在一定程度上影响了分裂导线的刚度。故本节对具有不同间隔棒的分裂导线耦联体系进行参数分析，以期获得间隔棒数量对耦联体系抗震性能的影响规律。

具有 0 个、2 个及 3 个间隔棒的不同冗余度的分裂导线连接的电气设备应力响应如图 6-43 所示。由图 6-43 可知，增加间隔棒能减小耦联电气设备的地震响应。但由于特高压变电站所用软导线整体刚度较小，间隔棒数量在 0～3 之间变化时，间隔棒数量对电气设备的应力响应影响较小。对于特高压变电站分裂导线，其相邻间隔棒距离一般在 1m 左右。若要充分发挥间隔棒对分裂导线的约束作用，增加分裂导线整体的空间刚度，应继续增加间隔棒数量。但也应校核具有多间隔棒的分裂导线的变形能力及其耦联的电气设备的抗震性能，避免过多的间隔棒使设备间“软连接”变为“硬连接”。如图 6-44 所示，间隔棒数量对耦联的电气设备顶部最大位移也有类似规律。

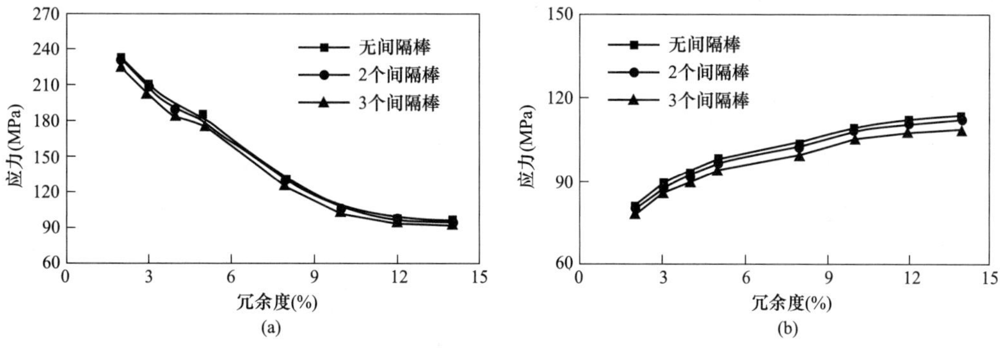


图 6-43　间隔棒数量对耦联电气设备根部最大应力的影响

（a）间隔棒数量对设备 1 根部应力的影响；（b）间隔棒数量对设备 2 根部应力的影响

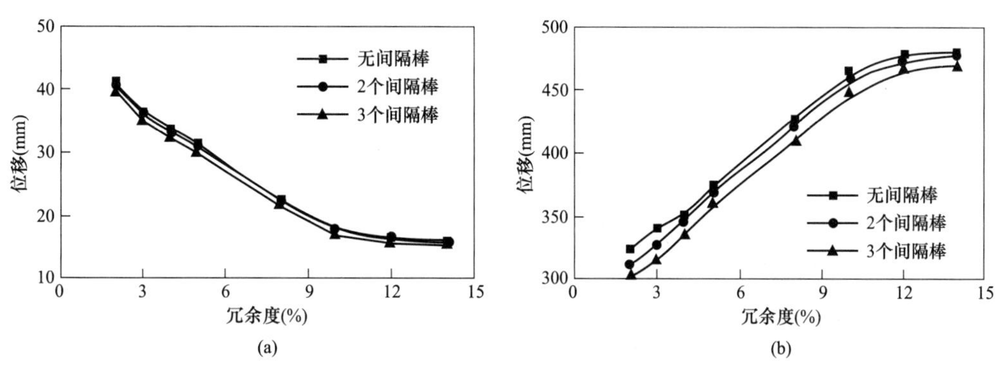


图 6-44　间隔棒数量对耦联电气设备顶部最大位移的影响

（a）间隔棒数量对设备 1 顶部位移的影响；（b）间隔棒数量对设备 2 顶部位移的影响

### 6.7.4　电气设备频率对耦联体系地震响应的影响

为获得耦联设备频率对耦联体系抗震性能的影响，本节对设备频率进行参数分析。定义设备频率比为设备 2 与设备 1 基频的比值（$f_2/f_1$），设备频率选特高压变电站支柱类电气设备常见频率 0.5～5Hz。

定义应力反应比为电气设备在耦联状态下的最大应力响应与单体时最大应力响应的比值。当应力反应比大于 1 时，则说明耦联体系放大了电气设备的应力响应，反之则是耦联体系降低了电气设备的应力响应。在 ZPA 为 0.4$g$ 的 7 条地震波作用下，当设备 1 的频率分别为 0.5Hz、1Hz、2.5Hz 及 5Hz 时，不同频率比下设备根部应力反应比如图 6-45 所示。当耦联电气设备的频率、阻尼比一致时，耦联电气设备在地震下表现为同相位运动，分裂导线质量对设备应力响应影响较小，耦联电气设备应力反应比接近 1。

由图 6-45 可知，耦联体系将放大高频设备的应力响应，且减小低频设备的地震响应。随着设备频率比的增加，高频设备的应力反应比逐渐增加，最大反应比大于 2。低频设备的应力反应比逐渐减小。另外，对比不同频率的设备 1 下耦联体系的应力反应比，当设备 1 频率越小时，高频设备的反应比越大。故在评估耦联体系的抗震性能及对软导线的位形及冗余度进行设计时，不仅应考虑耦联设备的频率比，还应关注低频设备的频率。当耦联体系中有

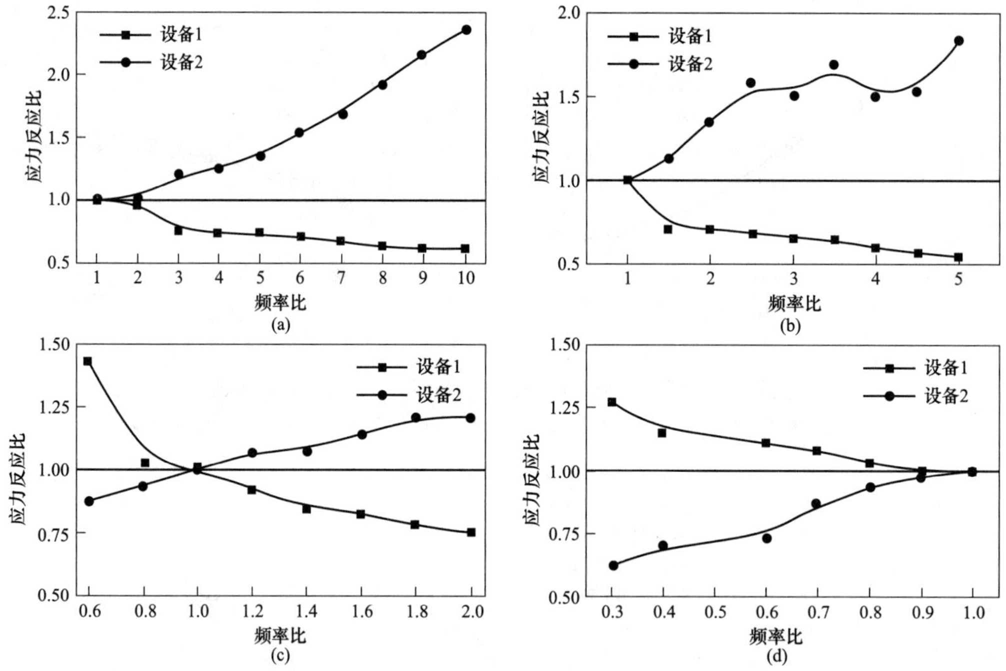


图 6-45　设备应力反应比与设备频率比的关系

(a) 应力反应比与频率比的关系（$f_1$=0.5Hz）；(b) 应力反应比与频率比的关系（$f_1$=1Hz）

(c) 应力反应比与频率比的关系（$f_1$=2.5Hz）；(d) 应力反应比与频率比的关系（$f_1$=5Hz）

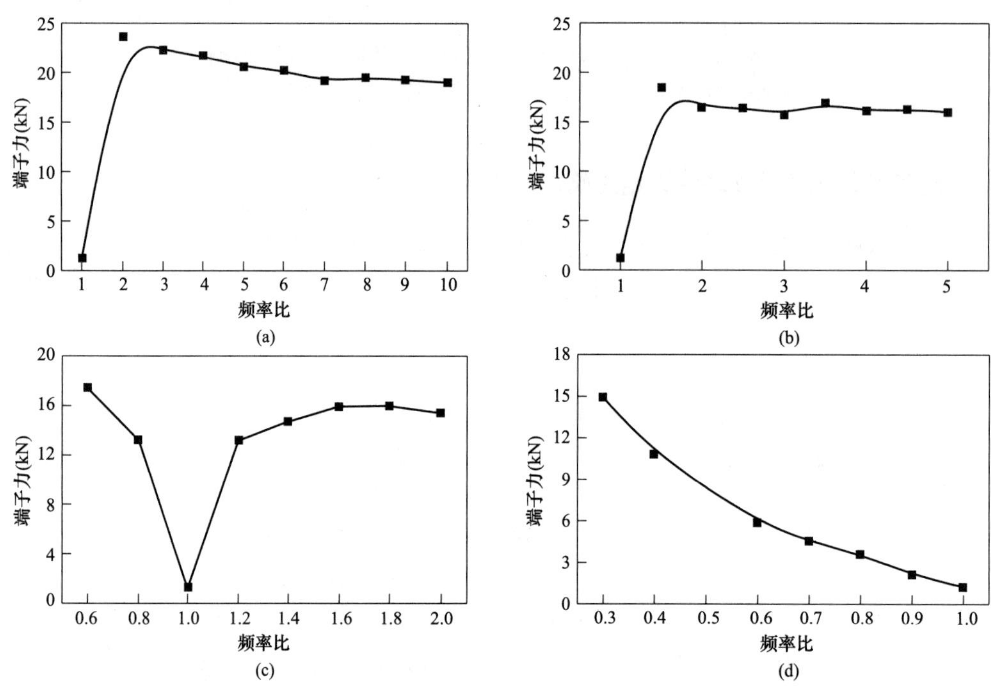


图 6-46　分裂导线端子力与设备频率比的关系

(a) 导线端子力与频率比的关系（$f_1$=0.5Hz）；(b) 导线端子力与频率比的关系（$f_1$=1Hz）

(c) 导线端子力与频率比的关系（$f_1$=2.5Hz）；(d) 导线端子力与频率比的关系（$f_1$=5Hz）

频率较低的设备时，分裂导线应留有更大的冗余度，以避免导线在地震下被张紧。

不同设备频率及设备频率比下，分裂导线作用下设备顶部端子处的最大端子拉力如图 6-46 所示。由图 6-46 可知，当耦联的电气设备频率及阻尼比一致时，设备出现同相位振动，导线未被张拉，故此时分裂导线的端子力为最小值。当设备 1 的频率分别为 0.5Hz 及 1Hz 时，分裂导线在地震作用下被张紧。在不同的频率比下（$f_2/f_1 \neq 1$），分裂导线的端子力整体上较接近。当设备 1 的频率为 0.5Hz 时，分裂导线端子力响应大于设备 1 频率为 1Hz 时的端子力响应；当设备 1 的频率分别 2.5Hz 及 5Hz 时，在部分工况下，分裂导线未被张紧。由图 6-46（c）、（d）可知，在分裂导线未被张紧时，随着设备频率比与 1 的差值的增加，设备间相对位移增加，分裂导线的端子力逐渐增大。

## 6.8 小　　结

本章建立了软导线的力学模型。在此基础上，建立了由分裂导线连接的特高压电气设备耦联体系的动力模型，以分析电气设备耦联体系的地震响应。本章利用该模型，对电气设备耦联体系中分裂导线的冗余度、导线抗弯刚度、分裂导线的分裂间距、间隔棒数量、分裂导线的阻尼及耦联的电气设备频率比等因素的影响进行了研究，获得了由软导线连接的特高压支柱类设备耦联体系地震响应特征与机理，并得到主要结论如下：

（1）软导线的初始跨度及垂跨比一定的情况下，水平张力及张力刚度随着跨度的变大而增大，跨度越大其增大的速率越快。悬索的张力刚度由几何张力刚度及拉伸刚度两部分组成，根据串联弹簧体系的原理可以得到悬索的张力刚度。

（2）随着分裂导线跨度的变化，分裂导线间子导线的距离将发生改变，从而可能影响分裂导线的电气性能。在一定范围内增加分裂导线的分裂间距及间隔棒数量，能增加分裂导线的空间效应，从而增加其整体刚度。

（3）当地震动烈度较大时，软导线将增加耦联体系中高频设备的地震响应。耦联体系中，设备间的频率比及设备单体下的频率对耦联体系的抗震性能均有一定的影响。其中，低频设备的大位移将引起分裂导线的跨度发生变化，故对耦联体系进行抗震分析时，不仅应考虑耦联设备的频率比，还应关注低频设备的频率。

（4）软导线的刚度对耦联体系中设备的频率有一定的影响。由于软导线的质量远小于电气设备的质量，增加分裂导线中子导线的抗弯刚度，将增加耦联体系在平面内的频率；增加软导线的冗余度，将降低耦联体系的频率。当软导线冗余度较小时，电气设备间耦联相互作用显著。在电气设备的振动中，将出现另一耦联设备的振动分量。

# 第 7 章

# 硬导线连接的电气设备抗震性能分析

## 7.1 引　言

第 6 章介绍了软导线连接电气设备的抗震性能，除此之外，变电站设备还有另外一种广泛采用的连接形式——硬导线连接。硬导线一般为金属圆管，与设备通过连接金具或者连接件进行连接。相较于软导线，硬导线自身刚度更大，引起的设备间相互作用更为明显，使得硬导线连接的设备耦联体系动力特性与地震响应相比于设备单体均有较大的区别。

硬导线自身构造十分简单，因此，目前研究的重点集中于连接后设备的响应同单体设备的区别以及硬导线连接金具和连接件连接作用特点。1999 年，丘里金（Kiureghian）等人给出了硬导线连接设备的理论计算模型，将耦联体系简化为弹簧—阻尼单元—质量体系，通过反应谱法进行计算，发现设备连接后，高频设备的地震响应放大明显。2000 年菲利亚特洛（Filiatrault）等人研究了变电站硬导线连接设备的连接件形状对于设备地震响应的影响以及连接件的滞回性能。而国内对于硬导线连接设备的研究主要以有限元分析及振动台试验为主。例如，对硬导线连接局部设备回路的研究，发现绝缘子顶端与硬导线间直接固定连接和采用伸缩夹连接得到的体系地震响应结果完全不同；对硬导线连接的避雷器和互感器的振动台试验研究中发现：连接设备的地震响应小于对应的单体设备，因此可采用在单体设备顶端施加配重的方式来等效简化，根据单体设备在地震作用下的位移估算结果设计滑动金具滑动槽长度。

硬导线连接的设备耦联体系的地震响应与单体设备差异可能较大。仅以单体设备的抗震评估方法来指导耦联设备的设计，无法确保安全可靠，需要对连接设备进行进一步的试验及理论分析。基于此，本章首先采用有限元数值模拟研究初步分析对比支柱类设备单体及硬导线耦联体系的抗震性能。然后给出了硬导线连接耦联体系的整体分析，以及隔离分析两种理论分析方法，并通过足尺±800kV 复合支柱绝缘子及硬导线耦联体系的振动台试验，对理论分析方法的有效性与准确性进行验证。最后通过对理论模型的参数分析，给出了硬导线耦联体系抗震设计的相关建议。

## 7.2 特高压复合支柱绝缘子耦联体系抗震性能数值分析

支柱绝缘子是最简单的支柱类设备，同时也是耦联电气设备体系中最常见的组成部件。本章从硬导线连接的复合支柱绝缘子耦联体系入手，建立有限元模型，对其动力特性及地震响应初步分析，并研究硬导线的连接作用机理。

### 7.2.1 有限元仿真模型

为研究复合支柱绝缘子的抗震性能及硬导线连接作用的影响，按照某特高压换流站复合支柱绝缘子原型建立了复合支柱绝缘子单体的有限元模型如图 7-1（a）所示，计算分析绝缘子单体抗震性能；并在此基础上增加硬导线和连接金具，建立复合支柱绝缘子耦联体系的精细化有限元模型，对比单体计算结果，研究硬导线连接的耦联体系的抗震性能，以及连接作用机理。单体支柱绝缘子整体高度为 17.27m，其中支柱绝缘子构件由五段支柱绝缘子段构成，高度为 12.27m，格构式支架高度为 5.00m，均压环以集中质量形式作用在绝缘子顶部，质量为 332kg。

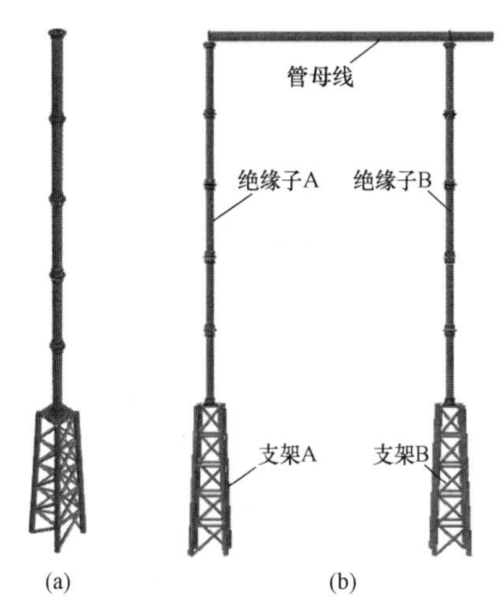


图 7-1 有限元模型示意
（a）复合支柱绝缘子单体；
（b）复合支柱绝缘子耦联体系

在本模型中，硬导线与绝缘子顶部一端为固定连接，另一端为滑动连接。如图 7-1（b）所示，左侧为固定连接，记为绝缘子 A，右侧为滑动连接，记为绝缘子 B。耦联体系中的支柱绝缘子与复合绝缘子单体完全相同，仅有配重区别，绝缘子 A 顶部集中质量 198kg，绝缘子 B 顶部集中质量 147kg。连接硬导线为总长 10m 的圆管，外径为 300mm，壁厚为 1～2mm。硬导线与绝缘子 A 顶端金具为 Tie 连接，与绝缘子 B 顶端金具连接为圆柱（Cylindrical）连接，即连接金具可沿硬导线轴线相对运动，接触面摩擦系数为 0.5，可绕硬导线轴线转动，但在垂直于轴线方向不能发生相对运动。滑动金具建模如图 7-2 所示。

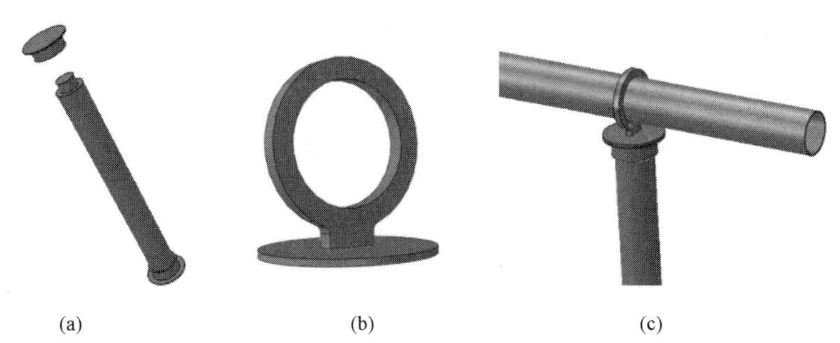


图 7-2 模型构件及连接
（a）支柱绝缘子段模型；（b）连接金具模型；（c）模型中滑动连接形式

定义 $X$ 向为耦联体系平面内方向，$Y$ 向为平面外方向。支柱绝缘子单体与耦联体系的自振频率见表 7-1 及表 7-2。对比绝缘子单体模态，发现支柱绝缘子耦联体系的基频与单体相近，且一阶振型形态接近单体。但总体上看，支柱绝缘子耦联体系的频率分布相比于单体更加密集，且耦联体系的各阶振型基本为被连接绝缘子的弯曲振型。

表 7-1　　支柱绝缘子单体频率计算结果

| 振型 | 第 1 阶 | 第 2 阶 | 第 3 阶 | 第 4 阶 |
|---|---|---|---|---|
| 频率（Hz） | 0.655 | 0.660 | 4.370 | 4.402 |
| 方向 | $X$ 向 1 阶 | $Y$ 向 1 阶 | $X$ 向 2 阶 | $Y$ 向 2 阶 |
| 振型 | 第 5 阶 | 第 6 阶 | 第 7 阶 | 第 8 阶 |
| 频率（Hz） | 12.605 | 12.691 | 23.386 | 23.484 |
| 方向 | $X$ 向 3 阶 | $Y$ 向 3 阶 | $X$ 向 4 阶 | $Y$ 向 4 阶 |

表 7-2　　支柱绝缘子耦联体系频率计算结果

| 振型 | 第 1 阶 | 第 2 阶 | 第 3 阶 | 第 4 阶 |
|---|---|---|---|---|
| 频率（Hz） | 0.656 | 0.661 | 0.844 | 1.086 |
| 方向 | $Y$ 向 1 阶 | $X$ 向 1 阶 | $Y$ 向 2 阶 | $X$ 向 2 阶 |
| 振型 | 第 5 阶 | 第 6 阶 | 第 7 阶 | 第 8 阶 |
| 频率（Hz） | 3.965 | 4.351 | 4.418 | 4.828 |
| 方向 | $X$ 向 3 阶 | $Y$ 向 3 阶 | $X$ 向 4 阶 | $Y$ 向 4 阶 |

### 7.2.2　支柱绝缘子耦联体系地震响应有限元数值仿真结果

抗震仿真计算参考 GB 50260—2013《电力设施抗震设计规范》中规定，反应谱选取塔夫特（Taft）波、埃尔森特罗（El-Centro）波及附录中人工波 1 作为地震动输入，三向峰值加速度的比例为 $X:Y:Z=1:0.85:0.65$。单体复合支柱绝缘子的地震响应特征基本符合第 4 章所述的支柱类设备单体在地震作用下的典型特点，在此不再赘述。因此，本节主要展示硬导线连接的耦联体系地震响应，单体绝缘子具体的响应大小在单体响应与耦联体系响应的对比中体现。

1. 耦联体系地震响应

耦联体系在各地震输入下的各类地震响应峰值列于表 7-3 和表 7-4 中。

表 7-3　　支柱绝缘子耦联体系在 0.2$g$ 加速度峰值输入下地震响应峰值

| 地震输入 | 绝缘子 | 顶部加速度峰值（m/s$^2$） | | 顶部位移峰值（mm） | | 支架顶部放大系数 | | 根部应变峰值（$\mu\varepsilon$） |
|---|---|---|---|---|---|---|---|---|
| | | $X$ 向 | $Y$ 向 | $X$ 向 | $Y$ 向 | $X$ 向 | $Y$ 向 | |
| 塔夫特（Taft）波 0.2$g$ | A | 4.81 | 5.33 | 170.63 | 145.03 | 1.06 | 1.05 | 581.3 |
| | B | 4.87 | 4.69 | 105.18 | 141.68 | 1.48 | 1.05 | 395.5 |
| 埃尔森特罗（El-Centro）波 0.2$g$ | A | 3.57 | 4.63 | 74.23 | 115.97 | 1.11 | 1.04 | 341.9 |
| | B | 7.81 | 4.16 | 45.39 | 116.06 | 1.44 | 1.11 | 309.8 |
| 人工波 0.2$g$ | A | 5.18 | 6.74 | 153.50 | 236.39 | 1.09 | 1.06 | 795.9 |
| | B | 7.09 | 8.16 | 138.99 | 224.16 | 1.58 | 1.07 | 708.4 |

相比于地震动输入加速度峰值为 0.2$g$ 的单体情况，峰值为 0.4$g$ 的耦联体系下，绝缘子根部的峰值应变由 795.9$\mu\varepsilon$ 增大为 1465.3$\mu\varepsilon$，安全系数为 3.39，说明该复合支柱绝缘子耦联体系可承受 0.4$g$ 的地震作用，且绝缘子构件保持在线弹性阶段。

表 7-4　　支柱绝缘子耦联体系在 0.4*g* 加速度峰值输入下响应峰值

| 地震输入 | 绝缘子 | 顶部加速度峰值（$m/s^2$） | | 顶部位移峰值（mm） | | 支架顶部放大系数 | | 根部应变峰值（με） |
|---|---|---|---|---|---|---|---|---|
| | | X 向 | Y 向 | X 向 | Y 向 | X 向 | Y 向 | |
| 塔夫特（Taft）波 0.4*g* | A | 9.62 | 6.06 | 371.37 | 222.44 | 1.07 | 1.03 | 1281.3 |
| | B | 5.09 | 13.63 | 194.87 | 339.10 | 1.03 | 1.26 | 1436.9 |
| 埃尔森特罗（El-Centro）波 0.4*g* | A | 4.85 | 4.92 | 165.08 | 159.26 | 1.03 | 1.06 | 700.1 |
| | B | 3.50 | 6.74 | 166.23 | 174.80 | 1.00 | 1.08 | 749.3 |
| 人工波 0.4*g* | A | 9.02 | 9.36 | 336.07 | 327.06 | 1.07 | 1.11 | 1367.2 |
| | B | 6.96 | 12.93 | 298.29 | 413.67 | 1.06 | 1.69 | 1465.3 |

在 0.4*g* 工况下，支柱绝缘子顶部 *X* 向和 *Y* 向位移最大值分别为 371.37mm 和 413.67mm，相对位移偏大，需结合电气安全距离进行考虑，是复合支柱绝缘子抗震性能的控制性因素。支架放大系数基本分布在 1.0～1.1 之间，其中最大值为 1.69，虽然在规范中对支架的放大系数并无明确规定，但是该支架的放大效应仍旧比较明显，可参照第 4 章中支架优化方法进一步提高支架刚度，以减小设备的地震响应。

2. 支柱绝缘子单体及耦联体系地震响应对比

本小节主要以 0.2*g* 的塔夫特（Taft）波输入工况下的单体和耦联体系的地震响应为例，将两种情况的计算结果进行对比，并初步探讨硬导线连接对于绝缘子单体的地震响应的影响。在该地震输入工况下，耦联体系中计算得到的绝缘子 A 的响应比绝缘子 B 更大，因此选择绝缘子 A 的地震响应与对应单体响应进行对比。

（1）加速度响应。图 7-3 为耦联体系中的绝缘子 A 和绝缘子单体在加速度峰值为 0.2*g* 的塔夫特（Taft）波作用下绝缘子顶部加速度反应谱。

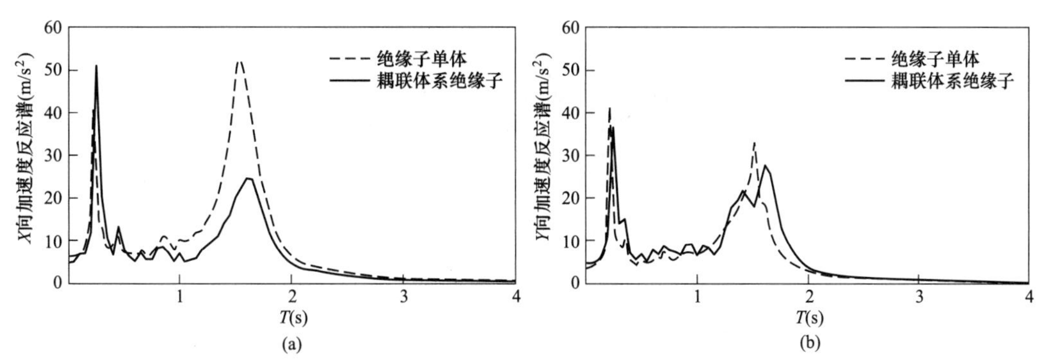


图 7-3　加速度峰值 0.2*g* 塔夫特（Taft）波作用下单体和耦联支柱绝缘子顶部加速度反应谱对比
（a）绝缘子顶部 *X* 向加速度反应谱；（b）绝缘子顶部 *Y* 向加速度反应谱

支柱绝缘子顶部加速度响应的反应谱峰值对应的是结构的频率，从图中可以看出，复合支柱绝缘子单体和耦联体系中的绝缘子 A 的加速度反应谱峰值对应频率基本接近，说明在该耦联体系中，滑动硬导线连接对于绝缘子的频率影响很小，耦联体系的频率与绝缘子单体基本一致。

（2）位移响应。图 7-4 中给出了该计算工况下的绝缘子单体和耦联体系中绝缘子 A 的顶部位移时程对比，从图中可以看出，复合支柱绝缘子单体与耦联体系的绝缘子 A 在相同地震作用下，$X$ 向（面内）的地震响应的时程图形状非常接近，只是在峰值上有一定差别，绝缘子单体响应的峰值较大，为 227.16mm，耦联体系绝缘子的响应峰值为 170.63mm。相反，绝缘子单体和耦联体系中绝缘子 A 的 $Y$ 向位移响应时程图形状则差别较大，对应的位移峰值分别为 123.57mm 和 145.03mm，耦联体系中绝缘子的 $Y$ 向位移响应更大。

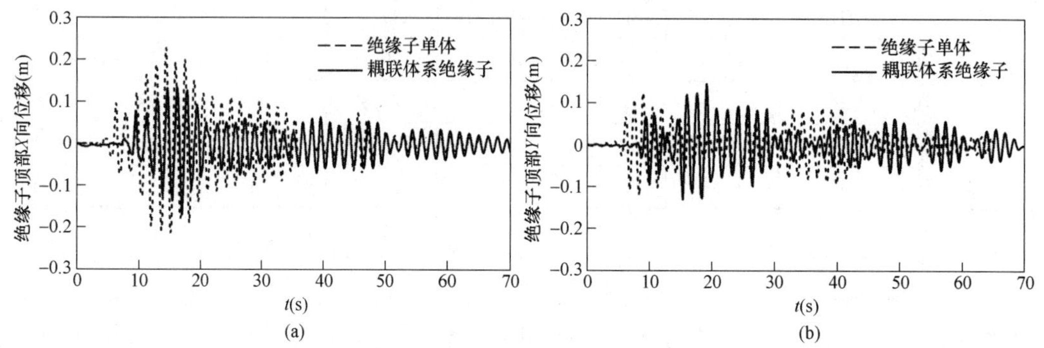


图 7-4　加速度峰值 0.2$g$ 塔夫特（Taft）波作用下单体和耦联支柱绝缘子顶部时程对比

（a）绝缘子顶部 $X$ 向位移时程；（b）绝缘子顶部 $Y$ 向位移时程

（3）应变响应。支柱绝缘子应变是目前规范规定的衡量绝缘子是否失效的主要指标，图 7-5 是加速度峰值为 0.2$g$ 的塔夫特（Taft）波作用下绝缘子单体和耦联体系中绝缘子 A 的根部应变时程。在相同地震波作用下，不同体系中的绝缘子根部应变时程的形状基本相同，且单体的应变响应始终包络耦联体系绝缘子的应变响应，说明硬导线连接给绝缘子提供了一定约束，在一定程度上抑制了绝缘子在地震作用下的应变响应。

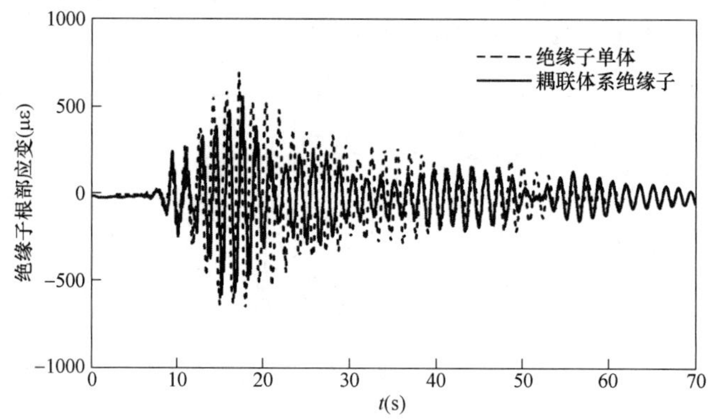


图 7-5　加速度峰值 0.2$g$ 塔夫特（Taft）波作用下单体和耦联支柱绝缘子根部应变时程对比

（4）对比分析小结。以上对于支柱绝缘子单体和耦联体系的地震响应对比是以加速度峰值为 0.2$g$ 的塔夫特（Taft）波为例，其他地震输入下的计算结果与之类似。总体上看，在本计算模型的两个类似的绝缘子组成的耦联体系中，由于频率上的相似性，耦联体系绝缘子的频谱特性与绝缘子单体基本相同。除了面外位移响应外，耦联体系中的绝缘子地震响应普遍弱于对应的单体绝缘子，因此如果在设计中仅对应的带配重的复合支柱绝缘子单体进行地震校核，那么校核结果可适用于该耦联体系绝缘子，但上述结果是基于数值计算得到的，计算结果可能与实际的绝缘子地震响应有一定区别，因此，需进一步的试验结果进行验证，这将在 7.5 节中说明。

### 7.2.3　简化连接的支柱绝缘子耦联体系地震响应计算分析

为探究硬导线连接作用机理，以简化耦联体系数值仿真分析，为后续研究以及工程提供便利，本节基于已有研究成果（张玥，2019；谢强等，2020），将硬导线与金具之间的轴向连接简化为线性弹簧连接，设定 $X$ 向连接刚度为 15 000N/m，$Y$ 向和 $Z$ 向则设为刚接，使得硬导线和连接金具之间仍能够沿硬导线轴向滑动，$X$ 向和 $Y$ 向无相对运动的运动特征。

表 7-5 中给出了简化模型关键地震响应结果相对于精细化模型的误差情况。从表中可以看出，该简化模型的地震响应峰值计算误差均在 10%左右，且计算结果普遍偏大。因此，采用简化连接的耦联体系进行耦联体系的地震响应计算时，得到的结果偏于安全。

**表 7-5　　简化连接耦联体系地震响应峰值相对原始耦联体系模型响应结果误差**

| 地震输入 | 绝缘子 | 顶部加速度峰值误差（%） | | 顶部位移峰值误差（%） | | 支架顶部放大系数误差（%） | | 根部应变峰值误差（%） |
|---|---|---|---|---|---|---|---|---|
| | | $X$ 向 | $Y$ 向 | $X$ 向 | $Y$ 向 | $X$ 向 | $Y$ 向 | |
| 塔夫特（Taft）波 0.4$g$ | A | 8.8 | 8.3 | −8.5 | 12.1 | 1.4 | 0.6 | −3.0 |
| | B | 7.5 | −7.2 | 10.7 | −11.6 | −0.3 | −2.2 | −3.1 |
| 埃尔森特罗（El-Centro）波 0.4$g$ | A | 5.8 | 2.2 | −8.4 | 8.4 | 4.8 | −3.3 | 3.1 |
| | B | 11.2 | 6.4 | −7.1 | −2.2 | 3.4 | −0.8 | −7.5 |
| 人工波 0.4$g$ | A | 7.9 | 7.1 | −2.3 | 7.8 | 1.9 | 3.2 | 3.7 |
| | B | 9.3 | 6.0 | 0.0 | 9.1 | −0.7 | −12.3 | 1.0 |

以上结果说明，将硬导线金具滑动连接形式简化为线性弹簧连接是一种可行的方式，数值计算结果表明，该种连接形式的简化对动力特性及地震响应的影响均在设计安全的范围内。

## 7.3　硬导线连接的支柱类设备整体分析方法

本章 7.2 节从有限元模型数值仿真的角度对复合支柱绝缘子及其耦联体系的抗震性能进行了研究，得到了硬导线耦联体系的地震响应规律和简化思路。本节将在此基础上，结合第 4 章提出的支柱类设备单体理论模型，建立硬导线连接耦联体系的地震响应分析理论模型。

### 7.3.1　模型计算简图及假定

本节基于第 4 章支柱类设备理论模型，结合 7.2 节中得到的硬导线连接作用可简化为一定连接刚度的线性弹簧的结论，建立了硬导线连接的支柱类设备耦联体系计算模型。在介绍模型之前，首先指出本模型的计算假定：

（1）两个绝缘子之间的连接作用可简化为与两个绝缘子顶端相对位移成正比的线性弹簧，弹簧刚度可通过试验测得。

（2）假定硬导线与设备的连接点均在设备顶部，硬导线水平布置，忽略设备连接点之间的高差。

(3) 假定硬导线的质量按实际分布施加在两个绝缘子顶端，简化为集中质量。

依据上述分析和假定，建立了如图 7-6 所示的硬导线连接支柱类设备耦联体系理论模型分析简图。设定图中左侧设备为设备 1，右侧为设备 2，则其中符号 $K_{i,s}(i=1,2)$ 和 $M_{i,s}$ 分别表示设备 $i$ 的第 $s$ 阶等效刚度和等效质量；$\omega_{i,s}$ 和 $\phi_{i,s}$ 分别表示设备 $i$ 的第 $s$ 阶频率和对应的形函数；$C_{i,s}$ 则表示设备 $i$ 的阻尼系数。

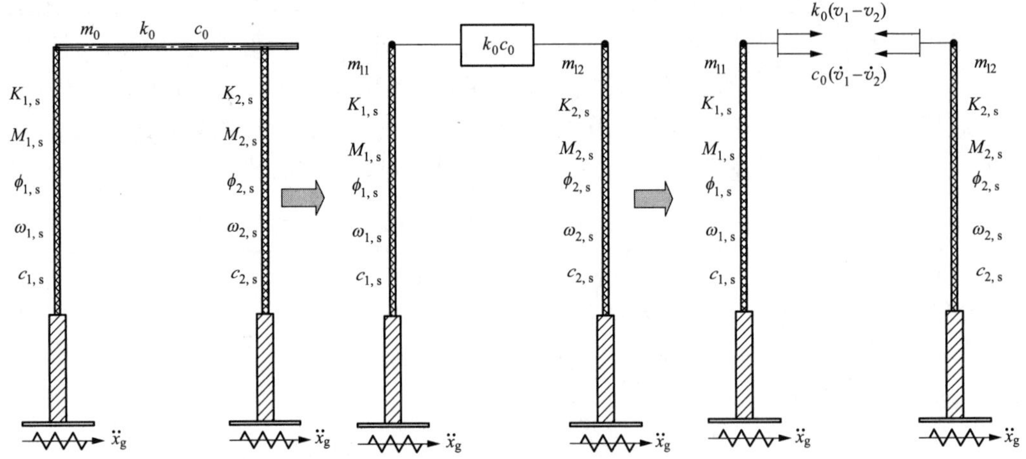


图 7-6 硬导线连接支柱类设备耦联体系理论模型计算

设备 1 和设备 2 顶部的集中质量分别为 $m_{11}$ 和 $m_{12}$。硬导线自身的质量为 $m_0$，简化模拟硬导线的线性弹簧线刚度和阻尼常数分别为 $k_0$ 和 $c_0$。

### 7.3.2 硬导线耦联体系运动方程

由于第 4 章中已经对支柱类设备单体的抗震进行了详细的理论推导，因此本节主要展示如何从单体结果出发推导硬导线耦联体系的运动方程。已知设备单体顶点的运动方程如下

$$\ddot{v}_n(t)+2\xi\omega_n\dot{v}_n(t)+\omega_n^2 v_n(t)=-\gamma_n\ddot{x}_g(t) \tag{7-1}$$

变形得到采用等效刚度、等效质量表示的运动方程

$$M_n\ddot{v}_n(t)+C_n\dot{v}_n(t)+K_n v_n(t)=-M_n\gamma_n\ddot{x}_g(t) \tag{7-2}$$

在设备耦联体系中，对支柱类设备单体进行隔离，按照上述地震作用下动力方程，可得到耦联体系的动力方程

$$\begin{bmatrix} M_{1,s} & 0 \\ 0 & M_{2,s} \end{bmatrix}\begin{pmatrix} \ddot{v}_{1,s} \\ \ddot{v}_{2,s} \end{pmatrix}+\begin{bmatrix} C_{1,s}+c_0 & -c_0 \\ -c_0 & C_{2,s}+c_0 \end{bmatrix}\begin{pmatrix} \dot{v}_{1,s} \\ \dot{v}_{2,s} \end{pmatrix}+\begin{bmatrix} K_{1,s}+k_0 & -k \\ -k_0 & K_{2,s}+k_0 \end{bmatrix}\begin{pmatrix} v_{1,s} \\ v_{2,s} \end{pmatrix}= -\begin{bmatrix} M_{1,s} & 0 \\ 0 & M_{2,s} \end{bmatrix}\begin{pmatrix} \gamma_{1,s} \\ \gamma_{2,s} \end{pmatrix}\ddot{x}_g \tag{7-3}$$

式 (7-3) 可进一步整理为

$$M_{,s}\ddot{v}_{,s}+C_{,s}\dot{v}_{,s}+K_{,s}v_{,s}=M_{,s}\gamma_{,s}\ddot{x}_g \tag{7-4}$$

其中，$\boldsymbol{M}_{,s}$，$\boldsymbol{C}_{,s}$，$\boldsymbol{K}_{,s}$ 分别为耦联体系的质量矩阵、阻尼矩阵和刚度矩阵，表达式分别为

$$M_{,s}=\begin{bmatrix}M_{1,s} & 0\\ 0 & M_{2,s}\end{bmatrix},C_{,s}=\begin{bmatrix}C_{1,s}+c_0 & -c_0\\ -c_0 & C_{2,s}+c_0\end{bmatrix},K_{,s}=\begin{bmatrix}K_{1,s}+k_0 & -k_0\\ -k_0 & K_{2,s}+k_0\end{bmatrix}\tag{7-5}$$

上述的阻尼矩阵为保证形式对称写为式（7-5）的形式，但是在实际计算时，采用瑞利（Rayleigh）阻尼计算公式 $\boldsymbol{C}_{,s}=a\boldsymbol{M}_{,s}+b\boldsymbol{K}_{,s}$，阻尼参数 $a$ 和 $b$ 通过结构频率和试验测得的阻尼比进行确定。

式（7-4）即为硬导线连接的耦联体系在地震作用下的运动方程，由于耦联体系为两个设备单体连接组成，因此方程在形式上类似于两自由度体系的动力方程，以下分析将基于该动力方程。求解结构的频率和振型，首先需得到结构无阻尼振动情况下的动力方程，根据式（7-4），耦联体系无阻尼运动的动力方程为

$$\boldsymbol{M}_{,s}\ddot{\boldsymbol{\nu}}_{,s}+\boldsymbol{C}_{,s}\ddot{\boldsymbol{\nu}}_{,s}+\boldsymbol{K}_{,s}\ddot{\boldsymbol{\nu}}_{,s}=\boldsymbol{0}\tag{7-6}$$

从以上可得频率方程为

$$(\boldsymbol{K}_{,s}-\boldsymbol{\Psi}^2\boldsymbol{M}_{,s})\boldsymbol{\Phi}_{,s}=\boldsymbol{0}\tag{7-7}$$

其中，$\boldsymbol{\Phi}$，$s$ 为耦联体系中两个设备的第 $s$ 阶振型的振型组合情况，表达式为 $\boldsymbol{\Phi}_{j,s}=(\Phi_{1j,s}\quad \Phi_{2j,s})^{\mathrm{T}}$，其中 $j$ 表示耦联体系整体的第 $j$ 阶振型。定义 $\Psi$ 为耦联体系整体的频率，数值可通过特征方程得到，根据式（7-7），特征方程为

$$|K_{,s}-\Psi^2M_{,s}|=0\tag{7-8}$$

可求得式（7-8）的解为

$$\Psi^2=\frac{(1+\kappa_{1,s})\omega_{1,s}^2+(1+\kappa_{2,s})\omega_{2,s}^2\pm\sqrt{[(1+\kappa_{1,s})\omega_{1,s}^2-(1+\kappa_{2,s})\omega_{2,s}^2]^2+4\kappa_{1,s}\kappa_{2,s}\omega_{1,s}^2\omega_{2,s}^2}}{2}\tag{7-9}$$

式（7-9）中，$\omega_{1,s}$和 $\omega_{2,s}$为设备 1 和设备 2 的第 $s$ 阶频率数值。$\kappa_{1,s}$和 $\kappa_{2,s}$为硬导线连接刚度与设备 1 和设备 2 的结构等效刚度的比值，表达式为

$$\kappa_{1,s}=\frac{k_0}{K_{1,s}},\kappa_{2,s}=\frac{k_0}{K_{2,s}}\tag{7-10}$$

式（7-9）进一步求解得到的两个正根表示为 $\Psi_1$ 和 $\Psi_2$。令 $0<\Psi_1<\Psi_2$，则 $\Psi_1$ 和 $\Psi_2$ 分别为耦联体系的第 1 阶和第 2 阶圆频率。

将 $\Psi_1$ 回代到式（7-8），即可得到体系的一阶振型向量 $\boldsymbol{\Phi}_{1,s}=(\Phi_{11,s}\quad \Phi_{21,s})^{\mathrm{T}}$。同理，将 $\Psi_2$ 回代到式（7-8），得到二阶振型向量 $\Phi_{2,s}=(\Phi_{12,s}\quad \Phi_{22,s})^{\mathrm{T}}$。

通过上述推导，我们得到了硬导线耦联体系的动力特性计算方法以及在地震作用下的运动方程。基于运动方程，可采用结构动力学中关于多自由度体系的常用方法进行求解地震响应，本书第 4 章中也进行了一定展开，在此不再赘述。

## 7.4　硬导线连接的支柱类设备在弱耦联情形下的隔离分析方法

7.3 节给出了将耦联体系视为一个结构整体的计算分析方法，该方法在经典的结构动力学的背景下提出，采用的动力响应计算方法也是结构动力学中的常规方法，具有一定普适性。但必须注意到该分析方法的必要前提是耦联体系的结构整体性较强，体系地震响应由其

整体振型反应主导。但是在变电站中，大量设备采用软导线、闸刀或者附带柔性金具的硬导线连接。这种体系结构整体性差，各设备在地震作用下的振动并不统一、协调，会产生一种特殊的弱耦联作用，使得体系的整体振型反应十分微弱。采用常规的计算方法对弱耦联体系进行分析容易产生明显的系统性误差。因此本节基于文献（文嘉意，2022；Wen and Xie，2021；文嘉意、谢强，2021）的研究成果给出了一种适用于弱耦联体系的隔离分析方法。

### 7.4.1 弱耦联体系基本特征分析难点

弱耦联体系包含一系列细长高柔的支柱式子结构，以及连接它们的柔性连接件，通常为弦、索、刀闸与柔性导体等。弱耦联体系虽在直观上类似于建筑结构工程常研究的连体结构，但其主要区别在于：

（1）已有研究表明，弱耦联体系的结构整体性差，地震作用下各设备的响应仍由其自身单体下的动力特性主导。但建筑结构通常要求整体性良好，各子结构间具有协同性，因此一般在概念设计阶段便回避了这一问题。

（2）弱耦联体系中设备与连接件材料的阻尼特性差异大。例如，支柱设备通常为陶瓷或复合绝缘材料，而连接件则为金属导电材料。这意味着目前抗震计算中常用的比例阻尼（即通过整体质量、刚度矩阵线性组合生成的阻尼矩阵）难以兼顾体系各部分的实际阻尼特性。

然而在抗震设计中，目前弱耦联设备体系抗震基本沿用了建筑抗震规范中的通用计算方法，即基于整体振型与比例阻尼的叠加法和作为补充计算的时程法，并不适用于弱耦联体系。在此背景下，针对弱耦联电气设备提出一种准确、高效的计算分析方法是十分必要的。弱耦联体系涵盖了软导线耦联体系、部分硬导线及刀闸连接的耦联体系，由于在第 6 章中已经着重介绍了基于考虑（分裂）软导线刚度特性，并将软导线等效为设备单体顶部端子作用力的计算分析方法，而在对硬导线耦联体系的分析中，却往往容易忽略这种弱耦联特性，将体系视为一个结构整体进行计算分析。因此从章节安排合理性以及适用角度而言，本节针对硬导线连接的设备体系引出弱耦联体系理论分析方法。

### 7.4.2 求解思路

为与第四章理论模型特征相一致，仍采用分布参数体系假定进行建模分析。为抓住主要矛盾，避免建立过于复杂的理论求解框架，针对弱耦联体系结构特性，可作如下假定：

（1）连接件的自身弯曲刚度远小于支柱子结构，而且连接件与支柱之间往往采用柔性金具进行连接，因此在对支柱子结构进行隔离体分析时，连接节点处的转动刚度可以忽略不计。

（2）由于连接件与连接金具的柔性，地震作用下连接件难以传递横向剪力，即体系的整体扭转效应十分微弱，可以不考虑水平地震的扭转耦合作用。

（3）连接件质量相对于支柱子结构较小，不考虑连接件重力对支柱子结构产生的几何刚度影响。

（4）当体系中支柱存在高度差或者非等张拉连接时，耦联作用力将产生竖向分量。但弱耦联体系中耦联作用力水平较小，竖向分量对工程中实际关注的水平地震响应的影响可忽略。因此为了表达的简洁性，本节按照等高度、等张拉连接这一实际中更为普遍的情况进行理论建模与推导。

基于上述假设建立了如图 7-7 所示的弱耦联体系理论分析简图。实际上，支柱子结构的高度及其与连接件连接节点的位置并不影响本章理论推导的结果，但为了推导形式上的统一性及表达的简洁性，假定所有的支柱高度均为 $h$，且与连接件均在支柱顶部相连。"—⬭—"代表连接件，暂时不规定其具体的构件类型。因需要采用分布参数体系，记其中第 $i$ 号支柱式子结构（后文简称"支柱 $i$"）的线密度与刚度分别为 $m_i(y)$ 与 $EI_i(y)$，受到地震作用 $\ddot{x}_{ig}(t)$，其位移为 $v_i(y,t)$。因为需要避免使用结构整体振型，因此不直接建立整体结构矩阵，而采用隔离体分析。支柱 $i$ 及其两侧连接件进行隔离可由图 7-8 表示。

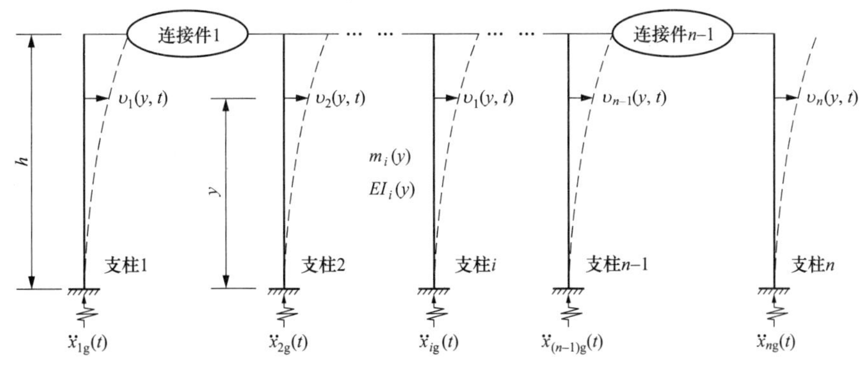

图 7-7　弱耦联体系理论计算

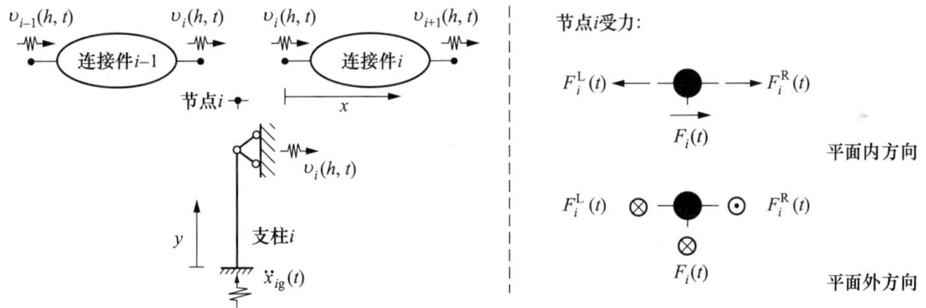

图 7-8　弱耦联体系隔离体分析

由于假定（1）的存在，隔离后的支柱 $i$ 的边界条件为底部固接、顶部铰接，且分别受到支座激励 $\ddot{x}_{ig}(t)$ 及 $v_i(h,t)$；对于隔离后的连接件 $i$，其左右两端分别受到支座激励 $v_{i-1}(h,t)$与$v_i(h,t)$。而节点 $i$ 则受到来自两侧连接件的作用力$F_i^{\mathrm{L}}(t)$、$F_i^{\mathrm{R}}(t)$及来自支柱的 $F_i(t)$，它们的正方向按照平面内以及平面外地震在图 7-8 右侧节点受力图标出。以平面内为例，根据节点平衡条件，有

$$F_i(t)=\begin{cases}-F_1^{\mathrm{R}}(t) & i=1\\ F_i^{\mathrm{L}}(t)-F_i^{\mathrm{R}}(t) & i=2,3,\cdots,n-1\\ F_n^{\mathrm{L}}(t) & i=n\end{cases}\tag{7-11}$$

对任意类型的支柱以及连接件，上述作用力与支座激励间必定满足如下的映射关系

$$\begin{cases}F_i(t)=f_i^1[\ddot{x}_{ig}(t),\{v_i(h,t)\}]\\F_i^R(t)=f_i^2[\{v_i(h,t)\},\{v_{i+1}(h,t)\}]\\F_i^L(t)=f_i^3[\{v_{i-1}(h,t)\},\{v_i(h,t)\}]\end{cases}\tag{7-12}$$

式中$\{v_i(h,t)\}$表示$v_i(h,t)$对时间$t$任意阶导数的集合；$f_i^1$［ ］、$f_i^2$［ ］、$f_i^3$［ ］为待定的力-位移控制方程。此时，问题的根本在于对式（7-12）的显式化以及显式化后高度耦合的运动方程组求解。

对于耦合运动方程的求解，主流解法目前主要有时域求解以及频域求解。其中时域求解又可分为基于叠加原理及结构振型正交性条件对运动方程进行的解耦求解的方法，以及数值逐步积分方法。但是，根据预设的求解原则，不使用结构整体振型及比例阻尼都将导致运动方程不可解耦，因此解耦求解不可实现。因此，基于上述对问题的分析，自然地寻求另一种求解途径，即在频域对控制方程进行求解。假定式（7-12）的右边展开后均为或可近似为位移及其高阶导数的线性组合，则在频域可表达为

$$\begin{cases}F_i(\omega)=H_i^B(\omega)G_i(\omega)+H_i^T(\omega)Y_i(h,\omega)\\F_i^R(\omega)=T_i^1(\omega)Y_i(h,\omega)+T_i^2(\omega)Y_{i+1}(h,\omega)\\F_i^L(\omega)=T_i^3(\omega)Y_{i-1}(h,\omega)+T_i^4(\omega)Y_i(h,\omega)\end{cases}\tag{7-13}$$

式中$F_i(\omega)$、$G_i(\omega)$、$Y_i(h,\omega)$、$F_i^L(\omega)$、$F_i^R(\omega)$分别为$F_i(t)$、$x_{ig}(t)$、$v_i(h,t)$、$F_i^L(t)$、$F_i^R(t)$的傅立叶变换。$H_i^B(\omega)$与$H_i^T(\omega)$以及$T_i^1(\omega)\sim T_i^4(\omega)$则分别为由支柱及连接件决定的广义传递函数。将式（7-17）代入式（7-15）即可实现地震响应在频域的求解

$$\boldsymbol{H}(\omega)\begin{Bmatrix}Y_1(h,\omega)\\\vdots\\Y_i(h,\omega)\\\vdots\\Y_n(h,\omega)\end{Bmatrix}=\begin{Bmatrix}G_1(\omega)\\\vdots\\G_i(\omega)\\\vdots\\G_n(\omega)\end{Bmatrix}\tag{7-14}$$

其中$H(\omega)$为广义传递矩阵，具有如式（7-19）所示的表达式［式中（0）已省略］

$$\boldsymbol{H}=\begin{bmatrix}\dfrac{-T_1^1-H_1^T}{H_1^B} & \dfrac{-T_1^2}{H_1^B} & & \\ \dfrac{T_2^3}{H_2^B} & \dfrac{-T_2^1+T_2^4-H_2^T}{H_2^B} & \dfrac{-T_2^2}{H_2^B} & \\ & \ddots & \ddots & \ddots \\ & \dfrac{T_{n-1}^3}{H_{n-1}^B} & \dfrac{-T_{n-1}^1+T_{n-1}^4-H_{n-1}^T}{H_{n-1}^B} & \dfrac{-T_{n-1}^2}{H_{n-1}^B} \\ & & \dfrac{T_n^3}{H_n^B} & \dfrac{T_n^4-H_n^T}{H_n^B}\end{bmatrix}\tag{7-15}$$

通过式（7-14）求解了各支柱顶部位移响应后，回代至支柱或连接件隔离体的运动方程即可计算其他关注的响应。这既避免了对整体振型的使用，也将支柱及连接件的阻尼特性在各自传递函数中进行差异化表达。在明确了整体求解思路后，接下来只需对支柱及连接件进行隔离分析，推导$H_i^B(\omega)$与$H_i^T(\omega)$及$T_i^1(\omega)\sim T_i^4(\omega)$的显性表达式即可。

### 7.4.3 支柱子结构隔离体分析

支柱 $i$ 的隔离体分析图如图 7-8 所示。这里主要讨论横向水平运动，由于弱耦联体系中支柱为细长高柔的悬臂柱，可忽略剪切变形，符合欧拉梁特点。因此其顶端支座反力 $F_i(t)$ 满足如下力—位移控制方程

$$F_i(t)=EI_i(h)\left[\frac{\partial^3 v_i(y,t)}{\partial y^3}+\beta_i\frac{\partial^3 v_i(y,t)}{\partial y^3\partial t}\right]\Bigg|_{y=h} \tag{7-16}$$

式（7-16）即为偏微分方程表达下的边界条件问题，其中 $\beta_i$ 表示刚度比例阻尼系数。为了实现将其变化至频域，首先需要研究 $v_i(y,t)$的表达形式，以实现变量分离。支柱上任一点的运动 $v_i(y,t)$可以表示为

$$v_i(y,t)=v_i^s(y,t)+v_i^d(y,t) \tag{7-17}$$

其中 $v_i^s(y,t)$与 $v_i^d(y,t)$分别为支座激励引起的拟静力位移与动位移。在图 7-8 中支座激励下，$v_i^s(y,t)$可表示为

$$v_i^s(y,t)=\phi_i^g(y)x_{ig}(t)+\phi_i^t(y)v_i(h,t) \tag{7-18}$$

其中，$\phi_i^g(y)$与 $\phi_i^t(y)$分别表示在支柱 $i$ 隔离体基底及顶部发生单位支座位移时，在 $y$ 坐标处引起的静位移。借鉴瑞利—里兹（Rayleigh—Ritz）法思路，动位移 $v_i^d$（$y$，$t$）可以表示为

$$v_i^d(y,t)=\sum_{j=1}\varphi_{ij}(y)z_{ij}(t)=\boldsymbol{\varphi}_i^{\mathrm{T}}\boldsymbol{z}_i \tag{7-19}$$

式中　$z_{ij}(t)$——运动广义坐标；

$\varphi_{ij}(y)$——支柱 $i$ 的第 $j$ 阶振型；

$z_i$与$\varphi_i^{\mathrm{T}}$——对应的向量表达形式。

将式（7-21）～式（7-23）代入式（7-20）即可实现将偏微分形式的边界条件问题转化为微分方程的形式，如下面的式（7-24）所示

$$F_i(t)=EI_i(h)\frac{\partial^3}{\partial y^3}\left[\boldsymbol{\psi}_i^{\mathrm{T}}(\boldsymbol{s}_i+\beta_i\dot{\boldsymbol{s}}_i)+\boldsymbol{\varphi}_i^{\mathrm{T}}(\boldsymbol{z}_i+\beta_i\dot{\boldsymbol{z}}_i)\right]\big|_{y=h} \tag{7-20}$$

式中，$i=\{\psi_i^{\mathrm{T}}(y)\psi_i^{\mathrm{B}}(y)\}^{\mathrm{T}}$，$\psi_i^{\mathrm{T}}(y)$与$\psi_i^{\mathrm{B}}(y)$分别表示在顶部、底部支座发生单位静位移时支柱的挠曲线；$s_i=\{v_i(h,t)\quad x_{ig}(t)\}^{\mathrm{T}}$为支座激励向量；$i$ 为支柱 $i$ 的刚度比例阻尼系数。

又根据结构动力学中弯曲变形梁分布参数体系的运动偏微分方程，在仅有支座激励而无其他外力下，支柱位移 $v_i(y,t)$满足

$$\frac{\partial^2}{\partial y^2}\left[EI_i(y)\left(\frac{\partial^2 v_i(y,t)}{\partial y^2}+\beta_i\frac{\partial^3 v_i(y,t)}{\partial y^2\partial t}\right)\right]+m(y)\left(\frac{\partial^2 v_i(y,t)}{\partial t^2}+\alpha_i\frac{\partial v_i(y,t)}{\partial t}\right)=0 \tag{7-21}$$

式中通过质量比例阻尼 $\alpha_i$ 与刚度比例阻尼 $\beta_i$ 来考虑阻尼效应。将式（7-17）代入式（7-21）可以得到

$$\frac{\partial^2}{\partial y^2}\left[EI_i(y)\left(\frac{\partial^2 v_i^d(x,t)}{\partial y^2}+\beta_i\frac{\partial^3 v_i^d(y,t)}{\partial y^2\partial t}\right)\right]+$$
$$m(y)\left(\frac{\partial^2 v_i^d(y,t)}{\partial t^2}+\alpha_i\frac{\partial v_i^d(y,t)}{\partial t}\right)=-m(y)\frac{\partial^2 v_i^s(y,t)}{\partial t^2} \tag{7-22}$$

式（7-26）的右边即为等效外荷载，由于阻尼一般对于等效荷载的影响非常小，因此方程右边仅保留了惯性力项。将式（7-18）、式（7-19）代入式（7-22），并利用隔离体振型正交性条件，容易推导得到广义坐标 $z_{ij}(t)$满足如下的运动方程

$$M_{ij}\ddot{z}_{ij}(t)+C_{ij}\dot{z}_{ij}(t)+K_{ij}z_{ij}(t)=P_{ij}^{\mathrm{B}}\ddot{x}_{ig}(t)+P_{ij}^{\mathrm{T}}\ddot{v}_{i}(h,t) \tag{7-23}$$

式中，$M_{ij}=\int_{\mathrm{h}}m_i(y)\varphi_{ij}(y)^2\mathrm{d}y$，$K_{ij}=\int_{\mathrm{h}}EI_i(y)\varphi_{ij}(y)''^2\mathrm{d}y$，$C_{ij}=M_{ij}+iK_{ij}$ 分别表示第 $j$ 阶广义质量、刚度及阻尼；$P_{ij}^{\mathrm{B}}$ 和$P_{ij}^{\mathrm{T}}$ 表示等效外荷载系数，由式(7-24) 给出

$$\begin{cases}P_{ij}^{\mathrm{B}}=-\int_{\mathrm{h}}^{0}m_i(y)\psi_i^{\mathrm{B}}(y)\varphi_{ij}(y)\mathrm{d}x\\ P_{ij}^{\mathrm{T}}=-\int_{\mathrm{h}}^{0}m_i(y)\psi_i^{\mathrm{T}}(y)\varphi_{ij}(y)\mathrm{d}x\end{cases} \tag{7-24}$$

对式（7-20）、式（7-23）进行傅立叶变换并联立，即可得到式（7-13）中$H_i^{\mathrm{B}}(\omega)$与$H_i^{\mathrm{T}}(\omega)$的表达式如下

$$\begin{cases}H_i^{\mathrm{B}}(\omega)=EI_i(h)(1+\beta_i\cdot i\omega)\dfrac{\partial^3}{\partial y^3}\left[\psi_i^{\mathrm{B}}(y)+\sum\limits_j D_{ij}(\omega)P_{ij}^{\mathrm{B}}\right]\Bigg|_{\mathrm{y=h}}\\ H_i^{\mathrm{T}}(\omega)=EI_i(h)(1+\beta_i\cdot i\omega)\dfrac{\partial^3}{\partial y^3}\left[\psi_i^{\mathrm{T}}(y)+\sum\limits_j D_{ij}(\omega)P_{ij}^{\mathrm{T}}\right]\Bigg|_{\mathrm{y=h}}\end{cases} \tag{7-25}$$

在此规定，非下标“$i$”均为单位虚数。式（7-25）中 $D_{ij}(\omega)$ 代表隔离支柱的动力传递作用，其表达式为

$$D_{ij}(\omega)=\frac{-\omega^2\varphi_{ij}(y)}{-\omega^2M_{ij}+i\omega C_{ij}+K_{ij}} \tag{7-26}$$

### 7.4.4 连接件隔离体分析

在 7.4.3 的基础上，本小节继续对连接件进行动力分析。图 7-10 中所示 $i$ 号连接件隔离体两端实心端点表示任意可能的支座约束。对线性或可等效为线性的连接件，不论支座形式及支座激励方向，其支反力与激励必然可表示为式（7-24）所示的关系。以$F_i^{\mathrm{R}}(t)$ 为例，按照类似式（7.20）～式（7.23）的推导流程，可推得

$$F_i^{\mathrm{R}}(t)=S_i(0)\frac{\partial^{2\mathrm{m}-1}}{\partial x^{2\mathrm{m}-1}}\left[\boldsymbol{\psi}_i^{\mathrm{cT}}(\boldsymbol{s}_i^{\mathrm{c}}+\beta_i^{\mathrm{c}}\dot{\boldsymbol{s}}_i^{\mathrm{c}})+\boldsymbol{\varphi}_i^{\mathrm{cT}}(\boldsymbol{z}_i^{\mathrm{c}}+\beta_i^{\mathrm{c}}\dot{\boldsymbol{z}}_i^{\mathrm{c}})\right]\Big|_{x=0} \tag{7-27}$$

式中，$\psi_i^{\mathrm{c}}=\{\psi_i^{\mathrm{cL}}(y)\quad\psi_i^{\mathrm{cR}}(y)\}^{\mathrm{T}}$，$\psi_i^{\mathrm{cL}}(y)$与$\psi_i^{\mathrm{cR}}(y)$分别表示左端、右端支座发生单位静位移时连接件的变形曲线；$s_i^{\mathrm{c}}=\{v_i(h,t)\quad v_{i+1}(h,t)\}^{\mathrm{T}}$为激励向量；$\beta_i^{\mathrm{c}}$为连接件 $i$ 的刚度比例阻尼系数，体系了与支柱的差异化阻尼；$z_i^{\mathrm{c}}$与$\varphi_i^{\mathrm{c}}$分别为广义坐标以及振型向量。式（7-27）中的 $Si(x)$及 $m_2$ 为待定量，由支座激励方向确定。例如，平面内激励时，$Si(x)$表示轴向刚度，$m_2=1$；平面外激励时，$S_i(x)$表示弯曲刚度，$m_2=2$。同样地，按照类似 7.4.3 节中推导流程，可得$z_{ij}^{\mathrm{c}}(t)$满足如下运动方程

$$M_{ij}^{\mathrm{c}}\ddot{z}_{ij}^{\mathrm{c}}(t)+C_{ij}^{\mathrm{c}}\dot{z}_{ij}^{\mathrm{c}}(t)+K_{ij}^{\mathrm{c}}z_{ij}^{\mathrm{c}}(t)=P_{ij}^{\mathrm{cL}}v_i(h,t)+P_{ij}^{\mathrm{cR}}v_{i+1}(h,t) \tag{7-28}$$

式（7-28）运动方程中，$M_{ij}^{\mathrm{c}}=\int m_i^{\mathrm{c}}(x)\varphi_{ij}^{\mathrm{c}}(x)^2\mathrm{d}x$、$K_{ij}^{\mathrm{c}}=\int S_i^{\mathrm{c}}(x)\left[\dfrac{d^{\mathrm{k}}\varphi_{ij}^{\mathrm{c}}(x)}{\mathrm{d}x^{\mathrm{k}}}\right]^2\mathrm{d}x$、$C_{ij}^{\mathrm{c}}=\alpha_i^{\mathrm{c}}M_{ij}^{\mathrm{c}}+\beta_i^{\mathrm{c}}K_{ij}^{\mathrm{c}}$ 分别表示 $i$ 隔离体第 $j$ 阶的广义质量、广义刚度以及广义阻尼；上标“$c$”表示参照支柱子结构参数符号规定连接件对应的结构参数；$P_{ij}^{\mathrm{L}}$ 和$P_{ij}^{\mathrm{R}}$ 表示等效外荷载系数，

由式(7-29)给出

$$\begin{cases} P_{ij}^{\mathrm{L}} = -\int_0^{\mathrm{Li}} m_i^{\mathrm{c}}(x)\phi_i^{\mathrm{L}}(x)\varphi_{ij}^{\mathrm{c}}(x)\mathrm{d}x \\ P_{ij}^{\mathrm{R}} = -\int_0^{\mathrm{Li}} m_i^{\mathrm{c}}(x)\phi_i^{\mathrm{R}}(x)\varphi_{ij}^{\mathrm{c}}(x)\mathrm{d}x \end{cases} \tag{7-29}$$

将式（7-27）、式（7-28）傅立叶变换至频域并联立，即可得

$$F_i^{\mathrm{R}}(\omega) = T_i^1(\omega)Y_i(h,\omega) + T_i^2(\omega)Y_{i+1}(h,\omega) \tag{7-30}$$

采用同样的方式，对$F_{i+1}^{\mathrm{L}}$（$\omega$）也有

$$F_{i+1}^{\mathrm{L}}(\omega) = T_{i+1}^3(\omega)Y_i(h,\omega) + T_{i+1}^4(\omega)Y_{i+1}(h,\omega) \tag{7-31}$$

式（7-30）和式（7-31）形式上与整体求解思路中式（7-17）的预期一致，并且连接件广义传递函数具有如下的显性表达式

$$\begin{aligned} T_i^1(\omega) &= S_i(0)(1+\beta_i^{\mathrm{c}}\cdot i\omega)\frac{\mathrm{d}^{2\mathrm{m}-1}}{\mathrm{d}x^{2\mathrm{m}-1}}\left[\psi_i^{\mathrm{cL}}(x) + \sum_j D_{ij}^{\mathrm{c}}(\omega)P_{ij}^{\mathrm{cL}}\right]\Bigg|_{\mathrm{x}=0} \\ T_i^2(\omega) &= S_i(0)(1+\beta_i^{\mathrm{c}}\cdot i\omega)\frac{\mathrm{d}^{2\mathrm{m}-1}}{\mathrm{d}x^{2\mathrm{m}-1}}\left[\psi_i^{\mathrm{cR}}(x) + \sum_j D_{ij}^{\mathrm{c}}(\omega)P_{ij}^{\mathrm{cR}}\right]\Bigg|_{\mathrm{x}=0} \\ T_{i+1}^3(\omega) &= S_i(L_i)(1+\beta_i^{\mathrm{c}}\cdot i\omega)\frac{\mathrm{d}^{2\mathrm{m}-1}}{\mathrm{d}x^{2\mathrm{m}-1}}\left[\psi_i^{\mathrm{cL}}(x) + \sum_j D_{ij}^{\mathrm{c}}(\omega)P_{ij}^{\mathrm{cL}}\right]\Bigg|_{\mathrm{x}=\mathrm{Li}} \\ T_{i+1}^4(\omega) &= S_i(L_i)(1+\beta_i^{\mathrm{c}}\cdot i\omega)\frac{\mathrm{d}^{2\mathrm{m}-1}}{\mathrm{d}x^{2\mathrm{m}-1}}\left[\psi_i^{\mathrm{cR}}(x) + \sum_j D_{ij}^{\mathrm{c}}(\omega)P_{ij}^{\mathrm{cR}}\right]\Bigg|_{\mathrm{x}=\mathrm{Li}} \end{aligned} \tag{7-32}$$

式中，$D_{ij}^{\mathrm{c}}(\omega)$形式与式（7-26）完全一致，对应物理量添加上标“$c$”即可。至此即完成了连接件隔离体的理论推导。利用7.4.3及7.4.4两小节的工作，即可实现预设求解思路中所设想如式（7-14）所示的最终求解式。频域传递矩阵$H(\omega)$中所有元素均可通过系统已知物理参数求得。

### 7.4.5　隔离分析方法的简要讨论与评价

本小节中，进一步地对连接件传递函数的基本特性进行分析。假定连接件长8500mm，线密度为0.04kg/mm，两端约束为铰接，考虑平面内激励。分别将$\beta_i^{\mathrm{c}}=0.01$，$S_i(x)$取值不同；$S_i(x)=105\mathrm{N}$，$\beta_i^{\mathrm{c}}$取值不同这两种情况代入式（7-28）求得传递函数。图7-9展示了$T_i^1(\omega)$与$T_i^2(\omega)$的幅值谱。

可发现曲线左部均有一水平段，代表了连接件的静刚度，由$S_i(x)$直接决定。而随着频率的增加，曲线出现波动，主要由$D_{ij}^{\mathrm{c}}(\omega)$造成，反映了连接件的动力传递作用，这也是产生弱耦联特性的本质原因。当$S_i(x)$、$\beta_i^{\mathrm{c}}$较大时，曲线平缓，即连接件动力特性对体系响应影响小。而柔性连接件$S_i(x)$较小，其传递函数有显著波峰，对两侧支柱的影响不可忽略。

本节提出的隔离分析方法理论框架的关键性前提为式（7-16）所有方程右边显示化展开后均为或均可近似为待求位移及其对时间$t$高阶偏导数的线性组合。由于弱耦联体系的功能性需求较高，在满足使用功能的前提下，体系的地震响应一般不会超出弹性阶段，因此实际计算、设计中往往只需要进行弹性阶段的极限承载力计算即可。而对弱耦联体系中支柱子结构而言，由于其基本由陶瓷、复合材料、钢材等在弹性阶段为线性本构的材料制成，因此式（7-12）的条件自然满足。

对柔性的连接件而言，一部分在地震下也可视为线性构件，例如本节中主要研究的硬导

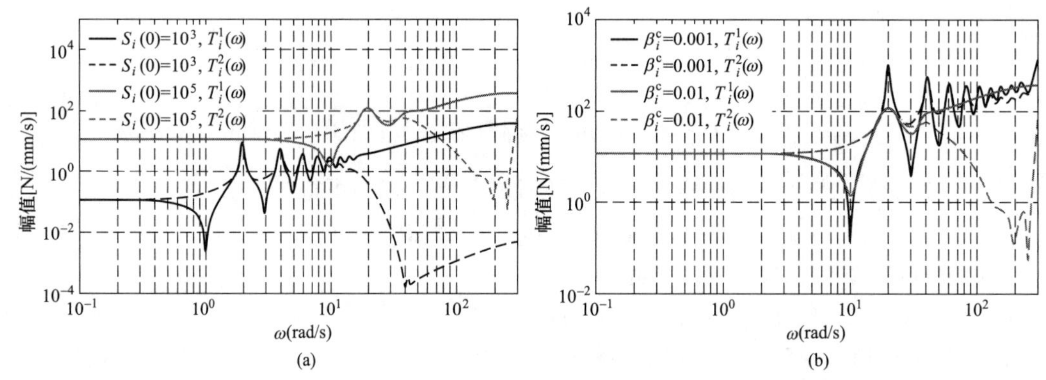


图 7-9　线性连接件传递函数示例

(a) $\beta_i^c=0.01$，$S_i(x)$取值不同；(b) $S_i(x)=10^5$N，$\beta_i^c$取值不同

线，故该条件也可以满足。但是仍有一部分连接件，如悬索、张弦、软导线等，具有明显非线性本构，不能直接采用本节建立的理论框架。但是注意到，虽然非线性体系在地震响应下的传递矩阵是不定常的，但在确定性地震输入下，必然可以找到一个传递矩阵使其输入与输出之间仍满足形如式（7-16）的传递关系。而在本节框架下，这个传递矩阵必然具有与式（7-15）中 $H(\omega)$相同的形式，不同之处在于连接件传递函数$T_i^1(\omega)\sim T_i^4(\omega)$不再由式（7-32）表达，而需要根据连接件形式及地震输入进行确定。因此，基于此求解框架处理非线性弱耦联体系在概念上是清晰明确的；另外，此理论框架不依托整体结构矩阵，连接件潜在的非线性全部被局部化在其隔离体的控制方程中，避免了非线性扩展至整个体系。因此，基于本节提出的理论框架在未来进一步研究非线性耦联体系的解法是合理的。

## 7.5　±800kV 特高压支柱绝缘子耦联体系振动台试验

为进一步研究硬导线连接的复合支柱绝缘子耦联体系的抗震性能，并验证 7.2 节中硬导线连接简化方式及 7.3、7.4 节中两种理论分析方法的合理性，对复合支柱绝缘耦联体系进行了振动台试验，并与绝缘子单体试验结果对比，分析硬导线连接作用对复合支柱绝缘子地震响应的影响。

### 7.5.1　试验概况

试验对象与 7.2 节有限元数值仿真的对象相同，为某特高压换流站足尺复合支柱绝缘子。如图 7-10 所示，支柱绝缘子单体由 5 段绝缘子段通过法兰连接构成，从上到下依次为第 1 段到第 5 段，高度为 12.27m。支柱绝缘子构件由格构式钢支架支撑并固定在振动台上，支架高度为 5m，结构总高 17.27m。

绝缘子顶端与硬导线（管母线）采用金具连接，左侧（绝缘子 A）为固定连接，右侧（绝缘子 B）为滑动连接，绝缘子顶端在滑动端可沿硬导线轴线方向滑动。两个绝缘子轴线间距为 8.50m。试验中定义沿硬导线轴线方向为 $X$ 向，耦联体系平面外的方向为 $Y$ 向，竖直方向为 $Z$ 向。试验耦联体系的支架、金具、硬导线滑动端连接分别如图 7-11～图 7-13 所示。

(a)

(b)

图 7-10　振动台试验布置

(a) 复合支柱绝缘子单体；(b) 复合支柱绝缘子耦联体系

图 7-11　试验支架

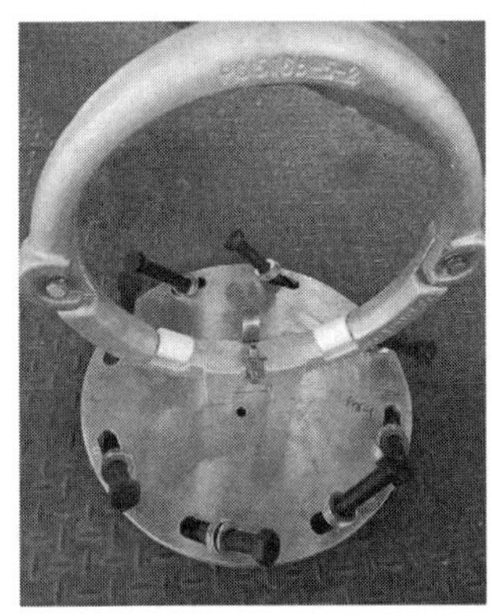

图 7-12　连接金具

图 7-13　滑动端连接

由于支柱绝缘子顶端连接金具等未安装，因此简化为配重，安装在绝缘子顶端，其中单体支柱绝缘子顶端配重 332kg，耦联体系绝缘子 A 顶端配重 198kg，绝缘子 B 顶端配重 147kg。另外，由于试验采用的支柱绝缘子无橡胶护套和伞裙，因此该部分的质量也以配重形式考虑，以橡胶带均匀缠绕在芯棒外侧，单体绝缘子及耦联体系中绝缘子 A 和 B 上的橡胶带配重均为 283kg。试验地震动输入与 7.2 节有限元仿真分析中的输入相同，即选取塔夫特（Taft）波、埃尔森特罗（El-Centro）波及新松人工波作为地震动输入。

复合支柱绝缘子单体试验中，为防止一次性输入地震动强度过大，依次输入了加速度峰值为 0.1$g$ 的双向和三向塔夫特（Taft）波及加速度峰值为 0.2$g$ 的双向和三向塔夫特（Taft）波，而后输入加速度峰值为 0.2$g$ 的三向新松人工波和埃尔森特罗（El-Centro）波。

而对于耦联体系，则还进行了 0.4$g$ 地震峰值加速度下的试验。在不同状态下地震动输入试验前后，均进行了白噪声扫频测试。

### 7.5.2 支柱绝缘子耦联体系振动台试验结果

1. 结构模态特征

根据耦联体系振动台试验的白噪声扫频，绘制耦联体系各加速度测点的频响函数幅值谱，分别得到了耦联体系在 $X$ 向和 $Y$ 向的前 4 阶模态，频率数值及对应模态振型如表 7-6 和图 7-14 所示，耦联体系的 $X$ 向基频为 0.647Hz，$Y$ 向基频为 0.659Hz。

表 7-6 耦联体系频率

| 振型 | 第 1 阶 | 第 2 阶 | 第 3 阶 | 第 4 阶 |
|---|---|---|---|---|
| $X$ 向 | 0.647 | 1.106 | 4.297 | 4.330 |
| $Y$ 向 | 0.659 | 0.874 | 4.439 | 4.440 |

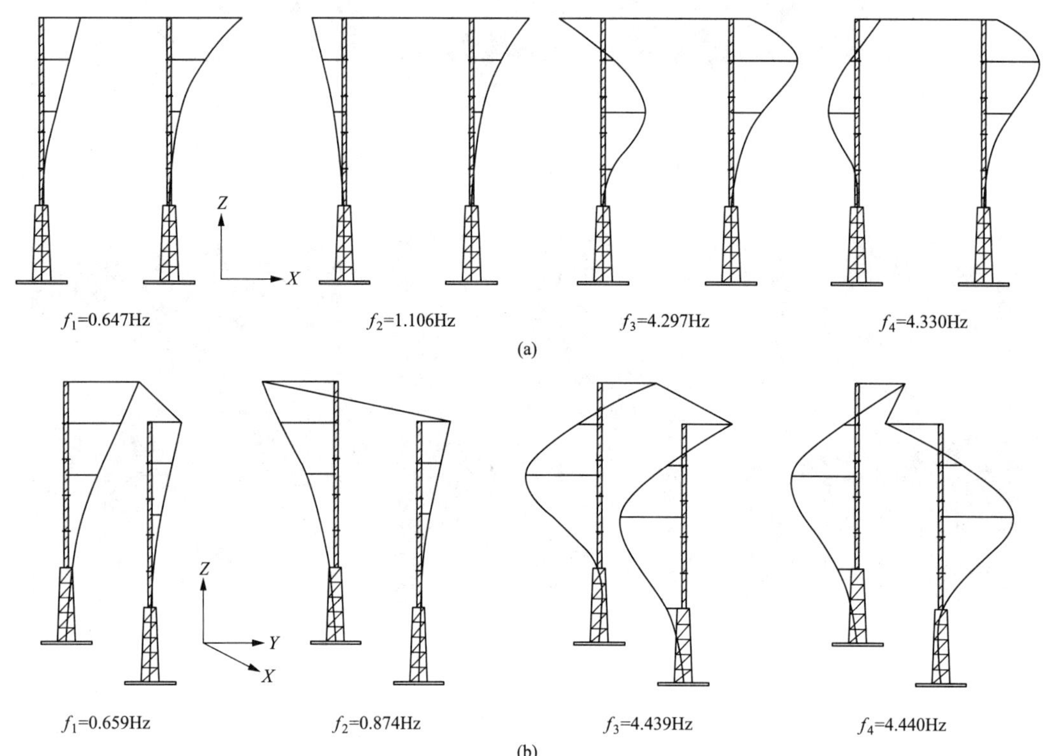


图 7-14 耦联体系 $X$ 向和 $Y$ 向模态

（a）耦联体系 $X$ 向前四阶模态（左侧绝缘子 A，右侧绝缘子 B）；

（b）耦联体系 $Y$ 前四阶向模态（左侧绝缘子 A，右侧绝缘子 B）

图 7-14 的振型图中耦联体系的前两阶模态为其中的两个绝缘子单体的第 1 阶模态的组合，说明硬导线连接对于体系频率的影响较小，耦联体系的频率主要由结构单体的频率决定。第 1 阶振型中两绝缘子同向振动，硬导线和绝缘子顶部相对位移较小，连接刚度表现不明显，因此频率结果与单体的振动频率相近；第 2 阶振型中两个绝缘子反向振动。而绝缘子

反向振动时，连接刚度的贡献更大，会对结构频率有一定影响，导致耦联体系的第 1 阶和第 2 阶频率有一定差异。

2. 结构地震响应

加速度响应方面，绝缘子 A 顶部最大加速度为 9.55m/s²，绝缘子 B 顶部最大加速度为 12.50m/s²。两个绝缘子在多数工况下均表现为 $Y$ 向的顶部加速度响应大于 $X$ 向，主要是由于硬导线连接使得耦联体系在 $X$ 向和 $Y$ 向的刚度不同，硬导线提供的连接刚度使得两个绝缘子在 $X$ 向形成框架体系，相比于原本的绝缘子单体刚度增加很明显，而 $Y$ 向的约束较小，刚度增加不明显，因此在地震作用下 $Y$ 向的加速度响应更大。

在位移响应方面，耦联体系中两个绝缘子顶部相对于地面的位移峰值，最大值超过了 400mm。地震过程中，相对位移过大会导致结构的大变形，从而产生结构内部损伤，设备位移过大也可能引起电气功能安全问题。特高压复合支柱绝缘子材料刚度小，且结构高度大，因此设备的位移应作为其抗震性能的控制因素之一。

为分析复合支柱绝缘子根部截面的应变分布，根据测得的加速度峰值为 0.4$g$ 工况下耦联体系中绝缘子根部各个测点的压应变最大值绘制了如图 7-15 所示的峰值应变分布图，左侧和右侧分别对应绝缘子 A 和绝缘子 B。对于不同绝缘子，滑动端的绝缘子在 3 条地震波作用下的根部峰值应变响应均大于固定端，其中两绝缘子对塔夫特（Taft）波及埃尔森特罗（El-Centro）波的峰值应变包络形状类似，但是人工波作用下的峰值应变包络图则呈现为长边相互垂直的矩形。说明在人工波作用下结构的反向振动非常明显，导致固定端和滑动端绝缘子的弯曲方向不同，从而对绝缘子根部的应变产生影响。

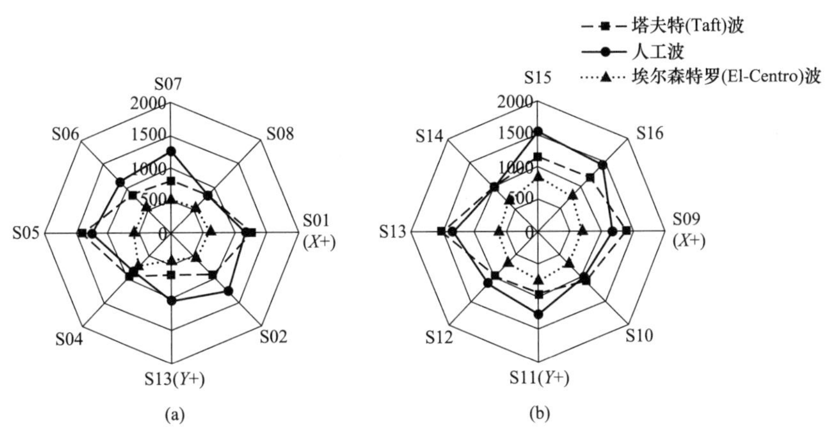


图 7-15　0.4$g$ 工况耦联体系绝缘子根部峰值应变分布（$\mu\varepsilon$）

（a）绝缘子 A；（b）绝缘子 B

### 7.5.3　振动台试验结果分析

基于以上地震模拟振动台试验，对复合支柱绝缘子耦联体系的地震响应进行了简单的归纳，着重对比了耦联体系与单体支柱地震响应的差异。

1. 支柱绝缘子单体及耦联体系地震响应对比

由于单体试验中最大输入加速度峰值为 0.2$g$，因此以下对比均基于加速度峰值为 0.2$g$

的三条地震波三向输入的工况。

图 7-16 给出了绝缘子单体和耦联绝缘子的支架顶部 $X$ 向加速度反应谱对比和绝缘子顶部 $X$ 向加速度反应谱对比。比较可知，从频域上就本节研究对象而言，当耦联的支柱类设备动力特性相近时，硬导线的连接作用可使耦联体系中的绝缘子地震响应相对单体结构有所减小。

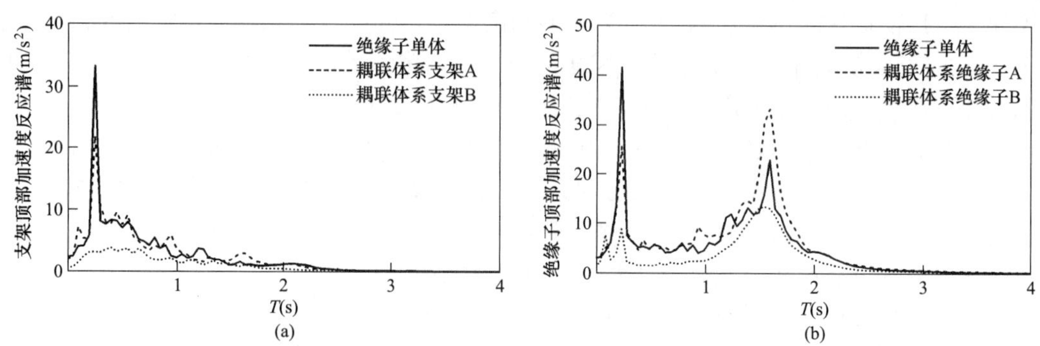


图 7-16　加速度峰值为 0.2$g$ 工况下绝缘子单体和耦联体系绝缘子反应谱对比

（a）支架顶部 $X$ 向加速度反应谱；（b）绝缘子顶部 $X$ 向加速度反应谱

图 7-17 为不同地震作用下绝缘子顶部位移峰值的分组柱状图。从图中数据整体来讲，绝缘子单体的顶部位移响应水平均相对较大。图中的红线表示的是在 3 条地震波作用下，单体和耦联体系绝缘子在 $X$ 向和 $Y$ 向的顶部位移响应峰值的最大值，$X$ 向位移最大值为 302mm，$Y$ 向位移最大值为 261mm。从位移角度看，硬导线连接给复合支柱绝缘子提供了一定约束，使得被连接的动力特性相近的绝缘子位移响应较绝缘子单体有所减小。

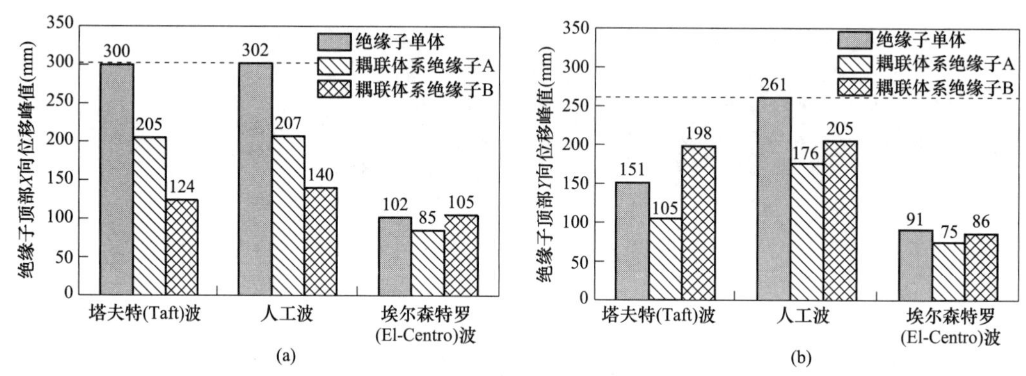


图 7-17　加速度峰值为 0.2$g$ 工况下绝缘子单体和耦联体系绝缘子顶部位移峰值

（a）绝缘子顶部 $X$ 向位移峰值；（b）绝缘子顶部 $Y$ 向位移峰值

不同地震作用下绝缘子根部峰值应变的分组柱状图如图 7-18 所示。从图中可以看出，在塔夫特（Taft）波和人工波作用下，复合支柱绝缘子单体的峰值应变均大于耦联体系中的两个绝缘子，差值在 20%左右。图中红线表示的是在三条地震波作用下复合支柱绝缘子的根部峰值应变的最大值。从应变峰值角度考虑，绝缘子单体的应变响应仍可包络耦联体系中的绝缘子的应变响应。

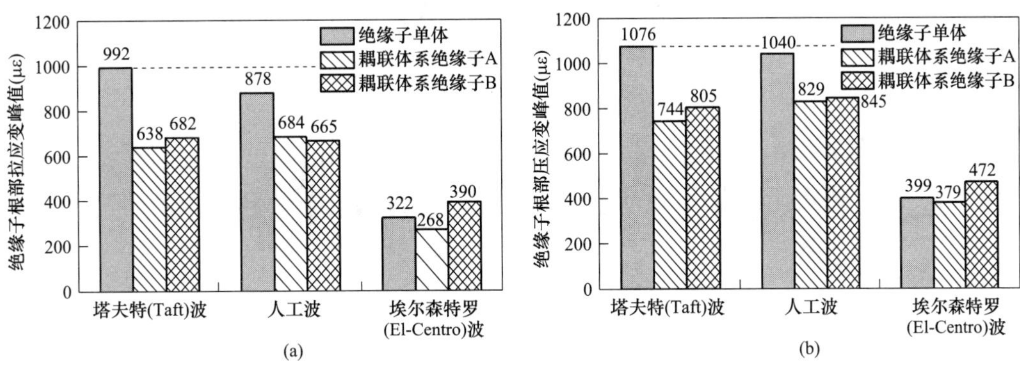


图 7-18　加速度峰值为 0.2$g$ 工况下绝缘子单体和耦联体系绝缘子根部应变峰值

（a）绝缘子根部拉应变峰值；（b）绝缘子根部压应变峰值

2. 硬导线连接作用机理及简化

相比于绝缘子单体，耦联体系中滑动端绝缘子在地震作用下多承受了连接作用力，因此该作用力可通过滑动端绝缘子与绝缘子单体的响应差异计算得到。一般情况下，试验中难以直接测得硬导线的作用力，但是可以采用如下方法对连接作用力进行估算：根据加速度测点布置情况，将单体支柱绝缘子简化为多质点体系，如图 7-19 所示。对应加速度测点的集中质量为 $m_i$（$i=1$，2，3，4），集中质量到绝缘子根部应变测量截面 A-A 的距离为 $h_i$，测点测得的加速度为 $a_i$。

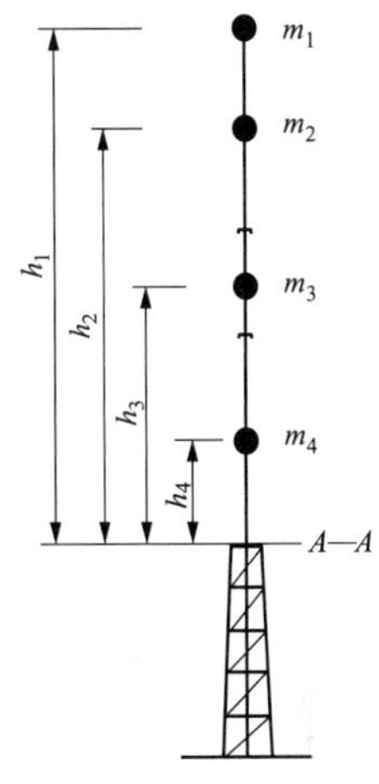


图 7-19　简化计算模型

由于悬臂类设备地震响应主要贡献来自第一阶振型，支柱绝缘子单体 A-A 截面 $X$ 向弯矩为

$$M_{\mathrm{Ax}}=\sum_{i=1}^{4}m_i a_i h_i \tag{7-33}$$

假定阻尼力可以忽略不计，故认为结构抗力全部由弹性恢复力提供，且结构无明显损伤，故材料保持弹性状态，满足平截面假定，则

$$\varepsilon_{\mathrm{Ax}}=\frac{M_{\mathrm{Ax}}}{(EI_{\mathrm{x}})_{\mathrm{eq}}/r_{\mathrm{a}}} \tag{7-34}$$

式中　$\varepsilon_{\mathrm{Ax}}$——截面 A-A 上测得的 $X$ 向应变；

$(EI_{\mathrm{x}})_{\mathrm{eq}}$——A-A 截面以上的等效悬臂梁的抗弯刚度；

$r_{\mathrm{a}}$——绝缘子截面半径。

由式（7-37）和式（7-38）可得绝缘子单体的 $M_{\mathrm{Ax}}$ 和 $\varepsilon_{\mathrm{Ax}}$ 散点图，进而拟合出（$EI_{\mathrm{x}}$）$_{\mathrm{eq}}$ 的值，各工况的拟合结果平均值为 9.5147×106N·m$^2$。对于耦联体系中滑动端绝缘子，仍满足式（7-38），但考虑连接作用力，A-A 截面的 $X$ 向弯矩表达式为

$$M_{\mathrm{Ax}}=\sum_{i=1}^{4}m_i a_i h_i+F_{\mathrm{a}}h_1 \tag{7-35}$$

式中　$F_{\mathrm{a}}$——硬导线通过连接金具对滑动端绝缘子顶端的施加的连接作用。

将上面得到的 A-A 截面以上绝缘子的等效刚度平均值代入式（7-34），结合试验测得的 $X$ 向轴向应变 $\varepsilon_{\mathrm{Ax}}$，得到该截面的 $X$ 向弯矩时程 $M_{\mathrm{Ax}}$，则可从式（7-35）中解出任意时刻连

接作用力 $F$。按照上述方法，得到峰值为 0.2$g$ 的塔夫特（Taft）波和人工波作用下滑动端绝缘子顶部受到的连接作用力时程如图 7-20 所示。

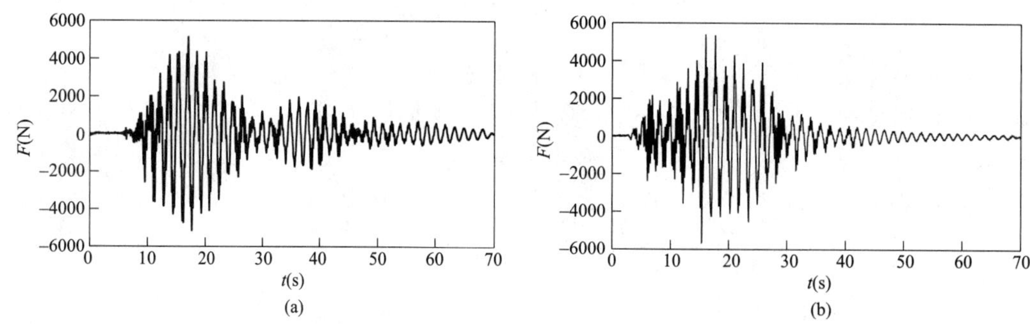


图 7-20　加速度峰值为 0.2$g$ 工况下滑动端绝缘子顶部连接作用力时程

（a）塔夫特（Taft）波作用下连接作用力时程；（b）人工波作用下连接作用力时程

图 7-21 为 0.2$g$ 的塔夫特（Taft）波和人工波作用下连接作用力和固定端与滑动端绝缘子顶端相对位移散点图。从图 7-21 中可以看出，硬导线的连接作用力与两绝缘子的相对位移之间基本呈线性关系，图中直线为拟合的线性关系曲线。

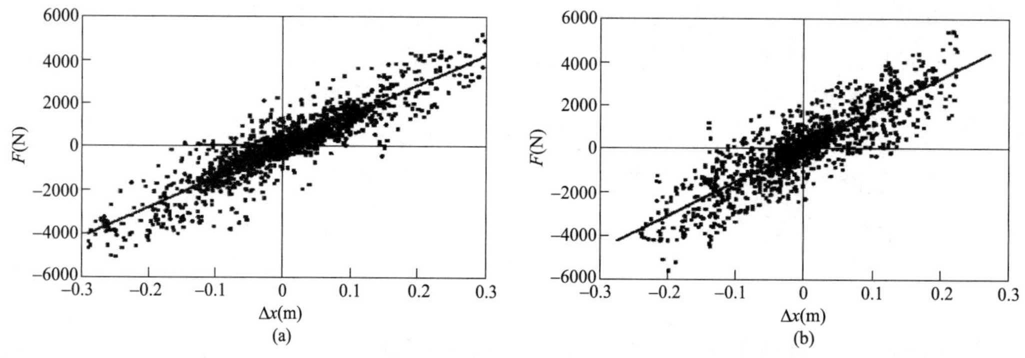


图 7-21　0.2$g$ 的塔夫特（Taft）波和人工波作用下耦联体系连接作用力和绝缘子顶端相对位移散点

（a）塔夫特（Taft）波作用下连接作用力和绝缘子顶端相对位移散点；

（b）人工波作用下连接作用力和绝缘子顶端相对位移散点

在本次耦联体系振动台试验中，硬导线与绝缘子之间的 $X$ 向连接关系可简化为刚度为 13.15kN/m 的线性弹簧。采用类似方法，可得到硬导线与绝缘子之间 $Y$ 向相对位移的对应关系，也可简化成为线性的弹簧连接，连接刚度为 7.25kN/m，相关系数平均值为 0.855。结合上述拟合结果，在对耦联支柱类设备进行地震响应分析时，可将硬导线耦联体系简化为线性弹簧连接两端支柱类设备，以实现简化模型分析。

### 7.5.4　硬导线耦联体系整体分析方法验证

7.3 节建立了硬导线连接耦联体系的整体理论分析方法。本节将根据复合支柱绝缘子耦联体系的振动台试验结果，对理论模型进行验证。

1. 计算参数

耦联体系理论模型中采用的有关参数见表 7-7。

表 7-7 复合支柱绝缘子耦联体系理论参数

| 参数 | $E_1I_1$(N·m²) | $\overline{m}_1$(kg/m) | $E_2I_2$(N·m²) | $\overline{m}$(kg/m) |
|---|---|---|---|---|
| 数值 | 7.21×108 | 311.80 | 9.51×106 | 187.20 |
| 参数 | $m_1$(kg) | $m_{12}$(kg) | $k_{0x}$(kN/m) | $k_{0y}$(kN/m) |
| 数值 | 332.00 | 318 | 13.15 | 7.25 |
| 参数 | $h_1$(m) | $h_2$(m) | $H$(m) | — |
| 数值 | 5.00 | 12.27 | 17.27 | — |

2. 地震响应验证

根据计算参数及 7.3 节分析方法，解得体系典型地震响应如下。

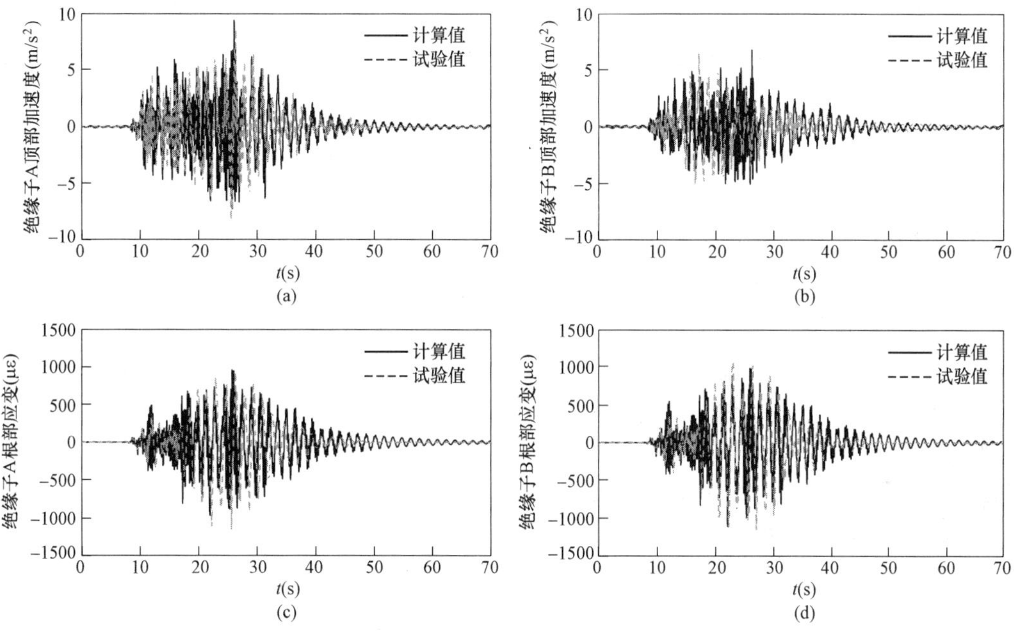


图 7-22 复合支柱绝缘子耦联体系在人工波作用下地震响应对比（$PGA$=0.4$g$）
(a) 支柱绝缘子 A 顶部加速度；(b) 支柱绝缘子 B 顶部加速度；
(c) 支柱绝缘子 A 根部 $X$ 向应变；(d) 支柱绝缘子 B 根部 $X$ 向应变

图 7-22 中给出了在加速度峰值为 0.4$g$ 的人工波作用下耦联体系中绝缘子的地震响应时程计算结果与试验结果的对比，从图中可以看出，理论计算结果与试验得到的响应时程比较吻合。

从地震响应峰值角度看，表 7-8 给出了加速度峰值为 0.4$g$ 工况下 3 条地震波的地震响应峰值理论计算结果及误差情况。从表中可以看出，采用理论模型计算得到的加速度响应误差在 10%以内，而顶部位移和应变误差则在 15%左右。从整体上来说，耦联体系理论计算模型计算结果与试验结果相近，说明理论模型原理正确，计算方法合理，可有效计算支柱类设备耦联体系的地震响应情况。

表 7-8　　支柱类设备耦联体系地震响应及误差计算（$PGA=0.4g$）

| 地震输入 | 绝缘子 | 缘子顶部 $X$ 向加速度 | | | 绝缘子顶部 $X$ 向位移 | | | 绝缘子根部 $X$ 向应变 | | |
|---|---|---|---|---|---|---|---|---|---|---|
| | | 计算值 ($m/s^2$) | 试验值 ($m/s^2$) | 误差 (%) | 计算值 (mm) | 试验值 (mm) | 误差 (%) | 计算值 ($\mu\varepsilon$) | 试验值 ($\mu\varepsilon$) | 误差 (%) |
| 塔夫特（Taft）波 | A | 9.53 | 9.55 | −0.2 | 364.99 | 407.67 | −10.5 | 1060.4 | 1257.1 | −15.7 |
| | B | 4.82 | 4.80 | 0.4 | 198.43 | 207.68 | −4.5 | 1102.1 | 1370.3 | −19.6 |
| 埃尔森特罗（El-Centro）波 | A | 4.67 | 4.40 | 6.1 | 147.17 | 173.63 | −15.2 | 504.7 | 609.5 | −17.2 |
| | B | 3.31 | 3.28 | 0.9 | 166.29 | 179.39 | −7.3 | 583.5 | 709.5 | −17.8 |
| 人工波 | A | 9.45 | 8.64 | 9.4 | 300.86 | 329.22 | −8.6 | 966.3 | 1163.3 | −16.9 |
| | B | 7.03 | 6.52 | 7.7 | 267.48 | 270.43 | −1.1 | 988.7 | 1161.3 | −14.9 |

### 7.5.5　硬导线耦联体系考虑弱耦联效应的隔离分析方法验证

本章中针对硬导线耦联体系提出了整体分析，以及隔离分析两种理论方法。其中隔离分析法根据设想可以较好地应对弱耦联体系。7.5.4 节采用整体分析方法对振动台试验研究对象进行了地震响应计算，并与试验结果对比。可以发现位移响应误差可以达到 10%左右。由于这一误差有可能主要由整体分析方法处理弱耦联体系时的系统性误差贡献，因此本小节进一步利用试验对隔离分析方法的计算结果进行验证与分析，主要从 $X$ 向响应对隔离分析法理论计算进行验证。

注意到，7.4 节在建立连接件在频域的力—位移控制方程时，对连接件提出了“线性或可等效为线性”这一先决条件。而滑动管母线无法直观判断可否等效为线性连接，首先需要进行验证。验证手段即通过试验中支柱的实际顶端位移，以及耦联作用力反推出二者在频域的传递函数。如果其形式与图 7-9 中理论曲线形态一致，则说明适用线性耦联假定。同时，这也可确定理论模型计算中所需参数。

虽然在试验中无法直接测量管母线作用力，仍可通过试验的加速度及应变响应近似计算出耦联作用力，具体方法已经在 7.5.3 节中给出。联立式（7-37）～式（7-39）即可求得近似的耦联作用力$F_1^{R}(\omega)$与$F_2^{L}(\omega)$。对匀质的线性连接件，容易证明

$$T_i^1(\omega)=-T_{i+1}^4(\omega),\ T_i^2(\omega)=-T_{i+1}^3(\omega) \tag{7-36}$$

将式（7-36）代入式（7-17）中后两式即可通过实际的位移，以及耦联作用力反求传递函数，例如对$T_i^1(\omega)$有

$$T_i^1(\omega)=\frac{F_i^{R}(\omega)-F_{i+1}^{L}(\omega)}{2[Y_i(h,\omega)+Y_{i+1}(h,\omega)]}+\frac{F_i^{R}(\omega)+F_{i+1}^{L}(\omega)}{2[Y_i(h,\omega)-Y_{i+1}(h,\omega)]} \tag{7-37}$$

将试验结果代入式（7-41）求得三条地震下的传递函数$|T_i^1(\omega)|$如图 7-23 所示。当$S_1(x)=1\ 150\ 005$，$\alpha_i^c=0.17$，$\beta_i^c=0.0035$时，理论曲线在 60rad/s 以下时可较好地拟合。

在确定了模型参数后，采用隔离体分析方法计算体系的 $X$ 向地震反应。支柱顶端对地相对位移相较于整体分析方法而言，明显与试验结果的拟合度高，例如图 7-24 展示了人工波输入下隔离分析方法计算结果与试验结果的时程对比。

同时，也采用基于整体分析的振型叠加法（以下简称“叠加法”）进行了计算，计算除采用比例阻尼外其余模型参数均与本文方法相同。基于体系整体的前两阶自振频率及实测的

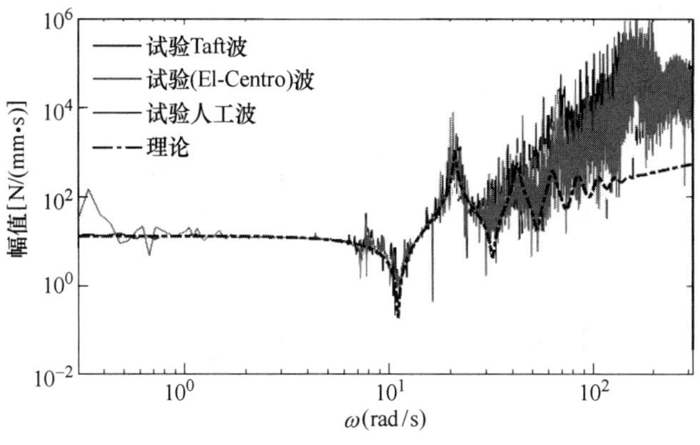


图 7-23　$|T_i^1(\omega)|$的试验及理论计算结果

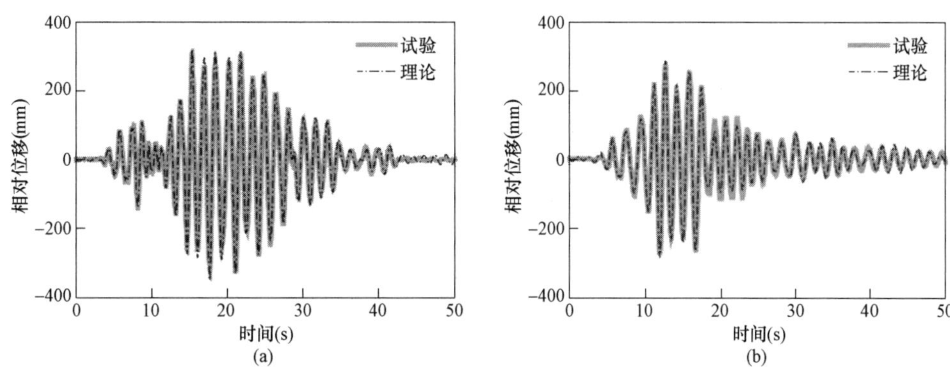


图 7-24　人工波输入下支柱顶部相对位移试验及理论结果

(a) 支柱绝缘子 A；(b) 支柱绝缘子 B

1.5%阻尼比，可求得比例阻尼参数。以人工波为例，本文方法与叠加法计算的支柱顶部相对位移误差如图 7-25 所示。隔离分析方法计算的误差显著小于叠加法，且误差在整个地震持时内都较为稳定，无明显突出。

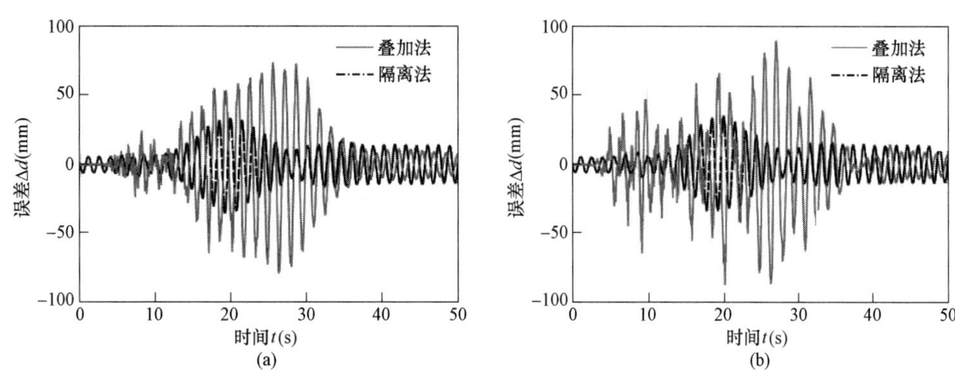


图 7-25　隔离法与叠加法顶部相对位移误差

(a) 人工波，支柱 A；(b) 人工波，支柱 B

由于电气设备对位移响应十分敏感，因此需关注体系的最大位移。表 7-9 列出了隔离方法下支柱顶部最大相对位移和误差。与表 7-9 中列出的整体分析方法结果相比较可以发现，对本节研究的滑动管母线连接的耦联体系而言，隔离法的误差明显更小。而整体方法由于无法考虑非比例阻尼以及只能利用整体振型反应进行叠加，故而存在系统性误差。

**表 7-9　　不同方法下支柱绝缘子顶部最大相对位移**

| 方法 | | 埃尔森特罗（El-Centro）波 | | 塔夫特（Taft）波 | | 人工波 | |
|---|---|---|---|---|---|---|---|
| | | 位移（mm） | 误差（%） | 位移（mm） | 误差（%） | 位移（mm） | 误差（%） |
| 支柱 A | 试验 | 177.9 | — | 383.6 | — | 331.3 | — |
| | 隔离法 | 182.7 | 2.7 | 388.4 | 1.2 | 350.6 | 5.8 |
| 支柱 B | 试验 | 192.9 | — | 208.1 | — | 279.8 | — |
| | 隔离法 | 196.3 | 1.8 | 212.5 | 2.1 | 285.3 | 2.0 |

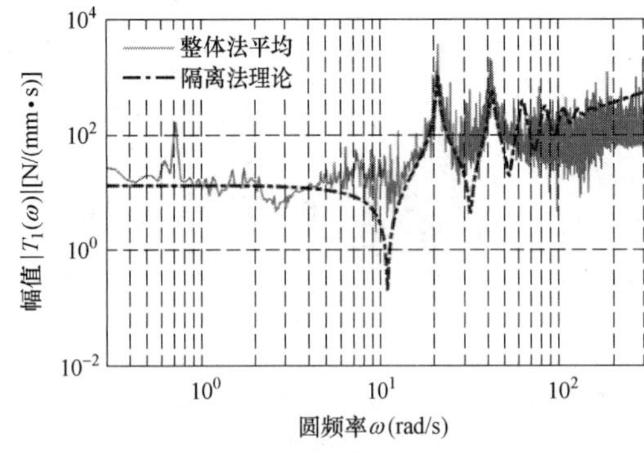


图 7-26　隔离法与整体法求得的 $|T_i^1(\omega)|$

## 7.5.6　整体法与隔离法差异分析

在完成了试验验证的基础上，本小节基于整体分析法（振型叠加）与隔离分析法计算结果差异，进一步探讨弱耦联特性对计算结果准确性的具体影响。图 7-26 为隔离法理论计算得到的 $|T_i^1(\omega)|$ 及根据整体法结果反算的三条地震输入下的平均 $|T_i^1(\omega)|$。可以发现，整体法的最大不同在于曲线第一个波谷并不明显。强耦联体系由于连接件刚度大，其传递函数波动段已然不明显，因此对体系各部分采用一致的比例阻尼不会对连接件传递函数造成实际影响。然而，弱耦联体系由于波动段起伏明显，连接件阻尼参数与实际不符将造成明显误差。

图 7-27 为人工波输入下隔离法与整体法支柱顶部加速度的傅立叶幅值谱，二者主要存在两大差别。第一，隔离法结果在 2～10Hz 间成分并不明显，仅在第二振型，即 4.3Hz 处

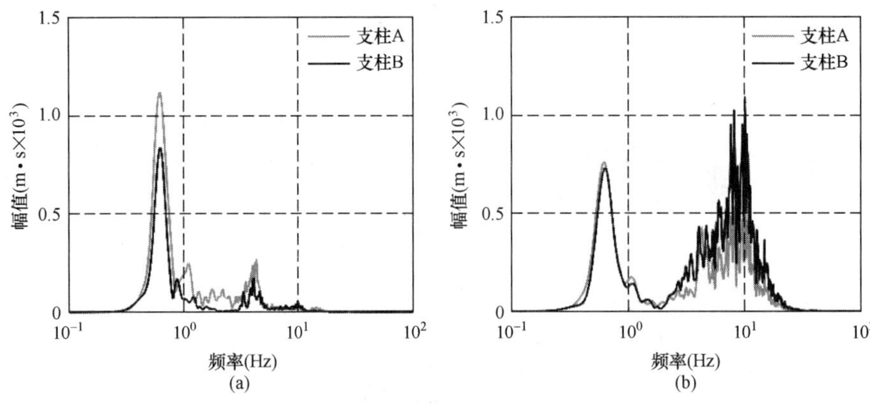


图 7-27　人工波下支柱顶部加速度傅立叶幅值谱

（a）隔离法；（b）叠加法

有一较小峰值。而整体法在 2～10Hz 间有显著成分，反映了对弱耦联体系采用整体振型进行计算，会高估某些振型响应。第二，隔离法中两支柱频谱在基频处峰值不同，反映了两支柱顶端的实际运动并不一致。而整体法中两曲线基本吻合，这说明叠加法高估了实际耦联作用，强化了两支柱间的约束使得二者运动协调一致。这也是整体法系统误差的一大原因。

此外，图 7-28 中两支柱顶部绝对位移的散点图可进一步证明上述论断。由于试验对象采用滑动管母线，自由滑动下两支柱位移散点图应呈现出平滑曲线。未采用整体振型而基于隔离体分析的隔离法在图 7-28（a）中体现了这一点。而图 7-28（b）中，整体法曲线的波折及整体轮廓的萎缩则明显反映出整体法高估了实际耦联作用，两支柱间相对滑动的约束作用明显。

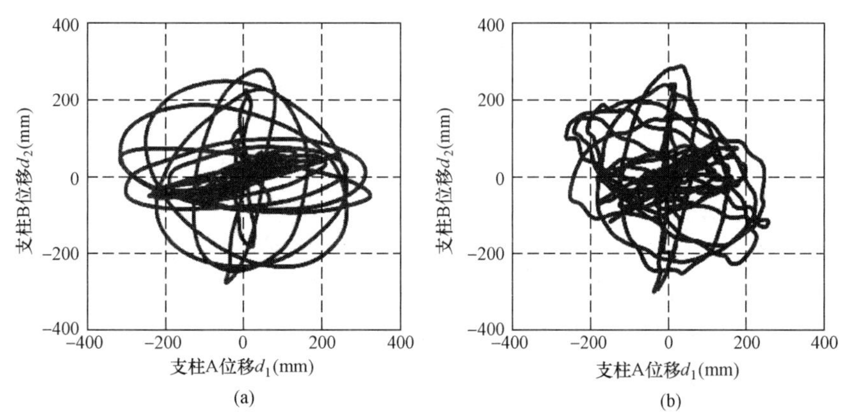


图 7-28　人工波下支柱 A、B 顶部绝对位移散点

（a）隔离法；（b）整体法

## 7.6　硬导线连接的支柱类设备参数分析

实际情况中，不同的硬导线连接的设备耦联体系的连接参数、设备类型可能存在较大的差异，因此基于本章示例的耦联体系进行振动台试验及有限元仿真分析的结果可能并不完全适用于所有情形。而由于在 7.5 节中通过试验验证了理论分析模型的适用性，因此本节主要依托理论模型，探究耦联体系理论模型中的参数对耦联体系的模态和地震响应的影响。主要探讨的是连接刚度 $k_0$，以及两个设备之间的刚度比和线密度比的影响。

### 7.6.1　连接刚度对自振频率影响

连接刚度是耦联体系中非常重要的一个参数，本章中的复合支柱绝缘子耦联体系的连接刚度是从振动台试验结果中获得的，但是不同的硬导线和金具连接形式可能会导致连接刚度的不同，因此需讨论在不同连接刚度下的结构频率变化。

图 7-29 表示在保持两个设备单体为试验中复合支柱绝缘子不变的前提下，改变连接刚度与设备 1 的广义刚度的比 $\kappa_1$，得到的耦联体系 $X$ 向前两阶频率变化情况。图中 $f_{1,1}$ 和 $f_{1,2}$ 表示设备 1 的第 1 阶和第 2 阶频率，$f_{2,1}$ 和 $f_{2,2}$ 表示设备 2 的第 1 阶和第 2 阶频率，$f_{\text{int},1}$ 到 $f_{\text{int},4}$ 表示耦联体系的频率。

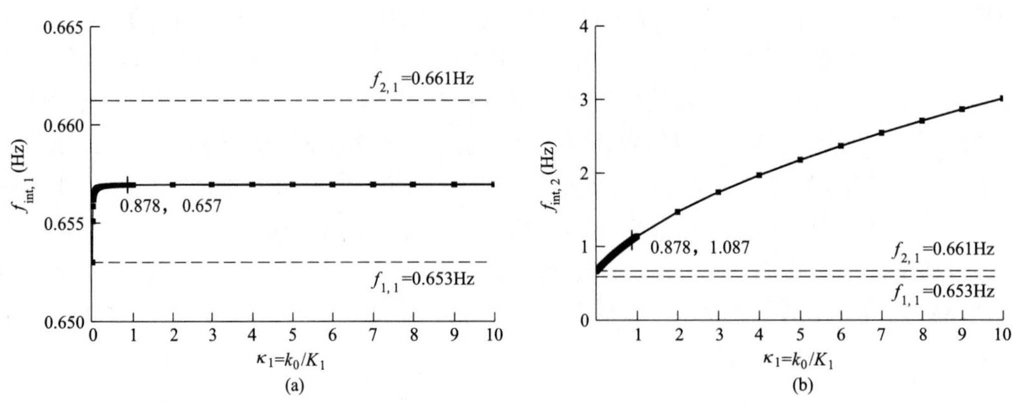


图 7-29　耦联体系前两阶频率随连接刚度变化情况

（a）耦联体系第 1 阶频率；（b）耦联体系第 2 阶频率

从图 7-29 中可以看出，耦联体系第 1 阶频率随连接刚度的增大迅速增大，而后稳定于设备 1 和设备 2 第 1 阶频率的平均值。耦联体系的第 2 阶频率则随连接刚度的增大一直呈增大的趋势，但是增大的趋势变缓。产生上述情况的原因是耦联体系的第 1 阶振型是两个设备的第 1 阶振型的同向振动的组合，因此两个设备单体趋向于同向振动，受连接刚度的影响小，而第 2 阶频率则是两个设备单体的反向振动，这时连接刚度对整体的刚度加强会表现相对明显，始终呈现增大的趋势。

### 7.6.2　两设备结构参数对自振频率影响

除了连接刚度，被连接的两个设备间的频率之比也会对耦联体系的频率产生影响。基于理论分析模型参数计算，图 7-30 的耦联体系基频随设备 2 与设备 1 的基频比变化曲线，两幅图分别对应线密度变化和抗弯刚度比变化的结果，其中图 7-30（a）的范围较小，对应图 7-30（b）的虚线框范围，总体上看两幅图的趋势一致。

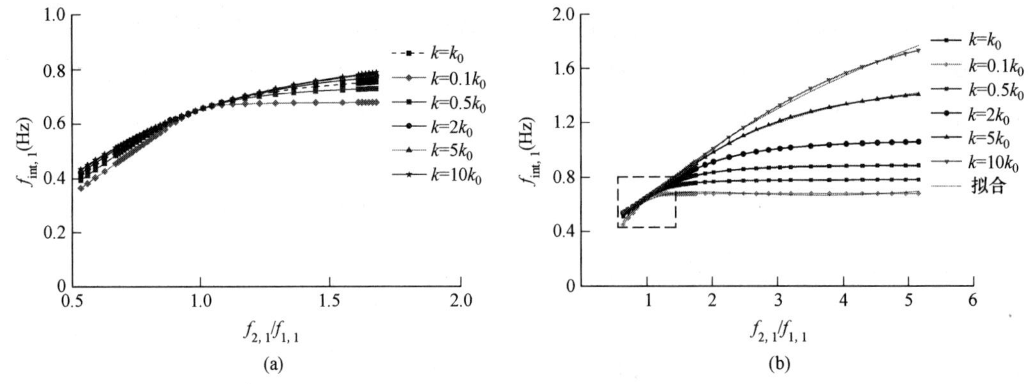


图 7-30　耦联体系基频随两单体设备频率比变化情况

（a）单体频率比对基频影响（线密度）；（b）单体频率比对基频影响（抗弯刚度）

对图 7-30（b）中的单体频率比和耦联体系基频曲线进行拟合，拟合曲线在图 7-30（b）中，并得到了如式（7-42）所示的耦联体系基频计算公式

$$f_{int,1}(\lambda_f,\lambda_k)=\left[\frac{a_f(\lambda_k)\lambda_f+b_f(\lambda_k)}{c_f(\lambda_k)\lambda_f+d_f(\lambda_k)}+g_f(\lambda_k)\cdot(\lambda_f)^{hf(\lambda_k)}\right]f_{1,1} \tag{7-38}$$

其中，$\lambda_f$ 为两设备基频比，$\lambda_k$ 为连接刚度与原始连接刚度比值，表达式为

$$\lambda_f=\frac{f_{2,1}}{f_{1,1}},\lambda_k=\frac{k}{k_0} \tag{7-39}$$

另外，$a_f(\lambda_k)$、$b_f(\lambda_k)$、$c_f(\lambda_k)$、$d_f(\lambda_k)$、$g_f(\lambda_k)$ 和 $h_f(\lambda_k)$ 为关于 $\lambda_k$ 的函数，表达式为

$$a_f(\lambda_k)=-0.19\lambda_k^3+0.88\lambda_k^2+0.94\lambda_k-2.79 \tag{7-40}$$

$$b_f(\lambda_k)=0.09\lambda_k^3-0.93\lambda_k^2+2.76\lambda_k-4.62 \tag{7-41}$$

$$c_f(\lambda_k)=0.05\lambda_k^3-0.38\lambda_k^2+0.66\lambda_k+0.03 \tag{7-42}$$

$$d_f(\lambda_k)=-0.016\lambda_k^3+0.19\lambda_k^2-0.68\lambda_k+0.84 \tag{7-43}$$

$$g_f(\lambda_k)=0.096\lambda_k^4-1.72\lambda_k^3+9.02\lambda_k^2-14.47\lambda_k+11.59 \tag{7-44}$$

$$h_f(\lambda_k)=0.0063\lambda_k^4-11.85\lambda_k^3+0.69\lambda_k^2-1.45\lambda_k+0.50 \tag{7-45}$$

尽管上述拟合公式仅适用于本章中研究的耦联体系特例，但是上述研究方法与结果展现了一种对硬导线耦联体系有效可行的分析设计思路。简单来说，图 7-30 和式（7-38）给出了任何一个支柱类设备与复合支柱绝缘子通过硬导线连接后耦联体系的基频的数值或者具体范围。如果对于每一个支柱类设备都能建立类似的曲线图或者计算公式，对相关拟合系数作进一步的修正以增强其普适性，那么对于其他的硬导线耦联体系，就可以通过查取曲线及计算得到体系的基频，并以此作进一步分析设计，实现简易高效的抗震设计。

### 7.6.3　连接刚度对地震响应影响

连接参数对耦联体系的动力特性的影响自然也会引起地震响应的改变。图 7-31 给出了保持两个绝缘子不变的情况下，连接刚度不同时，耦联体系在 0.4$g$ 加速度峰值新松人工波作用下的地震响应峰值。从图 7-31（a）中可以看出，在不同连接刚度下，耦联体系中的绝缘子 1 和绝缘子 2 的顶部加速度变化很小，说明结构的加速度响应主要与输入地震动和设备单体有关，而受连接刚度的影响不明显。

图 7-31（b）中为新松人工波输入下不同连接刚度时两个绝缘子顶部的相对位移。随着连接刚度的增大，耦联体系整体的刚度增大，两个设备之间的相对位移迅速减小，当连接刚度参数$\kappa_1=4$ 时，绝缘子间的相对位移仅为 $\kappa_1=4$ 时的 5%，表明耦联体系中设备间相对位移对于连接刚度在一定范围内是十分敏感的。

### 7.6.4　两设备结构参数对地震响应影响

图 7-32 给出了当保持设备 1 为支柱绝缘子，连接刚度为基准值 $k_0$的情况下，两个设备间的相对位于与两个设备的频率比之间的关系曲线。明显看出，三条相对位移曲线均在 $f_{2,1}/f_{1,1}=1.0$ 处出现波谷，表示当被连接设备基频相等时，两个设备的运动基本同步，相对位移达到最小值。当 $f_{2,1}/f_{1,1}=2.75$ 时，人工波作用下的相对位移为 3.16m，接近于相对位移最小值的 10 倍，而前述的振动台试验情况则恰好是接近位移最小的情况。因此，对于采用特殊金具连接的管母线耦联体系，设备间的相对位移响应对于实际连接刚度是十分敏感的，需要重点关注。

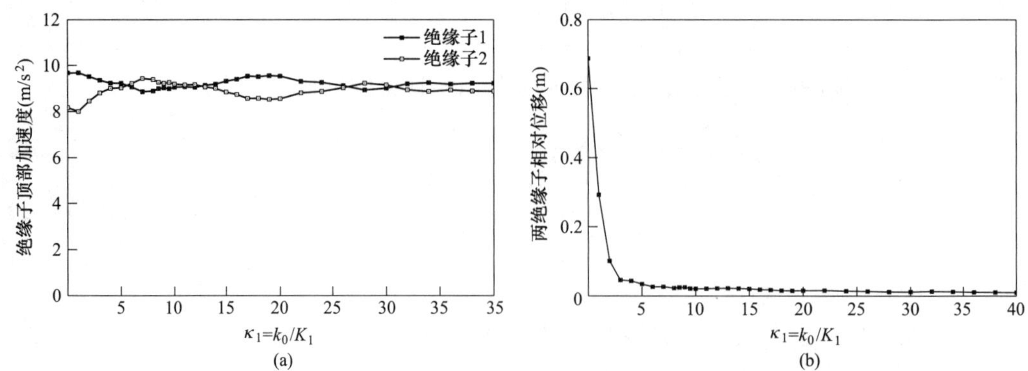


图 7-31　在人工波作用下耦联体系地震响应随连接刚度变化情况（$PGA=0.4g$）

(a) 设备顶部加速度峰值随连接刚度变化；(b) 两设备顶端相对位移随连接刚度变化

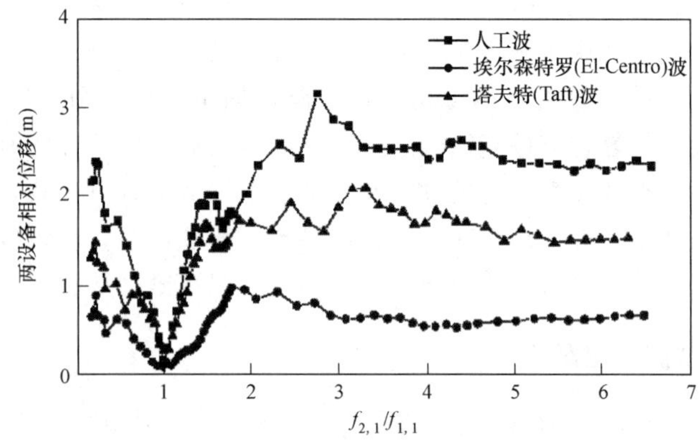


图 7-32　两设备顶端相对位移地震响应随连接刚度变化情况（$PGA=0.4g$）

### 7.6.5　非比例阻尼影响

本章在 7.3 节中提到实际情况下，设备及连接导线由于材质、结构形式差异巨大，因此二者的阻尼特性可能存在明显差异，即体系存在非比例阻尼。本小节则进一步探讨非比例阻尼条件对弱耦联条件下，体系地震响应的影响趋势。

以 7.5 节试验中硬导线为例进行分析，其长度为 8.5m，质量为 295kg。首先研究管母线自身阻尼对其力—运动传递函数$T_i^1(\omega)$ 的影响。假定在耦联体系中，其等效刚度 $S_1$ 分别取 $1\times10^5$N 与 $1\times10^7$N，根据式（7-36）可以计算得到在管母线自身阻尼 $\xi_c$ 为 1%、10%及 50%时，$T_i^1(\omega)$的变化曲线如图 7-33 所示。

可以发现，在较强的耦联情况（即等效刚度 $1\times10^7$N）下，力—运动传递函数在频域内具有更为广阔的初始平台段，而且中部的波动幅度很小，这说明在这种耦联条件下，管母线产生的耦联作用力对输入地震动的频率成分较为不敏感。此时，耦联作用力类似于一种拟静力作用。因此，对于强耦联体系，即便不考虑非比例阻尼，也不致明显的地震响应计算误差。而对于弱耦联情况（即等效刚度为 $1\times10^5$N），管母线力—运动传递函数随阻尼比的变化十分显著。在大阻尼情况下（$\xi_c=50\%$），传递函数十分平缓，说明此时管母线的频率选择放大效应被抑制，对于输入频率成分的选择作用减弱。而在小阻尼情况下，传递函数曲线

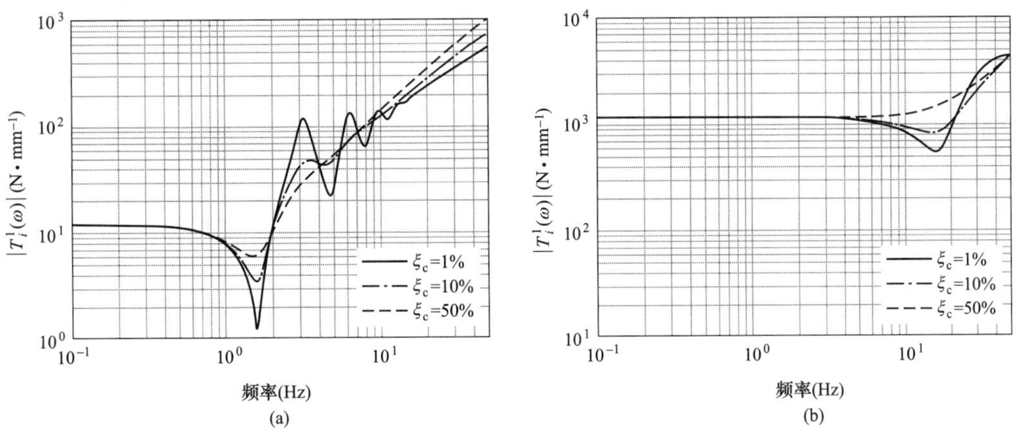


图 7-33 不同阻尼比下管母线传递函数 $T_i^1$

(a) $S_1=1\times10^5$N；(b) $S_1=1\times10^7$N

波谷波峰将十分剧烈，此时体系响应对于输入的频率成分十分敏感。

为了进一步说明非比例阻尼对弱耦联体系地震响应的影响，对一双柱耦联的抽象模型进行计算。假定耦联支柱 1、支柱 2 高度均为 10m，为匀质悬臂柱，线密度均为 500kg/m。而抗弯刚度分别为 $6.39\times10^{13}$N·mm$^2$ 与 $2.55\times10^{14}$N·mm$^2$。此时可以计算得到支柱 1、2 的基频在 2Hz 及 4Hz 左右。假定两支柱的阻尼比均为 2%。连接件仍采用试验中研究的管母线，等效轴向刚度取 $5\times10^6$N 与 $5\times10^4$N 两种情况。阻尼比则取 1%、2%与 5%三种情况。当管母线阻尼比为 2%时，体系阻尼为比例阻尼。另外两种情况时，体系为非比例阻尼。采用 7.4 节中隔离理论法进行计算，可以得到两支柱顶端相对位移 $\Delta d$ 的时程曲线如图 7-34 所示。

对强耦联体系（等效刚度 $5\times10^6$N）而言，在三组不同的连接件阻尼比下，支柱顶端相对位移时程曲线基本重合，证明了非比例阻尼对于强耦联体系的影响可以忽略。而对于弱耦联体系（等效刚度 $5\times10^4$N）而言，位移时程曲线随连接件阻尼比的变化十分明显。如果当连接件实际阻尼比为 1%或 5%时，采用基于比例阻尼的整理分析方法计算，得到的结果将接近于图 7-34（b）中 $\xi_c=2\%$的曲线，计算误差巨大。

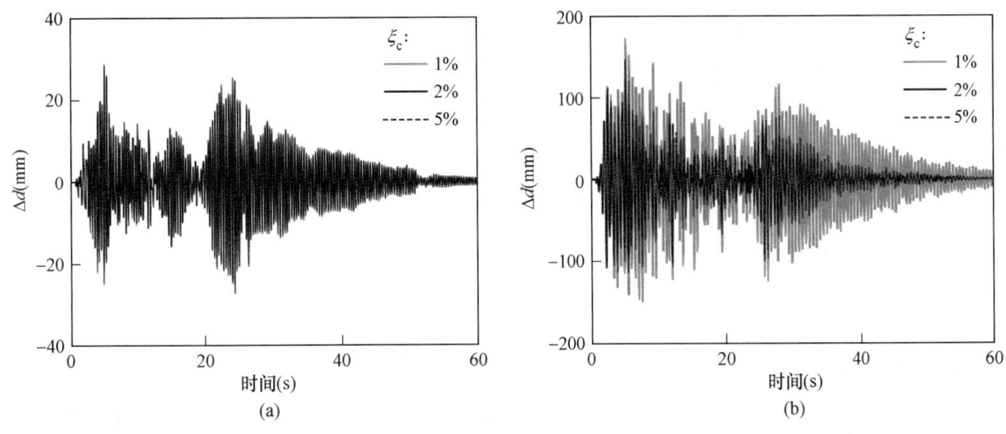


图 7-34 连接件刚度以及阻尼比对支柱顶端相对位移时程响应影响

(a) $S_1=5\times10^6$N；(b) $S_1=5\times10^4$N

图 7-35 则给出了两个支柱顶端相对位移的频谱。对强耦联体系而言，体系结构整体性好，形成了整体模态，一阶模态频率在 3Hz 左右，在频谱中对应位置表现为峰值。在连接件不同阻尼比下，该峰值几乎无变化。相反地，对弱耦联体系而言，体系在所示频率范围内没有形成整体性的模态。同时，随着连接件阻尼比的增大，频谱峰值被显著削弱，从频域证明了非比例阻尼对于弱耦联体系的影响。

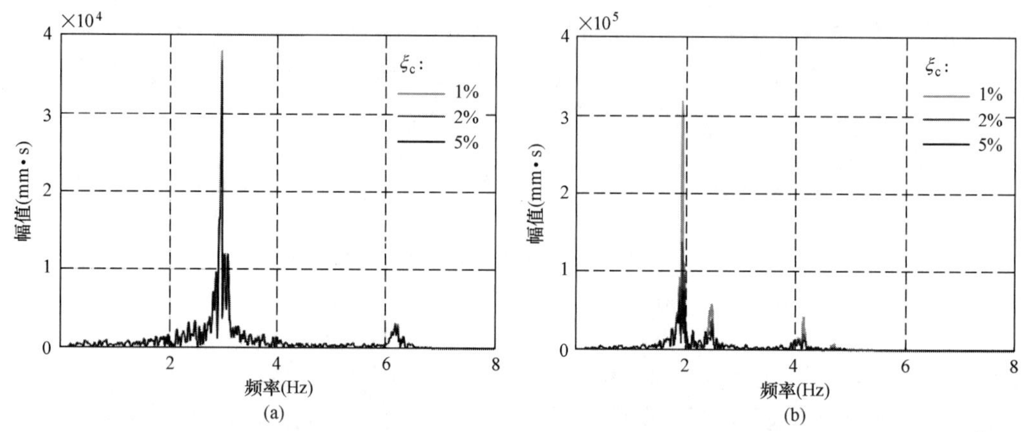


图 7-35　连接件刚度以及阻尼比对支柱顶端相对位移频谱影响

(a) $S_1=5\times10^6$N；(b) $S_1=5\times10^4$N

## 7.7　硬导线连接的支柱类设备耦联体系抗震设计建议

在 7.2 节中对比支柱类设备单体和耦联体系的地震响应得到了结论"当耦联体系中的设备结构或动力特性相近时，可直接采用对应的带配重设备单体进行校核，且此时得到的地震响应参数偏于安全"，这里给出的就是一种耦联体系设备的抗震设计方法。但是上述方法仍不完整，适用条件不够明确，本节就将围绕这些问题进行补充，提出硬导线支柱类设备耦联体系抗震设计的建议。

### 7.7.1　硬导线耦联设备反应谱法计算地震响应参数分析

本节基于振型分解反应谱法再次对支柱类设备耦联体系理论模型进行地震响应计算。图 7-36 为保持设备 1 不变的情况下，改变设备 2 的结构基频，得到的设备 1 的根部应变变化情况。

从图 7-36 中可以看出，当设备 1 保持不变时，设备 1 根部的应变值随着设备 2 的基频的增大而增大，同时也随着连接刚度的增大而增大。上述情况可以解释为，当设备 2 的基频小于设备 1 时，耦联体系的基频在两个设备之间，因此小于设备 1 的基频，对应反应谱中，设备 1 周期数值处于下降段，则周期更大的耦联体系的地震响应小于设备 1 单体时的情况。

图 7-36 中的水平虚线表示的是在相同反应谱下设备 1 单体的绝缘子应变响应数值。从图中可以看出，当 $f_{2,1}/f_{1,1}\leqslant1.12$ 时，设备 1 单体的应变响应可以包络住上述连接刚度下的耦联体系中设备 1 的应变响应，此时可以采用设备 1 单体的抗震性能来对耦联体系中的设备 1 进行抗震设计；而当 $f_{2,1}/f_{1,1}>1.12$ 时，耦联体系中的设备 1 的响应基本大于设备 1

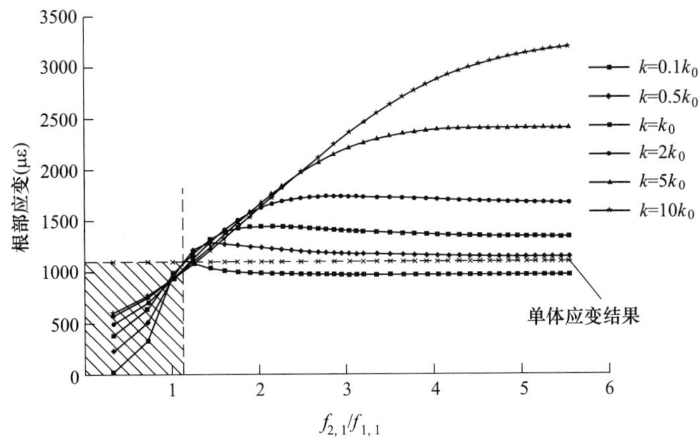


图 7-36　设备 1 绝缘子根部应变随耦联设备频率比变化（单向）

单体，对设备 1 进行设计时，可将其简化为设备 1 单体顶部受到水平集中力的情况。

图 7-37 给出了设备 1 顶部受到的连接作用力，结合曲线值对 $f_{2,1}/f_{1,1}>1$ 时连接作用力与耦联设备频率比和连接刚度进行拟合，得到的连接作用力表达式为

$$F_{\text{int},1}(\lambda_f,\lambda_k)=a_F(\lambda_k)\cdot\lambda_f\hat{b}_F(\lambda_k)+c_F(\lambda_k) \tag{7-46}$$

其中，$a_F(\lambda_k)$、$b_F(\lambda_k)$、$c_F(\lambda_k)$ 为关于连接刚度比 $\lambda_k$ 的函数，表达式分别为

$$a_F(\lambda_k)=1.08\times10^{-31}\lambda_k^{34} \tag{7-47}$$

$$b_F(\lambda_k)=-2.93\lambda_k^{-0.7} \tag{7-48}$$

$$c_F(\lambda_k)=-1.37\times10^{-30}\lambda_k^{33} \tag{7-49}$$

拟合结果在图 7-37 中，可以看出拟合曲线基本可以体现连接作用力曲线的特点，可用于简化计算，为后续管母线耦联体系抗震设计方法提供依据。

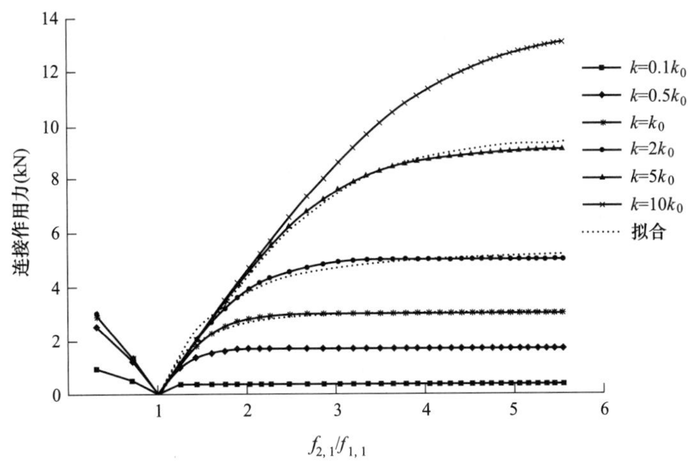


图 7-37　设备 1 顶部连接作用力随耦联设备频率比变化（单向）

### 7.7.2　硬导线连接的支柱类设备耦联体系抗震设计方法

7.7.1 节采用反应谱法计算地震响应给出了复合支柱绝缘子与其他支柱类设备耦联时的

应变响应规律和受到的连接作用力表达式，此时可将耦联体系中的复合支柱绝缘子简化为绝缘子单体附加顶部荷载的形式进行计算。

根据以上结果，提出硬导线连接的支柱类设备的抗震设计建议流程：

（1）本设计方法采用（GB 50260—2013）《电力设施抗震设计规范》中的标准地震影响系数曲线。

（2）在对设备的绝缘子进行校核时，需根据试验或出厂 SCL 值确定设备绝缘子的弹性极限应变值 $\varepsilon_e$，当绝缘子应变小于该值时，绝缘子构件保持线弹性状态；还需确定绝缘子的极限破坏应变值 $\varepsilon_u$。

（3）当目标设备通过硬导线与其他支柱类设备连接时，耦联体系的基频可按式（7-50）计算，也可通过理论模型直接进行计算

$$f_{int,1}(\lambda_f,\lambda_k)=\left[\frac{a_f(\lambda_k)\lambda_f+b_f(\lambda_k)}{c_f(\lambda_k)\lambda_f+d_f(\lambda_k)}+g_f(\lambda_k)\cdot(\lambda_f)^{h_f(\lambda_k)}\right]f_{1,1} \tag{7-50}$$

其中，$\lambda_f$ 为连接设备和目标设备的基频比，$\lambda_k$ 为连接刚度与基准刚度 $k_0$（13.15kN）的比，表达式为

$$\lambda_f=\frac{f_{2,1}}{f_{1,1}},\lambda_k=\frac{k}{k_0} \tag{7-51}$$

另外，$a_f(\lambda_k)$、$b_f(\lambda_k)$、$c_f(\lambda_k)$、$d_f(\lambda_k)$、$g_f(\lambda_k)$ 和 $h_f(\lambda_k)$ 为关于 $\lambda_k$ 的函数，需要扩大研究对象范围通过大量实例分析分析提出拟合值。

（4）当目标设备通过硬导线与其他支柱类设备连接时，若该支柱类设备与目标设备的基频比值 $\lambda_f\leqslant 1$，目标设备的地震响应可直接采用目标设备单体的地震响应计算值，应变校核按以下公式计算

$$\varepsilon_{tot}\approx\varepsilon_s\leqslant\varepsilon_e \quad 且 \quad \varepsilon_{tot}\approx\varepsilon_s\leqslant\frac{\varepsilon_u}{1.67} \tag{7-52}$$

（5）当目标设备通过硬导线与其他支柱类设备连接时，若该支柱类设备与目标设备的基频比值 $\lambda_f>1$，目标设备的地震响应可采用目标设备单体顶部施加附加连接力的形式进行地震响应计算，连接作用力可采用式（7-53）计算

$$F_{int,1}(\lambda_f,\lambda_k)=aF(\lambda_k)\cdot\lambda_f\wedge b_F(\lambda_k)+c_F(\lambda_k) \tag{7-53}$$

其中，$a_F(\lambda_k)$、$b_F(\lambda_k)$、$c_F(\lambda_k)$ 为关于 $\lambda_k$ 的函数，需要扩大研究对象范围通过大量实例分析分析提出拟合值。计算得到的应变值仍按照式（7-52）进行校核。

（6）除应变响应外，建议结合电气要求对设备间相对位移进行校核

$$d_g=D_1-d_{rel}>d_e \tag{7-54}$$

其中，$d_e$ 为电气允许的设备间距最小值；$d_g$ 为耦联设备的最小间距；$D_1$ 为两设备的原始间距；$d_{rel}$ 为耦联设备的相对位移的最大值，相对位移结果对地震动组成相对敏感，因此建议采用时程分析法获得。

（7）考虑多向地震作用时，设备的应变响应一般大于单向地震作用，参考建筑抗震规范，上述计算得到的地震效应乘以放大系数 1.15。

（8）上述设计计算方法为支柱类设备耦联体系的抗震计算提供参考，可结合理论计算或数值计算进行结果的校核和补充。

## 7.8 小　　结

本章的主要目的在于探究硬导线连接耦联支柱类设备的地震响应规律，以及硬导线的连接作用机理。为此分别进行了复合支柱绝缘子单体及其耦联体系的有限元仿真分析和振动台试验，通过对比总结了在硬导线连接的设备在关键地震响应上与单体设备的区别，并且讨论了硬导线连接的作用特征，提出了可采用简化的线性弹簧进行等效模拟滑动金具+硬导线连接，以实现简化分析。

另一方面，由于实际情况中不同的硬导线连接参数与设备类型可能存在较大的差异，为了增加研究的普适性，本章还建立了通用的硬导线连接的设备耦联体系整体分析，以及隔离分析两种理论方法，通过试验验证了理论方法的适用性及各自特点。其中对于弱耦联体系而言，由于体系整体模态不明显，并且受非比例阻尼影响明显，因此，应优先采用隔离分析方法。而后，基于理论方法进行了参数分析，研究了不同连接参数下耦联体系动力特性及地震响应的变化规律。最后，根据本章的试验和理论分析结果，对特高压支柱类设备耦联体系的抗震设计给出了建议流程以及相关要点。

第8章

# ±800kV特高压直流穿墙套管抗震性能分析

## 8.1 引　　言

本书第3～5章分别介绍了变压器、支柱类设备和悬挂类设备的抗震性能。在换流站中，除了已详细介绍的这3类电气设备外，还有另外一种特殊而又重要的电气设备——直流穿墙套管。

作为换流站直流场和阀厅之间的连接设备，直流穿墙套管在整个直流输电工程中处于“咽喉”位置，是直流输电工程的关键设备。特高压穿墙套管抗震问题解决将有助于特高压直流输电工程在高地震烈度区的建设，保障电力系统的安全与稳定。

为研究穿墙套管在地震作用下的响应特征，本章采用有限元数值模拟方法分析±800kV直流穿墙套管的抗震性能，获得其关键位置的地震响应。通过足尺±800kV特高压直流穿墙套管的振动台试验，给出了典型特高压穿墙套管的实际地震响应特征。考虑到阀厅山墙对安装其上的穿墙套管有一定动力放大作用，进一步研究了阀厅与穿墙套管的动力相互作用。针对穿墙套管抗震性能不足的问题，提出了针对板和阀厅山墙安装的加固方案，并在有限元模型中进行了验证。

## 8.2 ±800kV特高压直流穿墙套管动力特性及地震响应分析

本节介绍典型特高压直流穿墙套管的结构特征，并采用数值方法对安装在刚性支架上的穿墙套管进行了动力特性分析和地震响应分析。

### 8.2.1 穿墙套管结构特征

穿墙套管分为室外套管和室内套管，内、外套管之间由金属套筒连接；套管内部芯体为胶浸纸芯体。为改善套管表面的电场分布，在套管两端设置有均压环。穿墙套管复合材料套筒与金属法兰通过胶装方式连接。穿墙套管通过金属套筒安装于阀厅墙体上，如图8-1所示。

(a)　　(b)

图8-1　穿墙套管安装

穿墙套管安装在阀厅山墙上，并与阀厅山墙平面法向呈 10°夹角，如图 8-2（a）、（b）所示。套管内部的中心导电杆固定在套管两端的盖板上，外部柔性导体通过金具与导电杆相连，如图 8-2（c）所示。在真型穿墙套管中，电容芯子和复合绝缘子之间的间隙在 10～20mm 之间。穿墙套管的剖面图如图 8-2（d）所示。穿墙套管通过金属安装板安装于阀厅山墙上，特高压换流站中，金属安装板如图 8-3 所示。

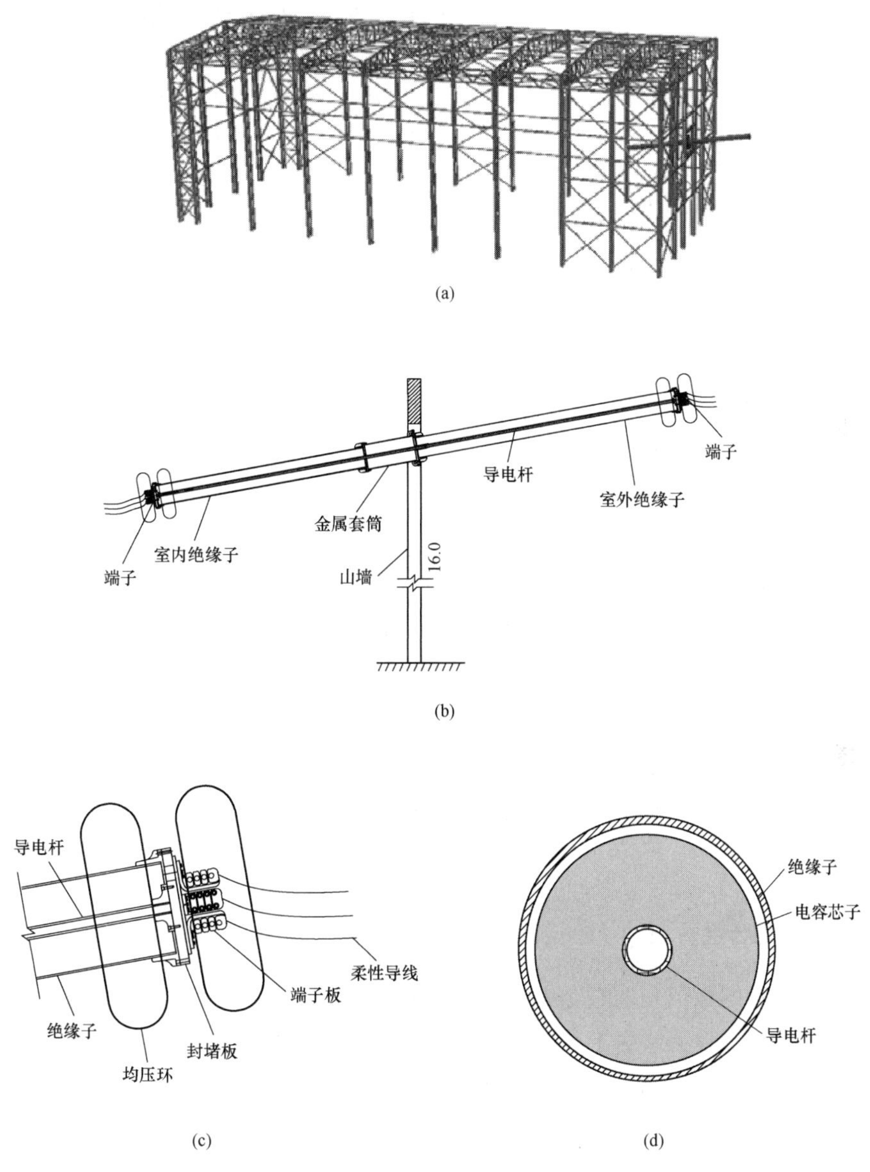


图 8-2　特高压穿墙套管结构示意

（a）安装在阀厅山墙上的穿墙套管；（b）穿墙套管安装示意；（c）套管端子的连接；（d）穿墙套管的剖面

### 8.2.2　穿墙套管有限元模型

分析采用的穿墙套管设备为某工程中±800kV 直流穿墙套管，设备总重约 8.8t，总长

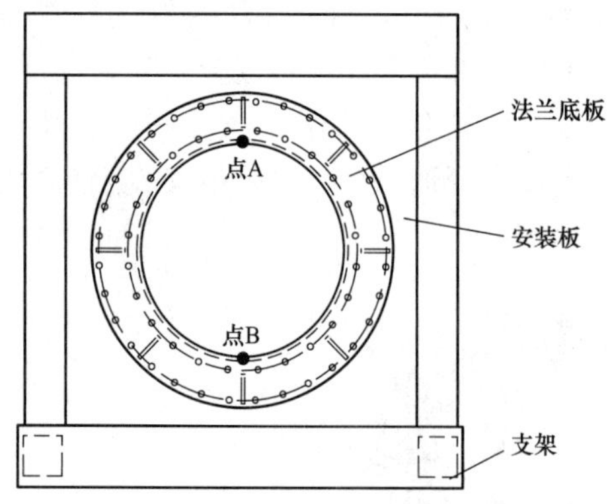


图 8-3 安装在支架安装板上的连接套筒

约 21m，其中外套管长约 11m，内套管长约 8.5m，套管外径为 0.75m。对穿墙套管精细化建模，均压环以集中质量的形式附加在穿墙套管两端，阻尼比设置为 2%。特高压穿墙套管有限元模型如图 8-4 所示。

本节对直流穿墙套管的抗震性能分析采用如图 8-5 所示的穿墙套管—刚性支架分析模型（王晓游，2018）。考虑穿墙套管质量后，本节设计的支架基频为 44Hz[大于 33Hz，可视为刚性支架（IEEE Std 693—2018）]。支架中，套管安装板与实际工程中安装板相同（图 8-3）。穿墙套管有限元分析中的坐标轴如图 8-5 所示。

图 8-4 穿墙套管有限元模型

图 8-5 穿墙套管—刚性支架分析模型

### 8.2.3 穿墙套管动力特性分析

建立如图 8-5 所示的数值仿真模型对穿墙套管进行模态分析，计算得到的主要特征频率和振型如表 8-1 和图 8-6 所示。由于穿墙套管自身结构的对称性，以及安装边界在 $Y$、$Z$ 向近似相同，穿墙套管特征频率在 $Y$、$Z$ 向接近。穿墙套管前两阶频率表现以内、外套管两端异向摆动为主，第三、四阶频率以穿墙套管内、外套管同向弯曲为主。

**表 8-1　　穿墙套管前四阶振型及频率**

| 振型 | 一阶 | 二阶 | 三阶 | 四阶 |
|---|---|---|---|---|
| 方向 | $Y$ 向 | $Z$ 向 | $Y$ 向 | $Z$ 向 |
| 两端 | 异向 | 异向 | 同向 | 同向 |
| 频率（Hz） | 1.69 | 1.70 | 3.06 | 3.07 |

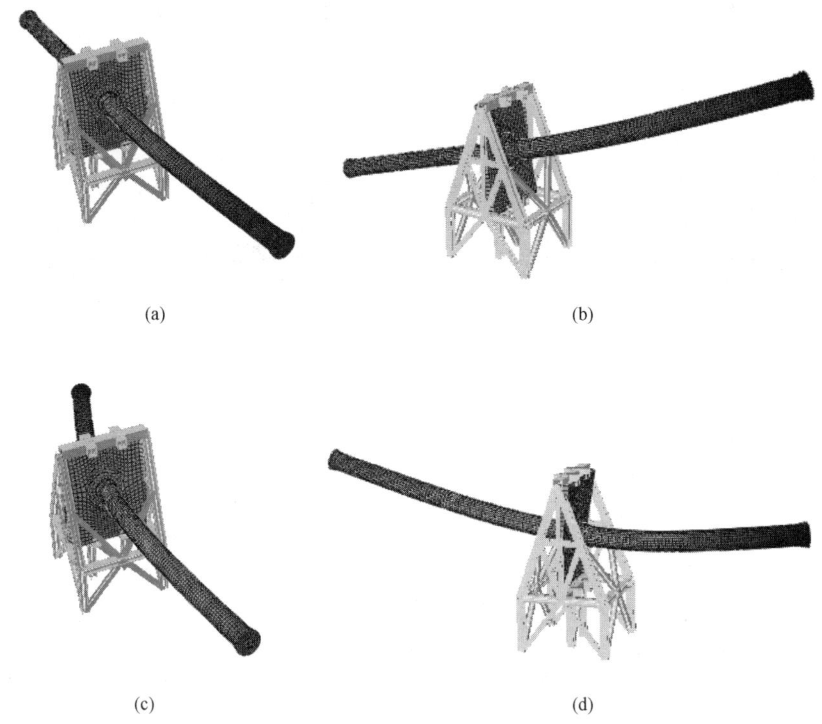

(a)　(b)　(c)　(d)

图 8-6　穿墙套管前四阶振型
(a) 第一阶振型；(b) 第二阶振型；(c) 第三阶振型；(d) 第四阶振型

### 8.2.4　地震响应分析

计算选取两组天然波埃尔森特罗（EI-Centro）波和兰德斯（Landers）波，以及一组由该工程场地的场地安评报告拟合的新松波，输入的地震波三向加速度峰值比为 $Y:X:Z=1:0.85:0.65$。由工程安评报告，对该特高压穿墙套管进行地震响应分析的地震加速度峰值为 $0.4g$。由于套管安装在阀厅山墙上，阀厅结构对套管具有一定的动力放大效应，故本次分析中，取地震加速度放大系数为 2。

在 $0.8g$（$0.4g\times 2$）峰值的埃尔森特罗（EI-Centro）波作用下，穿墙套管内、外套管的响应如图 8-7 所示。3 条波下穿墙套管外套管顶部加速度响应及根部应力响应结果如表 8-2 所示。穿墙套管复合材料的允许应力为 70.10MPa，根据工程要求，需要保证 1.67 的安全系数来确保复合材料在地震作用下不会发生破坏。由 GB 50260 标准，将需考虑重力、风和地震产生的效应进行荷载组合来评估电气设备的抗震强度，如下（GB 50260—2013）

$$\sigma=\sigma_G+0.25\sigma_W+\sigma_E \tag{8-1}$$

其中 $\sigma$ 是应力组合后的最大应力。因此，$\sigma_G$、$\sigma_W$ 和 $\sigma_E$ 分别是重力、风荷载和地震所产生的最大应力。由有限元计算可得，穿墙套管自身重力产生的根部应力为 14.16MPa；穿墙套管安装在户外，风荷载产生的应力为 5.12MPa；此外，穿墙套管内部绝缘气体产生的应力为 1.56MPa。进行荷载组合之后，穿墙套管的总应力如表 8-3 所示。其中新松波作用下穿墙套管根部应力为 45.95MPa，安全系数为 1.53，小于 1.67，不满足规范的抗震要求（GB 50260—2013）。因此，需对该特高压穿墙套管采用抗震优化措施。在实际工程中，选用了金属摩擦型阻尼器对其进行耗能减震。减震效果及减震后抗震性能在第15章介绍。

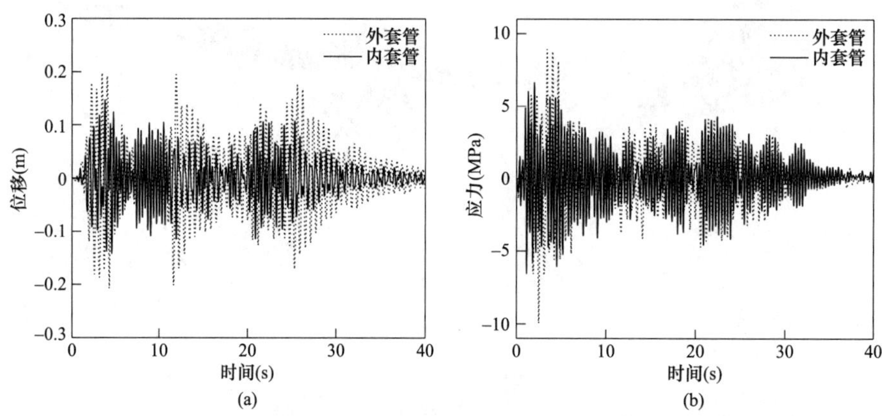


图 8-7 0.8$g$ 峰值下埃尔森特罗（El-Centro）波作用下穿墙套管内、外套管响应
(a) 穿墙套管内、外套管顶部位移响应；(b) 穿墙套管内、外套管根部应力响应

**表 8-2** **穿墙套管地震响应**

| 地震波 | 穿墙套管外套管顶部加速度（m/s$^2$） | | | 根部应力（MPa） |
|---|---|---|---|---|
| | $A_x$ | $A_y$ | $A_z$ | |
| 埃尔森特罗（El-Centro）波 | 13.94 | 42.10 | 24.48 | 15.72 |
| 兰德斯（Landers）波 | 8.93 | 42.74 | 18.46 | 17.48 |
| 新松波 | 18.53 | 45.96 | 36.19 | 28.95 |

**表 8-3** **穿墙套管总应力**

| 地震波 | 根部应力（MPa） | 组和应力（MPa） | 允许应力（MPa） | 安全系数 |
|---|---|---|---|---|
| 埃尔森特罗（El-Centro）波 | 15.72 | 31.72 | 70.10 | 2.21 |
| 兰德斯（Landers）波 | 17.48 | 33.38 | | 2.10 |
| 新松波 | 28.95 | 45.95 | | 1.53 |

## 8.3 ±800kV 特高压直流穿墙套管振动台试验研究

### 8.3.1 ±800kV 特高压穿墙套管结构参数

1. 特高压穿墙套管

真型套管中，绝缘子外部有一层硅胶保护套，内部导电杆外有电容芯子包裹，实际构造如图 8-8 所示。由于硅胶保护套和电容芯子的杨氏模量较小，为便于传感器的布置，试验中的模型套管用硅橡胶替代了绝缘子外的硅胶保护套和中心导电杆周围的电容芯子。由于硅橡胶的密度大于树脂浸渍纸，因此模型套管中电容芯子和复合绝缘子套筒之间的间隙（260mm）大于实际套管（10～20mm）。实际工作中的套管两端连接着 90kg 重的柔性导线，

在试验中用安装在试件端部的具有同等质量钢板的等效代替。

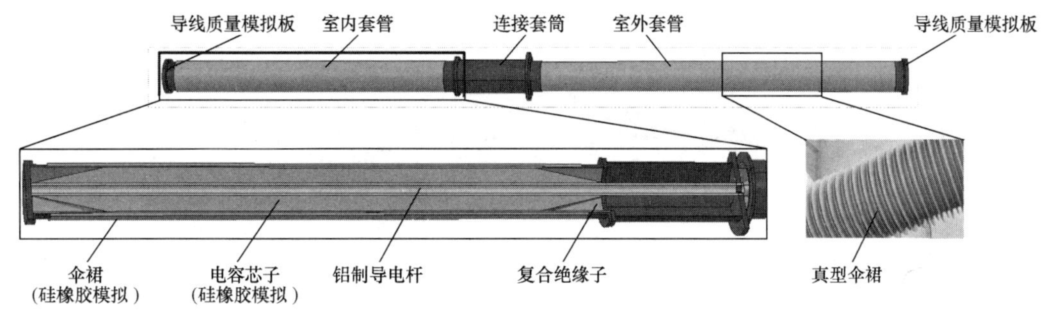


图 8-8　特高压穿墙套管及室内套管剖面

2. 刚性支架

由于振动台尺寸大小、承重能力和倾覆力矩的限制，需要使用如图 8-5 所示钢性支架代替穿墙套管的阀厅进行试验。试验的整体布置图及坐标轴的定义如图 8-9 所示。

### 8.3.2　试验方案及传感器布置

1. 地震动输入及试验工况

试验中选用Ⅱ类场地的两条天然波埃尔森特罗（El-Centro）波和塔夫特（Taft）波及新松波用于抗震性能的最终评估（GB 50260—2013；谢强等，2018）。为了使该试验结果适用于任何场地类型，在试验和分析中还采用了修正的兰德斯（Landers）地震波。振动台试验目标峰值地面加速度（peak ground acceleration，*PGA*）为 0.4*g*，不同方向的峰值加速度之比 $X:Y:Z=1:0.85:0.65$（GB 50260—2013）。考虑阀厅山墙对穿墙套管地震反应的放大效应，将输入地震动乘以放大系数 2（GB 50260—2013；IEEE Std 693—2018；王晓游，2018；谢强等，2018）。在振动台试验中，地面输入的目标 PGA 为 0.8*g*。

图 8-9　安装在振动台上的试样

在抗震试验前进行白噪声扫频，以确定穿墙套管的动力特性，并在每次抗震试验后进行白噪声扫频，以探测穿墙套管是否出现结构性损伤。在峰值为 0.8*g* 的新松波试验过程中，试件的倾覆力矩超过了振动台的抗倾覆能力，试验中断。

2. 传感器布置

为了测量穿墙套管的位移，在室内套管（D1）、室外套管（D3）和支架顶部［D2 见图 8-10（a）］安装了 3 个三维位移计。

在加速度测量方面，采用了 7 个三维加速度计。A1 和 A5 安装于穿墙套管的末端，A2 和 A4 分别位于室内和室外套筒的重心，A3 位于支架的顶部［图 8-10（a）］。由于套筒与导电杆之间的结构差异，在地震条件下，两者之间存在相对位移。为测量套管套筒与导电杆之间的相对运动，在套筒与导电杆中心处对应位置布置加速度计，即 A2 和 A2-1，以及 A4 和 A4-1［图 8-10(a)］。

为了评估穿墙套管的抗震性能，在室内和室外套管根部截面［B1-B1 和 B2-B2 横截面，如图 8-10（b）～(c) 所示］安装了 8 个应变计，应变计沿轴套轴线排列。

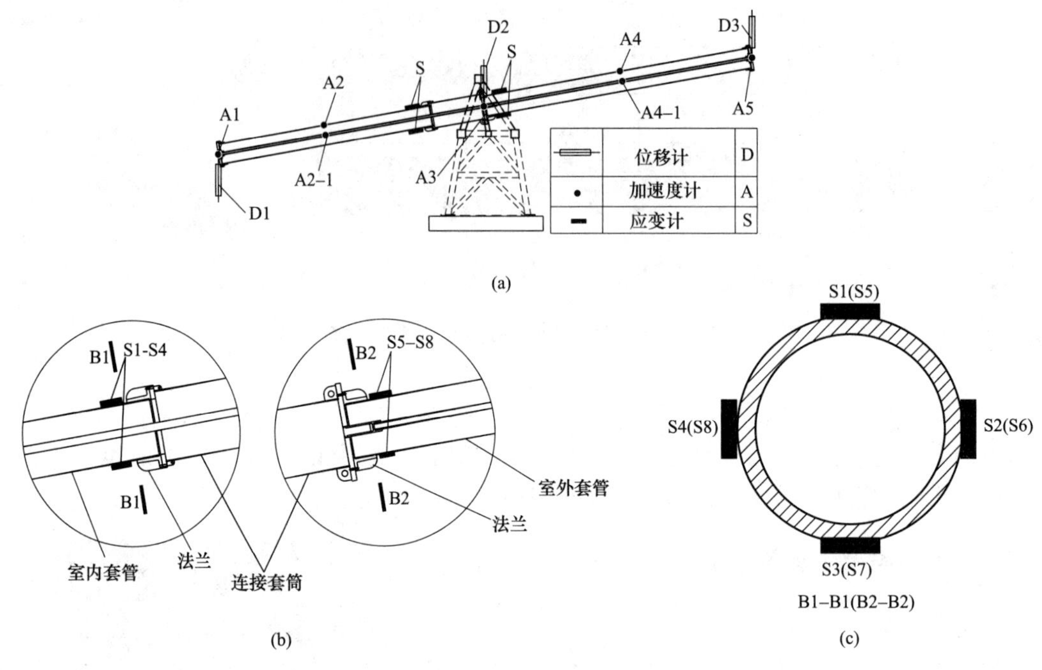


图 8-10 穿墙套管振动台试验传感器布置

(a) 传感器布置示意；(b) 应变片布置位置；(c) 应变片布置示意

### 8.3.3 特高压穿墙套管动力特性及地震响应

1. 动力特性

第一次白噪声动力特性探查试验，室外穿墙套管端部 $X$ 和 $Z$ 方向加速度的传递函数（TFs）如图 8-11 所示。在主振（$X$）方向上，前两阶频率分别为 1.31Hz 和 2.41Hz。$Z$ 向前两阶频率分别为 1.40Hz 和 2.53Hz。套管相对于水平面呈 10°，穿墙套管的第一振型为 $X$ 方向弯曲变形，但由于安装角度的存在，穿墙套管的第二振型在 $Z$ 方向上是弯曲和轴向

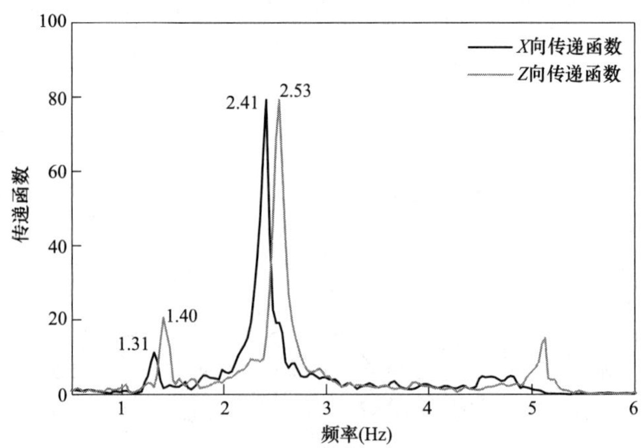


图 8-11 室外套管度端部在 $X$ 和 $Z$ 方向加速度传递函数

变形的耦合振动，故竖直方向上的套管频率高于 $X$ 方向上的频率。穿墙套管在 $Y$ 方向的基频大于 40Hz，根据 IEEE Std 693—2018，在该方向可将其视为刚体。

2. 应力响应

室内和室外套管绝缘子根部的最大应力可通过式（8-2）计算得到

$$S_{\max}=\max[\sqrt{S_x^2(t)+S_z^2(t)}\,] \tag{8-2}$$

式中，$S_x(t)$和 $S_z(t)$是分别根据在 $X$ 和 $Z$ 方向上测量的应变时程和材料弹性模量计算得到的应力时程。室内外绝缘子根部的最大地震应力分别为 49.71MPa 和 54.71MPa[地震动加速度峰值为 0.8$g$ 的兰德斯（Landers）波]。在不同 $PGA$ 的激励下，套管的最大平均地震应力如图 8-12 所示。当 $PGA$ 为 0.2$g$ 或 0.4$g$ 时，统计数据包括 4 个地震动下的应力响应。当 $PGA$ 为 0.8$g$ 时，由于试验中断，最大应力平均值未包含人工时程下的应力响应。由最大地震应力与相应 $PGA$ 的关系，可知当 $PGA\leqslant$0.8$g$ 时，穿墙套管应力响应与 $PGA$ 之间为近似线性关系。

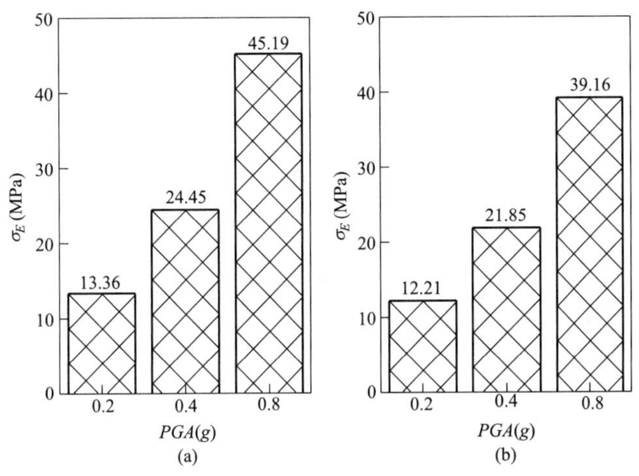


图 8-12　穿墙套管绝缘子在不同 $PGA$ 下的平均峰值地震应力

（a）室外绝缘子；（b）室内绝缘子

荷载组合后，室内外绝缘子的应力分别为 56.34MPa 和 70.15MPa。复合材料的极限强度为 75MPa，故室内和室外绝缘子的安全系数分别为 1.33 和 1.07。该安全系数小于 GB 50260 标准的推荐值 1.67(GB 50260—2013)。对于不同的 $PGA$，荷载组合后特高压穿墙套管的平均峰值应力响应如图 8-13 所示。考虑到 GB 5260 标准要求的安全系数和材料强度，在荷载组合后，绝缘子的最大应力应小于 44.91MPa（如图 8-13 所示的水平线）。当 $PGA\leqslant$0.4$g$ 时，绝缘子的强度满足中国 GB 50260 标准的要求，则考虑阀厅的放大效应后，特高压换流站的抗震设防 $PGA$ 不应大于 0.2$g$。

3. 位移响应

接线端子的位移是电气设备设计连接导体时的一个关键参数。当 $PGA$ 为 0.8$g$ 时，室内外绝缘子在修正兰德斯（Landers）地震波激励下的最大位移分别为 260.7mm 和 208.2mm。不同 $PGA$ 下，穿墙套管的平均峰值位移如表 8-4 所示。当 $PGA$ 为 0.8$g$ 时，个别工况下穿墙套管平均峰值位移大于 200mm。因此，与穿墙套管连接的软导线须有足够的

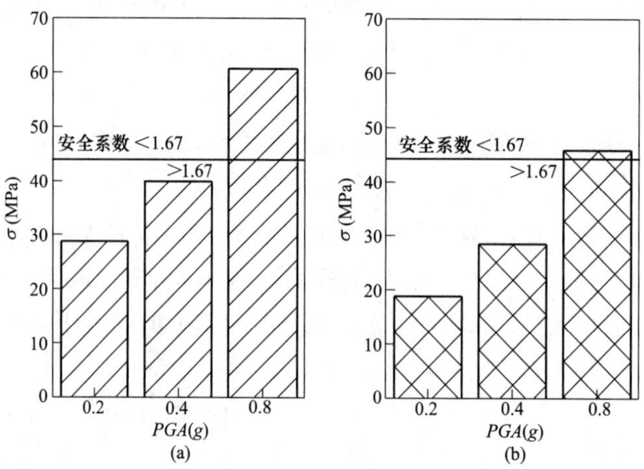


图 8-13　荷载组合后特高压穿墙套管的平均峰值应力响应

（a）室外绝缘子；（b）室内绝缘子

位移冗余度。

此外，在不同的地震动和不同的 $PGA$ 的激励下，室内外套管的峰值位移如图 8-14 所示。当 $PGA \leqslant 0.8g$ 时，对特高压穿墙地震响应与 $PGA$ 之间的线性关系假设是合理的。

**表 8-4　　　穿墙套管的平均峰值位移**

| PGA 数值 / 套管位置 | $PGA(g)$ | | |
|---|---|---|---|
| | 0.2 | 0.4 | 0.8 |
| 室内套管（mm） | 70.65 | 127.63 | 232.67 |
| 室外套管（mm） | 59.08 | 107.51 | 196.66 |

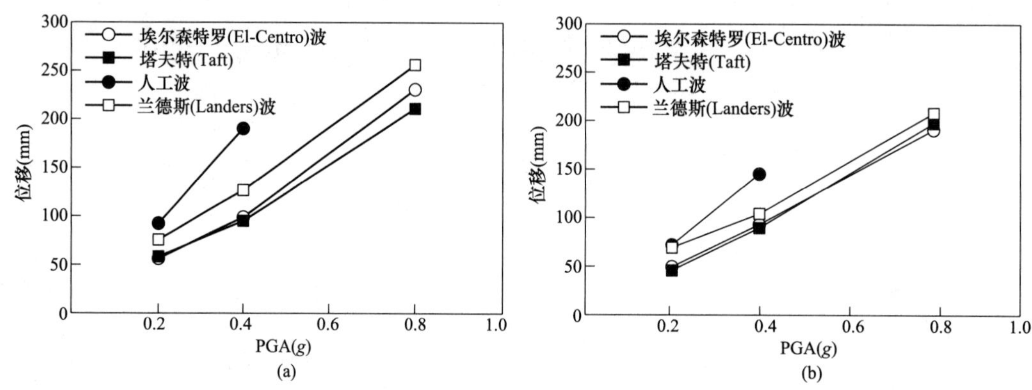


图 8-14　穿墙套管在不同地震动和不同 $PGA$ 激励下的峰值位移

（a）室外套管；（b）室内套管

4. 加速度响应

在振动台试验中，穿墙套管安装在钢支架上。当 $PGA$ 为 $0.8g$ 时，人工输入试验中断。在地震加速度峰值为 $0.8g$ 的试验工况下，振动台台面和支架顶部 $X$ 方向的平均 $ARS$ 如图

8-15 所示。框架顶部的平均加速度响应与振动台上的加速度响应曲线相似。钢框架未改变输入加速度的频谱特性，适用于穿墙套管的抗震性能评价。

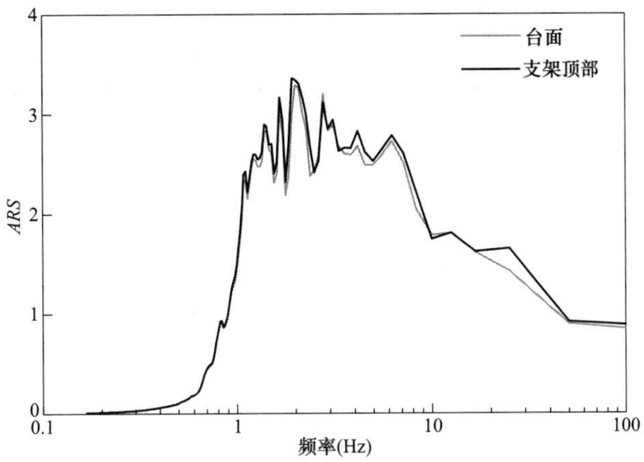


图 8-15　振动台和钢架顶部加速度响应谱比较

套管放大系数定义为套管上不同位置的峰值加速度与套管底部（支架顶部）的峰值加速度之比。图 8-16 为在埃尔森特罗（El-Centro）和塔夫特（Taft）地震动，以及 *PGA* 为 0.8*g* 的修正兰德斯（Landers）地震波激励下，穿墙套管的平均放大系数。横坐标 0 指穿墙套管与支架安装板的连接位置。安装角为 10°时，*X* 方向的放大系数大于 *Z* 方向的放大系数。套管的轴向刚度会使 *Z* 方向上的放大系数减小。此外，穿墙套管对加速度具有放大作用，套管端部的最大加速度放大系数大于 5。

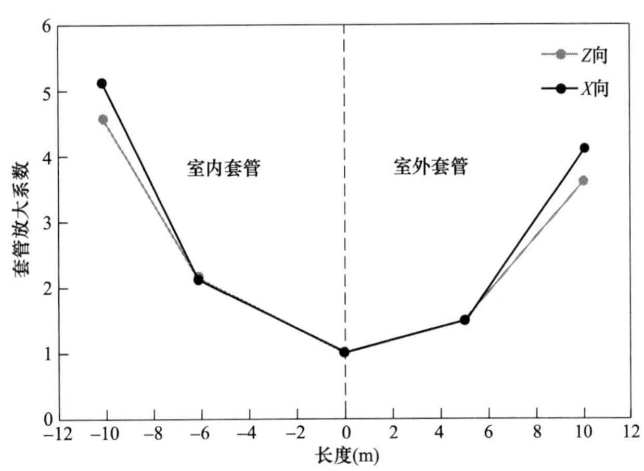


图 8-16　不同方向不同位置穿墙套管的放大系数

5. 绝缘子与导电杆相对位移

通过对绝缘子和中心导电杆相应加速度传感器的信号进行积分以计算相应位置位移时程。绝缘子与中心导体之间的位移差即为两者之间的相对位移。表 8-5 为穿墙套管在不同 PGA 的修正兰德斯（Landers）地震波下室内外套管重心截面处绝缘子与导电杆的相对位移峰值。表 8-6 为 PGA 为 0.8*g* 时不同地震激励下的相对位移峰值。由表 8-5、

表 8-6 可知，穿墙套管绝缘子与导电杆之间的最大相对位移为 42.83mm。在带电运行时，套管绝缘子与导电杆间的相对位移可能改变穿墙套管内的电磁场分布，导致穿墙套管的电气故障。

表 8-5　修正兰德斯（Landers）地震波下的峰值相对位移

| 位置 \ PGA（g） | 0.2 | 0.4 | 0.8 |
|---|---|---|---|
| 外套管重心处（mm） | 10.82 | 27.00 | 42.83 |
| 内套管重心处（mm） | 8.74 | 23.13 | 39.32 |

表 8-6　*PGA* 为 0.8*g* 时不同地震动下的峰值相对位移

| 位置 \ 地震波 | 埃尔森特罗（El-Centro）波 | 塔夫特（Taft）波 | 修正的兰德斯（Landers）波 |
|---|---|---|---|
| 外套管重心处（mm） | 35.47 | 32.81 | 42.83 |
| 内套管重心处（mm） | 29.43 | 34.02 | 39.32 |

### 8.3.4　安装板扭摆效应的影响

地震作用下，穿墙套管安装板存在一定的扭摆效应。为分析安装板扭摆效应对套管地震响应的影响，室内外套管及金属套筒可简化为安装板上固定的悬臂梁，支架对安装板的约束可假设为弹簧，如图 8-17（a）所示。通过施加单位力，可获得不同方向上弹簧的刚度。

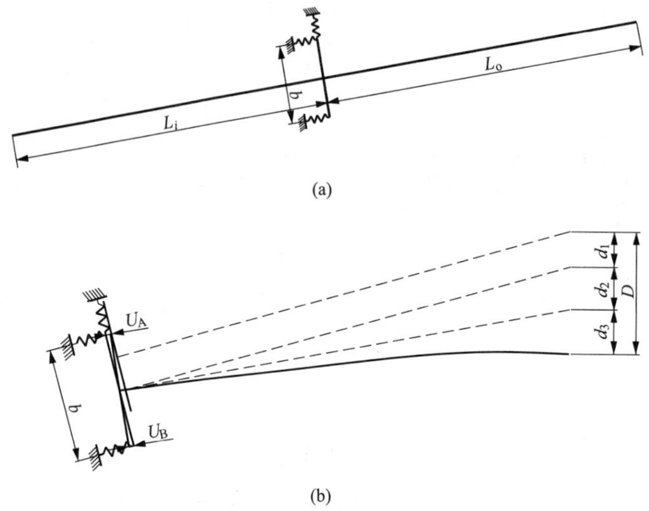


图 8-17　穿墙套管的简化力学模型及其地震位移组成

（a）穿墙套管计算；（b）室内套管

由图 8-17（b）穿墙套管的挠度可分解为以下三部分

$$D_o = d_1 + d_2 + d_3 \tag{8-3}$$

式中　$d_1$——支架刚体位移引起的梁的水平位移；

$d_2$——安装板和法兰底板平面外变形引起的转角位移，即摇摆效应；

$d_3$——套管本身的弯曲挠度。

安装在支架安装板上的连接套筒如图 8-3 所示，点 $A$ 和点 $B$ 位于连接套筒的顶部和底部边缘。点 A 和点 B 之间的旋转角可定义如下

$$\theta_3=(U_A-U_B)/b \tag{8-4}$$

式（8-4）中，$U_A$和$U_B$分别表示点 A 和 B（图 8-17）的平面外位移；$b$ 表示连接套筒的直径（点 A 和点 B 之间的距离）。以户外套管的垂直位移为例，其位移分解如图 8-17（b）所示，利用有限元模型计算 $U_A$和 $U_B$的时程，$d_2$ 可由式（8-5）计算得到

$$d_2=\theta_3 L_o=(U_A-U_B)L_o/b \tag{8-5}$$

对于该型穿墙套管，$b=920$mm，$L_o=10.1$m，输入地震加速度峰值为 0.4$g$ 的兰德斯（Landers）波工况下的振动台加速度，通过式（8-5）可以计算得到由于安装板平面外变形引起的室外套管端部的位移时程。图 8-18 比较该位移时程与套管总位移时程。安装板面外变形引起套管端部的最大位移接近 75.1mm，达室外套管总位移峰值的 36.1%。这意味着安装板在地震作用下的面外摇摆效应不容忽视。通过增加安装板的平面外刚度，可以有效地抑制安装板的摇摆效应，减小穿墙套管的地震位移响应。

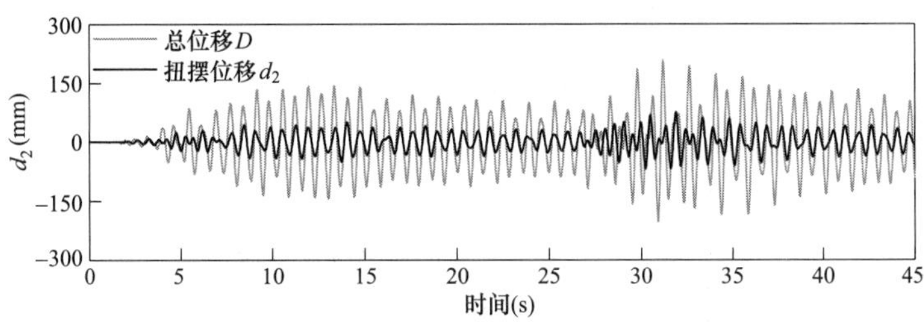


图 8-18　安装板平面外变形引起的室外套管端部位移时程

## 8.4　穿墙套管—阀厅体系抗震性能评估及提升

本节对穿墙套管—阀厅体系进行研究，评估该体系的抗震性能，并提出了相应的抗震性能提升措施。

### 8.4.1　穿墙套管—阀厅体系的地震响应

1. 阀厅—穿墙套管有限元模型

为计算阀厅对穿墙套管的地震响应放大作用，建立阀厅与穿墙套管的整体有限元模型，并将穿墙套管出线端相连的母线作用简化为端子力。选取符合场地要求的地震波输入，计算穿墙套管在地震下的响应，分析其抗震性能。

本节分析的阀厅结构参考某高烈度换流站的阀厅设计，如图 8-19 所示。阀厅总长 86m，宽 36m，阀厅柱距 11m，柱子采用 H900×600×18×28 型钢，高度为 31m，材料为 Q345 型钢材。穿墙套管的结构和尺寸与在 8.2.1 节中介绍的相同，在此不再赘述。

穿墙套管由连接板被安装在阀厅的一侧墙壁上的 16m 高度处。考虑到实际情况中穿墙套管与连接板由多个螺栓牢固连接，在建模中，采用固定连接来模拟穿墙套管与连接板的连

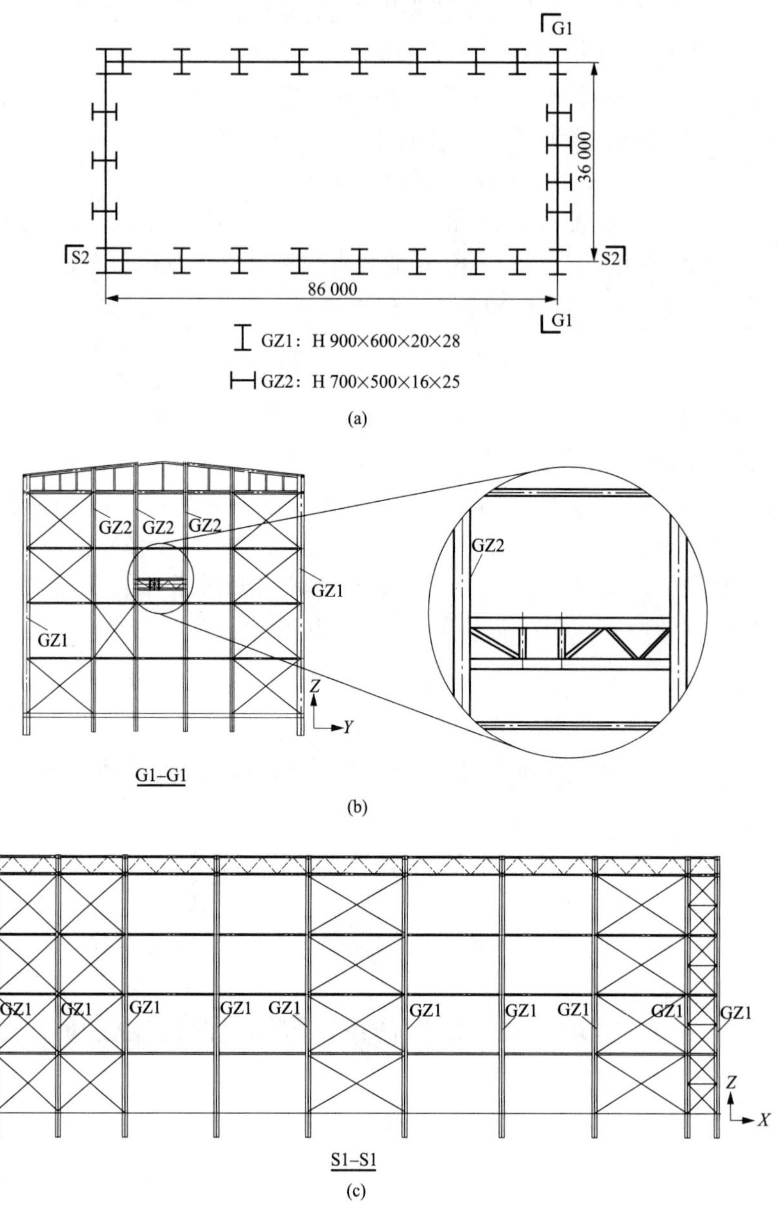


图 8-19　阀厅结构

（a）平面图；（b）正视图（山墙）；（c）侧视图

接。以穿墙套管轴线在水平方向的投影方向为 $X$ 向，水平面内垂直于穿墙套管轴线的方向为 $Y$ 向，竖向为 $Z$ 向。

2. 地震动选取

为评估穿墙套管—阀厅体系的抗震性能，从太平洋地震工程研究中心的地震动数据库中选取了 16 组地震动记录（PEER Ground Motion Database 2011），并用 SeismoMatch 软件对其进行了修正，使其加速度反应谱能较好地包络规范中需求谱，详细的地震信息列于表 8-7 中。

表 8-7　　选取的天然地震波

| 编号 | 地震波 | 记录站点 | 编号 | 地震波 | 记录站点 |
|---|---|---|---|---|---|
| RSN6 | 帝王谷（Imperial Valley）波 | 美国埃尔森特罗（El-Centro） | RSN1158 | Kocaeli | 土耳其迪兹杰（Duzce）省 |
| RSN15 | 克恩县（Kern County）波 | 塔夫特（Taft） | RSN1504 | 集集（Chi-Chi）波 | TCU067 |
| RSN125 | Friul | 意大利托尔梅佐（Tolmezzo） | RSN1787 | 赫克托雷（Hector Mine）波 | 赫克托（Hector） |
| RSN139 | 塔巴斯（Tabas）波 | Dayhook | RSN3548 | 旧金山（LomaPrieta）波 | 美国洛斯加托斯（Los Gatos）镇 |
| RSN639 | 惠堤尔窄地（Whittier Narrows）波 | 墨西哥奥布雷贡（Obregon） | RSN3965 | Tottori | TTR008 |
| RSN848 | 兰德斯（Landers）波 | Coolwater | RSN4031 | San Simeon | 坦普尔顿（Templeton） |
| RSN1045 | 兆岭（Northridge）波 | Newhall | RSN4800 | 汶川（Wenchuan）波 | Zengjia |
| RSN1101 | 神户（Kobe）波 | 日本尼崎（Amagasaki）市 | RSN4896 | 中越冲（Chuetsu-oki）波 | 日本柏崎（Kashiwazaki）市 |

3. 穿墙套管—阀厅体系地震响应

在以往的地震中，套管类电气设备的破坏总是发生于根部截面，这意味着穿墙套管室内外绝缘子根部截面的应力响应是评估穿墙套管抗震性能的关键参数。在地震时程 RSN1504 的激励下，穿墙套管室内外绝缘子最大应力分别为 95.88MPa 和 87.53MPa。考虑到厂家提供的复合材料的极限强度为 75MPa，参照 GB 50260—2013，在 RSN1504 激励下，穿墙套管室内外绝缘子的安全系数分别为 0.78 和 0.86，均远小于标准推荐值 1.67（GB 50260—2013）。在 16 组不同的地震波激励下，室内外绝缘子根部的平均最大应力分别为 73.16MPa 和 69.96MPa，平均安全系数仍小于 1.67。此穿墙套管—阀厅系统的抗震性能亟待提高。

为了评价阀厅与穿墙套管的动力相互作用，对安装在阀厅上与安装在刚性底座上的穿墙套管的地震响应进行了比较分析。定义应力放大系数为安装在阀厅上的套管最大地震应力与安装在刚性底座上的套管在相同地震动下的最大应力之比（何畅等，2017）。16 组不同地震作用下室内外套管绝缘子的平均应力放大系数分别为 2.84 和 2.95，阀厅显著增大了穿墙套管地震下的应力响应。

研究发现，当设备的地震位移过大时，套管端部会与导线产生牵拉作用，该作用是导致电气设备在地震中失效的主要原因之一非利亚特洛和克雷姆斯。安装在阀厅上的穿墙套管室内和室外端子的平均最大位移分别为 298.12mm 和 238.47mm。安装在刚性底座上的穿墙套管的端子的平均位移分别为 95.17mm 和 104.91mm。穿墙套管安装在阀厅上后，其端部位移增加了 2～3 倍。

### 8.4.2 穿墙套管与阀厅之间的相互作用

1. 系统的地震响应特征

在 16 种不同地震动的激励下，室内套管和室外套管末端的平均 ARS 如图 8-20（a）和 8-20（b）所示。室内和室外套管端子处的加速度反应谱的前两个主频率分别为 1.185Hz 和 2.15Hz。前者为穿墙套管—阀厅系统的第一阶频率，后者接近阀厅结构的第一频率 2.152Hz。然而，后者的峰值远大于加速度反应谱在 1.185Hz 时的峰值。套管的振动频率与阀厅的频率相关，这表明阀厅的动力特性对安装在其上的穿墙套管的地震反应有较大影响。此外，在室内外套管端部的 ARS 中，无对应频率为 1.51Hz（即套管本身的基频）的峰值。

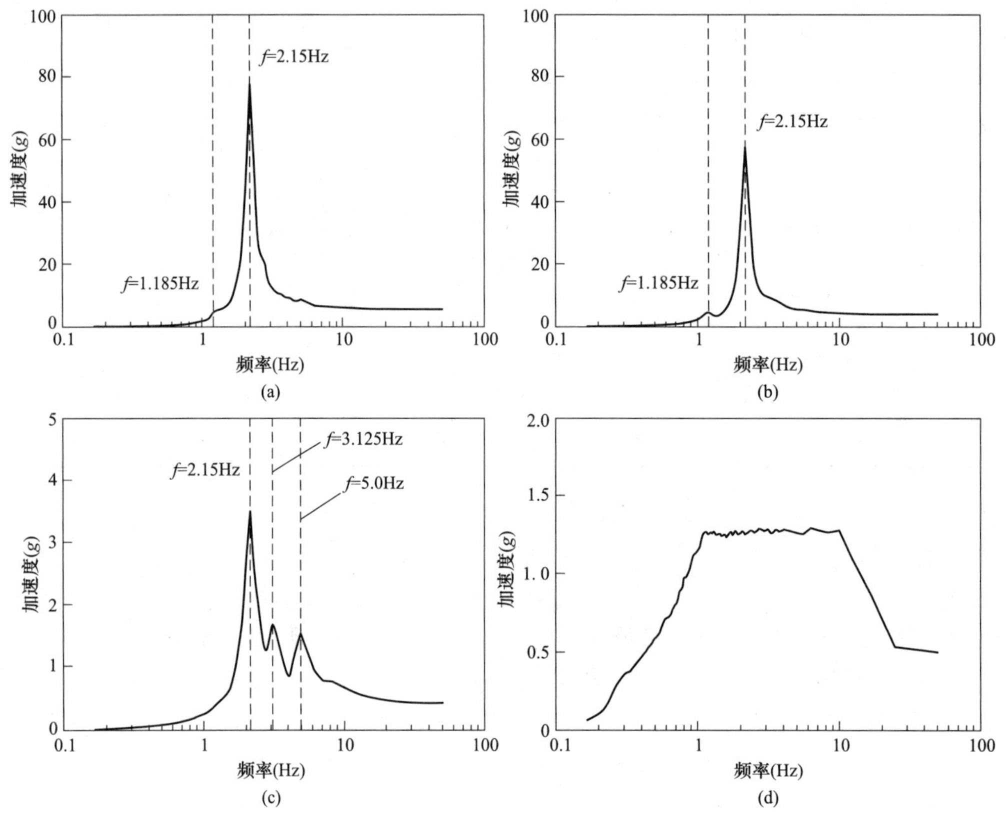


图 8-20 穿墙套管不同位置的平均加速度反应谱和 16 次地震动的平均加速度反应谱（阻尼比 $\zeta=0.02$）

（a）室内套管端子的平均加速度反应谱；（b）室外套管端子的平均加速度反应谱；

（c）穿墙套管根部的平均加速度反应谱；（d）16 条地震动的平均加速度反应谱

穿墙套管根部的平均 ARS 和 16 次地震动在 $Y$ 方向上的平均 ARS 分别如图 8-20（c）和图 8-20（d）所示。穿墙套管根部的地震反应谱特征与输入的地震动有较大不同。阀厅对地面激励有一定“滤波”作用，因此，在穿墙套管根部的加速度反应谱中出现了 3 个共振频率点，分别为 2.15Hz、3.125Hz 和 5.0Hz。在共振频率附近出现的山墙的 3 种振型如图 8-21 所示，其对应的频率分别为 2.152Hz、3.131Hz 和 5.045Hz，该频率与图 8-20（c）中的主频相近。图 8-21（a）和图 8-21（b）分别表示阀厅的横向和扭转振动。在这两种振型中。

山墙的振型相似，均为沿 $Y$ 向振动。在图 8-21（c）中，可观察到山墙的平面外摇摆振型，摇摆效应也对穿墙套管的加速度响应有一定影响，如图 8-20（c）中加速度反应谱的第三个峰值所示。

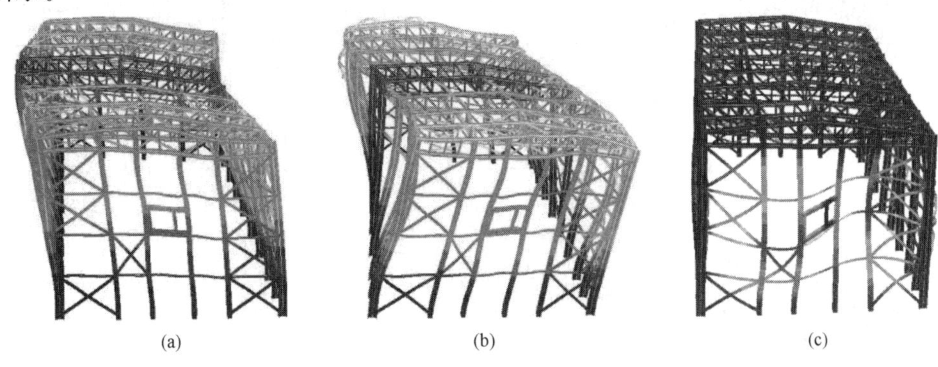


图 8-21　阀厅山墙的三种振型及其频率

（a）2.152Hz 时的横向振动；（b）3.131Hz 时的扭转振动；（c）5.045Hz 时的山墙平面外摆动

2. 穿墙套管振动分量

为分析穿墙套管和阀厅之间的相互作用，与本书 8.3.4 中类似，建立穿墙套管—阀厅系统的理论模型，如图 8-17 所示。将室内外套管简化为悬臂梁，将阀厅的约束抽象为套管支撑弹簧。$L_i$ 和 $L_o$ 分别表示室内和室外套管的长度，$d_1$ 表示穿墙套管金属连接单元法兰盘的直径。以室外套管的水平变形为例，将套管的地震位移分解为三部分［如图 8-17(b)所示］。

地震作用下，穿墙套管加速度为

$$A_s = A_t + A_r + A_b \tag{8-6}$$

其中

$$A_r = \frac{A_1 - A_2}{d_1} L_o \tag{8-7}$$

式（8-6）和式（8-7）中，$A_s$ 表示穿墙套管的总加速度。$A_1$ 和 $A_2$ 是在金属法兰左侧和右侧边缘处的加速度。$A_r$ 表示由摇摆效应产生的套管端部的加速度。$A_t$ 是套管根部在 $Y$ 方向的水平加速度，以及阀厅位移产生的平动加速度。$A_b$ 是套管变形产生的加速度。在式（8-6）和式（8-7）中，从有限元的结果可以得到 $A_t$、$A_1$、$A_2$ 和 $A$。在穿墙套管—阀厅系统中，$b$＝1320mm，$L_o$＝10.1m。

以室外套管在 RSN6 地震作用下的地震反应为例，由有限元结果可知 $A$、$A_r$ 和 $A_t$，则可按式（8-6）计算得到 $A_b$，各加速度分量如图 8-22 所示。图 8-22 中，套管弯曲变形产生的加速度占总加速度比例较大，其次是阀厅平移振动变形产生的加速度。

3. 套管底部横截面处的力矩分量

设穿墙套管的质量为 $m$，且质量沿套管长度均匀地分布。根部截面处的力矩由平移分量 $A_t$ 产生，由摇摆分量 $A_r$ 产生的力矩 $M_r$ 可分别用式（8-8）和式（8-9）表示

$$M_{t0}(t) = mA_t(L_0, t)\frac{L_0}{2} \tag{8-8}$$

$$M_r = J\alpha_2(t) = \frac{1}{3} mL_o A_r(L_o, t) \tag{8-9}$$

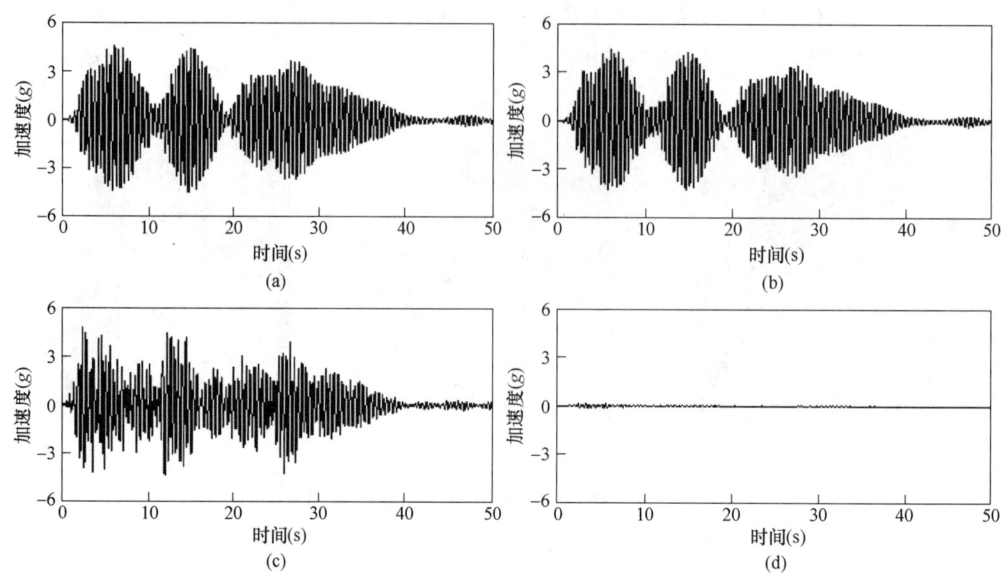


图 8-22 室外套管端部总加速度及不同加速度分量

(a) 室外套管终端总加速度；(b) 套管弯曲变形产生的弯曲加速度分量；(c) 阀厅位移产生的平动加速度；(d) 山墙平面外摇摆效应产生的旋转加速度

式中，$t$、$J$ 和 $\alpha_2$ 分别表示时间、套管的转动惯量和山墙的角加速度。对于套管本身的弯曲变形，可假定变形为

$$d_3(x,t)=\Phi(x)D_t(t) \tag{8-10}$$

式中，$\Phi$ 为套管沿其纵向坐标 $x$ 的弯曲变形的形状，$D_t$为套管振动幅值与时间的关系。假设套管室外段为悬臂梁，不妨假设其在地震作用下的主要振动形态与其第一阶振型相同。

$$\Phi(x)=\cos(ax)-\cosh(ax)-\frac{\cos(aL_o)+\cosh(aL_o)}{\sin(aL_o)+\sinh(aL_o)}[\sin(ax)-\sinh(ax)] \tag{8-11}$$

其中，$aL_o=1.875$。振幅 $D_t$和它的二阶导数可通过式（8-12）得到

$$\begin{cases} D_t(t)=\dfrac{d_3(L_o,t)}{\Phi(L_o)} \\ \ddot{D}_t(t)=\dfrac{\ddot{d}_3(L_o,t)}{\Phi(L_o)} \end{cases} \tag{8-12}$$

根据式（8-13）可得由套管自身弯曲变形产生的根部截面处的力矩

$$M_b(t)=\frac{m}{L_o}\int_0^{L_o}A_b(L_o,t)x\frac{\Phi(x)}{\Phi(L_o)}\mathrm{d}x \tag{8-13}$$

其中

$$A_b(x,t)=\Phi(x)\ddot{D}(t)=\ddot{d}_3(L_o,t)\frac{\Phi(x)}{\Phi(L_o)}=A_b(L_o,t)\frac{\Phi(x)}{\Phi(L_o)} \tag{8-14}$$

室外套管根部截面上的不同力矩分量可通过式（8-8）、式（8-9）和式（8-13）获得（如图 8-23）。根据图 8-23，由平移产生的峰值力矩是阀厅山墙平面外摇摆振动产生的峰值力矩的 44.57 倍。对比图 8-23（a）和（c），由平移产生的峰值力矩为由室外套管本身的弯曲变形产生的峰值力矩的 18.9%。平移分量在穿墙套管的根部截面产生较大的力矩分量。

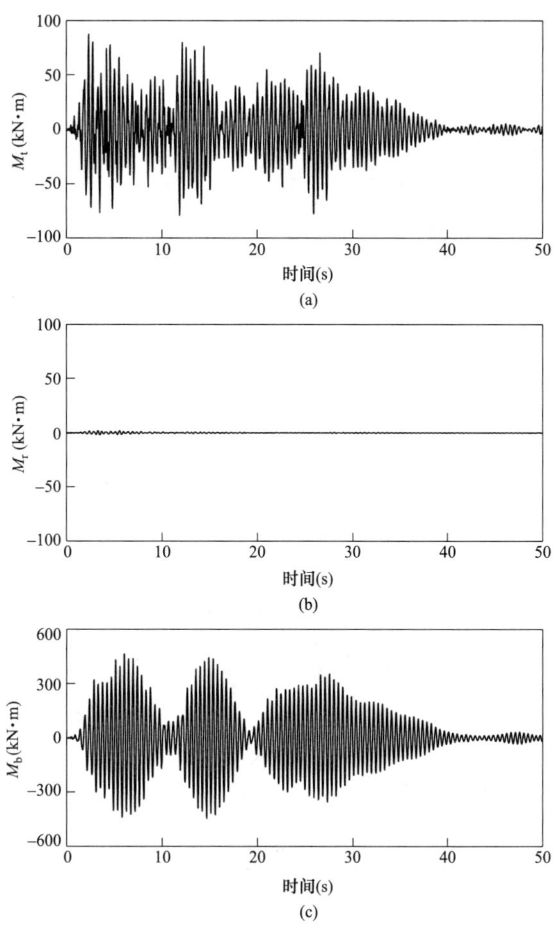


图 8-23　由不同的振动分量引起的室外套管根部截面的力矩分量

（a）阀厅平动位移引起的室外套管根部截面弯矩分量；（b）山墙平面外摇摆效应引起室外套管根部截面弯矩分量；（c）室外套管弯曲变形引起的室外套管根部截面弯矩分量

### 8.4.3　抗震性能提升措施

1. 改进措施

根据上述分析，阀厅的位移会在穿墙套管的根部截面产生力矩（平移分量），则可通过增加山墙的横向刚度（$Y$ 方向）来抑制平移分量，从而降低穿墙套管的地震响应。为了提高阀厅山墙的刚度，采用下述两种措施，并在有限元模型中进行了验证。

Ⅰ型加固措施为在山墙中添加额外支撑，辅助支撑截面尺寸与原支撑截面尺寸相同，如图 8-24 所示。在图 8-24（b）的圆圈中，应安装一个±400kV 的穿墙套管，因此在该位置没有支撑。为进一步增加山墙的侧向刚度，在模型中装配了混凝土剪力墙，该方案为Ⅱ型改造措施（见图 8-25）。该措施中，混凝土剪力墙厚度为 400mm，混凝土类型为 C30。

钢支撑和混凝土剪力墙不占用阀厅和换流站空间，不影响设备与结构的电气间隙，满足电气要求。此外，与增加阻尼器和基地隔震措施相比，这两种改造措施的成本较低。

2. 加固后系统的动力特性

加固后山墙侧向或平面外振动的振型编号、相应频率和山墙的最大位移见表 8-8。阀厅

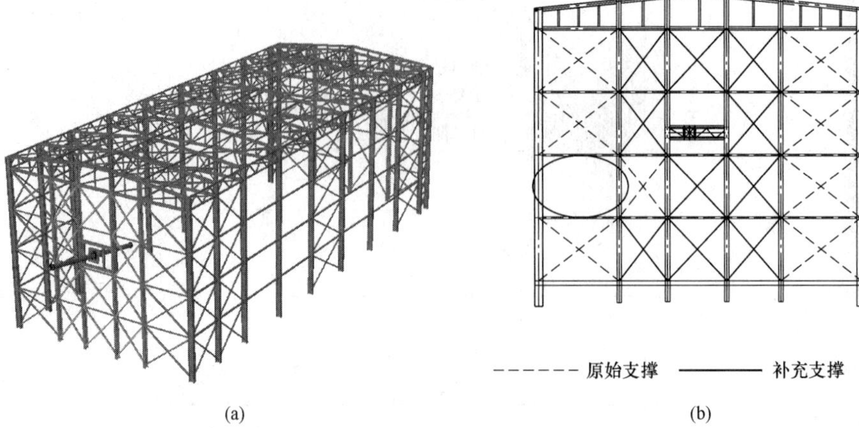


(a) (b)

图 8-24 阀厅Ⅰ型加固措施

(a) 阀厅Ⅰ型加固措施；(b) 山墙原支撑和补充支撑示意图（单位：mm）

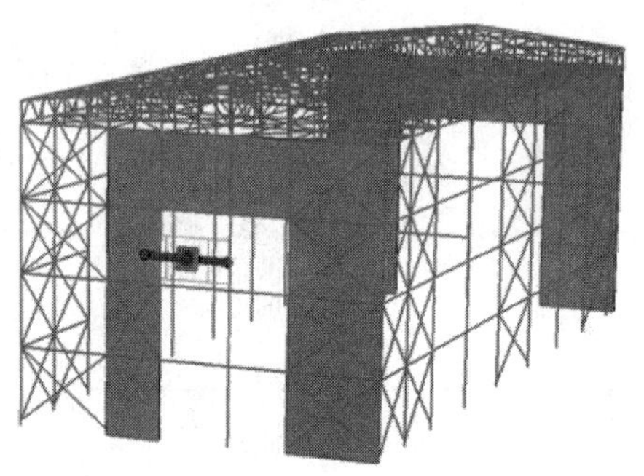

图 8-25 阀厅Ⅱ型加固措施

经过加固后，其频率增加，且山墙的变形幅度远小于改造前的变形幅度。

**表 8-8 改进后阀厅模态编号、自振频率和振型**

| 改造措施 | 振型编号 | 频率（Hz） | 该振型中山墙位移 | 振型 |
|---|---|---|---|---|
| 未加固 | 第一振型 | 2.15 | 0.26 | 横向振动 |
| 措施Ⅰ | 第一振型 | 2.63 | 0.0019 | 横向振动 |
| 措施Ⅱ | 第一振型 | 2.94 | 0.0017 | 伴有横向振动的平面外摆动 |

3. 改进效果分析

在选用的 16 组地震波分别作用下，加固前后的室内外绝缘子根部截面的峰值应力如图 8-26 所示。加固后，穿墙套管的平均最大应力远小于原始结构的响应。对于Ⅰ型加固措施，室内和室外绝缘子的最大应力分别为 44.53MPa 和 41.44MPa，安全系数分别为 1.68 和 1.81。对于Ⅱ型加固措施，其最大应力为 43.75MPa 和 44.77MPa，室内外绝缘子的安全系数分别为 1.71 和 1.68，安全系数均大于 GB 50260 推荐的 1.67，说明加固阀厅后套管的抗震性能满足标准的要求（GB 50260—2013）。

图 8-27（a）和图 8-27（b）为原结构和两个加固结构中的室内和室外套管端子在 Y 方

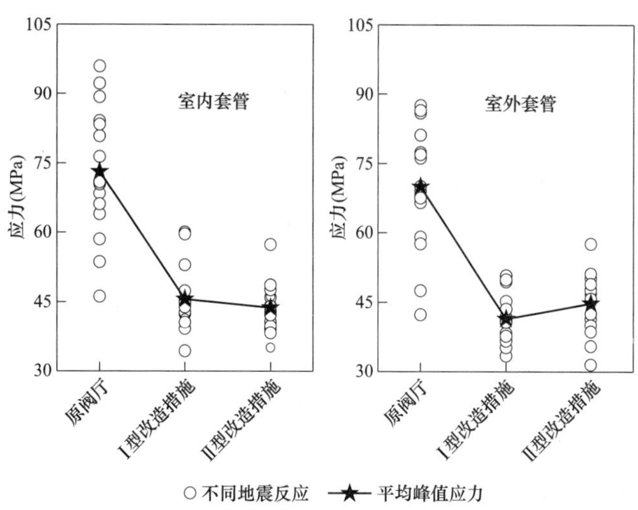


图 8-26　加固前后穿墙套管根部截面的最大应力响应

向的 $ARS$。加固后的特高压穿墙套管—阀厅系统的 $ARS$ 峰值降低。通过增加支撑或混凝土剪力墙来增加山墙的侧向刚度，可有效提高穿墙套管—阀厅系统的抗震性能。

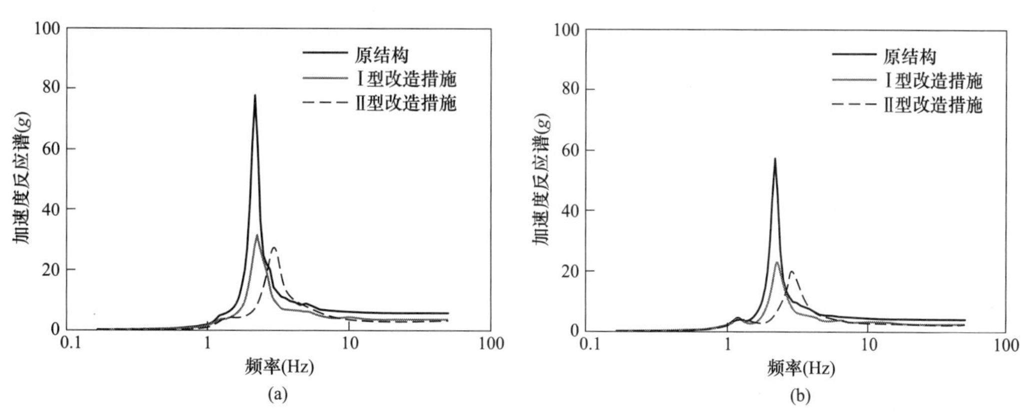


图 8-27　原有结构和两种加固后结构的加速度反应谱

（a）户内套管；（b）户外套管

## 8.5　±800kV 特高压直流穿墙套管地震易损性分析

易损性分析从失效概率的角度，对电气设备的地震损坏风险进行量化的评价，给出电气设备在不同烈度的地震作用下发生破坏的概率。本节将采用多样条的易损性分析方法（梁黄彬等，2020）对穿墙套管的易损性进行分析，评估其抗震性能。

### 8.5.1　多样条的易损性分析方法

首先假设在地震波某一特定强度作用下结构的地震响应超过某一性能水平规定限值的概率密度服从参数为 $\mu$ 和 $\sigma$ 的对数正态分布

$$P(IM=x_i)=\Phi\left(\frac{\ln x_i-\mu}{\sigma}\right) \tag{8-15}$$

其中，$P(IM=x_i)$表示在第 $i$ 条地震波作用下输入强度为 $x_i$ 时结构的地震响应超过某一性能水平规定限值的概率，$\mu$ 和 $\sigma$ 分别是均值和标准差。

对数正态分布的概率密度函数展开式如下

$$f(x;\mu,\sigma)=\begin{cases}\dfrac{1}{\sqrt{2\pi}\sigma x}\mathrm{e}^{-\frac{(\ln x-\mu)2}{2\sigma^2}} & (x>0)\\ 0 & (x\leqslant 0)\end{cases} \tag{8-16}$$

进一步假设每条地震波作用下的结果是相互独立且同分布的，选取 $n$ 条地震动记录时似然函数为

$$\begin{aligned}L(\mu,\sigma^2)&=\prod_{i=1}^{n}\frac{1}{\sqrt{2\pi}\sigma x_i}\mathrm{e}^{-\frac{(\ln x_i-\mu)2}{2\sigma^2}}\\&=(2\pi\sigma^2)^{-\frac{n}{2}}\left(\prod_{i=1}^{n}x_i\right)^{-1}\mathrm{e}^{-\frac{1}{2\sigma^2}\sum\limits_{i=1}^{n}(\ln x_i-\mu)^2}\end{aligned} \tag{8-17}$$

两边取对数可以得到

$$\ln L(\mu,\sigma^2)=-\frac{n}{2}\ln(2\pi\sigma^2)-\ln\left(\prod_{i=1}^{n}x_i\right)-\frac{1}{2\sigma^2}\sum_{i=1}^{n}(\ln x_i-\mu)^2 \tag{8-18}$$

对式（8-18）求偏导可以得到

$$\begin{cases}\dfrac{\partial\ln L(\mu,\sigma^2)}{\partial\mu}=\dfrac{1}{\sigma^2}\sum\limits_{i=1}^{n}(\ln x_i-\mu)=0\\[2ex] \dfrac{\partial\ln L(\mu,\sigma^2)}{\partial\sigma^2}=-\dfrac{n}{2\sigma^2}+\dfrac{\sum\limits_{i=1}^{n}(\ln x_i-\mu)^2}{2\sigma^4}=0\end{cases} \tag{8-19}$$

求解式（8-19）可以得到参数估计的表达式

$$\begin{cases}\hat{u}=\dfrac{1}{n}\sum\limits_{i=1}^{n}\ln x_i\\[2ex] \hat{\sigma}^2=\dfrac{1}{n}\sum\limits_{i=1}^{n}(\ln x_i-\hat{\mu})^2\end{cases} \tag{8-20}$$

### 8.5.2 穿墙套管—阀厅体系地震易损性分析

1. 有限元模型

本节分析采用某工程中的±800kV 特高压直流穿墙套管，总长为 21m，总质量为 8.6t。户内段套管长度为 8m，户外段套管长度为 10m，金属法兰连接部分长度为 2.9m。安装水平倾斜角度为 5°。阀厅模型如图 8-19 所示。

2. 地震波的选取

为了获得易损性曲线所需的数据样本，从太平洋地震工程研究中心根据场地需求谱选择了 30 组包含三个方向的地震动记录作为地面运动输入，以 0.1$g$ 为步长调整其加速度峰值从 0.1$g$ 增至 1.0$g$ 进行地震响应时程分析。基于穿墙套管长悬臂竖向地震动分量影响显著的结构特点，同时考虑到阀厅山墙面外振动和横向水平振动会放大穿墙套管的地震响应，采

用地震波三向输入的加速度峰值比值为 1∶1∶0.8(IEEE Std 693—2018)。作出在场地设计基本地震加速度峰值为 0.4$g$ 时，所选的 30 条地震记录在 $X$ 向的平均加速度反应谱，平均加速度反应谱能够很好地包络住场地需求谱，如图 8-28 所示。

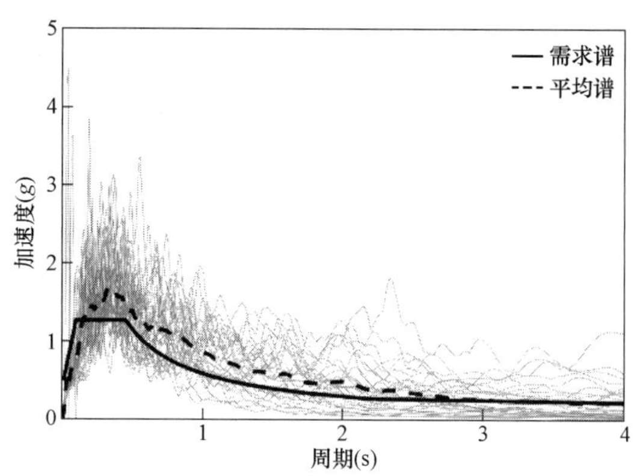


图 8-28 峰值加速度为 0.4$g$ 时 30 条地震波 $X$ 向平均加速度反应谱及场地需求谱

3. 定义损坏状态及统计样本值

对于穿墙套管强度不足导致的功能失效，通过检测模型不同部位的最大弯曲应力确定了最大应力出现在户外穿墙套管与法兰连接的根部，因此，将户外穿墙套管的根部破坏程度作为整体损伤状态的重要评价标准，并划分了 3 种损伤状态：中度损伤状态、严重损伤状态和极限破坏状态，损伤状态指标分别相当于极限应力（75MPa）的 25%、50%和 100%。

对于穿墙套管变形方面导致的功能失效，通过检测穿墙套管内部导电杆和绝缘外套筒不同部位的最大相对位移，确定了最大相对位移出现在绝缘芯子端部截面（图 8-10 中 S-S 截面处），因此将 S-S 截面导电杆与外套筒间相对位移过大导致的电气绝缘问题作为整体损伤状态的重要评价标准，并划分了两种损伤状态：中度损伤状态和严重损伤状态，限制相对位移分别相当于极限相对位移（取初始相对位移 5cm）的 50%和 100%。

分别统计在不同峰值的地震作用下，30 组地震波中造成穿墙套管不同程度损伤状态对应的地震波总数量，得到数据样本后，根据 8.5.1 节所描述的方法对所需参数进行估计，结果如表 8-9 所示。

**表 8-9　　不同程度损伤状态对应的易损性曲线参数估计值**

| 参数估计 | 外套管根部损伤程度 | | | S-S 截面相对位移超限程度 | |
|---|---|---|---|---|---|
| | 中等 | 严重 | 极限破坏 | 中等 | 严重 |
| $\hat{\mu}$ | −2.0715 | −1.1821 | −0.5334 | −0.8831 | −0.4218 |
| $\hat{\sigma}$ | 0.7068 | 0.2119 | 0.1835 | 0.1640 | 0.2299 |

户外套管根部和 S-S 截面 3 个关键位置处通过参数估计得到出现不同程度损伤状态对应的失效概率分别如图 8-29 和图 8-30 所示。从图中可以看出，估计的易损性曲线和样本值拟合良好，证明了易损性拟合方法的准确性。

在加速度峰值为 0.1$g$ 和 0.2$g$ 的低强度地震作用下，户外段套管根部出现中度损伤的概率分别是 38%和 72%，但不会出现严重损伤和极限破坏；变形方面也会不造成任何功能失效。在加速度峰值为 0.3$g$ 和 0.4$g$ 的中等强度地震作用下，户外段套管根部出现强度方面中度损伤的概率超过了 90%，出现严重程度破坏的概率分别超过 45%和 85%，而出现极限破坏的概率接近于零；变形方面出现中度损伤的概率分别是 25%和 75%，而出现严重损伤的概率接近于零。在加速度峰值大于 0.5$g$ 的高强度地震作用下，户外段套管根部出现严重损伤的概率超过 95%，出现极限破坏的概率接近 40%；S-S 截面也开始出现严重破坏。

户外段套管根部的地震易损性最高，需要采取一定的减隔震措施提高其抗震性能；而户外段套管 S-S 截面的内部相对位移过大导致的功能失效问题同样需要引起重视。

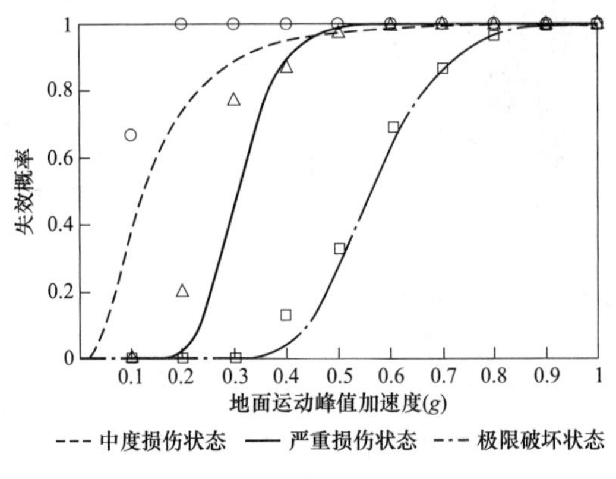


图 8-29　户外套管易损性曲线（强度）

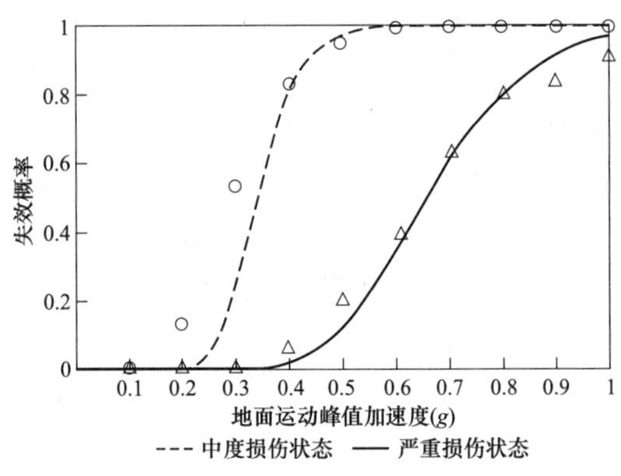


图 8-30　户外套管易损性曲线（变形）

## 8.6 小　　结

本章进行了±800kV 特高压直流穿墙套管的数值仿真模拟和足尺的振动台试验，进一步对特高压穿墙套管—阀厅体系进行数值仿真模拟，研究了套管与阀厅之间的相互作用，建立了穿墙套管的理论分析模型，提出了建议的加固方法，最后关注了穿墙套管内部相对变形过大的问题。本章工作主要得到了如下的关键性结论：

（1）穿墙套管的数值分析及振动台试验结果均表明，地震作用下常规的±800kV 穿墙套管户外绝缘子根部应力经过荷载组合后的安全系数很有可能小于 1.67 的规范要求，不能满足抗震要求，故需要采取措施或抗震优化设计以减小穿墙套管在地震下的响应。

（2）穿墙套管—刚性支架的振动台试验发现用于锚固穿墙套管的安装钢板的面外摆动会增大穿墙套管地震作用下的位移响应，幅度最高可接近40%，在计算时不应忽略。

（3）穿墙套管—阀厅体系的数值分析结果表明，阀厅对穿墙套管的应力放大系数接近3.0；在地震作用下，阀厅山墙的侧向振动将在穿墙套管根部截面引起较大的内力响应；通过采取加固优化措施加强阀厅山墙的侧向刚度能有效减小穿墙套管地震响应。

第 9 章

# 设备耦联回路抗震分析及设计

## 9.1 引　　言

变电站（换流站）一般按照电气功能划分为不同回路，同一回路中包含的各类设备，设备间的连接也可能涵盖软导线连接、硬导线连接等多种连接形式。除导线外，设备间往往还会采用各类金具进行连接，不同的连接方式对设备体系抗震性能存在显著的影响。在本书第6、7章设备耦联体系分析模型的基础上，本章以特高压换流站典型设备耦联回路为对象，分析了各耦联回路的抗震性能，并提出了针对性的抗震措施优化建议。另外，本章基于高地震烈度地区特高压换流站抗震设计工程实践成果，提供了一种耦联回路抗震解耦设计思路及响应的设计方案概述，即通过优化导体、金具的设计选型和完善回路设备的布置，以尽可能地解除设备之间的耦联关系，将原有的大型回路划分为多个独立解耦的小型子回路。使回路的抗震优化以及迭代计算在少量设备组成的子回路中展开，以限制各子回路抗震设计之间的相互影响，从而大幅提升设计效率，节省设计成本。

## 9.2 特高压换流站典型设备回路抗震性能分析

特高压±800kV 换流站的特高压电气设备相较于低电压等级电气设备在结构上具有更明显的“重、大、高、柔”的特点，且地震易损性更高。本节以 9 度抗震设防的±800kV 换流站中的典型设备回路为对象开展抗震设计研究，选用集集（Chi-Chi）波、埃尔森特罗（El-Centro）波、北岭（Northrige）波、帕萨迪纳（Paradena）波、天津波、神户(Kobe）波及新松波，对换流变压器、阀厅、直流场、直流滤波器及 1000kV 交流滤波器耦联回路建立了精细化有限元仿真模型，研究其抗震性能。

### 9.2.1 换流变压器回路

1. 换流变压器回路介绍

受设备运输条件影响，为减小换流变压器设备的体积和重量并降低制造的难度，特高压换流变压器往往是单相双绕组的，通常由数座高端/低端阀厅换流变压器构成两个十二脉动换流阀的串联。同一电压等级阀厅的 6 台换流变压器的网侧套管出线与同一汇流母线相连，并且变压器的阀侧出线套管直接插入阀厅，在阀厅内通过金具及管母线连接完成星形接线和三角形接线。6 台换流变压器及其连接构成一个换流变压器回路，如图 9-1 所示。

从抗震设计的角度出发，换流变压器回路的抗震计算可以分解为 3 部分，阀侧三角形连接、阀侧星形连接，以及网侧连接。网侧接入 500kV 的高端换流变压器回路的构成有以下 3 个特点：

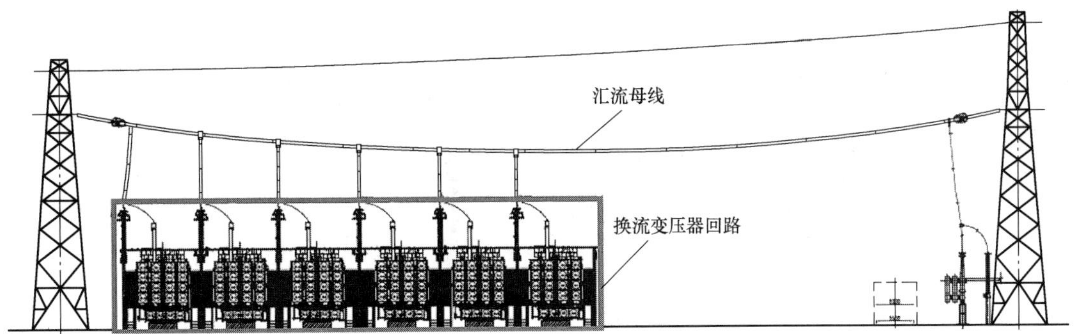


图 9-1　换流变压器回路示意

(1) 3 台 HD 换流变压器的阀侧套管电压等级为 600kV，网侧套管电压等级为 500kV，3 台 HY 换流变压器阀侧套管电压等级为 800kV，网侧套管电压等级为 500kV。

(2) 阀厅内 3 台 HD 换流变压器接线形式为三角形连接，3 台 HY 换流变压器接线形式为星形连接。

(3) 阀厅外每台换流变的网侧套管分别与其相邻的防火墙上的设备通过母线相连。

如图 9-2 所示，在换流变压器回路中，三角形接线方式是将相邻 HD 换流变压器的阀侧套管通过金具、管母线连接，管母线中段可能设置支柱绝缘子作为支撑。这种接线形式将 3 台 HD 换流变压器通过金具和管母线连接在一起，形成结构整体。而在星形接线方式中，HY 换流变压器的上侧阀侧套管仅与支柱绝缘子连接，相邻换流变压器的下侧阀侧套管则通过金具、管母线相互连接，如图 9-3 所示。

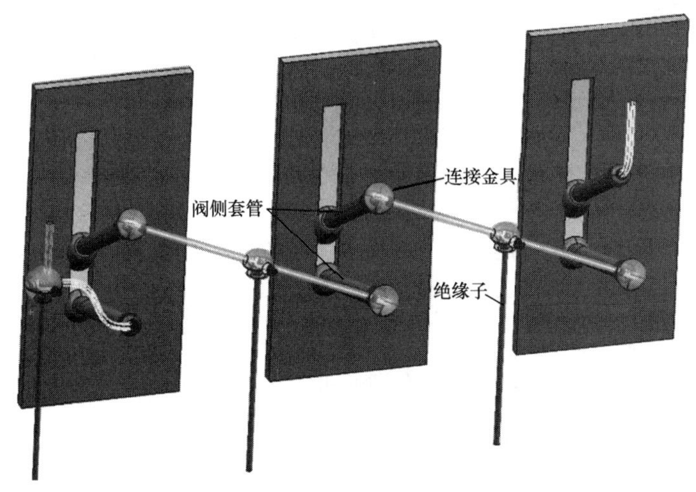


图 9-2　采用三角形接线方式连接的换流变结构示意

在阀厅外，换流变压器的网侧套管通过母线和防火墙上设备相连，如图 9-4 所示。

2. 换流变回路有限元模型

(1) 阀侧三角形连接有限元模型。在换流变回路中，换流变压器有两种型号，一种是 HD 换流变压器，另一种是 HY 换流变压器。阀侧采用三角形连接的是 HD 换流变压器。HD 换流变压器的三向外轮廓尺寸为 24.29m×6.67m×14.15m，总重为 414.30t。由于套

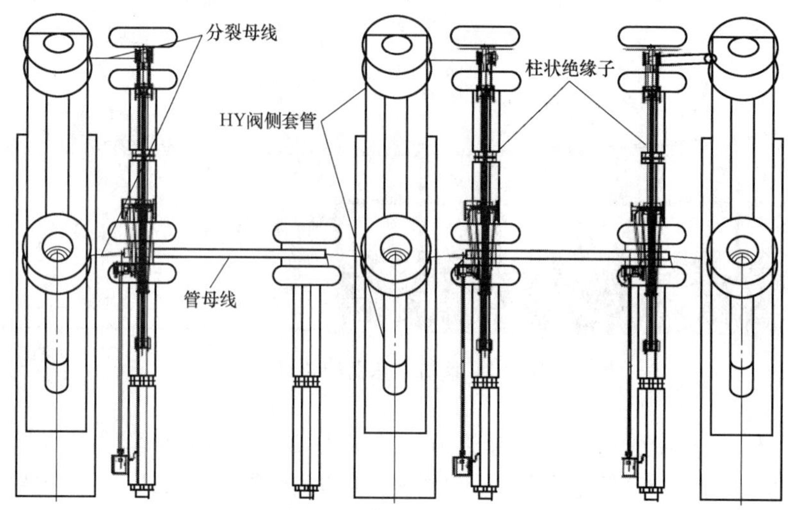


图 9-3 采用星形接线方式连接的换流变结构示意

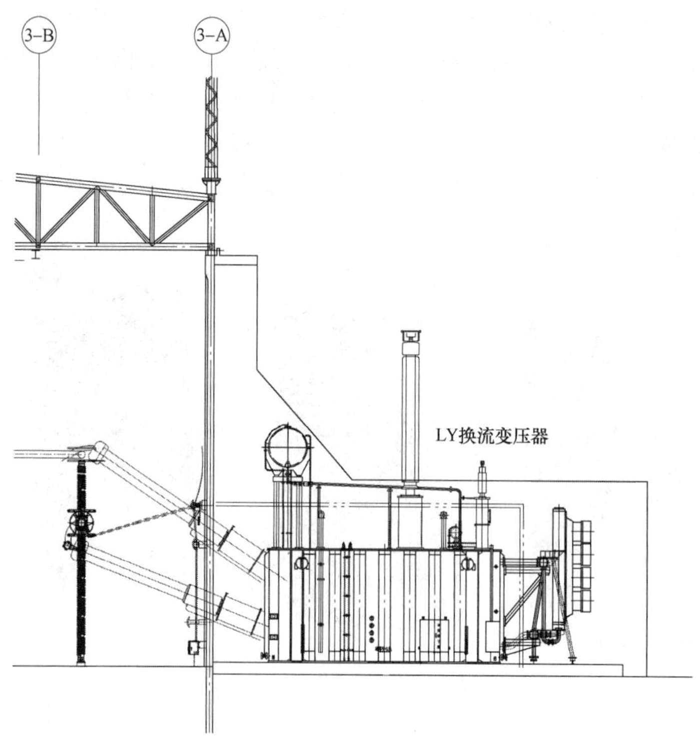


图 9-4 换流变网侧套管连接示意

管需伸入阀厅中，采用倾斜布置，换流变压器上部套管与水平 $x$ 轴夹角为 37°，下部套管与水平 $x$ 轴的夹角为 21°。

阀侧三角形连接中，换流变压器套管接管母金具安装在换流变压器 D 接侧套管端部，实现与管母线连接。金具示意图如图 9-5 所示。导线采用 LJ-800 型式。

为便于描述结果，对模型各部分进行标号，如图 9-6 所示。采用三角形接线的 HY 换流变回路有限元模型由 3 台 HD 换流变压器（阀侧套管电压等级为 800kV）、两根支柱绝缘子、连接金具及管母线组成。将 3 台 HD 换流变压器分别编号为 TA（Transformer A）、TB 和 TC。与上部阀侧套管连接的金具编号为金具 201，与下部阀侧套管连接的金具编号为金具 202。坐标方向如图所示，$x$ 轴方向为 3 台换流变连线方向。

（2）阀侧星形连接有限元模型。HY 换流变压器和 HD 换流变压器的组成几乎完全相同，仅阀侧套管的电压等级不同，HY 换流变压器阀侧套管长 16.1m。阀侧星形连接所用管母线同样为外径 300mm，壁厚 10mm 的铝制圆管。金具导线采用 LGKK-600 型式。

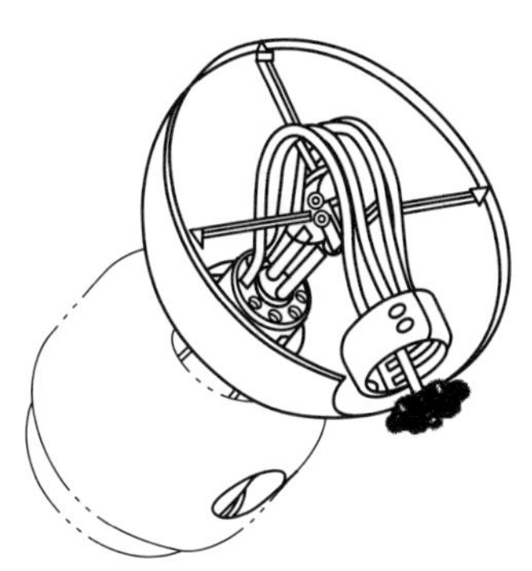

图 9-5　金具结构示意

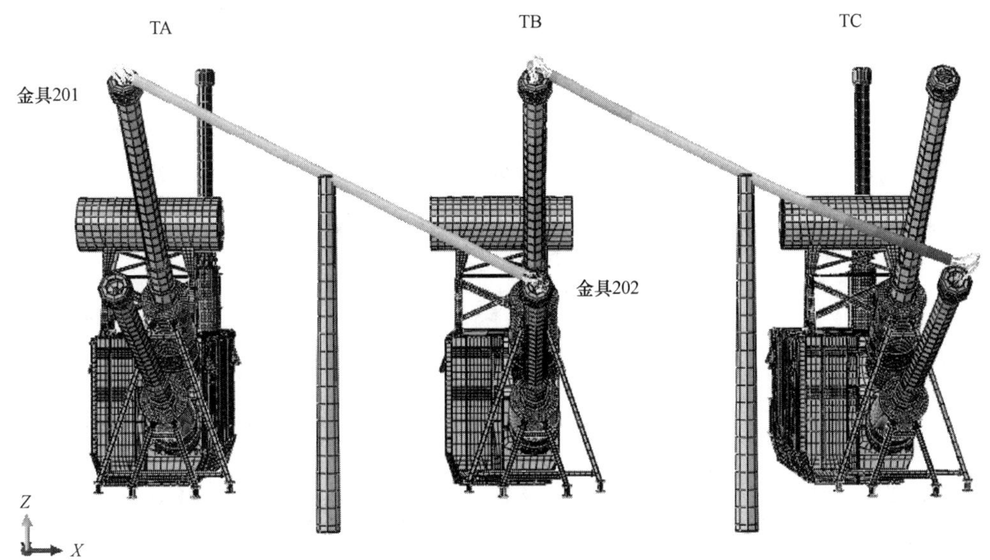


图 9-6　采用三角形接线的 HY 换流变压器回路有限元模型

为便于描述结果，对模型各部分进行标号，如图 9-7 所示。采用星形接线的 HY 换流变压器回路有限元模型由 3 台 HY 换流变压器（阀侧套管电压等级为 800kV）、3 根 PI6&7 支柱绝缘子、1 根 PI7 支柱绝缘子，以及连接用分裂母线和管母线组成。将 3 台 HY 换流变压器分别编号为 TA（Transformer A）、TB 和 TC；3 根 PI6&7 支柱绝缘子分别编号为 PI6&7-A、PI6&7-B 和 PI6&7-C。坐标方向如图 9-7 所示，$X$ 轴方向为 3 台换流变压器连线方向。

3. 换流变回路抗震计算结果

（1）阀侧三角形连接有限元模型。以上部阀侧套管为例，3 台 HD 换流变压器的上部阀侧套管的顶部加速度峰值响应如表 9-1 所示。A1、A2、A3 分别表示 $X$ 向、$Y$ 向、$Z$ 向的加速度峰值。3 台 HD 换流变上部阀侧套管顶端 $X$ 向加速度响应值为其他两个方向加速度响应值的两倍以上。$X$ 轴方向是换流变的弱轴方向，为了考虑最不利情况，计算时将弱轴作为主震方向输入。另外，HD 换流变压器上部阀侧套管长度超过 12m，且与水平面呈 37°夹角，因此其 $Z$ 向（竖向）加速度地震响应也非常显著。通过对比平均值可以发现，TC 的

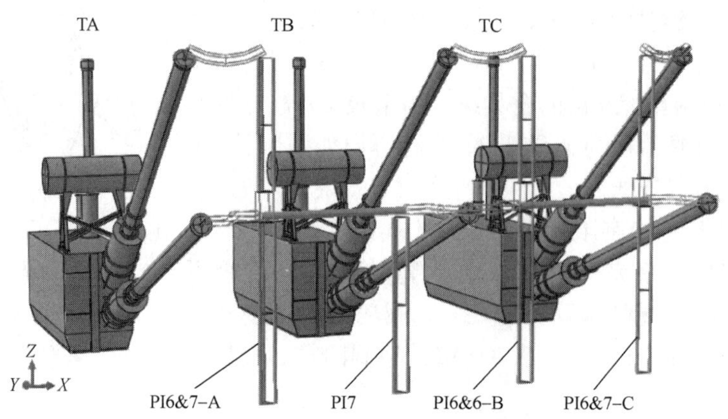


图 9-7　采用星形接线的 HY 换流变压器回路有限元模型

上部阀侧套管 $Z$ 向加速度峰值相较另外两台换流变压器的上部阀侧套管加速度峰值要小，另外两个方向的加速度峰值更大，说明相邻换流变压器阀侧套管之间的三角形接线会在一定程度上约束换流变压器连线方向的运动，但同时会增大套管顶部竖向加速度。

**表 9-1　　回路模型中上部阀侧套管的顶部加速度峰值响应**

| 地震波 \ 加速度 | 套管顶部 | | | | | | | | |
|---|---|---|---|---|---|---|---|---|---|
| | TA(m/s²) | | | TB(m/s²) | | | TC(m/s²) | | |
| | A1 | A2 | A3 | A1 | A2 | A3 | A1 | A2 | A3 |
| 集集（Chi-Chi）波 | 8.70 | 5.29 | 7.73 | 9.59 | 5.47 | 7.51 | 10.34 | 6.18 | 6.63 |
| 埃尔森特罗（El-Centro）波 | 10.93 | 6.31 | 5.44 | 11.89 | 4.77 | 5.08 | 13.18 | 6.04 | 4.63 |
| 北岭（Northrige）波 | 9.81 | 3.64 | 4.32 | 10.19 | 2.97 | 4.09 | 11.47 | 3.79 | 3.75 |
| 帕萨迪纳（Paradena）波 | 12.76 | 6.08 | 6.00 | 12.65 | 4.59 | 4.88 | 13.47 | 5.76 | 4.21 |
| 天津波 | 10.27 | 4.29 | 4.35 | 11.51 | 3.92 | 4.29 | 13.30 | 4.64 | 3.56 |
| 神户（Kobe）波 | 14.71 | 7.46 | 7.95 | 16.40 | 6.07 | 7.50 | 17.36 | 7.59 | 7.08 |
| 新松波 | 17.53 | 7.75 | 7.59 | 14.30 | 6.24 | 7.70 | 19.36 | 8.19 | 6.16 |
| 平均 | 12.10 | 5.83 | 6.20 | 12.36 | 4.86 | 5.86 | 14.07 | 6.03 | 5.15 |

为更好地表现连接对换流变压器上部阀侧套管动力响应的作用，表 9-2 列出了采用三角形连接的 HD 换流变压器回路模型中 3 台换流变压器上部套管对应单体换流变压器模型的加速度峰值响应的变化率，变化率定义如下：

变化率=(回路模型响应−单体模型响应)/单体模型响应

TC 的上部阀侧套管未与其他电气设备连接，因此，顶端的加速度峰值响应与单体模型在不同地震波输入条件下基本一致。TA、TB 的上部阀侧套管分别与 TB、TC 的下部阀侧套管相连，且 $X$、$Y$ 向的加速度峰值相较单体模型均有减小，TB 的上部阀侧套管加速度峰值减小得更显著；TA、TB 的上部阀侧套管的 $Z$ 向加速度峰值相较单体模型增大 20%以上。

表 9-2　　回路模型上部阀侧套管顶部加速度峰值响应的变化率

| 地震波 \ 加速度变化比率 | TA(%) | | | TB(%) | | | TC(%) | | |
|---|---|---|---|---|---|---|---|---|---|
| | 套管顶部 | | | | | | | | |
| | X | Y | Z | X | Y | Z | X | Y | Z |
| 集集（Chi-Chi）波 | −18.63 | −5.81 | 18.56 | −12.33 | −18.64 | 14.74 | 0.02 | 0.00 | 0.01 |
| 埃尔森特罗（El-Centro）波 | −17.11 | −12.15 | 17.63 | −9.77 | −20.92 | 9.77 | 0.02 | 0.02 | 0.01 |
| 北岭（Northrige）波 | −14.48 | −4.08 | 15.02 | −11.17 | −21.74 | 9.04 | 0.00 | 0.01 | 0.02 |
| 帕萨迪纳（Paradena）波 | −15.80 | −8.11 | 16.32 | −10.47 | −21.33 | 9.40 | 0.01 | 0.01 | 0.01 |
| 天津波 | −22.78 | −7.54 | 22.11 | −13.48 | −15.53 | 20.44 | 0.01 | 0.00 | 0.00 |
| 神户（Kobe）波 | −15.27 | −1.72 | 12.25 | −5.50 | −20.05 | 5.86 | 0.00 | 0.01 | 0.00 |
| 新松波 | −9.44 | −5.37 | 23.26 | −26.14 | −23.78 | 24.94 | 0.01 | 0.01 | 0.02 |

（2）阀侧星形连接有限元模型。

3 台 HY 换流变压器的上部阀侧套管的顶部、根部，以及相应的升高座根部加速度峰值响应如表 9-3 所示。3 台 HY 换流变压器阀侧套管顶端 $x$ 向加速度响应值为其他两个方向加速度响应值的两倍以上。HY 换流变压器阀侧套管长度超过 15m，且与水平面呈 37°夹角，因此其 $z$ 向（竖向）加速度地震响应也非常显著。通过对比平均值可以发现，TB 的上部阀侧套管 $x$ 向加速度峰值相较另外两台换流变压器的上部阀侧套管加速度峰值略大，但是其他两个方向的加速度峰值均较小。

表 9-3　　回路模型中阀侧套管的顶部加速度峰值响应

| 地震波 \ 加速度 | TA($m/s^2$) | | | TB($m/s^2$) | | | TC($m/s^2$) | | |
|---|---|---|---|---|---|---|---|---|---|
| | 套管顶部 | | | | | | | | |
| | A1 | A2 | A3 | A1 | A2 | A3 | A1 | A2 | A3 |
| 集集（Chi-Chi）波 | 12.58 | 6.95 | 10.16 | 13.87 | 7.19 | 9.87 | 12.36 | 7.39 | 10.55 |
| 埃尔森特罗（El-Centro）波 | 15.80 | 8.30 | 9.53 | 17.20 | 6.28 | 6.68 | 15.76 | 7.22 | 8.30 |
| 北岭（Northrige）波 | 14.19 | 4.78 | 5.68 | 14.74 | 3.90 | 5.38 | 13.71 | 4.53 | 5.43 |
| 帕萨迪纳（Paradena）波 | 18.46 | 7.99 | 10.50 | 22.13 | 6.04 | 6.41 | 16.10 | 6.89 | 10.02 |
| 天津波 | 14.86 | 5.64 | 6.92 | 16.64 | 5.15 | 4.69 | 15.90 | 5.54 | 6.81 |
| 神户（Kobe）波 | 21.27 | 9.81 | 12.65 | 23.72 | 7.98 | 9.86 | 20.75 | 9.07 | 11.27 |
| 新松波 | 25.35 | 10.19 | 12.08 | 20.68 | 8.21 | 10.12 | 23.14 | 9.79 | 15.43 |
| 平均 | 17.50 | 7.66 | 9.64 | 18.43 | 6.39 | 7.57 | 16.82 | 7.21 | 9.69 |

表 9-4 列出了采用星形连接的 HY 换流变压器回路模型中 3 台换流变压器套管对应单体换流变模型的套管的顶部加速度峰值响应的变化率。从表 9-4 可以看出，回路模型的阀侧套管顶端加速度峰值响应相较单体模型在不同地震波输入条件下普遍减小，这说明大多数情况下连接对于阀侧套管的加速度地震响应存在有利影响。

表 9-4　　回路模型阀侧套管顶部加速度峰值响应的变化率

| 地震波＼加速度变化比率 | 套管顶部 | | | | | | | | |
|---|---|---|---|---|---|---|---|---|---|
| | TA(%) | | | TB(%) | | | TC(%) | | |
| | *X* | *Y* | *Z* | *X* | *Y* | *Z* | *X* | *Y* | *Z* |
| 集集（Chi-Chi）波 | −16.87 | −13.89 | −22.56 | −10.43 | −24.20 | −39.56 | −15.57 | −16.37 | −24.60 |
| 埃尔森特罗（El-Centro）波 | −18.46 | 21.83 | −11.15 | −11.24 | −7.80 | −37.70 | −18.68 | 6.01 | −22.53 |
| 北岭（Northrige）波 | −12.42 | −41.36 | −40.98 | −9.02 | −52.16 | −44.05 | −15.36 | −44.42 | −43.54 |
| 帕萨迪纳（Paradena）波 | −15.44 | −9.76 | −26.06 | −10.13 | −29.98 | −40.88 | −17.02 | −19.21 | −33.04 |
| 天津波 | −21.31 | 13.58 | −4.14 | −11.84 | 3.77 | −35.08 | −15.78 | 11.68 | −5.66 |
| 神户（Kobe）波 | 5.83 | 9.58 | 0.68 | 18.03 | −10.86 | −21.53 | 3.23 | 1.37 | −10.30 |
| 新松波 | 1.01 | −21.99 | −29.11 | −17.62 | −37.17 | −40.62 | −7.81 | −25.05 | −9.49 |

### 9.2.2　阀厅回路

1. 阀厅回路介绍

阀厅回路由阀厅、阀塔、阀厅内耦联电气设备这 3 部分组成。阀厅内回路布置如图 9-8 所示。阀塔结构与第 5.2.1 节一致。

阀塔周围的线路为换流站内的耦联回路布置，包括管母线、支柱绝缘子、换流变套管、穿墙套管等设备。如图 9-8 所示，从阀塔连出的管母线采用柔性管母线形式，柔性管母线具有较大的变形能力。柔性管母线的材料为铝，弹性模量为 71GPa，泊松比为 0.26。柔性管母线的主要长度为 4.5、2.0、4.5m，其转角处采用具有转动能力的连接方式。

2. 阀厅回路有限元模型

阀厅内耦联回路部分主要包含支柱绝缘子、柔性管母线和避雷器等设备，该部分均采用 B31 梁单元建模。柔性管母线的节点处采用连接（Connector）单元，可绕纵轴转动。柔性管母线转角处由玻璃钢绝缘子悬挂在阀厅结构的钢梁上。图 9-9 为柔性管母线的有限元模型图。

3. 阀厅回路抗震计算结果

在选取的 7 条地震波输入情况下，分别提取 6 组悬吊阀塔的加速度、位移时程，直流穿墙套管的端部加速度、位移、根部应力时程，换流变阀侧套管的端部加速度、位移、根部应力时程，阀厅内支柱绝缘子的顶部加速度、位移、根部应力时程，以及柔性管母线的位移差时程。

阀厅结构对地震输入的加速度峰值有明显的放大作用，阀厅结构 *X* 向平均加速度峰值为 15.841m/s$^2$，加速度放大系数达 4.04 倍。由于阀塔结构为悬挂于阀厅上的质量摆系统，地震作用下其加速度和位移响应均较大，阀塔结构的平均加速度峰值最大为 19.825m/s$^2$，平均位移峰值最大为 1.506m。

支柱绝缘子顶部与阀塔通过柔性管母线相连，由于阀塔结构较大的加速度和位移响应会带动管母线运动，从而对支柱绝缘子的响应有一定影响。2 号支柱绝缘子的 *Y* 向平均加速度峰值为 67.278m/s$^2$，*X* 向平均位移峰值为 0.349m，根部平均应力峰值为 18.439MPa。

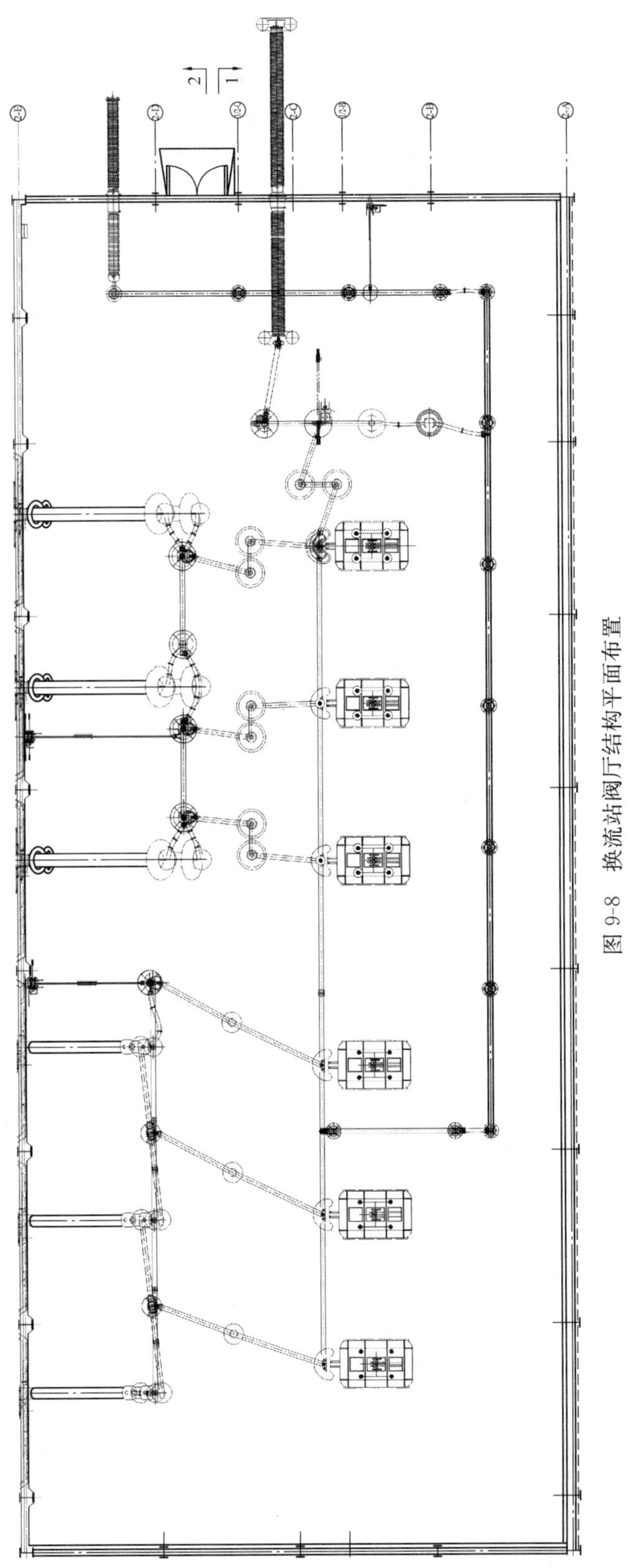

图 9-8　换流站阀厅结构平面布置

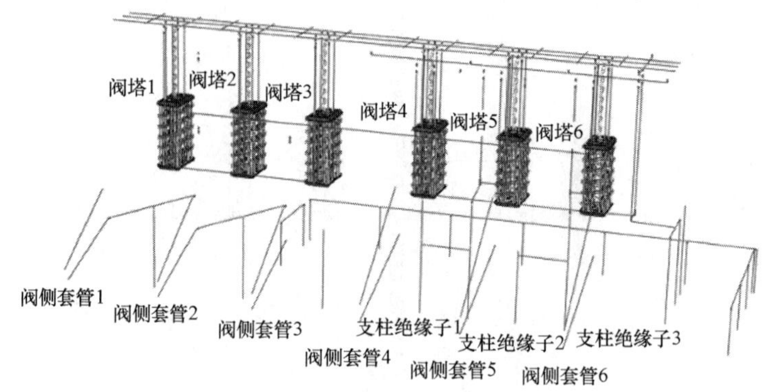


图 9-9 换流站阀厅内耦联回路设备有限元模型

柔性管母线用于连接阀塔结构与其相邻设备，由于阀塔结构在地震作用下会产生较大的位移响应，从而对其相邻设备产生较大的牵拉作用。柔性管母线能提供较大的变形能力，以减小阀塔结构的大位移对其相邻设备的影响。柔性管母线两端点的最大位移差为新松波作用下 4 号柔性管母线的位移差 1.80m，其峰值未超过其所能达到的最大变形能力（表 9-5 中变形限值）。

**表 9-5　0.4*g* 地震波峰值下柔性管母线位移差时程响应峰值**　m

| 地震波 | 埃尔森特罗(El-Centro)波 | 集集(Chi-Chi)波 | 北岭(Northridge)波 | 帕萨迪纳(Pasadena)波 | 天津(Tianjin)波 | 神户(Kobe)波 | 新松波 | 平均值 | 变形限值 |
|---|---|---|---|---|---|---|---|---|---|
| 1 号柔性管母线 | 1.08 | 0.64 | 0.22 | 0.53 | 0.53 | 1.10 | 1.35 | 0.78 | 1.61 |
| 2 号柔性管母线 | 0.90 | 0.49 | 0.28 | 0.53 | 0.50 | 0.92 | 1.42 | 0.72 | 1.87 |
| 3 号柔性管母线 | 0.96 | 0.61 | 0.25 | 0.61 | 0.60 | 0.98 | 1.54 | 0.79 | 2.10 |
| 4 号柔性管母线 | 0.72 | 0.29 | 0.31 | 0.53 | 0.53 | 0.86 | 1.80 | 0.72 | 2.69 |

### 9.2.3 GIL 回路

1. GIL 回路介绍

气体绝缘金属封闭输电线路（Gas Insulated transmission Line，GIL）是一种采用 $SF_6$ 等气体作为绝缘介质，外壳与导体同轴布置的高电压、大电流电力传输管线。GIL 因其布置紧凑及安装运行维护方便等特点，在特高压变电站中得到了广泛应用；同时，GIL 作为重要的电力设施，也得到了一定程度的关注和研究，但目前关于 GIL 的研究主要集中在电气性能方面，针对其抗震性能的研究十分匮乏。GIL 是由内导体、支柱绝缘子、外壳组成的同轴圆柱结构，因此其地震响应具有特殊性，常规管道结构的地震响应的研究成果不能直接适用于 GIL。对于这种复杂结构，采用有限元建模的方法对其进行计算和分析，可以很好地掌握其动力特性及地震响应规律。

2. GIL 回路有限元模型

选取 550kV 第一大组交流滤波器（ACF1）和第三大组交流滤波器（ACF3）的进线 GIL 管道作为研究对象，其结构如图 9-10 所示。除去支撑结构，GIL 是由内导体、三支柱绝缘子、外壳组成的同轴圆柱结构，其内部结构如图 9-11 所示。本节研究的 GIL 线路在两个水平方向的长度分别为 117.5m 和 78.3m，ACF1 进线 GIL 的内部导体轴线距地面的高度为 5.405m—2.200m—12.500m—7.670m—4.925m，ACF3 进线与 ACF1 进线的线路有较多重合，重合部分仅在高度上相差 1m。这段线路需要通过换流变压器检修厂房，最大高差达 10.3m。

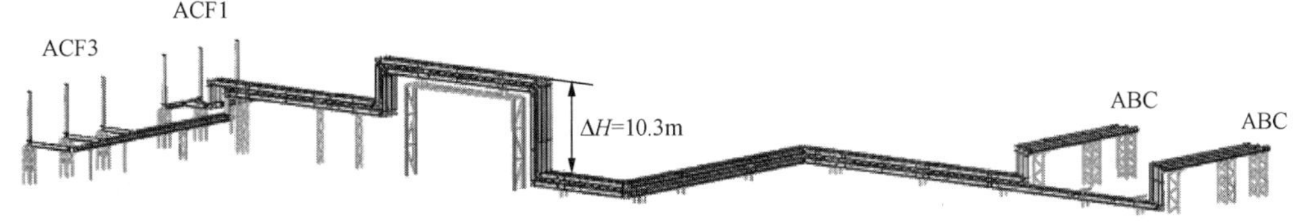


图 9-10　气体绝缘金属封闭输电线路

本节建立的 GIL 有限元模型为了真实地模拟实际情况，对于边界条件和连接作了细致的设定。模型中边界条件和连接分为 4 个部分：一是支架底部与地面刚接；二是支架与 GIL 外壳的连接；三是 GIL 外壳与三支柱式绝缘子的连接；四是两段内部导体在转角处的连接。其中，后 3 种连接较为复杂，下文将对这 3 部分连接的建模情况进行详尽描述。

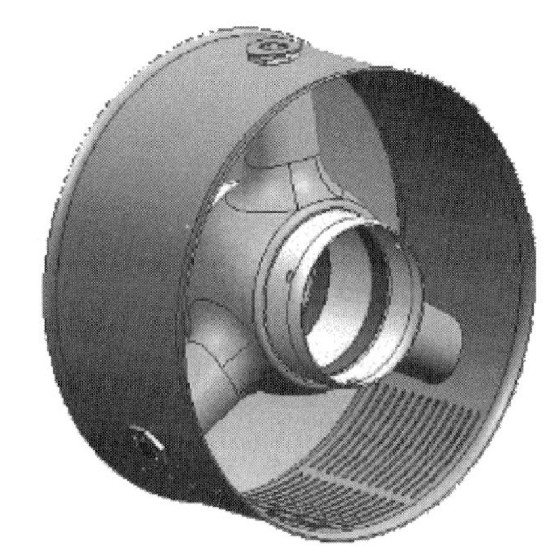

图 9-11　GIL 内部结构

GIL 的支撑结构根据与外壳的连接方式可以分为固定支架和活动支架两类，如图 9-12 所示。固定支架一般仅布置在线路水平转角附近，数量较少，为方形支架，属于空间结构；活动支架一般沿直线段布置且数量多，多为 T 型或门型支架，属于平面结构。固定支架通过螺栓连接固定 GIL 管道外壳，如图 9-13（a）所示，因此在建模时采用固定连接，约束所有自由度。活动支架通过限位装置约束 GIL 管道，如图 9-13（b）所示，GIL 管道可沿轴向自由运动，因此在建模时释放 GIL 管道轴向约束。

同样的，GIL 的三支柱绝缘子根据与外壳的连接方式可以分为固定三支柱和滑动三支柱两类。固定三支柱绝缘子通过 3 个金属连片与外壳直接焊接在一起，而滑动三支柱绝缘子则通过尼龙滚轮作用在管母内侧，可在管母内侧滚动。图 9-14 中标注了两类三支柱绝缘子在线路中的位置外，还展示了三支柱绝缘子的实物图和模型图。在模型中，这两类三支柱绝缘子的区别也仅在于滑动三支柱在与外壳连接处释放沿管道轴向的约束。

此外，考虑到热胀冷缩的影响，GIL 转角处内导体设计时，在触头接触部位留有 48mm 的余量，如图 9-15 所示。此处的插拔力为 1400N。建模时采用连接单元模拟。

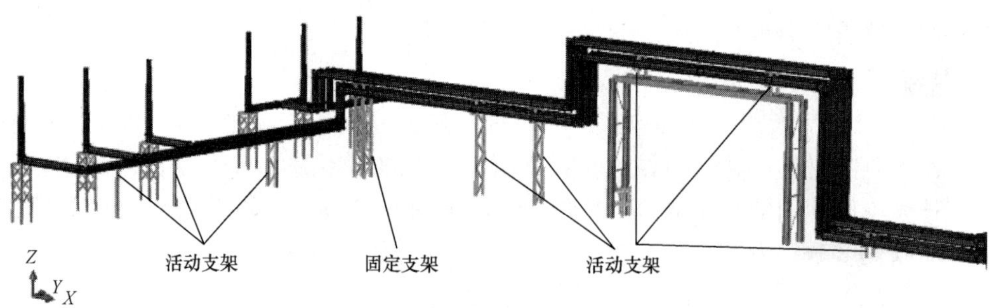


图 9-12　固定支架和活动支架

图 9-13　固定支架和活动支架与外壳连接细节

（a）固定支架与外壳连接；（b）活动支架与外壳连接

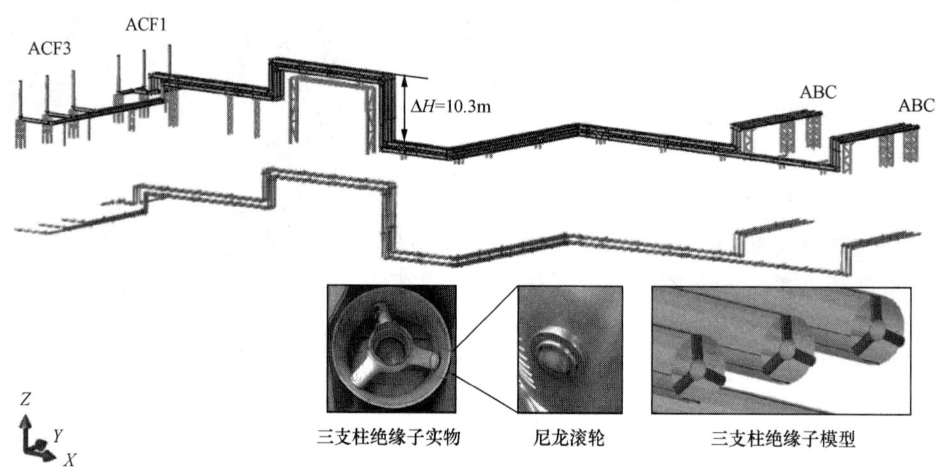


图 9-14　三支柱绝缘子

3. GIL 有限元模型模态分析

对 GIL 模型进行模态分析时发现，除前两阶外，其前 120 阶频率为 2.28～9.80Hz，处于规范需求谱平台段（2.0～10Hz）之间，属于模态密集型结构，地震作用易引起结构发生类共振，导致结构响应过大甚至破坏。如图 9-16 所示为 GIL 模型前 5 阶振型。由图 9-16 可以看出，GIL 高差较大的区段是变形较大的区段，易产生较显著的动力响应。此外，GIL 模型中活动支架频率较低，在以支架振动为主的振型中，活动支架与管道在沿管道轴线方向产生较大的相对位移。

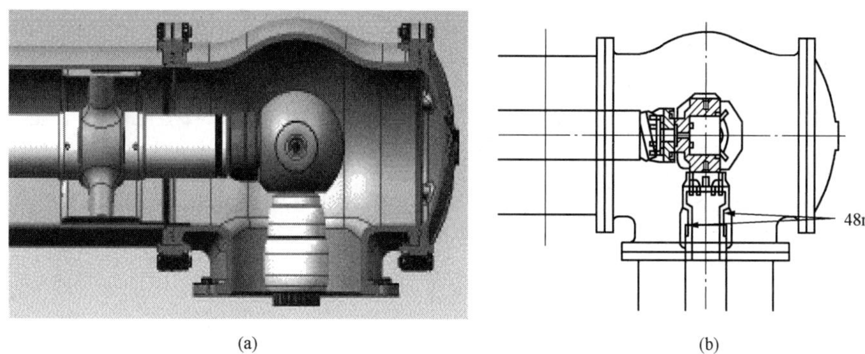


图 9-15　GIL 转角设计

(a) GIL 转角；(b) GIL 转角设计

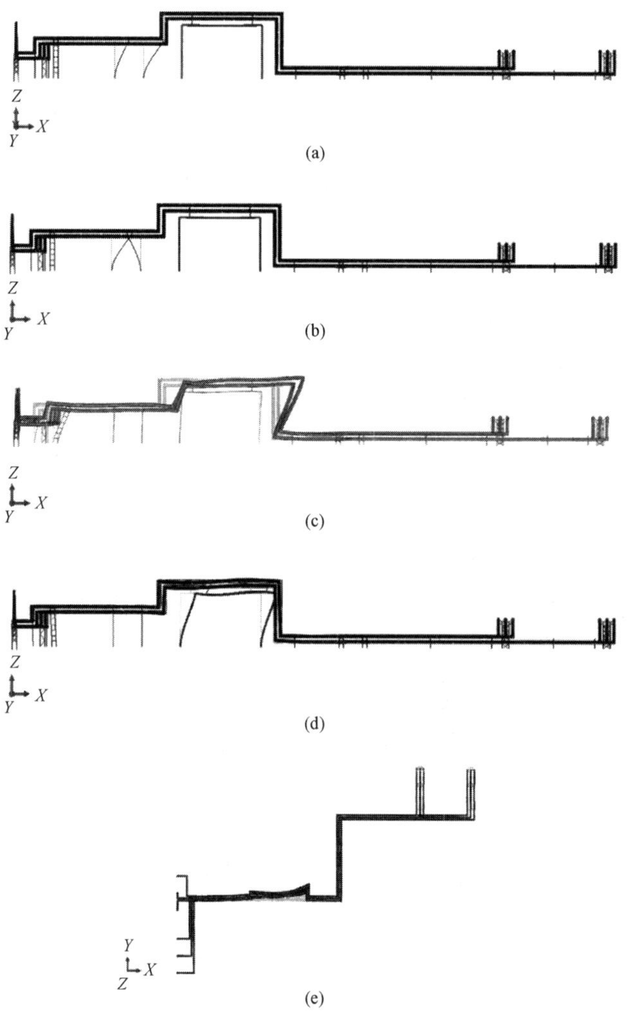


图 9-16　GIL 模型前 5 阶振型及频率

(a) 第 1 阶，活动支架 $X$ 向振型，$f=1.97$Hz；(b) 第 2 阶，活动支架 $X$ 向振型，$f=1.98$Hz；(c) 第 3 阶，管道 $X$ 向振型，$f=2.28$Hz；(d) 第 4 阶，钢平台及支架 $X$ 向振型，$f=2.94$Hz；(e) 第 5 阶，管道 $Y$ 向振型，$f=2.95$Hz

4. GIL 地震响应分析

定义加速度放大系数为测点加速度时程峰值与地面加速度时程峰值的比。选取图 9-17（a）中平台支架、三相支架（高）、三相支架（低）及单相支架不同高度位置，绘制其在 7 组地震波输入下沿管道轴线方向的平均加速度放大系数曲线，如图 9-17（b）所示。由图 9-17（b）可知，不同高度的活动支架在管道轴线方向的加速度放大系数均大于 2.0，超出现行设计规范对于支架动力放大系数的规定值 1.2。值得注意的是，钢平台上支架沿管道轴线方向的加速度放大系数超过 8。

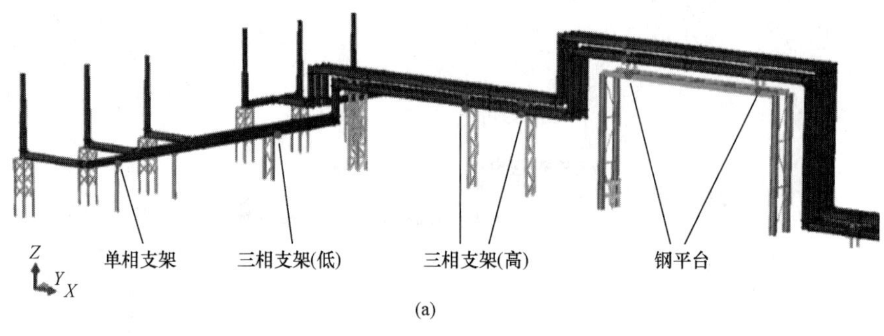

(a)

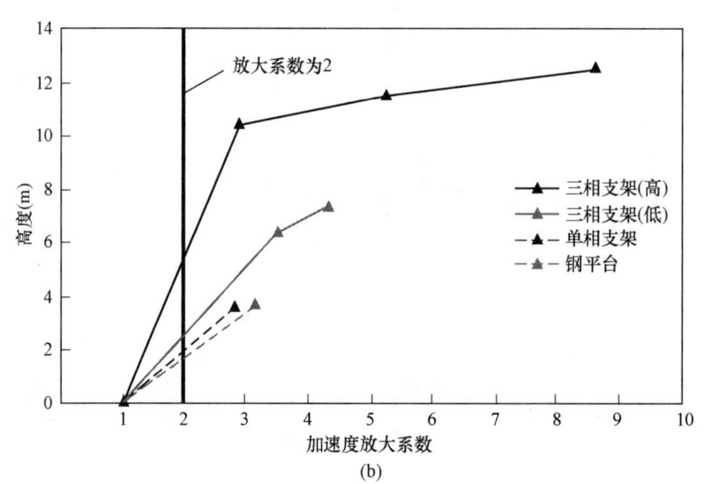

(b)

图 9-17　活动支架加速度放大系数位点

（a）响应位置；（b）加速度放大系数

然而，由于活动支架并未限制管道沿其轴向的自由度，活动支架支承处的管道可沿其轴向运动，因此，支架和管道的动力响应可能存在较大差异。通过对比不同高度处活动支架和管道外壳沿轴线方向的平均加速度放大系数，可以探究在地震作用下管道外壳加速度响应与活动支架加速度响应的不同特征。图 9-18 绘制 7 组地震波输入下，不同高度处活动支架和管道外壳沿轴线方向的平均加速度放大系数。由图 9-18 可知：①不同高度处，活动支架和管道外壳沿管道轴向的平均加速度放大系数均超过 2；②在 3.7m 高度处，管道外壳的平均加速度放大系数超过 4，且大于连接处支架的平均放大系数；③当高度不小于 6.4m 时，管道外壳的平均加速度均小于支架平均加速度放大系数。

为进一步分析活动支架和管道外壳的加速度响应特征，定义“谱加速度放大系数”如

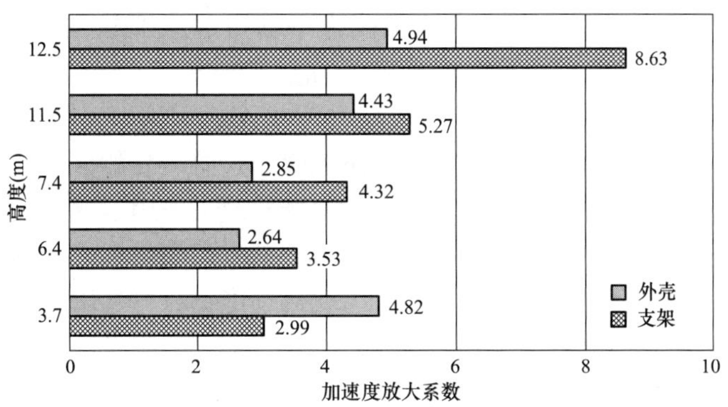


图 9-18　活动支架和管道外壳沿轴线方向的平均加速度放大系数

下：谱加速度放大系数指的是相同阻尼比下，测点的加速度反应谱与输入的加速度反应谱之间的比值。谱加速度放大系数可以清晰地显示活动支架对地震加速度的放大作用与其本身动力特性的联系。图 9-19 表示 7 组地震波输入下，活动支架和管道外壳沿轴线方向 2%阻尼比

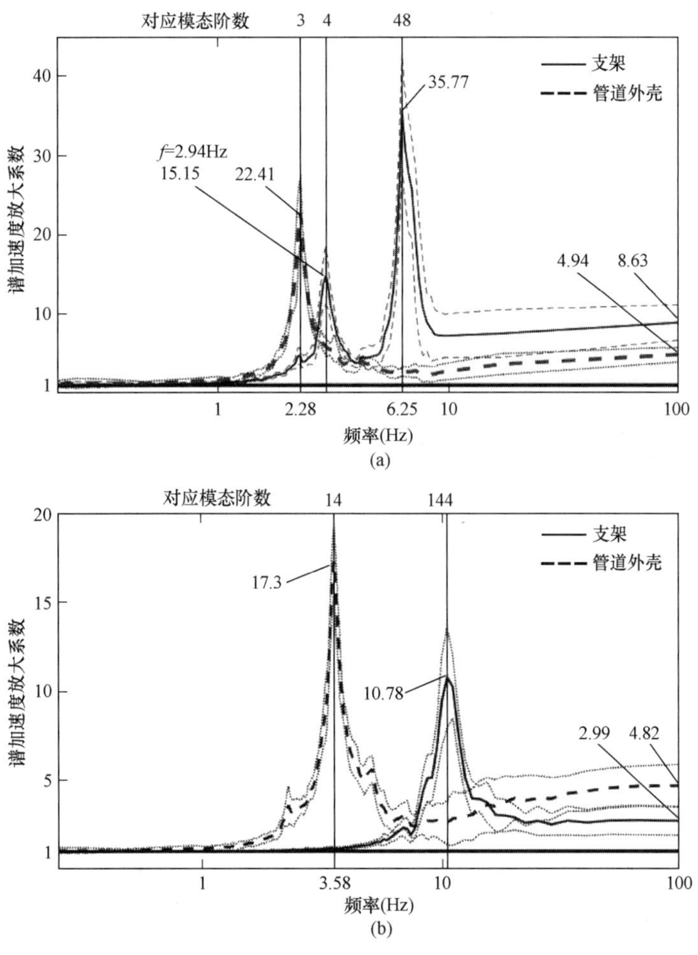


图 9-19　支架与管道外壳谱加速度放大系数

(a) 12.5m 处钢平台上支架与管道外壳谱加速度放大系数；(b) 3.7m 处单相活动支架与管道外壳谱加速度放大系数

的平均谱加速度放大系数曲线。其中，细虚线为平均谱加速度放大系数曲线±1SD(标准差)。如图 9-19 所示，高频段谱加速度放大系数曲线趋于平缓，且最终的数值与图 9-18 所示的加速度放大系数相同。其次，从图 9-19 中可以看出，无论是支架还是管道外壳，其谱加速度放大系数曲线均在自振频率附近出现较大峰值。这意味着如果地震的能量集中在活动支架自振频率附近，则活动支架可能表现出更加显著的放大作用。

活动支架放大作用明显的原因在于其基频较低，处于需求谱平台段范围内，在地震作用下易发生类共振。建议通过增大支架刚度，如采用高强度钢材或者增大截面等方式，提高活动支架的基频，使其避开地震卓越周期，以达到减小活动支架放大作用的目的。

5. GIL 抗震薄弱位置

为探究地震作用下 GIL 抗震薄弱位置，表 9-6 列出了内导体接头处两端相对位移、管道与活动支架连接处相对位移，以及相邻管道间的位移响应峰值。在 0.4$g$ 地震输入下，管道与活动支架沿管道轴向的平均相对位移超过 0.1m；在 0.62$g$ 地震输入下，管道与活动支架沿管道轴向的平均相对位移超过 0.2m，基本为 0.4$g$ 地震输入时的两倍。在 0.4$g$ 地震输入下，仅在 RSN66 波作用下，内导体接头处的相对位移接近限值 48mm，而当主震方向加速度峰值为 0.62$g$ 时，内导体接头处相对位移的平均值已经超出限值。此外，无论在八度罕遇或九度罕遇地震作用下，相邻管道间位移均未超出间距，因此管道间不会发生碰撞。

**表 9-6　八度及九度罕遇地震作用下关键位置的相对位移峰值响应**　mm

| 地震波 | 内导体接头 | | 管道与活动支架 | | 相邻管道 | |
|---|---|---|---|---|---|---|
| | 0.4$g$ | 0.62$g$ | 0.4$g$ | 0.62$g$ | 0.4$g$ | 0.62$g$ |
| 埃尔森特罗（El-Centro）波 | 24.84 | 30.70 | 83.53 | 143.22 | 19.75 | 29.65 |
| RSN66 波 | 47.42 | 85.70 | 87.62 | 157.49 | 21.05 | 44.04 |
| RSN82 波 | 40.83 | 76.51 | 115.61 | 191.06 | 43.59 | 66.49 |
| RSN1527 | 44.43 | 78.13 | 87.43 | 174.11 | 23.98 | 69.21 |
| 集集（Chi-Chi）波 | 31.14 | 42.20 | 124.82 | 185.75 | 22.57 | 33.91 |
| 人工波 1 | 38.91 | 41.37 | 99.94 | 147.77 | 32.92 | 50.15 |
| 人工波 2 | 41.32 | 42.88 | 123.71 | 183.37 | 28.91 | 43.49 |
| 平均值 | 38.41 | 56.78 | 103.24 | 201.30 | 27.54 | 48.29 |

对于该 GIL 模型，三支柱绝缘子采用复合材料，破坏应力为 75MP；GIL 外壳及内部导体材料为铝合金，破坏应力取为 220MPa。在 0.4$g$ 地震输入下，内导体和三支柱绝缘子的应力均远小于其材料的破坏应力；在 0.62$g$ 地震作用下，内导体的平均应力响应峰值达到了 47.55MPa，考虑 1.67 的安全系数，已经超出了内导体的应力限值 44.91MPa。考虑到现行规范规定安全系数为 1.67，外壳应力不应大于 131.74MPa，从计算结果看，在八度罕遇地震作用下，外壳的平均应力响应已经超出该值，因此不满足要求。

图 9-20 中标注了在八度罕遇及九度罕遇下，7 组地震波作用下内导体接头最大位移所在的位置，以及外壳和内导体最大应力出现的位置。可以看出，GIL 最大地震响应集中出现在竖向转角处且位置，不随 PGA 增大而改变。

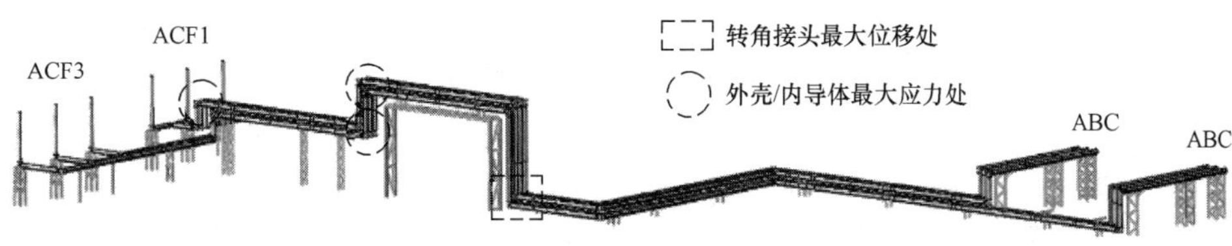


图 9-20　GIL 抗震薄弱位置示意

### 9.2.4　直流滤波器回路

直流滤波器回路根据直流滤波器的结构型式可以分为悬吊式直流滤波器回路和支撑式直流滤波器回路，在第 5 章中已经对悬吊式直流滤波器以及悬吊式直流滤波器回路的抗震性能进行了较为详尽的研究，在此不再赘述。此节主要对支撑式直流滤波器回路进行有限元建模和抗震性能分析。

1. 直流滤波器回路介绍

支撑式直流滤波器回路系统主要包括支撑式滤波电容器 C1、支撑式滤波电容器 C2、支撑式滤波电容器 C3、滤波电容器 C4、滤波电抗器 L1、滤波电抗器 L2、滤波电容器 L3、不平衡电子式电流互感器 T1、不平衡电子式电流互感器 T2、不平衡电子式电流互感器 T3、复合支柱绝缘子 PI，如图 9-21 所示。

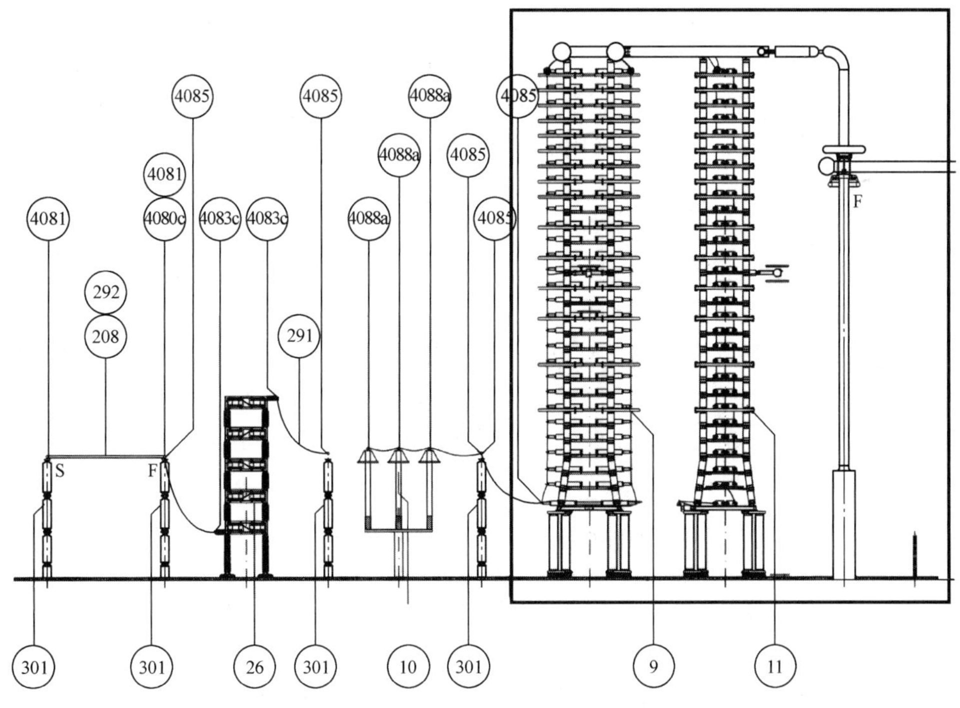


图 9-21　直流滤波器回路系统

通过图 9-21 直流滤波器回路系统竖向剖面图的结构形式可知：直流滤波器回路系统是由左侧的低设备区和右侧高设备区组成，低设备区包括滤波电容器 C4、滤波电抗器 L1、滤波电抗器L2、滤波电抗器L3，高设备区包括支撑式滤波电容器C1、不平衡电子式电流互感器T1、支撑式滤波电容器C2、不平衡电子式电流互感器T2、支撑式滤波电容器C3、不平衡电子式电流互感器T3和复合支柱绝缘子PI1。结合图9-21可知，高设备区设备的质量和高度都远大于低压区，直流滤波器回路系统的抗震重心主要在于高设备区设备的抗震性能分析的研究对象，而根据高设备区三塔支撑式滤波器的布置特点，C1所在位置为三者中最为薄弱的环节，故着重分析支撑式滤波器C1。

在高设备区设备中，支撑式直流滤波器装置为29层的三塔支撑式布置形式，以C1为例，电容器单元在各层有8台双排平卧分布，塔架顶部、层间及底部采用绝缘子连接，电容器总高度为21.566m，且电容器台架四周自上而下设置有15个均压环，设置均压环的层数自下而上开始数分别为第7、10、13、15、17、19、20、21、22、23、24、25、26、27、28、29层，塔顶为$\phi$300铝锰管母的高压进线端，在最底部层为$\phi$100铝管母的低压引出端。C1电容器在第16层引出一个不平衡光电电流互感器T1，离地面的高度为13.592m，在支撑滤波器的底层，塔架底部通过四根绝缘子与地面固定。

电子式电流互感器T1和复合支柱绝缘子PI的绝缘子高度均为12.15m，底部钢结构支架高度为4.85m，整体高度为17m。

2. 直流滤波器回路有限元模型

通过直流滤波器区域的断面图可以看出，滤波器低设备侧中的设备因为重心低，地震下易损性相对较小，因此抗震性能分析的重心主要在于质量和高度远大于低设备侧的高设备侧，故重点放在计算滤波器进线至C1的高设备侧的建模，而根据三塔支撑式滤波器的布置特点，C1所在位置为三者中最为薄弱的环节，故可着重分析支撑式滤波器C1。

结构系统的基础假定为刚性，在单元的选取上，C1支撑直流滤波器的各层之间的绝缘子采用刚性连接，各个绝缘子单元采用B31，底部绝缘子与地面采用刚接的方式相连。其余高压侧的设备也采用B31梁单元，相互之间刚性连接并均与地面刚性连接，不考虑地基的变形等影响。

结构的有限元模型如图9-22、图9-23所示，直流滤波器回路系统以平行于双塔的支撑滤波器方向作为$X$轴，垂直于双塔的支撑滤波器方向为$Y$轴。

支撑直流滤波器C1底层4根底部绝缘子上方，沿$X$轴相距2.3m，沿$Y$轴相距2.3m，每层有8个电容器单元，每个电容器单元重135kg，第7、10、13、15、17、19、21、22、23、24、25、26、27、28、29层各有一个均压环，均压环质量为145kg。

3. 直流滤波器回路抗震计算结果

本节对支撑式直流滤波器回路的有限元模型进行时程分析计算，并根据结构可能存在的薄弱环节及抗震设计、功能需求的考量，主要从设备（除支撑式滤波器部分之外）顶部加速度响应、设备顶部位移响应和复合支柱绝缘子应力等3个方面来对结构进行评估，而对于支撑式滤波器部分，需考虑各层位移响应和各层绝缘子的应力。

对于支柱绝缘子设备，统计7条0.4$g$的地震波输入下设备绝缘子根部米塞斯（Mises）应力响应峰值平均值，最大绝缘子根部米塞斯应力响应为39.76MPa；对于电流互感器T1，最大绝缘子根部米塞斯应力响应为57.45MPa，超出支柱绝缘子最大应力响应的44.49%。

7条0.4$g$的地震波输入下，支撑式滤波器设备各层相对地面位移峰值的平均值在$X$向为0.251m，发生在顶层；在$Y$向为0.432m，发生在顶层。

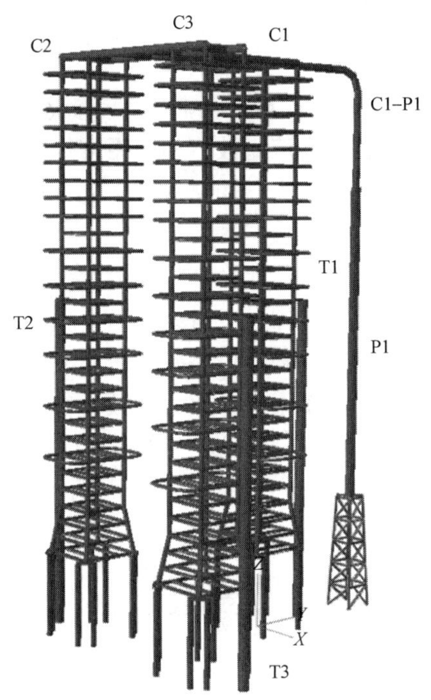

图 9-22　支撑式直流滤波器回路有限元模型

图 9-23　C1 和 T2

综合 7 条 0.4$g$ 的地震波输入下支撑式滤波器绝缘子的米塞斯应力峰值平均值，最大值位于底层根部处，米塞斯应力为 18.29MPa。设备在 0.4$g$ 地震动抗震计算下，应力响应的平均值均小于极限强度的一半，因此，在 0.4$g$ 地震动输入下，直流滤波器回路系统中的支撑式直流滤波器可能会发生因达到材料强度而导致的破坏。

在输入 0.4$g$ 地震动时程进行抗震验算时，提取复合支柱绝缘子顶部、电流互感器顶部和支撑滤波器部分各层在 $X$ 和 $Y$ 主方向的位移响应，并且从保守角度出发，将两个方向的最大位移进行合成，得到的合位移结果如下：

(1) 支柱绝缘子设备，7 条地震波输入计算中支柱绝缘子顶部相对地面位移的最大合位移为 0.200m，平均顶部相对地面位移的最大合位移为 0.440m。

(2) 电流互感器设备，顶部相对地面位移的最大合位移为 0.14～1m，平均顶部相对地面位移的最大合位移为 0.295m。

(3) 支撑滤波器设备，综合 7 条 0.4$g$ 的地震波输入下最大的各层相对地面位移峰值，支撑滤波器部分相对地面的最大值，在 $X$ 向为 0.360m，发生在顶层；在 $Y$ 向为 0.719m，发生在顶层；合位移为 0.792m，发生在顶层；而支撑滤波器部分在 7 条地震动下相对地面位移峰值的平均值，在 $X$ 向为 0.251m，发生在顶层，在 $Y$ 向为 0.432m，发生在顶层，合位移为 0.501m，发生在顶层。

综合上述结论可知，当直流滤波回路系统的出线的最小冗余度在 792mm 以上时，可基本保证在 0.4$g$ 峰值输入下出线不发生因相对位移过大而导致的张紧，且构件材料不发生强度破坏。

### 9.2.5 交流滤波器回路

1. 交流滤波器回路有限元模型

交流滤波器组回路的抗震计算分析包含交流滤波器电容器塔、交流滤波器小组进线回路，以及其连接导体和设备支架等。本节旨在研究交流滤波器回路系统地震反应规律及地震耦合效应，并综合考虑设备抗震和制造能力等方面，进行回路系统优化设计方案的抗震分析计算研究。

本节针对 1000kV 交流滤波器组回路进行计算抗震计算分析，典型 1000kV 的交流滤波器组回路布置断面图见图 9-24，包含左、右两组滤波器及其进线设备。由于右侧两个电容器塔高度存在一定差异，因此结构自振频率必然不同。耦联设备抗震研究成果表明，当耦联连接两侧设备频率差距较大时，可能产生较大的耦联作用，并放大高频设备在地震作用下的动力响应。因此，图 9-24 中右侧的滤波器组抗震更为不利，故选择其为计算分析对象。计算分析对象即标注如图 9-25 所示。

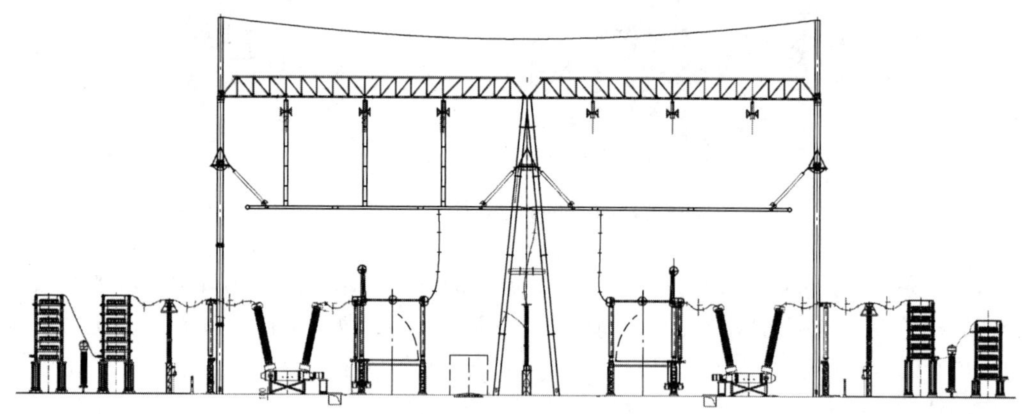

图 9-24 1000kV 交流滤波器组回路布置断面

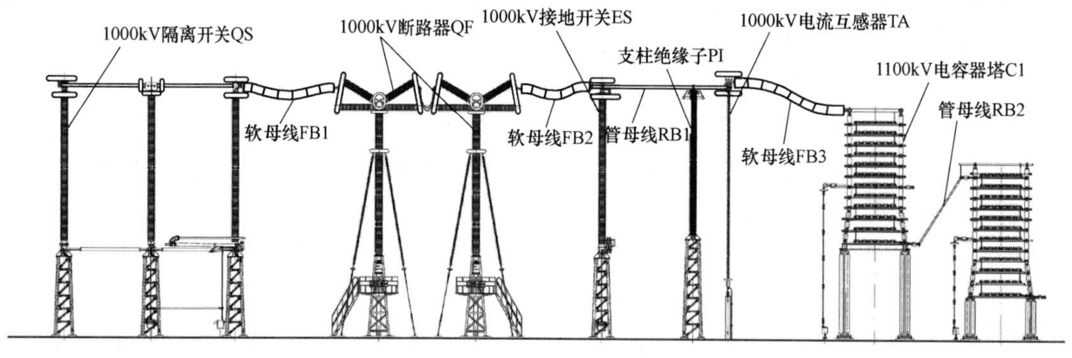


图 9-25 计算回路及回路组成

模型主要采用梁单元 B31 模拟，包括绝缘子及其法兰、均压环、钢支架、母线等；采用杆单元模拟断路器拉弦，壳单元模拟钢支架顶部钢板。在处理软导线时，由于导线刚度较小，无法直接施加重力荷载进行计算。因此，采用温度法完成施加重力，以及找形，即首先对导线降温使其张紧，从而增加导线刚度，而后施加重力，最后升温释放之前降温产生的温度应力。

图 9-26～图 9-29 为各个单体设备模型，图 9-30 为 1000kV 交流滤波器回路模型及其方向规定。

2. 交流滤波器回路抗震计算结果

考察电容器塔 C1 的地震响应结果可以发现，最主要的问题是对于高塔而言，其支柱绝缘子应力较高，平均应力为 36.9MPa。这主要是由于对电容器而言，上部的电容单元质量大，占据了设备的绝大部分质量，使得电容器塔的质量超过 50t，远重于其他类型的电气设备，且质量集中于塔体的中上部，是极为典型的“头重脚轻”结构，在地震作用下根部绝缘子会产生极大的弯矩作用，从而造成绝缘子应力水平高。因此，需要增大绝缘子的截面尺寸，条件允许的增加绝缘子数目及材料强度水平。另外，高塔顶端的位移在帕萨迪纳（Pasadena）波作用下达到了 630.6mm，可能会超出电气功能容许要求范围内，通过增加绝缘子的刚度，即加大绝缘子截面尺寸或者数目也可以应对这一问题。

考察电流互感器 CT 的地震响应结果可以发现，尽管其加速度响应不大，但是由于设备极柔，因此在地震作用下产生了较大的位移，最大在帕萨迪纳（Pasadena）波作用下达到了 1812.8mm，平均位移响应也达到了 764.1mm。可能造成超出电气功能容许要求。另外，由于设备的变形过大，造成了绝缘子根部应力水平也较高，平均应力为 75.4MPa，在帕萨迪纳（Pasadena）波作用下，最高应力可达到 100MPa 以上。观察 CT 的结构参数，可见其绝缘子截面过于纤细，这是造成其偏柔的主要原因，因此需要增大 CT 绝缘子截面大小，以增加其刚度。

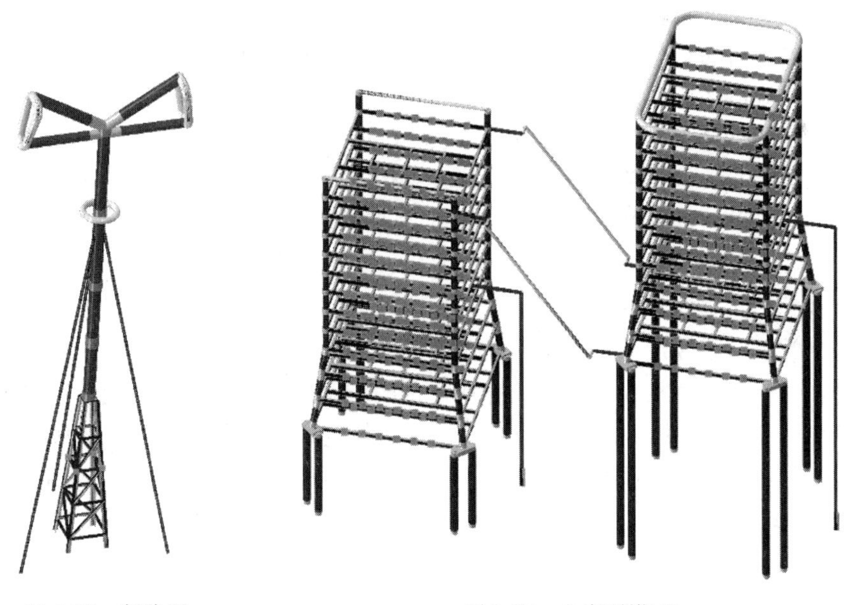

图 9-26　断路器　　　　图 9-27　电容器塔 C1

考察支柱绝缘子 PI 的地震响应结果可以发现，其加速度、应力响应水准在容许范围之内，但是在帕萨迪纳（Pasadena）波作用下，与前面两种设备类似地出现了位移较大的情形，最大位移达到了 1700mm 以上。而支架顶部的加速度放大系数均在 2 以下，略大于 1，说明支架刚度足够，未明显放大地震动输入，有利于上部设备抗震。

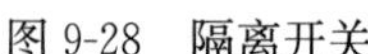

图 9-28　隔离开关

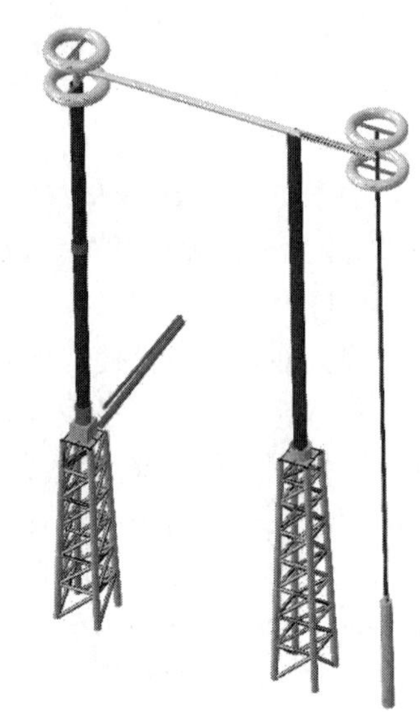

图 9-29　接地开关-支柱绝缘子-电流互感器

考察接地开关 ES 的地震响应结果可以发现，其加速度、应力响应水准在容许范围之内，但是类似地，在帕萨迪纳（Pasadena）波作用下，其最大位移达到了 1700mm 以上，需要重视。而支架顶部的加速度放大系数均在 2 以下，略大于 1，说明支架刚度足够，未明显放大地震动输入，有利于上部设备抗震。

考察断路器 QF 的地震响应结果可以发现，其绝缘子的位移、应力、加速度水平均在较低水平，足以满足抗震以及电气功能要求，这主要是由于断路器拉结筋的存在，增加了设备的整体刚度，并限制了断路器绝缘子在地震作用下的变形，有利于设备的抗震，即便在对前面几种设备造成较大地震响应的帕萨迪纳（Pasadena）波作用下，断路器的响应仍然在较低的水平范围内。而平台的加速度放大系数均在 2 以下，说明支架刚度足够，未明显放大地震动输入，有利于上部设备抗震。有一个需要重视的方面是，在帕萨迪纳（Pasadena）波下，拉结筋的应力超过 432.3MPa，平均应力也达到 262MPa，因此设计中需要保证拉结筋的选材，令拉结筋的抗拉强度足够，在地震下不发生拉断。另外，比较断路器左、右两塔的响应可以发现，尽管两塔的物理特性完全一致，但是响应上存在巨大差别，这主要是两塔连接的设备不相同，说明了母线及相邻设备的存在产生的耦联作用可以明显影响设备自身的响应。

考察隔离开关 QS 的地震响应结果可以发现，其绝缘子的应力、加速度水平均在较低水平，足以满足抗震要求，但位移响应仍然偏大，在帕萨迪纳（Pasadena）波作用下超过了 1000mm。支架的加速度放大系数均在 2 以下，略大于 1，说明支架刚度足够，未明显放大地震动输入，有利于上部设备抗震。另外，有一个值得关注的现象是，在 $Y$ 方向上，3 个支柱的位移基本一致，而 $X$ 方向上差异较大；且在 $Y$ 方向上，3 个支柱的相对位移基本为零。而 $Y$ 方向即为隔刀的延伸方向，由此可见，隔刀的存在使得隔离开关在 $Y$ 方向具有良好的结构整体性，各个支柱的振动较为同步，有利于其抗震并满足电气功能要求；而在 $X$ 方向上，由于隔刀约束较弱，结构的整体性不明显，这也就造成了 3 个支柱在 $X$ 方向上存在一定位移。另外，由于隔刀约束作用的存在，使得隔刀自身在地震作用下会承受较大的轴力作用，这可以通过隔刀的应力反映。在帕萨迪纳（Pasadena）波作用下，隔刀的最大应力达到

图 9-30　1000kV 交流滤波器回路系统

了 84.6MPa，水平偏高，需要予以关注，保证隔刀本身在地震作用下不发生破坏或者产生较大的位移，以免其在地震结束后无法顺利开合。

管母线 RB1 连接的是电流互感器 TA、支柱绝缘子及接地开关 ES；管母线 RB2 连接的是 C1 电容器塔高、低塔；软母线 FB1 连接的是断路器右塔与隔离开关；软母线 FB2 连接的是接地开关与断路器左塔；软母线 FB3 连接的是 C1 电容器塔与电流互感器 TA。观察软母线连接的响应，FB1 的响应最小，这主要是因为其两侧连接的设备为隔离开关及断路器，两者之间的频率较为接近，因此地震作用下的相对位移小，对应的耦联作用力也小。而 FB2、FB3 两侧设备的频率相差较大，由此造成响应大于 FB1。FB2、FB3 最大应力大部分在 10MPa 左右，属于可接受范围内，但是在帕萨迪纳（Pasadena）波作用下达到了 30MPa 以上，其两端对应的相对位移超过了 1000mm，说明软母线可能出现了拉紧的情况。尽管母线自身不会发生破坏，但是有两个负面影响：一是可能不满足电气功能要求；二是母线张紧后过大的拉力可能对相邻设备造成较大的作用力增大设备的受力。其中，FB3 连接的是电容器塔，由于电容器塔自身容易产生很大的地震响应，如果再承受母线附加的作用力，将更加不利于抗震。

而对管母线而言，RB1 在 $X$ 向的相对位移远大于 $Y$ 向，证明其在 $Y$ 向上有一定的约束作用，使得电流互感器、支柱绝缘子、接地开关在地震作用下保持了较好的一致性，而在 $X$ 向的约束作用小，其连接设备在这个方向上的响应差异也较大。而对于 RB2，即便在 $Y$ 向上，其两端的相对位移也十分明显，说明对于电容器高、低塔两者而言，振动的差异性较大，即设备不具有良好的结构整体性，高、低塔过大的相对位移可能在管母线上产生较大的作用力。无论对 RB1 还是 RB2，两者的应力水平均达到了 100MPa 左右，属于较高的应力水平，因此，可以考虑增加管母线的截面尺寸，或者释放其与两侧相连设备的约束，以减小管母线自身所受的作用力。

## 9.3 特高压换流站耦联回路抗震解耦设计

基于第 6、7 章的研究发现，如果电气设备之间滑动/软连接长度足够满足相对位移的要求，则设备受到的地震作用将基本限制在本设备结构上，对相邻设备的影响可等效为一个作用力，实现设备间解耦。因此，基于以上原理，对于特高压换流站耦联回路的抗震设计，可以去繁为简，在关键设备处选用大伸缩量的特殊金具以达到解耦目的，将整个换流站分成若干区域，再在各区域内进一步划分子回路分别进行抗震分析，根据仿真计算结果判断现有连接导体或金具的伸缩量能否满足相对位移要求。经过在子回路范围内电气和抗震的多次迭代，使最终方案满足电气和抗震的双重要求。本节主要从直流场区域、阀厅及换流变区域、交流场区域等 3 个区域概括特高压换流站耦联回路的解耦抗震设计技术方案。

### 9.3.1 直流场区域

1. 解耦设计概述

一般情况下，在未进行抗震优化设计时，直流场支柱类设备绝缘子在地震作用下容易出现应力响应过大，以及设备顶部位移响应过大等问题。简单地采取加大设备截面面积的措施，虽然可以在一定程度上增大设备刚度和受力面积，降低绝缘子应力，但是绝缘子刚度增加，可能反而增加设备顶部的加速度响应，容易导致耦联设备不满足电气功能需求。例如，在对某特高压换流站进行抗震设计时，在前期研究中，采用连续管母＋单柱瓷质支柱方案时，回路中存在较多不满足抗震要求的支柱绝缘子位置，支柱绝缘子应力安全系数在 1.1 左右，不满足大于 1.67 的安全系数要求，是直流场极母线回路的抗震薄弱位置；采用连续管母＋单柱复合支柱方案时，软导线连接避雷器与直流分压设备顶端最大位移分别为 396m 和 272mm，支柱复合化后绝缘子设备顶端位移达 650mm，且电气连接金具轴线应力达 7200N，横向应力达 9200N，现有电气金具位移及应力均难以满足要求。

为此，在直流场抗震设计中，采用“分段管母＋柔性连接”的解耦方案，依据不同电气设备在直流场中的位置，将直流场 800kV 回路解耦为 5 个回路，400kV 回路解耦为 3 个回路。抗震设计重点为与采用管母线连接的支柱绝缘子强度和位移校核。通过对回路进行抗震仿真计算得出相对位移，优化连接金具及导体选型，使得金具位移量或者软导线的冗余量大于回路间的相对位移量，实现单体设备与主回路间的解耦。从而将整个直流场分解成多个子回路分别进行抗震计算，实现化繁为简，有针对性地完成各个直流场子回路的抗震方案。下一节以直流场 800kV 回路为例，介绍各子回路划分方案。

2. 800kV 子回路划分方案

直流场极母线±800kV 回路系统抗震方案仿真计算，包含极母线平抗、隔离开关、避雷器、电压互感器、直流耦合电容器、直流滤波器 C1、支柱绝缘子，以及其连接导体等。直流场回路由于回路断面较长、采用硬母线连接等结构特点，抗震受力较为复杂，容易出现抗震性能不足的情况，因此，有必要对±800kV 整个回路进行抗震分析。

合理的回路划分应满足同一回路内设备动力特性接近，在地震作用下的相对位移响应差距小，而又与相邻回路内设备的相对位移响应具有一定差距的特点，这样可以便利地在回路之间设计“解耦”连接，且最大化地提高“解耦效率”。另外，对于结构特性明显不同于其他支柱类设备的，如具有大质量、在地震作用下响应明显的平波电抗器、电容器等，不应设置在回路中部，而应该设置于回路端部，作为两个回路的交点。根据铝铰环的试验结果可知，铝铰环较柔，导线冗余度较大；伸缩管母能够实现在地震条件下的高速动作，位移量达到 700mm。根据此两种特殊金具的性能可认为，采用铝铰环和伸缩管母等特殊金具连接的临近设备之间可以满足解耦条件。故可按照铝绞环、伸缩管母等特殊金具和设备间的连接情况，将±800kV 极母线回路划分为以下 5 个子回路：

子回路 1：800kV 旁路回路（LV 穿墙套管—HV 旁路开关）；

子回路 2：平抗前回路（旁路隔离开关—平波电抗器）；

子回路 3：平抗后回路（平波电抗器—极线隔离开关）；

子回路 4：极线出线回路（极线隔离开关—极线出线）；

子回路 5：直流滤波器进线回路（直流滤波器进线隔离开关—直流滤波器 C1 电容器）。

直流场总平面布置图及各子回路断面图如图 9-31～图 9-35 所示。

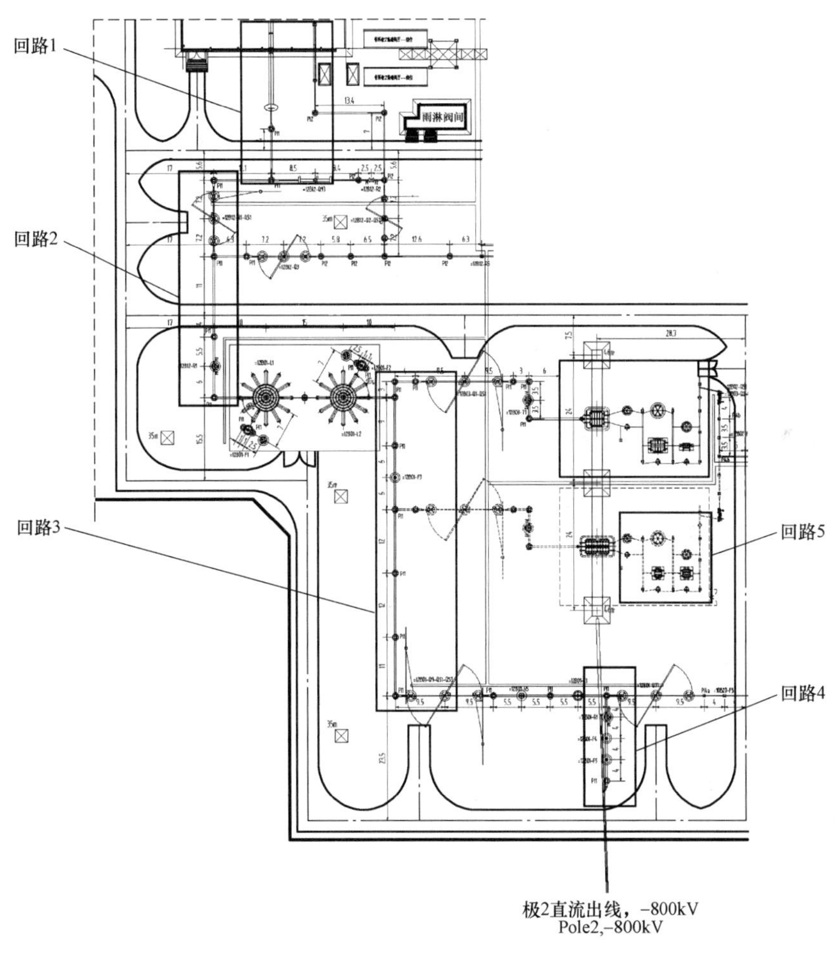


图 9-31 800kV 平面布置及设备编号

3. 直流场金具选型

为了实现上述直流场的解耦方案，对子回路间的连接提出采用以下几种特殊金具的方

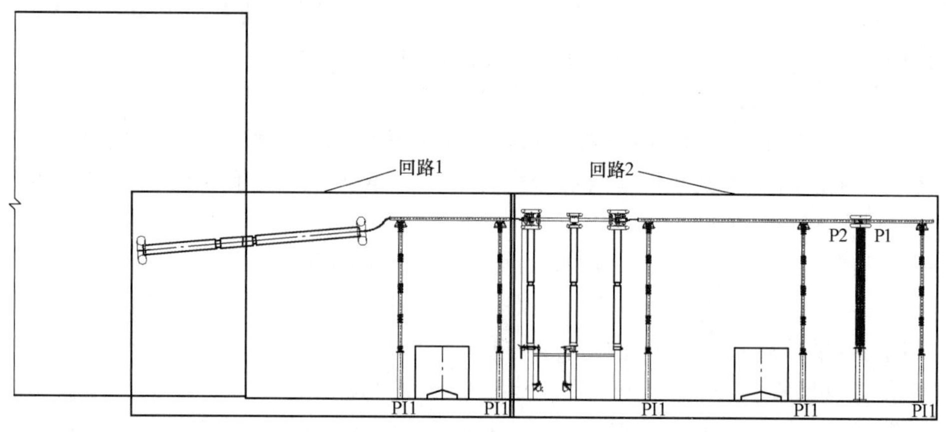


图 9-32　800kV 回路 1 和回路 2 断面

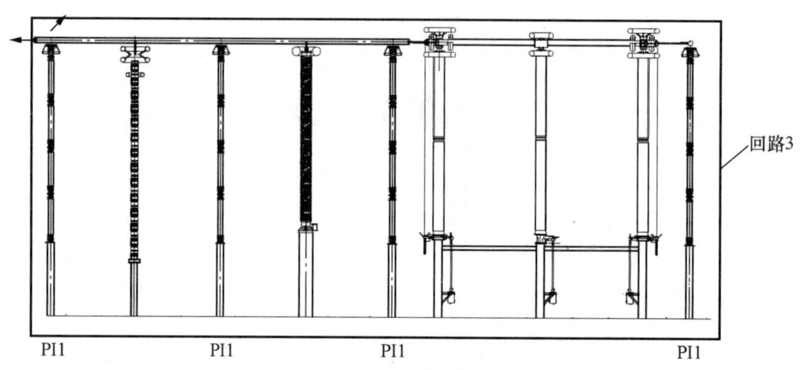


图 9-33　800kV 回路 3 断面

案，并在工程实践中进行了运用。

（1）管母固定金具。

管母固定金具采用滑移金具，如图 9-36 所示。管母金具在一个 π 型架的两个绝缘子顶部采用一样的约束方式。金具在地震时不能滑动，在 3 个正交方向上的平动自由度被约束；金具沿着管母方向上的转动自由度被约束，另外两个方向上的转动自由度被释放。

（2）铝绞环金具。

根据资料，隔离开关两侧采用铝绞环金具，如图 9-37 所示。因该金具连接导线冗余度大，认为可实现解耦。在后续抗震计算分析中，与隔离开关实现解耦的子回路计算时，应考虑增加 1.0kN 端部荷载和导线质量。

（3）伸缩管母金具。

对于 800kV 分压器、避雷器和电容器与管母连接金具，提出了伸缩管母的方案，如图 9-38 所示。在进行与 800kV 分压器、避雷器和耦合电容器实现解耦的子回路计算时，应考虑增加 2.0kN 端部荷载和导线质量。在进行直流滤波器 C1 实现解耦的子回路计算时，应考虑增加 4.0kN 端部荷载和导线质量。

4. 直流场解耦抗震设计算例

针对上述解耦设计，本节以回路 1 中的支柱绝缘子为例，依次输入三向集集（Chi-Chi）地震波、埃尔森特罗（El-Centro）波、神户（Kobe）波、北岭（Northridge）波、帕萨迪

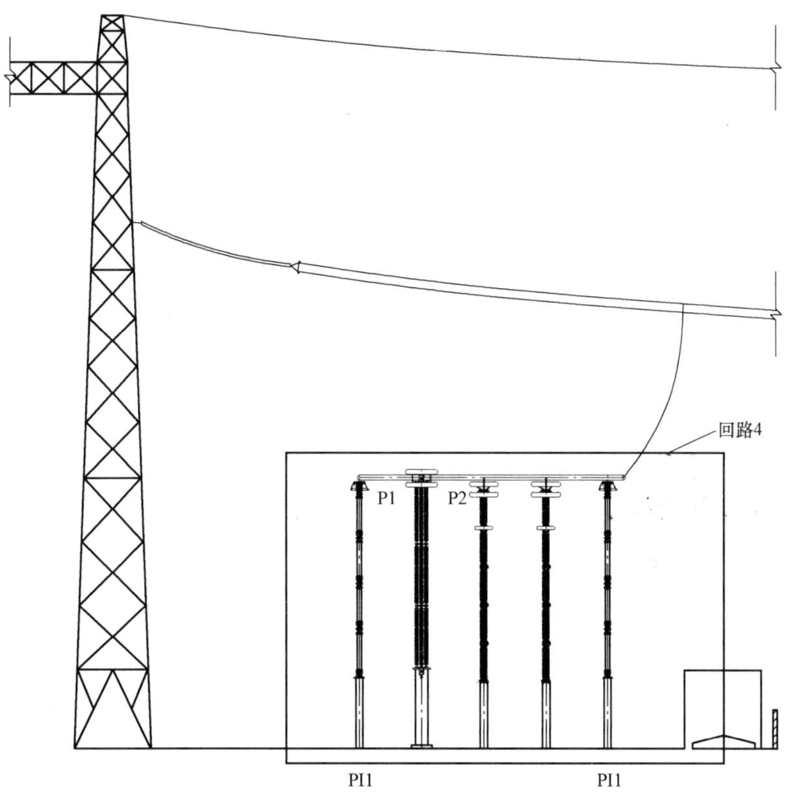


图 9-34　800kV 回路 4 断面

纳（Pasadena）波、天津波和新松波进行抗震计算，评估抗震分析结果。

直径为 280mm 的复合支柱绝缘子材料的 SCL 值为 24kN，计算可得绝缘子根部截面材料的极限强度为 136MPa，保证系数为 1.67 的冗余度，容许应力为 81.44MPa，组合 1 中所有绝缘子计算结果均小于 30MPa，故均满足应力要求。

对于 800kV 回路的支柱绝缘子，根据有限元动力分析结果，在地震作用下，直径为 280mm 的复合支柱绝缘子材料的 SCL 值为 24kN，计算可得绝缘子根部截面材料的极限强度为 136MPa，按照规范规定安全系数为 1.67，容许应力为 81.44MPa，上述计算结果绝缘子根部应力最大值为 58.314MPa，故满足应力要求。绝缘子顶部位移响应最大值达到 758mm，支架顶部加速度放大系数在个别地震波作用下接近 2.0 的规范规定系数，但平均值均小于 2.0，满足规范要求。

### 9.3.2　阀厅及换流变区域

1. 解耦设计概述

一般情况下，常规工程阀厅的布置设计并未特殊考虑抗震性能的要求。以常规高端阀厅的布置为例，由于不考虑地震影响，换流阀与 HY 换流变压器、HD 换流变压器、800kV 极母线均采用管母硬连接。阀厅内阀塔采用悬吊布置方案，换流阀塔布置的间距与换流变压器防火墙的尺寸基本对应。常规阀厅布置方案阀塔与 800kV 极母线之间采用管母线直接连接。换流变压器阀侧套管在阀厅内部完成星型和角型连接后，通过管母线直接连接至换流阀接线端子。

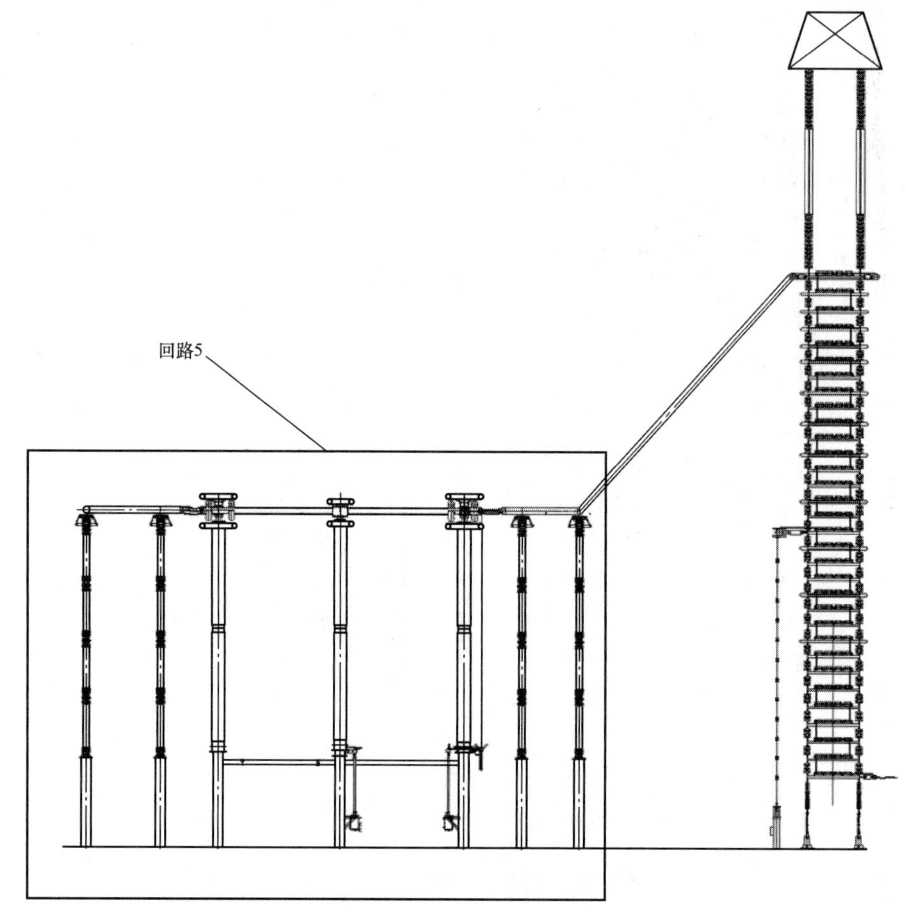


图 9-35　800kV 回路 5 断面

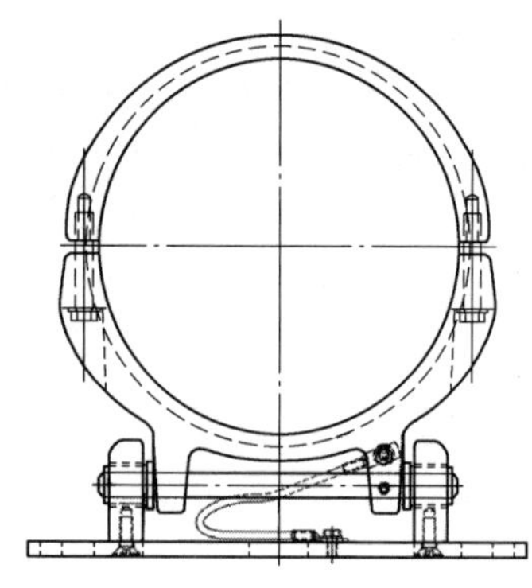

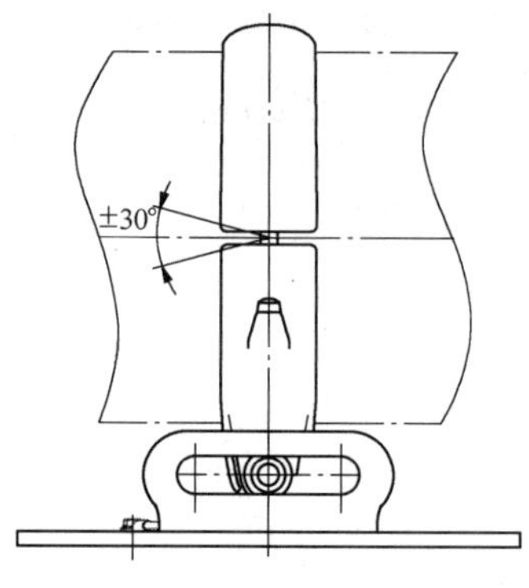


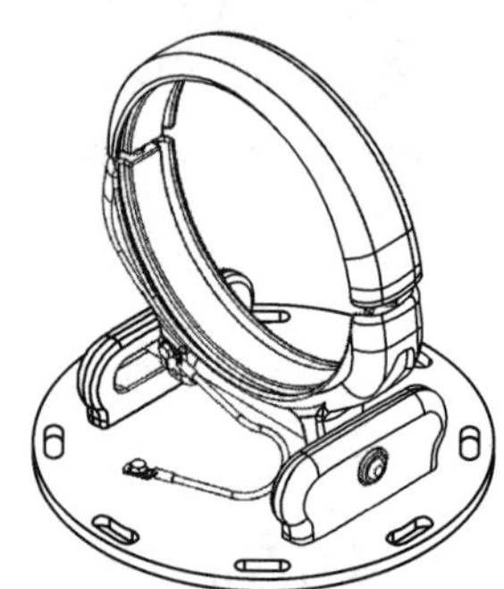

图 9-36　管母固定金具示意

在上述常规布置方案中，主要通过管母线直接连接的方式完成换流变压器阀侧套管与阀塔之间的连接。对于星形连接组别换流变，HY 换流变压器阀侧套管附近设置支柱绝缘子，HY 换流变压器阀侧套管通过 6×LGKK-600 软导线与支柱绝缘子连接，底部套管完成阀侧 Y 形连接，顶部套管通过阀侧支柱绝缘子与换流阀塔端子采用管母线直接连接。对于三角形

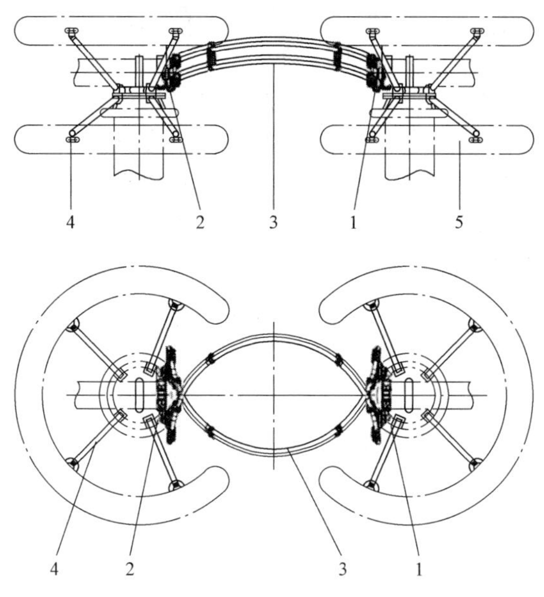


图 9-37　铝绞环示意

1、2—管母固定端；3—铝绞线；4—均压环支架；5—均压环

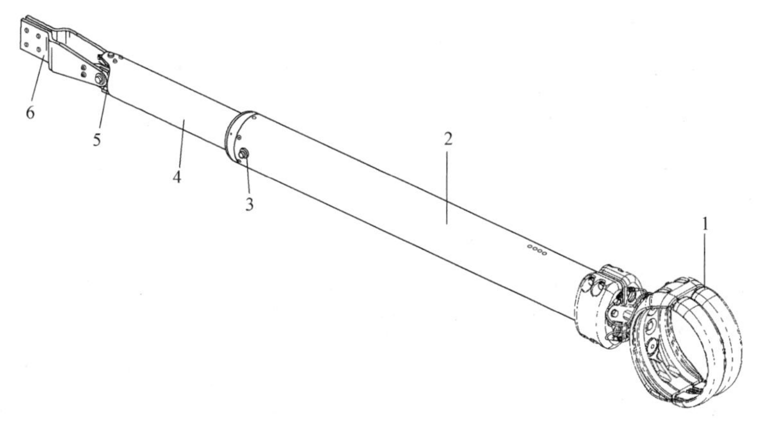


图 9-38　伸缩管母示意

1—管母固定端；2—外管母；3—限位螺栓；4—内管母；5—转轴；6—设备连接端子板

连接组别换流变压器，相邻 HD 换流变压器阀侧套管之间采用管母线直接连接，在外侧端部两相换流变压器的阀侧套管的连接方案上，仍然采用阀厅顶部悬吊管母方案，完成外侧两相换流变压器阀侧套管连接，从而完成阀侧套管的三角形连接。在跨接外侧两相换流变压器设置的悬吊绝缘子下方，另外加装一个悬吊绝缘子，其端部通过管母线与阀塔端子直接连接。换流变压器阀侧套管通过 6×LJ-900 软导线，引上连接至悬吊绝缘子断面，再通过管母线实现于阀塔出线端子的连接。C2 避雷器采用支撑方式，跨接在换流阀塔底部和 400kV 母线之间。HY 和 HD 换流变压器阀侧接地开关采用侧墙安装式。

上述常规布置设计方案，在 7 度及以下地震烈度地区是完全适用的。但是对于更高地震设防烈度地区，则难以适用。这主要是由于 0.4$g$ 高地震作用下悬吊阀塔、穿墙套管、换流变压器等设备的地震位移较大。特别是悬吊阀塔，高端阀塔底部的地震情况下位移达到1.75m。由于阀塔本体的质量较大，如采用硬管母连接，则将对与之连接的设备（换流变压器阀侧套管、直流穿墙套管等）产生很大的应力，极有可能导致设备（换流变压器阀侧套管、直流穿墙套管等）或者内部结构损坏。如果采用软导线连接，为了地震作用下的位移要求，连接软导线在正常工作状态的弧垂会非常大，则正常工况下连接导线对周围设备的空气净距不能满足要求。因此，必须相应进行阀厅的抗震设计研究。在阀厅抗震设计中，关注要点在于如何对阀厅进行整体布置，在各个关键点的空气净距及电气接线满足电气功能要求的前提下，满足抗震性能要求，同时考虑设备连接、运行人员检修维护的方便。为此，在进行阀厅抗震设计时，必须对与阀塔连接的电气回路进行解耦设计，并采用专门的电气连接设计，使得换流变压器、换流阀及直流穿墙套管等重要设备的电气性能、机械性能，既满足正常运行工况下的设计要求，也不发生地震损毁。

2. 子回路划分方案

常规高低端阀厅的布置是基于各个关键点的空气净距要求，并根据电气接线的功能要求，同时考虑设备连接、运行人员检修维护的方便，并未特殊考虑抗震性能的要求。在本章示例工程中，由于阀厅设计需要考虑抗震问题，相比常规工程阀厅设计方案，需要做较多的改进和优化。

阀厅回路抗震仿真划分主要是按配电装置功能区域进行划分，因为各功能区域内的配电设备相对安放集中，且设备间连接距离较短，耦联效应较为明显。在确定功能分区之后，再在各个区域选择典型的回路进行抗震计算分析。一般而言，回路内部临近设备之间通过管母线进行连接，设备之间耦联效应明显，难以进行解耦分析。但不同回路之间往往通过软导线进行连接，软导线由于其柔度大，传力能力较差，且导线预留冗余度较大，允许连接设备之间有较大的相对位移，因此，可以进行分离解耦，形成相互独立的回路，每条回路单独进行抗震分析。按此回路开展的抗震仿真计算研究，不仅可以极大简化整个阀厅回路的抗震性能计算，而且基本包含了回路内主要的电气设备及耦联回路，计算较为全面。

按配电装置功能区域进行划分，具体而言，主要包括高端阀厅区域和低端阀厅区域。对于高端阀厅区域，内部回路主要包括 HY 侧回路、HD 侧回路，以及穿墙套管侧回路；对于低端阀厅区域，内部回路主要包括 LY 侧回路、LD 侧回路，以及穿墙套管侧回路。由于高端阀厅区域内回路与低端阀厅极为相似，且高端阀厅内部设备尺寸更大，抗震能力也相对较弱。因此，以高端阀厅为例，本章示例工程中，阀厅及换流变压器区域整体布置如图 9-39 所示，回路划分及每个回路的具体设备及连接形式如图 9-39、图 9-40 所示。

3. 阀厅及换流变压器区域金具选型

（1）阀塔与极母线连接。800kV 极线管母采用支柱绝缘子支撑结构。800kV 阀塔底部进线端子的高度与极线管母高度近似，该处采用由两个水平活动关节金具组成的水平 Z 型管母替代常规管母线连接（见图 9-41）。

水平 Z 型管母的两个关节金具均采用绝缘子悬吊式安装，关节金具间及关节金具对外均采用管母线连接。水平 Z 型管母金具通过两个活动关节水平转动带动整体管母连接的拉伸和压缩，来抵消阀塔地震位移的影响。为实现水平 Z 型金具整体解耦效果最优，关节金具的挂点选为极线管母和阀塔底部进线端子的中间位置，两个关节金具的水平间距由实际解耦需要

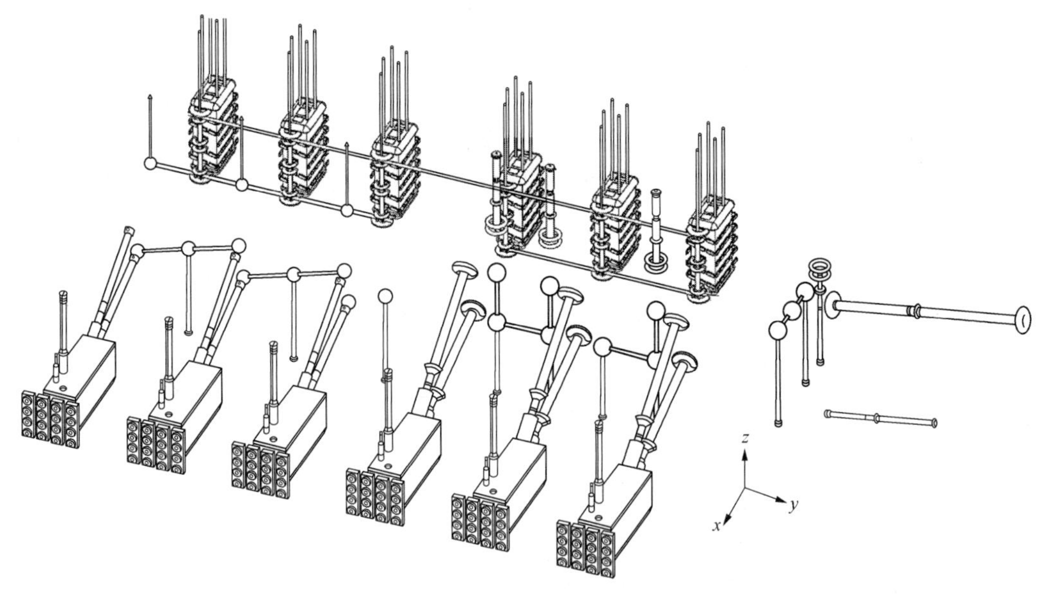


图 9-39　示例工程高端阀厅电气布置

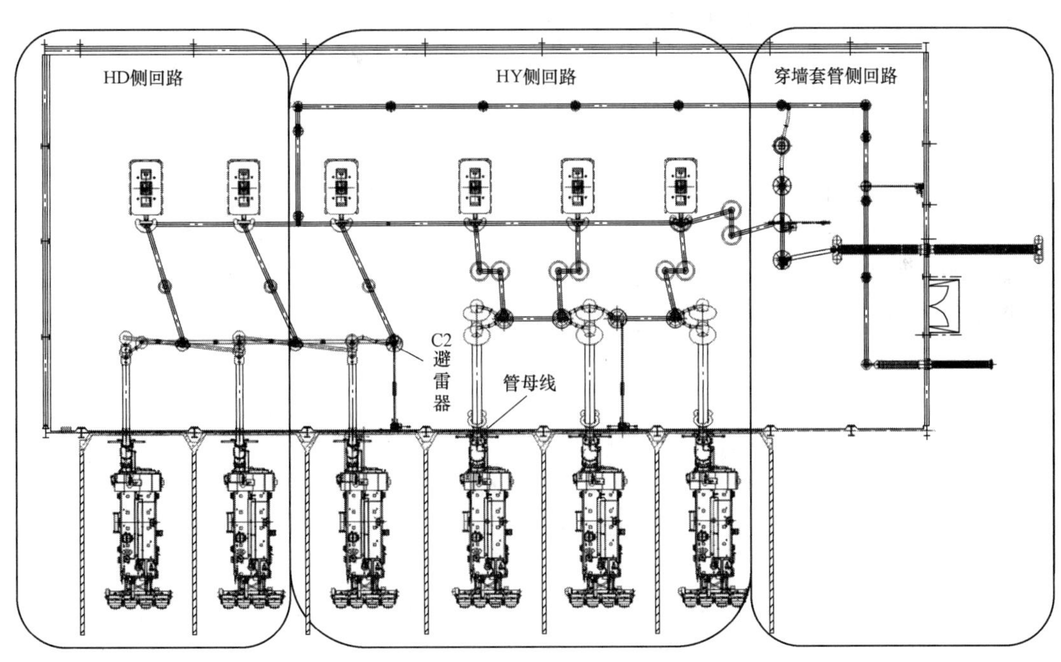


图 9-40　高端阀厅布置方案及回路划分（mm）

的范围确定。

（2）阀塔与高端星形（HY）换流变压器连接。示例工程 HY 换流变压器阀侧套管为上下布置型式，为实现阀侧绕组 Y 形连接，在阀侧套管两侧设支柱绝缘子，采用两只垂直叠放的布置方式。下部支柱绝缘子支撑管母用于完成 HY 换流变压器阀侧套管 Y 形连接组别的中性点连接，上部支柱绝缘子用于完成 HY 换流变压器阀侧套管与阀塔进线管母的连接。

考虑到换流变压器阀侧套管端部的地震位移，HY 换流变压器阀侧套管与阀侧支柱绝缘子间采用 6 分裂软铝绞线预弯连接。

800kV 阀塔上的换流变压器进线端子高度与 HY 换流变压器阀侧顶部支柱绝缘子端部高度基本一致，与极母线进线连接类似，HY 换流变压器至阀塔进线端子的连接采用水平 Z 型管母连接方式，关节金具的挂点选在两个连接点的中间位置。HY 换流变压器与阀塔连接如图 9-42 所示。

图 9-41 换流阀与直流极线解耦连接

图 9-42 HY 接换流变压器与换流阀塔解耦连接

(3) 阀塔与高端角形（HD）换流变压器连接。为实现 HD 换流变压器阀侧绕组三角形连接，在相邻 HD 换流变压器阀侧套管中间位置设支柱绝缘子，用于支撑阀侧套管跨接管母重量。两端 HD 换流变压器阀侧套管跨接采用悬吊管母引下 6 分裂铝绞线完成。考虑到换流变压器阀侧套管端部的地震位移，跨接管母与换流变压器套管连接金具需采用活动连接方式。

为消除阀塔地震位移对 HD 换流变压器阀侧套管的危险应力，阀侧套管侧不直接出线至换流阀塔，而是通过换流变压器阀侧套管相间支柱绝缘子出线至换流阀塔。该支柱绝缘子端部位于相间连接硬管母中间位置，与 600kV 阀塔换流变压器进线端子存在约 3.8m 的高差，考虑到抵消阀塔地震位移和连接端间垂直高差，该处采用具有两个活动关节的垂直 Z 型管母。

垂直 Z 型管母由两个万向节结构的关节金具垂直布置，上下关节整体采用绝缘子悬吊式，关节金具间及关节金具对外均采用管母线连接。两个活动关节在任意方向可以实现一定的活动范围。通过两个活动关节的摆动来抵消阀塔地震位移的影响。为实现垂直 Z 型金具整体解耦效果最优，关节金具的挂点位置选为 HD 换流变压器阀侧支柱绝缘子和阀塔进线端子的中间位置。HD 换流变压器与换流阀的连接如图 9-43 所示。

(4) 特殊活动关节金具设计。以水平 Z 型管母金具说明特殊活动关节金具设计原理，该金具主要用于换流阀塔与极母线和高端 HY 换流变压器阀侧的解耦连接。水平 Z 型管母主要通过关节金具的水平转动来实现两端电气连接解耦功能，同时在垂直方向也有一定的活动调节范围。水平 Z 型管母关节金具安装在两个 1800mm 均压环之间，两个关节金具结构相

图 9-43　HD 换流变压器与换流阀的解耦连接

同，通过管母线线进行连接。

以 HY 换流变进线回路为例，阀塔在 Y 向的位移对 Z 型管母长度影响较小，因此需要重点校核 X 向位移下 Z 型管母的转动能力是否满足要求。忽略 Z 型管母两端管母与轴线的夹角，阀塔在 X 向产生位移 $u_{n0}$ 时的变形时水平 Z 型管母的变形如图 9-44 所示，中间节段管母长度为 $d_4$，则 Z 型金具的转动角度须满足

$$\alpha = \arcsin\left(\frac{u_{n0}}{d_4}\right) < 55^\circ$$

示例工程阀塔与高端 HY 换流变压器进线连接水平 Z 型管母两个关节金具之间的距离取 2m，Z 型管母关节处最大转角为 49.9°。阀塔与极母线连接水平 Z 型管母关节间距取 2.4m，关节处最大转角为 46.5°，均小于关节金具本体 55°的转动能力，水平 Z 型管母在地震作用期间可保持转动自由，满足抗震解耦的要求。

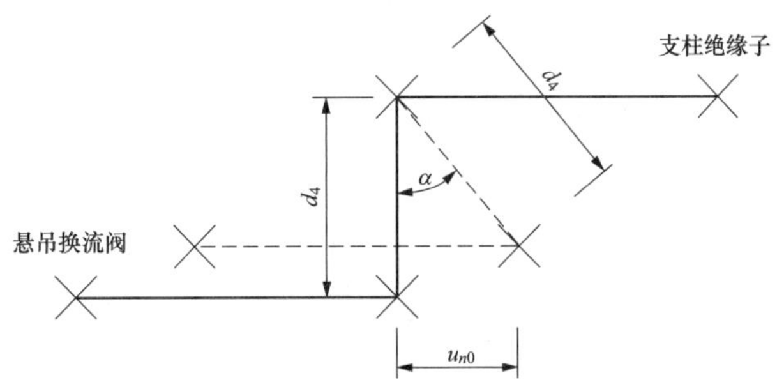


图 9-44　Z 型管母金具变形示意

### 9.3.3　交流场区域

交流场区域的整体解耦设计，以及采用的导体金具优化方案可参考借鉴直流场方案，因此本节不再展开赘述。交流场区域与直流场最大区别在于电气功能性差异导致的设备类型及设备布置的不同，进而导致子回路划分方案不同于直流场，因此本节主要针对示例工程介绍交流场区域的回路划分方案。

在示例工程交流场区域中，按配电装置功能区域进行划分，具体而言主要包括：500kV 交流场配电装置，500kV 交流滤波器配电装置，补偿配电装置区域，以及高压站用变配电装置区域。每个区域内的回路，主要包括交流滤波器回路，500kV 站用变进线回路，交流 500kV 配电装置出线（带高抗）回路，以及 35kV 电抗器回路。各回路组成如图 9-45～图 9-49 所示。

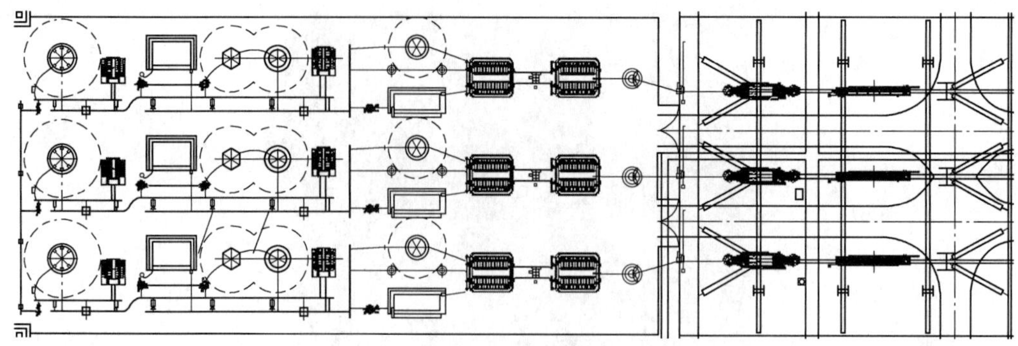

图 9-45　交流滤波器组回路平面布置

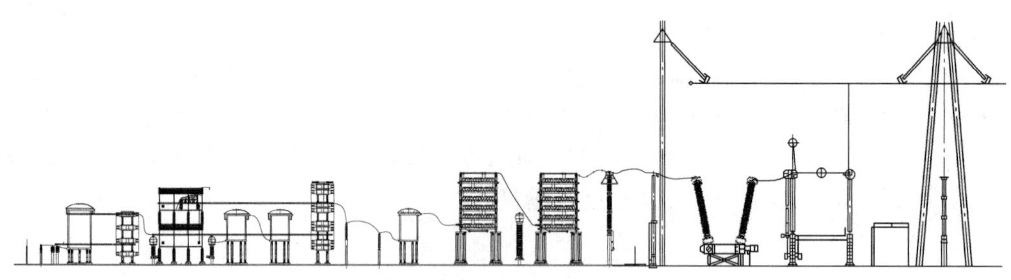

图 9-46　交流滤波器组回路断面布置

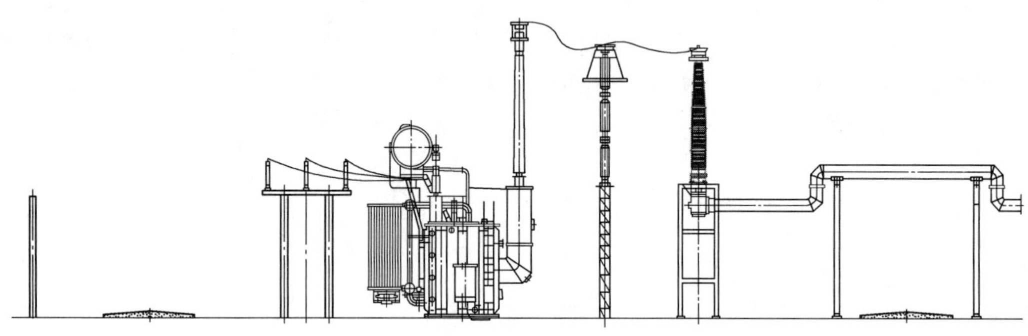

图 9-47　500kV 站用变进线回路断面布置

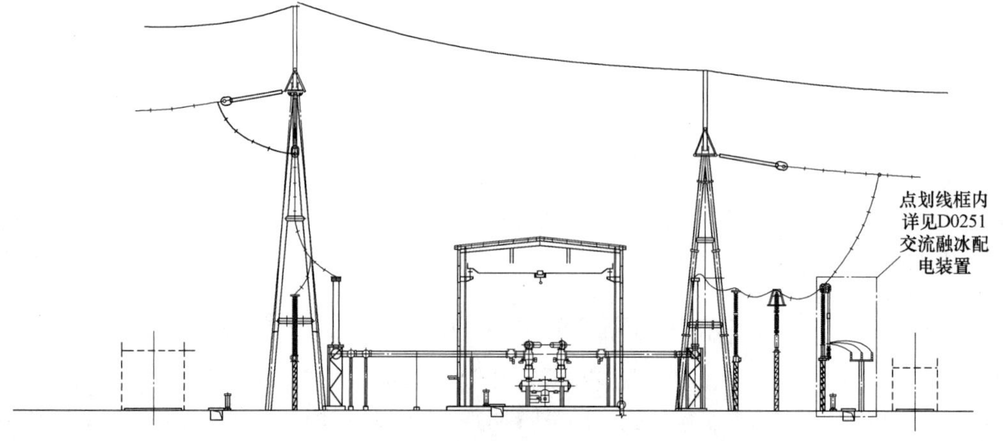


图 9-48　500kV 配电装置出线回路平面布置

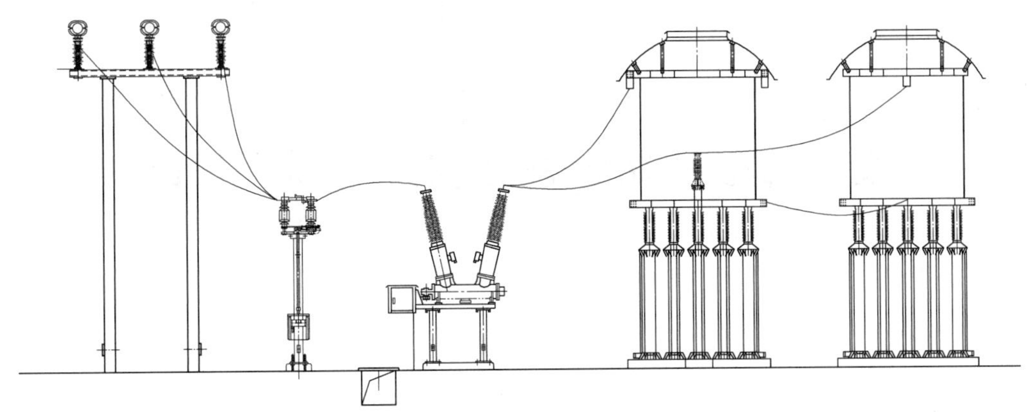

图 9-49　35kV 电抗器回路平面布置

## 9.4 小　　结

本章在已有理论研究基础上，提升成果的直观性与实用参考意义，进一步针对变电站（换流站）的换流变压器回路、阀厅回路、GIL 回路、直流场回流、直流滤波器回路、交流滤波器回路等 6 个回路开展了回路整体的抗震性能分析，点明了抗震薄弱环节并针对性地提出了可行的抗震优化措施。

另一方面，为了解决采用常规流程对特高压换流站耦联回路进行整体抗震设计时存在的周期长、迭代多、成本高等问题，本章以某高地震烈度区域特高压换流站抗震设计工程实例为对象，介绍了一种采用优化导体及金具对大型回路区域进行解耦的设计技术方案，将大回路缩减为若干子回路进行抗震设计，实现了化繁为简。具体从直流场区域、阀厅及换流变区域，以及交流场 3 个区域的技术方案展开了介绍，对于后续同类工程的抗震设计具有指导与参考作用。

# 第 10 章

# 变电站室内楼面设备的抗震性能及设计

## 10.1 概　　述

本书前述章节主要是对户外变电站楼面设备抗震性能的研究，而本章则主要介绍户内楼面电气设备的抗震研究。实际上，户内变电站作为电能传输系统中的重要组成部分十分常见，其抗震能力对于保障电网系统在地震作用下的正常运行极为关键。

目前，户内变电站的主控楼结构形式一般为钢筋混凝土框架结构，地上 2～3 层，地下 1 层。地上 1 层主要布置主变压器、电容器等设备，第 2 层主要布置气体绝缘开关（gas insulated switchgear，GIS）、电气设备、二次电气设备等，地下 1 层主要布置电缆夹层，以电缆隧道或电缆沟向外延伸。主变压器室需要较高的层高以满足变压器三相出线的电气要求，由于电气设备的安装通常二层框架层高，大于一层框架。地下电缆层通常层高较小，其周围采用剪力墙兼作挡土墙。图 10-1 给出位于楼面的电气设备实物图。户内变电站的主控楼结构应满足室内电气设备间的相互连接、移动、安装，以及地下电缆的铺设等的要求。

(a)

(b)

图 10-1　主控楼楼面 GIS 电气设备实物

（a）220kV GIS；（b）110kV GIS

目前，对全户内变电站建筑二楼或更高楼层电气设备的抗震设计缺乏具体的方法指导与理论支撑。楼面电气设备抗震设计难点在于，地震作用下主控楼结构对地震动存在较强的放大效应。对此，我国电力设施抗震规范 GB 50260—2013 规定，对安装在室内 2～3 层楼板上的电气设备，建筑物的动力放大系数应取 2.0，该放大系数取值原因没有给出，而且层高不同放大系数取同一数值存在争议。

因此，本章从理论分析、数值仿真、数理统计方面对全户内变电站主控楼结构及楼面布置的电气设备进行相关分析，对 4 座典型的全户内变电站进行大量的地震时程响应分析，提出适用于典型全户内变电站楼面电气设备的抗震设计方法。

## 10.2　变电站—楼面设备体系仿真建模与动力特性分析

全户内变电站的主控楼二层或更高楼层楼面上通常布置数量众多的电气设备，以往震害资料显示，主控楼结构对地面输入的地震动有较大的放大作用，故楼面设备遭受强烈地震作用可能性更大。此外，全户内变电站的主控楼结构通常具有结构布置复杂、楼板多处开洞等特点，不利于抗震。因此，对复杂的主控楼—楼面电气设备体系进行动力特性分析是有意义且重要的。

### 10.2.1　变电站—楼面设备体系有限元建模

1. 变电站主控楼结构

本节根据实际工程设计资料，选取4个典型的全户内变电站进行有限元建模分析，其中220kV变电站两座，110kV变电站两座。两座220kV全户内变电站的主控楼结构分别命名为主控楼模型1和主控楼模型2，两座110kV全户内变电站的主控楼结构分别命名为主控楼模型3和主控楼模型4。建筑结构的安全等级为二级，建筑抗震设防类别为丙类，设计地震分组为第二组，框架抗震等级为三级，基础设计等级为丙类，Ⅲ类场地，建筑结构的耐火等级为二级，设计使用年限为50年，抗震设防烈度为7度（0.15$g$）。4座主控楼的梁、柱、板的混凝土强度等级均为C30，弹性模量取3.0×10MPa，泊松比为0.25。钢筋纵筋等级为HRB400，箍筋和板筋等级为HPB300，填充墙材料采用砌块砌筑。容重取值：混凝土为25.0kN/m$^3$，钢材为78.0kN/m$^3$，砌体为22.0kN/m$^3$。考虑到主控楼楼面有较多的电气设备，对电容器室、消弧线圈室、配电装置室楼面活荷载取8kN/m$^2$，蓄电池室、并联电抗室楼面活荷载取15kN/m$^2$。4座主控楼的结构设计参数见表10-1。220kV的主控楼结构整体尺寸大于110kV主控楼结构的尺寸，其框架柱截面尺寸也相对较大。

**表10-1　主控楼结构设计参数**　m

| 结构参数（m） | 主控楼模型1 | 主控楼模型2 | 主控楼模型3 | 主控楼模型4 |
|---|---|---|---|---|
| 基础埋深 | −4.5 | −5.2 | −3.0 | −3.0 |
| 地下一层标高 | −3.05 | −3.8 | −1.7 | −2.1 |
| 地上一层标高 | −0.05 | −0.05 | −0.03 | 0.00 |
| 地上二层标高 | 5.25 | 5.7 | 4.8 | 4.2 |
| 地上三层标高 | 9.75 |  | — | — |
| 屋面层标高 | 11.55/14.85 | 10.75/16.60 | 9.30/12.80 | 8.60/12.00 |
| 平面尺寸 | 57.0×37.5 | 70.1×39.0 | 47.1×20.1 | 40.8×21.7 |
| 框架柱尺寸 | 0.6×0.6<br>0.8×0.8<br>0.55×0.55 | 0.6×0.6<br>0.7×0.7<br>0.5×0.5 | 0.5×0.5<br>0.6×0.5<br>0.4×0.4 | 0.6×0.6<br>0.6×0.5<br>0.4×0.4 |
| 框架梁尺寸 | 0.3×0.8<br>0.3×0.6<br>0.25×0.45 | 0.25×0.9<br>0.25×0.7<br>0.3×0.7 | 0.35×1.0<br>0.3×0.6<br>0.25×0.5 | 0.35×0.9<br>0.3×0.6<br>0.3×0.47 |
| 楼板厚度 | 0.15 | 0.15 | 0.12 | 0.13 |

2. 楼面电气设备

楼面众多，电气设备组成了楼面的附属结构，全户内变电站主控楼二层楼面的电气设备主要为GIS电气设备（楼丹、武奇，2013），而220kV变电站的楼面GIS电气设备与110kV

变电站的楼面 GIS 电气设备有较大区别。220kV 楼面 GIS 组合电器是由 3 组主变压器进线间隔、6 组出线间隔，1 组Ⅰ/Ⅱ母设备间隔，1 组母联间隔组成，套筒直径为 376mm，壁厚为 6mm，220kV 变电站 GIS 组合电器布置形式可见图 10-2。GIS 进线间隔的套筒从二层隔墙伸出，由钢吊杆悬吊，然后连接一层的主变压器顶盖升高座。GIS 套筒悬臂部分最大长度为 5.9m。110kV 的楼面 GIS 组合电器是由 3 组 110kV 进线间隔、4 组 110kV 出线间隔、2 组 110kV 母线 PT 间隔、1 组 110 kV 分段间隔组成。110kV 的 GIS 套筒直径为 584mm，壁厚为 8mm。GIS 套筒材质均为钢材，密度为 7850kg/m$^3$，弹性模量为 206GPa，泊松比为 0.3。建模时，对 GIS 电气设备不考虑金属壳内部电气元件的力学性能，仅考虑其荷载的作用。

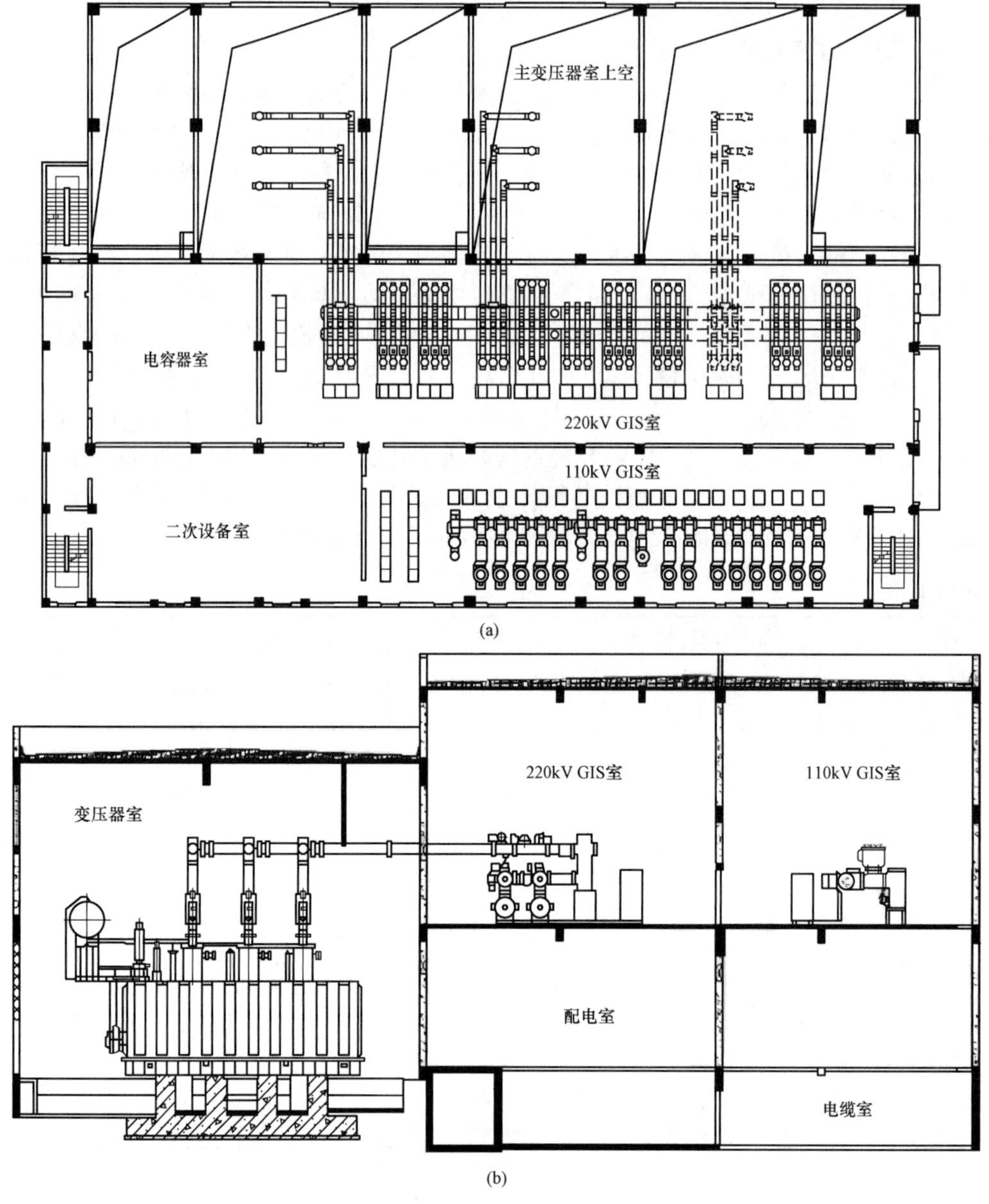


图 10-2　主控楼设计图与电气设备布置

（a）主控楼第二层平面布置；（b）主控楼剖面

全户内变电站楼面 GIS 电气设备与主变压器的连接方式如图 10-3 所示。图 10-3（a）为 220kV 全户内变电站 1 的刚性连接示意图，其将 GIS 悬臂套筒采用全封闭式的钢套筒与主变压器升高座上的套管连接，该种连接方式对悬臂套筒的约束力较大，能有效提高悬臂端的整体刚度，故建模分析时需考虑主变压器对 GIS 悬臂套筒的约束作用。图 10-3（b）为 220kV 全户内变电站 2 的柔性连接示意图，其将 GIS 悬臂套筒与主变压器上方的瓷套管采用柔性导线连接，此种连接方式给 GIS 悬臂端的套筒提供较大变形的能力，故对 GIS 悬臂套筒约束作用较小，在建模分析时不考虑主变压器对 GIS 悬臂套筒的约束作用。图 10-3（c）和图 10-3（d）给出了 110kV 全户内变电站 3 和变电站 4 的柔性连接示意图，楼面 GIS 电气设备进线端瓷套管被钢管支架固定于二层楼面平台上，二层楼面 GIS 瓷套管与主变压器顶盖瓷套管采用柔性导线连接。同样，不考虑主变压器对楼面电气设备的约束作用。

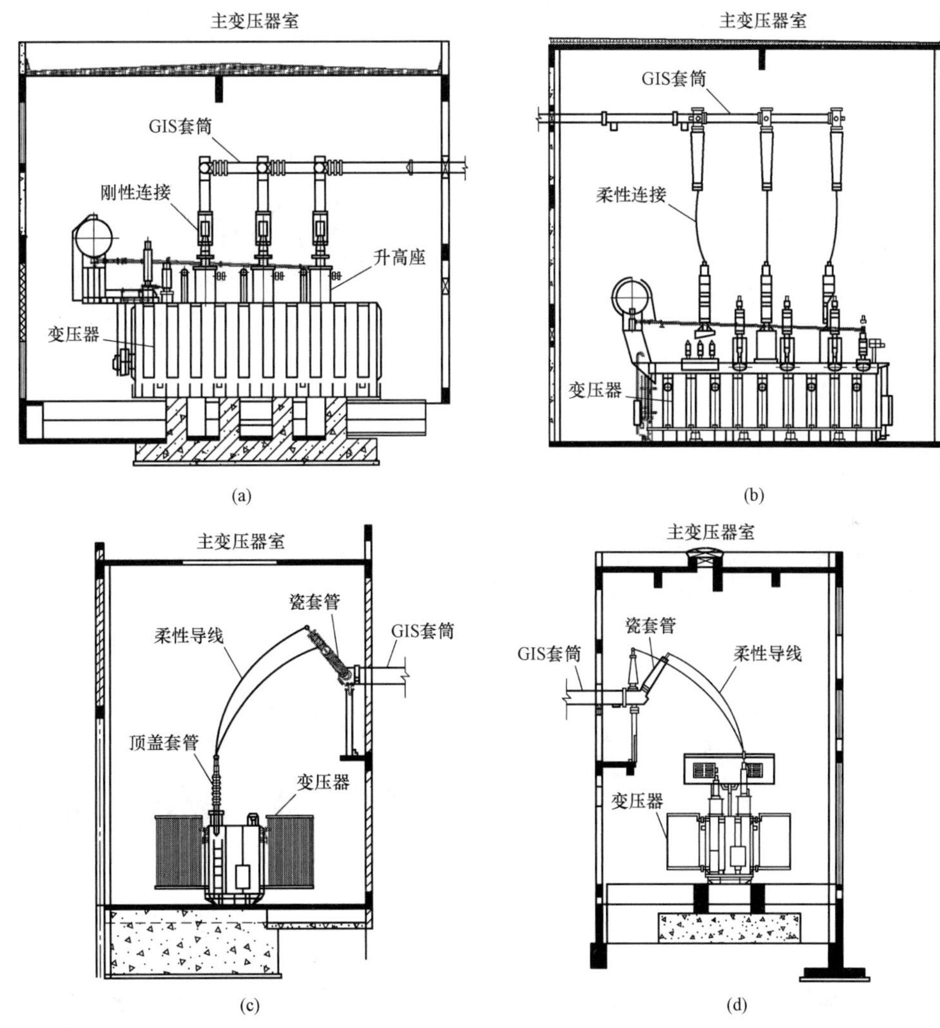


图 10-3　楼面 GIS 电气设备与主变压器连接

（a）变电站 1；（b）变电站 2；（c）变电站 3；（d）变电站 4

3. 变电站—楼面设备整体模型

本节采用 ABAQUS 有限元软件进行了主控楼结构及楼面电气设备的精细化建模，分别建立了 4 座变电站模型、楼面电气设备模型和主—附结构（将变电站主控楼—楼面设备结构简称为主—附结构）整体模型。楼面电气设备模型将设备与主控楼结构完全解耦，直接对设备底部添加约束。主—附结构整体模型将楼面电气设备建立在主控楼结构模型中，采用连接单元与主控楼结构连接进行整体分析。图 10-4 为 4 座变电站的主—附结构整体有限元分析模型。主结构模型中梁、柱杆件均采用 B31 梁单元模拟，剪力墙和楼板均采用 S4R 壳单元模拟。楼面、屋面的恒、活荷载采用分布荷载分配到各梁柱杆件上。

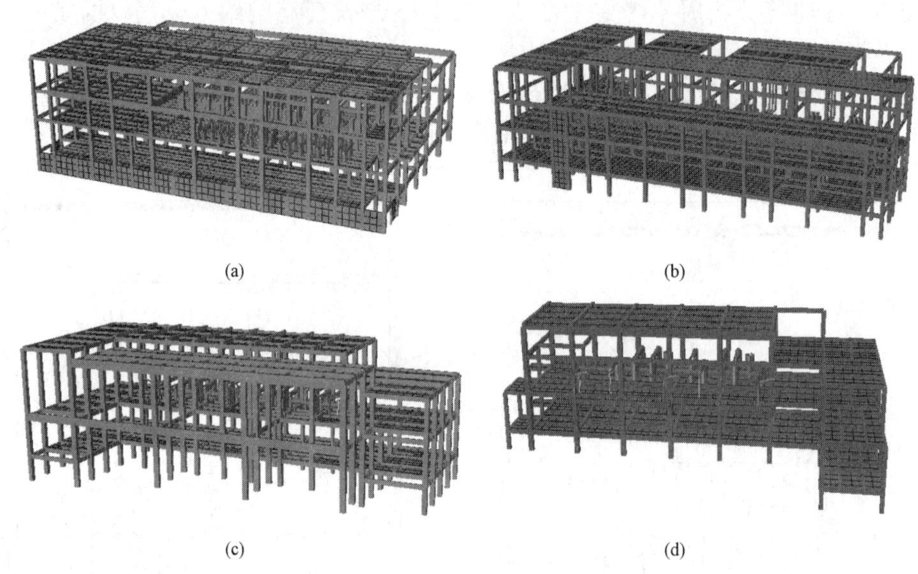

图 10-4　主—附结构整体有限元分析模型

(a) 变电站 1；(b) 变电站 2；(c) 变电站 3；(d) 变电站 4

楼面电气设备采用 B31 梁单元模拟，由于 GIS 电气设备底部有固定钢梁与楼板中预埋件相连，故采用 Tie 单元连接 GIS 电气设备与主控楼结构楼板。图 10-5 为楼面 GIS 电气设备有限元分析模型。

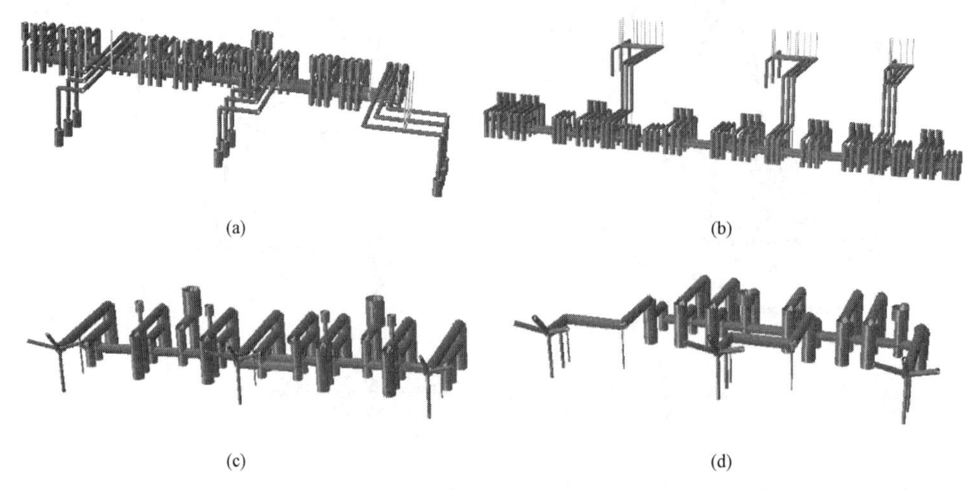

图 10-5　楼面 GIS 电气设备有限元分析模型

(a) 变电站 1；(b) 变电站 2；(c) 变电站 3；(d) 变电站 4

### 10.2.2　变电站—楼面设备体系动力特性分析

采用有限元软件对4座变电站的楼面电气设备模型和主—附结构整体模型进行动力特性分析。以全户内变电站3为例详细介绍，其主—附整体结构模型的1阶振型为框架结构纵向的平动，频率为1.44Hz；2阶振型为框架结构横向的平动，频率为1.54Hz；3阶振型为框架结构的扭转振型，频率为1.79Hz，主体结构扭转振型与第一平动振型对应的周期比值为0.80。图10-6给出了主—附结构整体模型3的前4阶模态图。表10-2给出了4座全户内变电站的主—附结构整体模型前4阶自振频率。

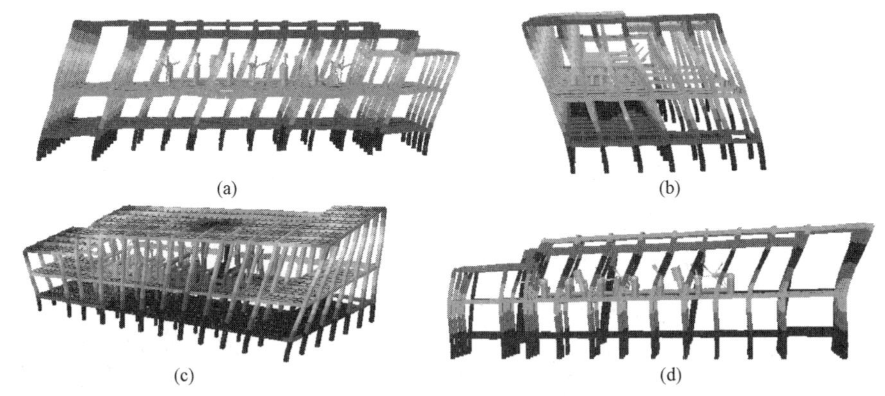

图10-6　变电站3主—附结构整体模型的前4阶模态

(a) 1阶振型（1.437Hz）；(b) 2阶振型（1.541Hz）；(c) 3阶振型（1.789Hz）；(d) 4阶振型（3.602Hz）

**表10-2　　全户内变电站主—附结构整体模型前15阶自振频率　　Hz**

| | 阶数 | 全户内变电站1 | 全户内变电站2 | 全户内变电站3 | 全户内变电站4 |
|---|---|---|---|---|---|
| 频率 | 1阶 | 1.49 | 1.29 | 1.44 | 1.67 |
| | 2阶 | 1.53 | 1.51 | 1.54 | 1.71 |
| | 3阶 | 1.86 | 1.73 | 1.79 | 2.32 |
| | 4阶 | 3.89 | 1.82 | 3.60 | 4.05 |

从4座全户内变电站主—附结构整体模型的动力特性分析看出，主—附结构整体模型的1阶频率在1.291～1.672Hz区间，且4个结构的前10阶自振频率均在1～10Hz之间，处于地震动主要成分频率范围内，容易产生较大地震响应。

图10-7给出了4座全户内变电站的楼面电气设备模型的第1阶振型，变电站1和变电站2的楼面电气设备的前3阶振型均表现为主变压器上方长悬臂GIS套筒的局部振动，同时带动钢吊架的剧烈振动，可以看出楼面GIS电气设备的长悬臂套筒及其悬吊支架为结构较薄弱的部分，在地震响应分析时应重点关注。变电站2楼面GIS电气设备的1阶频率为1.893Hz，明显小于变电站1。这是由于变电站2第二层楼面的GIS电气设备套筒从二层楼面伸出后采用柔性导线与变压器套管连接，因此楼面GIS电气设备的整体刚度较小，其基频接近主体结构的一阶自振频率，易与主体结构产生耦合振动，地震作用下需重点关注悬臂端的动力响应。110kV楼面电气设备悬臂套筒较短，整体刚度较大，GIS电气设备采用钢套筒从二层楼面伸出，采用柔性导线与一层的变压器顶盖套管连接，如图10-3（c）、（d）所示。110kV楼面电气设备较薄弱的位置为进线套管，由于端部绝缘子质量较大而套管平面外刚

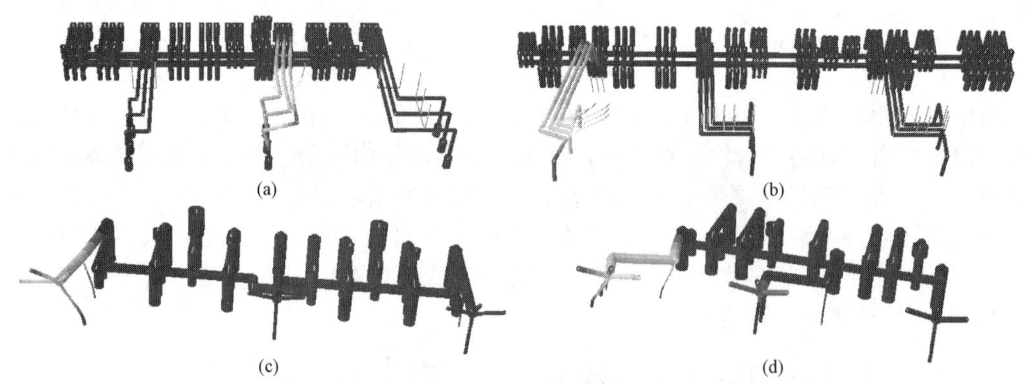

图 10-7　楼面 GIS 电气设备 1 阶振型

(a) 变电站 1($f$=7.420Hz)；(b) 变电站 2($f$=1.893Hz)；(c) 变电站 3($f$=5.721Hz)；(d) 变电站 4($f$=9.201Hz)

度偏弱，地震作用下需重点关注进线套管端部绝缘子的动力响应。

## 10.3　变电站—楼面设备地震响应分析

在有限元模型建立与动力特性分析的基础上，首先采用 7 组典型地震动进行地震响应分析，得到楼面加速度峰值放大系数曲线。之后，利用太平洋地震工程研究中心所提供的 100 组地震动时程数据，进行大量的地震动时程计算，提取二层楼面的加速度时程响应。采用纽马克-$\beta$(Newmark-$\beta$) 法计算得到二层楼面谱加速度放大系数曲线，为后续楼面电气设备抗震设计方法的提出建立基础。

### 10.3.1　楼面加速度放大系数峰值

4 座全户内变电站所在地区为 7 度设防，设计基本地震加速度为 0.15$g$，设计地震分组为第Ⅱ组，场地类别为Ⅲ类。根据建筑抗震设计规范（GB 50011—2010）和电力设施抗震规范（GB 50260—2013）选择 7 条地震波［5 条天然波埃尔森特罗（El-Centro）波、神户（Kobe）波、德尔塔（Delta）波、达菲尔德（Darfield）波、威斯特摩兰（Westmorland）波和新松波及国网波两条人工波］进行时程响应分析。7 组地震波的加速度反应谱平均值基本包络场地需求谱。对地震波进行标准化后，按照规范输入地震波，三向输入地震波的加速度峰值比值为 1∶0.85∶0.65。计算模型均采用瑞利阻尼模型。对主控楼结构和楼面 GIS 电气设备模型分别取各自的前两阶自振频率计算阻尼系数，主控楼模型的阻尼比取 0.05，楼面 GIS 电气设备的阻尼比取 0.02。

定义 $PFA/PGA$ 为主控楼楼面的加速度峰值放大系数，其中 $PFA$(Peek Floor Acceleration) 为主控楼楼面的峰值加速度响应，$PGA$(Peek Ground Acceleration) 为地面输入地震动的峰值加速度。楼面加速度峰值放大系数反映了主控楼对地面加速度的放大效应。

根据所选的 7 组地震动对 4 个全户内变电站整体模型进行地震响应分析，地震动输入的 $X$ 向的峰值加速度为 3.1m/s$^2$。分别计算 4 座变电站在 7 条地震波输入下各层的放大系数，之后将每 1 座变电站 7 组地震动输入下的结果取平均值，得到 4 座变电站主控楼各层加速度峰值放大系数平均值与该层楼面高度的关系如图 10-8 所示。其中，横坐标为楼面加速度峰值放大系数在 7 条地震波输入下的平均值，纵坐标是楼面高度系数，该系数是主控楼各楼面的高度与结构总高度的比值。

图中高度系数为 0～0.2 区间通常为地下一层所在高度，高度系数在 0.2～0.5 区间为地上一层所在高度，高度系数为 0.5～0.8 为地上二层所在高度，高度系数为 0.8～1.0 为屋面层及主变压器室屋面所在高度。由于主控楼结构地上二层楼面布置有较多的 GIS 电气设备，二层框架结构通常需要较高的层高以满足设备的顺利安装，从而导致主控楼一层到二层框架刚度降低较多，因此二层框架以上楼面的加速度峰值放大系数较大，4 座主控楼结构整体模型屋面的平均加速度放大系数为 2.465。针对以上各变电站、各楼面的加速度峰值放大系数离散点，采用线性方式和二次多项式进行线性拟合，得到楼面的加速度峰值放大系数与楼面高度系数的关系曲线如图 10-9 所示，主控楼楼面加速度峰值放大系数如式（10-1）所示。

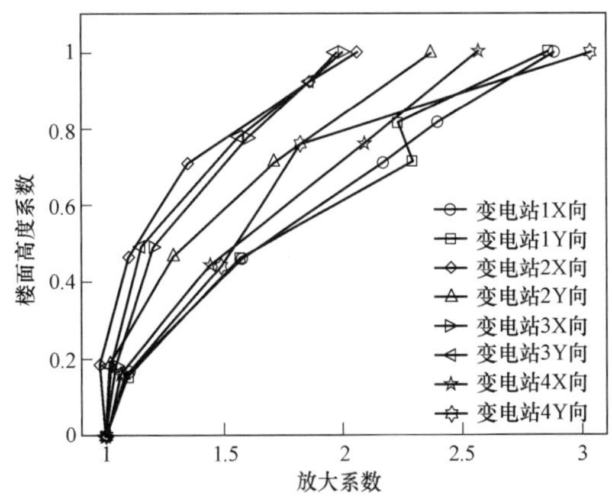


图 10-8　平均楼面加速度峰值放大系数

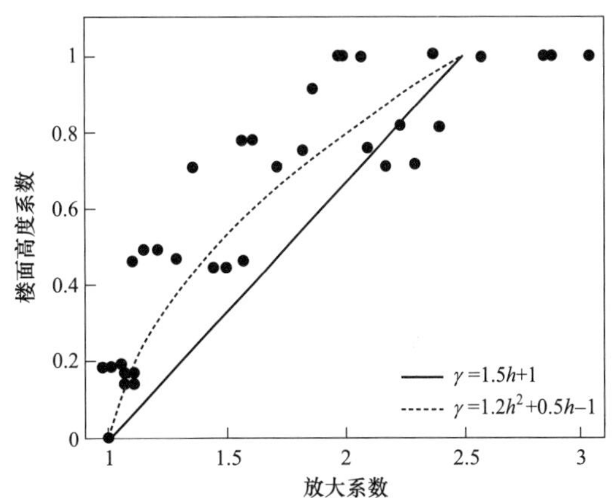


图 10-9　楼面加速度峰值放大系数函数

$$A_4 = 1.5h + 1.0$$

$$A_4 = 1.2h^2 + 0.3h + 1.0 \tag{10-1}$$

式中，$h=z/H$ 表示结构的楼面高度系数，其中 $z$ 为各层楼面的高度，$H$ 为主控楼结构的总高度，$A_4$ 表示楼面的加速度峰值放大系数。

由于当楼面高度为 0m 时，其加速度峰值放大系数为 1.0；当楼面高度为主控楼结构总高时，由前述分析取结构的楼面加速度峰值放大系数为 2.5。因此，上述楼面加速度峰值放大系数与楼面高度系数的关系式中通过两点（1.0，0.0），（2.5，1.0）。从图 10-9 可以看出，当采用二次多项式表达式时，该关系式处于离散点的中间，结构的楼面加速度峰值放大系数取时程响应离散点的中值，楼面加速度峰值放大系数的计算结果较准确。当采用线性关系表达式，结构高度系数较低时，楼面加速度峰值放大系数取值偏大，但由于提出的抗震设计方法是针对楼面电气设备进行抗震设计的，因此采用较保守的线性表达式进行楼面加速度峰值放大系数的取值对楼面电气设备的抗震设计是较为合理的。

### 10.3.2　楼面谱加速度放大系数曲线

1. 地面加速度时程的选取

首先根据 GB 50011—2016《建筑抗震设计规范》中按照等效剪切波速划分的 4 类场地类别选取地震动时程数据。我国抗震规范依据场地覆盖土层厚度和地下 20m 深度范围内的等效剪切波速 $v_{s20}$ 将场地类别分为 4 类；美国 UBC 规范根据地下 30m 的等效剪切波速将场地类别分为 6 类。根据郭锋等人（2011）的研究，得到我国抗震规范的场地类别与美国规范所用 $vs_{30}$ 值的对应关系，如表 10-3 所示。以此为检索条件分别选取 4 类场地共计 100 条地震波，每一类场地为 25 条地震波。如图 10-10 所示给出了 100 组地震动关于地表以下 30m 的剪切波速与相应震级和震中距的关系图。选择的 100 条地震波覆盖了里氏震级从 3.41～7.62 区间的各类地震，其中位于 6 级以上的强震数据占比达 60%，震中距小于 100km 的地震动数据占比超过 80%。历次地震的发生年代从最早的 1954 年美国北加州里氏 6.5 级地震到最近的 2011 年美国俄克拉荷马州里氏 5.2 级地震。

**表 10-3　　$vs30$ 值与抗震规范场地类别对应关系**

| 场地类别 | Ⅰ | Ⅱ | Ⅲ | Ⅳ |
|---|---|---|---|---|
| $ln(vs_{30})$ | >6.310 | 5.580～6.310 | 5.106～5.580 | <5.106 |
| $vs_{30}$(m/s) | >550 | 265～550 | 165～265 | <165 |

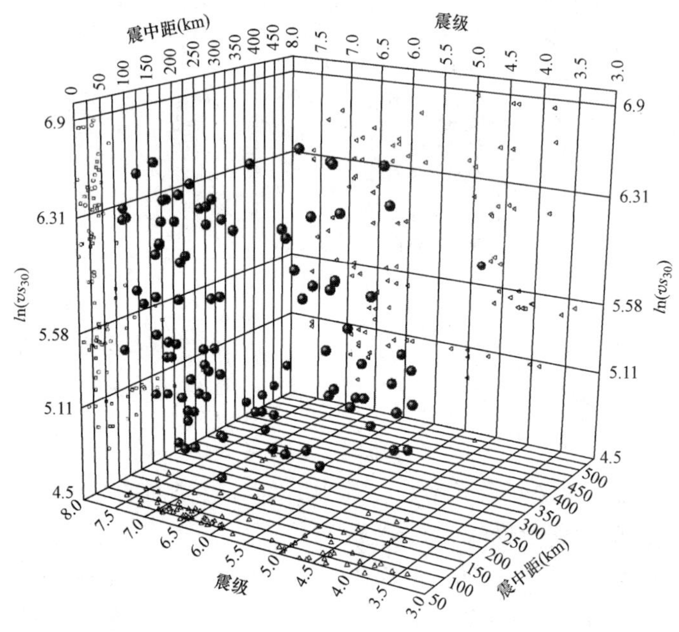

图 10-10　地震动剪切波速、震级、震中距三者关系

2. 二层楼面谱加速度放大系数曲线

图 10-11 给出了假定楼面电气设备的阻尼比为 0.02 时的全户内变电站 1 在 100 条地震波作用下的水平方向的二层楼面谱加速度放大系数曲线。从图中可以看出，100 条地震波输入下主控楼楼面的谱加速度放大系数曲线在各个频率段均有峰值，表明地震波的选择具有随机性，不同动力特性的地震波会激发主控楼结构不同频域段的加速度放大效应。从二层楼面 $X$ 向谱加速度放大系数曲线可以看出，主控楼结构基频（1.494Hz）附近的地震动有明显的放大作用，同时结构高阶频率（4.230Hz）附近的地震动也有明显的放大作用，因此在二层楼面谱加速度放大系数曲线中，需同时考虑主体结构高阶振型的影响。

全户内变电站 1 在 100 条地震波作用下的 $X$ 向平均谱加速度放大系数曲线峰值对应的频率为 1.53Hz，$Y$ 向平均谱加速度放大系数曲线峰值对应的频率为 1.54Hz，取两个频率分别对应的 100 个谱加速度放大系数数值，统计其分布规律如图 10-12 所示，可以看出其在两

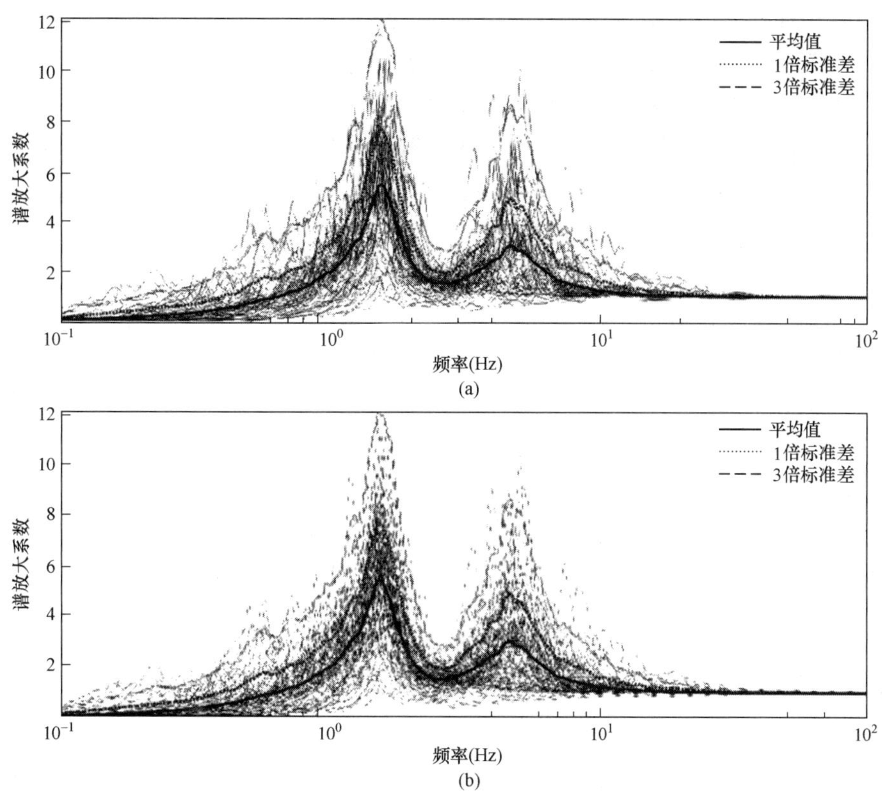


图 10-11　变电站 1 主控楼二层楼面谱加速度放大系数
(a) $X$ 向；(b) $Y$ 向

个方向的谱加速度放大系数峰值基本满足正态分布。其 $X$ 向对应谱加速度放大系数峰值的平均值为 5.47，峰值对应频率的 100 个谱加速度放大系数值的标准差为 2.23；$Y$ 向对应谱加速度放大系数峰值的平均值为 5.67，峰值对应频率的 100 个谱加速度放大系数值的标准差为 2.60。图 10-11 中也给出了谱加速度放大系数曲线的平均值、1 倍标准差值和 3 倍标准

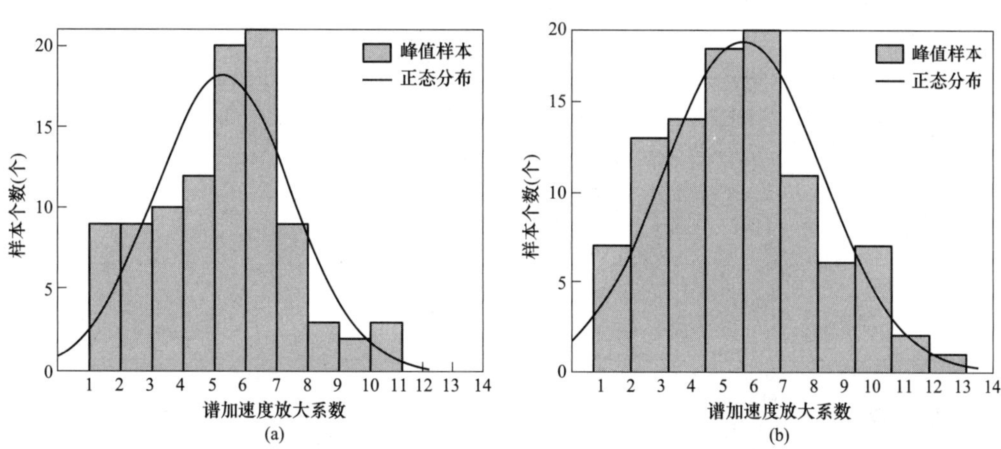


图 10-12　变电站 1 峰值频率对应的谱加速度放大系数峰值分布规律
(a) $X$ 向；(b) $Y$ 向

差值，其中 1 倍标准差值为每 1 个频率对应 100 个谱加速度放大系数数值的平均值加上 1 倍标准差得到的数据，3 倍标准差值为平均值加上 3 倍标准差得到的数据。

其他 3 座变电站对应系数也满足该正态分布规律，表 10-4 给出了 4 座变电站二层楼面类似于图 10-11 的 3 种谱加速度放大系数曲线峰值，以及平均谱峰值频率对应的 100 个谱加速度放大系数数值的标准差。

**表 10-4　　变电站主控楼二层楼面谱加速度放大系数峰值**

| 变电站 | 方向 | 平均谱峰值频率（Hz） | $S_{fmax}(\omega)$/PFA | | | 标准差 |
|---|---|---|---|---|---|---|
| | | | 平均值 | 1 倍标准差 | 3 倍标准差 | |
| 1 | $X$ 向 | 1.53 | 5.47 | 7.70 | 12.16 | 2.23 |
| | $Y$ 向 | 1.54 | 5.67 | 8.27 | 13.48 | 2.60 |
| 2 | $X$ 向 | 1.30 | 3.99 | 5.89 | 9.70 | 1.92 |
| | $Y$ 向 | 1.57 | 3.98 | 5.70 | 9.22 | 1.83 |
| 3 | $X$ 向 | 1.51 | 4.33 | 6.37 | 10.50 | 2.07 |
| | $Y$ 向 | 1.54 | 4.27 | 5.99 | 9.55 | 1.84 |
| 4 | $X$ 向 | 1.69 | 5.61 | 7.80 | 12.23 | 2.22 |
| | $Y$ 向 | 1.82 | 4.95 | 7.05 | 11.28 | 2.18 |

3. 平均谱加速度放大系数曲线

提取上述 4 座变电站主控楼结构二层楼面的平均谱加速度放大系数曲线，将横坐标转换为楼面电气设备的自振周期，如图 10-13（a）给出了 100 条地震波作用下 4 座变电站主控楼二层楼面水平向的谱加速度放大系数曲线。如图 10-13 所示，4 座变电站分别在 100 条地震波输入下的二层楼面平均谱加速度放大系数最大值为 5.61，对应的楼面电气设备的周期为 0.591s。考虑到主体结构对自身基频附近的地震动有较强烈的放大作用，因此将楼面电气设备的周期与主控楼结构基本周期的比值作为横坐标，纵坐标仍然采用谱加速度放大系数，得到如图 10-13（b）所示的关于楼面电气设备与主控楼结构周期比的谱加速度放大系数图。横坐标（$T_e/T_p$）表示楼面电气设备的自振周期（$T_e$）与主控楼结构自振周期（$T_p$）的比值。

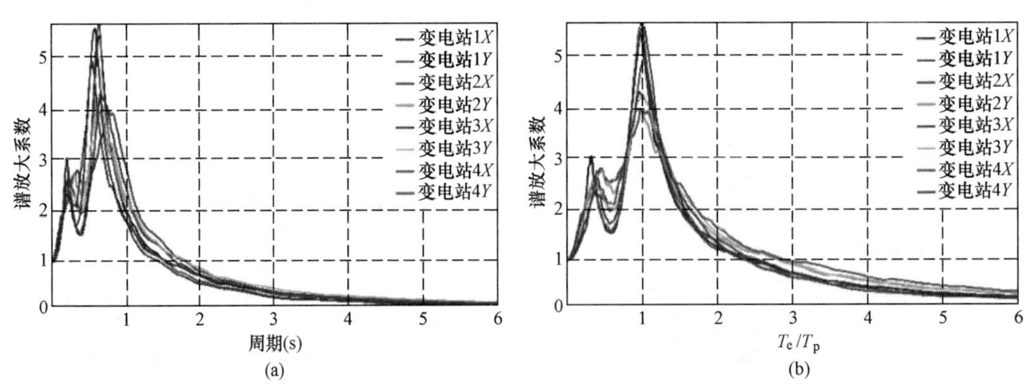


图 10-13　二层楼面谱加速度放大系数曲线
（a）周期作横坐标；（b）周期比作横坐标

从图 10-13 中可以看出，4 座变电站的二层楼面水平向的谱加速度放大系数在横坐标（$T_e/T_p$）为 1 附近取到最大值，当 $T_e/T_p=0$ 时，表示楼面电气设备的刚度无穷大，其楼面加速度响应与主控楼楼面加速度响应相同，由此对应的谱加速度放大系数值为 1；当 $T_e/T_p=0.3\sim0.5$ 区间时，楼面电气设备的自振周期与主控楼高阶振型对应的周期接近，因此该范围也有较为明显的放大作用；当 $T_e/T_p=0.9\sim1.1$ 区间时，楼面谱加速度放大系数达到最大，因此，楼面电气设备的基本自振周期应尽量避免与主控楼结构自振周期接近，防止两者产生强烈的类共振效应；当 $T_e/T_p=1.1\sim3.0$ 区间时，附属设备的自振周期逐渐大于主控楼的自振周期，附属设备结构刚度逐渐较小，因此其受到的谱加速度放大作用逐渐减小；当 $T_e/T_p$ 的比值在 3.0 附近时，谱加速度放大系数接近 1.0；当 $T_e/T_p>3.0$ 时，楼面电气设备的刚度进一步减小，受到的地震作用也极大地减弱。

将上述楼面谱加速度放大系数取插值平均后得到如图 10-14 所示的 4 座全户内变电站主控楼二层楼面的平均谱加速度放大系数图，其中当楼面电气设备与主控楼结构的周期比（$T_e/T_p$）在 1.0 附近时，取到谱加速度放大系数曲线的最大值 4.74。采用线性拟合的方式得到推荐使用的二层楼面谱加速度放大系数曲线。

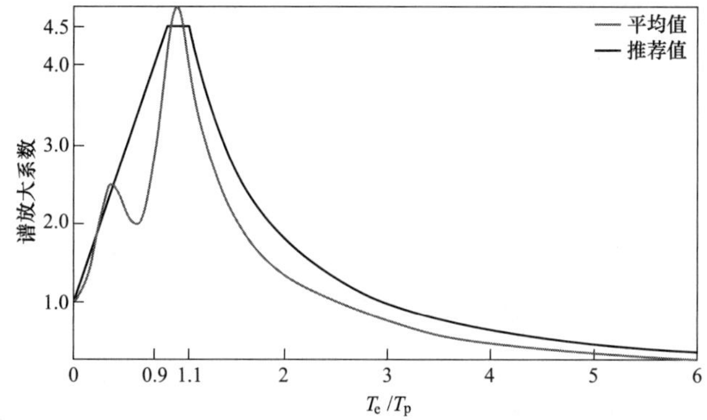


图 10-14　谱加速度放大系数平均值与推荐值

图 10-14 中给出的推荐谱加速度放大系数（$A_3$）取值为

$$A_3=\begin{cases}\dfrac{35}{9}\left(\dfrac{T_e}{T_p}\right)+1 & (0<T_e/T_p\leqslant 0.9)\\ 4.5 & (0.9<T_e/T_p\leqslant 1.1)\\ 4.5\left(\dfrac{1.1T_p}{T_e}\right)^{1.5} & (1.1\leqslant T_e/T_p)\end{cases}\tag{10-2}$$

本节给出的推荐公式在多数情况下是能包络住 100 条地震波输入下楼面平均谱加速度放大系数曲线。当楼面电气设备与主控楼结构的周期比（$T_e/T_p$）为 0～0.9 区间时，考虑到主控楼结构高阶振型的影响，采用直线型谱加速度放大系数曲线基本能包络住数值计算的谱加速度放大系数曲线。当楼面电气设备与主控楼结构的周期比（$T_e/T_p$）为 0.9～1.1 区间时，楼面电气设备与主控楼结构在地震作用下可发生强烈的耦合振动，数值分析结果显示该区段的谱加速度放大系数取到最大值，而实际工程中，在对楼面电气设备的选择时应尽量避开与主体结构自振周期完全耦合的情况，因此取该区间内谱加速度放大系数的平均值作为推荐使用的水平直线段，其值为 4.5。当楼面电气设备与主控楼结构的周期比（$T_e/T_p$）>1.1

时，随着楼面电气设备刚度的减弱，其受到的地震作用也逐渐减小，采用本章推荐的计算谱加速度放大系数的公式基本能包络住数值分析计算的结果。

接下来讨论影响图 10-14 谱加速度放大系数推荐曲线平台段（即$\beta_{max}$）的 4 个主要因素。

4. 重要性系数的影响

第一个影响因素与可靠度有关。根据统计学相关知识，对于服从正态分布的数据样本，平均值加 1 倍标准差对应的数值能包络 84%的数据点，平均值加 3 倍标准差对应的数值能包络 99%的数据点。由 10.3.2.2 节中对 4 座变电站谱加速度放大系数峰值点的样本数据分析，发现均满足正态分布的规律。因此，建议对于楼面布置的电气设备，可以按照不同的重要性类别进行分类，对于一般重要的电气设备，采用平均谱加速度放大系数曲线进行抗震设计；对于比较重要的电气设备，采用 1 倍标准差对应的谱加速度放大系数曲线进行抗震设计；对于特别重要的或处于高危状态的电气设备，采用 3 倍标准差对应的谱加速度放大系数曲线进行抗震设计。如图 10-15 所示给出了 4 座变电站谱加速度放大系数 1 倍标准差值的最大值与平均值和 3 倍标准差值与平均值比值图。可以看出 1 倍标准差值与平均值的比值接近 1.45 倍，3 倍标准差值与平均值的比值接近 2.30 倍。因此，在以平均谱加速度放大系数曲线为基准的楼面电气设备抗震设计方法中，定义 $\lambda$ 为楼面布置电气设备的重要性系数对其进行不同保证率的抗震设计，其取值为：Ⅰ类（一般重要类）取 1.0，Ⅱ类（比较重要类）取 1.45，Ⅲ类（非常重要类）取 2.30。

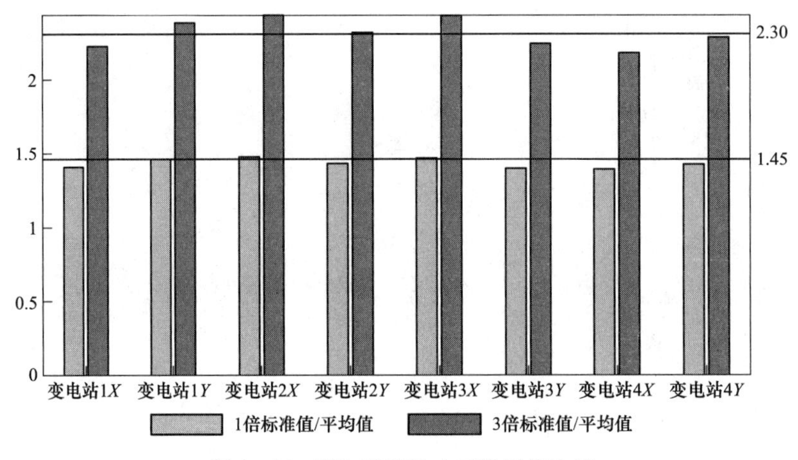


图 10-15 谱加速度放大系数最值比较

5. 楼层位置的影响

接下来讨论楼层位置的影响。图 10-16 为假定设备阻尼比为 0.02 时全户内变电站 1 各层楼面的平均谱加速度放大系数曲线。屋面谱加速度放大系数最大值为 6.78，其在主控楼高阶振型对应频率 4.230Hz 的放大效应没有二层楼面明显。三层楼面存在较多的开洞，该层作为较明显的薄弱层，地震作用下平均谱放大系数最大值达到 6.92。220kV 全户内变电站主控楼结构屋面通常布置悬吊的电气设备，因此，需重点关注屋面的动力放大作用。

表 10-5 给出了两座 220kV 全户内变电站主控楼各层楼面平均谱加速度放大系数曲线的峰值及其对应的频率。统计变电站屋面谱放大系数最大值与二层楼面谱加速度放大系数最大值的比值，4 座变电站该比值的平均值为 1.24。本章讨论的楼面电气设备主要布置于主控楼

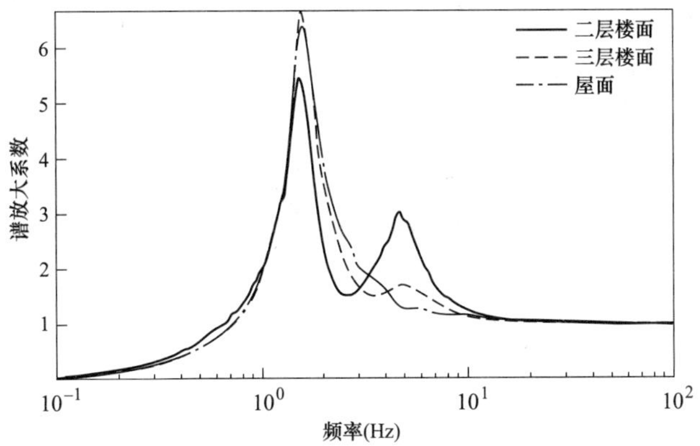


图 10-16　变电站 1 各层楼面谱加速度放大系数曲线

结构二层，因此提出的适用于规范的谱加速度放大系数曲线主要针对二层楼面布置的电气设备，对于布置于三层和悬吊布置于屋面的电气设备则可考虑在二层楼面谱加速度放大系数曲线的基础上乘以 1.25 的放大系数，以此考虑三层楼面及屋面对地震动放大作用更加强烈的影响。定义 $\eta_1$ 为电气设备的楼层位置调整系数，表示位于三层及屋面的谱加速度放大系数峰值与二层楼面谱加速度放大系数峰值的比值，取值为 1.25。

**表 10-5　　220 kV 变电站主控楼楼面平均加速度放大系数峰值**

| 变电站 | 楼层 | $S_{fmax}(\omega)/PFA$ | | | |
|---|---|---|---|---|---|
| | | X 向 | | Y 向 | |
| | | 频率（Hz） | 平均值 | 频率（Hz） | 平均值 |
| 变电站 1 | 二层 | 1.53 | 5.47 | 1.54 | 5.67 |
| | 三层 | 1.55 | 6.69 | 1.59 | 6.92 |
| | 屋面 | 1.55 | 6.52 | 1.59 | 6.50 |
| 变电站 2 | 二层 | 1.30 | 3.99 | 1.57 | 3.98 |
| | 屋面 | 1.34 | 5.28 | 1.67 | 5.42 |

6. 阻尼比的影响

前文讨论的楼面谱加速度放大系数的计算均假定楼面电气设备的阻尼比为 0.02，但由于目前楼面布置电气设备的形式越来越多样，楼面电气设备的材料属性和节点、支座的安装方式等都可能对楼面电气设备的阻尼比产生较大影响，因此需要讨论楼面电气设备不同的阻尼比对谱加速度放大系数的影响。

对于 4 座变电站主控楼结构，提取不同阻尼比对应的 4 座变电站主控楼结构二层楼面水平方向的平均谱加速度放大系数的峰值如图 10-17（a）所示，得到其平均值与阻尼比的关系图如图 10-17（b）所示，纵坐标表示不同阻尼比的各个谱加速度放大系数峰值与阻尼比为 0.02 对应的谱加速度放大系数峰值的比值。通过线性拟合得到对楼面电气设备谱加速度放大系数的阻尼调整系数公式

$$\eta_2 = 1 + \frac{0.02 - \xi}{0.02 + 1.5\xi} \tag{10-3}$$

式中 $\eta_2$——阻尼调整系数；

$\xi$——楼面电气设备的阻尼比。

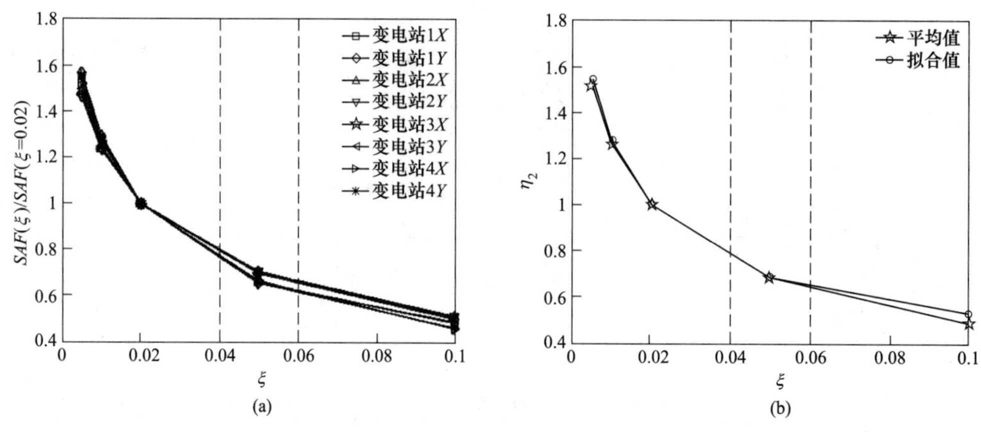


图 10-17　阻尼调整系数曲线

（a）数值计算结果；（b）线性拟合结果

由于楼面电气设备通常的阻尼比取 0.02，因此采用阻尼比为 0.02 的谱加速度放大系数曲线为基准，采用阻尼调整系数考虑其他阻尼比的楼面电气设备对谱加速度放大系数曲线的影响。图 10-17（b）给出了线性拟合的阻尼调整系数曲线与采用数值计算得到的平均阻尼调整系数曲线。

7. 扭转效应的影响

最后考虑建筑物扭转效应的影响。图 10-18 为全户内变电站 4 主控楼二层楼面不同位置的 $Y$ 向平均谱加速度放大系数曲线。全户内变电站 4 主控楼结构的长宽比为 3.51，其主控楼二层楼面 $Y$ 向谱加速度最大值在位于边缘点与位于中间点的比值为 1.10，故主控楼在短跨方向的谱加速度放大系数会受到主体结构的扭转作用而增大。定义 $\eta_3$ 为主控楼结构扭转效应的调整系数，通过对 4 座变电站扭转效应的研究并取平均值，得出当主控楼结构的长宽比为 2.0 时，$\eta_3$ 取 1.05；当主控楼结构的长宽比为 3.5 时，$\eta_3$ 取 1.1；当主控楼结构长宽比小于 2.0 时，可不考虑主控楼结构的扭转效应对谱加速度放大系数的影响；其余长宽比对应的扭转系数可按插值计算求得，但 $\eta_3$ 最大值不应超过 1.20。

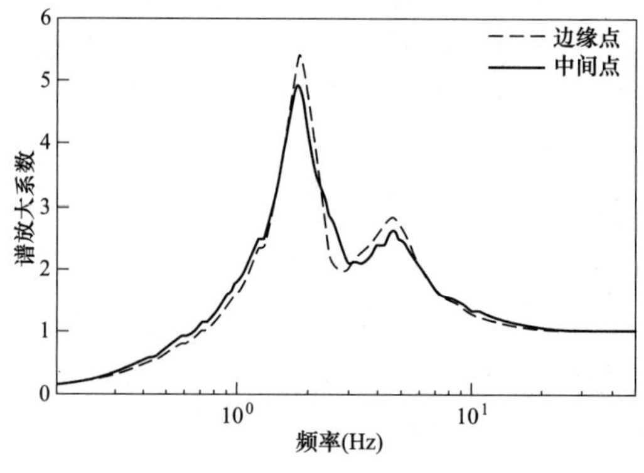


图 10-18　不同位置的谱加速度放大系数曲线

## 10.4　楼面电气设备抗震设计反应谱

### 10.4.1　计算模型与计算公式

基于前文对楼面谱加速度放大系数（$SAF$）和楼面绝对加速度峰值放大系数（$PFA/PGA$）的分析结果，可提出适用于全户内变电站楼面布置电气设备的抗震设计方法。主控楼结构—楼面电气设备整体结构的计算模型如图10-19所示。楼面电气设备所受的地震作用为

$$F_e = a_1 \gamma A_3 m_e \tag{10-4}$$

式中　$F_e$——地震作用下，楼面布置电气设备所受惯性力；

$a_1$——主控楼结构所在场地的设计地震加速度，其取值见表10-6；

$\gamma$——楼面布置电气设备所在楼层的绝对加速度峰值放大系数（$PFA/PGA$）；

$A_3$——楼面布置电气设备所在楼层的谱加速度放大系数（$SAF$）；

$m_e$——楼面布置电气设备的质量，kg。

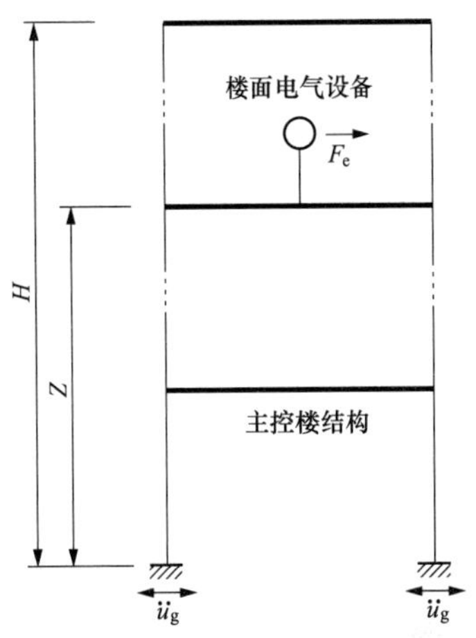


图10-19　主控楼结构—楼面电气设备整体结构动力体系

**表10-6**　**场地输入地震加速度的最大值（GB 50011—2010）**　cm/s$^2$

| 设防烈度 | 6度 | 7度 | 8度 | 9度 |
|---|---|---|---|---|
| 多遇大震 | 18 | 35(55) | 70(110) | 140 |
| 设防地震 | 50 | 100(150) | 200(300) | 400 |
| 罕遇地震 | 125 | 220(310) | 400(510) | 620 |

**注**　7、8度时，括号内数值分别用于设计基本地震加速度为0.15$g$和0.30$g$的地区，此处$g$为重力加速度。

### 10.4.2　楼面加速度峰值放大系数

根据10.3.1节对4个全户内变电站主控楼结构楼面绝对加速度峰值放大系数的分析，发现楼面加速度峰值放大系数与所在楼面的高度系数有关，采用线性关系表达式可以偏安全地考虑二层楼面的加速度峰值响应，其相关关系式如下

$$\gamma = 1.5h + 1.0 \tag{10-5}$$

$$h = z/H$$

式中　$\gamma$——楼面的加速度峰值放大系数；

$h$——结构的楼面高度系数；

$z$——各个楼面相对基底嵌固端的高度；

$H$——主控楼结构的总高度，即主控楼结构屋面层与基底嵌固端的距离。

### 10.4.3　楼面谱加速度放大系数

根据10.3.2节对4座全户内变电站主控楼—楼面电气设备整体模型分别输入大量地震

波统计，得到各个模型的二层楼面谱加速度放大系数的分析结果，发现楼面谱加速度放大系数曲线与楼面电气设备的重要性类别、楼层位置、阻尼比及主控楼结构扭转效应等有关，本节定义 $\beta_{\max}$ 为楼面谱加速度放大系数最大值，取值如下

$$\beta_{\max} = 4.5\lambda\eta_1\eta_2\eta_3 \tag{10-6}$$

式中 $\lambda$——楼面布置电气设备的重要性系数，其取值为：Ⅰ类（一般重要类）1.0，Ⅱ（比较重要类）1.45，Ⅲ类（非常重要类）2.30；

$\eta_1$——楼层位置调整系数，其取值为：位于主控楼结构二层时取 1.0，位于主控楼三层及其以上楼层取 1.25；

$\eta_2$——阻尼调整系数，其取值采用下式，其中 $\xi$ 为楼面电气设备的阻尼比；

$\eta_3$——扭转效应调整系数，其取值为：当主控楼结构的长宽比为 2.0 时，$\eta_3$ 取 1.05；当主控楼结构的长宽比为 3.5 时，$\eta_3$ 取 1.1；当主控楼结构长宽比小于 2.0 时，可不考虑主控楼结构的扭转效应对谱加速度放大系数的影响；其余长宽比对应的扭转系数可按插值计算求得，但 $\eta_3$ 最大值不得超过 1.20。

图 10-20 给出了楼面谱加速度放大系数 $\beta$ 和楼面电气设备与主控楼结构周期比（$T_e/T_p$）的函数关系图，楼面谱加速度放大系数的表达式为

$$A_3 = \begin{cases} \dfrac{A_{3\max}-1}{0.9}\left(\dfrac{T_e}{T_p}\right)+1 & 0 < T_e/T_p \leqslant 0.9 \\ A_{3\max} & 0.9 < T_e/T_p \leqslant 1.1 \\ A_{3\max}\left(\dfrac{1.1T_p}{T_e}\right)^{1.5} & 1.1 \leqslant T_e/T_p \end{cases} \tag{10-7}$$

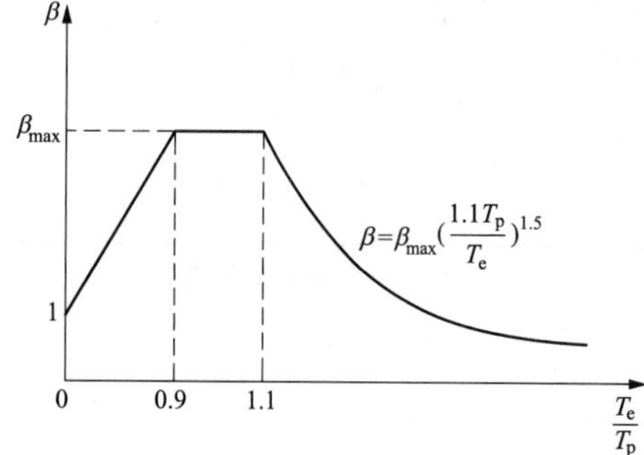


图 10-20 楼面谱加速度放大系数曲线

其中，主控楼结构的基本自振周期 $T_p$ 可采用式（10-8）进行初步估算

$$T_p = 0.2H^{0.42} \tag{10-8}$$

特别说明，此处分析的全户内变电站主控楼结构均为钢筋混凝土结构，通过对 4 座全户内变电站的动力特性分析，可得到主控楼基本自振周期的经验计算式（10-8）。对于钢结构、砖混结构等结构形式的主控楼结构，自振周期需特别研究。对于楼面布置的电气设备的基本自振周期 $T_e$，可由设备厂商提供；若设备厂商无法提供，可参考 10.2.2 节楼面电气设备动力特性分析的数据。

### 10.4.4 相关系数影响分析

对上述提出的楼面谱加速度放大系数曲线进行参数分析，分别讨论不同重要性类别、楼层位置、阻尼比和扭转效应影响下的谱加速度放大系数曲线，如图 10-21 所示。

当附属设备的自振周期接近 0 时，说明附属设备的刚度非常大，因此其加速度峰值响应将与主控楼楼面加速度峰值响应相同。因此，不论何种影响因素下，当 $T_e/T_p=0$ 时，谱加速度放大系数曲线的初始值均为 1.0。从 10.3.2 节中对各个影响因素的分析中发现，主控楼结构基本自振周期附近的地震动会被显著放大，因此在各个谱加速度放大系数曲线中均取 $T_e/T_p$ 在 0.9～1.1 区间作为楼面谱加速度放大系数最大值的平台段。图 10-21（a）给出了

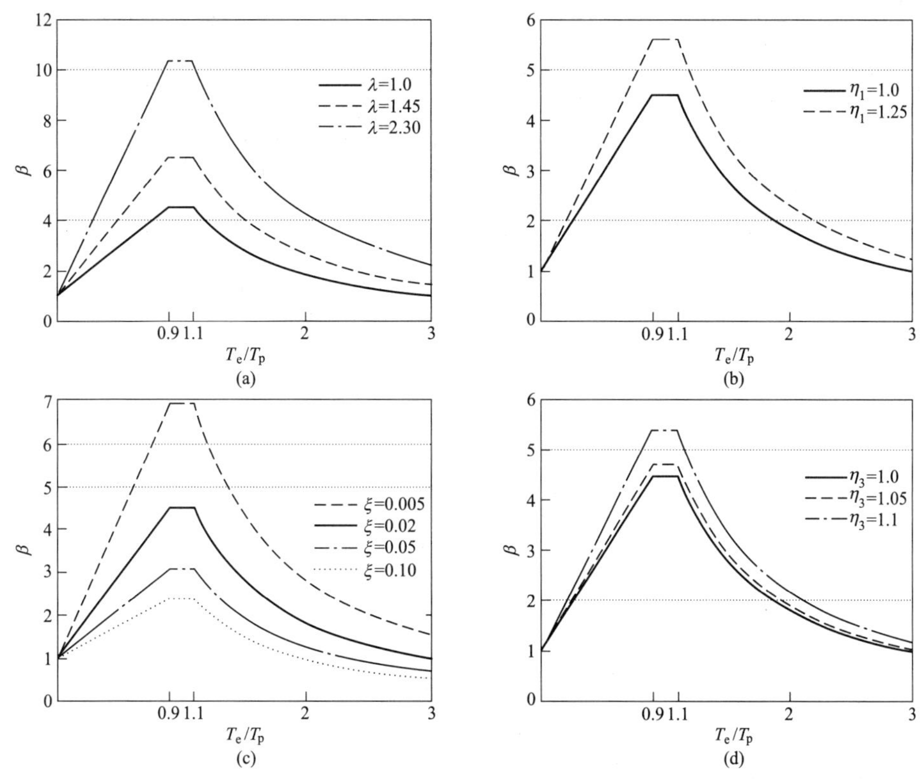


图 10-21　不同系数对应的楼面谱加速度放大系数曲线

（a）重要性系数；（b）楼层位置调整系数 ；（c）阻尼调整系数；（d）扭转效应调整系数

按照楼面电气设备的不同重要性系数得到的谱加速度放大系数曲线，当 $\lambda$ 取 2.30 时，谱加速度放大系数最大值为 10.35，其包络范围较大能较好地满足对非常重要的楼面电气设备的抗震设计。图 10-21（b）给出了考虑楼面电气设备所在楼层位置不同导致的谱加速度放大系数的不同，位于三层及屋面层的楼面谱加速度放大系数最大值为 5.625。图 10-21（c）考虑了楼面电气设备不同阻尼比对谱加速度放大系数的影响，当阻尼比为 0.005 时，其耗能作用较小，因此，谱加速度放大系数最大值为 6.95；当阻尼比为 0.1 时，其耗能作用较大，其谱加速度放大系数最大值为 2.382。图 10-21（d）给出了考虑主控楼结构扭转效应对谱加速度放大系数的影响，当主控楼长宽比达到 3.5 时，谱加速度放大系数最大值为 5.4。

## 10.5　规范对比与算例分析

### 10.5.1　规范对比

国内的 GB 50556—2010《工业企业电气设备抗震设计规范》针对楼面布置的附属结构提出了具体的谱加速度放大系数曲线的抗震设计方法。图 10-22 给出了本书推荐的谱加速度放大系数和 GB 50556—2010 规范推荐的楼面谱加速度放大系数曲线的比较。GB 50556—2010 规范中给出了普遍适用于石油化工领域的楼面谱加速度放大系数曲线，其谱加速度放大系数最大值为 5.5，该值比本章推荐使用的谱加速度放大系数最大值 4.5 略大，但由于此处推荐使用的谱加速度放大系数最大值与电气设备的重要性类别、楼层位置、阻尼比及主体结构的扭转效应等相关因素有关，因此本书在谱加速度放大系数最大值的取值上考虑更全面，更严谨。两条曲线的平台段均取 $T_e/T_p$ 在 0.9～1.1 区间，但在下降段 GB 50556—2010 推荐的谱加速度放大系数曲线下降较快，对于长周期的楼面电气设备，其地震作用的计算偏于不安全，因此推荐使用本章提出的楼面谱加速度放大系数曲线对全户内变电站主控楼楼面的电气设备进行抗震设计。

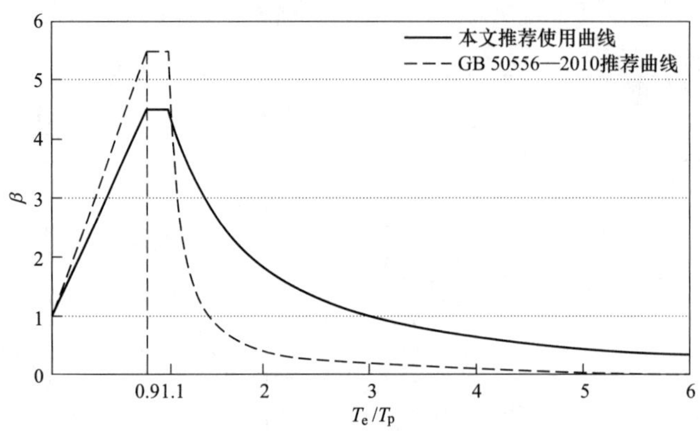


图 10-22 楼面谱加速度放大系数曲线对比

### 10.5.2 算例分析

户内变电站主控楼结构分别采用本章推荐的抗震设计方法、GB 50011—2016 推荐方法（GB 50011—2010)、欧洲规范 8 推荐方法（BS EN 1998—1）和时程计算方法对楼面布置的电气设备进行地震作用计算。该全户内变电站所在地区为 7 度设防，设计基本地震加速度为 0.15$g$，设计地震分组为第Ⅱ组，场地类别为Ⅲ类。主控楼结构总高为 19.35m，为钢筋混凝土框架结构，二层楼面高度为 9.75m。假定位于二层楼面布置的电容器设备，该设备可简化为单自由度结构体系，其质量为 10t，等效刚度为 9870kN/m，其阻尼比取 0.02，设备重要性类别为Ⅱ类，则计算罕遇地震下该电气设备的地震作用力方法如图 10-23 所示。

**表 10-7 地震作用下楼面电气设备根部截面剪力**

| 计算方法 | | 根部截面最大剪力（kN) |
|---|---|---|
| 本章推荐方法 | | 154.6 |
| GB 50011—2016 推荐方法 | | 106.1 |
| 欧洲规范 8 推荐方法 | | 113.7 |
| 时程计算法 | 埃尔森特罗（El-Centro）波 | 172.7 |
| | 达菲尔德（Darfield）波 | 143.6 |
| | 人工波 | 154.3 |

对比上述 4 种方法计算楼面电气设备受到的地震作用力可以发现，本章提出的简化设计方法准确度较高，其计算结果与时程计算方法比较接近。GB 50011—2016 推荐方法中存在较多的经验参数，其计算结果偏于不安全；欧洲规范 8 在计算方法上与本章提出的方法较接

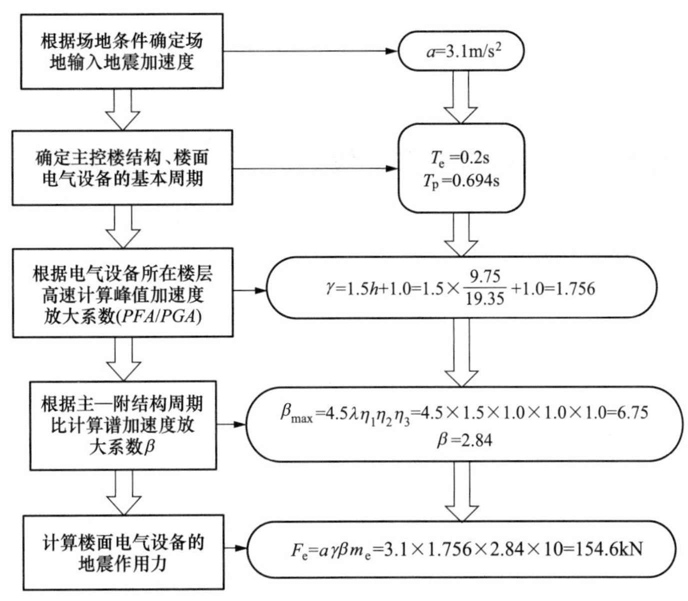

图 10-23　楼面电气设备抗震设计流程

近，但由于其主要针对建筑结构上楼面布置的设备进行地震作用计算，其对全户内变电站结构形式的楼面电气设备抗震计算考虑偏于不安全。但需要注意的是，本章方法的修正系数仅考虑了 4 座变电站的计算结果，有必要扩大研究范围，通过更多户内变电站数据对方法相关参数做进一步研究与修正。

## 10.6　小　　结

本章对典型的全户内变电站及楼面布置的电气设备进行了有限元建模，通过大量地震时程分析及关键参数的数理统计，得到适用于变电站的楼面反应谱。在此基础上研究了影响楼面反应谱的几个重要参数，最终提出了适用于全户内变电站楼面布置电气设备的抗震设计方法。

本章一些关键研究结果表明，目前抗震设计规范在应用于户内变电站设备时存在明显的缺陷或偏于不安全的风险。《电力设施抗震设计规范》中规定位于二层、三层楼板上的电气设备，建筑物的动力反应放大系数均取 2.0。而本章通过对变电站 1 的地震响应分析发现，在 7 组地震波输入下，二层楼面的加速度峰值平均放大系数为 1.57，三层楼面的平均放大系数则为 2.29，而屋面层放大系数的平均值更是达到 2.47。因此，本书中建议对于 220kV 变电站的主体结构二层楼面动力反应放大系数取 2.0，三层楼面动力反应放大系数取 2.50。此外，本章提出的设计反应谱充分考虑户内设备及主控楼的结构特性，其取值与楼面布置电气设备的所在楼层位置、阻尼比和重要性类别以及主控楼结构的扭转效应均相关。而采用这一反应谱计算与其他现行各类规范对比分析可以发现，本章推荐的方法更为准确有效，对于长周期的楼面设备，也比 GB 50556—2010 考虑得更加安全，计算结果与时程分析计算结果比较接近。因此，本章提出的全户内变电站楼面布置电气设备的抗震设计方法是比较适用的。

# 第11章

# 变电站/换流站设备震损评估与抗震韧性

## 11.1 概　　述

前述章节主要介绍了对变电站或换流站设备确定性的抗震性能研究与分析，这一部分内容基于理论分析、有限元模拟或振动台试验，其所得结论主要用于新建变电站或换流站抗震设计或者在运行设备的抗震加固改造工作，确定性分析耗时较长，工作量大，虽然结果相对精确，但是无法从概率角度对地震可能造成的损失进行评估。此外，对于突发性地震造成的变电站或换流站的震损，无法做到快速评估，因此有必要对变电站和换流站设备进行基于概率角度的震损评估研究。

震损评估可以分为震前评估与震后快速评估两种类型。结构地震易损性是指在不同地震危险性水平下，结构发生不同破坏状态的可能性。地震易损性从概率的意义上定量地刻画了结构的抗震性能，在地震发生之前从宏观的角度描述了地震动强度与结构破坏程度之间的关系。笔者研究团队在设备单体、设备回路及变电站（换流站）不同层次上均已开展了地震易损性分析。传统易损性分析方法一般以有限元计算结果为基础，基于增量动力分析与多样条分析进行易损性曲线拟合，但这种方法计算量较大，并且没有考虑不同地震动相关参数的特异性，因此本章另外介绍了基于地震动聚类的易损性分析方法。另一方面，地震发生之后快速获得变电站或换流站设备震损情况对于震后抢险救灾电力恢复工作至关重要，本章还介绍了基于电气设备地震加速度响应的实时损伤识别方法。

除了在结构层面的震损评估，目前抗震领域研究中对同时考虑功能性评估的韧性这一概念关注得越来越多。系统韧性是指系统受扰动后仍保持稳定性和持续性的能力。抗震韧性评估在结构遭受地震后的全周期性能评价和改进升级中具有重要指导意义。目前，建筑结构抗震韧性领域已有较为完善的研究和规范，在变电站或换流站设备抗震领域还处于发展阶段，具有较为广阔的研究前景。

## 11.2 换流站设备与关键回路基于经典方法的易损性分析

易损性分析从失效概率的角度，对电气设备的地震损坏风险进行量化的评价，给出电气设备在不同烈度的地震作用下发生破坏的概率。本节介绍经典多样条易损性分析方法（梁黄彬等，2020），并以穿墙套管-阀厅体系为例进行易损性分析，评估其抗震性能。

### 11.2.1 多样条的易损性分析方法

首先，假设在地震波某一特定强度作用下，结构的地震响应超过某一性能水平规定限值的概率密度，服从参数为 $\mu$ 和 $\sigma^2$ 的对数正态分布

$$P(IM=x_i)=\Phi\left(\frac{\ln x_i-\mu}{\sigma}\right) \tag{11-1}$$

其中，$P(IM=x_i)$ 表示在第 $i$ 条地震波作用下输入强度为 $x_i$ 时结构的地震响应超过某一性能水平规定限值的概率，$\mu$ 和 $\sigma$ 分别是 $\ln x_i$ 的均值和标准差。

对数正态分布的概率密度函数展开式如下

$$f(x;\mu,\sigma)=\begin{cases}\dfrac{1}{\sqrt{2\pi}\sigma x}e^{-\frac{(\ln x-\mu)^2}{2\sigma^2}} & (x>0)\\ 0 & (x\leqslant 0)\end{cases} \tag{11-2}$$

进一步假设每条地震波作用下的结果是相互独立且同分布的，选取 $n$ 条地震动记录时似然函数为

$$\begin{aligned}L(\mu,\sigma^2)&=\prod_{i=1}^{n}\frac{1}{\sqrt{2\pi}\sigma x_i}e^{-\frac{(\ln x_i-\mu)2}{2\sigma 2}}\\&=(2\pi\sigma^2)^{-\frac{n}{2}}(\prod_{i=1}^{n}x_i)^{-1}e^{-\frac{1}{2\sigma^2}\sum_{i=1}^{n}(\ln x_i-\mu)^2}\end{aligned} \tag{11-3}$$

两边取对数可以得到

$$\ln L(\mu,\sigma^2)=-\frac{n}{2}\ln(2\pi\sigma^2)-\ln(\prod_{i=1}^{n}x_i)-\frac{1}{2\sigma^2}\sum_{i=1}^{n}(\ln x_i-\mu)^2 \tag{11-4}$$

对式（11-4）求偏导可以得到

$$\begin{cases}\dfrac{\partial\ln L(\mu,\sigma^2)}{\partial\mu}=\dfrac{1}{\sigma^2}\displaystyle\sum_{i=1}^{n}(\ln x_i-\mu)=0\\[2ex] \dfrac{\partial\ln L(\mu,\sigma^2)}{\partial\sigma^2}=-\dfrac{n}{2\sigma^2}+\dfrac{\displaystyle\sum_{i=1}^{n}(\ln x_i-\mu)^2}{2\sigma^4}=0\end{cases} \tag{11-5}$$

求解式（11-5）可以得到参数估计的表达式

$$\begin{cases}\hat{\mu}=\dfrac{1}{n}\displaystyle\sum_{i=1}^{n}\ln x_i\\[2ex] \hat{\sigma}^2=\dfrac{1}{n}\displaystyle\sum_{i=1}^{n}(\ln x_i-\hat{\mu})^2\end{cases} \tag{11-6}$$

通过对数正态分布模型，以及上述估计参数，即可获得设备在地震作用下的易损性曲线。

### 11.2.2　穿墙套管—阀厅体系地震易损性分析

1. 分析对象

本节分析对象仍采用 8.5 节中特高压直流穿墙套管。

2. 地震波的选取

为了获得易损性曲线所需的数据样本，在 PEER 数据库（PEER Ground Motion Database 2011）中，根据场地需求谱选择了 30 组包含 3 个方向的地震动记录作为地面运动输入，以 $0.1g$ 为步长，调整其加速度峰值从 $0.1g$ 增至 $1.0g$ 进行地震响应时程分析。基于穿墙套管长悬臂的结构特点，竖向地震动分量影响显著，同时考虑到阀厅山墙面外振动和横向水平振动会放大穿墙套管的地震响应，采用地震波三向输入的加速度峰值比值为 1∶1∶

0.8(IEEE Std 693—2018)。图 11-1 作出所选的 30 条地震记录，在场地设计基本地震加速度峰值为 0.4$g$ 时，$X$ 向的平均加速度反应谱能够很好地包络住场地需求谱。

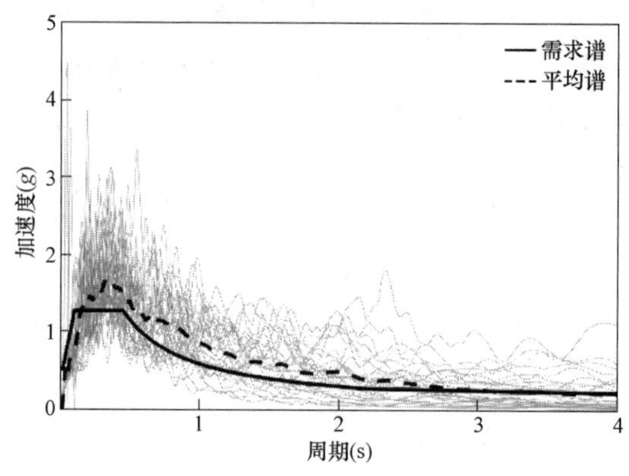


图 11-1　峰值加速度为 0.4$g$ 时 30 条地震波 $X$ 向平均加速度反应谱及场地需求谱

3. 定义损坏状态及统计样本值

对于穿墙套管强度方面导致的功能失效，通过检测模型不同部位的最大弯曲应力，确定了最大应力出现在户外穿墙套管与法兰连接的根部。因此，将户外穿墙套管的根部破坏视作损伤状态，考虑了 3 种损伤状态：中度损伤状态、严重损伤状态和极限破坏状态，损伤状态指标分别相当于极限应力（75MPa）的 25%、50%和 100%。

对于穿墙套管变形方面导致的功能失效，通过检测穿墙套管内部导电杆和绝缘外套筒不同部位的最大相对位移，确定了最大相对位移出现在绝缘芯子端部截面，因此将 $S$-$S$ 截面导电杆与外套筒间相对位移过大导致的电气绝缘问题视作损伤状态，考虑了两种损伤状态：中度损伤状态和严重损伤状态，限制相对位移分别相当于极限相对位移（取为 5cm）的 50%和 100%。

分别统计在不同峰值的地震作用下，30 组地震波中造成穿墙套管不同程度损伤状态对应的地震波总数量，得到数据样本后，根据本书 8.5.1 节所描述的方法对所需参数进行估计，结果如表 11-1 所示。

**表 11-1　　不同程度损伤状态对应的易损性曲线参数估计值**

| 参数估计 | 外套管根部损伤程度 | | | $S$-$S$ 截面相对位移超限程度 | |
|---|---|---|---|---|---|
| | 中等 | 严重 | 极限破坏 | 中等 | 严重 |
| $\hat{\mu}$ | −2.0715 | −1.1821 | −0.5334 | −0.8831 | −0.4218 |
| $\hat{\sigma}$ | 0.7068 | 0.2119 | 0.1835 | 0.1640 | 0.2299 |

户外套管根部和 $S$-$S$ 截面 3 个关键位置处，通过参数估计得到出现不同程度损伤状态对应的失效概率分别如图 11-2 和图 11-3 所示。从这两张图可以看出，估计的易损性曲线和样本值拟合良好，证明了易损性拟合方法的准确性。

在加速度峰值为 0.1$g$ 和 0.2$g$ 的低强度地震作用下，户外段套管根部出现中度损伤的概率分别是 38%和 72%，但不会出现严重损伤和极限破坏；变形方面也会不造成任何功能失效。在加速度峰值为 0.3$g$ 和 0.4$g$ 的中等强度地震作用下，户外段套管根部出现强度方面中度损伤的概率超过了 90%，出现严重程度损伤的概率分别超过 45%和 85%，而出现极限破坏的概率接近于零；变形方面出现中度损伤的概率分别是 25%和 75%，而出现严重损伤的概率接近于零。在加速度峰值大于 0.5$g$ 的高强度地震作用下，户外段套管根部出现严重损伤的概率超过 95%，出现极限破坏的概率接近 40%；$S$-$S$ 截面也开始出现严重破坏。

户外段套管根部的地震易损性最高，需要采取一定的减隔震措施提高其抗震性能；而户外段套管 $S$-$S$ 截面的内部相对位移过大导致的功能失效同样需要引起重视。

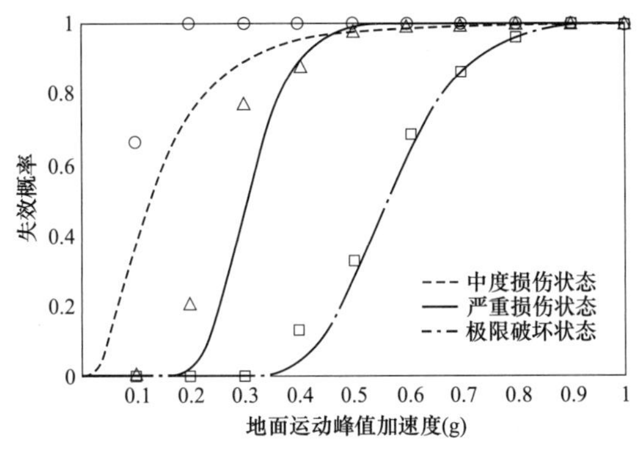

图 11-2　户外套管易损性曲线（强度）

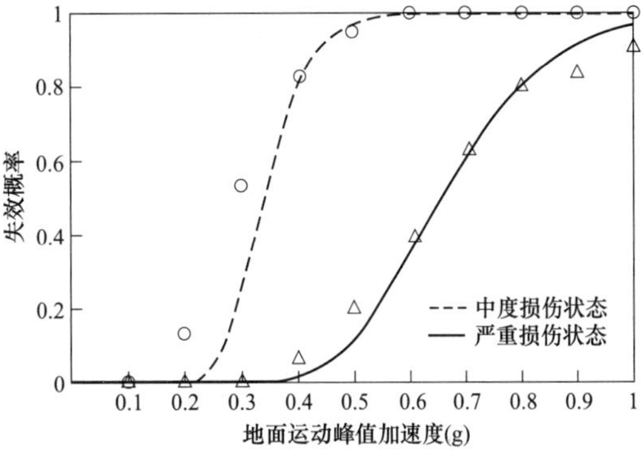

图 11-3　户外套管易损性曲线（变形）

## 11.3　变电站回路基于地震动聚类方法的易损性分析

在 11.2 节中基于多样条分析计算易损性曲线的方法工作量大，且对于不同地震动一般采用同一条易损性曲线，未考虑地震动特异性。本节提出基于地震动聚类的易损性分析与评估方法，以变压器套管作为算例。本方法在降低计算量的同时，保证了评估的准确性，综合考虑多个地震动参数，采用适合该地震动的易损性曲线进行评估可使结果更准确。

### 11.3.1　地震动主成分分析与聚类

1. 地震动参数选取

综合考虑我国规范（GB 50260—2013）和 ATC-63（FEMA P695 Quantification of building seismic performance factors）的地震动选取建议，以及相关文献。为充分反映地震动的随机不确定性，本节根据地震信息，从 PEER 数据库（PEER Ground Motion Database 2011）共筛选 139 条天然地震动记录作为易损性分析的基准样本库。这些地震动样本将用于本节的变压器套管在目标场地（Ⅱ类场地）的易损性分析，其地震信息筛选条件如下：

（1）$Vs_{30}$（30m 土层平均剪切波速）位于区间 265～550m/s。

（2）震中距位于区间 20～100km，震级位于区间 5.5～6.5 级。

（3）选取不同地震事件的地震动记录，同一地震有多条地震动记录时选择 PGA 较大记录。易损性分析前对地震动 PGA 进行归一化处理，可避免该条件影响分析准确性。

地震动的最基本特性由三要素决定：幅值、反应谱和持续时间。地震动幅值是地震振动强度的表示，如加速度幅值、位移幅值。地震动反应谱是地面运动对具有不同自振周期的结构的响应，反应谱是工程抗震用来表示地动频谱特性的一种特有的方式。持续时间为地震的持续时间，一般分为总持续时间和强震动持续时间。

根据地震动三要素，选择多个常见地震动参数并分类，见表 11-2。一般认为这些参数与表征地震对电力系统破坏能力相关。其中，符号 $S_a$(2%，$T_1$）表示在阻尼比为 2%时，加速度反应谱在结构基本周期 $T_1$ 处的加速度值，其余参数的常用英文简写，见表 11-2。

**表 11-2　地震动参数及其分类**

| 序号 | 参数 | 英文简写 | 类别 |
|---|---|---|---|
| 1 | 峰值速度 | PGV | 幅值相关类 |
| 2 | 标准累积绝对速度 | $CAV_{std}$ | |
| 3 | 峰值位移 | PGD | |
| 4 | 阿里亚斯（Arias）强度 | $I_a$ | |
| 5 | 能量持时（90%） | $t_d$ | 持时相关类 |
| 6 | 动力系数最大值 | $\beta_{max}$ | 加速度反应谱相关类 |
| 7 | 结构基本周期对应谱加速度 | $S_a$(2%，$T_1$) | |
| 8 | 反应谱峰值对应的周期 | $T_p$ | |
| 9 | 有效峰值加速度 | EPA | |

将基准样本库中的地震动加速度时程记录统一调幅为 $PGA=0.3g$，分别计算每条地震动记录的上述 9 个参数，并对数据进行标准化处理，以去除参数的单位、数量级不同带来的影响。用符号 $a_1$，$a_2$，…，$a_j$，…，$a_n$ 依次表示表 11-2 中参数计算结果。

通过相关系数公式（11-7）计算地震动参数之间的相关系数，相关系数矩阵 $R_{n\times n}$ 见表 11-3。

$$r_{ij}=r(\boldsymbol{a}_i,\boldsymbol{a}_j)=\frac{C_{OV}(\boldsymbol{a}_i,\boldsymbol{a}_j)}{\sqrt{V_{ar}[\boldsymbol{a}_i]\cdot V_{ar}[\boldsymbol{a}_j]}} \tag{11-7}$$

式中　$r(\boldsymbol{a}_i,\boldsymbol{a}_j)$——$a_i$ 与 $a_j$ 的相关系数；

$C_{ov}(\boldsymbol{a}_i,\boldsymbol{a}_j)$——$a_i$ 与 $a_j$ 的协方差；

$V_{ar}[\boldsymbol{a}_i]$、$V_{ar}[\boldsymbol{a}_j]$——$a_i$、$a_j$ 的方差；

$r_{ij}$——矩阵 $R_{n\times n}$ 中第 $i$ 行 $j$ 列的元素。

**表 11-3　地震动参数的相关系数矩阵 *R***

| 相关数 | PGV | $CAV_{std}$ | PGD | $I_a$ | $t_d$ | $\beta_{max}$ | $S_a$ | $T_p$ | EPA |
|---|---|---|---|---|---|---|---|---|---|
| PGV | 1.00 | 0.60 | 0.85 | 0.69 | 0.39 | 0.10 | 0.35 | 0.64 | 0.16 |
| $CAV_{std}$ | 0.60 | 1.00 | 0.63 | 0.97 | 0.84 | 0.44 | 0.40 | 0.25 | 0.51 |
| PGD | 0.85 | 0.63 | 1.00 | 0.69 | 0.47 | 0.15 | 0.29 | 0.46 | 0.22 |
| $I_a$ | 0.69 | 0.97 | 0.69 | 1.00 | 0.71 | 0.47 | 0.45 | 0.32 | 0.51 |
| $t_d$ | 0.39 | 0.84 | 0.47 | 0.71 | 1.00 | 0.22 | 0.18 | 0.14 | 0.32 |
| $\beta_{max}$ | 0.10 | 0.44 | 0.15 | 0.47 | 0.22 | 1.00 | 0.50 | −0.11 | 0.70 |
| $S_a$ | 0.35 | 0.40 | 0.29 | 0.45 | 0.18 | 0.50 | 1.00 | 0.27 | 0.66 |
| $T_p$ | 0.64 | 0.25 | 0.46 | 0.32 | 0.14 | −0.11 | 0.27 | 1.00 | −0.13 |
| EPA | 0.16 | 0.51 | 0.22 | 0.51 | 0.32 | 0.70 | 0.66 | −0.13 | 1.00 |

该相关矩阵 $R_{n\times n}$ 表明 9 个参数之间的相关性。一般相关系数的绝对值大于 0.8，可认为两个参数有强的相关性。从表 11-3 可知，多个参数两两之间有相关性，存在部分信息重叠，例如 $PGV$ 与 $PGD$ 等。

2. 主成分分析

主成分分析是将多个参数指标组合为少量主成分指标的经典统计分析方法，可用少量指标尽可能地反映原始多个指标信息。主成分指标 $p$ 为 $n$ 个地震动参数 $a_1$，$a_2$，…，$a_j$，…，$a_n$ 的特殊线性组合，如式（11-8）所示，各主成分之间线性不相关

$$\begin{cases} \boldsymbol{p}_1 = v_{11}\boldsymbol{a}_1 + v_{21}\boldsymbol{a}_2 + \cdots + v_{j1}\boldsymbol{a}_j + \cdots + v_{n1}\boldsymbol{a}_n \\ \boldsymbol{p}_2 = v_{12}\boldsymbol{a}_1 + v_{22}\boldsymbol{a}_2 + \cdots + v_{j2}\boldsymbol{a}_j + \cdots + v_{n2}\boldsymbol{a}_n \\ \quad\vdots \\ \boldsymbol{p}_n = v_{1n}\boldsymbol{a}_1 + v_{2n}\boldsymbol{a}_2 + \cdots + v_{jn}\boldsymbol{a}_j + \cdots + v_{nn}\boldsymbol{a}_n \end{cases} \tag{11-8}$$

式中　$\boldsymbol{p}_1$，$\boldsymbol{p}_2$，…，$\boldsymbol{p}_n$——$n$ 个主成分指标，是原始地震动参数 $a_1$，$a_2$，…，$a_j$，…，$a_n$ 的线性组合；

$v_1$，$v_2$，…，$v_n$——线性组合系数，称为主成分系数。

类似于振型分解反应谱法，一般只需要求结构的前几阶振型即可满足精度要求，同样，主成分分析目的是降维，一般选用前 $l(l<n)$ 个主成分而不采用全部主成分，$l$ 的取值根据特征值与主成分累计方差贡献率来最终判定，对于标准化处理后的数据，其计算式如式（11-9）、式（11-10）所示。

$$\boldsymbol{R}\boldsymbol{v} = \lambda\boldsymbol{v} \tag{11-9}$$

$$c = \frac{\sum_{j=1}^{l}\lambda_j}{\sum_{i=1}^{n}\lambda_i} \tag{11-10}$$

式中　$\boldsymbol{v}$——特征向量（也是主成分系数）；

$\lambda$——特征值；

$c$——累计方差贡献率，类似于振型参与系数；

$l$——选取的主成分个数；

$n$——地震动参数个数，也是相关系数矩阵 $R_{n\times n}$ 的阶数，显然，$n$ 阶矩阵有 $n$ 个特征值。

对基准样本库中全部地震动的上述常见地震动参数进行主成分分析，其主成分的特征值及累计贡献率如表 11-4 所示，由此确定 $l$ 取值。

**表 11-4　　　　主成分指标的特征值与累计贡献率**

| 主成分 | 特征值 | 方差百分比（%） | 累积贡献率（%） |
|---|---|---|---|
| $p_1$ | 4.62 | 51.30 | 51.30 |
| $p_2$ | 1.91 | 21.24 | 72.54 |
| $p_3$ | 1.10 | 12.19 | 84.73 |
| $p_4$ | 0.50 | 5.51 | 90.24 |
| $p_5$ | 0.39 | 4.33 | 94.57 |

续表

| 主成分 | 特征值 | 方差百分比（%） | 累积贡献率（%） |
|---|---|---|---|
| $p_6$ | 0.19 | 2.17 | 96.74 |
| $p_7$ | 0.19 | 2.07 | 98.80 |
| $p_8$ | 0.10 | 1.11 | 99.92 |
| $p_9$ | 0.01 | 0.08 | 100.00 |

一般选择特征值大于 1 或累计贡献率达到某程度（一般取 70%或 80%以上）的主成分。如表 11-4 所示，有前 $l=3$ 个特征值大于 1 的主成分指标；其累计贡献率为 84.73%，这表明 3 个指标反映了原 9 个参数的大部分信息。采用前 3 个主成分指标作为聚类指标，避免了仅采用少量几个参数作为聚类指标导致的信息缺失，同时解决各参数之间存在信息重叠的问题。

表 11-5 列出了主成分分析的载荷矩阵，载荷值表明了主成分指标与原始地震动参数的相关关系。主成分 $p_1$ 主要突出了 $CAV_{std}$ 与 $I_a$ 这两个幅值相关参数，其载荷值较大且为正，则这两个参数在主成分 $p_1$ 上呈正向分布；即在 $p_1$ 坐标正向，$p_1$ 越大，$CAV_{std}$ 与 $I_a$ 越大，故称 $p_1$ 为幅值主成分。同理，主成分 $p_2$ 突出了 $\beta_{max}$、$EPA$、$T_p$ 这 3 个反应谱相关参数，其中，$\beta_{max}$、$EPA$ 在主成分 $p_2$ 上呈正向分布，$T_p$ 在主成分 $p_2$ 上呈负向分布。即在 $p_2$ 坐标正向，$p_2$ 越大，$\beta_{max}$、$EPA$ 越大，$T_p$ 越小，故称 $p_2$ 为反应谱主成分。主成分 $p_3$ 突出了 $t_d$ 与 $S_a(2\%, T_1)$ 这两个参数，$t_d$ 在主成分 $p_3$ 上呈负向分布，$S_a(2\%, T_1)$ 呈正向分布，故可称 $p_3$ 为总时长频谱综合主成分。

**表 11-5　　主成分分析的载荷矩阵**

| 原参数 | 主成分 $p_1$ | 主成分 $p_2$ | 主成分 $p_3$ |
|---|---|---|---|
| $PGV$ | 0.77 | −0.51 | 0.20 |
| $CAV_{std}$ | 0.93 | 0.03 | −0.33 |
| $PGD$ | 0.78 | −0.41 | 0.03 |
| $I_a$ | 0.95 | −0.01 | −0.17 |
| $t_d$ | 0.72 | −0.03 | −0.58 |
| $\beta_{max}$ | 0.52 | 0.68 | 0.14 |
| $S_a(2\%, T_1)$ | 0.61 | 0.35 | 0.57 |
| $T_p$ | 0.42 | −0.65 | 0.46 |
| $EPA$ | 0.60 | 0.69 | 0.15 |

3. 地震动聚类

将基准样本库中全部地震动记录根据其主成分指标 $p_1$、$p_2$、$p_3$ 的接近程度分类。采用 k 均值（k-means）聚类算法［麦奎因］，这是一种经典动态聚类算法。地震动样本的聚类流程如图 11-4 所示，最终可将样本分为 $k$ 类。

图 11-4 中的距离采用欧氏距离，用来描述样本间的相似度。设地震动样本 $g$ 的 $l$ 维指标为 $g=(p_1, p_2, \cdots, p_l)$，样本 $g'$ 的 $l$ 维指标为 $g'=(p_1', p_2', \cdots, p_l')$。则 $g$ 与 $g'$ 之间的欧氏距离式如下

$$d(g,g')=\sqrt{(p_1-p_1')^2+(p_2-p_2')^2+\cdots+(p_1-p_1')^2} \tag{11-11}$$

式中　$d(g,\ g')$——$g$、$g'$ 之间的欧氏距离。

使用误差平方和准则函数来评价聚类性能，表示聚类的畸变程度。给定样本集 $G$，假设 $G$ 中的样本可聚类为 $k$ 类，即 $G$ 包含 $k$ 个分类子集 $G_1$，$G_2$，…，$G_k$；各个分类中样本数分别为 $m_1$，$m_2$，…，$m_k$；各个分类的聚类中心点分别为 $e_1$，$e_2$，…，$e_k$；则误差平方和准则函数如下

$$D=\sum_{i=1}^{k}\sum_{g\in G_i}[d(g,e_i)]^2 \tag{11-12}$$

式中　$D$——误差平方和，反映聚类的畸变程度。该值越小，聚类效果越好。

可通过 Sturges 经验公式初步估计最优分类数 $k$，如下

$$k\approx 1+3.322\lg(m)=1+3.322\times\lg(139)=8.00 \tag{11-13}$$

为进一步确定基准样本的最优分类数 $k$，分别令 $k$ =1，2，…，10，进行聚类分析并计算 $D$，如图 11-5 所示。随着分类数 $k$ 逐渐增大，畸变程度（误差平方和）逐渐减小。根据肘部判别法，当 $k$ =3，4，…，7 时，曲线的斜率接近，近似为直线；当 $k$>7 时，畸变程度下降缓慢，曲线斜率接近水平。故取 $k$ =7 时，聚类效果较好且分类数较经济。

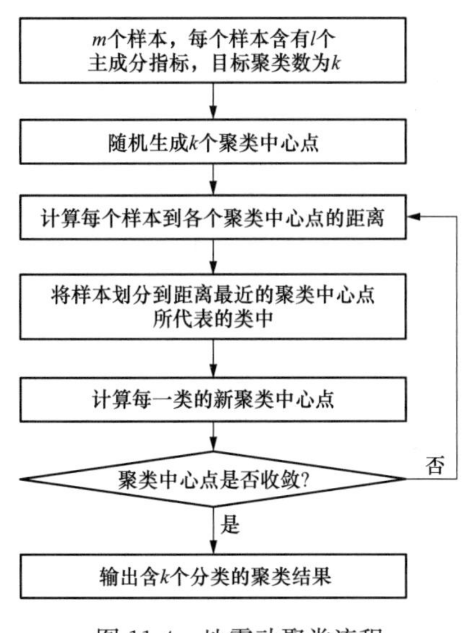


图 11-4　地震动聚类流程

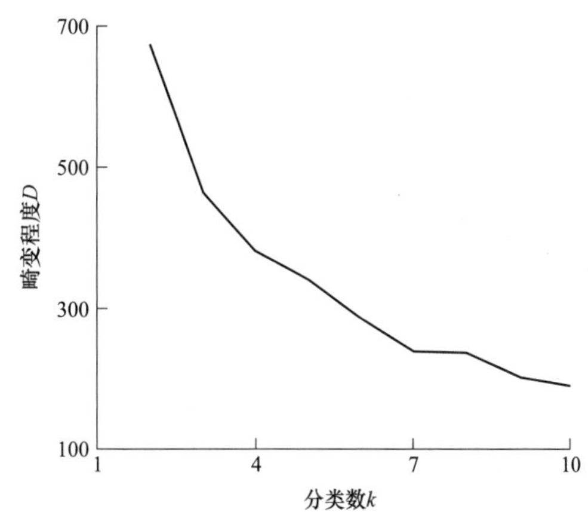


图 11-5　畸变程度与分类数 $k$ 关系

$k$ =7 时基准样本库的聚类结果如图 11-6 所示，地震动样本用 3 维坐标点表示，主成分指标 $p_1$，$p_2$，$p_3$ 作为坐标轴。主成分值接近的样本距离近，被分为一类。每一类的样本聚成团簇状。其中，第 3、5、6 类中的样本数较多，分别为 49、20、46 个。

### 11.3.2　基于地震动聚类的易损性分析方法

1. 易损性分析对象

分析对象为本书 3.7 节振动台试验对象套管 O。

根据规范要求，重要电力设施提高一度设防，该套管抗震设防烈度提高后为 8 度，设计基本地震加速度 0.3$g$；考虑变压器箱对地震加速度的放大系数为 2，故套管的目标加速度

峰值为 $0.3g\times2=0.6g$。

建立变压器套管有限元模型，如图 11-7 所示。输入振动台试验的人工波，动力时程计算结果显示：连接套筒底板与加劲肋端部连接处的主拉应力超过极限抗拉强度（铸铝材料，130MPa），该处发生破坏。这与振动台试验结果一致。因此，以连接套筒底板与加劲肋端部连接处主拉应力超过极限抗拉强度，铸铝材料断裂，作为易损性分析中套管失效的判据。

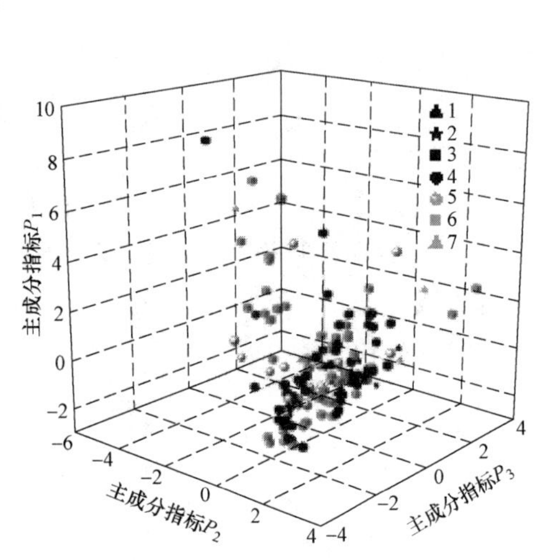


图 11-6　地震动记录的聚类结果

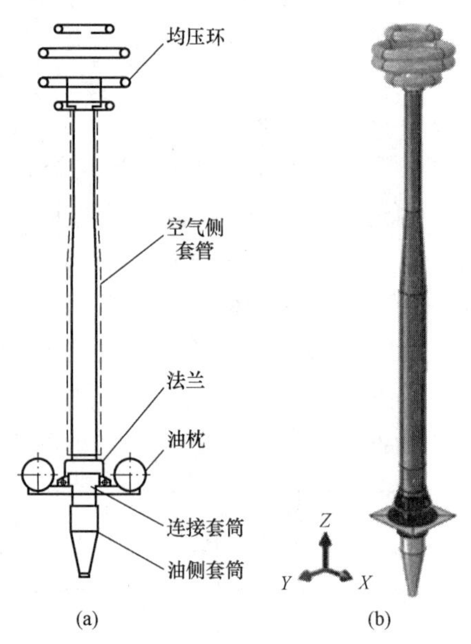


图 11-7　套管有限元模型

（a）设计；（b）有限元模型

2. 基准易损性曲线

通过式（11-14）计算套管根部加速度峰值 $a_p$ 分别为 $0.1g$、$0.2g$、…、$1g$ 时套管失效概率。

$$P=\frac{n_f}{N} \tag{11-14}$$

式中　$P$——失效概率；

$n_f$——使套管失效的地震动数；

$N$——基准样本中地震动总数，本节中 $N=m=139$。

做出套管根部加速度峰值 $a_p$—失效概率 $P$ 散点图，用对数正态分布累积函数拟合，得到易损性曲线。即认为失效累积发生概率 $P$ 满足对数正态分布累积函数，如下

$$P(a_p)=\Phi\left(\frac{\ln a_p-\mu}{\sigma}\right) \tag{11-15}$$

$P(a_p)$ 是当套管根部加速度峰值等于 $a_p$ 时设备的失效概率，$\varphi()$ 为标准正态分布的累积函数。对数平均值参数 $\mu$ 是 $\ln(a_p)$ 的平均值，对数标准差参数 $\sigma$ 是 $\ln(a_p)$ 的标准差。$\mu$ 和 $\sigma$ 是通过最小二乘法拟合离散的 $a_p$—$P$ 点获得的。

计算全部地震动作用下的设备响应，得到易损性曲线，称为基准易损性曲线，如图 11-8 所示。其中，横轴为套管根部加速度峰值 $a_p$，纵轴为失效概率 $P$，当 $a_p=0.6g$ 时，套管失效概率 $P>50\%$。

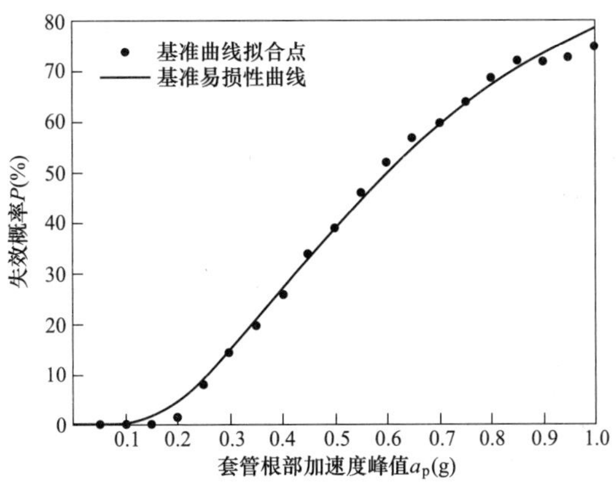


图 11-8　变压器套管基准易损性曲线

3. 快速易损性分析方法

为减少计算量，不采用全部地震动计算易损性曲线，而是从基准样本库中选择 30 条（占比 21%）典型地震动样本代表全部样本，以此计算该型变压器套管的易损性曲线。

本方法基于聚类结果决定典型地震动样本，从第 $i$ 类样本中选取 $z_i$ 个地震动样本，这 $z_i$ 个样本根据其到聚类中心的距离均匀间距地选取。$\sum_{i=1}^{k} z_i$ 组成样本数为 30 的典型地震动样本库。$z_i$ 的取值由第 $i$ 类的样本数与总样本数的比例决定，如式（11-16）所示。

$$z_i = \frac{30}{N} \times n_i \tag{11-16}$$

式中　$n_i$——第 $i$ 类地震动样本数。

用此方法在基准样本库中选择典型地震动样本库，记作典型样本库 $a$。典型样本与其余未被选中的样本的分布情况如图 11-9（a）所示。为了对比，从基准样本库中选择在［0.1，$T_g$］与［$T_1$-0.2，$T_1$+0.5］两区段与规范设计谱最接近的 30 个地震动样本作为典型样本库 $b$($T_g$ 为特征周期，$T_1$ 为结构的基本周期，RRS 根据规范 GB 50260—2013 中Ⅱ类场地地震影响系数曲线)，典型样本库 b 与其余未被选中的样本的分布情况如图 11-9（b）所示。同样作为对比，从基准样本库中任意随机选取 30 个样本，作为典型样本库 c，典型样本库 c 与其余未被选中样本的分布情况如图 11-9（c）所示。

图 11-9（a）中，根据聚类结果从基准样本库选择的典型样本的分布形状与基准样本库整体分布形状相近，三维坐标的离散性较好，即主成分指标覆盖区间较广，且典型样本的分布密度随空间位置的变化与整体样本相近。对照聚类结果（如图 11-6 所示），选取的典型样本涉及各个类，类型多样。

相比图 11-9（b），根据与需求谱的匹配度选择的典型样本库 $b$ 分布集中。这是因为对频率特性的限制导致选取的样本类型单一（对照图 11-6，主要是第 6 类样本），主成分指标值覆盖区间小，忽略了坐标轴始末边缘的样本，不能充分考虑地震动的随机性。这种选择地震动方法主要适用于抗震校核中的结构时程分析，按该方法选择计算的结构响应离散系数较小，这对于结构抗震验算是有利的，是偏安全的。但易损性分析需要充分考虑地震动的随机性，用该方法选择的地震动来代替基准样本用于易损性分析是值得怀疑的。同样，

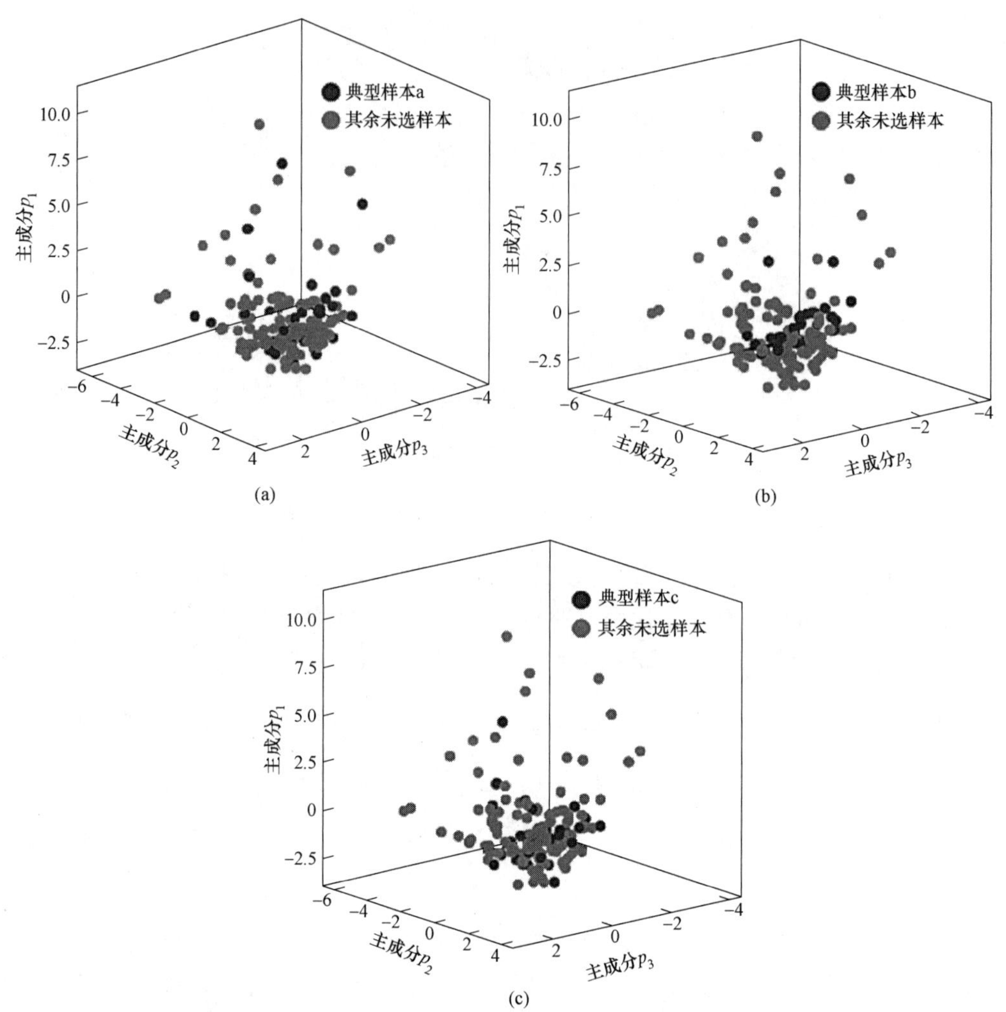


图 11-9　典型样本在基准样本中的分布情况

(a) 基于聚类结果选取的典型样本库 $a$；(b) 根据需求谱选取的典型样本库 $b$；

(c) 随机选取的典型样本库 $c$

图 11-9（c）任意随机选择样本，选取的样本分布集中，不具有代表性。

综上所述，典型样本库 $a$ 更全面地代表基准样本库。分别采用上述 3 种典型地震动样本代替全部样本，进行该型变压器套管的易损性分析，并与采用全部样本的基准易损性曲线对比，结果如图 11-10 所示。

其中，基于聚类选择的典型样本库 $a$ 得到的易损性曲线称为聚类易损性曲线。根据需求谱与随机选择的样本库 $b$、$c$ 得到的易损性曲线分别称为需求谱易损性曲线、随机易损性曲线。聚类易损性曲线与基准易损性曲线基本一致，误差较小，并在 $PGA=0.45g$ 附近出现交叉。相比需求谱易损性曲线在其 $P=11\%$和 $P=88\%$附近与基准曲线相差较大，随机易损性曲线与基准曲线有更大差距且不保守。在 $PGA=0\sim1g$ 范围内，易损性曲线误差的具体数值如表 11-6 所示，分别给出了与基准易损性曲线相比，相应单个数据点的 $P$ 的最大差值和曲线包络面积的相对误差。

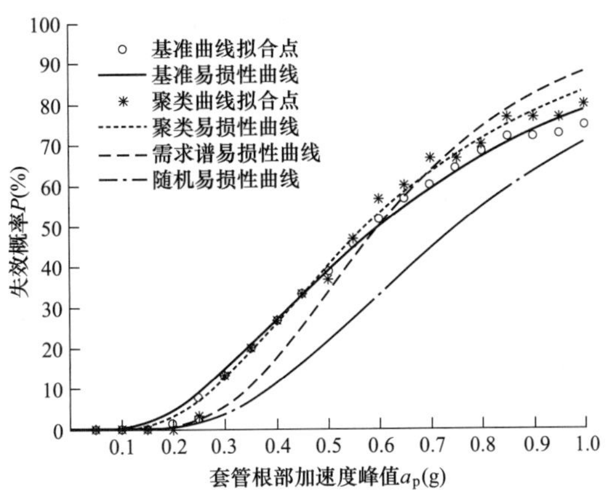

图 11-10　变压器套管易损性曲线对比

表 11-6　　易损性曲线的误差分析

| 曲线 | $P$ 的最大差值 | 曲线面积相对误差 |
|---|---|---|
| 聚类易损性曲线 | 4.4 | 5.7 |
| 需求谱易损性曲线 | 9.3 | 13.7 |
| 随机易损性曲线 | 17.0 | 27.6 |

易损性曲线拟合函数采用对数正态分布累积函数，表 11-7 给出其均值参数 $\mu$、标准差参数 $\sigma$，其中，误差是指与基准易损性曲线相比，参数的相对误差。可见，聚类易损性曲线与需求谱易损性曲线的 $\mu$ 都与基准曲线接近，$\mu$ 决定曲线上对应失效概率 $P=50\%$的点的位置，故三者曲线在 $P=50\%$处接近重合。但需求谱易损性曲线的 $\sigma$ 偏小，标准差 $\sigma$ 决定了曲线在 $P=50\%$附近的斜率，$\sigma$ 越小，曲线斜率越大。所以需求谱易损性曲线斜率较大，$P>50\%$区段偏保守，$P<50\%$区段偏危险，在其 $P=11\%$和 $P=88\%$附近与基准曲线相差较大。标准差 $\sigma$ 较小是因为对频率特性的限制使得选择的地震动样本分布集中，类型单一，套管结构响应的离散性降低。

表 11-7　　易损性曲线的关键参数分析

| 曲线 | 均值 $\mu$ | $\mu$ 的误差（%） | 标准差 $\sigma$ | $\sigma$ 的误差（%） |
|---|---|---|---|---|
| 基准易损性曲线 | 1.77 | — | 0.65 | — |
| 聚类易损性曲线 | 1.74 | 1.7 | 0.58 | 10.8 |
| 需求谱易损性曲线 | 1.76 | 0.6 | 0.45 | 30.8 |
| 随机易损性曲线 | 1.99 | 12.4 | 0.53 | 18.5 |

综上所述，基于聚类选取典型地震动样本库 $a$ 代替全部样本用来计算易损性曲线，在减少地震动输入，降低计算时间的同时保证了结果的准确性。

## 11.4　变电站/换流站设备的震后损伤识别方法

地震可能对电气设备造成隐性损伤，如瓷制绝缘子和金属法兰裂纹，地震发生之后短时间内无法进行排查修复，因此有必要研究基于实测地震响应信号的损伤识别方法，能在地震发生之后快速、准确地获取变电站内各设备的损伤信息，协助电力系统抢修恢复，配合进一步的抢险救灾工作开展。利用电气设备在地震过程中的实时加速度响应信号，基于希尔伯特-黄变换（Hilbert-Huang Transform，HHT）与结构模态应变能理论，可以实现对设备损伤的识别与定位（陆军，2021）。

### 11.4.1 电气设备“两阶段”地震实时损伤识别方法

电气设备结构在地震发生过程中产生损伤的瞬间，由于局部刚度突变，会使得其加速度响应高频成分瞬时增加。基于 HHT 方法，提出一种基于加速度响应信号快速识别地震过程中设备结构损伤的“两阶段”地震实时损伤识别方法。具体方法如下：

第一阶段，根据地震持续时间内结构的加速度响应，判定结构是否发生损伤：

（1）地震发生后，采集事先安装在设备上的加速度传感器，记录下地震持续时间范围内的加速度响应 $X(t)$。

（2）关注加速度信号的高频成分，对信号 $X(t)$ 先进行二次滤波处理。变电站设备的主要振型所对应的频率基本在 30Hz 及以下，当结构基频超过 33Hz 之后就可以将结构视为刚体（IEEE Std 693—2018）。因此，以 50Hz 作为截止频率，对原始加速度信号 $X(t)$ 进行高通滤波；然后对滤波后的信号进行 EEMD 分解，取其分解之后的第一阶 IMF，得到原始信号的高频成分 $X_{\mathrm{hf}}(t)$。

（3）对高频成分信号 $X_{\mathrm{hf}}(t)$ 进行希尔伯特（Hilbert）变换，得到时间向量 $t$、瞬时频率向量 $f_1$ 和一个 $m\times n$ 阶的矩阵 $HS$，矩阵中列数 $n$ 与时间向量 $t$ 中元素的数量对应，行数 $m$ 与瞬时频率向量 $f_1$ 中元素的数量对应，矩阵中任一元素 $e_{ij}$ 代表信号在时刻 $t(j)$ 对应频率为 $f_1(i)$ 的能量大小。

$$
HS=\begin{bmatrix} e_{11} & e_{12} & e_{13} & \cdots & e_{1n} \\ e_{21} & e_{22} & e_{23} & \cdots & e_{2n} \\ e_{31} & e_{32} & e_{33} & \cdots & e_{3n} \\ \cdots & \cdots & \cdots & & \cdots \\ e_{m1} & e_{m2} & e_{m3} & \cdots & e_{mn} \end{bmatrix} \tag{11-17}
$$

（4）对矩阵 $HS$ 进行压缩处理，按照式（11-18）将矩阵中元素按秒聚拢，并求出每一列的和，得到一个表示地震持续时间范围中每一秒内结构加速度响应信号高频成分能量和的向量 $E_{\mathrm{hf}}^{\mathrm{a}}$

$$
E_{\mathrm{hf}}^{\mathrm{a}}(i)=\sum_{j=1}^{n}\Big(\sum_{k=i_{\min}}^{i_{\max}} e_{\mathrm{jk}}\Big) \tag{11-18}
$$

式中 $i_{\min}$——时间向量 $t$ 中大于（$i-1$）的元素对应的下标索引；

$i_{\max}$——时间向量 $t$ 中小于等于 $i$ 的元素对应的下标索引。

（5）按照前述步骤计算本次地震中结构所在场地附近地面运动对应方向加速度的高频成

分能量和向量 $E_{hf}^{g}$，按照式（11-19）计算信号的高频特征值向量 $E_{a}$

$$E_{a}=\frac{E_{hf}^{a}}{E_{hf}^{g}} \tag{11-19}$$

（6）定义数据异常值上限 $U$，并进行损伤判定

$$U=n(Q_3-Q_1) \tag{11-20}$$

式中　$Q_1$——向量 $E$ 中数据的下四分位数；

$Q_3$——向量 $E$ 中数据的上四分位数；

$n$——向量 $E$ 中元素的个数。

将向量 $E$ 中大于 $U$ 的数值的数量定义为损伤数量特征值 $DN$，当 $DN=0$ 时，表示未识别出损伤；当 $DN>0$ 时，则表示设备在时程中发生损伤。将向量 $E$ 中大于 $U$ 的数值对应的时间定义为损伤时刻 $DT$，表示在这一时刻附近结构有损伤出现。

第二阶段，对判定发生损伤的结构进一步进行损伤定位：

（7）根据步骤（6）的判定结果，如果识别出设备发生了损伤，则根据记录的损伤时刻 $DT$，以向量 $DT$ 中的最小值和最大值作为时间节点，将原始结构地震响应信号 $X(t)$ 分割，得到未损伤与损伤后的两段加速度信号 $x^{h}(t)$ 和 $x^{d}(t)$。

（8）根据加速度传感器布置位置，将结构划分为不同单元。基于损伤前后的加速度信号 $x^{h}(t)$ 和 $x^{d}(t)$ 分别计算损伤前后结构的模态振型，并根据式（11-21）计算每个单元的模态损伤位置特征值

$$DL_{ir}=\frac{\int_{i}\left(\frac{\partial^{2}\varphi_{r}^{d}(x)}{\partial x^{2}}\right)^{2}\mathrm{d}x}{\int_{i}\left(\frac{\partial^{2}\varphi_{r}^{h}(x)}{\partial x^{2}}\right)^{2}\mathrm{d}x} \tag{11-21}$$

式中　$i$——结构单元编号；

$\varphi_{r}^{h}(x)$——无损结构的第 $r$ 阶模态振型；

$\varphi_{r}^{d}(x)$——损伤结构的第 $r$ 阶模态振型；

$DL_{ir}$——结构第 $i$ 单元第 $r$ 阶模态的损伤位置特征值。

（9）根据步骤（8）计算的模态数量 $N$，按照式（11-22）计算出每一个单元的最终损伤位置特征值并进行比较。在整个结构的所有单元中，损伤位置特征值越大，该单元发生损伤的可能性越大。如果结构在地震持续时间过程中仅发生单次损伤，则损伤位置在损伤位置特征值最大的单元。

$$DL_{i}=\frac{1}{N}\sum_{r=1}^{N}DL_{ir} \tag{11-22}$$

### 11.4.2　振动台试验破坏工况

以本书 3.7.3 节中所述振动台试验出现的套管破坏情况为例，在人工波输入振动台面，套管开始振动约 6s 之后，试验现场听到套管发出脆断声响，紧接着观察到法兰位置出现漏油迹象，在该工况随后持续时间内，未发生进一步明显的破坏现象。工况 4 结束后，检查试件发现套管金属法兰处发生开裂，裂纹沿着加劲肋底部发展，贯穿法兰底板，一直延伸至套

管内部，套管内部绝缘油从裂纹处严重泄漏，如图 11-11 所示。本节所用加速度计布置及编号如图 11-12 所示。

(a)

(b)

图 11-11　金属法兰裂纹

(a) 法兰加劲肋底部裂纹；(b) 法兰底板裂纹

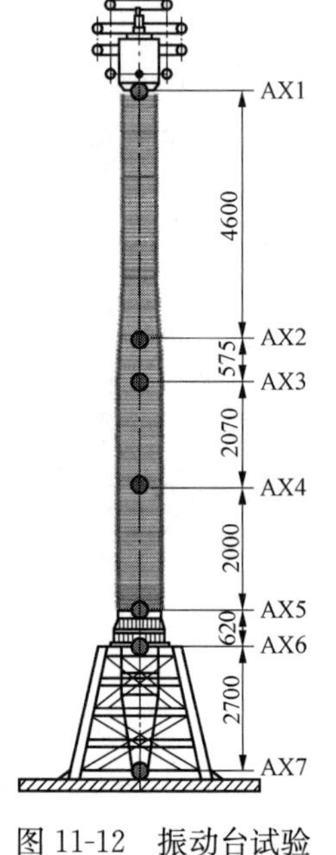


图 11-12　振动台试验加速度计布置

### 11.4.3　损伤识别结果

采用本书 11.4.1 节中提出的“两阶段”地震实时损伤识别方法，对本次振动台试验工况 4 记录的特高压套管结构振动加速度响应数据进行损伤识别。首先，根据试验记录下的加速度信号，进行是否发生损伤的判定。

对 7 组加速度传感器采集到的信号进行二次滤波处理之后做 HHT 变换，可以得到加速度信号的高频信息，绘制出各组加速度信号的滤波希尔伯特谱如图 11-13 所示。图中蓝色条带表明加速度信号在对应短时间内具有较大的高频幅值，可以称其为瞬时高频带，表明结构在此时刻遭受了瞬时冲击，结合试验现场观测到的现象，这类瞬时冲击是由于套管法兰破裂产生的。从加速度响应的滤波希尔伯特谱可以清晰地看出，在工况 4 进行到 6～7s 时，设备上布设的 7 组加速度计记录下的加速度信号均出现两条明显的瞬时高频带，表明在 6～7s 这个时间节点，特高压套管出现了结构性损伤。按照损伤判定方法，对 7 组加速度信号进行损伤识别判定，识别结果见表 11-8。

**表 11-8　工况 4 主震方向加速度信号损伤数量特征值及对应损伤时间**　s

| 信号 | AX1 | AX2 | AX3 | AX4 | AX5 | AX6 | AX7 |
|---|---|---|---|---|---|---|---|
| DN | 2 | 2 | 2 | 2 | 2 | 2 | 2 |
| DT | 6，7 | 6，7 | 6，7 | 6，7 | 6，7 | 6，7 | 6，7 |

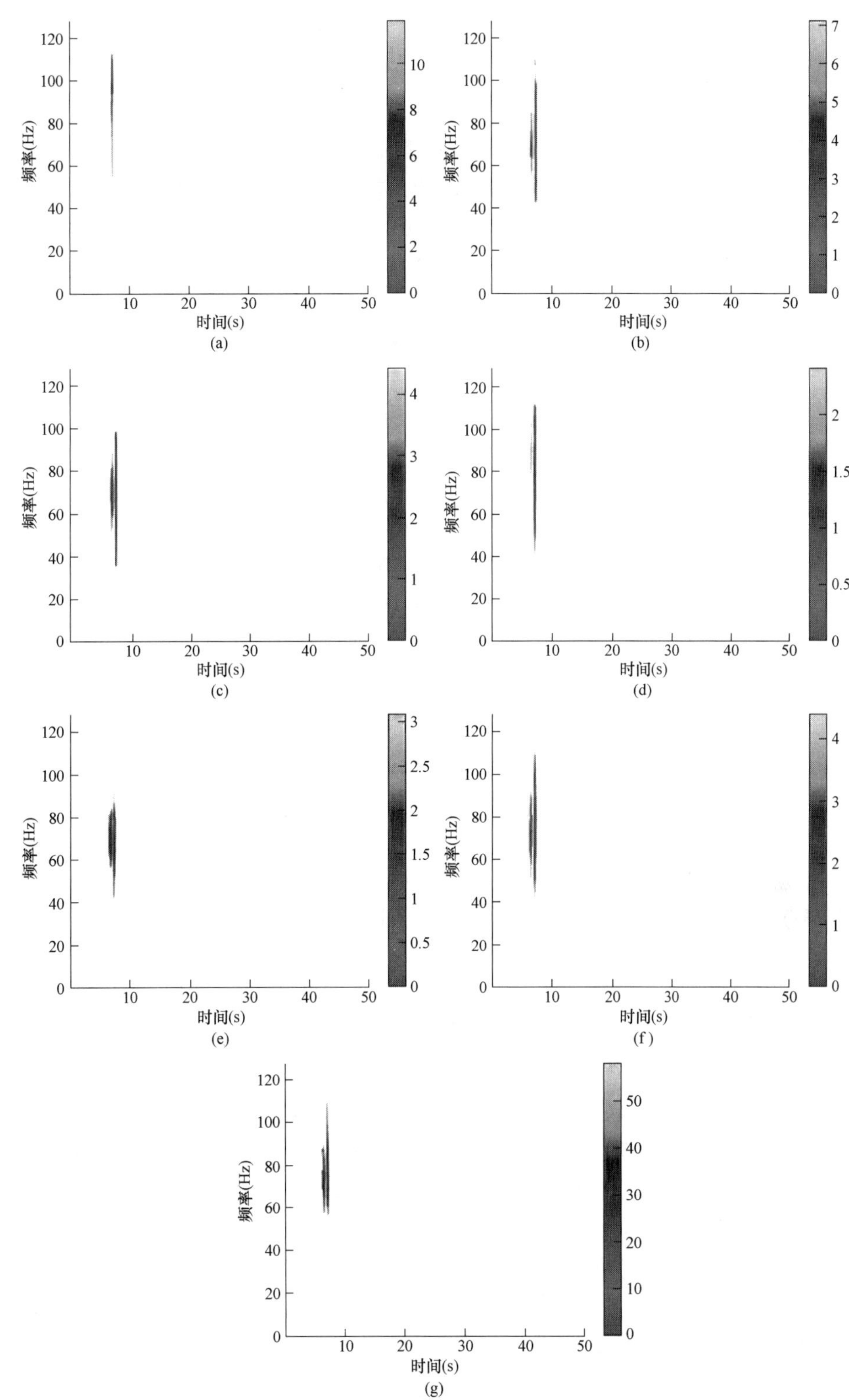


图 11-13 工况 4 主震方向加速度信号滤波希尔伯特谱

(a) AX1 滤波希尔伯特谱；(b) AX2 滤波希尔伯特谱；(c) AX3 滤波希尔伯特谱；(d) AX4 滤波希尔伯特谱；(e) AX5 滤波希尔伯特谱；(f) AX6 滤波希尔伯特谱；(g) AX7 滤波希尔伯特谱

根据表 11-8 所列出的损伤识别结果，7 组加速度信号识别出的损伤数量特征值均为 2，对应的时刻都是第 6s 和第 7s，这说明在地震动持时过程的第 6～7s，特高压套管的结构出现了损伤，这一识别结果与试验现场观测结果一致。

另外，表 11-8 所列数据还反映出一个非常重要的结果，虽然可以确定套管的主要损伤位置在金属法兰部位，但是遍布整根套管上的全部加速度计所记录的数据都采集到了套管在地震过程中的损伤信息。这一结果具有十分重要的工程实践意义，因为在实际地震发生之后，电力网络的抢修及快速恢复供电工作十分重要，而由地震所造成的变电站内部设备结构的类似于本次试验法兰开裂这一类型的微小损伤，在初期抢修工作中很难快速发现，若能提前在变电站关键设备上布设监测仪器，根据本次振动台试验的识别结果，单一设备结构体仅需布置一组加速度传感器，地震后即可根据本章的方法快速获得设备是否发生损伤的信息。

通过第一阶段识别方法，判定出特高压套管在试验工况 4 进行过程中确有损伤，按照“两阶段”地震实时损伤识别方法，接下来对套管进行第二阶段的损伤定位。

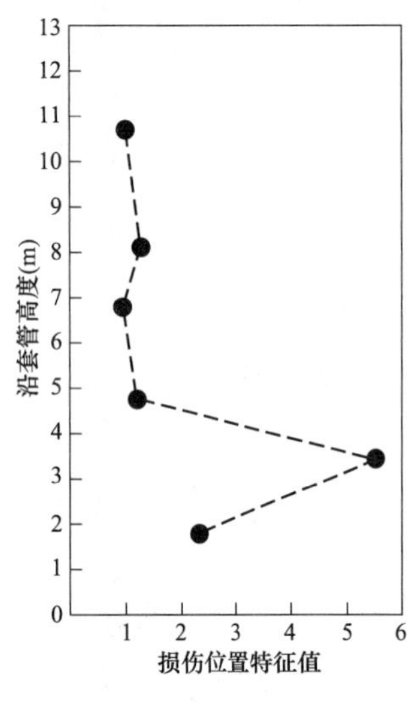

图 11-14　工况 4 主震方向加速度信号损伤位置识别结果

根据 7 组加速度传感器布置位置，将套管分为 6 个单元。以第 6s 和第 7s 作为时间节点，将 6s 之前的响应信号作为结构无损状态下的振动加速度响应，将 7s 之后的响应信号作为结构损伤状态下的振动加速度响应信号，分别计算结构无损状态和损伤状态下前两阶模态振型，按照上文损伤识别方法中的定义，求出 6 个单元的损伤位置特征值，并按照单元所在套管高度绘制出损伤位置分布图，如图 11-14 所示。

从图 11-14 可以看出，沿套管 3m 左右高度的单元损伤位置特征值最大，表明套管的损伤位置位于此单元。可以进一步根据加速度计布置情况得出损伤单元位于 AX5 和 AX6 之间，这一区域正是金属法兰所在位置，损伤定位准确。

根据对特高压套管振动台试验工况 4 加速度响应信号的“两阶段”实时损伤识别结果，特高压套管在工况 4 进行过程中，6～7s 时发生了结构损伤，损伤位置位于套管离地面高度约为 3m 左右的区域。损伤识别结果与试验现场观测及视频记录结构一致，识别准确。这一结果验证了“两阶段”地震实时损伤识别方法的准确性，这一方法可以为地震后变电站电气设备快速抢修维护工作提供快速、准确的信息。

## 11.5　变电站/换流站抗震韧性基本概念与案例分析

除了对电气设备进行完全基于结构性能的震损评估，目前考虑功能性的抗震韧性评估也越来越受到重视。抗震韧性评估是一个多维度的评估工作，涉及结构或系统功能性、经济性、可恢复性等多重指标。本节基于蒙特卡罗（Monte Carlo）模拟的方法，以典型 ±800kV 换流站内的换流变压器组为例，对换流变压器组的抗震韧性指标和提升措施的经济性指标进行了计算分析，评估了隔震改造对换流变压器组抗震韧性的提升程度，与常规采用的增设备品方法进行了对比，论证了隔震改造的效益。

### 11.5.1　变电站/换流站抗震韧性的基本概念

电气设备地震易损性研究可以从概率的角度体现各类设备的抗震能力，反映出了设备乃至系统层面的抗震水平。但实际上，地震等各类灾害的发生并不是瞬时完成的，存在地震持续时间，震后修复时间，震后物资调配及经济损失等多方面因素，同时对于震前的性能改造优化也十分重要，所以单从抗震能力方面进行地震易损性分析是远远不够的。同时，由于变电站是构成电力系统的重要组成部分，其在极端灾害发生后的破坏程度和震后变电功能的恢复进度对灾区的应急救援、居民安置及灾后重建工作有着至关重要的影响。国内外历次大地震中，变电站均遭受大量破坏，且由于恢复所需人力物力多，恢复难度大，使得恢复时间较长，给抗震救灾和恢复重建工作带来极大的不便。因此，研究变电站韧性、评估变电站地震后的恢复能力与恢复时间就显得十分必要，抗震韧性研究能够为震前技改提供有力数据支撑，同时也能为震后电力设施设备的资源配置决策、加速震后灾区的供电恢复和电力设施重建工作提供参考，从而有效地降低地震造成的直接和间接的经济损失。

1973 年，生态学家豪林（Holling）首次将韧性的概念引入生态学中，后来随着研究的深入，韧性框架已逐渐应用到水网、道桥、交通、城市规划等领域，其概念也被进一步研究和深化。21 世纪初布鲁诺（Bruneau）提出具有可恢复功能的城市抗震韧性减灾概念，要求降低灾害发生概率、减少损失和缩短恢复时间，并提出了从 4 个维度“技术、组织、社会、经济”和 4 个韧性属性“鲁棒性、快速性、资源性、冗余度”来评价系统的韧性。Renschler 等人（2010）在此基础上，针对整个社区的韧性建议分为以下 7 个维度：人口数量和分布统计、环境和生态、有组织的政府服务、基础设施设备和结构、生命线和社区功能、经济、社会文化资本进行统计和韧性评估。由此可见，韧性是一个综合性的概念，将工程防灾的覆盖面延伸到了实际社会科学层面。

而基于对象的尺度不同，韧性的内涵也有所不同。例如，李雪等将工程抗震领域中的韧性分为城市和单体建筑两个层面，分别是城市抗震韧性和建筑抗震韧性；翟长海等将韧性的概念分为材料及构件层次、结构层次和社区层次 3 个层次；吕西林等将韧性概念分为材料层次、构件层次和体系层次。目前，这些概念性的韧性研究还有许多，但问题在于概念性分析方法进行韧性评估缺乏定量标准，不具有可比性。

虽然国内外部分学者对电网或变电站的抗灾韧性有所研究，但并未限定于地震灾害，因此，直接针对电力系统抗震韧性的直接研究较少，且对其抗震韧性几乎未有清晰明确的定义。实际上，地震与其他自然灾害或人为灾害的成灾机理差别巨大，因此，电网抗震韧性也必然有着独特的内涵。综合国内外电力系统震害研究和韧性的研究现状可知，专门研究变电站抗震韧性的研究少之又少，部分研究涉及变电站的震后恢复时间的统计，但是对于变电站抗震韧性的概念并未明确，变电站抗震韧性的评价方法，评价指标，评价模型等也并不完善。因此，目前针对电力系统抗震韧性的研究尚在初期阶段，且仅能对设备回路进行一定程度的评估。接下来通过最常用的蒙特卡罗方法对一典型换流变压器回路对抗震韧性量化及评估作简要介绍。

### 11.5.2　考虑地震危险性的蒙特卡罗（Monte Carlo）模拟

抗震韧性指标是通过统计学方法计算得到，考虑到换流变压器组及整个换流站的运行逻辑较为复杂，直接通过概率统计方法计算的难度较大，因而可以通过数值计算的方法进行近似求解。

蒙特卡罗（Monte Carlo）模拟是一种以概率和统计理论方法为基础的数值计算方法，其基本思路是：基于一定的概率模型给出某些随机状态，并推演完成整个过程，得到待求指标；将上述计算过程重复足够多次，记录待求指标的数值；基于模拟结果计算期望、方差等各类统计值，用以结果评估。该方法用计算机的算力代替了繁琐的数学推导，模拟过程简单明晰，适用于电力系统抗震韧性评估这类逻辑复杂的问题。

进行蒙特卡罗（Monte Carlo）模拟首先要明确各个随机变量的概率模型，用以在模拟中给出相应的随机状态。对于换流变压器组的抗震韧性模拟，涉及的主要变量包括地震动强度、套管结构状态、换流站功能状态、增设备品数量、隔震改造数量、恢复时间、改造费用等。其中，地震动强度是在完成一次模拟过程的推演所必需的初始条件之一，在其基础上才能完成套管失效概率计算、套管结构状态判断及整个换流站功能状态的评定。为明确地震动强度的概率模型，需要引入地震危险性分析的相关概念。一般认为，我国的地震烈度概率密度函数符合极值Ⅲ型分布，其概率密度函数和累积分布函数分别如式（11-23）、式（11-24）所示（吕西林，2015）。

$$f(I)=\frac{k(\omega-I)^{k-1}}{(\omega-\varepsilon)^{k}}e^{-\left(\frac{\omega-I}{\omega-\varepsilon}\right)^{k}} \tag{11-23}$$

$$F(I)=e^{-\left(\frac{\omega-I}{\omega-\varepsilon}\right)^{k}} \tag{11-24}$$

式中　$f(I)$——地震烈度概率密度；

$F(I)$——地震烈度累积概率；

$I$——地震烈度；

$\omega$——地震烈度上限，取12；

$\varepsilon$——众值烈度；

$k$——形状系数。

在式（11-23）的基础上，实际使用的地震烈度概率密度函数曲线及3个特征烈度含义如图11-15（a）所示。考虑到电力系统抗震防灾中重点关注的是可能给换流站带来毁灭性破坏的大震或极大震，因而在抗震韧性评估中将基本烈度定为9度，相应的众值烈度$\varepsilon$与基本烈度相差1.55度，即7.45度。同时，我国规范通常采用的基本烈度为50年设计基准期内超越概率为10%的地震烈度，将$I=9$、$\varepsilon=7.45$、$F(I)=1-10\%$代入式（11-24）可推算得$k=5.4028$。由此，地震烈度的概率密度曲线中各参数均已确定，可以用于生成随机地震动的烈度。

易损性曲线表征的是失效概率与*PGA*之间的相关关系，因而需要由地震烈度给出相应的*PGA*值，进而通过易损性曲线得到当前地震作用下换流变压器各套管的失效概率。（GB/T 17742—2008）《中国地震烈度表》中给出了中震下烈度与*PGA*的换算关系，见表11-9。

**表11-9　　地震烈度与*PGA*对照**

| 烈度 | Ⅴ | Ⅵ | Ⅶ | Ⅷ | Ⅸ | Ⅹ |
|---|---|---|---|---|---|---|
| *PGA*(g) | 0.031<br>(0.022～0.044) | 0.063<br>(0.045～0.089) | 0.130<br>(0.090～0.177) | 0.250<br>(0.178～0.353) | 0.500<br>(0.354～0.707) | 1.000<br>(0.708～1.414) |

表 11-9 给出的实质上是一种指数型关系，即 $PGA$ 随地震烈度的增长而呈现出指数增长规律。根据表格数据可以得出 $PGA$ 与地震烈度 $I$ 之间存在式（11.25）所示的关系，两者的相关曲线如图 11-15（b）所示。

$$PGA = 2^{I-10} \tag{11-25}$$

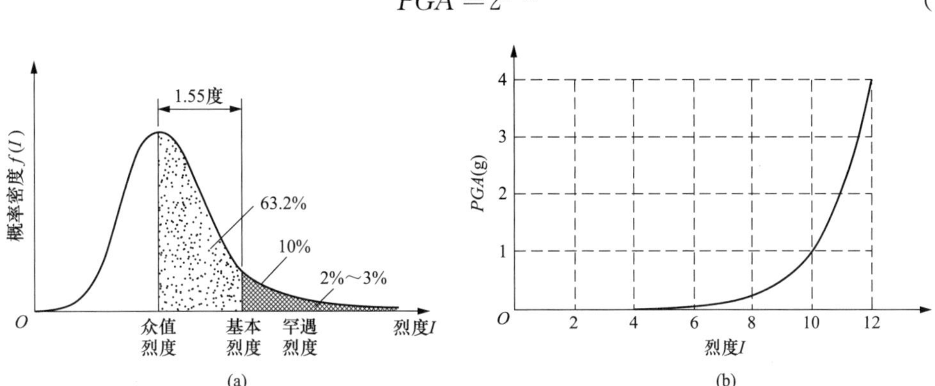


图 11-15　地震危险性相关信息

（a）地震烈度概率密度；（b）$PGA$—烈度相关曲线

在上述地震危险性分析的基础上，可以进行蒙特卡罗（Monte Carlo）模拟来计算换流变压器组的抗震韧性指标 $R$。每次蒙特卡罗（Monte Carlo）模拟的流程如图 11-16 所示。整个模拟流程分为 5 个阶段：初始条件计算、地震模拟及震后功能评估、启用备品初步修复、调运套管完全修复、最终指标计算。

初始条件计算阶段的主要工作是明确本次模拟中所使用的抗震韧性提升方法，计算该方法所需花费的资金，即经济性指标 $C$，并选取与提升方法相应的套管易损性曲线用于后续的失效概率计算。

地震模拟及震后功能评估阶段要根据地震烈度概率密度函数，随机给出一次地震动的烈度，再根据式（11-24）所示的相关关系换算成相应的 $PGA$。根据易损性曲线，计算当前 $PGA$ 的地震作用下各根套管的失效概率，根据该失效概率随机给出每根套管是否发生破坏的状态判定。根据套管的状态及换流站的运行原理，计算震后换流站功能状态 $F$，此时刻定义为受灾时刻 $t_0$。

启用备品初步修复阶段要根据换流变压器的损坏情况，启用相应的备品套管替换受损套管，计算完成修复的时刻 $t_1$ 和修复后的换流站功能状态 $F$。备品套管分配原则是最大限度恢复换流站功能，即尽可能使修复后的换流站功能状态 $F$ 达到最高。调运套管完全修复阶段要根据初步修复后剩余的受损套管数量，调运相应数量套管来完成全部的维修工作，修复完成后换流换站功能状态达到 100%。该阶段需要根据不同套管的调运、安装时间，计算各批次套管运抵现场并完成修复的时刻 $t_2$，$t_3$，…，及相应时刻的功能状态 $F$。

最终指标计算阶段是在完成了整个震后恢复过程的模拟后，绘制如图 11-17 所示的功能状态函数曲线，计算功能损失面积，即抗震韧性指标 $R$。

模拟流程中还有两次状态判定过程，作用在于确定换流站是否需要进一步的修复。若判定 $F$ 为 100%，则所有换流变压器均正常工作，换流站功能未出现损失，不需再进行进一步修复；若判定 F 低于 100%，则换流变压器仍有受损，需要继续进行修复。

按照单次蒙特卡罗（Monte Carlo）模拟的流程，对不同的抗震韧性提升方法分别进行

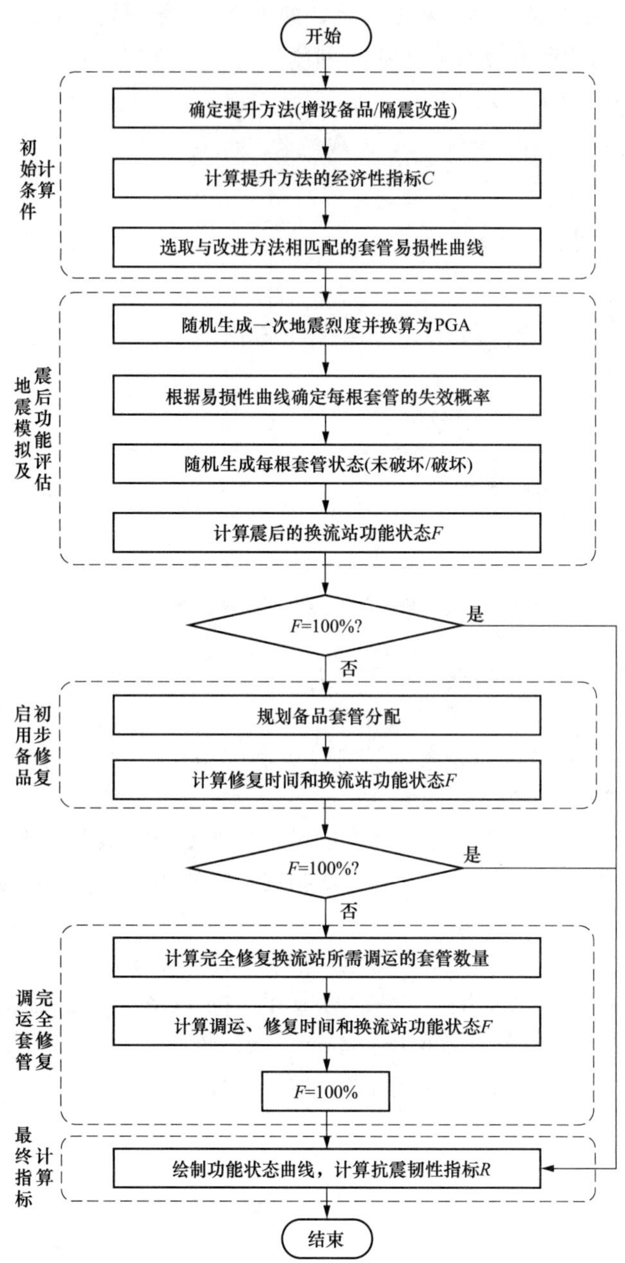


图 11-16　单次蒙特卡罗（Monte Carlo）模拟流程

足够多次数的模拟就可以得到充足的抗震韧性指标 $R$ 样本，取所有样本的数学期望并结合经济性指标 $C$ 进行抗震韧性评估。

### 11.5.3　抗震韧性指标对比

分别采用隔震改造和增设备品两种方案提升换流变压器组的震害抵御能力，将两种方法各自划分为多个等级的方案，对比其经济性指标与抗震韧性指标的变化规律。

±800kV 换流站内共有 24 台换流变压器，因而按照采取改造措施的换流变压器数量从少到多划分为 24 个方案等级。由于电压等级高的换流变压器易损性更高，在增加隔震改造数量时，优先改造高电压等级的换流变压器。所有换流变压器上共有 4 个电压等级的阀侧、网侧套管，共计 8 类套管，考虑每类套管最多可以增设 3 根作为备品，则增设备品的方法也可以划分为 24 个方案等级，增设时高电压等级优先、阀侧套管优先。需要注意的是，这里所研究的增设备品套管是指在换流站常规备品的基础上额外增加的备品数量，因而在未增设备品的隔震改造方法中，同样有一定量的常规备品可供调用。常规备品的设置是因为换流变压器套管在日常运行过程中同样存在受损风险，例如短路、漏油等事故，需要及时更换受损套管以保证电力供应。本节按照每种类型套管设置 1 根备品的情况进行考虑。

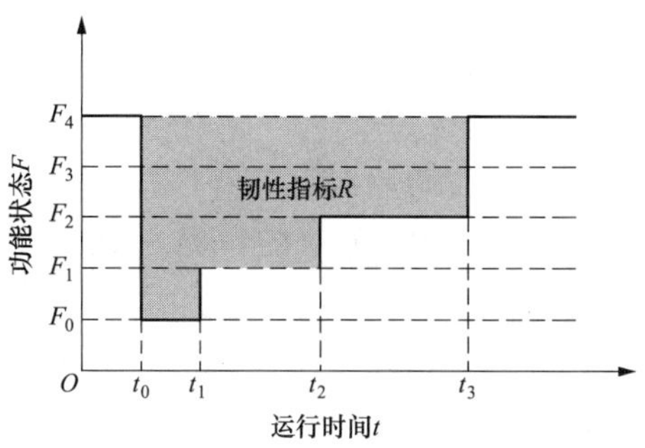


图 11-17　功能状态函数曲线

基于上述抗震韧性提升方案划分，进行多次蒙特卡罗（Monte Carlo）模拟，计算换流变压器组抗震韧性指标的数学期望及相应的经济性指标 $C$，如图 11-18 所示。图中的数据点表示不同提升方案的韧性指标及资金花费，直线为基于数据点拟合得到的趋势线。

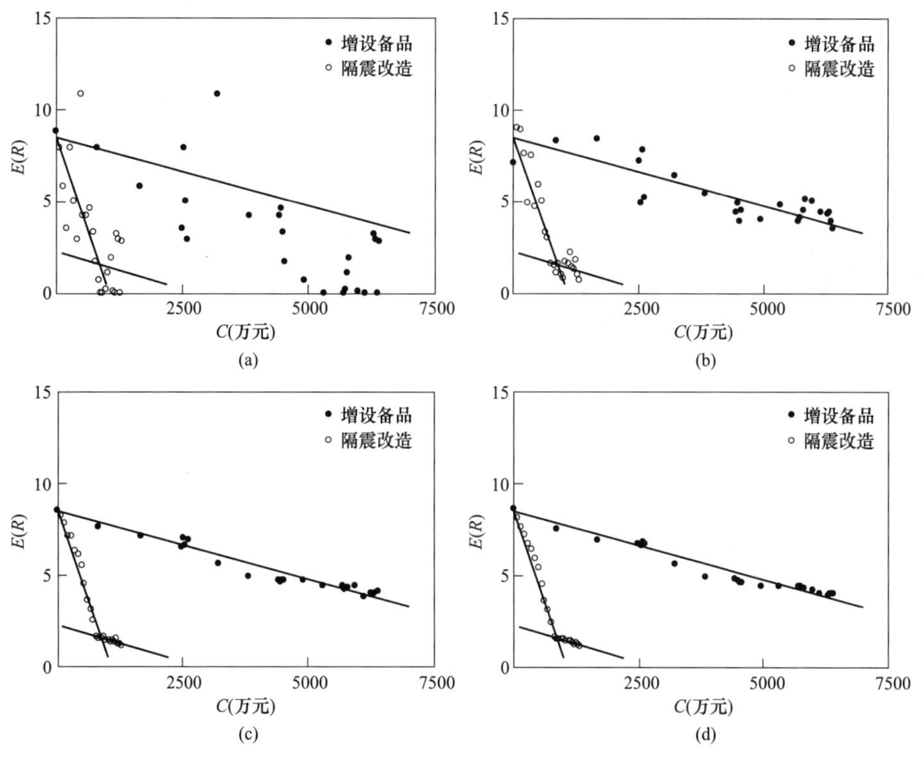


图 11-18　抗震韧性指标—经济性指标 $C$ 相关关系

（a）100 次蒙特卡罗（Monte Carlo）模拟；（b）1000 次蒙特卡罗（Monte Carlo）模拟；（c）10 000 次蒙特卡罗（Monte Carlo）模拟；（d）100 000 次蒙特卡罗（Monte Carlo）模拟

从图 11-18 可以得出：

(1) 随着蒙特卡罗(Monte Carlo)模拟次数的增加，图中两种提升方法所对应的数据点逐渐由离散变为集中，最终收敛至趋势线附近，并且10 000次和100 000次模拟的数据点离散程度已经较为接近。说明蒙特卡罗(Monte Carlo)模拟的精度随着模拟次数的增加而增加，且10 000次模拟已经具有足够的精度。

(2) 隔震改造方法的数据点位于增设备品方法的左下方，说明在同等花费 $C$ 条件下，隔震改造的抗震韧性指标低于增设备品，或要使抗震韧性指标降低至相同程度，隔震改造的花费 $C$ 更低。由此可见，使用隔震改造的方法能够更好地提高换流变压器组的抗震韧性，具有更高的效益。

(3) 隔震改造方法的趋势线分为两段，呈现出前半段较陡而后半段较缓的特点。说明在前半段范围内，随着经济性指标 $C$ 的增加，抗震韧性指标降低明显；而在后半段范围内，这种变化不再明显。原因在于，前半段范围内主要增加的是800kV和600kV换流变压器的隔震改造，这两类换流变压器的易损性较高，地震中发生破坏的套管多数出自这两类换流变压器，对其隔震后发生破坏的套管数量明显减少；而200kV和400kV换流变压器本身易损性就较低，隔震前后套管破坏数量差别不大。可见，优先对高电压等级的换流变压器进行隔震改造能够更显著地提高换流变压器组的抗震韧性。

(4) 增设备品方法的趋势线没有明显分段，并且增设备品阀侧套管时，抗震韧性指标降低明显且数据点较为稀疏；而增设网侧套管时，抗震韧性指标降低不明显且数据点较为密集。说明增设备品阀侧套管，特别是高电压等级的阀侧套管，对抗震韧性的提高是显著的，但需要增加大量购置备品的费用。

隔震改造之所以能很好地提升换流变压器组的抗震韧性，是因为其降低了换流变压器套管的易损性，使震后功能损失降低，也避免了大量套管需要更换的情况，减少了震后恢复时间。以某两次典型的蒙特卡罗(Monte Carlo)模拟的结果为例，两次示例中套管破坏状况统计见表11-10。两次示例均是在最高等级的抗震韧性提升方法条件下进行的，即增设备品方法中8类套管均增设3根备品，隔震改造方法中24台换流变压器均进行隔震改造。

**表11-10　两次典型示例的套管破坏情况**

| 示例编号 | 抗震韧性提升方法 | | 阀侧套管 | | | | 网侧套管 | | | |
|---|---|---|---|---|---|---|---|---|---|---|
| | | | 800kV | 600kV | 400kV | 200kV | 800kV | 600kV | 400kV | 200kV |
| 1 | 增设备品 | 备品数量(根) | 4 | 4 | 4 | 4 | 4 | 4 | 4 | 4 |
| | | 极Ⅰ破坏数量(根) | 4 | 3 | 0 | 1 | 1 | 2 | 0 | 0 |
| | | 极Ⅱ破坏数量(根) | 5 | 4 | 5 | 2 | 1 | 0 | 1 | 0 |
| | 隔震改造 | 备品数量(根) | 1 | 1 | 1 | 1 | 1 | 1 | 1 | 1 |
| | | 极Ⅰ破坏数量(根) | 1 | 1 | 0 | 0 | 0 | 0 | 0 | 0 |
| | | 极Ⅱ破坏数量(根) | 1 | 0 | 0 | 0 | 1 | 0 | 0 | 0 |
| 2 | 增设备品 | 备品数量(根) | 4 | 4 | 4 | 4 | 4 | 4 | 4 | 4 |
| | | 极Ⅰ破坏数量(根) | 3 | 2 | 2 | 1 | 1 | 0 | 1 | 0 |
| | | 极Ⅱ破坏数量(根) | 2 | 2 | 0 | 0 | 1 | 1 | 0 | 0 |
| | 隔震改造 | 备品数量(根) | 1 | 1 | 1 | 1 | 1 | 1 | 1 | 1 |
| | | 极Ⅰ破坏数量(根) | 1 | 1 | 0 | 0 | 1 | 0 | 0 | 0 |
| | | 极Ⅱ破坏数量(根) | 0 | 0 | 0 | 0 | 0 | 0 | 0 | 0 |

在示例 1 中，随机给出的地震烈度 $I=9.7569$，换算得到 $PGA=0.8449g$。使用增设备品方法时的震后恢复过程为：遭受地震后，各个电压等级的换流变压器均出现不同程度的受损，导致所有阀厅停止工作，换流站的功能状态降低至 0；启用备品套管后，经过 3 天时间检修安装，极Ⅰ的所有换流变压器均被修复，极Ⅱ仍有 800kV、600kV、400kV 换流变压器未被修复，换流站采取单极 800kV 输电，功能状态恢复至 50%；调运的 400kV 换流变压器阀侧套管在震后第 24 天运抵现场，经过 3 天时间检修安装，极Ⅱ的 400kV 换流变压器被修复，低端阀厅恢复工作，换流站采取双极（800kV/400kV）输电，功能状态恢复至 75%；调运的 800kV、600kV 换流变压器阀侧套管分别在震后第 29、34 天运抵现场，到第 37 天所有套管检修安装完成，极Ⅱ的所有换流变压器均被修复，换流站恢复双极 800kV 输电，功能状态恢复至 100%。使用隔震改造方法时的震后恢复过程为：遭受地震后两极的 800kV、600kV 换流变压器均有受损，高端阀厅均停止工作，换流站采取双极 400kV 输电，功能状态降低至 50%；启用备品套管后，经过 3 天时间检修安装，极Ⅱ的所有换流变压器均被修复，极Ⅱ仍有 800kV 换流变压器未被修复，换流站采取双极（800kV/400kV）输电，功能状态恢复至 75%；调运的 800kV 换流变压器阀侧套管在震后第 34 天运抵现场，经过 3 天时间检修安装，极Ⅱ的 800kV 换流变压器被修复，所有阀厅恢复工作，换流站恢复双极 800kV 输电，功能状态恢复至 100%。整个震后恢复过程的功能状态曲线如图 11-19（a）所示。

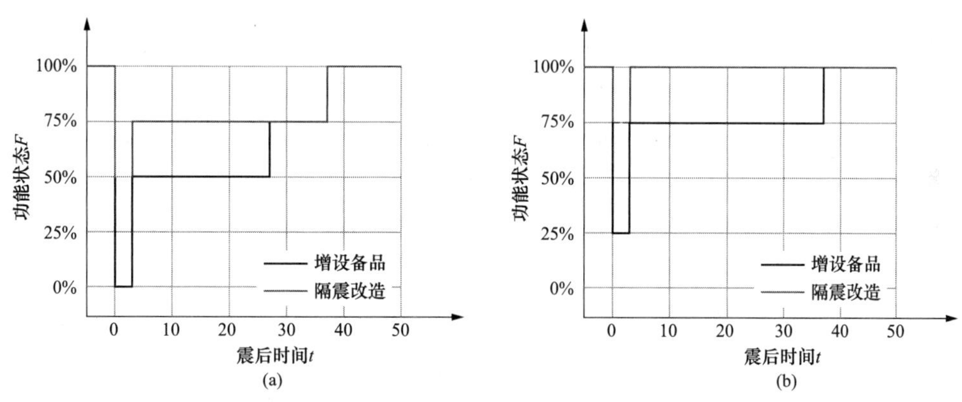


图 11-19　两次典型示例的功能状态曲线

（a）功能状态示例 1；（b）功能状态示例 2

在示例 2 中，随机给出的地震烈度 $I=9.3384$，换算得到 $PGA=0.6332g$。使用增设备品方法时的震后恢复过程为：遭受地震后极Ⅰ所有电压等级的换流变压器和极Ⅱ的 800kV、600kV 换流变压器均出现受损，导致只剩极Ⅱ低端阀厅维持工作，换流站的功能状态降低至 25%；启用备品套管后，经过 3 天时间检修安装，极Ⅱ所有换流变均被修复，极Ⅰ仍有 800kV 换流变压器未被修复，换流站采取双极（800kV/400kV）输电，功能状态恢复至 75%；调运的 800kV 换流变阀侧套管在震后第 34 天运抵现场，经过 3 天时间检修安装，极Ⅰ的 800kV 换流变压器被修复，所有阀厅均恢复正常工作，换流站采取双极 800kV 输电，功能状态恢复至 100%。使用隔震改造方法时的震后恢复过程为：遭受地震后极Ⅰ的

800kV、换流变压器受损，高端阀厅均停止工作，极Ⅱ所有换流变压器均正常，换流站采取双极（800kV/400kV）输电，功能状态降低至75%；启用备品套管后，经过3天时间检修安装，极Ⅰ所有换流变压器均被修复，换流站恢复双极800kV输电，功能状态恢复至100%。整个震后恢复过程的功能状态曲线如图11-19（b）所示。

### 11.5.4 抗震韧性评估方法总结

基于蒙特卡罗（Monte Carlo）模拟的方法，可以对隔震和未隔震的换流变压器组进行抗震韧性评估，对比分析隔震改造对换流变压器组抗震韧性的提升，并结合经济性指标评估隔震改造的效益，具体评估方法如下：

（1）隔震/未隔震换流变压器的地震易损性分析。通过有限元数值仿真计算、地震模拟振动台试验等方法对隔震/未隔震换流变压器的自振特性、地震响应进行研究。计算或试验中应使用增量动力分析（Incremental Dynamic Analysis，IDA），获取多个不同PGA地震作用下的换流变压器地震响应数据，并计算相应的失效概率，通过数值拟合的方法得到连续的失效概率—*PGA* 相关曲线，即易损性曲线。

（2）与换流变压器组状态相关的换流站功能状态函数构造。通过对换流站的运行原理及电气功能逻辑的分析，明确换流变压器组在维持换流站正常运行过程中所承担的作用，给出不同换流变压器损坏后换流站整体功能（输出电压、输出功率等）的损失情况。据此将换流站的功能状态划分为多个不同的等级，用剩余功能占原有正常功能的百分比表示，构造出与换流变压器组状态相关的换流站功能状态函数，并以由于换流变压器组震损导致的换流站功能函数损失面积 $R$ 作为换流变压器组抗震韧性指标。

（3）抗震韧性指标 $R$—经济性指标 $C$ 相关关系分析。通过蒙特卡罗（Monte Carlo）模拟计算采用不同抗震韧性提升措施的换流变压器组抗震韧性指标 $R$ 及相应提升措施的经济向指标 $C$。每次蒙特卡罗（Monte Carlo）模拟中，根据地震危险性分析所得的地震烈度概率密度模型给出一次随机的地震烈度，并换算为相应的 *PGA*。根据当前模拟中所使用的抗震韧性提升方法选取适当的易损性曲线，确定当前 *PGA* 地震作用下换流变压器套管的失效概率，并随机给出各根套管的结构状态（是否破坏）。根据套管破坏情况，结合备品套管和调运套管的维修替换，推演整个震后恢复过程，绘制功能状态曲线，计算抗震韧性指标 $R$。重复足够多次数（建议取10 000次）的上述模拟，取抗震韧性指标 $R$ 的数学期望进行分析，并计相应的经济性指标 $C$。

（4）隔震/未隔震换流变压器组抗震韧性对比。隔震改造的换流变压器组与未隔震但增设备品套管的换流变压器组进行对比，分析两者在抗震韧性和经济性两方面的差异，评估隔震改造所带来的效益，给出隔震改造的优化方案。

## 11.6 小　　结

本章主要介绍了对变电站和换流站设备进行的基于概率角度的震损评估研究。首先介绍了两种震前评估易损性分析方法，结合有限元动力增量计算基于多样条的易损性分析方法绘制了穿墙套管—阀厅体系的易损性曲线；通过对地震动聚类提出了电气设备的快速易损性分析方法。针对震后电力设备损伤快速评估问题，提出了“两阶段”实时损伤识别方法，该方法基于变电站支柱类设备在地震作用的实测动力响应数据，实现了对支柱类设备的损伤判定和损伤定位。最后介绍了变电站/换流站抗震韧性的基本概念，并以换流变压器组为例进行了抗震韧性分析的实例计算。

# 第三篇

## 减隔震理论和相关应用

# 第12章 大型变压器隔震研究

## 12.1 概　　述

第 2 章震害资料表明，大型电力变压器及其高压套管在地震中易损性较高，破坏形式多样，且灾后抢修难度大、恢复周期长，因此，提高大型电力变压器的地震安全性是一个非常紧要的研究课题。虽然在第 3 章提出了对变压器升高座采取加固件支撑的抗震性能提升方案，但大型电力变压器结构型式的多样性，以及电气功能的高要求，使得局部加固的方法并不能广泛适用。而利用铅芯橡胶组合支座、摩擦摆支座，以及橡胶支座与滑移支座复合支座等对结构进行基础隔震，效果显著且不受上述条件的限制，因此，具有广泛的应用前景和较高的工程应用价值。

基础隔震技术具有减震机理明确、效果明显、对设备功能影响小等特点，已经有国内外学者对于变压器隔震展开了研究。塞拉哈廷·埃尔索伊（Selahattin Ersoy）等人将滑动摩擦摆系统（FPS）用于变压器隔震试验，提出了摩擦摆单自由度体系数学模型，并进行了参数分析，对摩擦摆支座用于变压器提出了建议；刘季宇等人由试验结果验证了组合隔震支座及 FPS 两种隔震系统的减隔震效果，并通过系统识别提出隔震支座和套管的动力学模型参数；曹枚根等人进行了变压器组合隔震支座的理论与试验研究，验证了组合隔震支座的隔震性能，并对隔震层进行参数分析，提出对变压器隔震层设计的建议；科斯蒂斯·奥伊科诺莫（Kostis Oikonomou）等人通过仿真变压器—套管振动台试验及有限元分析，提出了电力变压器的隔震设计方法；马国梁等人于 2017 年通过复合隔震支座系统用于仿真变压器的振动台试验，验证了复合隔震支座系统的有效性。

本章首先简单介绍变压器隔震原理及常用的隔震支座类型，接着通过分别对变压器—套管体系采用橡胶隔震支座和摩擦摆隔震支座的振动台试验，验证不同隔震体系对于大型变压器抗震性能提升的有效性。在此基础上，通过有限元分析，对比两种隔震支座应用于同一大型变压器的优劣。最后，对变压器采用隔震措施产生的经济效益进行了探讨和分析。

## 12.2 变压器隔震原理

隔震结构通过在基础结构和上部结构之间设置隔震层，使上部结构与地震动隔开，以减弱或改变地震动对结构作用的强度或方式。隔震层中通常设置隔震支座，其应该具备能够支承上部结构重量、在允许范围内发生水平变形或位移，并具有一定的弹性恢复力等特性。

### 12.2.1 隔震结构的自振周期

为了更好地理解隔震原理，将隔震后的变压器简化为单质点体系，其自振周期可表示为

$$T = 2\pi\sqrt{M_1/K_b} \tag{12-1}$$

式中 $M_1$——变压器的质量；

$K_b$——隔震层的水平刚度。

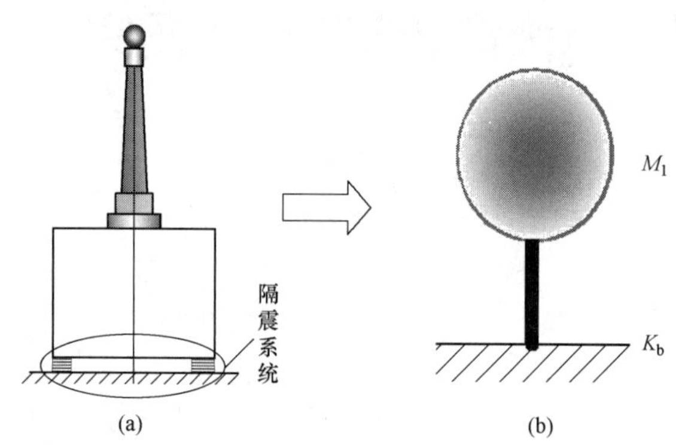


图 12-1 变压器隔震模型示意

隔震层的水平刚度一般远小于上部结构，以延长隔震结构的自振周期，使之超出地震动的卓越周期范围，从而保证结构地震响应有明显减小。未经隔震的变压器—套管体系的自振周期大致分布于 0.1～0.5s，隔震后体系的周期一般在 2～4s 的范围内。由图 12-1 可见，通过隔震设计增大体系的自振周期，可以显著减小上部体系的加速度响应；同时，隔震层的阻尼远远大于上部体系的阻尼，因此，通过合理的参数设计，同样可以将隔震后的位移响应控制在理想范围内。

相较于建筑结构的隔震设计，变压器的隔震设计较为特别。首先需要注意的是，变压器质量 $M_1$ 很小，因此，隔震层水平刚度 $K_b$ 的取值远小于建筑结构的隔震设计值。如果采用普通的叠层橡胶支座，按照式（12-2）计算隔震层的水平刚度

$$K_b = GS_2/T_r \tag{12-2}$$

式中 $G$——橡胶材料的剪切模量，一般可以取 0.4 MPa；

$S_2$——叠层橡胶支座的截面积；

$T_r$——橡胶高度。

可见，$K_b$ 减小会导致支座长细比太大，即第 2 形状系数 $d/T_r$ 太小（$d$ 为等效直径），容易出现失稳破坏（周庆文等，2000），因此，变压器隔震设计需要选用特殊的隔震支座。此外，由于变压器在实际工作中需要通过导线或母线与其他电气设备连接，考虑到冗余度的限制，变压器隔震设计中位移是非常重要的控制指标。

### 12.2.2 大型变压器隔震设计目标

历次震害调查表明，变压器套管等瓷质构件的破坏原因除了自身的应力响应超过极限外，相邻设备间过大的相对位移也不可忽视，因为一旦设备间的软母线被绷紧，会给两端的设备施加很大的冲击荷载。因此，对于变压器—套管体系，在地震作用下，套管根部应力和瓷瓶顶部母线的冗余长度是隔震设计时的控制因素。由于隔震后系统的变形集中在隔震层，上部结构可以简化为刚体，则可以将变压器隔震设计的控制因素转化为两个设计目标，即保证隔震后的基底加速度和位移在合理的限值内。

1. 基底加速度限值

在基底峰值加速度输入下，变压器套管的重心部位受到相应的惯性力作用，在套管根部产生一定的弯曲应力为

$$\sigma = M_b / W_b \tag{12-3}$$

$$M_b = m_1 a_b h_g$$

式中　$m_1$——套管质量；

$a_b$——设备隔震后底部加速度；

$h_g$——套管重心高度；

$W_b$——套管根部的截面抗弯模量。

隔震后的套管根部弯曲应力小于陶瓷的弯曲应力容许值［$\sigma$］，则推导出设备底部加速度的限值为

$$a_b = [\sigma] W_b / m_1 h_g \tag{12-4}$$

2. 基底位移限值

为了求出隔震设备基底位移限值，需先求出相邻设备间相对位移限值与母线冗余长度的关系。具体原理为：将连接母线的形状简化为二次抛物线，求出母线长度，则母线绷直时两侧设备的间距与初始间距之间的差值为相邻设备间的相对位移限值。以两个有母线连接点高差的设备为例，令 $D$ 为设备间的最大相对位移限值，则

$$D = l_0 - l_2 \tag{12-5}$$

$$l_0 = \sqrt{s_0^2 - h_2^2} \tag{12-6}$$

$$s_0 = l_2 + h_2^2 / 2l_2 + 8f^2 / 3l_2 \tag{12-7}$$

$$f = f_p \cdot l_2 \tag{12-8}$$

式中　$l_0$——母线绷紧后设备的间距；

$l_2$——设备间的初始间距；

$s_0$——二次抛物线假设下母线长度的估算值；

$h_2$——母线连接点间的高差；

$f$——母线跨中垂度；

$f_p$——对应的垂跨比。

图 12-2 给出了相邻设备间无高差和高差为 2m 的情况下的相对位移限值，其中垂跨比分布在 6%～21%的范围。在 4m 以上时，随相邻设备初始间距增大，相对位移限值单调增大，增大幅度与母线垂跨比密切相关。

针对单体设备最大位移与设备间最大相对位移间的关系，变电设备抗震相关规范 IEEE 693—2005 提出了基于平方和开平方法（square root of sum square method，SRSS）的简化计算公式如下

$$\max u_a = \sqrt{u_i^2 + u_n^2} \tag{12-9}$$

式中　$u_a$——设备间相对位移；

$u_i$——隔震设备的最大位移绝对值；

$u_n$——非隔震设备的最大位移绝对值。

对于 500kV 及以下的变压器而言，隔震前固有自振周期在 0.5s 以下，隔震后则大于

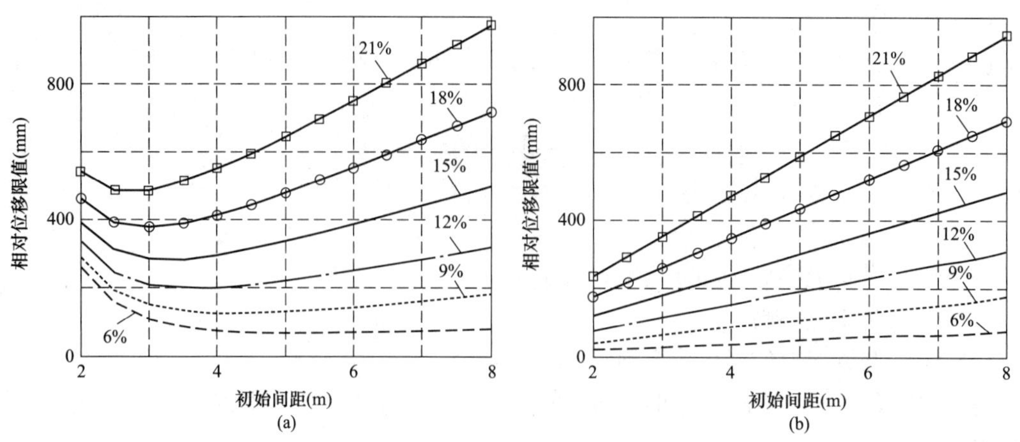


图 12-2 设备间相对位移限值

（a）相邻设备无高差；（b）相邻设备高差 2m

1.5s，根据 IEEE 693—2005 需求响应谱，隔震前后的位移比为 $u_n/u_i<0.2$，则有最大相对位移 $\max u_a \approx 1.27u_i$，导出隔震设备的基底位移限值

$$u_i = D/1.27 \tag{12-10}$$

### 12.2.3 等效线性化隔震设计

1. 隔震层恢复力模型

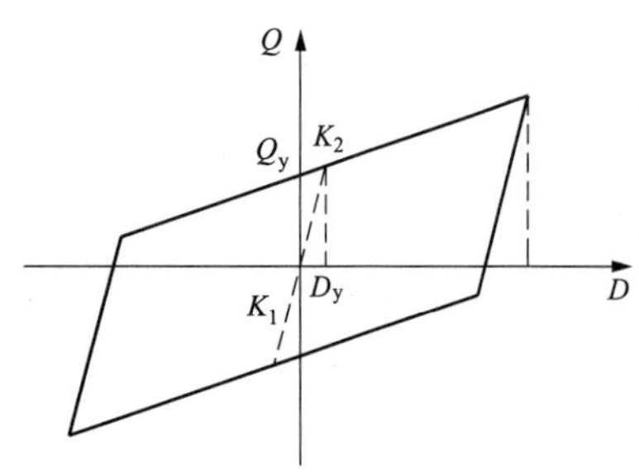


图 12-3 隔震层的双线性模型

一般可以采用双线性模型来描述隔震层的恢复力，恢复力 $Q$ 和位移 $D$ 的关系如图 12-3 所示，$D_y$ 为阻尼器屈服位移。确定双线性模型需要屈服前刚度 $K_1$、屈服后刚度 $K_2$ 和屈服力 $Q_y$。为了消除上部质量 $M_2$ 变化的影响，可以转化为以下 3 个参数

$$\eta = K_1/K_2 \tag{12-11}$$

$$T_2 = 2\pi\sqrt{M_2/K_2} \tag{12-12}$$

$$\alpha_s = Q_y/M_2 g \tag{12-13}$$

式中 $\eta$——隔震层屈服前后刚度比；

$T_2$——隔震层屈服后周期；

$\alpha_s$——阻尼器的屈服剪力系数。

2. 变压器的等效线性化隔震设计

隔震结构在地震作用下进入塑性，为了采用反应谱对结构响应进行简化计算，需要将隔震结构等效为具有等效周期和等效阻尼比的单质点线性体系。当将等效线性体系与原体系的峰值响应相近作为等效目标时，可以采用原体系在最大位移时的割线刚度和阻尼比作为等效线性系统的刚度和阻尼比，按以下方法利用 IEEE 693—2005 需求响应谱求出位移和加速度响应。

（1）选定隔震层的基本参数，隔震层屈服前后刚度比 $\eta$（即屈服前刚度 $K_1$）、隔震层屈服后刚度 $K_2$，以及阻尼器屈服剪力系数 $\alpha_s$。假设一个基底峰值位移 $D_{beg}$，按照峰值响应等

效的原则求出隔震层的等效刚度 $k_2$ 和等效阻尼比 $\xi_{eq}$。

$$k_2=\begin{cases}K_1, & D_{beg}<D_y\\ K_2+Q_y/D_{beg}, & D_{beg}\geqslant D_y\end{cases} \tag{12-14}$$

$$\xi_{eq}=\frac{g}{2\pi^3}\frac{T_{eq}^2\alpha_s(D_{beg}-D_y)}{D_{beg}^2} \tag{12-15}$$

式中，$D_y=Q_y/(K_1-K_2)$。

(2) 对于隔震体系，由于柔性底层的引入，可简化为质量为 $M$ 的单自由度体系，自振周期为 $T_{eq}=2\pi\sqrt{M/k_2}$。依据 IEEE 693—2005 规范中的高抗震等级需求响应谱公式，求出相应的加速度 $S_{a0}$ 和基底位移计算值 $D_{end}$。根据式 (12-17) 和式 (12-18)，不同等效周期和等效阻尼比下的反应如图 12-3 所示，其中 $\gamma$ 为阻尼衰减系数，等效阻尼比为 5%～30%。

$$\gamma=[3.21-0.68\ln(100\xi_{eq})]/2.1156 \tag{12-16}$$

$$S_a=\begin{cases}1.25\gamma, & T_{eq}\geqslant 0.91s\\ 1.144\gamma/T_{eq}, & T_{eq}<0.91s\end{cases} \tag{12-17}$$

$$D_{end}=S_{a0}T_{eq}^2/4\pi^2 \tag{12-18}$$

(3) 将 $D_{beg}$ 和 $D_{end}$ 做比较，若二者相差超过允许范围，则以 $D_{end}$ 作为 $D_{beg}$ 值，重新计算等效刚度 $k_2$ 和等效阻尼比 $\xi_{eq}$，重复迭代计算，直到 $D_{beg}$ 和 $D_{end}$ 相差在允许范围内时计算结束。

3. 等效显性化隔震设计示例

为了验证等效线性化方法的有效性，利用带有伪随机相位角的谐波叠加方法，生成了 10 条可以包络 IEEE 693—2005 高抗震等级需求响应谱的人工波，分别进行单质点隔震体系的弹塑性时程分析，其中式 (12-19) 为隔震体系的动力方程

$$M\ddot{\boldsymbol{x}}(t)+C\dot{\boldsymbol{x}}(t)+K\boldsymbol{x}(t)=-M\boldsymbol{I}\ddot{x}_g-\boldsymbol{P} \tag{12-19}$$

式中　$C$——隔震体系的阻尼；

$K$——隔震体系的刚度矩阵；

$\ddot{x}_g$——地震地面加速度；

$\boldsymbol{I}$——单位向量；

$\ddot{x}(t)$、$\dot{x}(t)$、$x(t)$——各个质点相对地面的加速度、速度和位移向量；

$\boldsymbol{P}$——恢复力向量，$\boldsymbol{P}=\{p_b, 0, \cdots, 0, 0\}^T$，$p_b$ 对应隔震层的塑性力。

将隔震设备简化为单质点体系，不考虑上部结构的变形，质点质量采用上部设备质量，为 $M$=20t，隔震层屈服后周期 $T_2$=2.22s，阻尼器屈服剪力系数 $\alpha_s$=8.6%，屈服前后刚度比 $K_1/K_2$=3.625，其中 2 号人工波的加速度反应谱与弹塑性分析反应如图 12-4 所示。由图 12-4 (a) 可以看出，2 号人工波反应谱能较好地包络 0.5$g$ 高抗震等级需求响应谱。

表 12-1 中列举了 10 条人工波输入下的单质点体系的弹塑性分析结果及其均值，其中位移响应均值为 383mm，加速度响应均值为 3.9m/s$^2$，而等效线性化分析得出的位移响应为 373mm，加速度响应为 3.82m/s$^2$，两种方法的误差不超过 2.6%，证明等效线性化隔震设计方法具有一定的可靠性。

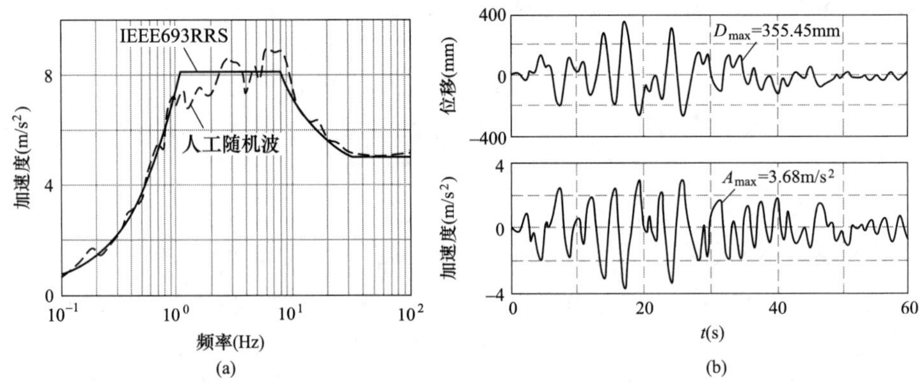


图 12-4　2 号人工波反应谱及隔震体系响应时程

(a) 2 号人工波反应谱；(b) 弹塑性响应时程

**表 12-1　人工波输入下时程分析与等效线性化分析的峰值响应**

| 地震波编号 | 位移峰值(mm) | 加速度峰值(m/s²) |
|---|---|---|
| 1 | 323 | 3.42 |
| 2 | 355 | 3.68 |
| 3 | 419 | 4.19 |
| 4 | 376 | 3.85 |
| 5 | 417 | 4.18 |
| 6 | 450 | 4.44 |
| 7 | 283 | 3.10 |
| 8 | 346 | 3.61 |
| 9 | 380 | 3.88 |
| 10 | 476 | 4.65 |

与建筑结构不同，变压器隔震支座的竖向压应力不是控制因素，同时位移控制相当严格，传统隔震参数选用法不适用，采用精细模型进行试算非常耗时。等效线性化方法可以快速算出不同参数组合的隔震体系响应，依此制成的参考图便于选择适合的隔震层参数。图 12-5 为刚度比 $K_1/K_2=8$ 时，隔震响应随着隔震后周期 $T_2$ 和屈服剪力系数 $\alpha_s$ 的变化曲线。

屈服后周期增大，隔震体系位移响应大致呈增大趋势。随阻尼器屈服剪力系数的变化，曲线形状介于两种抛物线之间。随屈服后周期增大，隔震体系位移响应呈单调递减的凹性抛物线形状。刚度比和屈服剪力系数对曲线形状影响较小。

在变压的隔震设计时，可以根据式（12-4）和式（12-10）确定加速度和位移限值；然后再根据式（12-14）～式（12-18）绘制参考图，选择较优的隔震层参数；最后建立隔震体系的精细化模型进行弹塑性时程分析，验证隔震层的有效性。

### 12.2.4　隔震支座类型的选择

由上述分析可知，变压器隔震设计与普通的建筑结构隔震设计具有较大区别，因此有必

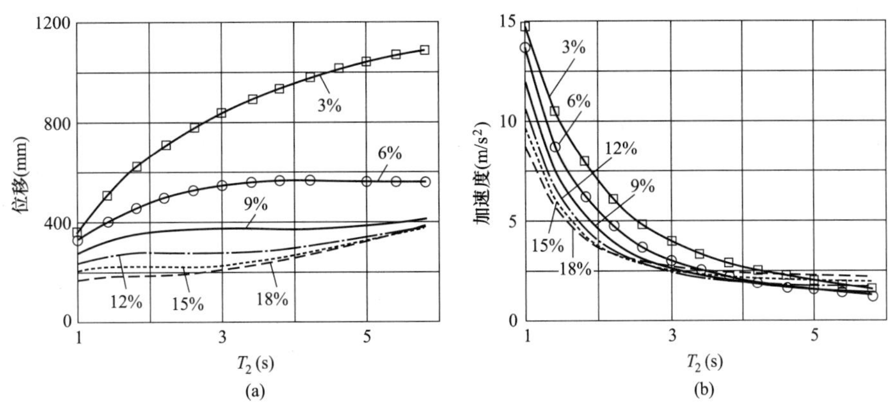


图 12-5　刚度比为 8 时等效线性化结果

(a) 位移响应；(b) 加速度响应

要介绍适用于变压器的隔震支座类型。

1. 串并联组合铅芯橡胶隔震支座

组合式的隔震支座是由若干个小尺寸的铅芯橡胶标准单元通过连接板组装而成，假设组合支座串联有 $n$ 层，每层并联有 $m$ 个标准单元，则单个标准单元的水平刚度为 $k_0=nK_b/m$。在总支座水平刚度 $K_b$ 一定的情况下，通过调整 $n/m$ 可以适当增大单个单元的水平刚度 $k_0$，从而满足稳定性要求。

2. 滑动摩擦摆隔震支座

滑动摩擦摆隔震支座由上、下底板及中间滑块组成，上、下底板内表面为光滑曲面，中间滑块与上、下底板内表面接触的部分涂有低摩擦系数的涂层。在遭受地震作用时，中间滑块在上、下底板间往复滑动，主要由重力在曲面切向的分量及摩擦力提供水平恢复力。由于恢复力与上部结构的重力成比例，因此，隔震周期与上部质量无关，仅与支座的曲率半径及摩擦系数有关。

3. 复合隔震支座

复合隔震支座是将摩擦滑板和橡胶支座并联起来组成的隔震支座，摩擦滑板主要承担上部结构质量，橡胶支座只提供摩擦滑板起滑后的水平恢复力，这种方式可以在满足橡胶支座稳定性的前提下大幅度减小其水平刚度，放宽对长细比的要求。摩擦滑板支座承担的重量比例与两类支座竖向刚度的相对大小有关，因此，在摩擦滑板上，串联橡胶柱能调节其竖向刚度与水平刚度，进而改善复合隔震支座的起滑力和起滑位移。

## 12.3　采用组合橡胶隔震支座的变压器地震模拟振动台试验

为验证组合橡胶隔震体系对于大型变压器的有效性，本章进行了大型变压器—组合橡胶隔震支座体系地震模拟振动台试验。

### 12.3.1 试验概况

1. 试验对象

考虑到常见的两类变压器套管安装方式——安装于箱体顶盖升高座及安装在箱体侧壁升高座，设计了如图 12-6 所示的试验对象。试验的变压器由变压器箱体、油枕，升高座，两支 220kV 弹簧卡式变压器陶瓷套管组成。变压器箱体的长宽高为 2.9m×1.5m×2.5m。油枕长为 3m，外径为 0.8m。两支陶瓷套管总长 5.12m，法兰上部瓷套部分长 2.61m，法兰下部长 1.88m，外径为 0.27m，单支套管重为 570kg，分别安装在箱体顶盖斜向伸出的升高座上以及侧壁 L 型斜向伸出的升高座上。试验时变压器箱内装满水，油枕内充水约为其容积的 1/3。整个系统，包括箱体、两支套管、附属部件及水，总重约为 19. 575t。

(a)

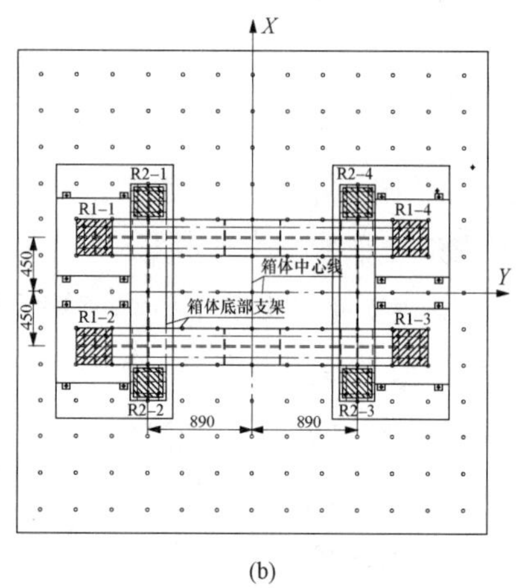


(b)

图 12-6　安装在振动台上的基础隔震变压器—套管体系

(a) 试验试件；(b) 隔震支座布置

2. 变压器隔震支座系统

对变压器进行初步隔震设计时，由 12.2.1 节可知，基础隔震的变压器—套管体系可以简化为如图 12-1 所示的单质点体系，其自振频率为

$$f=\frac{1}{T}=\frac{1}{2\pi}\cdot\sqrt{\frac{K}{M_3}} \tag{12-20}$$

式中　$M_3$——变压器及套管的质量；

　　$K$——隔震系统的水平刚度。

由于大型变压器质量轻、重心高，为防止橡胶隔震支座失稳并取得理想的隔震效果，将 8 个橡胶支座并联起来组成组合隔震支座。本文采用了两种类型的橡胶支座，如图 12-7 所示为隔震支座水平刚度测试，分别为 R1 和 R2，直径分别为 140mm 和 150mm，水平剪切刚度分别为 0.08kN/mm 和 0.105kN/mm。组合隔震支座的水平剪切刚度为 0.729kN/mm，竖向刚度为 56kN/mm，隔震支座平均压应力为 1.45MPa。

3. 地震输入

汶川地震中有大量变压器遭到破坏，故试验采用汶川地震中实测的 3 条地震波：卧龙

图 12-7　橡胶支座水平刚度测试

波（W）、清平波（Q）和曾家波（Z）作为振动台面 $X$ 向、$Y$ 向激励，地震波的幅值取 8 度抗震设防等级的“多遇地震”“基本地震”“罕遇地震”所对应的加速度峰值 0.1$g$、0.2$g$、0.4$g$。地震输入工况如表 12-2 所示。变压器—套管体系上共安装了 35 个传感器，试验量测装置布置详见相关文献。

**表 12-2　　地震输入工况**

| 汶川地震波 | 输入方向 | 峰值加速度（g） | | | | | |
|---|---|---|---|---|---|---|---|
| | | 0.1 | | 0.2 | | 0.4 | |
| | | $X$ | $Y$ | $X$ | $Y$ | $X$ | $Y$ |
| 卧龙波（W） | $X$ 向 | 0.1 | — | 0.2 | — | 0.4 | — |
| 清平波（Q） | $Y$ 向 | — | 0.1 | — | 0.2 | — | 0.4 |
| 曾家波（Z） | $X$ 向，$Y$ 向 | 0.1 | 0.085 | 0.2 | 0.17 | 0.4 | 0.34 |

### 12.3.2　动力特性

根据套管顶部的加速度响应传递函数曲线，用半功率法测定体系的自振频率和对应的阻尼比。顶盖套管和侧壁套管在 $X$ 方向和 $Y$ 方向的基本频率分别为 1Hz 和 1.125Hz，可见，变压器同一方向频率一致。对应的基础固定的未隔震变压器的基本频率分别为 5Hz 和 6Hz，可见，变压器隔震前后。基本频率大幅度降低，推断隔震后的两个频率在对应的振型上为隔震支座上部结构的整体平动。

根据单自由度结构的频率计算公式

$$f=\frac{1}{T}=\frac{1}{2\pi}\cdot\sqrt{\frac{K}{M}}=\frac{1}{2\pi}\cdot\sqrt{\frac{740\ 000}{19\ 575}}=0.98\text{Hz} \tag{12-21}$$

可见设计与实测的频率吻合较好。

### 12.3.3　地震响应

1. 加速度响应

图 12-8 为卧龙波激励下变压器—套管体系的加速度放大系数（测量点处加速度响应峰值与振动台输入加速度峰值之比）包络线沿体系高度的各测点分布（其中振动台台面、箱体底部、升高座根部、套管法兰处和套管顶部分别简记为 Table、Tbot、Tubot、Bbot、Btop，

位移响应包络线与图 12-9 同理)。曲线表明，隔震体系的加速度放大系数在组合隔震支座处显著减小，然后在升高座以上增大，在箱体底部（隔震支座层）和升高座根部存在两个明显的转折点。而未隔震体系的加速度放大系数沿高度一直增大，在升高座根部和套管法兰处存在两个明显的转折点。隔震体系的加速度放大作用远小于未隔震情况，说明了隔震支座系统在减小加速度响应方面的有效性。

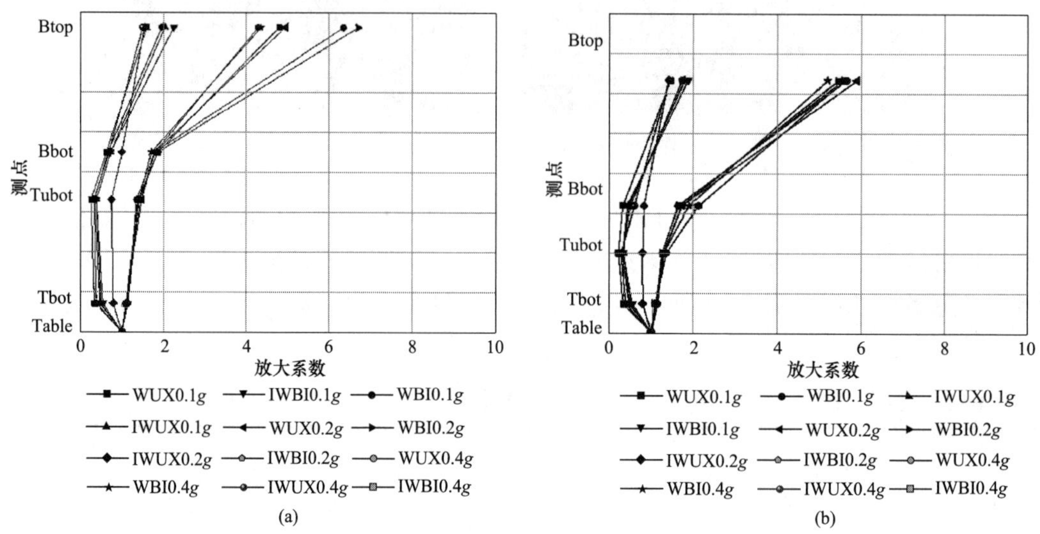


图 12-8 加速度放大系数包络线

(a) 顶盖套管 $X$ 向；(b) 侧壁套管 $X$ 向

2. 位移响应

图 12-9 为在卧龙波激励下隔震和未隔震各工况下套管顶部 $X$ 向的位移响应包络线沿体

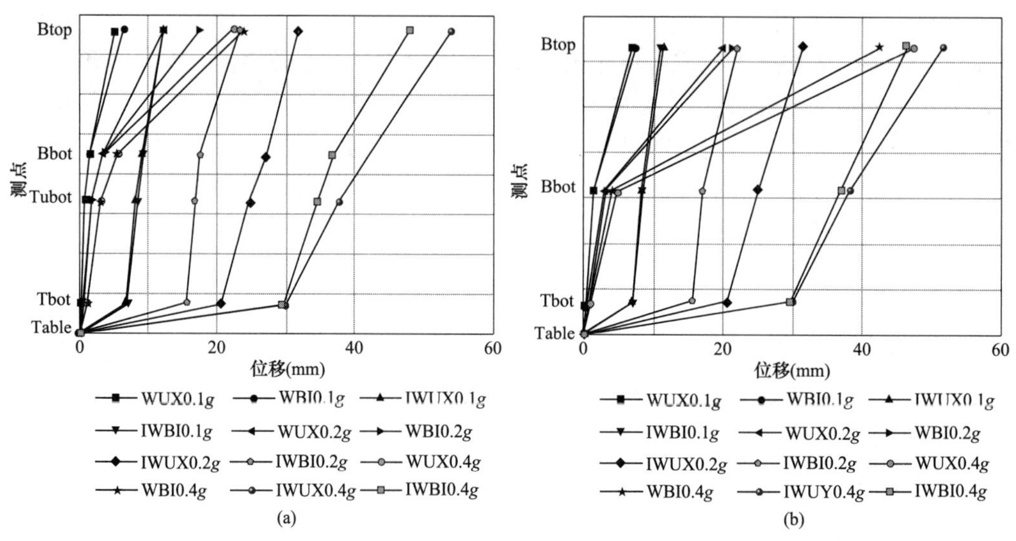


图 12-9 位移响应包络线

(a) 顶盖套管 $X$ 向；(b) 侧壁套管 $X$ 向

系高度测点的分布。隔震和未隔震的位移响应总体上都随着输入地震动幅值的增大而增大，但隔震的位移响应比相应未隔震的响应大。隔震的位移响应包络线在箱体的底部显著增大，说明隔震体系的位移响应主要集中在隔震支座层。箱体底部以上位移响应较小，反映隔震支座以上体系以整体晃动为主。未隔震体系的位移响应包络线在升高座根部和套管法兰处有两个明显转折点，位移响应主要集中升高座根部以上，箱体底部以下位移响应很小，说明未隔震体系的位移响应以升高座绕其根部法兰和套管绕其法兰摆动变形为主。

3. 应变响应

图 12-10 为隔震和未隔震工况下的顶盖套管和侧壁套管根部应变响应时程。可见，隔震体系的套管陶瓷应变响应远小于相应未隔震工况的应变响应。

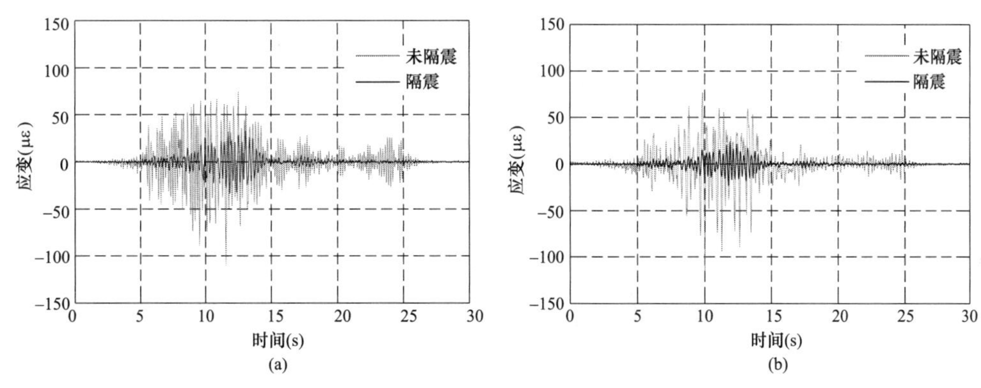


图 12-10　瓷套应变响应时程

（a）顶盖套管 X 向；（b）侧壁套管 X 向

## 12.4　采用滑动摩擦摆隔震的变压器地震模拟振动台试验

本书 12.2 和 12.3 介绍了采用橡胶组合隔震支座对大型变压器进行基础隔震的设计方法和振动台试验。针对大型变压器结构特点与地震响应特征，本节提出了采用摩擦摆系统对大型变压器进行基础隔震，并进行了理论研究。

### 12.4.1　滑动摩擦摆隔震原理

1990 年萨亚斯（Zayas）等利用单摆的等时性和滑动摩擦原理开发出了摩擦摆系统，如图 12-11（a）所示，其中，摩擦摆隔震支座主要由上、下支座板和一个铰接的滑块构成，用

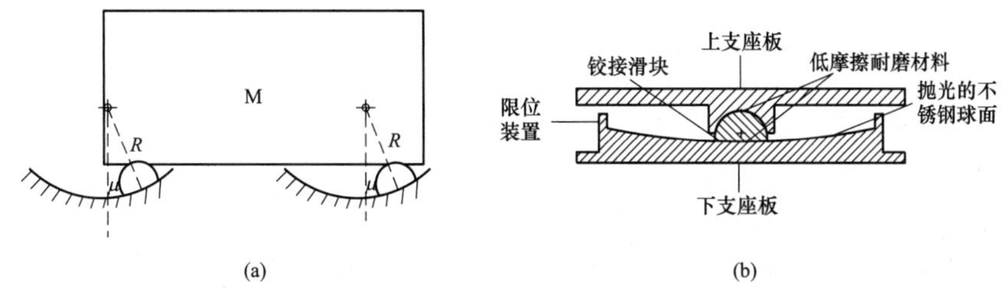


图 12-11　摩擦摆隔震系统基本示意

（a）摩擦摆隔震系统；（b）摩擦摆隔震支座

于结构基础隔震，如图 12-11（b）所示。中间滑块与上支座板铰接连接可使滑块在滑动过程中保持上支座板及上部结构水平。

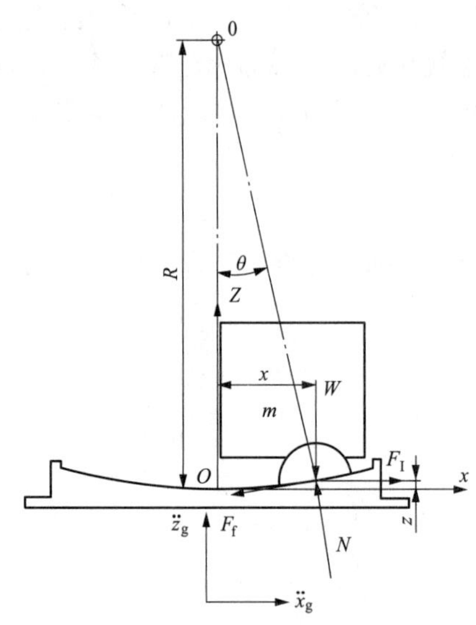


图 12-12　滑移状态的摩擦摆隔震支座受力示意

摩擦摆隔震系统在滑动状态的受力可简化为如图 12-12 所示的一个沿圆弧滑动的滑块，圆弧面的摆长为 $R_1$，滑块与圆弧面的摩擦系数为 $\mu_1$，滑块相对于竖向对称轴运动的转角为 $\theta$。滑块受到上部结构重力产生的竖向力为 $W$ 及水平作用力为 $F_I$，球面切线方向摩擦力 $F_f$ 和法向方向反力 $N$。力和位移的正方向如图 12-12 中坐标系所示。

沿坐标轴方向，求滑块受力平衡，并考虑库仑摩擦定律和几何关系得到单摆系统振动周期为

$$T_p = 2\pi\sqrt{\frac{R}{g}} \tag{12-22}$$

单摆系统的振动周期仅与摆长和重力加速度有关，与单摆的质量无关，这就是单摆的等时性。利用单摆的等时性，可以增大隔震结构周期，避开地震动主要周期成分，实现隔震功能。

常用的摩擦摆系统最大水平位移与球面摆场满足：$\frac{x_{\max}}{R} \leqslant 0.2$，$\theta \ll 1$，可以采用小变形假定，得到恢复力为

$$F_I = \frac{W}{R}x + \mu W sign(\dot{x}) \tag{12-23}$$

式中　$sign(\dot{x})$——速度的符号函数。

摩擦摆隔震系统正是利用单摆等时性原理和摩擦滑移原理组成的隔震系统，摩擦摆隔震系统运动包含单摆运动和摩擦滑移运动。摩擦摆隔震结构受到的惯性力，即摩擦摆隔震系统受到的基底剪力为摩擦力和单摆恢复力之和，可以表达为

$$F_I = -M(\ddot{x} + \ddot{x}_g) = \frac{W}{R}x + \mu N sign(\dot{x}) \tag{12-24}$$

工程上，摩擦摆隔震系统采用镶嵌低摩擦耐磨材料（如聚四氟乙烯）的滑块与抛光的不锈钢球面组成摩擦副，可使滑块在球面上低摩擦反复滑动。

### 12.4.2　试验概况

1. 试验对象

试验对象为本书第 3 章 3.4 节 220kV 仿真变压器，使用摩擦摆隔震支座进行隔震。试验中使用隔震支座为等半径复摩擦摆隔震支座，上、下支座板采用 Q235 钢材，洗削加工出球面型滑动面，滑块上喷涂聚四氟乙烯层，如图 12-13（a）所示。钢与聚四氟乙烯之间的摩擦系数为 0.06～0.12，支座的球面半径取为 775mm。试验中采用 4 个摩擦摆隔震支座组成隔震层，安装于变压器仿真模型下部的底座上，如图 12-13（b）所示。

(a)

(b)

图 12-13 摩擦摆隔震支座成品及安装方式
（a）支座成品；（b）支座安装

2. 试验工况

试验采用 3 条地震波，即八角波（B）、高取（Takatori）波（T）和人工波（R）作为沿振动台面 $X$、$Y$、$Z$ 向的三向激励，地震波的幅值取 8 度抗震设防等级的“多遇地震”“基本地震”“罕遇地震”所对应的加速度峰值 $0.1g$、$0.2g$、$0.4g$。地震输入工况如表 12-3 所示。

**表 12-3　　隔震试验工况**

| 序号 | 代号 | 工况编号 | 地震波 | 幅值（$g$） | | |
|---|---|---|---|---|---|---|
| | | | | $X$ | $Y$ | $Z$ |
| 01 | 0 | wn | 白噪声 | 0.05 | 0.05 | 0.05 |
| 02 | 1 | RX10 | 人工波 | 0.1 | 0 | 0 |
| 03 | 2 | RXY10 | | 0.1 | 0.085 | 0 |
| 04 | 3 | RXYZ10 | | 0.1 | 0.085 | 0.065 |
| 05 | 4 | BX10 | 八角波 | 0.1 | 0 | 0 |
| 06 | 5 | BXY10 | | 0.1 | 0.085 | 0 |
| 07 | 6 | BXYZ10 | | 0.1 | 0.085 | 0.065 |
| 08 | 7 | TX10 | 高取(TAKA)波 | 0.1 | 0 | 0 |
| 09 | 8 | TXY10 | | 0.1 | 0.085 | 0 |
| 10 | 9 | TXYZ10 | | 0.1 | 0.085 | 0.065 |
| 11 | 0 | wn | 白噪声 | 0.05 | 0.05 | 0.05 |
| 12 | 10 | RX20 | 人工波 | 0.2 | | |
| 13 | 11 | RXY20 | | 0.2 | 0.17 | |
| 14 | 12 | RXYZ20 | | 0.2 | 0.17 | 0.13 |
| 15 | 13 | BX20 | 八角波 | 0.2 | | |
| 16 | 14 | BXY20 | | 0.2 | 0.17 | |

续表

| 序号 | 代号 | 工况编号 | 地震波 | 幅值（g） | | |
|---|---|---|---|---|---|---|
| | | | | X | Y | Z |
| 17 | 15 | BXYZ20 | | 0.2 | 0.17 | 0.13 |
| 18 | 16 | TX20 | 高取(TAKA)波 | 0.2 | | |
| 19 | 17 | TXY20 | | 0.2 | 0.17 | |
| 20 | 18 | TXYZ20 | | 0.2 | 0.17 | 0.13 |
| 21 | 0 | w3 | 白噪声 | 0.05 | 0.05 | 0.05 |
| 22 | 19 | RX40 | 人工波 | 0.4 | | |
| 23 | 20 | RXY40 | | 0.4 | 0.34 | |
| 24 | 21 | RXYZ40 | | 0.4 | 0.34 | 0.26 |
| 25 | 22 | BX40 | 八角波 | 0.4 | | |
| 26 | 23 | BXY40 | | 0.4 | 0.34 | |
| 27 | 24 | BXYZ40 | | 0.4 | 0.34 | 0.26 |
| 28 | 25 | TX40 | 高取(TAKA)波 | 0.4 | | |
| 29 | 26 | TXY40 | | 0.4 | 0.34 | |
| 30 | 27 | TXYZ40 | | 0.4 | 0.34 | 0.26 |
| 31 | 0 | w4 | 白噪声 | 0.05 | 0.05 | 0.05 |
| 32 | 28 | RX60 | 人工波 | 0.6 | 0 | 0 |
| 33 | 29 | RXY60 | | 0.6 | 0.51 | 0 |
| 34 | 30 | RXYZ60 | | 0.6 | 0.51 | 0.39 |
| 35 | 0 | w4 | 白噪声 | 0.05 | 0.05 | 0.05 |

### 12.4.3 试验结果

1. 加速度响应

箱壁和升高座对地震作用的放大非常显著。因此，计算加速度放大系数（即最大加速度响应与 *PGA* 的比值），如图 12-14（a）所示。在未隔震支座系统中，无论采用哪种地震动输入，顶壁套管底部的放大都超过了规范规定的 2.0，甚至在八角波或高取（Takatori）波输入时达到了 3.0。而在隔震情况下，顶壁套管和侧壁套管的加速度放大系数均小于 2.0。

此外，隔震对两支套管的影响有所区别。对于顶壁套管，在隔震支座系统中，由箱壁柔性顶板产生的升高座底部的放大几乎被隔震支座消除，而由顶部升高座产生的放大仍然很明显。对于侧壁套管，除使用高取（Takatori）波输入外，还消除了由油箱侧板引起的放大。但与上升高座不同的是，侧升高座底座和顶部的放大系数相似，说明侧升高座不会将侧壁套管输入的加速度放大。图 12-14（b）中隔震支座套管的放大曲线斜率明显大于未隔震支座套管的放大曲线斜率，说明基础隔震支座显著减小了套管变形。

此外，人工波输入下顶壁套管和侧壁套管的顶部加速度峰值如图 12-15 所示。隔震工况下 *PGA* 最大值为 $0.6g$，未隔震的 *PGA* 最大值为 $0.4g$。由于未隔震系统的响应几乎是 *PGA* 的线性函数，通过线性拟合可以外推出 *PGA* 为 $0.6g$ 时的变压器—套管体系的响应，如图 12-15 中的虚线所示。可见，滑动摩擦摆隔震支座具有强烈的非线性，表现为隔震体系的地震响应不随 *PGA* 变化而线性变化，地震作用越强时隔震效果越显著。当 *PGA* 为 0.6$g$ 时，带有隔震支座的变压器套管顶部加速度峰值响应降低了约 50%。

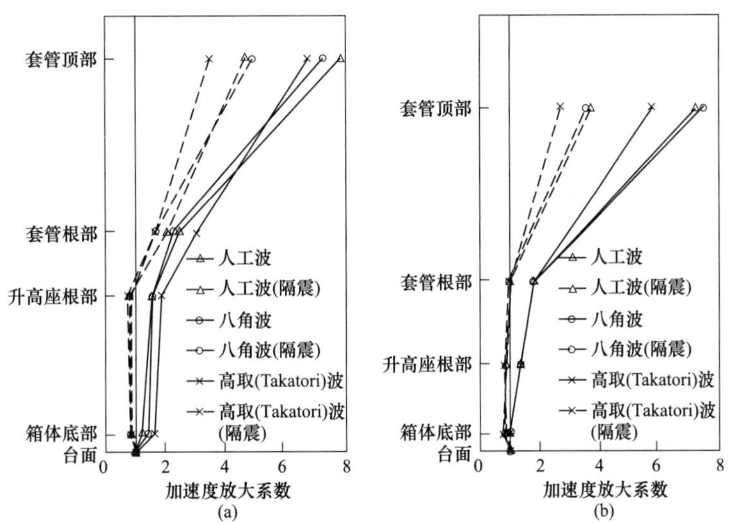


图 12-14　0.4$g$ 地震下变压器—套管体系 $X$ 向加速度放大系数

(a) 顶壁套管；(b) 侧壁套管

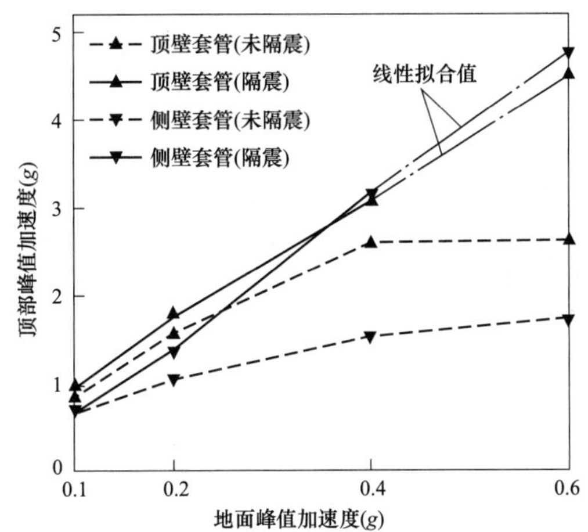


图 12-15　不同 *PGA* 下隔震前后套管顶部加速度峰值

2. 应变及位移响应

套管是变压器套管系统中最脆弱的部件，现行规范 GB 50260—2013 采用套管关键部位最大应力作为抗震评定的关键标准。为了直接评价滑动摩擦摆支座的隔震效率，图 12-16 对比了隔震前后套管根部的峰值应变。在试验中测得的套管峰值应变如图 12-16 所示。

可见，隔震后顶壁套管和侧壁套管的根部应变相较隔震前均大幅降低。在 *PGA* 为 0.4$g$ 时，套管根部应变的隔震效率达到 41.3% ～ 58.2%。此外，套管根部的应变响应还表现出明显的非线性，当 *PGA* 为 0.1$g$ 或 0.2$g$ 时，隔震系统与未隔震的套管根部应变响应

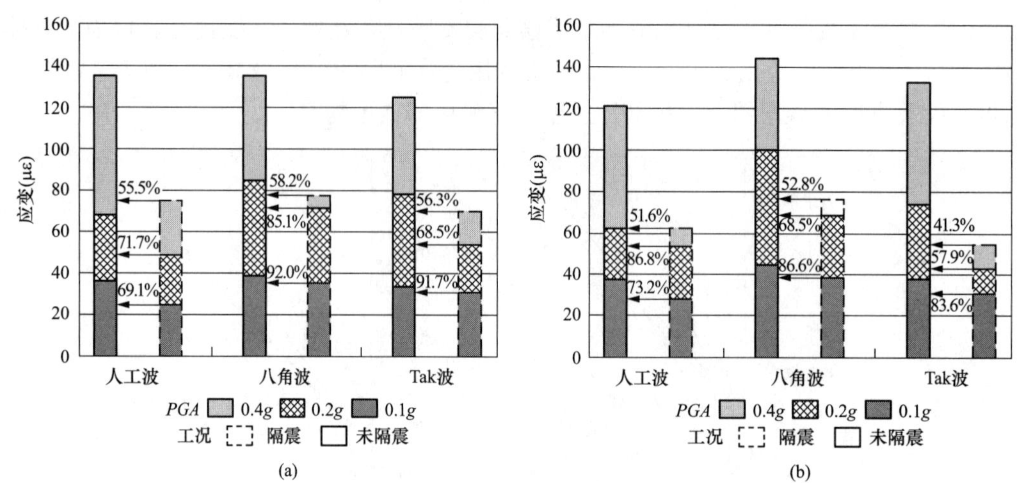


图 12-16　隔震前后套管根部峰值应变

（a）顶壁套管；（b）侧壁套管

相似；而当 *PGA* 达到 0.4*g* 时，隔震系统的套管根部应变响应相较隔震前明显降低。

人工波输入下，顶壁套管和侧壁套管的根部应变峰值如图 12-17 所示。和加速度响应的规律一致，隔震体系的地震响应不随 *PGA* 变化而线性变化，地震作用越强隔震效果越显著。当 *PGA* 为 0.6*g* 时，带有隔震支座的变压器套管根部应变响应峰值降低了约 50%。

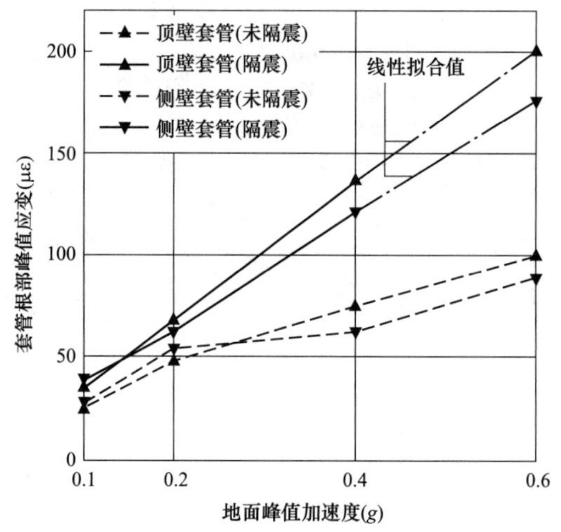


图 12-17　不同 *PGA* 下隔震前后套管根部应变峰值

## 12.5　不同隔震体系下大型变压器地震响应对比

基于有限元数值仿真的方法，以第 3 章中±800kV 换流变压器为例，进行大型变压器隔震体系的地震响应分析。建立换流变压器及隔震支座（铅芯橡胶支座、滑动摩擦摆支座）的有限元数值模型，设置合适的支座模型参数并组装得到换流变压器隔震体系数值模型，进行模态分析和地震响应时程计算。根据数值计算结果分析摩擦摆支座和铅芯橡胶支座的隔震效率，并评估两者应用于大型变压器隔震的优缺点。

### 12.5.1　隔震层参数选取

1. 隔震体系简化模型

在图 12-1 所示的简化模型的基础上，引入隔震层结构，得到图 12-18（a）所示的换流变压器隔震体系简化模型。基于等效线性化的思想，隔震体系可以转化图 12-18（b）所示的等效线性化模型，图中 $k_2$ 为隔震层等效刚度，$\xi_2$ 为隔震层等效黏滞阻尼比，两者是隔震层参数优化中主要考虑的参数。

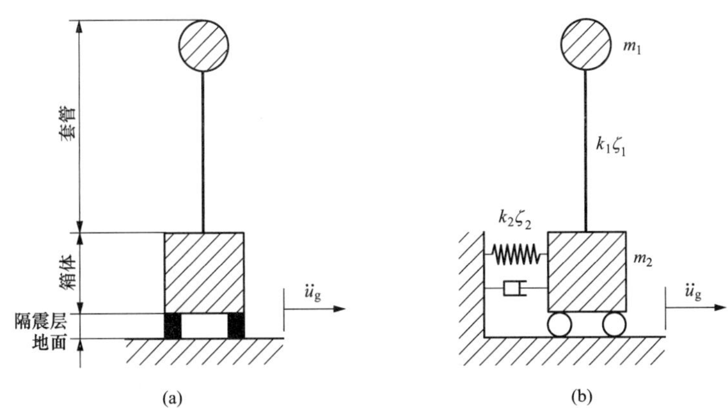


图 12-18　换流变压器隔震体系的等效线性化模型

（a）结构示意；（b）等效线性化模型

2. 隔震层参数优化

通过等效线性化模型建立换流变压器隔震体系等效线性化模型，输入与规范反应谱拟合较好的人工地震动，取 $PGA=0.6g$，计算不同隔震层参数（等效刚度 $k_2$、等效阻尼比 $\zeta_2$）下的峰值响应数据，如图 12-19 所示。

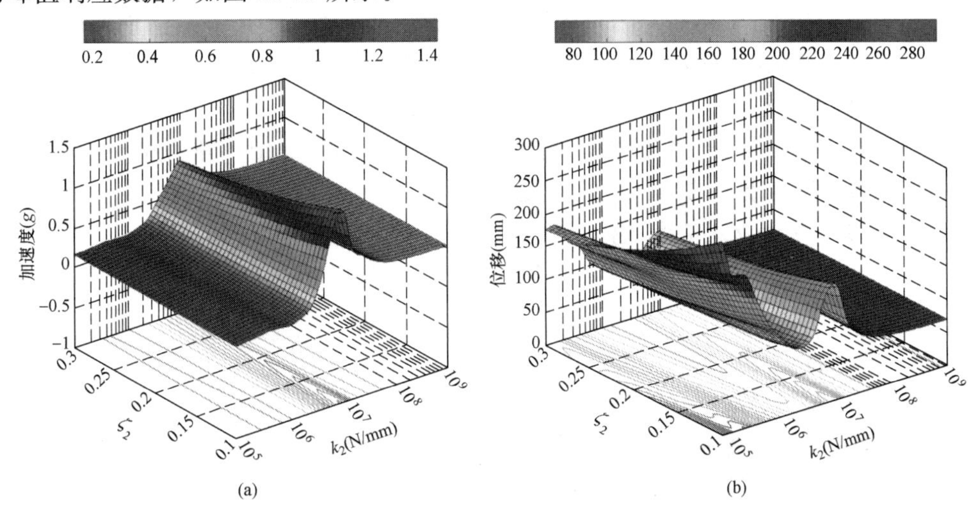


图 12-19　不同隔震参数条件下的体系峰值地震响应

（a）加速度响应；（b）位移响应

由图 12-19 可以看出，体系地震响应随着隔震层等效刚度 $k_2$ 和等效黏滞阻尼比 $\zeta_2$ 呈现出不同的变化规律。

随着隔震层等效刚度 $k_2$ 的增加，加速度响应呈现先升高后降低的趋势，而位移响应呈现出先降低后升高最后又降低的趋势。综合考虑加速度响应及位移响应的规律，选定隔震层等效刚度 $k_2=2\times10^6$N/m。

随着隔震层等效阻尼比 $\zeta_2$ 的增加，体系的加速度响应和位移响应均呈现出降低的趋势。考虑到较高的阻尼比在实际支座中较难实现，故取隔震层等效黏滞阻尼比 $\zeta_2=0.2$，以兼顾隔震效果和技术条件。

根据换流变压器箱体底部的结构特点，将支座布置于箱体底部原有承重横梁下方，共布置 12 个隔震支座。根据隔震设计要求，支座应在地震作用达到一定强度（$PGA>0.1g$）时进入滑动/屈服耗能阶段，故摩擦摆隔震支座的摩擦系数 $\mu=0.1$，铅芯橡胶隔震支座的屈服力 $Q_d=39.57$kN。铅芯橡胶支座的屈服前刚度和屈服后刚度的比值一般在 10～20 范围内，故取 $K_0/K_d=15$。根据隔震层的等效刚度 $k_2$ 和等效黏滞阻尼比 $\zeta_2$，换算得到两种支座的力学参数。根据行业标准 JG/T 118—2018《建筑隔震橡胶支座》中提供的相关数据可知，支座竖向刚度和屈服前刚度的比值一般在 150～300 范围。考虑到换流变压器的体量巨大，对支座承载力要求较高，取 $K_y=300K_d$。两种支座的力学参数如表 12-4 所示。

表 12-4　隔震支座的力学参数

| 支座类型 | 力学参数 | | | |
|---|---|---|---|---|
| 摩擦摆支座 | $\mu$ | $R$(m) | — | — |
| | 0.1 | 1.206 | — | — |
| 铅芯橡胶支座 | $Q_d$(kN) | $K_0$(kN/m) | $K_d$(kN/m) | $K_y$(kN/m) |
| | 39.57 | 1686.58 | 122.44 | 33 732.00 |

### 12.5.2 换流变压器隔震体系数值模型

在 ABAQUS 有限元数值仿真平台中建立典型换流变压器的有限元数值模型，并使用连接器单元对隔震支座进行简化建模，得到换流变压器隔震体系有限元数值模型。

1. 隔震支座简化模型

对于特定的摩擦摆隔震支座，滑动面的球面半径 $R$ 和上部结构重力 $W$ 是确定的，因此，向心恢复力项仅与支座的滑移距离相关，力学原理上与弹性刚度类似。定义等效刚度系数 $k_h=W/(2R)$，可得支座的等效荷载—位移关系如下

$$\begin{cases}F=k_h l_3+\mu W\ (\text{正向加载})\\F=k_h l_3-\mu W\ (\text{反向加载})\end{cases}\tag{12-25}$$

式中 $F$——水平推力；

$W$——上部结构重力；

$\mu$——接触面摩擦系数；

$k_h$——等效刚度系数；

$l_3$——滑移距离。

可见，摩擦摆支座的支座反力可以等效为摩擦力和弹性力的组合，在 ABAQUS 中使用

滑动平面型(Slide-Plane)连接器单元进行建模（孙新豪，2021）。

关于铅芯橡胶支座力学性能的研究表明，铅芯橡胶支座的荷载—位移关系是一种弹塑性关系。考虑到其竖向刚度有限，不能作为刚性考虑，故采用 ABAQUS 软件中的直角坐标型（Cartesian）连接器单元进行建模。换流变压器隔震体系有限元模型如图 12-20 所示，换流变压器采用第 3 章中的 ±800kV 换流变压器。箱体底部的 12 个连接器单元（滑动平面型或直角坐标型）即为 12 个隔震支座。

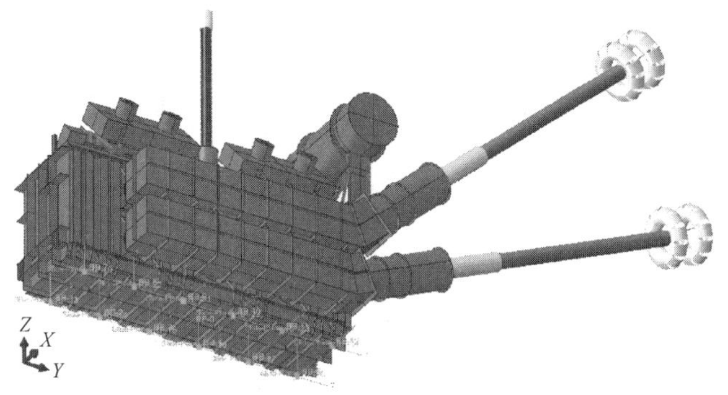


图 12-20 换流变压器隔震体系数值模型

2. 摩擦摆支座数值模型试验验证

摩擦摆支座在进行有限元数值建模时进行了力学模型的等效简化处理，其准确性需要通过试验来验证。试验对象为第 3 章中的 220kV 变压器，使用摩擦摆隔震支座进行隔震。

表 12-5 给出了变压器—套管体系各阶自振频率的试验结果和数值计算结果对比，可以看出，数值计算与试验的自振频率误差不超过±2%，说明该有限元数值模型与试验模型的自振特性吻合较好，能够较为精确地体现实际的变压器动力特性，可用于地震响应时程计算分析。

**表 12-5　　有限元模态分析与试验结果对比**

| 套管 | 振型 | 有限元计算频率(Hz) | 试验结果频率(Hz) | 误差(%) |
|---|---|---|---|---|
| 侧壁套管 | X 向一阶摆动 | 7.64 | 7.71 | −0.91 |
| | Y 向一阶摆动 | 7.23 | 7.25 | −0.28 |
| 顶盖套管 | X 向一阶摆动 | 7.75 | 7.67 | 1.04 |
| | Y 向一阶摆动 | 8.77 | 8.75 | 0.23 |

根据 GB 50260《电力设施抗震设计规范》和 GB 50012《建筑抗震设计规范》要求，选取符合要求的 3 组地震波进行振动台试验及有限元数值计算，其中 1 组人工模拟加速度时程（命名为人工波）、两组实际强震记录［根据获取强震记录的台站分别命名为八角波、高取（Takatori）波］。

以人工波作用下变压器关键位置的加速度时程为例，如图 12-21 所示，可见，有限元数值计算得到的加速度时程曲线与试验曲线的波形吻合较好。所有关键位置的峰值加速度对比如表 12-6 所示，可见，有限元计算结果与试验结果误差不超过 14%，说明该有限元数值模型能够较为准确地模拟实际的隔震变压器—套管体系在地震作用下的加速度响应情况。

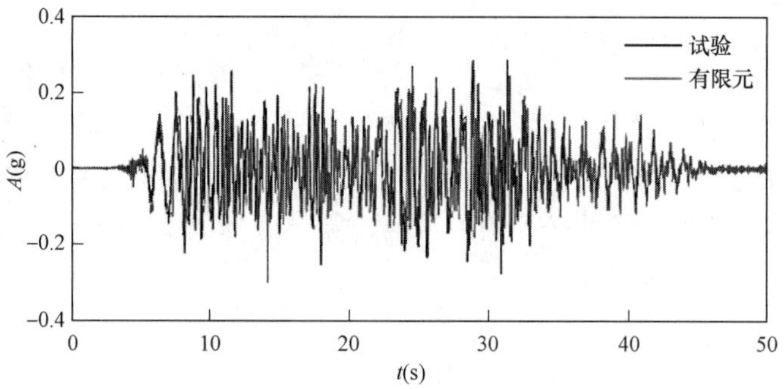


图 12-21　人工波作用下箱体底部主震方向加速度

**表 12-6**　　关键位置峰值加速度对比

| 地震波 | 位置 | 试验结果（$g$） | 有限元计算（$g$） | 误差（%） |
|---|---|---|---|---|
| 人工波 | 箱体底部 | 0.30 | 0.28 | 7.27 |
| | 顶盖套管顶部 | 1.98 | 1.80 | 8.89 |
| | 侧壁套管顶部 | 1.39 | 1.51 | 9.06 |
| 八角波 | 箱体底部 | 0.34 | 0.30 | 13.57 |
| | 顶盖套管顶部 | 2.35 | 2.10 | 10.39 |
| | 侧壁套管顶部 | 1.55 | 1.71 | 10.12 |
| 高取（Takatori）波 | 箱体底部 | 0.37 | 0.32 | 12.48 |
| | 顶盖套管顶部 | 0.84 | 0.95 | 13.21 |
| | 侧壁套管顶部 | 0.69 | 0.75 | 8.64 |

以人工波作用下变压器关键位置的位移时程为例，如图 12-22 所示，有限元数值计算得

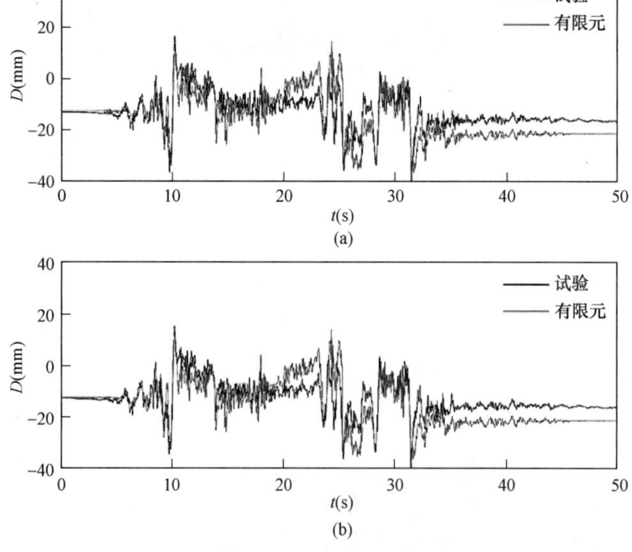


图 12-22　人工波作用下关键位置主震方向位移

（a）顶盖套管顶部；（b）侧壁套管顶部

到的位移时程曲线与试验曲线在多数时间段内的波形是较为接近的，但存在一定的曲线整体平移误差。造成这一误差的原因是有限元模型中使用了理想化的双线性滞回模型，而实际的隔震支座由于材料属性误差、支座磨损程度等因素影响，滞回曲线有一定的变异性。关键位置的峰值位移对比如表 12-7 所示，可见有限元计算结果与试验结果误差不超过 15%，说明该有限元数值模型能够较为准确地模拟实际的隔震变压器—套管体系在地震作用下的位移响应情况。

表 12-7　　关键位置峰值位移对比

| 地震波 | 位置 | 试验结果（mm） | 有限元计算（mm） | 误差（%） |
|---|---|---|---|---|
| 人工波 | 箱体底部 | 38.27 | 33.88 | 12.46 |
| | 顶盖套管顶部 | 39.26 | 35.58 | 9.37 |
| | 侧壁套管顶部 | 39.98 | 36.89 | 7.71 |
| 八角波 | 箱体底部 | 59.64 | 55.07 | 7.65 |
| | 顶盖套管顶部 | 58.19 | 49.68 | 14.63 |
| | 侧壁套管顶部 | 58.25 | 51.66 | 12.31 |
| 高取（Takatori）波 | 箱体底部 | 18.85 | 17.51 | 7.10 |
| | 顶盖套管顶部 | 18.12 | 19.69 | 8.70 |
| | 侧壁套管顶部 | 19.25 | 21.88 | 13.66 |

综合加速度响应和位移响应的对比结果可得，对摩擦摆隔震支座的简化分析和有限元数值建模是合理的，基于此支座数值模型进行变压器—套管体系的隔震计算分析具有较高的准确性。

### 12.5.3　地震响应

根据 GB 50260《电力设施抗震设计规范》和 GB 50012《建筑抗震设计规范》要求，选取 7 组地震波输入用于时程计算，其中包括两组人工模拟加速度时程曲线（人工波 1、人工波 2）和 5 组实际强震记录［按获取强震记录的台站分别命名为埃尔森特罗（El-Centro）波、塔夫特（Taft）波、清平波、卧龙波、曾家波］。

1. 套管根部应力响应

选取两根阀侧套管和 1 根网侧套管的根部峰值应力统计值作为换流变压器失效指标，用以判断换流变压器是否发生破坏。7 组地震波作用下，使用两种支座隔震的套管根部峰值应力与未隔震的响应数据对比如图 12-23 所示。

由图 12-23 可知，隔震前后的换流变压器应力响应具有以下特征：

（1）未隔震的换流变压器属于线性结构体系，套管根部应力响应随着 $PGA$ 的增加而线性增加。隔震后的换流变压器呈现出典型的非线性特征。

（2）未隔震的换流变压器套管根部应力在 $PGA=0.4g$ 时开始出现超过材料极限强度的情况。使用隔震的换流变压器的套管应力响应较隔震前降低，并且在 $PGA$ 较高的工况下，使用两种隔震层的换流变压器地震响应出现了更显著的降低，能够保持套管根部应力低于材料极限强度。

（3）对比两种隔震层的计算结果可见，当 $PGA=0.2g$ 时，使用铅芯橡胶支座与使用摩

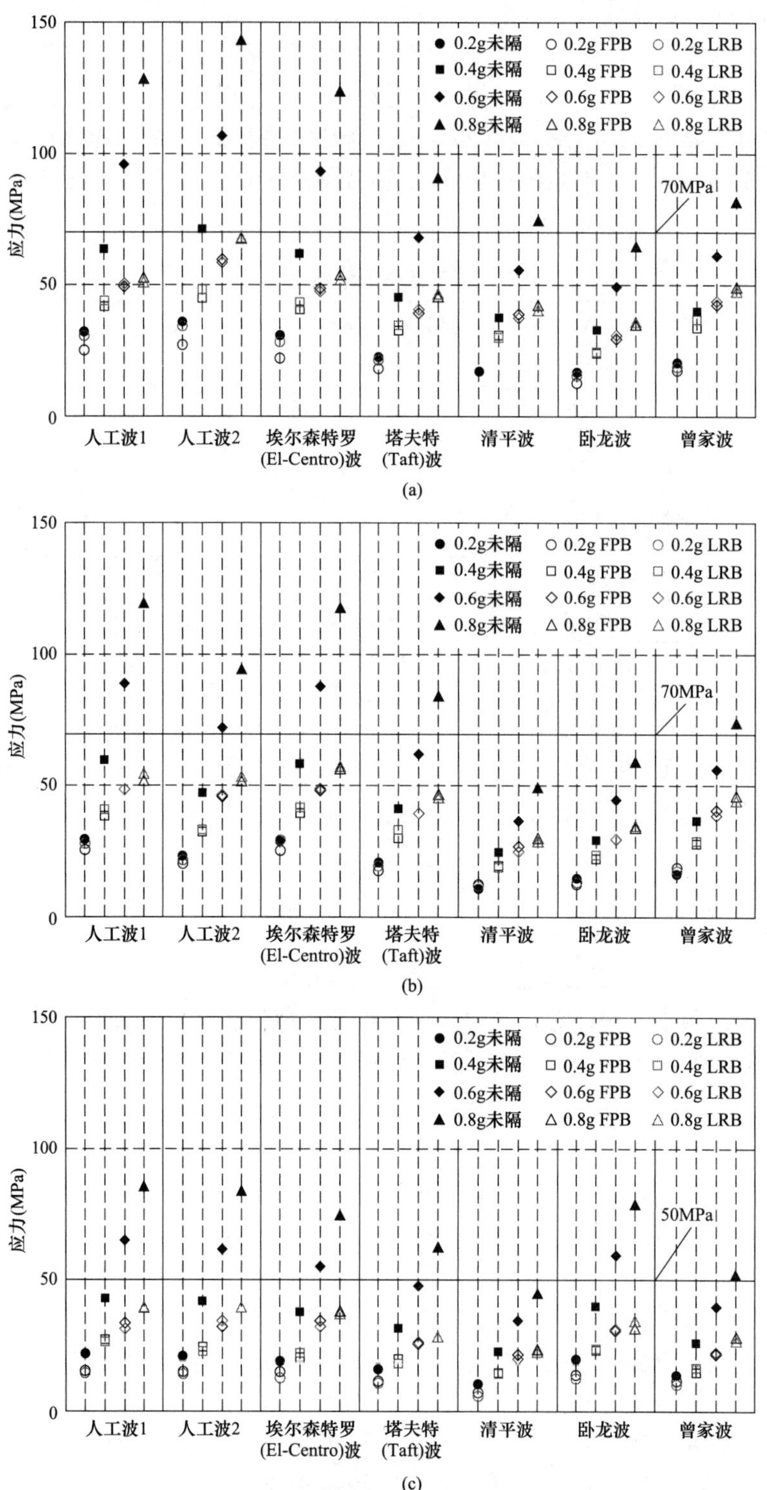


图 12-23　隔震前后套管根部应力对比

（a）阀侧套管 1；（b）阀侧套管 2；（c）网侧套管

擦摆支座的阀侧套管应力响应相比较大，网侧套管应力响应则较小，而随着 *PGA* 的增加，使用两种支座隔震的套管应力响应逐渐接近。

基于 7 组地震波的计算结果，可以得到换流变压器关键位置峰值应力统计值（95%保证率）如表 12-8 所示。在 *PGA* 为 0.8*g* 及以下的地震作用下，使用两种隔震支座后的换流变压器套管根部应力统计值均低于厂家给出的复合/陶瓷材料极限强度，能够较好地保护换流变压器在地震作用下不发生破坏。

**表 12-8　换流变压器关键位置峰值应力统计值**　MPa

| *PGA* | 隔震条件 | 部件 | | |
|---|---|---|---|---|
| | | 阀侧套管 1 | 阀侧套管 2 | 网侧套管 |
| 0.2*g* | 未隔震 | 36.77 | 31.67 | 23.30 |
| | FPB 隔震 | 27.81 | 26.68 | 16.91 |
| | LRB 隔震 | 34.72 | 30.84 | 15.49 |
| 0.4*g* | 未隔震 | 73.53 | 63.34 | 46.61 |
| | FPB 隔震 | 46.43 | 41.75 | 27.49 |
| | LRB 隔震 | 50.93 | 44.97 | 26.57 |
| 0.6*g* | 未隔震 | 120.30 | 95.02 | 69.91 |
| | FPB 隔震 | 58.77 | 53.90 | 37.04 |
| | LRB 隔震 | 58.47 | 54.76 | 36.78 |
| 0.8*g* | 未隔震 | 147.06 | 126.69 | 93.21 |
| | FPB 隔震 | 65.67 | 60.82 | 42.33 |
| | LRB 隔震 | 64.87 | 62.75 | 43.23 |

2. 加速度响应

将同一 *PGA* 的 7 组地震波作用下的换流变压器加速度响应进行汇总，采用与应力响应类似的 95%保证率统计值来表征特定烈度地震作用下的加速度响应。绘制隔震前后的加速度放大系数曲线，分析隔震层对换流变压器加速度响应分布的影响，如图 12-24 和图 12-25 所示。图中选取的关键位置包括：基础台座（Base，Ba）、箱体底部（Tank Bottom，TB）、升高座根部（Turret Bottom，TuB）、套管根部（Bushing Bottom，BB）、套管顶部（Bushing Top，BT）。

从图 12-24 中阀侧套管加速度放大系数可知：

（1）未隔震换流变压器的加速度放大系数不随 *PGA* 改变而改变，而隔震的加速度放大系数随 *PGA* 增加而降低。原因在于隔震前的换流变压器是线性体系，而隔震换流变压器具有非线性特征，加速度响应不随 *PGA* 线性增加。

（2）对比两种隔震层的计算结果，在 *PGA*=0.2*g* 时，使用铅芯橡胶支座隔震的换流变压器加速度放大系数高于摩擦摆支座，与应力响应对比的结果一致，由小震作用下两种支座对地震动的过滤和耗能能力不同引起。

（3）对比不同方向上加速度放大系数的变化可见，*X* 向、*Y* 向加速度放大系数的降低较为明显，而 *Z* 向的加速度响应降低有限。这是由于两种隔震支座都是水平向隔震支座，对 *Z* 向地震作用影响较小。

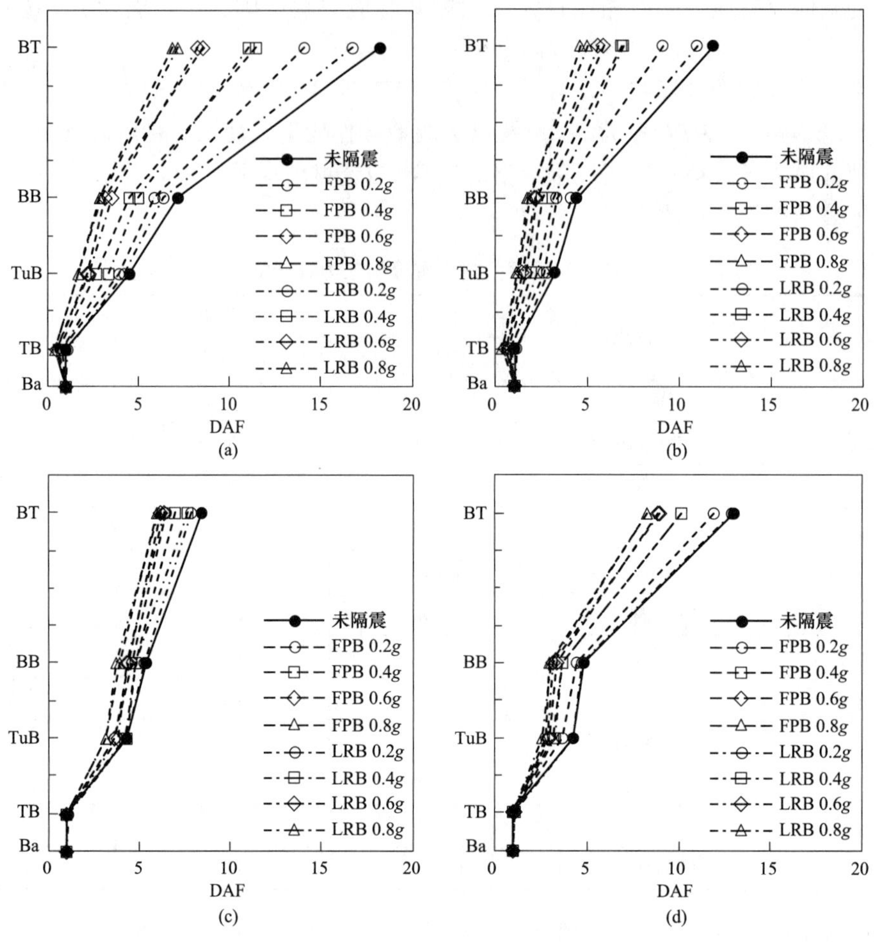


图 12-24 阀侧套管加速度对比

(a) 阀侧套管 1X 向；(b) 阀侧套管 2X 向；(c) 阀侧套管 1Z 向；(d) 阀侧套管 2Z 向

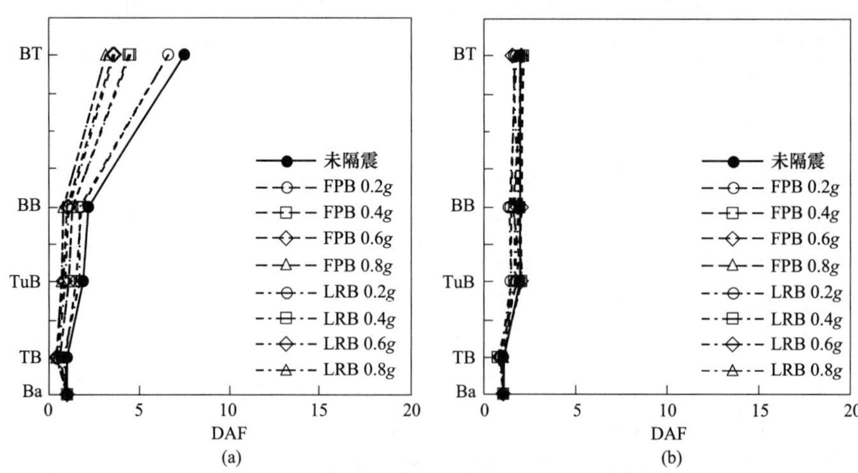


图 12-25 网侧套管加速度对比

(a) 网侧套管 X 向；(b) 网侧套管 Z 向

对比图 12-25 中隔震前后网侧套管加速度放大系数可知：

(1) 隔震换流变压器的网侧套管 $X$ 向加速度响应随 $PGA$ 的增加而明显降低，而 $Z$ 向加速度响应与未隔震情况相比变化不大。网侧套管及其升高座为竖直安装于换流变压器顶部，$Z$ 向地震动基本不受水平向地震响应的变化影响。

(2) 对比两种隔震层的结果可见，在地震作用较低时，例如 $PGA=0.2g$ 时，铅芯橡胶支座隔震的换流变压器网侧套管加速度响应略低于摩擦摆支座，与阀侧套管的加速度响应规律不同。而在地震作用较高，如 $PGA$ 达到 $0.6g$、$0.8g$ 时，使用两种隔震层的换流变压器地震响应基本一致。

从应力响应和加速度响应的分析中均可以看出，在小震作用下，两种隔震支座对阀侧套管和网侧套管表现出了不同的隔震效果：摩擦摆支座相比于铅芯橡胶支座，能够更好地降低阀侧套管的地震响应，但对网侧套管的降低作用略低。

3. 位移响应

取 95%保证率峰值位移统计值来表征特定烈度地震作用下的位移响应，绘制隔震前后的位移分布曲线，如图 12-40 和图 12-41 所示。

由图 12-26 和图 12-27 可知：

(1) 隔震和未隔震的换流变压器位移响应均随着 $PGA$ 的增加而增加，但隔震换流变压器的水平位移响应在箱体底部（TB）陡增，而其他关键位置（TuB、BB、BT）相比于箱体底部（TB），位移的增加幅度低于同等 $PGA$ 地震作用下的未隔震换流变压器。说明换流变压器隔震体系的水平向主要变形发生在隔震层，而换流变压器本身的变形相比于未隔震时有所降低。

(2) 对比两种隔震层的计算结果可见，在地震作用较低，即 $PGA=0.2g$ 时，摩擦摆支座隔震的换流变压器箱体底部位移略低于铅芯橡胶支座隔震。原因在于，小震作用下铅芯橡胶支座的弹性变形较大，导致隔震层位移偏大，自振频率不同的阀侧套管和网侧套管呈现出不同的地震响应变化规律。

(3) 在 $PGA$ 达到 $0.6g$ 以上时，铅芯橡胶支座隔震的换流变压器位移响应明显高于摩擦摆支座，特别是阀侧套管 $X$ 向的位移。本书 12.5.2 节关于支座弹性振动的分析已经证明，此处引起位移响应差异的原因不是支座的弹性振动，因而位移差异可能是由于使用两种隔震层的换流变压器整体扭转效应不同。

为进一步分析两种隔震层在扭转效应上的差异，取人工波 1 作用下的隔震层转角、阀侧套管 1 顶部位移的时程曲线进行分析，如图 12-28 所示。

从图 12-28 可以看出：

(1) 在 $PGA=0.2g$ 时，隔震层的滑动/屈服程度较低，两种隔震层的位移响应包括扭转位移，均较小。此时，虽然摩擦摆隔震层的转角小于铅芯橡胶隔震层，但由于扭转位移较小，对换流变压器整体位移响应的影响并不明显。

(2) 在 $PGA=0.6g$ 时，隔震层充分滑动/屈服，两种隔震层的扭转位移响应较大，对换流变压器整体位移响应的影响较大。同时，摩擦摆隔震支座的扭转位移响应远低于铅芯橡胶支座，进而导致套管位移响应存在较大差异。

两种隔震层的扭转效应不同主要是由于隔震层刚度中心的位置不同。铅芯橡胶支座隔震层刚度中心就是整个隔震层的几何中心，但上部的换流变压器质量中心与隔震层的中心有一

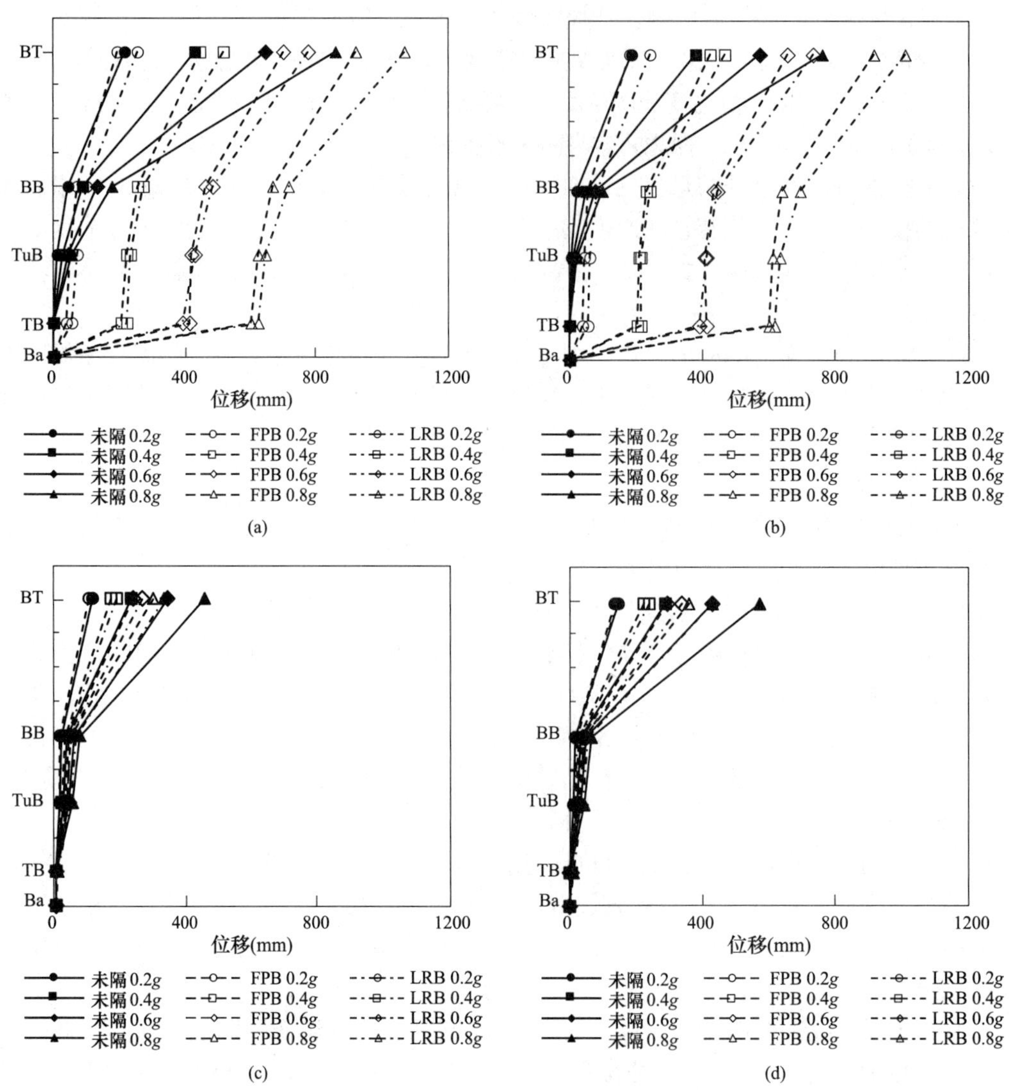


图 12-26　阀侧套管位移对比

(a) 阀侧套管 1$X$ 向；(b) 阀侧套管 2$X$ 向；(c) 阀侧套管 1$Z$ 向；(d) 阀侧套管 2$Z$ 向

定偏差。摩擦摆支座的支座反力与支座上分担的上部结构重力成正比，因而其支座反力的分布与上部结构重力的分布一致，则隔震层的刚度中心与换流变压器的质量中心是重合的。由此可知，对于采用同一型号支座的隔震层，使用铅芯橡胶支座的会存在质量中心和刚度中心不重合的现象，称之为质刚偏心，而使用摩擦摆隔震支座则能较好地降低质刚偏心引起的扭转效应。

4. 隔震效率

为合理表征两种支座的隔震性能，需要定义隔震效率的评价指标。由于换流变压器的失效指标是阀侧套管和网侧套管根部峰值应力统计值，故同样以隔震前后的峰值应力统计值来评价支座的隔震性能。定义隔震后套管根部应力统计值的降低率为相应支座的隔震效率如下

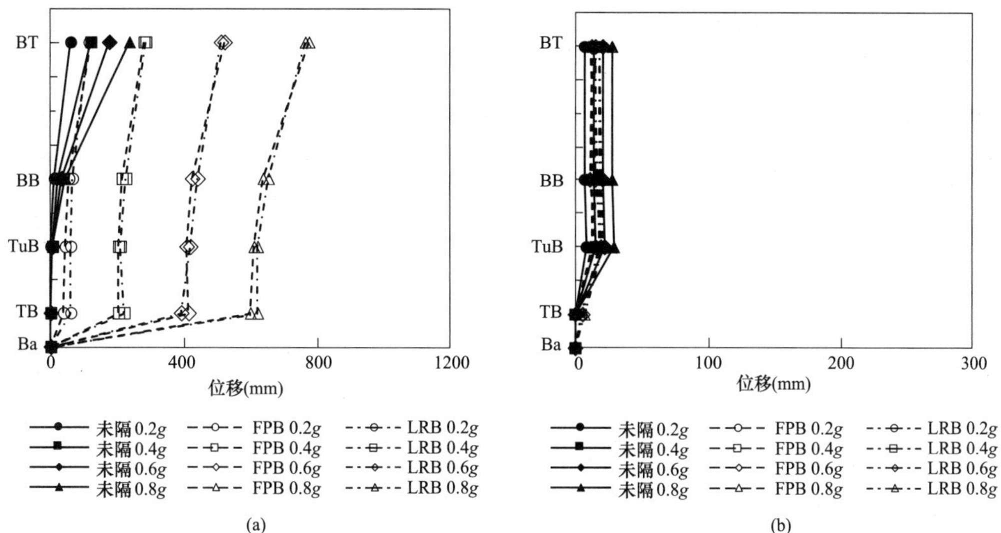


图 12-27　网侧套管位移对比

（a）网侧套管 $X$ 向；（b）网侧套管 $Z$ 向

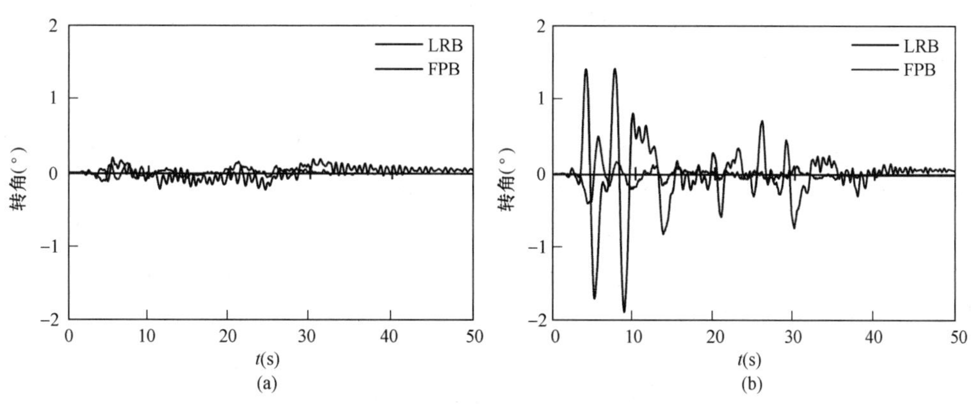


图 12-28　人工波 1 作用下换流变压器转角及套管位移

（a）$PGA=0.2g$ 隔震层转角；（b）$PGA=0.6g$ 隔震层转角

$$\eta=\frac{\sigma_{1,\max}-\sigma_{2,\max}}{\sigma_{1,\max}}\times 100\% \tag{12-26}$$

式中　$\eta$——隔震效率；

$\sigma_{1,\max}$——未隔震套管根部峰值应力统计值；

$\sigma_{2,\max}$——隔震套管根部峰值应力统计值。

通过式（12-26）计算得到两种隔震层的隔震效率如表 12-9 所示。

**表 12-9　　隔震效率对比　　%**

| 位置 | 隔震层 | 0.2$g$ | 0.4$g$ | 0.6$g$ | 0.8$g$ |
|---|---|---|---|---|---|
| 阀侧套管 1 | FPB | 24.35 | 36.85 | 46.72 | 55.35 |
| | LRB | 5.57 | 30.73 | 46.99 | 55.89 |

续表

| 位置 | 隔震层 | 0.2*g* | 0.4*g* | 0.6*g* | 0.8*g* |
|---|---|---|---|---|---|
| 阀侧套管 2 | FPB | 15.77 | 34.09 | 43.27 | 51.99 |
| | LRB | 2.63 | 29.00 | 42.37 | 50.47 |
| 网侧套管 | FPB | 27.45 | 41.02 | 47.03 | 54.59 |
| | LRB | 33.52 | 42.99 | 47.39 | 53.62 |

由表 12-9 可知：

（1）两种隔震支座的隔震效率均随着 *PGA* 的增加而增加，在 *PGA* 达到 0.6*g* 时均能实现 40%以上的隔震效率，*PGA* 达到 0.8*g* 时能够实现 50%以上的隔震效率。说明两种支座在大震作用下都具有良好的隔震效果，适用于高烈度地区的换流变压器的隔震设计。

（2）无论使用哪种隔震支座，阀侧套管 1 的隔震效率始终高于阀侧套管 2。原因在于，阀侧套管 1 与水平面的夹角较大，*X* 向、*Y* 向的地震响应较为明显；而阀侧套管 2 与水平面夹角较小，*X* 向、*Z* 向地震响应较为明显；而两种隔震支座均为水平隔震型支座，因而对于水平向振动为主的阀侧套管 1 隔震效果更明显，并且两根阀侧套管的隔震效率差异在铅芯橡胶支座隔震的条件下更明显。

上述计算分析表明，摩擦摆隔震支座和铅芯橡胶隔震支座均能够较好地控制换流变压器的地震响应，特别是在大震作用下，两种支座均表现出较好的隔震效果。而在小震作用下，摩擦摆隔震支座能够更好地降低阀侧套管地震响应，对网侧套管隔震效果略低于铅芯橡胶支座，但仍能达到 27%以上的隔震效率。同时，由于换流变压器具有典型的非对称结构特征，使用摩擦摆隔震支座能够更好地避免质刚偏心带来的响应放大。

综上可以认为，摩擦摆隔震支座与铅芯橡胶隔震支座同样适用于换流变压器的隔震，并且摩擦摆隔震支座具有较高的滑动前刚度和控制扭转效应的能力，更有利于换流变压器的地震响应控制。

## 12.6 大型变压器设置隔震装置的经济效益分析

### 12.6.1 震后恢复成本组成

本章前面几节针对大型变压器的隔震理论和隔震效率进行了较为详尽的讨论，但对于变电站运营商而言，除了考虑采取抗震改造措施提升变电站设备的抗震性能之外，还需要考虑抗震措施的成本。如何在抗震改造效果与成本之间进行平衡，以获取最大化的经济效益是在变电站设计过程中运营商必须考虑的问题。

为了进一步探究高地震烈度地区大型变压器采用基底隔震措施的成本与预期效益，选择了位于我国西南的某特高压换流站中±200kV 换流变压器与±800kV 换流变压器作为研究对象。开展这一分析所需要的关键性指标为一次地震后对变压器进行修复直至可正常运行所需的预期总花费，记为 *ETC*（Expected Toatl Cost）。由于套管破坏是地震中变压器上最容易，也是最频繁发生的破坏现象，因此，为了抓住核心问题，在分析中将套管破坏假定为变压器破坏的唯一模式。单台变压器 ETC 包含如下 3 个部分：①预期直接花费，记为

*EDC*（Expected Direct Cost）；②预期间接花费，记为*EIC*（Expected Indirect Cost）；③改造措施花费，记为*RC*（Retrofit Cost）。因此有如下关系式

$$ETC = EDC + EIC + RC \tag{12-27}$$

由于每一台变压器都包含三支套管：一支网侧套管与两支阀侧套管，因此，在不考虑有备用套管的情况下，*EDC*与*EIC*可分别由式（12-28）、式（12-29）进行计算。其中，若干字母简记的经济指标，其含义参见表12-10。根据运营商提供数据，研究对象±200kV与±800kV换流变压器，各项指标值见表12-11。

$$\begin{aligned} EDC = &\sum_{n=0}^{1} n \cdot P(DB_L = n)(CB_L + CT_L + CI_L) \\ &+ \sum_{m=0}^{2} m \cdot P(DB_V = m)(CB_V + CT_V + CI_V) \end{aligned} \tag{12-28}$$

$$\begin{aligned} EIC = &PC \cdot [P(DB_L = 1) \cdot P(DB_V = 0) \cdot (T + TT_L + TB_L) + \\ &P(DB_L = 1)\sum_{m=1}^{2} P(DB_V = m)(T + \max\{TT_L + TB_L, TT_V + m \cdot TB_V\}) + \\ &P(DB_L = 0)\sum_{m=1}^{2} P(DB_V = m)(T + TT_V + m \cdot TB_V)] \end{aligned} \tag{12-29}$$

**表12-10　　计算ETC所需经济指标项目含义**

| 指标 | 含　义 |
|---|---|
| P(DBL=$n$) | 有$n$支网侧套管发生破坏的概率 |
| P(DBV=$m$) | 有$m$支阀侧套管发生破坏的概率 |
| CBL | 购买1支网侧套管的平均费用 |
| CBV | 购买1支阀侧套管的平均费用 |
| CTL | 运输1支网侧套管的平均费用 |
| CTV | 运输1支阀侧套管的平均费用 |
| CIL | 安装1支网侧套管的平均费用 |
| CIV | 安装1支阀侧套管的平均费用 |
| PC | 单台变压器停运造成的日均损失 |
| T | 拖出、检修、重新固定单台变压器耗时 |
| TTL | 购买与运输网侧套管耗时 |
| TTV | 购买与运输阀侧套管耗时 |
| TBL | 安装1支网侧套管耗时 |
| TBV | 安装1支阀侧套管耗时 |

表 12-11　　经济指标取值

| 指标项 | 指标 | ±200kV 换流变压器 | ±800kV 换流变压器 |
|---|---|---|---|
| 经济花费（万元） | PC | 14.8 | 17.4 |
| | PBL | 37.3 | 42.3 |
| | PBV | 157.5 | 829.5 |
| | CTL | 2.0 | 2.0 |
| | CTV | 2.0 | 2.0 |
| | CIL | 10.3 | 10.3 |
| | CIV | 10.3 | 10.3 |
| 时间花费（天） | T | 5 | 5 |
| | TTL | 14 | 14 |
| | TTV | 19 | 34 |
| | TBL | 3 | 3 |
| | TBV | 3 | 3 |

### 12.6.2　易损性分析

计算 $EDC$ 与 $EIC$ 唯一未确定的量，即为套管失效概率 $P(DB_L=n)$ 与 $P(DB_V=m)$。为计算套管失效概率，必须得到变压器套管的易损性曲线。因此，建立了研究对象±200kV 与±800kV 换流变压器的有限元模型，并进行数值计算。易损性曲线的获取采用 $MSA$（Multiple strip analysis）方法，即选择若干不同大小的 $PGA$ 作为计算点，在每个计算点上选择若干真实地震记录，计算统计在各 $PGA$ 计算点上的失效概率，最后选用概率模型进行拟合并估计概率模型参数，最终即可得到易损性曲线。与传统方法相比，$MSA$ 方法可显著减小计算量，并且避免由于对不同 $PGA$ 等级地震记录进行人为缩放而造成不同 $PGA$ 间的结果相关性偏大的问题。在计算中共选择了 $PGA$ 从 $0.1g$～$0.7g$ 范围内共 99 条天然地震波进行计算，并参考 IEEE 693 标准判定套管应力超过极限应力 50%时发生破坏（谢强等，2020）。通常情况下，假定在各 $PGA$ 等级上，套管失效概率服从对数正态分布，因此，未隔震的变压器—套管体系中套管失效概率满足

$$P(PGA=x)=\Phi\left(\frac{\ln x-\mu}{\sigma}\right) \tag{12-30}$$

式中　$P(PGA=x)$——$PGA$ 为 $x$ 时套管的失效概率；

$\Phi()$——标准正态分布累积概率函数；

$\mu$ 和 $\sigma$——$\ln x$ 的平均值与标准差。

根据数值计算结果，采用极大似然估计方法对 $\mu$ 和 $\sigma$ 进行参数估计，估计值 $\tilde{\mu}$ 和 $\tilde{\sigma}$ 见表 12-12。

表 12-12 **$\mu$ 和 $\sigma$ 估计值**

| 估计值 | 网侧套管 | | 阀侧套管 | |
|---|---|---|---|---|
| | ±200kV | ±800kV | ±200kV | ±800kV |
| $\tilde{\mu}$ | −0.127 | −0.198 | −0.274 | −0.462 |
| $\tilde{\sigma}$ | 0.351 | 0.404 | 0.355 | 0.370 |

对复摩擦摆隔震的变压器—套管体系而言，采用等效的方法对未隔震体系的易损性曲线进行修改，即可得到隔震体系的易损性曲线。由于隔震作用可以等效视为对输入 *PGA* 大小的降低，因此，隔震体系的失效概率可以表达为

$$P(PGA=x)=\Phi\left(\frac{\ln(d_{m0}\cdot x)-a_2}{s_1}\right) \tag{12-31}$$

式中 $d_{m0}$——*PGA* 衰减系数。

待定参数 $\mu$ 和 $\sigma$ 的估计值 $\tilde{\mu}$ 和 $\tilde{\sigma}$ 完全与表 12-12 中相同。采用式（12-32）计算 *PGA* 衰减系数

$$d(PGA=x)=\tilde{x}/x \tag{12-32}$$

式中 $\tilde{x}$——在基底输入 *PGA* 为 $x$ 时，经过支座隔震后，支座顶部的加速度幅值。

计算 3 条地震波输入下试验结果的平均值作为 $PGA=0.1g$、$0.2g$、$0.4g$ 时的衰减系数 $d_{m0}$，如表 12-13 所示。当 $PGA\geqslant 0.6g$ 时，$d_{m0}$ 均取 0.5，实际上，考虑到隔震支座在减小地震响应时的非线性特点，在 $0.6g$ 及以上对 $d_{m0}$ 的取值是偏于保守的。对于不在表 12-13 中的 *PGA* 等级，采用二次插值的方法获取衰减系数 $d_{m0}$。

表 12-13 **不同 *PGA* 下衰减系数 $d$ 取值**

| *PGA*（g） | 0 | 0.10 | 0.20 | 0.40 | ≥0.6 |
|---|---|---|---|---|---|
| $d_{m0}$ | 1.000 | 0.807 | 0.715 | 0.541 | 0.500 |

根据式（12-31）及式（12-32），可以计算得到未隔震与隔震体系中两种不同套管的易损性曲线，如图 12-29 所示。图中的“*”与“Δ”符号表示数值计算中所取的计算点，根据计算点得到的概率拟合易损性曲线。根据在不同 *PGA* 等级下，单支网侧套管的失效概率 $P(DB_L=n)$ 及单支阀侧套管的失效概率 $P(DB_V=m)$，可以采用式（12-33）、式（12-34）计算得到

$$P(DB_L=n)=\binom{n}{1}P_L^n(1-P_L)^{1-n}(n=0,1) \tag{12-33}$$

$$P(DB_V=m)=\binom{m}{2}P_V^m(1-P_V)^{2-m}(m=0,1,2) \tag{12-34}$$

### 12.6.3 经济性分析

在完成上述步骤后，根据式（12-27），为求得 *ETC*，仅有 *RC* 待确定。当不采用任何抗震改造措施时，$RC=0$；当采用本研究中的复摩擦摆支座进行基底隔震处理时，*RC* 包含支座的购买、安装及维护费用。根据支座制造时的相关费用，当考虑 50 年使用期限时，复摩擦摆支座的 *RC* 如表 12-14 所示。

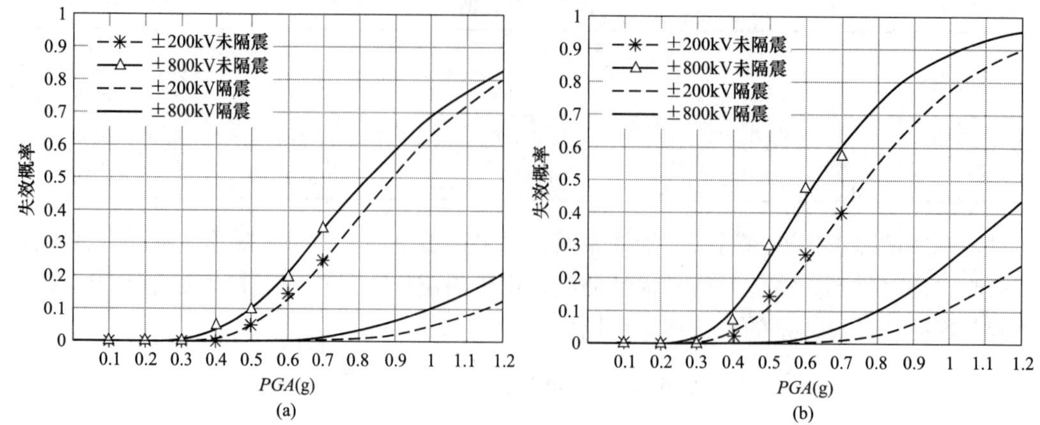


图 12-29 变压器套管易损性曲线

(a) 网侧套管；(b) 阀侧套管

**表 12-14　　考虑 50 年使用期限复摩擦摆支座费用**

| 项目 | 支座数目（个） | 单个支座费用（万元） | 单个支座维护费用（万元/年） | *RC*（万元） |
|---|---|---|---|---|
| ±200kV换流变压器 | 4 | 3.0 | 0.06 | 24.0 |
| ±800kV换流变压器 | 8 | 3.0 | 0.06 | 48.0 |

基于上述所有分项经济指标，假定 50 年时间内，变电站遭受一次地震后进行修复，可以计算单台变压器在不同 *PGA* 等级下的 *ETC*，如图 12-30 所示。根据图 12-30，对±200kV 及±800kV换流变压器而言，当 *PGA* 分别大于 0.36*g* 及 0.27*g* 时，未隔震体系的 *ETC* 将超过采用复摩擦摆隔震的体系，并且迅速拉大两者之间的差距。同样地，对上述两种电压等级变压器，当 *PGA* 分别达到 0.67*g* 及 0.54*g* 时，隔震体系 *ETC* 与抗震体系 *ETC* 的比值最小，分别为 9.0%及 8.1%；当 *PGA* 分别达到 0.97*g* 及 0.84*g* 时，隔震体系与抗震体系 *ETC* 的绝对差值达到最大，分别约为 576 万元与 1639 万元。

实际上，根据 PEER 对 1971～1994 年美国加利福尼亚州 12 次地震中变电站的震害统计（IEEE Std 693—2005；PEER，1999），在美国 1986 年北棕榈泉（North Palm Springs）地震及 1994 年洛杉矶北岭（Northridge）地震中，在变电站实测到的 *PGA* 分别达到 0.836*g* 与 0.623*g*。即说明在高地震烈度地区，根据图 12-30，如果采用基底隔震技术对变压器—套管体系进行隔震处理，可以取得的经济效益可接近最大化。另一方面，由于在本研究中，暂未与地震危险性分析相结合，假定 50 年仅遭受一次地震，实际上对高地震烈度区而言是偏于保守的，因此，在实际中基底隔震所取得的经济效益很有可能高于本研究的结果。从不同电压等级来看，±800kV 换流变压器采用隔震技术后所取得的经济效益明显高于±200kV 换流变压器，且 *PGA* 阈值低于±200kV 的情形。因此，对于高电压等级变电站或者高电压等级的关键设备，如变压器等，有采用基底隔震技术的必要性。

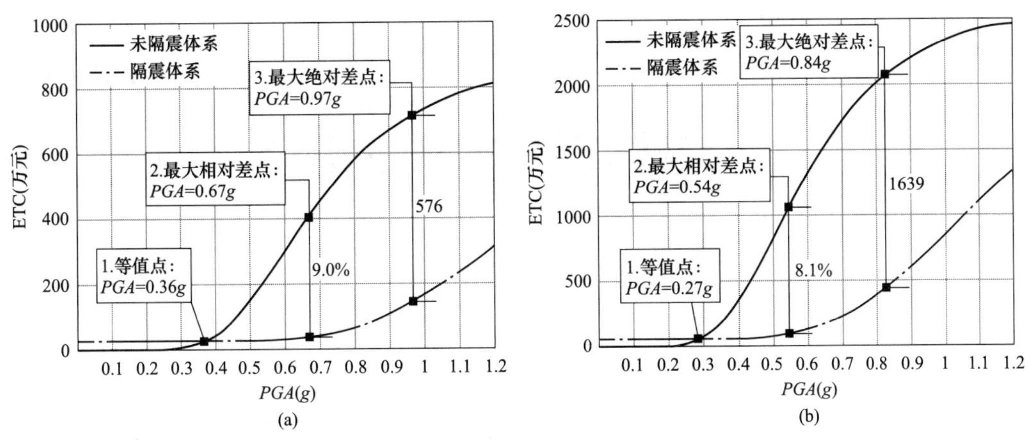


图 12-30 变压器 50 年使用期限下 *ETC*

(a) ±200kV 换流变压器；(b) ±800kV 换流变压器

## 12.7 小 结

本章针对变压器结构特点和抗震需求，对变压器基础隔震设计进行了理论研究。在此基础上，分别开展了采用组合橡胶隔震支座及滑动摩擦摆隔震支座的变压器试验，验证了不同隔震支座对于变压器的隔震效果，并进一步结合变压器实际修复的经济性指标，对变压器隔震体系进行了经济效益分析。主要结论如下：

(1) 在进行隔震支座初步设计时，可以采用等效线性化的方法对换流变压器隔震体系进行简化计算，得到隔震层等效参数。在此基础上，总结体系地震响应随隔震层等效参数变化的规律，可以得到换流变压器隔震层的最优等效参数，通过换算得到隔震层的最优力学参数。

(2) 摩擦摆支座与铅芯橡胶支座均具有较好的降低换流变压器地震响应的作用，且地震作用越强时隔震效果越显著。*PGA* 达到 0.6*g* 以上时，能实现 40%以上的隔震效率；*PGA* 达到 0.8*g* 以上时，能实现 50%以上的隔震效率。同时，相比于铅芯橡胶支座，摩擦摆支座能够更好地控制小震作用下的弹性振动及大震作用下的扭转效应，有利于控制换流变压器的地震响应。

(3) 经济效益分析结果表明，当考虑 50 年内遭遇一次地震时，在高地震烈度地区，采用复摩擦摆支座隔震的变压器—套管体系在震后的预期恢复成本最小，仅为未隔震情形的约 10%。对于高电压等级的变压器而言，采用基底隔震技术可取得更高的经济效益。

# 第13章 支柱类设备的减隔震研究

## 13.1 概　　述

前面几章提到的电气设备中，多种支柱类瓷质或复合绝缘子无法满足抗震要求，通常表现为绝缘子根部的应力安全系数不满足要求，因此，可以对电气设备设置减隔震装置，减小其应力响应。

与直接增大绝缘子截面面积或材料强度相比，使用隔震支座或减震阻尼装置是减小设备地震作用并提高设备抗震性能的有效方式。目前已有多种减隔震装置被应用在电气设备中，包括橡胶隔震支座、摩擦摆支座、摩擦弹簧阻尼器和钢丝绳阻尼器等。电气设备的减隔震装置需要进行优化设计，寻找合适的阻尼装置及布置方案，若设计参数选取不合理，反而可能放大地震作用，甚至导致设备破坏。但使用精细化有限元模型进行隔震支座设计耗时巨大，在多参数优化设计时并不适用。因此，有必要针对电气设备隔震支座提出优化设计方法，快速得到支座的优化参数。

此外，由于特高压复合设备高度大、刚度低，在地震下容易产生较大的顶部位移。同时，由于特高压设备的电压等级较高，过大的顶部位移可能导致设备之间空气净距不足或导线中产生过大的牵拉力。虽然隔震装置能有效减小应力响应，却常常会增大设备顶部位移，因此，有必要在设备基底设置耗能装置，控制设备顶部的位移。

本章将以特高压±800kV 复合旁路开关为原型，通过有限元分析及试验的方式对复合支柱类设备的抗震性能、隔震支座设计进行研究。

## 13.2 地震响应分析

### 13.2.1 结构介绍与有限元模型

±800kV 直流旁路开关主要由钢支架、控制柜、支柱绝缘子、断续器及均压电容器组成，整体结构为 T 型，如图 13-1 和图 13-2 所示。设备总高 15m，水平宽度 6.4m。设备钢支架高 4m，采用角钢和扁钢用螺栓拼接而成。

旁路开关的有限元模型及单元选取如图 13-3 所示。其中，钢支架采用线性梁单元 B31 建立，空心复合绝缘子、控制柜、金属法兰和均压电容器采用缩减积分壳单元 S4R 建立。旁路开关内部的电气设备等非结构构件采用非结构质量单元，附加在结构单元上。假定连接螺栓保持紧固状态，控制柜与连接板和金属法兰之间采用刚接。由于玻璃钢套筒与金属法兰之间一般采用胶结和过盈配合等方式进行连接，强度较大，所以也采用刚接连接玻璃钢套筒和法兰。有限元模型的阻尼采用瑞利阻尼，阻尼比设置为 2%。

图 13-1　换流站内±800kV 旁路开关

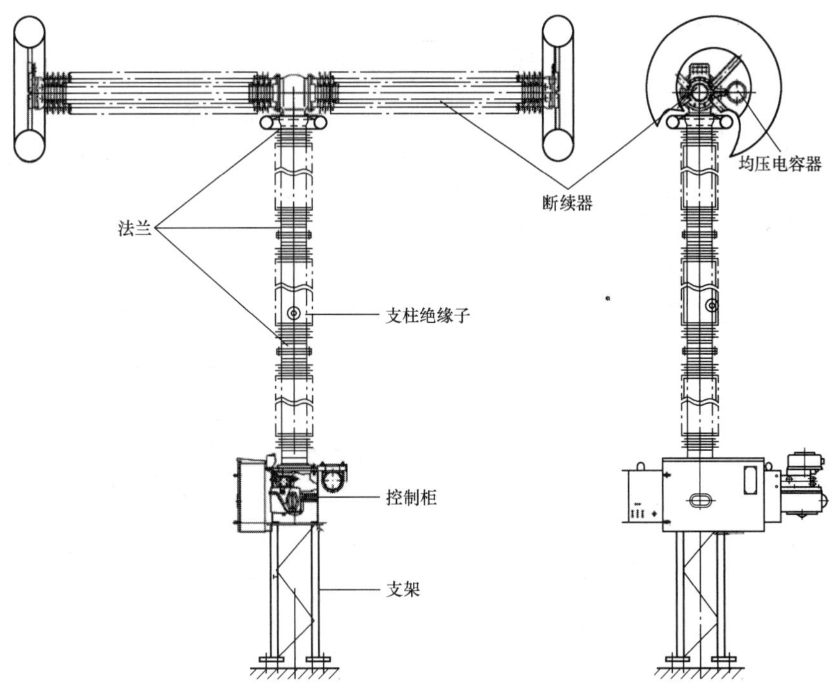


图 13-2　±800kV 旁路开关示意

### 13.2.2　地震响应分析

1. 模态分析

对带支架的旁路开关进行模态分析，获取其特征频率和振型。旁路开关的振型和频率见

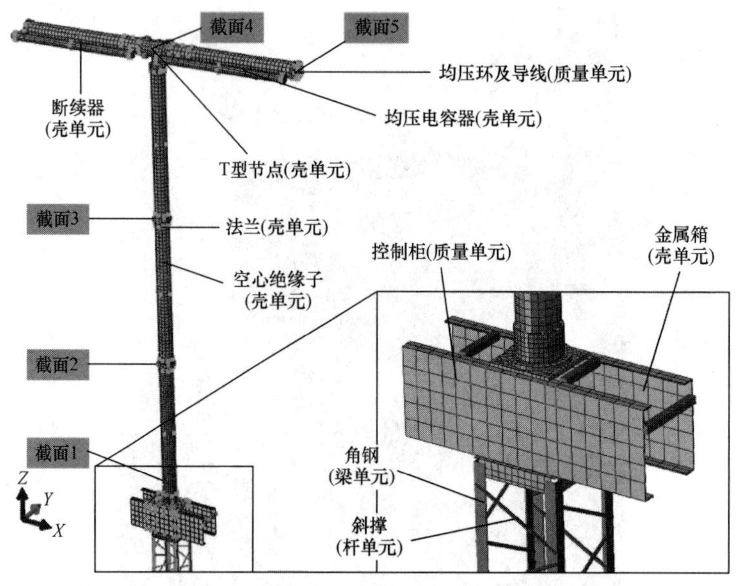

图 13-3　旁路开关有限元模型及单元选取

表 13-1，旁路开关基频较低，仅为 0.39Hz。旁路开关的前 5 阶振型图如图 13-4 所示，前两阶为平动振型，第 3 阶为扭转振型。

**表 13-1　　旁路开关模态特征频率及累积振型有效质量**

| 阶数 | 频率（Hz） | 累积振型有效质量 | | | |
|---|---|---|---|---|---|
| | | X 向 | Y 向 | X 转动 | Y 转动 |
| 1 | 0.390 | 0.432 | 0.000 | 0.000 | 0.873 |
| 2 | 0.418 | 0.432 | 0.458 | 0.888 | 0.873 |
| 4 | 2.60 | 0.520 | 0.458 | 0.888 | 0.914 |
| 5 | 3.67 | 0.520 | 0.751 | 0.975 | 0.914 |
| 16 | 15.9 | 0.922 | 0.942 | 0.999 | 0.998 |

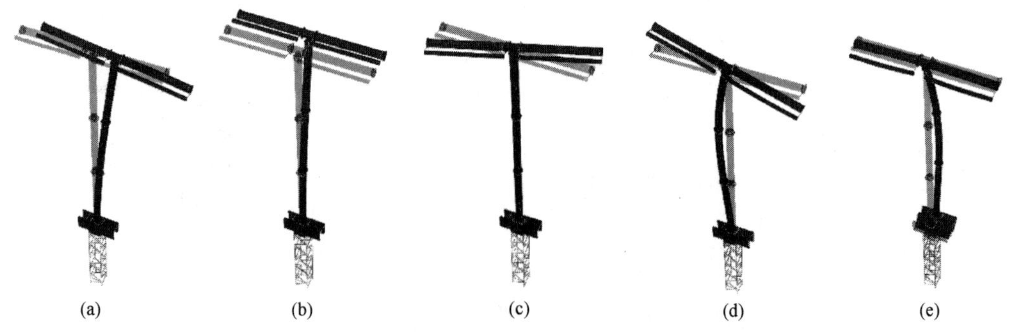

图 13-4　旁路开关前五阶振型

（a）一阶；（b）二阶；（c）三阶；（d）四阶；（e）五阶

2. 模态叠加法分析

选取地震波时，应选择反应谱能覆盖所在场地需求谱的地震波，故本章从太平洋地震工程研究中心数据库中选取了16条地震波，并使用地震波处理工具SeismoMatch软件与电力设施抗震设计规范（GB 50260—2013）中的需求谱进行拟合。16条地震波包括RSN6、RSN15、RSN125、RSN139、RSN639、RSN848、RSN1045、RSN1101、RSN1158、RSN1504、RSN1787、RSN3548、RSN3965、RSN4031、RSN4800、RSN4896。

采用振型叠加法计算旁路开关在地震波下的响应，各阶振型阻尼比设为2%。由于旁路开关在$X$向和$Y$向存在较大差异，所以地震波主震方向分别从$X$向和$Y$向输入，分别称为工况1和工况2。16条天然波下旁路开关的平均峰值应力和位移见表13-2，包括加速度、位移和绝缘子根部应力，截面位置如图13-5所示。

**表13-2　16条拟合天然波作用下的旁路开关平均峰值响应**

| 截面 | 工况1 | | | 工况2 | | |
|---|---|---|---|---|---|---|
| | 加速度 ($m/s^2$) | 位移 (m) | 应力 (MPa) | 加速度 ($m/s^2$) | 位移 (m) | 应力 (MPa) |
| 1 | 9.8 | 0.020 | 46.1 | 11.0 | 0.024 | 47.0 |
| 2 | 14.4 | 0.109 | 38.9 | 15.3 | 0.108 | 40.2 |
| 3 | 15.2 | 0.288 | 23.8 | 16.7 | 0.285 | 23.8 |
| 4 | 6.7 | 0.538 | 7.9 | 7.2 | 0.541 | 7.6 |
| 5 | 14.4 | 0.596 | / | 14.4 | 0.571 | / |

此前章节中已叙述了荷载组合的计算方法，且根据绝缘子的抗侧推承载力推算其极限应力为84.5MPa。而根据式（8-1），可得出"S"_"total"　"＝47.0＋0.25×50.82＋2.5＝62.2MPa"。因此，对应的应力安全系数为"n"_"s"　"＝84.5/62.2＝1.36"，不满足应力安全系数应大于1.67的要求。

3. 绝缘子危险截面分析

特高压旁路开关高达13m，而绝缘子直径仅约280mm，长细比较大。在通过有限元分析后发现，中间截面加速度响应最大，绝缘子在3处中间截面产生了显著的高阶振型振动，但位移响应仍以低阶振型为主。因此，不同于常规的支柱类设备，旁路开关的危险截面不一定为根部截面，需要进一步确定。

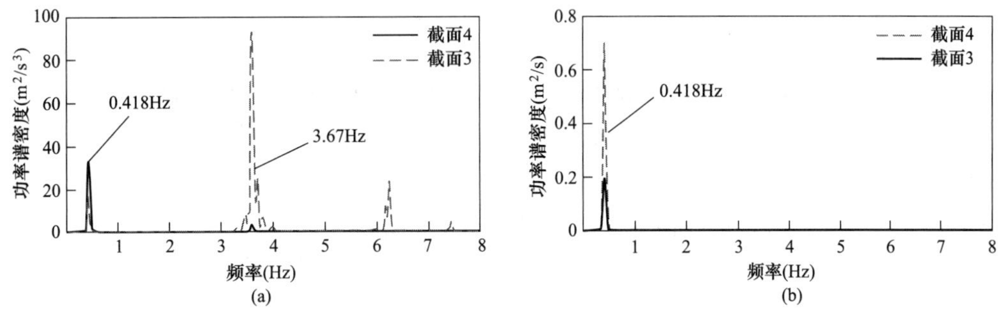


图13-5　RSN1504波下截面3和4加速度和位移的功率谱对比

(a) 加速度；(b) 位移

如图13-6所示，对比GB 50260的需求反应谱，垂直线代表旁路开关第2和第8阶振型。根据需求谱，高频结构（1.8～10Hz的固有频率）比低频结构（低于1.8Hz的固有频率）受到的地震作用更大。因此，高阶振型有可能在中部截面产生较大的应力响应。

根据振型叠加法，高度 $h_0$ 处的弯矩可以表达为

$$M_b(h)=\{h-h_0\}^T[K]\{u\}=\sum_i\{h-h_0\}^T[M]\{f\}_i\ddot{Y}_i=M_{ri}\ddot{Y}_i \tag{13-1}$$

其中，$M_{ri}$ 是高度 $h_0$ 处的累积振型参与质量，计算时如（$h-h_0$）<0 则设为 0。表 13-3 列出了 $Y$ 向部分振型的 $M_{ri}$。通常，1 阶振型中根部截面的 $M_{ri}$ 远比中间截面大。但是，中间截面的弯矩仍可能大于根部截面的弯矩。

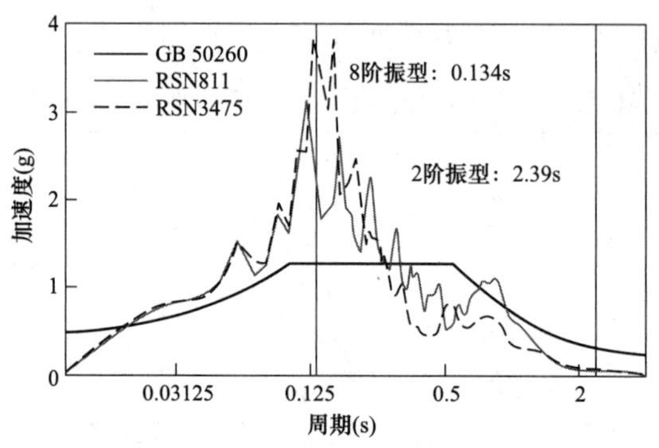


图 13-6 特殊天然波、规范需求谱与旁路开关特征频率对比

表 13-3 **$Y$ 向部分振型的模态参数**

| 阶数 | $f_i$(Hz) | $M_{ri}$(kg·m) | | |
|---|---|---|---|---|
| | | 截面 1 | 截面 2 | 截面 3 |
| 2 | 0.42 | 8029.7 | 5177.3 | 2441.0 |
| 5 | 3.60 | 357.1 | −222.4 | −297.5 |
| 7 | 6.24 | −447.2 | −164.2 | 36.8 |
| 8 | 7.45 | −34.2 | −223.6 | −269.9 |
| 10 | 10.67 | −15.0 | 38.7 | −22.1 |
| 11 | 11.11 | 69.6 | −13.6 | −39.1 |
| 16 | 16.08 | −64.5 | −9.7 | −48.9 |

表 13-4 所示为两条天然波 RSN811 和 RSN3475 作用下的设备，不同截面的 $X$ 向、$Y$ 向峰值应力响应，中间截面出现了比根部截面更大的应力响应。因此，对于高频成分丰富但是低频成分较小的地震输入，需要校核旁路开关中部截面的应力。但是，根据表 13-4 中的数据，对于拟合了规范需求反应谱的地震波，根部截面应为危险截面。

表 13-4 **两条特殊天然波下旁路开关峰值应力**

| 截面 | $X$ 向主震（MPa） | | $Y$ 向主震（MPa） | |
|---|---|---|---|---|
| | RSN811 | RSN3475 | RSN811 | RSN3475 |
| 1 | 13.5 | 13.4 | 15.4 | 16.4 |
| 2 | 14.9 | 11.7 | 14.5 | 12.6 |
| 3 | 15.0 | 11.0 | 12.7 | 17.1 |
| 4 | 20.9 | 16.1 | 19.9 | 10.2 |

4. 导线冗余度需求计算

由于旁路开关高度大、刚度小，风荷载和地震作用均可以引起较大的位移。见表 13-2，在地震作用下，旁路开关根部产生了接近 0.6m 的位移。而在 30m/s 的风速下，旁路开关的顶部位移在 $X$ 向和 $Y$ 向则分别达到 0.29 和 0.7m。旁路开关是 T 型设备，且具有较大挡风面积的断续器位于设备的顶部，其 $Y$ 向迎风面积远大于 $X$ 向。

如前所述，应力计算中需要考虑风荷载的影响。由于旁路开关所受风荷载较大，$Y$ 向的总应力比 $X$ 向大，因此，应力安全系数校核根据 $Y$ 向受力进行。相应地，由于旁路开关 $Y$ 向迎风面积显著大于 $X$ 向，旁路开关在 $Y$ 向的位移也大于 $X$ 向。但是，如图 13-7 所示，由于导线为 $X$ 向连接，旁路开关在 $Y$ 向的位移对导线的伸缩影响较小。例如本例中，$Y$ 向 0.7m 的变形导致的导线伸缩量远不如 $X$ 向 0.29m 的位移。因此，在进行导线冗余度计算时，仍应采用 $X$ 向的位移结果。

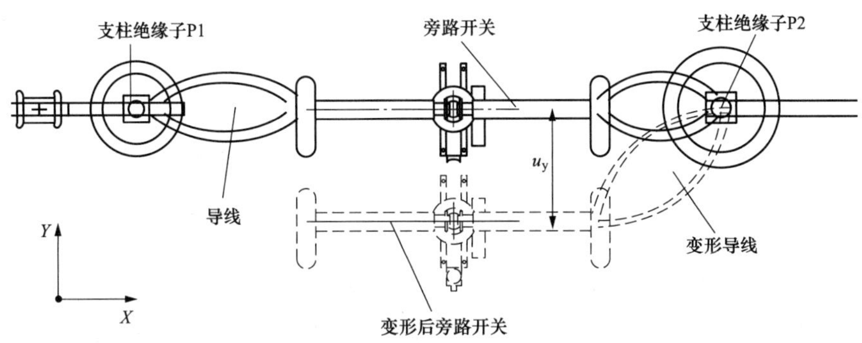


图 13-7　旁路开关变形示意

### 13.2.3　支架加固方案

由于旁路开关基频低，且支架较柔，因此，尝试采用加固支架的方式减小支架的动力放大作用并减小位移。如图 13-8 所示，旁路开关控制柜部分由两块 U 型钢拼接而成，通过螺栓与法兰和支架连接，其 $Y$ 向刚度较小。因此，在加固方案 1 中，采用设置加劲板的方式增大控制柜的侧向刚度，加劲板位置如图 13-8 中所示。

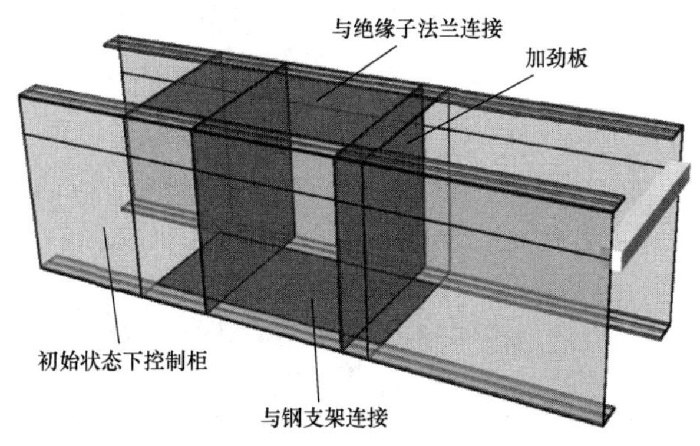


图 13-8　控制柜加固方案

此外，由于钢支架截面较小，水平刚度也小，因此，提出加固方案 2，对支架也进行加固。但是，支架结构较为复杂，因此，采用直接提高支架材料弹性模量 10 倍的方式模拟一个刚度更大的支架，实际工程中需要对支架的加固方案进行额外设计。加固方案 2 实际为在加固方案 1 的基础上，将支架刚度放大 10 倍。

设备在初始状态、加固方案 1 和 2 下的位移和应力响应见表 13-5。为了直接使用规范中的需求反应谱，此处使用了反应谱分析法，并包含了 GB 50260 和 IEEE 693 高水准中的需求反应谱。加固后设备的基频有所提升，顶部位移响应也相应减小，但是应力响应增加。因此，该特高压复合旁路开关不适用此类加固方法。

**表 13-5　设备在 3 种状态下的位移及应力响应（反应谱分析）**

| 模型 | 基频（Hz） | | GB 50260 | |
|---|---|---|---|---|
| | X 向 | Y 向 | 位移（m） | 应力（MPa） |
| 初始结构 | 0.390 | 0.418 | 0.74 | 43.1 |
| 方案 1 | 0.428 | 0.437 | 0.67 | 45.1 |
| 方案 2 | 0.442 | 0.451 | 0.65 | 43.1 |

对于部分高压瓷质设备，由于支座的放大作用明显，可以通过加固支座的方式减小支座的动力放大系数，并减小应力响应。如图 13-9（a）所示，对于高压瓷质设备，加固支座可以将设备由 2 区转为 1 区，降低设备所受的地震作用。但对于特高压复合设备（基频通常小于 1Hz），加固支架反而使设备从 3 区转为 2 区，增大了设备的地震作用。虽然此种加固可能可以减小设备的位移响应，但是却无法减小设备的峰值应力和增大应力安全系数。因此，不推荐采用支架加固的方式来减小特高压复合旁路开关的应力响应。

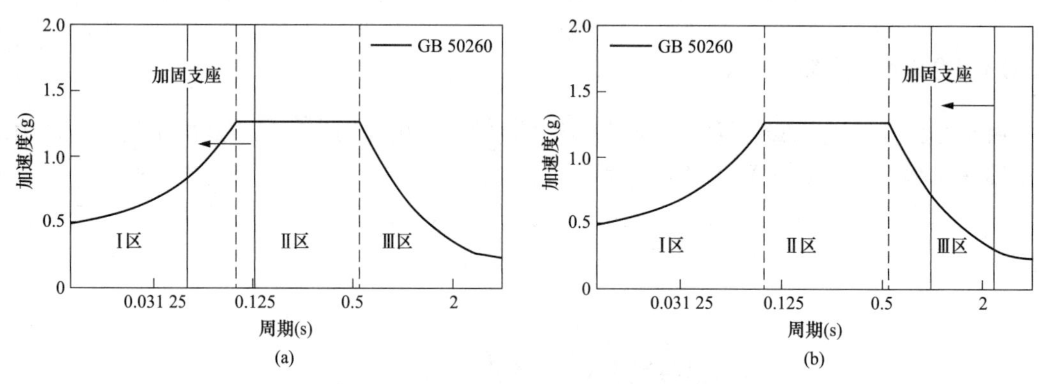


图 13-9　加固支座对于部分设备的影响

（a）高压瓷质设备；（b）特高压复合设备

## 13.3　支柱设备隔震支座设计方法

如前所述，由于无法通过加固支架的方式来减小设备应力响应，本章采用隔震支座来提升设备的抗震性能。为了简化计算模型，加快运算速度，以便进行支座的优化设计，本节提出了带隔震支座的支柱类电气设备的等效分析模型。

### 13.3.1　基于模态参数的带隔震支座支柱类设备等效计算模型

电气设备通常采用带有平动或转动自由度的隔震支座，平动类隔震支座包括滑动摩擦摆和复合铅芯橡胶支座，转动类隔震支座则包括钢丝绳阻尼器和摩擦弹簧支座。对于带有隔震支座的支柱类设备，可将设备和支座进行解耦，如图 13-10 所示。

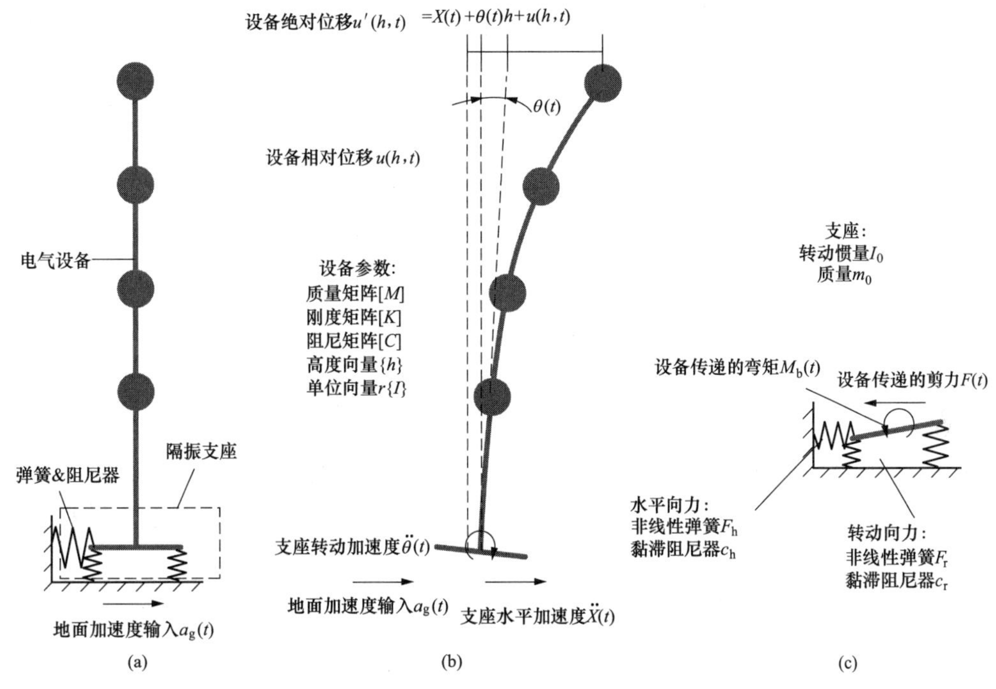


图 13-10　带非线性隔震支座的支柱类设备的等效分析模型

（a）设备+支座；（b）设备力平衡；（c）支座力平衡

本章中将隔震支座等效为非线弹性弹簧和线性黏滞阻尼器。仅考虑单向的平动及转动自由度，忽略隔震支座上的地震作用，设备及隔震支座的运动平衡方程可以写为

$$[M]\{\ddot{u}\}+[K]\{u\}+[C]\{\dot{u}\}=-[M]\{I\}a_g-[M]\{h\}\ddot{\theta}-[M]\{I\}\ddot{X} \tag{13-2}$$

$$I_0\ddot{\theta}+c_r\dot{\theta}+F_r=M_b=\{h\}^T[K]\{u\}+g\{I\}^T[M]\{u\}+g\{I\}^T[M]\{h\}\theta \tag{13-3}$$

$$m_0\ddot{X}+c_h\dot{X}+F_h=F=\{I\}^T[K]\{u\} \tag{13-4}$$

式中，$F_h$和$F_r$代表支座非线性弹簧在水平和转动方向的反力，式（13-3）右侧带 $g$ 的项代表了设备的二阶效应产生的附加弯矩。如图 13-10 所示，设备顶部的绝对位移可以分为两部分，即设备自身的变形和支座的变形导致的顶部位移。假定设备为线弹性结构，且其阻尼矩阵满足振型正交性，则设备自身的位移可采用设备自身的模态表示

$$u(h,t)=\sum_{i}^{n}\varphi_i(h)Y_i(t) \tag{13-5}$$

式中，$Y_i$ 及 $\varphi_i$ 是第 $i$ 阶模态的广义响应及振型。由于设备自身位移 $u$ 为设备相对于隔震支座的位移，因此，设备相对于地面的绝对位移为

$$\{u\}'=\sum_{i}\varphi_iY_i+\{I\}X+\{h\}\theta \tag{13-6}$$

因此，对于第 $i$ 阶振型，式（13-4）可写为

$$m_i\ddot{Y}_i+k_iY_i+c_i\dot{Y}_i=-\varphi_i^{\mathrm{T}}[M]\{I\}a_{\mathrm{g}}-\gamma_im_iH_i\ddot{\theta}-\gamma_im_i\ddot{X} \tag{13-7}$$

式中，$\gamma_i$ 为第 $i$ 阶振型的平动振型参与系数，$H_i$ 为第 $i$ 阶振型的转动振型参与系数除以平动振型参与系数，本章中称之为振型高度

$$H_i=\frac{\varphi_i^{\mathrm{T}}[M]\{h\}}{\varphi_i^{\mathrm{T}}[M]\{I\}} \tag{13-8}$$

对于第 $i$ 阶振型，振型高度 $H_i$ 越大则表明该振型下设备的转动作用越大。将设备受到的地震作用分解到各振型上有

$$\{I\}=\sum_i\varphi_i\gamma_i \tag{13-9}$$

$$\{h\}=\sum_i\varphi_i\gamma_iH_i \tag{13-10}$$

由于设备的阻尼通常很小，阻尼比一般小于 0.02，阻尼力远小于弹性力，因此，忽略设备阻尼力对支座的影响。将式（13-4）代入式（13-5）可得

$$I_0\ddot{\theta}+k_{\mathrm{r}}\theta+c_{\mathrm{r}}\dot{\theta}+F_{\mathrm{r}}=-\sum_i\gamma_iH_im_i\ddot{Y}_i-\sum_i\gamma_i^2H_im_ia_{\mathrm{g}}-\sum_i\gamma_i^2H_i^2m_i\ddot{\theta}-\sum_i\gamma_i^2H_im_i\ddot{X}-g\sum_i\gamma_im_iY_i-g\sum_i\gamma_im_iH_i\theta \tag{13-11}$$

类似地，式（13-6）写为

$$m_0\ddot{X}+k_{\mathrm{h}}X+c_{\mathrm{h}}\dot{X}+F_{\mathrm{h}}=-\sum_i\gamma_im_i\ddot{Y}_i-\sum_i\lambda_i^2m_ia_{\mathrm{g}}-\sum_i\gamma_i^2m_i\ddot{X}-\sum_i\gamma_i^2H_im_i\ddot{\theta} \tag{13-12}$$

联立式（13-9）、式（13-11）和式（13-12），可得

$$[M]'\begin{Bmatrix}\{\ddot{Y}\}\\ \ddot{X}\\ \ddot{\theta}\end{Bmatrix}+[K]'\begin{Bmatrix}\{Y\}\\ X\\ \theta\end{Bmatrix}+[C]'\begin{Bmatrix}\{\dot{Y}\}\\ \dot{X}\\ \dot{\theta}\end{Bmatrix}+\begin{Bmatrix}\{0\}\\ F_{\mathrm{h}}\\ F_{\mathrm{r}}\end{Bmatrix}=\{F_{\mathrm{g}}\} \tag{13-13}$$

式中，广义等效质量矩阵为

$$[M]'=\begin{bmatrix}m_1 & 0 & \cdots & \gamma_1m_1 & \gamma_1m_1H_1\\ 0 & m_2 & \cdots & \gamma_2m_2 & \gamma_2m_2H_2\\ \vdots & \vdots & \ddots & \vdots & \vdots\\ \gamma_1m_1 & \gamma_2m_2 & \cdots & m_0+\sum_i\gamma_i^2m_i & \sum_i\gamma_i^2m_iH_i\\ \gamma_1m_1H_1 & \gamma_2m_2H_2 & \cdots & \sum_i\gamma_i^2m_iH_i & I_0+\sum_i\gamma_i^2m_iH_i^2\end{bmatrix}$$

广义等效刚度矩阵为

$$[K]'=\begin{bmatrix}k_1 & 0 & \cdots & 0 & 0\\ 0 & k_2 & \cdots & 0 & 0\\ \vdots & \vdots & \ddots & \vdots & \vdots\\ 0 & 0 & \cdots & 0 & 0\\ \gamma_1m_1g & \gamma_2m_2g & \cdots & 0 & -g\sum_i\gamma_im_iH_i\end{bmatrix}$$

由于非线性弹簧的反力已经由 $F_h$ 和 $F_r$ 表示，$[K]$ 中对应位置处的值为 0。式中，$g$ 代表重力加速度，等效模型中已经考虑了重力导致的二阶效应。等效阻尼矩阵和荷载向量为

$$\begin{cases}[C]' = \mathrm{diag}([c_1, c_2, \cdots, c_i, \cdots, c_h, c_r]) \\ \{F_g\} = \{-\gamma_1 m_1, -\gamma_2 m_2, \cdots -\gamma_i m_i, \cdots, -\sum_i \gamma_i^2 m_i, -\sum_i \gamma_i^2 m_i H_i\}^{\mathrm{T}} a_g\end{cases}$$

使用中心差分法求解式（13-13），可得带隔震支座设备的地震响应。设备的弹性恢复力与绝对加速度响应产生的惯性力平衡，因此，可以根据式（13-14）计算设备各截面的弯矩

$$\begin{aligned}M_b(h_0) &= \{h-h_0\}^{\mathrm{T}}[K]\{u\} + g\{I\}^{\mathrm{T}}[M]\{u-u_0\} + g\{I\}^{\mathrm{T}}[M]\{h-h_0\}\theta \\ &= \sum_i \omega_i^2 \{h-h_0\}^{\mathrm{T}}[M]\{\phi\}_i \ddot{Y}_i \\ &\quad + g\sum_i \{I\}^{\mathrm{T}}[M]\{\phi(h)-\phi(h_0)\}_i Y_i + g\{I\}^{\mathrm{T}}[M]\{h-h_0\}\theta \\ &= \sum_i \omega_i^2 M_{ri}(h_0)\ddot{Y}_i + g\sum_i M_{\phi i}(h_0) Y_i + gM_\theta(h_0)\theta \end{aligned} \tag{13-14}$$

式中　$\omega_i$——振型圆频率；

$g$——重力加速度；

$M_{ri}(h_0)$——高度为 $h_0$ 处设备沿转动方向的累积振型有效质量。

$M_{ri}(h_0)$、$M_{\phi i}(h_0)$ 和 $M_\theta(h_0)$ 可由有限元分析得到，在累加过程中若 $h-h_0<0$，则该值设为 0。由于特高压设备在强震下变形较大，式（13-14）中最后一项考虑了重力导致的附加弯矩。

使用等效模型时，需要获取设备的模态参数，包括各阶振型的振型参与系数 $P_i$、模态质量 $m_i$、模态高度 $H_i$、模态刚度 $k_i$、模态黏滞阻尼系数 $c_i$、振型 $\varphi_i$ 和隔震支座设计参数。其中，$k_i$ 和 $c_i$ 可以由模态质量 $m_i$、模态特征频率 $f_i$ 和阻尼比 $\xi_i$ 表示

$$k_i = \omega_i^2 m_i, c_i = 2m_i\xi_i(2\pi f_i) \tag{13-15}$$

通常可以采用有限元建模和模态分析方法计算式（13-13）所需的模态参数，精细化的有限元模型中考虑了设备的详细构造，可以得到较为准确的设备模态参数。模态高度 $H_i$ 可以由式（13-16）求得

$$H_i = \sqrt{m_{er}/m_{eh}} \tag{13-16}$$

式中，$m_{er}$ 和 $m_{eh}$ 分别为第 $i$ 阶振型转动和平动的振型有效质量。

此外，可以采用试验模态分析（experimental modal analysis，EMA）直接测量设备的模态参数。在固定支座设备上设置加速度计，在设备根部设置应变计或力传感器，通过标准力锤敲击或振动台试验，可以计算设备的准确模态参数。

### 13.3.2　支柱类设备隔震支座优化设计——以旁路开关为例

1. 旁路开关等效分析模型

本章以 13.2 节中的±800kV 直流旁路开关为原型进行隔震支座优化设计，如图 13-3 所示。与直接使用有限元模型进行计算相比，本章中提出的方法可以极大地减小计算量，并快速进行优化设计。对模型进行模态分析，得到式（13-13）中所需的计算参数，并根据式（13-14）求出不同高度 $h_0$ 处的累积振型有效质量 $M_{ri}(h_0)$。由于缺乏实测数据，且复合绝缘子套管阻尼比通常较小，设备自身各阶振型的阻尼比均设为 1%。选取旁路开关 $X$ 向进行隔震支座设计，考虑 $X$ 向前 6 阶振型，使得平动和转动向的累积振型有效质量均超过总质量的 90%，模态参数如表 13-6 所示。

表 13-6　　旁路开关 **X** 向前 6 阶振型参数

| 阶数 | 模态参数 | | | |
|---|---|---|---|---|
| | $f$(Hz) | $P_i$ | $H_i$(m) | $P_i^2m_i$(kg) |
| 1 | 0.39 | 1.08 | 13.6 | 1068.4 |
| 4 | 2.60 | −0.876 | 6.53 | 218.7 |
| 6 | 5.89 | 1.07 | 4.77 | 604.6 |
| 9 | 8.93 | −0.806 | 3.15 | 371.7 |
| 17 | 17.1 | 0.0881 | 2.30 | 1.84 |
| 18 | 17.3 | −0.114 | 2.28 | 4.58 |

设计过程中忽略隔震支座自身的质量，但为了防止矩阵奇异，将支座自身的平动质量 $m_0$ 及转动惯量 $I_0$ 均设为 1。

由于隔震支座中带有明显的非线性，因此，计算中需要指定地震时程。本章采用人工波进行计算，人工波拟合特征周期为 0.9s 的规范需求谱。固定支座下旁路开关在人工波下的位移、根部弯矩和加速度响应峰值分别为 0.76m、43.1kN·m 和 17.4m/s$^2$。

根据此前的研究，小刚度和高黏滞阻尼支座可以有效地减小设备的地震响应，但是过小的刚度对设备在静态状态下的稳定性造成影响。因此，隔震支座通常采用在初始状态下具有较大刚度，在地震下刚度减小的阻尼器。

布斯温（Bouc-wen）模型被广泛应用于非线性阻尼器的滞回曲线模拟中，且中心差分法不需要使用阻尼器的切线刚度。在布斯温（Bouc-wen）模型中，阻尼器的反力为

$$F(t)=\alpha_e k_e u(t)+(1-\alpha_e)k_e z_0(t) \tag{13-17}$$

式中，$k_e$和 $\alpha_e$用于描述阻尼器在屈服前后的刚度，$z_0$ 为滞回参数，可以描述为

$$\dot{z}_0=\{A_h-[\beta_h sign(z_0\cdot\dot{u})+\gamma]\cdot|z_0|^n\}\dot{u} \tag{13-18}$$

式中，$A_h$、$\beta_h$、$\gamma$ 和 $n_h$为滞回参数。$B_h$和 $\gamma$ 的比例可以控制滞回曲线的形状，但是对耗能能力影响较小，因此，此处规定 $\beta_h/\gamma$ 设置为 9，且设置 $n_h$为 1。通常 $A_h$设置为 $\beta_h+\gamma$，且 $A_h$通常为 1。因此，本节中 $z_0$的最大值取决于 $\gamma$。

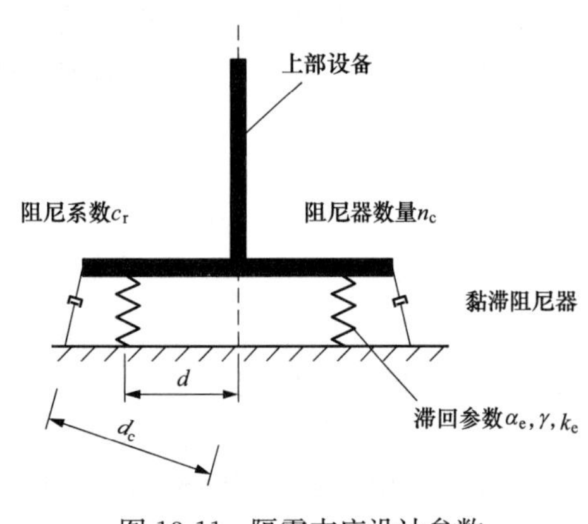


图 13-11　隔震支座设计参数

由于旁路开关容易在端部产生较大的水平位移，本节在隔震支座中设置了额外的线性黏滞阻尼器，其布置图如图 13-11 所示。式（13-13）中的待定参数 $c_r$可以表示为

$$c_r=c_v n_c d_c^2 \tag{13-19}$$

式中，$d_c$ 为黏滞阻尼器至中心点的距离，$n_c$ 为阻尼器数量，$c_v$ 为单个阻尼器的阻尼系数。此外，隔振器的转动向反力为

$$F_r=F_d n_d d^2 \tag{13-20}$$

相应地，支座的转动刚度为

$$k_i=k_d n_d d^2 \tag{13-21}$$

因此，隔震支座的待定参数一共有 4 个，即滞回参数 $\gamma$、刚度比例 $\alpha_e$、弹性刚度 $k_e$和转动黏滞阻尼系数 $c_r$。

2. 转动隔震支座优化设计

表13-7为转动支座的优化设计结果，共计102 000个工况。与线性支座类似，应力优化方案需要小刚度—大阻尼参数组合，但是此种情况下将导致设备顶部高达0.794m的位移。因此，本节中优化设计时为位移、弯矩和加速度分别设置了20%、50%和50%的减小率。此种情况下，表13-7中的位移优化方案满足多响应同时减小的要求。

表13-7　转动隔震支座优化设计

| 参数 | 范围 | 优化参数 | | |
|---|---|---|---|---|
| | | 位移优化 | 弯矩优化 | 加速度优化 |
| $\alpha_e$ | 0.05～0.95，间距0.1 | 0.05 | 0.05 | 0.05 |
| $k_e$(kN·m/rad) | 1000～10 000，间距1000 | 6000 | 3000 | 1000 |
| $c_r$(kN·m/rad·$s^{-1}$) | 0～1000，间距20 | 0 | 40 | 340 |
| $\gamma$ | (1～10，间距0.5)×$k_e$/×$10^3$ | 24 | 15 | 5 |
| 响应峰值 | | | | |
| 位移（m） | | 0.489 | 0.794 | 0.641 |
| 弯矩（kN·m） | | 19.2 | 15.2 | 16.3 |
| 加速度（$m/s^2$） | | 7.41 | 5.60 | 4.19 |

见表13-7，刚度比例$\alpha_e$应尽量取小，以在地震作用下实现更小的转动刚度；且在初始状态下保持更大的刚度，以抵抗风荷载等外部荷载。不同类型阻尼器的刚度比例$\alpha_e$范围不同，所以尽管$\alpha_e$在每组优化中均取0.05，本节中依然将其列为优化参数。如图13-12所示，当隔震支座仅包含隔振器时（如仅包含钢丝绳阻尼器），支座可以有效地减小设备的应力响应，但可能造成顶部的位移过大。额外的黏滞阻尼器（$k_e$=6000kN·m/rad，$\gamma$=36）可以有效地减小设备的顶部位移，并进一步减小应力响应。更小的$\gamma$会产生更小的屈服刚度和滞回曲线，同样有助于减小设备的应力响应，但会增大顶部位移。如图13-12（b）和（c）中所示，小刚度的支座加上适当的黏滞阻尼（200～400kN·m/rad·$s^{-1}$）可以有效地减小位移、应力和加速度响应。因此，额外的黏滞阻尼器可有效增强小刚度支座的减震效果，也可以用于改善既有隔震支座的效果。

但是，随着支座刚度的增加，额外的黏滞阻尼反而可能对设备不利。如图13-12中所示，当$k_e$达到6000kN·m/rad且$\gamma$从4增大到24时，由于隔振器已经能提供足够的耗能能力，位移、应力和加速度响应均出现升高。但当$\gamma$=36时，单独的隔振器已经无法提供足够的耗能能力，所以此时额外的黏滞阻尼器仍能提高支座的效果。

对于转动隔震支座而言，有两种设计途径。一种是使用刚度和屈服荷载均较大的隔振器，另一种是使用小刚度和小屈服荷载的隔振器，并设置额外的黏滞阻尼。地震输入的强度对两种设计方法下的支座隔震效果有显著影响，如图13-13所示，第二种设计方法在输入地震波的PGA更大时更有效。

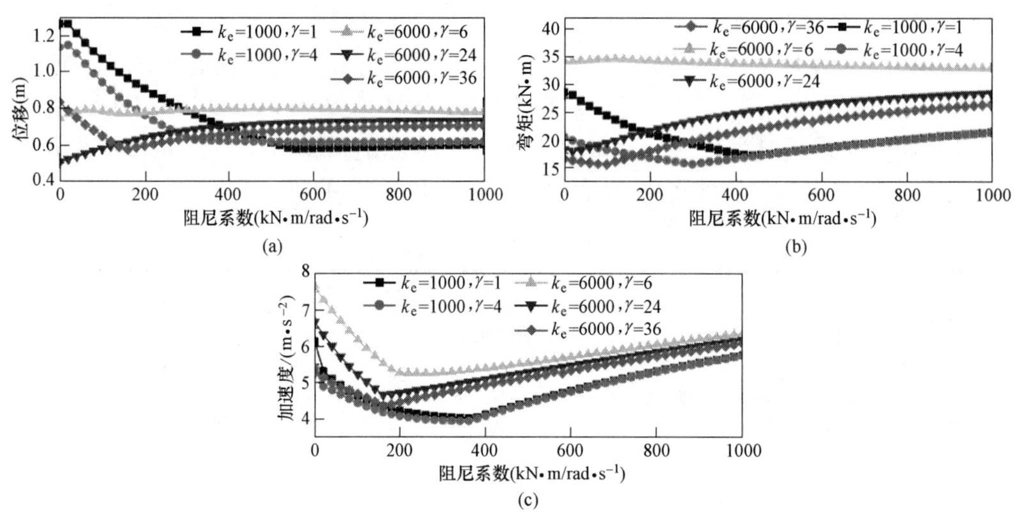


图 13-12　不同参数组合下，设备位移、弯矩和加速度响应峰值（$\alpha$=0.05）

（a）位移；（b）弯矩；（c）加速度

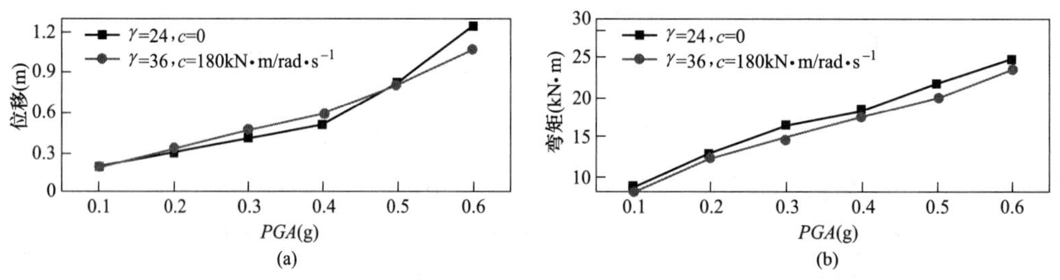


图 13-13　不同 *PGA* 下，设备位移、弯矩和加速度响应峰值

（a）位移；（b）弯矩

3. 平动支座优化设计

支柱类电气设备通常采用转动隔震支座，如钢丝绳阻尼器支座等。平动隔震支座，如摩擦摆支座、橡胶支座等，通常用于变压器等设备。但是近年来，随着抗拉摩擦摆支座的发展，平动支座也有可能应用于支柱类设备中。因此，本节也对平动支座进行了设计。

平动支座也包含 4 个待定参数，包括滞回参数 $\gamma$、刚度比例 $\alpha_e$、弹性刚度 $k_e$ 和平动黏滞阻尼系数 $c_h$，见表 13-8，共计 16 800 种参数组合。与转动支座相比，平动支座在加速度的减小上有显著优势。

**表 13-8　　平动隔震支座优化设计**

| 参数 | 范围 | 优化参数 | | |
|---|---|---|---|---|
| | | 位移优化 | 弯矩优化 | 加速度优化 |
| $\alpha_e$ | 0.05～0.95，间距 0.1 | 0.05 | 0.05 | 0.05 |
| $k_e$(kN·m/rad) | 10～100，间距 10 | 10 | 10 | 10 |
| $c_r$(kN·m/rad·s$^{-1}$) | 0～10，间距 0.5 | 3.5 | 0 | 0 |

续表

| 参数 | 范围 | 优化参数 | | |
|---|---|---|---|---|
| | | 位移优化 | 弯矩优化 | 加速度优化 |
| $\gamma$ | (0.1～0.45，间距 0.05)×$k_e$/10 | 0.1 | 0.45 | 0.45 |
| 响应峰值 | | | | |
| 位移(m) | | 0.66 | 0.937 | 0.937 |
| 弯矩(kN·m) | | 22.2 | 16.1 | 16.1 |
| 加速度(m/s$^2$) | | 1.85 | 1.11 | 1.11 |

特高压复合设备的基频一般低于 1Hz，这使得其高阶振型对加速度响应的影响较大。所以，减小加速度响应的关键在于约束高阶振型的运动。转动支座已经能使加速度响应减小 75%，但平动支座可以减小高达 90%的加速度响应。如式（13-10）中所定义，高阶振型的振型高度 $H_i$ 通常比低阶振型的小，表明高阶振型更接近于平动振型，因此，也更适合平动支座。如图 13-14 中所示，纵轴为无量纲频响函数（frequency response function，FRF），平动支座显著减小了高阶振型的响应，相比之下一阶振型的减小效果不佳。

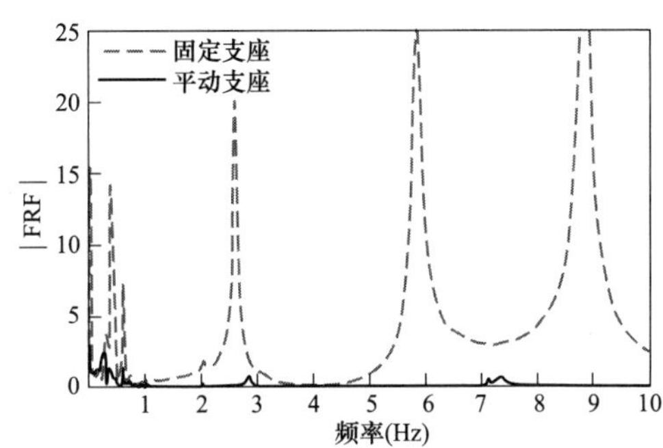


图 13-14　设备在固定及平动隔震支座下的加速度响应频响函数

### 13.3.3　中间隔震带设计

1. 等效分析模型

实际工程中，部分电气设备带有巨大的支架，如特高压变压器等。此时，底部隔震支座由于阻尼器的承载力问题可能变得不再适用，因此，本节针对此种情况设计了中间隔震层，以消除质量过大的支架造成的影响。使用中间隔震层时，阻尼器仅需承受上部设备的力，因此，可以采用更小的阻尼器。

如图 13-15 所示，带中间隔震层的设备的等效模型中，对设备、支架和隔震层分别建立力平衡方程

$$[M]_{up}\{\ddot{u}\}_{up}+[K]_{up}\{u\}_{up}+[C]_{up}\{\dot{u}\}_{up}= \\ -[M]_{up}\{I\}a_g-[M]_{up}\{h\}_{up}(\ddot{\theta}+\ddot{u}_r)-[M]_{up}\{I\}(\ddot{X}+\ddot{u}_h) \tag{13-22}$$

$$I_0\ddot{\theta}+c_r\dot{\theta}+F_r=M_b= \\ \{h\}_{up}^{T}[K]_{up}\{u\}_{up}+g\{I\}^{T}[M]_{up}\{u\}_{up}+g\{I\}^{T}[M]_{up}\{h\}_{up}\theta \tag{13-23}$$

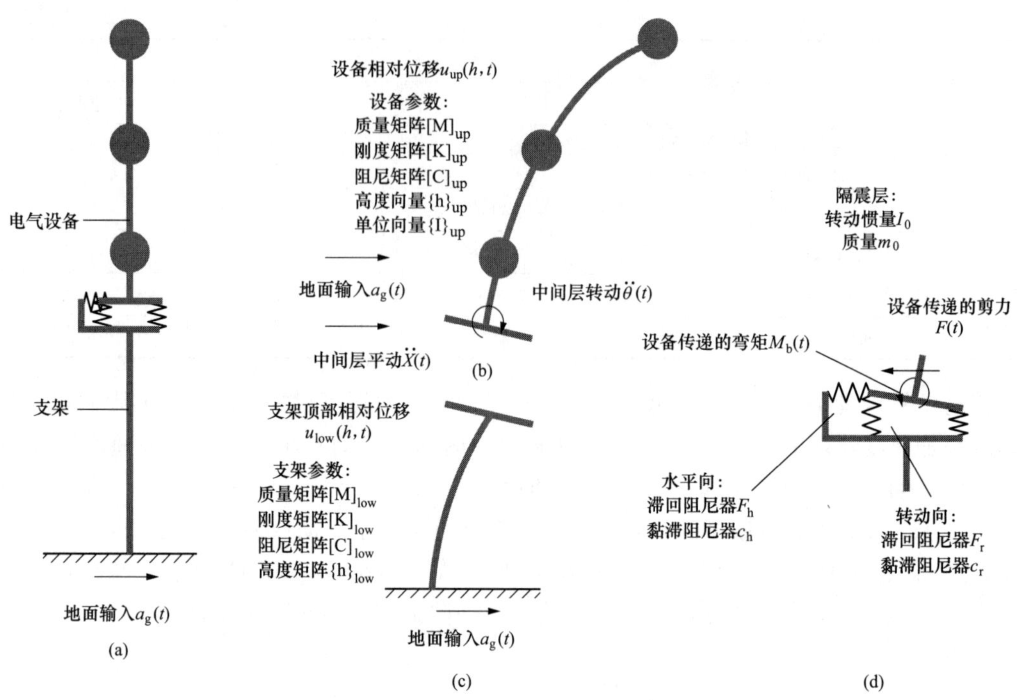


图 13-15 带中间隔震层设备等效分析模型示意

(a) 带中间隔震层设备；(b) 设备；(c) 支架；(d) 隔震层

$$m_0\ddot{X}+c_h\dot{X}+F_h=\{I\}^{\mathrm{T}}[K]_{up}\{u\}_{up}=F \tag{13-24}$$

$$[M]_{low}\{\ddot{u}\}_{low}+[K]_{low}\{u\}_{low}+[C]_{low}\{\dot{u}\}_{low}=-[M]_{low}\{I\}a_g+\{M_b,F,0,\cdots\}^{\mathrm{T}} \tag{13-25}$$

式中，$u_r$和 $u_h$是支架顶部转动向和水平向的位移，即支架位移向量 $\{u\}$ 中的第一项和第二项。与图 13-10 中的等效模型类似，式 (13-22)～式 (13-25) 可表示为

$$M_i^*\ddot{Y}_i+K_i^*Y_i+C_i^*\dot{Y}_i=-\gamma_iM_i^*\{I\}a_g-\gamma_iM_i^*H_i(\ddot{\theta}+\sum_j\phi_{j0}\ddot{q}_j)-\gamma_iM_i^*(\ddot{X}+\sum_j\phi_{j1}\ddot{q}_j) \tag{13-26}$$

$$\begin{aligned}I_0\ddot{\theta}+k_r\theta+c_r\dot{\theta}+F_r=&-\sum_i\gamma_iH_iM_i^*\ddot{Y}_i-\sum_i\gamma_i^2H_iM_i^*a_g\\&-\sum_i\gamma_i^2H_i^2M_i^*(\ddot{\theta}+\sum_j\phi_{j0}\ddot{q}_j)-\sum_i\gamma_i^2H_iM_i^*(\ddot{X}+\sum_j\phi_{j1}\ddot{q}_j)\\&-g\sum_i\gamma_iM_i^*Y_i-g\sum_i\gamma_iM_i^*H_i\theta\end{aligned} \tag{13-27}$$

$$\begin{aligned}m_0\ddot{X}+k_hX+c_h\dot{X}+F_h=&-\sum_i\gamma_iM_i^*\ddot{Y}_i-\sum_i\gamma_i^2M_i^*a_g\\&-\sum_i\gamma_i^2M_i^*(\ddot{X}+\sum_j\phi_{j1}\ddot{q}_j)-\sum_i\gamma_i^2H_iM_i^*(\ddot{\theta}+\sum_j\phi_{j0}\ddot{q}_j)\end{aligned} \tag{13-28}$$

$$\begin{aligned}m_i^*\ddot{q}_i+k_i^*q_i+c_i^*\dot{q}_i=&-p_im_i^*a_g-(\phi_{i0}\sum_i\gamma_i^2H_iM_i^*+\phi_{i1}\sum_i\gamma_i^2M_i^*)a_g\\&-(\phi_{i0}\sum_j\gamma_j^2H_j^2M_j^*+\phi_{i1}\sum_j\gamma_j^2H_jM_j^*)\ddot{\theta}\end{aligned}$$

$$-(\phi_{i0}\sum_j\gamma_j^2H_jM_j^*+\phi_{i1}\sum_j\gamma_j^2M_j^*)\ddot{X}$$
$$-(\phi_{i1}\sum_i\gamma_iM_i^*+\phi_{i0}\sum_i\gamma_iH_iM_i^*)\ddot{Y}_i$$
$$-\phi_{i0}(g\sum_i\gamma_iM_i^*Y_i+g\sum_i\gamma_iM_i^*H_i\theta) \tag{13-29}$$

式中，$M_i^*$、$K_i^*$、$C_i^*$、$Y_i$、$P_i$和$H_i$——分别为上部电气设备第 $i$ 阶振型的模态质量、模态刚度、模态阻尼、模态响应、振型参与系数和模态高度；

$m_i^*$、$k_i^*$、$c_i^*$、$q_i$和$p_i$——下部支架的模态质量、模态刚度、模态阻尼、模态响应和振型参与系数；

$\phi_{i0}$和$\phi_{i1}$——代表振型中支架顶部的平动和转动变形。

式（13-26）～式（13-29）可以被写为

$$[M]'\begin{Bmatrix}\{\ddot{Y}\}\\ \ddot{X}\\ \ddot{\theta}\\ \{\ddot{q}\}\end{Bmatrix}+[K]'\begin{Bmatrix}\{Y\}\\ X\\ \theta\\ \{q\}\end{Bmatrix}+[C]'\begin{Bmatrix}\{\dot{Y}\}\\ \dot{X}\\ \dot{\theta}\\ \{\dot{q}\}\end{Bmatrix}+\begin{Bmatrix}\{0\}\\ F_{\mathrm{h}}\\ F_{\mathrm{r}}\\ \{0\}\end{Bmatrix}=\{F_{\mathrm{g}}\} \tag{13-30}$$

与带支座的设备等效分析模型类似，设备顶部的位移和根部的弯矩可表示为

$$\{u\}'=\sum_i\varphi_iY_i+\{I\}(X+\sum_i\phi_{i1}q_i)+\{h\}(\theta+\sum_i\phi_{i0}q_i) \tag{13-31}$$

$$\begin{aligned}M_{\mathrm{b}}(h_0)&=\{h-h_0\}^{\mathrm{T}}[K]_{\mathrm{up}}\{u\}+g\{I\}^{\mathrm{T}}[M]_{\mathrm{up}}\{u-u_0\}+\\&\quad g\{I\}^{\mathrm{T}}[M]_{\mathrm{up}}\{h-h_0\}(\theta+\sum_i\phi_{i0}q_i)\\&=\sum_i\omega_i^2\{h-h_0\}^{\mathrm{T}}[M]_{\mathrm{up}}\{\phi\}_i\ddot{Y}_i+g\sum_i\{I\}^{\mathrm{T}}[M]_{\mathrm{up}}\{\phi(h)-\phi(h_0)\}_iY_i\\&\quad+g\{I\}^{\mathrm{T}}[M]_{\mathrm{up}}\{h-h_0\}(\theta+\sum_i\phi_{i0}q_i)\\&=\sum_i\omega_i^2M_{\mathrm{upr}i}(h_0)\ddot{Y}_i+g\sum_iM_{\mathrm{up}\phi i}(h_0)Y_i+gM_{\mathrm{up}\theta}(h_0)(\theta+\sum_i\phi_{i0}q_i)\end{aligned} \tag{13-32}$$

式中，$\omega_i$为振型圆频率，$g$ 为重力加速度，$M_{\mathrm{upr}i}(h_0)$ 为高度为 $h_0$处设备沿转动方向的累积振型有效质量，$M_{\mathrm{upr}i}(h_0)$，$M_{\mathrm{up}\phi i}(h_0)$ 和 $M_{\mathrm{up}\theta}(h_0)$ 可由有限元分析得到，在累加过程中若 $h-h_0<0$，则该值设为 0。式中最后一项同样考虑了重力导致的附加弯矩。

2. 中间隔震带优化设计

由于中间位置空间较小，所以仅能使用转动中间隔震层。因此，与基底隔震支座类似，中间隔震层的待定参数一共有 4 个，即滞回参数 $\gamma$、刚度比例 $\alpha_{\mathrm{e}}$、弹性刚度 $k_{\mathrm{e}}$和转动黏滞阻尼系数 $c_{\mathrm{r}}$。中间隔震层设计示意图如图 13-16 所示。

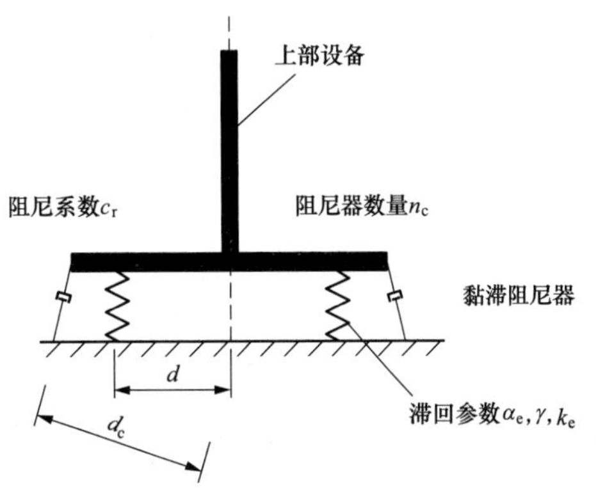


图 13-16　中间隔震层设计示意

见表 13-9，中间隔震层的优化参数需要小刚度隔振器和额外的黏滞阻尼器。尽管初始刚度一致，中间隔震层的屈服荷载明显小于隔震支座的

屈服荷载。这是因为上部结构的高度和质量均小于整体结构，因此，在隔震层上的弯矩也明显减小。如图 13-17 所示，中间隔震层的弯矩明显小于隔震支座。

表 13-9　　中间隔震层优化设计

| 参数 | 范围 | 优化参数 | | |
|---|---|---|---|---|
| | | 位移优化 | 弯矩优化 | 加速度优化 |
| $\alpha_e$ | 0.05～0.95，间隔 0.1 | 0.05 | 0.05 | 0.05 |
| $k_e$(kN·m/rad) | 500～5000，间隔 500 | 4500 | 1000 | 500 |
| $c$ (kN·m/rad·s－1) | 0～600，间隔 20 | 200 | 140 | 100 |
| $\gamma$ | （1～20，间隔 1）$\times k_e/500$ | 180 | 40 | 40 |
| 响应峰值 | | | | |
| 位移（m） | | 0.489 | 0.519 | 0.58 |
| 弯矩（kN·m） | | 19.2 | 17.9 | 15.5 |
| 加速度（$m/s^2$） | | 7.41 | 13.8 | 12.7 |

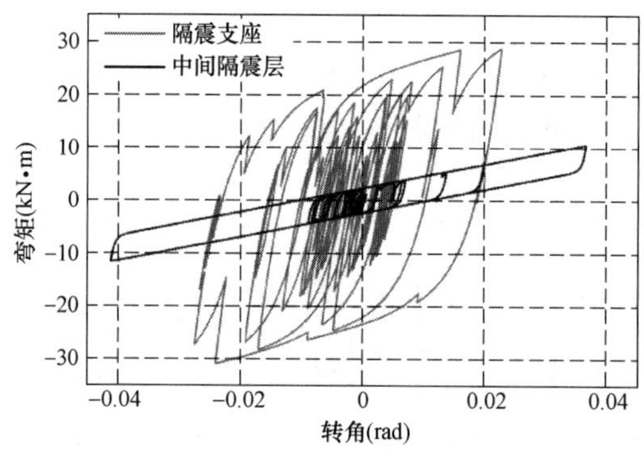


图 13-17　隔震支座和中间隔震层弯矩对比

隔震支座的设计中，额外的黏滞阻尼器无法进一步减小设备响应。对于中间隔震层而言，小刚度隔振器和额外的黏滞阻尼器是最优设计，如图 13-18 所示。

### 13.3.4　等效模型及隔震装置效果验证

等效分析模型是高度简化的模型，且含有明显的非线性，因此，需要用精细化有限元模型验证其准确性。由于支座中含有明显的非线性，精细化有限元模型采用逐步式隐式动力时程分析方法。旁路开关采用瑞利阻尼矩阵，通过前两阶振型计算瑞利阻尼系数。带隔震支座和中间隔震层的设备的等效分析模型和精细化有限元模型的位移、弯矩和加速度时程对比图如图 13-19 和图 13-20 所示。等效分析模型与有限元模型的计算结果接近，验证了等效分析模型的准确性。

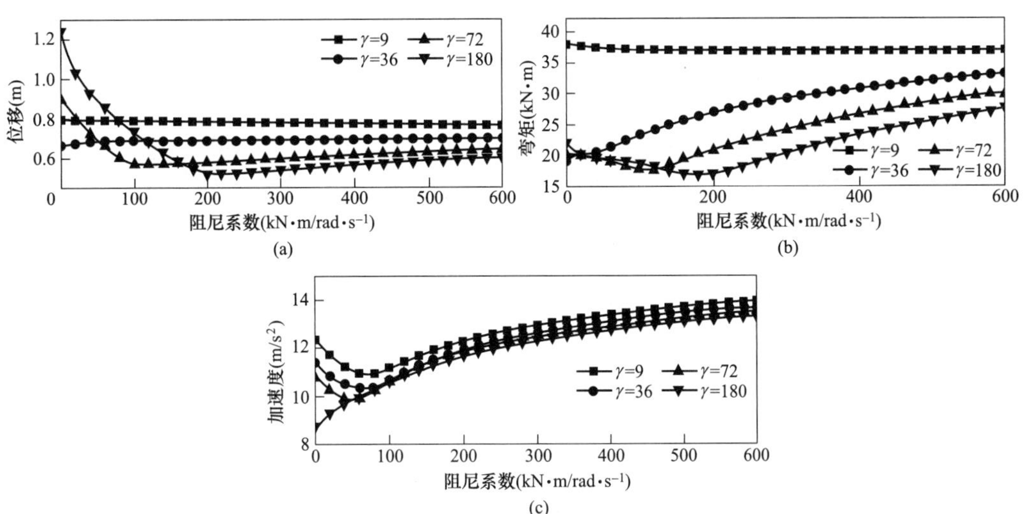


图 13-18　不同 $PGA$ 下，带中间隔震层设备位移、弯矩和加速度响应峰值

（a）位移；（b）弯矩；（c）加速度

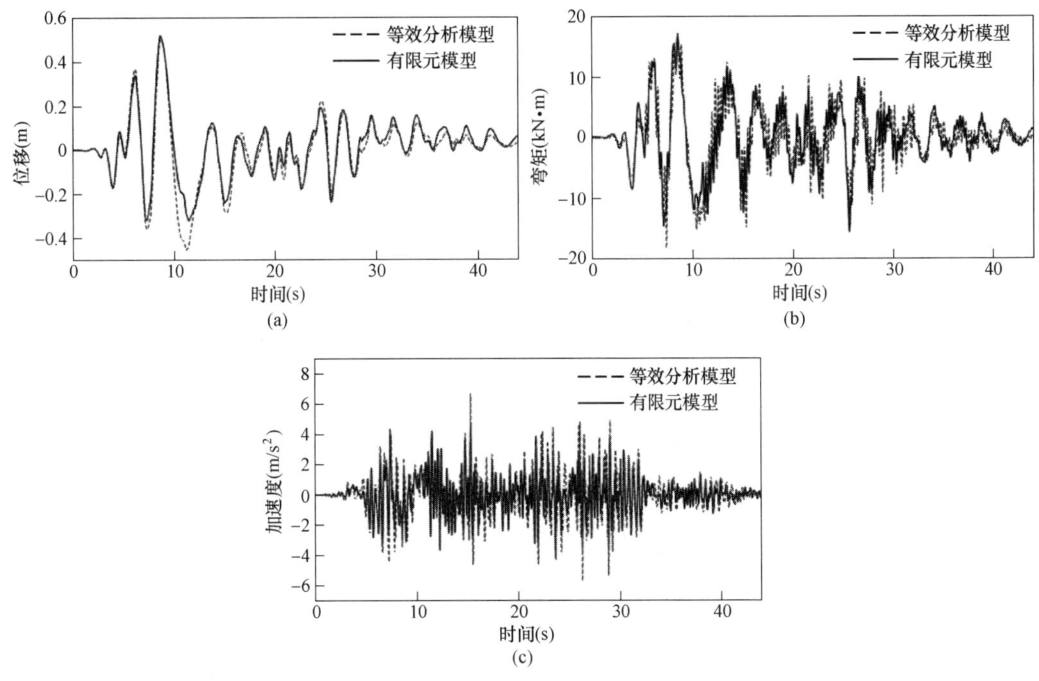


图 13-19　带隔震支座电气设备等效分析模型和有限元时程响应对比

（a）位移；（b）弯矩；（c）加速度

为比较隔震支座和中间隔震层的效果，使用 13.2.2 节中地震波和表 13-7～表 13-9 中位移优化参数进行计算，设备位移、弯矩和加速度峰值如图 13-21 所示。其中三种隔震装置都能显著减小设备的根部位移，平动支座适用于减小加速度响应，中间隔震层在减小位移响应上具有优势。

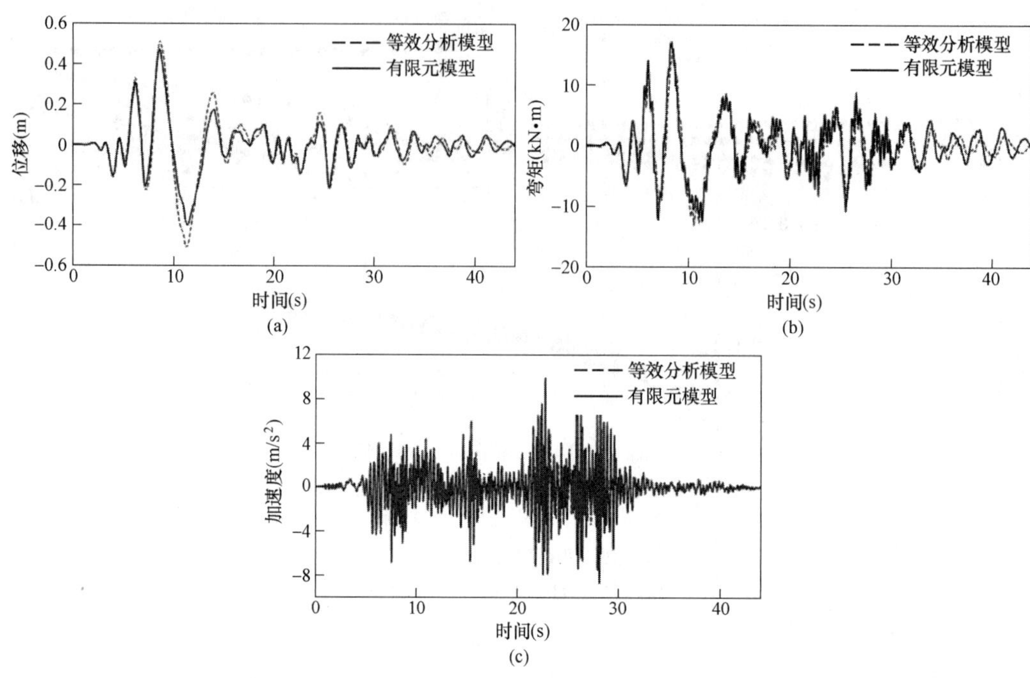


图 13-20　带中间隔震层电气设备等效分析模型和有限元时程响应对比

(a) 位移；(b) 弯矩；(c) 加速度

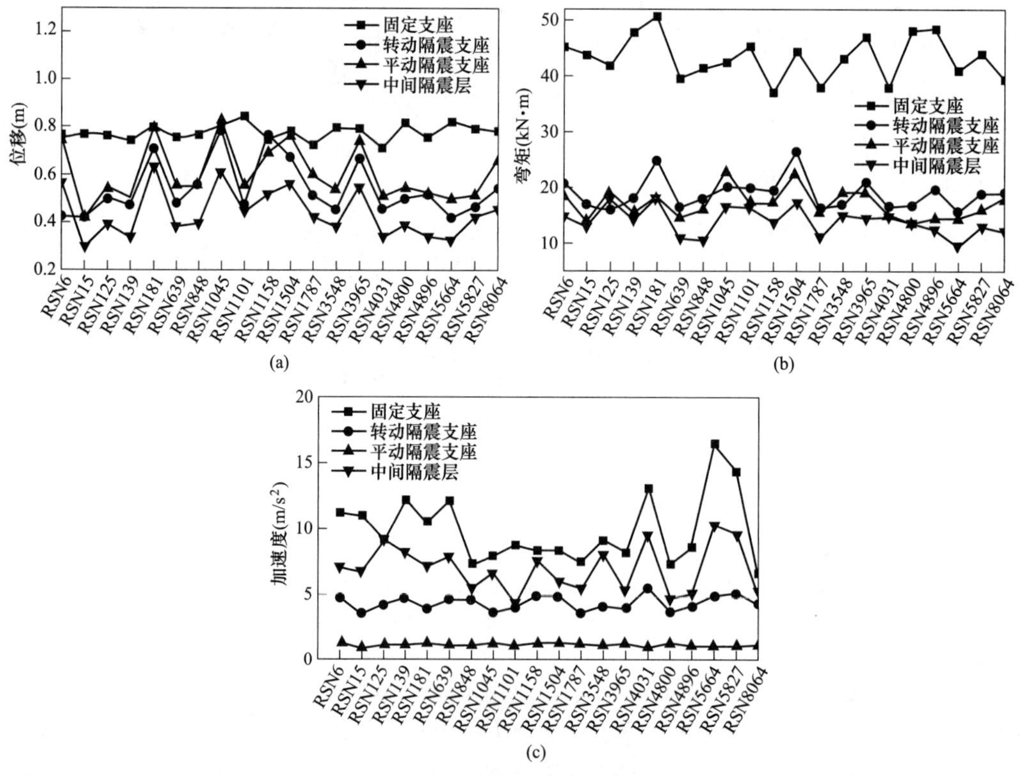


图 13-21　隔震支座及中间隔震层效果

(a) 位移；(b) 弯矩；(c) 加速度

## 13.4　旁路开关复合隔震支座设计与试验

### 13.4.1　复合支座设计与数值分析

1. 支座设计

此前已经应用隔震支座的高压设备高度较小，而本章中的±800kV 旁路开关带支架高度高达 15m，基频仅为 0.39Hz，仅采用钢丝绳阻尼器难以达到安全系数要求。因此，本节除在支架底部设置钢丝绳阻尼器外，还在基底外围设置液压阻尼器，以进一步提高整体结构的阻尼比，减小结构的地震响应。本节中使用的隔震支座如图 13-22 所示，1 个钢丝绳阻尼和 4 个液压阻尼器组成 1 组减震装置，共 4 组。每组减震装置设置在设备钢支架的立柱外侧，立柱则安装在支架安装螺栓孔上。采用型号为 WR40-200 的钢丝绳阻尼器，液压阻尼器采用线性黏滞阻尼器，阻尼系数取 50kN/m・$s^{-1}$。

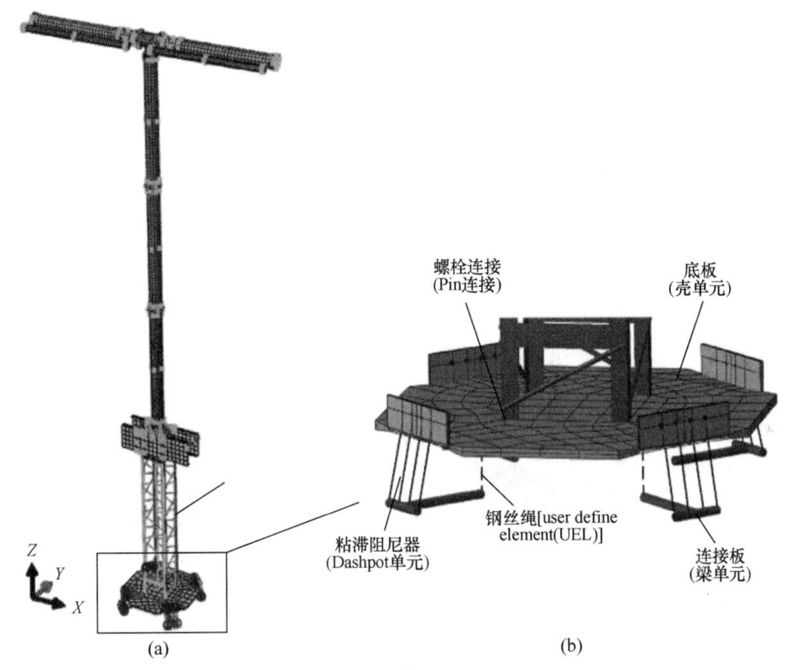


图 13-22　复合隔震支座示意

(a) 有限元模型；(b) 单元选取

2. 钢丝绳阻尼器建模

钢丝绳阻尼器已被应用于高压断路器等支柱式设备的减震中，目前针对钢丝绳阻尼器的刚度特性、耗能能力和数值模拟已有较多研究成果。1993 年，德米特里亚得斯（Demetriades G F）等人采用多项指数函数修正布斯温（Bouc-Wen）模型来拟合钢丝绳阻尼器的滞回性能；1999 年，Ni Y Q 等人在钢丝绳阻尼器的加载和卸载段采用不同的模型参数来模拟阻尼器的拉压特性；2008 年保拉奇 F(Paolacci F) 和吉安尼（Giannini R）使用简化的多项指数修正布斯温（Bouc-Wen）模型用于模拟钢丝绳阻尼器的拉压向特性，并将其应用于断路器理论模型进行计算。

标准的布斯温（Bouc-Wen）模型可写为

$$F = F_1 u + F_2 z_0 \tag{13-33}$$

其中，$F_1$ 和 $F_2$ 为常数，$z_0$为滞回参数。$z_0$的微分由式（13-34）定义

$$\dot{z}_0 = \{A_h - [\beta_h sign(z_0 \cdot \dot{u}) + \gamma] \cdot |z_0|^n\}\dot{u} \tag{13-34}$$

图 13-23　钢丝绳阻尼器示意

钢丝绳阻尼器在其 3 个方向上的刚度和滞回性能均有差异，其 $X$ 向、$Y$ 向、$Z$ 向的定义如图 13-23 所示。图 13-24 中实线为阻尼器厂商提供的钢丝绳阻尼器在 3 个方向上的滞回曲线，可以看出，3 个方向上的滞回曲线在均有不同程度的非对称性。$Z$ 向为拉压方向，在受拉时钢丝绳刚度硬化而在受压时为刚度软化；$X$、$Y$ 向为水平剪切和水平滚动方向，位移为正和位移为负时滞回曲线形状相同，但位移为负时阻尼器的抗力明显偏小，阻尼器的滞回曲线呈现出非对称性。

针对钢丝绳阻尼器在 $Z$ 向的非对称曲线，为了更好地拟合滞回曲线，本节采用文献中的指数修正方法，同时为加载段和卸载段设置不同的参数。对于 $X$ 和 $Y$ 向的滞回曲线，仅通过在加载段和卸载段采用不同的模型参数进行拟合。

在 $Z$ 向，式（13-33）改写为

$$F = k_e[\exp(b_1 u) + \exp(-b_2 u)] + k_i z_0 \exp(\alpha_e u) \tag{13-35}$$

在 $X$、$Y$、$Z$ 向 3 个方向，式（13-34）被写为

$$\dot{z} = \begin{cases} \{A_1 - [\beta_1 sign(z \cdot \dot{u}) + \gamma_1] \cdot |z_0|^{n1}\}\dot{u}, \dot{u} > 0 \\ \{A_2 - [\beta_2 sign(z \cdot \dot{u}) + \gamma_2] \cdot |z_0|^{n2}\}\dot{u}, \dot{u} < 0 \end{cases} \tag{13-36}$$

根据此方法得到的钢丝绳阻尼器在 3 方向上理论拟合滞回曲线如图 13-24 所示，本小节中的 Bouc-Wen 修正模型能很好地拟合钢丝绳阻尼器的滞回曲线。

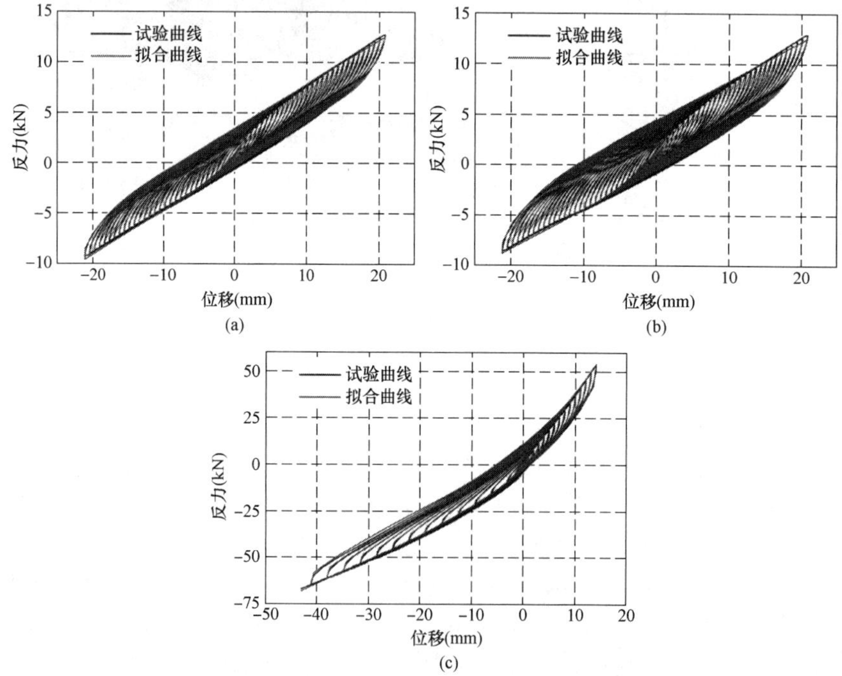

图 13-24　钢丝绳阻尼器滞回曲线试验值及拟合值

(a) $X$ 向；(b) $Y$ 向；(c) $Z$ 向

3. 地震响应分析

使用ABAQUS用户自定义单元（User defined element，UEL）模拟钢丝绳阻尼器，如图13-25所示。根据上文所述的修正布斯温（Bouc-Wen）模型计算UEL在3个方向上的刚度矩阵及反力。线性黏滞阻尼器采用缓冲器（Dashpot）A单元进行模拟，设置其阻尼系数为50kN/m・$s^{-1}$。

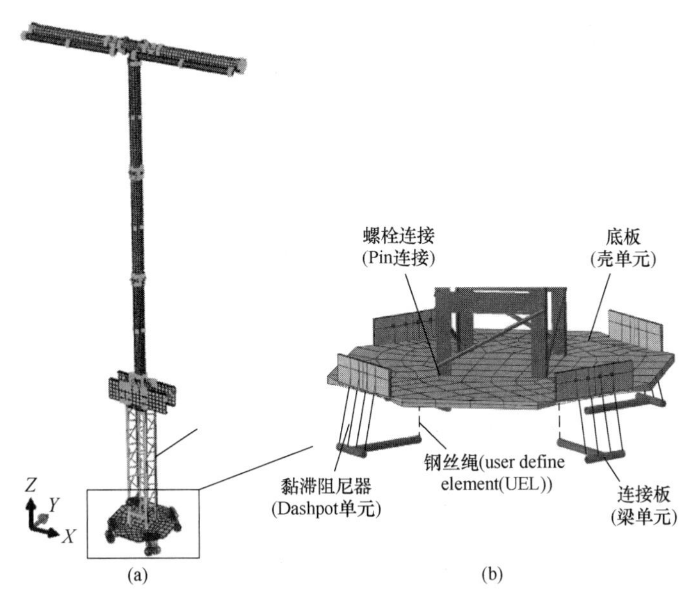


图13-25　隔震支座示意图

（a）有限元模型；（b）单元选取

采用表13-2中的16条拟合天然波和1条人工波（新松波）进行计算，结果见表13-10。复合隔震支座可以有效减小设备的地震响应，且应力安全系数增加至2.07，满足抗震要求。

**表13-10　　固定支座和复合支座下设备的响应对比**

| 地震波 | 固定支座 | | 复合支座 | | | |
|---|---|---|---|---|---|---|
| | $u$(m) | $S$(MPa) | $u$(m) | $S$(MPa) | 应力减小率 | 安全系数 |
| RSN6 | 0.57 | 48.31 | 0.62 | 33.26 | 31.15% | 1.74 |
| RSN15 | 0.63 | 56.41 | 0.41 | 21.83 | 61.30% | 2.28 |
| RSN125 | 0.68 | 56.51 | 0.57 | 29.19 | 48.35% | 1.90 |
| RSN139 | 0.65 | 53.32 | 0.55 | 27.44 | 48.54% | 1.98 |
| RSN639 | 0.6 | 54.44 | 0.56 | 26.84 | 50.70% | 2.01 |
| RSN848 | 0.58 | 47.99 | 0.58 | 27.61 | 42.47% | 1.97 |
| RSN1045 | 0.57 | 46.39 | 0.57 | 27.89 | 39.88% | 1.96 |
| RSN1101 | 0.71 | 56.28 | 0.43 | 21.83 | 61.21% | 2.28 |
| RSN1158 | 0.54 | 44.86 | 0.6 | 29.29 | 34.71% | 1.90 |
| RSN1504 | 0.6 | 50.11 | 0.67 | 32.30 | 35.54% | 1.78 |
| RSN1787 | 0.59 | 48.37 | 0.58 | 28.45 | 41.18% | 1.94 |
| RSN3548 | 0.65 | 51.36 | 0.49 | 23.85 | 53.56% | 2.16 |

续表

| 地震波 | 固定支座 | | 复合支座 | | | |
|---|---|---|---|---|---|---|
| | u(m) | S(MPa) | u(m) | S(MPa) | 应力减小率 | 安全系数 |
| RSN3965 | 0.61 | 49.89 | 0.65 | 31.49 | 36.88% | 1.81 |
| RSN4031 | 0.53 | 46.07 | 0.52 | 24.56 | 46.69% | 2.12 |
| RSN4800 | 0.63 | 51.90 | 0.63 | 29.92 | 42.35% | 1.87 |
| RSN4896 | 0.77 | 60.69 | 0.55 | 26.17 | 56.88% | 2.04 |
| 人工波 | 0.61 | 52.50 | 0.41 | 19.28 | 63.28% | 2.45 |
| 平均值 | 0.62 | 51.49 | 0.55 | 27.13 | 47.31% | 2.00 |

表 13-11 为钢丝绳支座与复合支座的隔震效果的对比。虽然钢丝绳支座也可以有效减小设备的应力响应，但是可能导致设备顶部较大的水平位移。如在 RSN848 地震波下，带钢丝绳支座的设备产生了高达 0.8m 的水平位移。在实际工程中，这个位移可能导致出现空气净距不足。同时可以看到，在部分地震波作用下，钢丝绳隔震支座不仅导致较大的水平位移，其应力减小率也较小。如图 13-26 所示，应力和位移的变化呈现线性相关的趋势。这表明，在部分地震波作用下，隔震支座的效果会有所降低。

**表 13-11　　钢丝绳支座和复合隔震支座效果对比**

| 地震波 | 钢丝绳支座 | | | 复合隔震支座 | | |
|---|---|---|---|---|---|---|
| | u(m) | S(MPa) | 位移变化 | u(m) | S(MPa) | 位移变化 |
| RSN6 | 0.69 | 36.44 | +21.05% | 0.62 | 33.26 | +8.77% |
| RSN15 | 0.46 | 20.39 | −26.98% | 0.41 | 21.83 | −34.92% |
| RSN125 | 0.66 | 28.15 | −2.94% | 0.57 | 29.19 | −16.18% |
| RSN139 | 0.66 | 28.29 | +1.54% | 0.55 | 27.44 | −15.38% |
| RSN639 | 0.61 | 26.65 | +1.67% | 0.56 | 26.84 | −6.67% |
| RSN848 | 0.82 | 30.19 | +41.38% | 0.58 | 27.61 | 0.00% |
| RSN1045 | 0.7 | 28.52 | +22.81% | 0.57 | 27.89 | 0.00% |
| RSN1101 | 0.52 | 24.7 | −26.76% | 0.43 | 21.83 | −39.44% |
| RSN1158 | 0.69 | 31.47 | +27.78% | 0.6 | 29.29 | +11.11% |
| RSN1504 | 0.73 | 32.96 | +21.67% | 0.67 | 32.30 | +11.67% |
| RSN1787 | 0.71 | 30.03 | +20.34% | 0.58 | 28.45 | −1.69% |
| RSN3548 | 0.52 | 26.29 | −20.00% | 0.49 | 23.85 | −24.62% |
| RSN3965 | 0.74 | 33.98 | +21.31% | 0.65 | 31.49 | +6.56% |
| RSN4031 | 0.68 | 29.4 | +28.30% | 0.52 | 24.56 | −1.89% |
| RSN4800 | 0.71 | 31.98 | +12.70% | 0.63 | 29.92 | 0.00% |
| RSN4896 | 0.69 | 30.61 | −10.39% | 0.55 | 26.17 | −28.57% |
| 人工波 | 0.62 | 31.05 | +1.64% | 0.41 | 19.28 | −32.79% |
| 平均 | 0.66 | 29.48 | +6.36% | 0.55 | 27.13 | −10.91% |

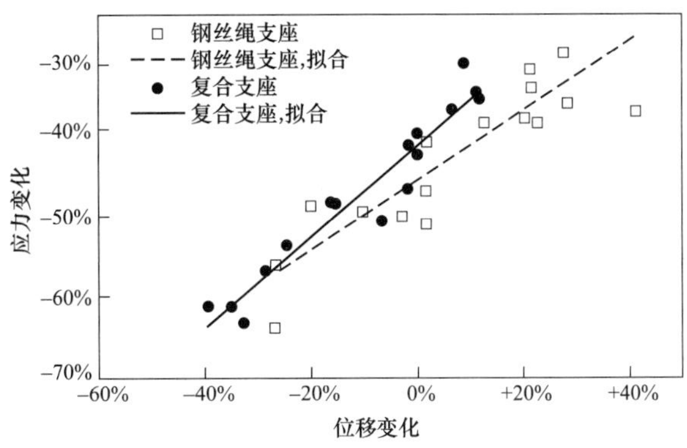


图 13-26 应力及位移变化之间的关系

### 13.4.2 振动台试验

1. 试验设置

试验采用特高压 T 型旁路开关原型进行，如图 13-27 所示。根据有限元分析，设备的基频大约为 0.390Hz。由于振动台台面位移限值为 250mm，因此，试验时滤掉地震波频率低于 0.25Hz 的成分，以减小台面位移。试验时加速度计和应变测点布置如图 13-28 所示，每个加速度测点处由 3 个单向加速度计组成，每个应变测试截面由 4 个应变片组成，整个测试系统中共有 21 个加速度计和 4 个应变计。

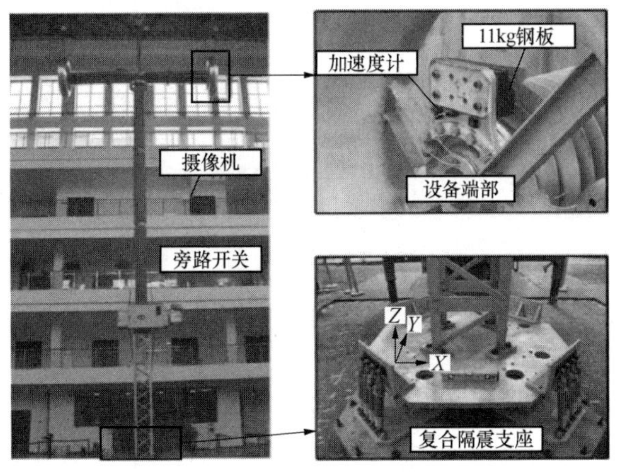


图 13-27 实验设备

A1 和 A3 布置在断续器端部，A2 布置在 T 型节点上，A4～A6 分别布置在 3 根支柱绝缘子根部，A7 布置在钢支架的顶部。由于设备高度较大，且输入地震动为三向输入，拉线位移计的结果误差较大，所以，采用加速度积分的方式计算设备的位移响应。在设备支柱绝缘子根部截面设置应变测点，截面处设置有 4 个应变片，其布置如图 13-28 中 B1 截面所示。

试验采用由换流站所在地区需求反应谱拟合出的人工波进行试验，对地震波进行标准化处理后，按照国家抗震规范 GB 50260 输入地震波，三向输入地震波的加速度峰值比值为 1∶0.85∶0.65，主震方向峰值为 0.4$g$。试验中的工况表见表 13-12。

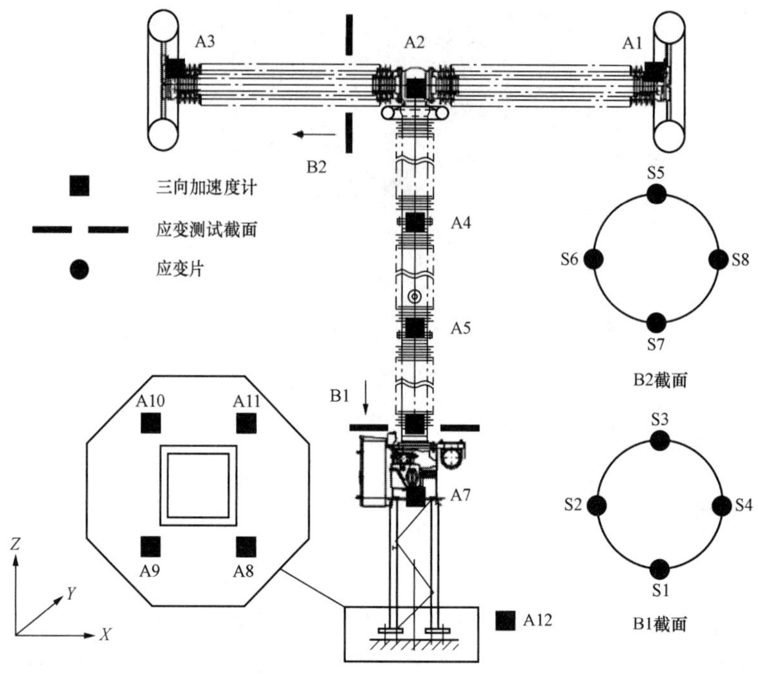


图 13-28　测点布置

**表 13-12**　　**测试工况表**

| 编号 | 输入 | $PGA$(g) | 目标 |
|---|---|---|---|
| 1 | 白噪声 | 0.08 | 模态测试 |
| 2 | 人工波 | 0.15 | 振动台迭代 |
| 3 | 白噪声 | 0.08 | 模态测试 |
| 4 | 人工波 | 0.40 | 抗震性能测试 |
| 5 | 白噪声 | 0.08 | 模态测试 |

2. 模态分析

试验中白噪声的频率分布范围为 0.1～50Hz，通过对工况 1、工况 3 和工况 5 的白噪声扫频结果求频响函数幅值谱识别结构的基频，3 次白噪声工况下设备的基频和阻尼比见表 13-13，测试所得模态参数与有限元分析结果十分接近。在 3 次白噪声工况下，设备的基频基本没有变化，可以认为此时减震支座仍处于近似线弹性阶段，且设备没有发生损伤。如图 13-29 所示，有限元模型可以准确计算旁路开关前 4 阶模态的振型。

**表 13-13**　　**旁路开关模态参数表**

| 编号 | 测试值 | | 有限元 | 误差（%） | 方向 |
|---|---|---|---|---|---|
| | 频率（Hz） | 阻尼比（%） | 频率（Hz） | | |
| 1 | 0.373 | 1.8 | 0.383 | 2.68 | $X$ 向和 $Z$ 向 |
| 2 | 0.403 | 1.8 | 0.403 | 0.00 | $Y$ 向 |
| 3 | 1.38 | 0.5 | 1.32 | 4.06 | 扭转 |
| 4 | 2.27 | 1.3 | 2.42 | 6.61 | $X$ 向和 $Z$ 向 |

续表

| 编号 | 测试值 | | 有限元 | 误差（%） | 方向 |
|---|---|---|---|---|---|
| | 频率（Hz） | 阻尼比（%） | 频率（Hz） | | |
| 5 | 3.03 | 2.5 | 2.96 | 2.31 | $Y$ 向 |
| 6 | 4.29 | 2.2 | 4.28 | 2.33 | $X$ 向 |
| 7 | 6.27 | 1.1 | 5.96 | 4.94 | $Y$ 向 |
| 8 | 7.14 | 0.8 | 7.35 | 2.94 | $Y$ 向和 $Z$ 向 |
| 9 | 8.83 | 2.5 | 7.98 | 9.63 | $X$ 向 |
| 10 | 10.04 | 0.5 | 10.22 | 1.79 | 扭转 |
| 11 | 10.50 | 0.7 | 10.93 | 4.10 | $Y$ 向 |
| 12 | 13.10 | 1.0 | 12.57 | 4.04 | $Y$ 向 |

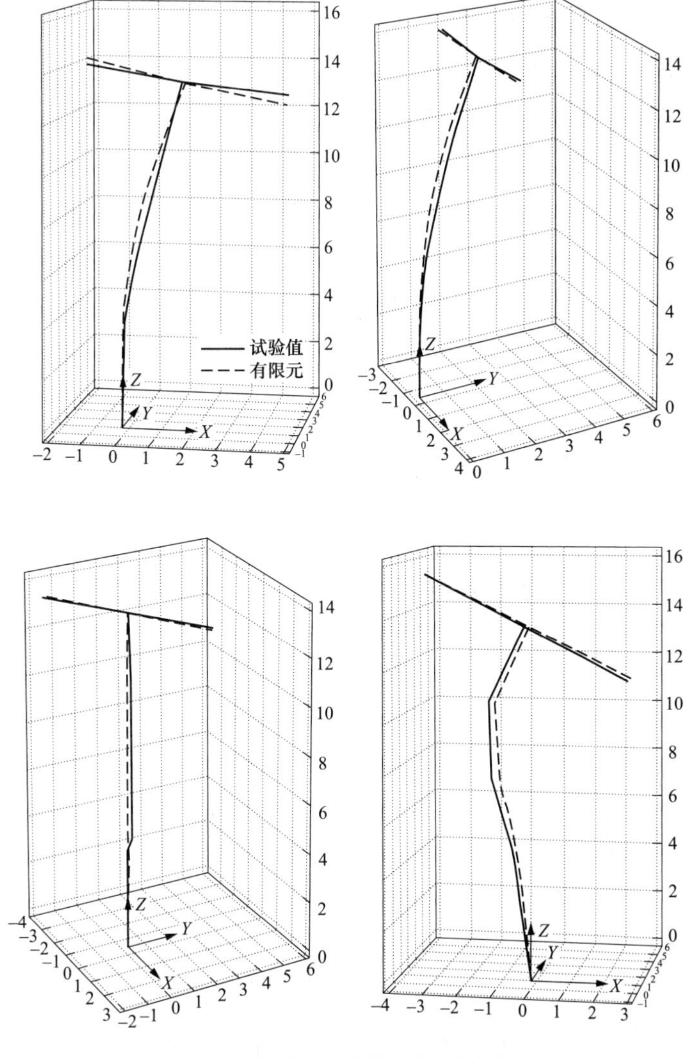


图 13-29　试验及有限元振型图对比

3. 地震输入下的设备响应

提取工况 4 中支柱绝缘子及钢支架上 5 个测点的加速度与位移峰值，见表 13-14。表中位移采用低频截止频域积分得出，由于试验时基底输入中已经滤掉 0.25Hz 以下成分，频域积分时截止频率设为 0.25Hz。为了与加速度积分结果对比，采用视频识别的方式识别设备上部的位移，如图 13-30 所示，显示加速度积分可以准确地得出设备的位移。位移响应在绝缘子顶部 A2 测点处最大，而加速度响应在支柱绝缘子中上部的 A4 测点处最大。

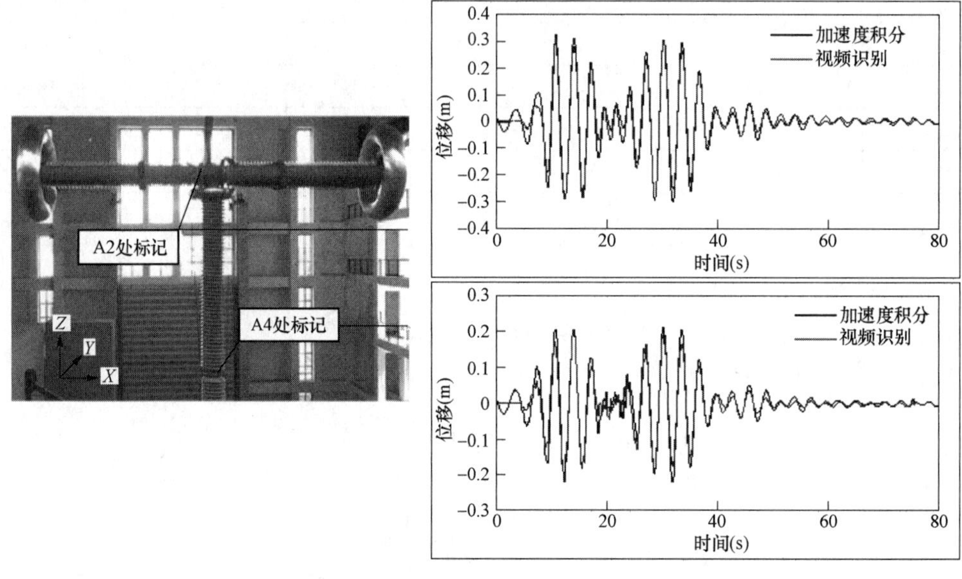


图 13-30 加速度积分和视频识别位移对比

设备的加速度响应受高阶振型影响较为显著，图 13-31 所示为 A2 和 A4 测点 $Y$ 向加速度响应功率谱。A2 测点仅在 0.4Hz 处有明显峰值，但 A4 测点则在 0.4Hz、6.21Hz 和 6.97Hz 处有明显峰值，对应表 13-13 中的第 2、第 7 和第 8 阶振型。在 $X$ 向，A2 测点仅在 0.32Hz 处出现峰值，而 A4 则在 0.32Hz、2Hz 和 8.4Hz 上有明显峰值，分别对应表 13-13 中第 1、第 4 和第 9 阶振型。在工况 4 强震输入下，由于钢丝绳阻尼器进入非线性阶段，刚度下降，各测点对应的各阶振型的特征频率均有不同幅度的降低。

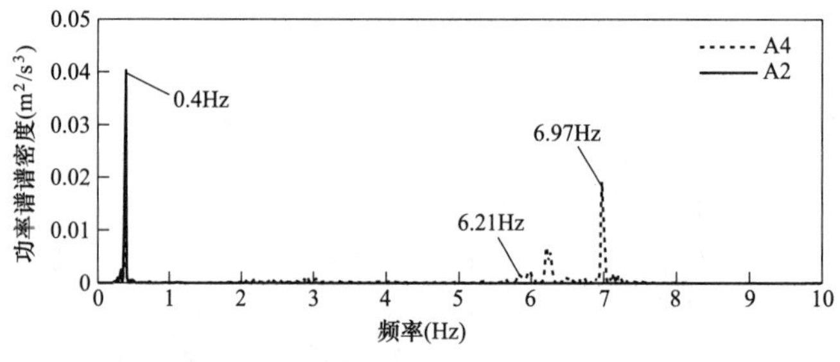


图 13-31 A2 和 A4 测点 $Y$ 向加速度响应功率谱

由于高阶振型频率较大，对位移没有太大影响，设备各点的位移响应以 1、2 阶的低频响应为主，设备顶部位移响应最大，见表 13-14 中。

表 13-14　　各测点处响应峰值

| 位置 | 加速度（$m/s^2$） | | | 位移（m） | | |
|---|---|---|---|---|---|---|
| | X 向 | Y 向 | Z 向 | X 向 | Y 向 | Z 向 |
| A1 | 3.64 | 7.47 | 16.17 | 0.37 | 0.44 | 0.10 |
| A2 | 2.74 | 4.31 | — | 0.36 | 0.42 | — |
| A4 | 8.82 | 13.03 | — | 0.24 | 0.28 | — |
| A5 | 7.94 | 9.21 | — | 0.14 | 0.16 | — |
| A6 | 4.90 | 6.76 | — | 0.06 | 0.07 | — |

0.4$g$ 人工波输入下，设备根部最大应力为 18.35MPa，组合其他荷载，设备应力安全系数为 2.45，满足大于 1.67 的要求。试验测得和有限元计算的设备顶部位移及根部应力响应对比如图 13-32 所示，有限元模型能准确计算带隔震支座的设备的地震响应。

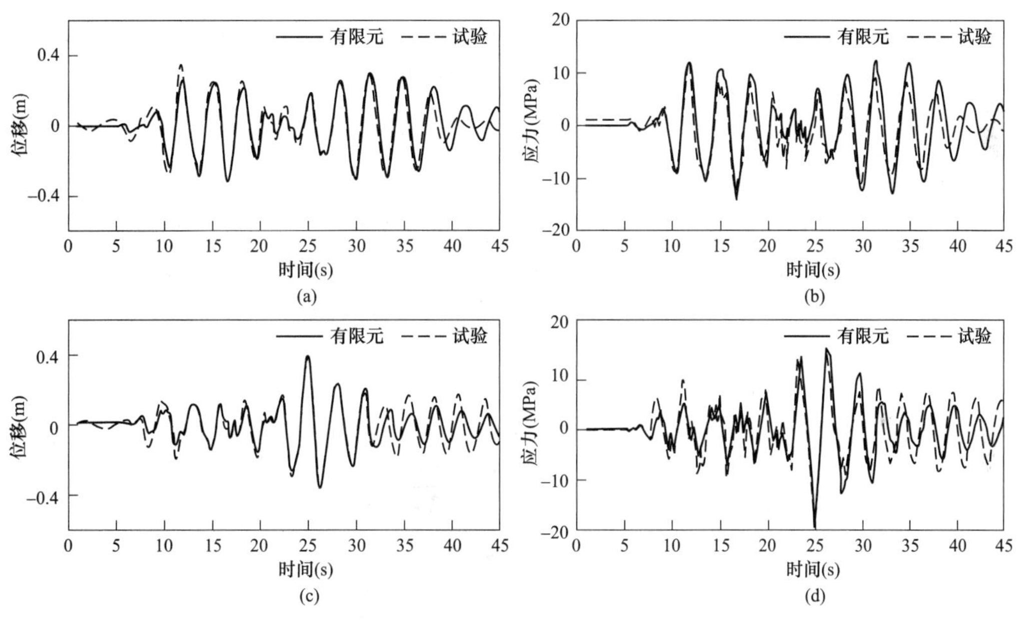


图 13-32　试验与有限元分析结果对比

（a）X 向位移；（b）X 向应力；（c）Y 向位移；（d）Y 向应力

4. 危险截面分析

由于设备价格昂贵，无法设置多个应变测点。同时，旁路开关受高阶振型影响较大，地震作用下其最大应力可能出现在中间截面，因此，需要推算其各高度处截面的弯矩，以确定最大应力位置。

对于受到地面地震加速度 $a_g$ 的物体，其受力的平衡方程写为

$$[M]\{\ddot{x}\}+F_d+[K]\{x\}=-a_g[M] \tag{13-37}$$

式中　$F_d$——阻尼力；

$[M]$——物体的质量；

$[K]$——物体的刚度矩阵；

$\{x\}$——物体的位移向量。

由于带减震支座的旁路开关阻尼比仅为1.8%，在物体受到外部激励时，阻尼力与弹性恢复力和惯性力相比很小，因此，可以忽略阻尼力 $F_d$，近似认为设备的弹性恢复力与设备受到的惯性力平衡。因此，对于总高为 $H$ 的设备，高度为 $z_0$ 处的弯矩 $M_b$ 可以写为

$$M_b(z_0)=\{h\}^T[K]\{x\}=\int_{z0}^{H} m(z)A(z)(z-z_0)dz \tag{13-38}$$

式中 $\{h\}$——设备各点的高度向量；

$m$——高度 $z$ 处各点的质量；

$A$——高度 $z$ 处各点的绝对加速度响应。

试验时只测量了7个测点的加速度响应，而式（13-38）要求得到所有节点的加速度及质量，在计算各截面内力时，需要对加速度响应及设备的质量进行插值和积分，以求得各截面弯矩。

根据设备厂商提供的设备各部分的详细质量分布，7个加速度测点之间的质量是线性的。对于位移响应，由于结构变形要求满足二阶导数连续，即剪力和弯矩连续，可采用3次样条进行插值。对设备的响应进行振型分解，其位移与相对加速度响应的关系为

$$A(t,z)=\ddot{x}(t,z)=\sum_i \ddot{q}_i(t)\phi_i(z) \tag{13-39}$$

由于位移 $u$ 需要满足对 $z$ 的二阶偏导连续，所以在振型分解法下，其相对加速度响应也应满足此条件。因此，相对加速度响应也可采用三次样条插值，再叠加基底加速度时程，即可得到所有节点的绝对加速度。根据加速度即可得到设备绝缘子部分各高度处截面的弯矩和应力，如图13-33（a）所示，且根据试验测得的应力与计算结果一致，验证了该方法的正确性。

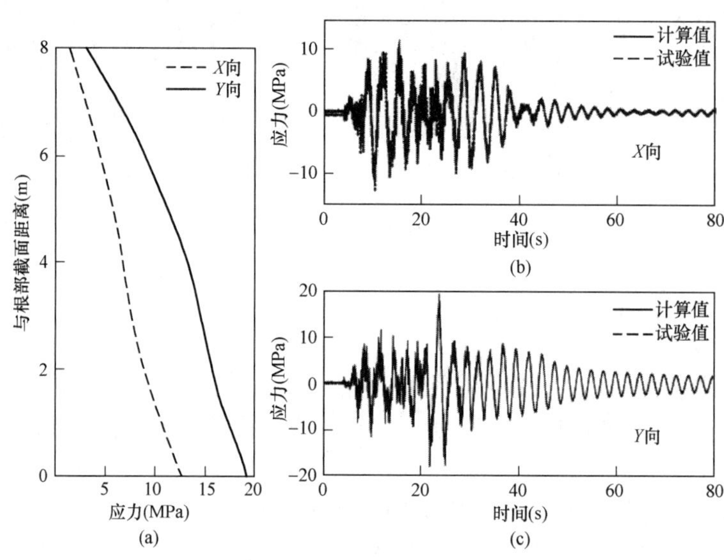


图13-33 不同高度各截面峰值应力及根部截面应力计算值与试验值对比

（a）不同高度各截面峰值应力；（b）根部截面 $X$ 向应力对比；（c）根部截面 $Y$ 向应力对比

5. 减震效果分析

本次试验中的减震支座由钢丝绳阻尼器和黏滞液压阻尼器组成，试验中仅测量了设置减震支座后的响应，为了计算没有设置减震支座时设备的响应并对比减震效果，本节采用各测点在白噪声工况下的实测频响函数、实测地面输入及频域计算法计算各测点在三向地震动下的响应。表 13-15 中列出在 0.4$g$ 工况下设置减震支座前后的设备顶端位移和根部应力峰值，设置减震支座前后设备根部 $Y$ 向弯矩时程如图 13-34 所示。在没有设置减震支座的情况下，设备根部的应力安全系数仅为 1.59，小于 1.67 的安全系数要求。因此，本章中的复合减震支座能有效减小设备的应力和位移响应。

**表 13-15　　设备在设置减震支座前后响应对比**

| 响应 / 条件 | 根部弯矩（kN·m） | | 位移（m） | |
|---|---|---|---|---|
| | $X$ 向 | $Y$ 向 | $X$ 向 | $Y$ 向 |
| 不带减震支座 | 23.6 | 28.4 | 0.76 | 0.68 |
| 带减震支座 | 9.07 | 14.0 | 0.33 | 0.36 |
| 减小率（%） | 61.5 | 50.7 | 56.6 | 48.2 |

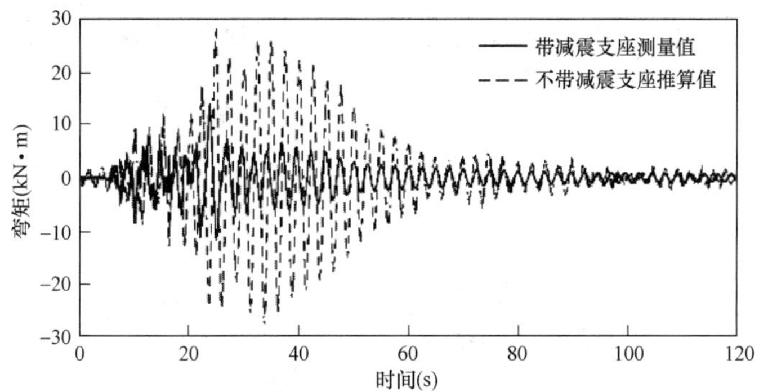


图 13-34　带减震支座前后设备根部 $Y$ 向弯矩

## 13.5　隔震支座工程应用案例

支柱类设备的隔震支座在国外已有部分应用，但在国内变电站中应用还较少。本章 13.4 节中对特高压旁路开关的复合隔震支座进行了优化和试验分析，该支座可以有效减小特高压复合旁路开关的根部应力和顶部位移。因此，该复合支座被应用于 400kV 和 800kV 复合旁路开关的隔震中，如图 13-35～图 13-37 所示。

图 13-35 为 400kV 复合旁路开关安装复合隔震支座后的照片。复合隔震支座由钢丝绳阻尼器和黏滞液压阻尼器组成，其中，黏滞液压阻尼器上方覆盖了钢板，以防止雨水对阻尼器的侵蚀作用。此外，需要定期对黏滞液压阻尼器进行检查，出现漏油时需要随时进行更换。

图 13-36 为 800kV 复合旁路开关安装复合隔震支座后的照片。隔震支座的组成与 400kV 旁路开关的隔震支座一致，但钢丝绳阻尼器和黏滞液压阻尼的选型不同。图 13-37 所

示为施工中的隔震支座，隔震支座下部需浇筑钢筋混凝土基础，保证地震下的稳定。隔震支座通过螺栓安装在混凝土基础上，施工期间螺栓与混凝土基础间仍有间隙，施工完成后将注浆填实。

图 13-35　带隔震支座的400kV复合旁路开关

图 13-36　带隔震支座的800kV复合旁路开关

图 13-37　施工中的旁路开关隔震支座

## 13.6 小　　结

特高压复合旁路开关质量大，高度高，且水平刚度低，无法满足应力安全系数大于

1.67的要求，且在顶部容易产生较大的水平位移。使用支架加固的方式无法有效减小特高压复合设备的应力响应，因此，本章采用带黏滞阻尼器的钢丝绳隔震支座减小设备的地震响应。

由于有限元模型计算时间较长，本章通过基于模态参数的等效分析模型加快计算速度，并对底部转动和平动隔震支座，以及设备中间隔震层分别进行了优化设计。根据优化设计结果，小刚度隔振器和额外的黏滞阻尼可以有效减小设备的应力和位移响应。此外，基底平动隔震支座在减小加速度响应上效果更好，中间隔震层则适用于支架质量巨大的电气设备，3种隔震设施均能起到有效减小设备地震响应的作用。

由于复合隔震支座具有减小设备位移的优势，本章使用钢丝绳阻尼器和黏滞阻尼器组成的复合支座来减小旁路开关的地震响应，并进行了有限元分析和振动台试验，通过修正Bouc-Wen模型和自定义单元模拟钢丝绳阻尼器。有限元分析显示附加的黏滞阻尼器可以在钢丝绳隔震支座的基础上进一步减小设备的应力和位移响应，且振动台试验的模态分析和地震响应时程验证了有限元的准确性，并确认设备的应力安全系数达到2.45，满足大于1.67的安全系数要求。通过加速度时程可以推算得出设备根部为危险截面，通过白噪声下的频响函数推算出隔震支座减小了约50%的位移和应力。

# 第14章

# 悬吊式换流阀的减震研究

## 14.1 引　　言

支柱式设备可以通过设置隔震支座的方式减小地震响应，换流阀可采用悬挂减震的方式来减小绝缘子的地震响应，自身的加速度及应力响应较小。

悬吊式换流阀造价昂贵，且电压等级较高。根据 IEEE 693 的要求，悬吊式电气设备需要在底部设置约束装置，以防止水平向的过大位移。规范中没有对悬吊式换流阀的约束装置作出硬性规定，仅要求根据工程实际进行设计。

2002 年，恩布罗姆（Enblom R）等人在换流阀底部设置了液压阻尼器，以减小换流阀在地震下的水平位移，并将其应用在新西兰直流工程中。此外，他们还进行了阀层中硅制晶闸管的振动台实验，以测量其耐受的极限加速度，并采用全尺寸阀塔在现场自由振动的方式测得其基频为 0.2Hz，施加振动控制装置后结构阻尼比为 20%。根据有限元计算结果，设置阻尼装置后阀塔的水平位移从 850mm 降至大约 450mm。但 Enblom R 所采用的换流阀电压等级较低，其底部距离地面距离仅有 4m，且换流阀吊长仅为 1.2m，如图 14-1（a）所示。当离地面距离较大时，支柱式液压阻尼器自身的安全性也会受到威胁，对于特高压换流阀的减振控制，还需要进一步研究。

(a)

(b)

图 14-1　现有的换流阀底部约束装置

（a）支柱式阻尼装置；（b）斜拉式约束装置

2009 年，格里菲思（Griffiths P）等人介绍了新西兰直流工程换流站内阀厅的抗震设计，并在换流阀底部设置了阻尼装置，以减小换流阀位移。图 14-1（b）为阀塔底部设置的交叉斜向张拉装置。此外，在换流阀底部设置了斜向阻尼器，并使用时程计算法计算阻尼效果。同时，在换流阀和阀侧套管之间设置了最大位移量为±900mm 的伸缩管母线，以防止换流阀对相邻设备造成影响。

本章将以特高压±800kV悬吊换流阀为原型，提出有效的减震措施，减小换流阀的水平位移响应。

## 14.2　悬吊式换流阀张拉式减振控制装置

### 14.2.1　张拉式减振控制装置设置

本章采用张拉绝缘子及弹簧—阻尼器连接件将阀塔底部与地面拉结的方案对换流阀进行位移控制（杨振宇等，2017；Yang，et al. 2018）。此方案要求阀塔底部屏蔽罩不能完全包裹阀塔底部，且换流阀塔层间需要设置为铰接，以防层间绝缘子弯曲破坏，如图14-2所示。

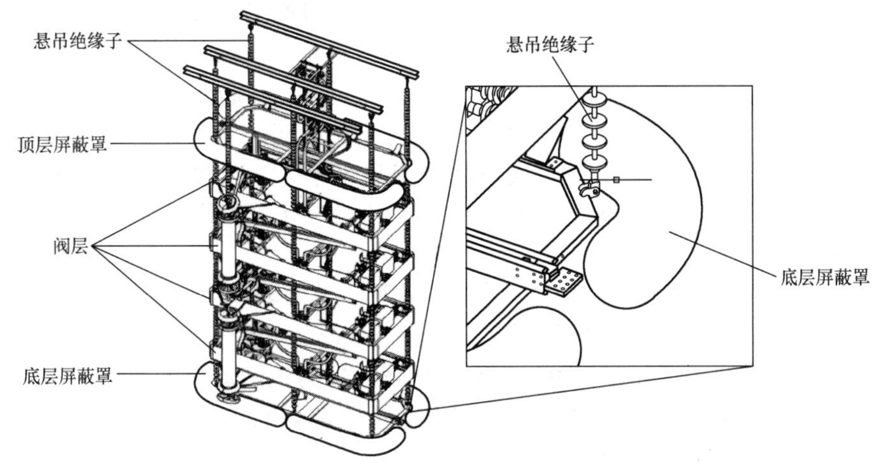


图14-2　换流阀及底部屏蔽罩示意

图14-3为换流阀与地面拉结后的示意图，采用玻璃钢耐张绝缘子与地面拉结。为了给张拉绝缘子设置阻尼器并调节张拉刚度，在张拉绝缘子与地面连接处设置弹簧—阻尼器连接件。整个控制装置中，绝缘子用于电气绝缘，弹簧—阻尼器连接件用于提供阻尼并调节下拉杆件的刚度。下拉杆件长细比较大，若发生受压失稳，则会在阀塔中产生瞬时冲击力，可能导致巨大的加速度及应力响应，需避免在下拉杆件中出现压力。当杆件采用斜拉形式时，拉杆中易出现压力，因此，需要在杆件中施加预拉力。

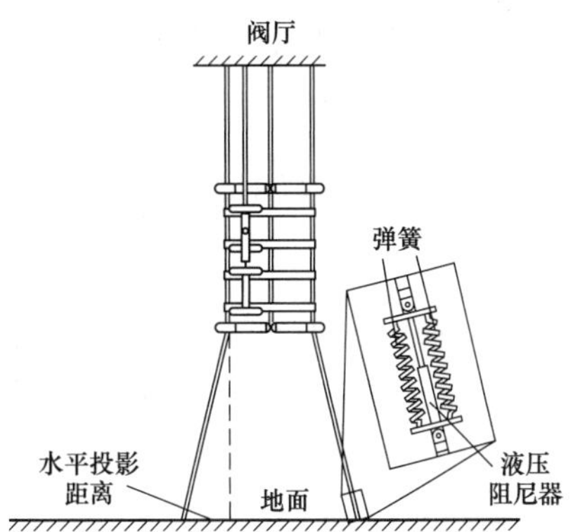


图14-3　换流阀减振控制方案示意

### 14.2.2　简化分析模型

为了确定减振控制方案所需参数，本节建立了如图14-4所示的阀厅—阀塔多自由度体系理论计算模型，对减振控制后的结构进行分析。对于阀厅—阀塔体系，设计减振控制方案需要确定4个参数，分别为斜拉杆水平投影长度$d$、弹簧刚度$k_{e2}$、液压阻尼器阻尼系数$c_2$和预张力$P$。

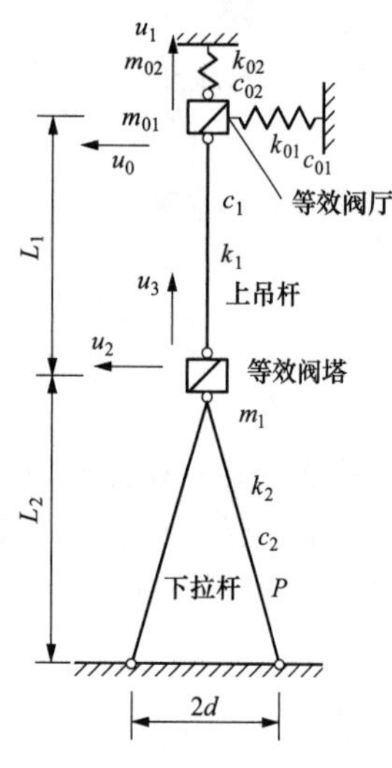


图 14-4 阀厅—阀塔理论分析模型

如图 14-4 所示，阀厅等效为顶部质量块，具有水平和竖向自由度。阀塔等效为中部质量块，具有水平和竖向自由度。当阀塔与地面拉结时，整个体系具有强烈的几何非线性，阀塔的动力特性与绝缘子轴力的大小密切相关。定义阀厅水平位移为 $u_0$，竖向位移为 $u_1$，阀塔的水平位移为 $u_2$，竖向位移为 $u_3$，共 4 个自由度。$L_1$ 为阀厅屋架至阀塔质心的竖向距离，$L_2$ 为阀塔质心与地面的竖向距离，$2d$ 即为单根斜拉绝缘子水平投影长度的两倍。

阀厅在水平向和竖向振动时，仅有一部分质量参与振动，需要借助有限元模型来获取阀厅的等效参数。建立一个节间的阀厅模型计算其水平向和竖向的基频 $f_{01}$ 和 $f_{02}$，以及水平刚度 $k_{01}$ 和竖向刚度 $k_{02}$。根据式（14-1）可计算出阀厅在水平向和竖向的等效质量 $m_{01}$ 和 $m_{02}$。阀厅的阻尼比定义为 $\xi_0$。

$$\begin{cases} m_{01}=k_{01}/(2\pi f_{01})^2 \\ m_{02}=k_{02}/(2\pi f_{02})^2 \end{cases} \tag{14-1}$$

上吊杆刚度 $k_{01}$ 取悬吊绝缘子轴拉刚度之和。与底部拉杆的阻尼相比，阀塔部分阻尼很小，所以忽略上吊杆阻尼系数 $c_{01}$。两根下拉杆的总刚度 $k_{02}$ 和阻尼器总阻尼系数 $c_{02}$，下拉杆水平投影长度 $d$ 及预张力 $P$ 为减振控制方案的设计参数。

根据达朗贝尔原理建立整个结构体系在地震作用下的运动方程

$$M\ddot{u}+C\dot{u}+Ku=-M\ddot{u}_g \tag{14-2}$$

式中 $M$、$C$ 和 $K$ 为体系的质量、阻尼和刚度矩阵，$\ddot{u}_g$ 为地震动输入，$\{\ddot{u}\}$、$\{\dot{u}\}$ 和 $\{u\}$ 分别为加速度、速度及位移响应向量，$\{u\}=\{u_0,\ u_1,\ u_2,\ u_3\}^T$。

在地震作用下，施加下拉杆件后的结构会产生强烈的几何非线性，需要通过时程计算获取其在地震下的响应。本节采用 Python 语言编写时程计算程序，使用纽马克-β(Newmark-β) 法进行时程计算，计算过程中采用增量方程进行迭代。

质量矩阵 $M$ 与位移无关，表达式为

$$M=\begin{bmatrix} m_{01} & 0 & 0 & 0 \\ 0 & m_{02} & 0 & 0 \\ 0 & 0 & m_1 & 0 \\ 0 & 0 & 0 & m_1 \end{bmatrix} \tag{14-3}$$

采用更新拉格朗日格式生成刚度及阻尼矩阵，即矩阵系数根据上一步的位移值生成，所以刚度矩阵 $K$ 表达式为

$$K=K^e+K^g \tag{14-4}$$

其中，$K^e$ 为弹性刚度矩阵，即杆件为弹性小变形时的刚度矩阵。$K^g$ 为几何刚度矩阵，体现了结构内部应力对刚度的影响，并考虑几何大变形效应的影响。

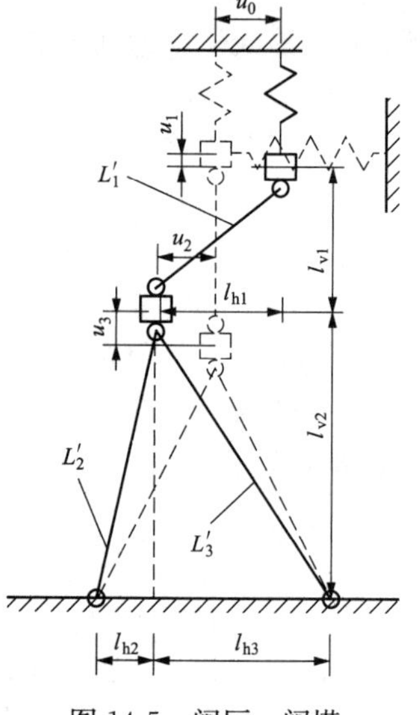


图 14-5 阀厅—阀塔体系位移示意

图 14-5 为体系在 $i$ 时刻的位移示意图，位移响应向量为 $\{u_i\}=\{u_{0i},\ u_{1i},\ u_{2i},\ u_{3i}\}^T$。图 14-5 中 $l_{h1}$、$l_{h2}$ 和 $l_{h3}$ 分别为上吊杆和两根下拉杆的水平投影长度，$l_{v1}$ 和 $l_{v2}$ 分别为上吊杆和两根下拉杆的竖向投影长度。由此可以计算出三根杆件在

此时刻的实际长度 $L_1'$、$L_2'$ 和 $L_3'$，如式(14-5) 所示。

$$\begin{cases} l_{h1}=u_{2i}+u_{0i} \\ l_{h2}=d-u_{2i} \\ l_{h3}=d+u_{2i} \\ l_{v1}=L_1-(u_{3i}-u_{1i}) \\ l_{v2}=L_2+u_{3i} \\ L_1'=\sqrt{l_{h1}^2+l_{v1}^2} \\ L_2'=\sqrt{l_{h2}^2+l_{v2}^2} \\ L_3'=\sqrt{l_{h3}^2+l_{v3}^2} \end{cases} \tag{14-5}$$

由于下拉杆中的弹簧—阻尼器连接件中弹簧的刚度 $k_{e2}$ 远小于下拉杆中绝缘子的刚度，整个下拉杆的总刚度约等于 $k_{e2}$，单根下拉杆刚度为 $k_{e2}/2$。

弹性刚度矩阵 $K^e$ 的表达式为

$$K^e=\begin{bmatrix} k_{01}+k_{22}^e & k_{01}^e & -k_{22}^e & k_{01}^e \\ k_{01}^e & k_{02}+k_{33}^e & k_{01}^e & -k_{33}^e \\ -k_{22}^e & k_{01}^e & k_{22}^e & k_{23}^e \\ k_{01}^e & -k_{33}^e & k_{32}^e & k_{33}^e \end{bmatrix} \tag{14-6}$$

其中

$$k_{22}^e=\frac{l_{h1}^2}{L_1'^2}k_1+\frac{l_{h2}^2}{L_2'^2}\cdot\frac{k_2}{2}+\frac{l_{h3}^2}{L_3'^2}\cdot\frac{k_2}{2}$$

$$k_{23}^e=\frac{l_{h1}l_{v1}}{L_1'^2}k_1+\frac{l_{h2}l_{v2}}{L_2'^2}\cdot\frac{k_2}{2}+\frac{l_{h3}l_{v3}}{L_3'^2}\cdot\frac{k_2}{2}$$

$$k_{33}^e=\frac{l_{v1}^2}{L_1'^2}k_1+\frac{l_{v2}^2}{L_2'^2}\cdot\frac{k_2}{2}+\frac{l_{v2}^2}{L_3'^2}\cdot\frac{k_2}{2}$$

$$k_{01}^e=\frac{l_{v1}l_{h1}}{L_1'^2}k_1$$

几何刚度矩阵 $K^g$的表达式为

$$K^e=\begin{bmatrix} k_{11}^g & 0 & 0 & 0 \\ 0 & k_{11}^g & 0 & 0 \\ 0 & 0 & k_{11}^g & 0 \\ 0 & 0 & 0 & k_{11}^g \end{bmatrix} \tag{14-7}$$

其中

$$k_{11}^g=\frac{L_1'-L_1}{L_1'}k_1+\frac{L_2'-L_2}{L_2'}\cdot\frac{k_2}{2}+\frac{L_3'-L_2}{L_3'}\cdot\frac{k_2}{2}$$

当所有杆件均为受拉杆时，式（14-7）中的刚度系数均大于 0。

阀厅的阻尼系数在整个计算过程中不变，下拉杆的阻尼始终沿着拉杆轴向作用，阻尼力的方向随阀塔位置而变化，所以，阻尼矩阵 $C$ 与阀塔位移相关。阻尼矩阵 $C$ 的表达式为

$$C=\begin{bmatrix} c_{01} & 0 & 0 & 0 \\ 0 & c_{02} & 0 & 0 \\ 0 & 0 & c_{11} & c_{12} \\ 0 & 0 & c_{12} & c_{22} \end{bmatrix} \tag{14-8}$$

其中

$$c_{01}=4\pi m_{01}f_{01}\xi_0\text{，}c_{02}=4\pi m_{02}f_{02}\xi_0\text{，}c_{11}=\frac{l_{h2}^2}{L_2'^2}\cdot\frac{c_2}{2}+\frac{l_{h3}^2}{L_3'^2}\cdot\frac{c_2}{2}$$

$$c_{12}=\frac{l_{h2}l_{v2}}{L_2'^2}\cdot\frac{c_2}{2}+\frac{l_{h3}l_{v2}}{L_3'^2}\cdot\frac{c_2}{2}\text{，}c_{22}=\frac{l_{v2}^2}{L_2'^2}\cdot\frac{c_2}{2}+\frac{l_{v2}^2}{L_3'^2}\cdot\frac{c_2}{2}$$

### 14.2.3 减振措施参数分析

1. 案例建模

以±800kV特高压直流换流阀及阀厅为原型建立理论分析模型并对其进行分析。阀塔总质量为8.25t，其质心距阀厅顶部距离 $L_1$ 为9m，距地面距离 $L_2$ 为15.75m。上吊杆总刚度 $k_{m1}$ 取6根玻璃钢绝缘子刚度之和，为 $1.508\times10^7$ N/m。为获取阀厅的基频，本章建立了一个节间的阀厅有限元模型。由于竖向振型在模态分析中并不明显，无法从模态分析结果中直接获取，所以输入三向El-Centro波对阀厅进行时程分析计算并进行频谱分析，获取其水平向和竖向的基频 $f_{01}$ 和 $f_{02}$ 分别为1.8Hz和2.0Hz。通过在屋架施加水平及竖向分布力，获取其水平刚度 $k_{01}$ 及竖向刚度 $k_{02}$ 分别为 $4.4\times10^6$ N/m和 $1.75\times10^7$ N/m。根据式（14-1）可计算出阀厅在水平向和竖向的等效质量 $m_{01}$ 和 $m_{02}$。阀厅的阻尼比 $\xi_0$ 取0.02。

2. 参数组合设置

对阀塔进行减振控制后，阀塔的水平位移将有所减小，但会导致悬吊绝缘子的拉力增加。当拉力过大时，可能导致阀塔的机械破坏或阀厅屋架结构的坍塌。本节通过选取不同的参数组合进行时程计算，在限制水平位移的同时，防止悬吊绝缘子出现过大拉力，以期找到合适的减振控制方案参数。

下拉杆共有水平投影距离 $d$、刚度 $k_{m2}$、阻尼系数 $c_2$ 和预张力 $P$ 这4个可调参数。其中，水平投影距离 $d$ 受到现场阀厅内阀塔布置的限制，本节中的水平投影距离 $d$ 限值为2.5m。刚度 $k_2$ 的取值不能过小，否则在地震作用下液压阻尼器的伸缩量可能超过其限值。阻尼器阻尼系数 $c_2$ 应根据实际中阻尼器产品的性能确定，本节中的阻尼器选用线性黏滞阻尼器。总预拉力值 $P$ 不能过大，本节中限制总竖向预拉力小于70kN。

选取地震波时，应选择反应谱能覆盖所在场地需求谱的地震波，故本节选取埃尔森特罗（El-Centro）波、兰德斯（Landers）波和塔夫特（Taft）波进行时程分析，这3条波的反应谱均可以在换流阀基本周期附近包络需求谱。对地震波进行标准化后，按照国家抗震规范输入地震波，三向输入地震波的加速度峰值比值为1∶0.85∶0.65。4个可调参数的取值见表14-1，共计4320种参数组合。

表14-1　下拉杆4个参数取值

| 参数 | 取值范围 |
|---|---|
| $d$(m) | 0，1.5，2.5 |
| $k$(kN/m) | 20，50，80，100，150，200，250，300，400，500 |
| $c$(kN/m·s$^{-1}$) | 0，5，10，20，50，80，100，150，200，250，300，500 |
| $p$(kN) | 5，8，10，15，20，25，30，35，40，50，60，70 |

由于下拉杆采用的是细长绝缘子，无法承受压力，所以，需要保证底部阻尼器单元处的

弹簧弹性力与阻尼力之和必须为张拉力。若下拉杆中出现压力，则认为此种参数组合无效。

3. 斜拉杆水平投影长度 $d$ 的影响

在不同斜拉杆水平投影距离 $d$ 下，换流阀达到目标限位效果时，悬吊绝缘子的最小拉力见表 14-2。3 条波下阀塔原型的水平位移均可以接近 1m。对比不同的水平投影距离 $d$ 下的位移响应及上吊杆拉力，当水平投影距离为 0 时，结构的响应明显偏大。从受力的角度进行分析，当水平投影距离为 0 时，下拉杆难以在水平方向产生约束力，这导致其位移限值效果有限且会在上吊杆中产生巨大的拉力。当 $d$ 为 0 时，在埃尔森特罗（El-Centro）波下，减振控制装置仅能将阀塔位移限制在 0.9m 以内，且此时上吊杆拉力高达 149.5kN。而当 $d$ 为 1.5m 和 2.5m 时，下拉杆在水平方向可以产生较大的约束力，使得减振控制方案的效果更好。表 14-2 中，当 $d$ 为 2.5m 时，结构位移响应和上吊杆拉力均最小，因此，在实际应用中，应该将水平投影距离设为 2.5m。在满足阀厅内绝缘及设备布置的情况下，尽量放大下拉杆水平投影距离。

**表 14-2　　不同水平投影距离 $d$ 时达到限位目标时所需拉力**

| 地震输入 | 原始结构位移（m） | $d$（m） | 限制位移（m） | 最小张力峰值（kN） | 限位能力（m） | 最小张力峰值（kN） |
|---|---|---|---|---|---|---|
| 埃尔森特罗（El-Centro）波 | 1.82 | 0 | 0.9 | 149.5 | 0.9 | 149.5 |
| | | 1.5 | 0.9 | 126.7 | 0.8 | 132.1 |
| | | 2.5 | 0.9 | 115.3 | 0.6 | 175.0 |
| 塔夫特（Taft）波 | 0.92 | 0 | 0.7 | 99.9 | 0.7 | 99.9 |
| | | 1.5 | 0.7 | 105.6 | 0.4 | 187.2 |
| | | 2.5 | 0.7 | 94.7 | 0.2 | 187.5 |
| 兰德斯（Landers）波 | 0.93 | 0 | 0.7 | 243.0 | 0.7 | 243.0 |
| | | 1.5 | 0.7 | 127.7 | 0.5 | 193.8 |
| | | 2.5 | 0.7 | 111.3 | 0.4 | 159.5 |

4. 阻尼系数 $c_{02}$ 与张力 $P$ 的作用

阻尼器的阻尼系数与张拉力的大小均会对阀塔水平位移产生影响。绘制埃尔森特罗（El-Centro）波作用下在不同张力及阻尼系数组合下的阀塔水平位移图，如图 14-6 所示。拉杆刚度 $k_{e2}$ 均设为 10kN/m 且水平投影距离 $d$ 设为 2.5m，下拉杆中出现了压力的组合已剔除。图 14-6 中的下拉杆总张力最大设为 70kN，初始情况下只有重力作用时，上吊杆拉力为 80.85kN。从图 14-6 中可以看到，阻尼系数很小时，仅靠拉杆张力即可在一定程度上减小阀塔水平位移，但由于拉力值不能过大，导致限位效果有限。当阻尼系数大于 75kN/m·$s^{-1}$时，不同张力下的位移值很接近，此时，阀塔位移主要由阻尼系数决定。当需要将阀塔水平位移限制在 0.75m 以下时，需要设置大阻尼装置。

阻尼系数 $c_{02}$ 和张力 $P$ 是本减振方案的最关键的设计参数。如图 14-6 所示，阻尼系数 $c_{02}$ 越大，则保证下拉杆不出现压力所需的张力 $P$ 也越大。阻尼系数 $c_{02}$ 越大，则减振控制效果更好，但需要的张力 $P$ 更大，并导致上吊杆中的巨大拉力。阻尼系数 $c_{02}$ 和张力 $P$ 需要在满足减震效果要求的情况下尽量取小。

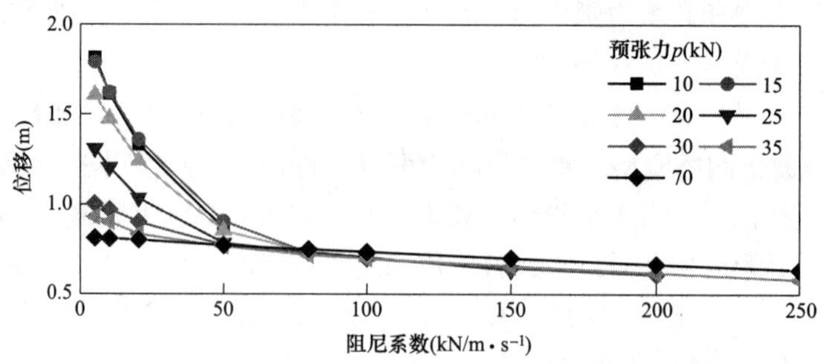


图 14-6 不同张力及阻尼系数下阀塔水平位移峰值

5. 下拉杆刚度 $k_{e2}$ 的影响

阻尼系数较小时，下拉杆刚度 $k_{e2}$ 对于阀塔的水平位移也有影响。但与张力 $P$ 类似，当位移控制要求较高时，刚度对位移控制的贡献可以忽略不计。此外，下拉杆刚度 $k_{e2}$ 还与阻尼器最大行程有关。当阻尼小于 20kN/m · $s^{-1}$ 时，刚度的增加可以减小阻尼器行程。但是，当阻尼系数大于 40kN/m · $s^{-1}$ 后，刚度对于阻尼器行程的影响可以忽略，阻尼器行程却随着阻尼系数的增大而显著减小。

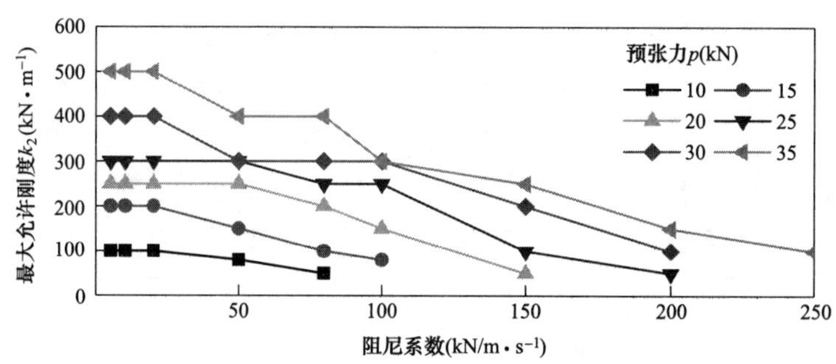


图 14-7 不同张力及阻尼系数下最大允许刚度

弹簧的作用为传递张力 $P$，以便其能够防止下拉杆中的压力。在某个阻尼—张力组合下，刚度取值有上限，若超过此上限，则下拉杆中会出现压力。如图 14-7 中预张力为 10kN，阻尼系数取值在 100kN/m · $s^{-1}$ 时所示，当刚度取值大于 50kN/m 时，下拉杆中会出现压力。所以，在下拉杆弹簧产品的允许范围内，尽量采用小刚度弹簧。

6. 最优参数组合范围

为了获取最佳参数组合，选择结构位移响应小于 0.5m，且上吊杆拉力小于 140kN 的参数组合列于表 14-3 中。表 14-3 中所有参数组合的水平投影距离 $d$ 均为 2.5m。表 14-3 中的参数均为大水平投影距离—小刚度—中等阻尼—大预张力组合。这种组合能有效将结构的位移响应减小至 0.5m，且不在上吊杆引起过大拉力。

减振控制方案中，阻尼器起到主要的限制位移作用；预张力用于防止下拉杆中出现压力，保障阻尼器的正常工作；斜拉杆的水平投影距离能有效增大阻尼力在水平方向的分量，提高减振方案的效果；弹簧则用于维持预张力。

表 14-3　　　　　　　　　　**最优参数下结构位移及上吊杆拉力峰值**

| 输入 | $k_2$(kN/m) | $c_2$(kN/m·$s^{-1}$) | $p$(kN) | 最大位移(m) | 张力(kN) |
|---|---|---|---|---|---|
| 埃尔森特罗（El-Centro）波 | 50 | 250 | 35～40 | ＜0.6 | ＜240 |
| 塔夫特（Taft）波 | 20～500 | 50～200 | 5～40 | ＜0.5 | ＜160 |
| 兰德斯（Landers）波 | 50～500 | 80～150 | 15～40 | ＜0.5 | ＜160 |

减振方案设计时首先根据场地限制条件设置水平投影距离；根据减振要求，使用理论分析模型计算出所需阻尼系数及阻尼器的阻尼力响应；再根据阻尼力响应设置下拉杆的预张力；最后，根据下拉杆内力取小刚度，且强度满足要求的弹簧。

### 14.2.4　减振效果分析

1. 分析设置

换流阀实际中的受力情况远比理论分析模型中复杂，且受到三向地震作用。由理论分析模型确定最佳参数组合的范围后，以±800kV 特高压直流换流站的高端换流阀厅及换流阀塔为原型，建立有限元模型，计算其在埃尔森特罗（El-Centro）波、塔夫特（Taft）波和兰德斯（Landers）波下的时程响应，验证减振效果和阀塔的安全性。

减振控制后的阀厅—阀塔体系如图 14-8 所示，由于全阀厅加挂 6 个阀塔时计算量巨大，此处只建立 1 个节间的模型以验证控制方案的有效性。根据现场情况限制，将水平投影距离设为 2.5m，共设置 6 根张拉绝缘子，且水平 $X$ 和 $Y$ 向均斜拉 2.5m，如图 14-8 所示。阀塔层间为铰接连接。设置 6 根下拉杆与阀塔原有的 6 根悬吊绝缘子对应，其中 4 根角部的下拉杆可以在 $X$ 和 $Y$ 两个方向上起作用。

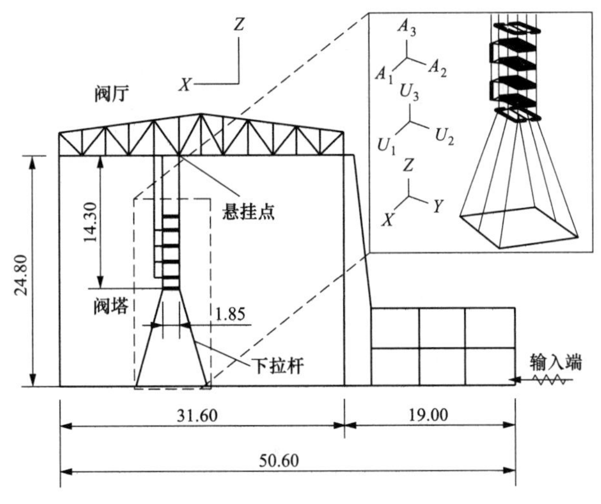


图 14-8　阀厅—阀塔体系减振控制示意图（单位：m）

在有限元建模中，换流阀厅的钢结构部分、防火墙框架及换流阀塔结构均使用 B31 线性梁单元建立，钢筋混凝土柱采用 S4R 壳单元建立。阀塔绝缘子直径为 24mm，弹性模量为 50GPa。由于下拉杆中已经有较大的阻尼，所以，模型中阀塔部分不设置瑞利阻尼，阀厅部分根据其自身前两阶频率设置瑞利材料阻尼。计算时，首先施加重力和预张力再输入三向地震波进行时程计算。

由于3D有限元模型远比简化模型复杂，因此，有限元模型的最优参数与表14-3中略有差异。6根下拉杆的刚度总和为25kN/m，总张力为15kN，且总阻尼为250kN/m·s$^{-1}$。下拉杆件采用ABAQUS中的用户自定义单元（user defined element，UEL）进行模拟，且考虑细长绝缘子的受压屈曲特性。如图14-9所示，UEL单元带有两个端部节点和一个内部节点，但内部节点仅用于计算弹簧—阻尼节点长度，不参与刚度矩阵的构建。在初始状态，UEL单元中上部构件长度$l_d$与整体长度$l_{ord}$相同，因此，此时阻尼器长度$l_{damper}$为0。$F_s$是下拉杆件中弹簧的弹性力，$F_d$为黏滞阻尼器中的阻尼力，若$F_s$和$F_d$合力为正，则下拉杆件保持张拉状态。由于下拉杆件的细长绝缘子的欧拉屈曲力仅为36N，分析中下拉杆件仅能承受拉力。因此，一旦$F_s$和$F_d$合力为负，细长绝缘子发生屈曲，下拉杆件退出工作。在$l_d$等于$l_{ord}$前，斜拉杆件一直处于失效状态。当下拉杆件处于失效状态时，由于没有外力作用，其力平衡方程为

$$F_s + F_d = k_{e2} l_{damper} + c_s \frac{dl_{damper}}{dt} = 0 \tag{14-9}$$

式中　$k_{e2}$——弹簧刚度；

$c_s$——黏滞阻尼器阻尼系数。

则从$t$时刻起，经过$\Delta t$时刻，阻尼器的长度为

$$l_{damper}(t+\Delta t) = l_{damper}(t)\exp\left(-\frac{k_{e2}}{c_s}\Delta t\right) \tag{14-10}$$

$l_t$为初始状态下阀塔底部至阻尼器在地面拉结点的距离，初始状态下与$l_{ord}$相等。当阻尼器处于工作状态时，阀塔底部至阻尼器在地面拉结点的距离$l_d$为

$$l_d = l_t - l_{damper} \tag{14-11}$$

在下拉杆件失效后，若$l_d$重新恢复到与$l_{ord}$相等，则下拉杆件恢复工作，否则下拉杆件继续保持失效状态。下拉杆件失效时，其刚度矩阵设为零矩阵。

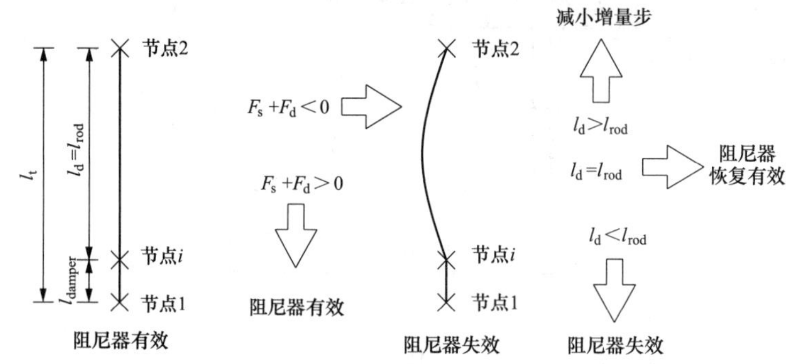


图14-9　UEL的失效与恢复有效

2. 分析结果

阀塔在限位前及施加减振装置的响应峰值见表14-4。表14-4中的位移为阀塔中从上至下第3层阀层的位移，$S$为单根绝缘子拉力。限位后阀塔的水平位移显著减小，位移峰值均限制在0.6m以内。尽管下拉杆中施加了25kN的预张力，减振控制后悬吊绝缘子的拉力与减振控制前没有大幅增加，甚至在兰德斯（Landers）波和塔夫特（Taft）波下出现了下降。

表 14-4　　设置减振装置前后阀塔的响应峰值

| | 地震输入 | $U_1$(m) | $A$(m/s$^2$) | $S$(MPa) | $F$(kN) |
|---|---|---|---|---|---|
| 未设置减振装置 | 埃尔森特罗（El-Centro）波 | 1.89 | 14.6 | 152.8 | 27.6 |
| | 兰德斯（Landers）波 | 1.18 | 24.3 | 141.1 | 32.0 |
| | 塔夫特（Taft）波 | 1.03 | 43.7 | 232.5 | 41.9 |
| 设置减振装置 | 埃尔森特罗（El-Centro）波 | 0.55 | 13.9 | 127.5 | 28.2 |
| | 兰德斯（Landers）波 | 0.44 | 12.7 | 113.6 | 26.0 |
| | 塔夫特（Taft）波 | 0.25 | 33.0 | 188.8 | 35.5 |

图 14-10 为简化模型、带 UEL 的有限元模型和采用弹簧—阻尼器单元的有限元模型在埃尔森特罗（El-Centro）波下位移响应的对比，减振装置参数设置与上文一致，即 6 根下拉杆的刚度总和为 25kN/m，总张力为 15kN 且总阻尼为 250kN/m·s$^{-1}$。3 条曲线基本重合，验证了本节中简化分析模型的正确性。在带 UEL 单元的有限元模型中，若下拉杆件中的预张力减小，则会导致减振装置效果减弱。当下拉杆件中没有预张力时，简化模型、带 UEL 的有限元模型和采用弹簧—阻尼器单元的有限元模型在埃尔森特罗（El-Centro）波下位移响应的对比如图 14-11 所示。在没有预张力的情况下，UEL 单元中出现持续的屈曲，但简化模型和带弹簧—阻尼器单元的有限元模型中不考虑下拉杆件的屈曲，因此，仅有带 UEL 的有限元模型的阀塔位移显著增加。下拉杆件中的预张力对于下拉杆件的功能恢复具有重要作用，因此，实际使用时，必须在下拉杆件中设置预张力。

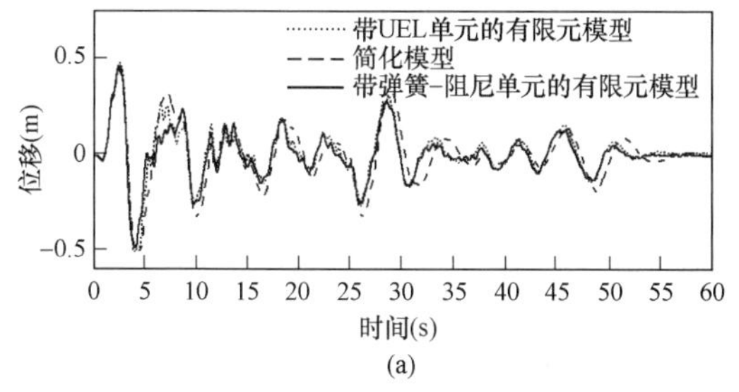


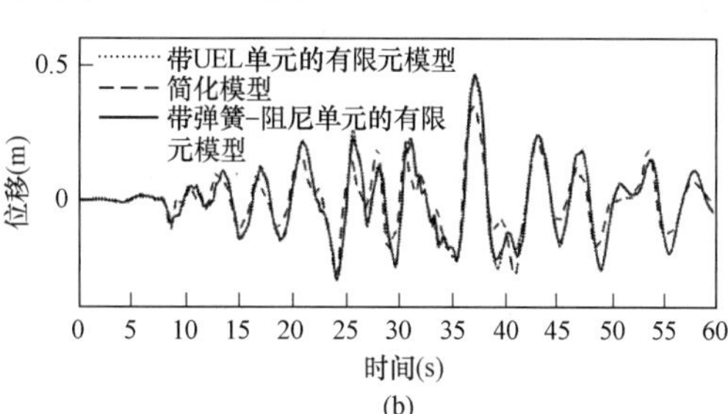


图 14-10　不同模型中带减振装置模型 $X$ 向位移响应

（a）埃尔森特罗（El-Centro）波输入；（b）兰德斯（Landers）波输入

### 14.2.5　阀厅—阀塔体系振动台试验

1. 模型设计制作及试验设置

为验证下拉式约束装置的效果，对换流阀厅和换流阀进行了缩尺振动台试验。考虑振动台、阀厅和阀塔的尺寸，几何缩尺比 $S_l$ 设为 1∶10。考虑模型的质量和振动台的承载力，将质量缩尺比 $S_m$ 设为 1∶1000。由于试验中需要考虑竖向加速度，所以加速度相似比 $S_a$ 设为

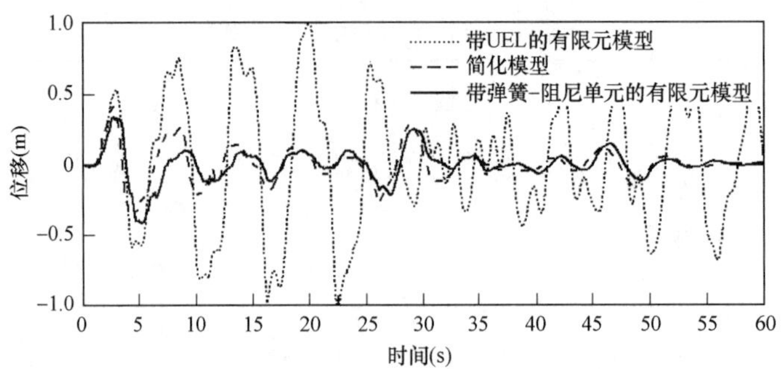


图 14-11　埃尔森特罗（El-Centro）波下不同模型中无预张力模型 $X$ 向位移响应

1。根据 $S_l$、$S_m$和 $S_a$，可推算出其他相似比要求。此外，模型采用钢材制作，实际设计时采用抗弯刚度和轴向刚度等代的方式设计截面。如阀厅的抗侧力构件采用等代抗弯刚度，由于吊杆主要受轴向力，采用轴向刚度等代设计。

模型示意图及实际组装图片如图 14-12 所示。模型中包含阀厅、两个层间铰接阀塔和 1 个层间刚接阀塔。其中，层间铰接阀塔 1 采用下拉约束装置与地面连接。由于模型较小，难以在试验中采用黏滞阻尼器，因此，下拉约束装置中仅包含 1 根杆及端部弹簧，如图 14-13 所示。可调节底板用于调节弹簧中的预应力，预应力根据弹簧伸长量施加。

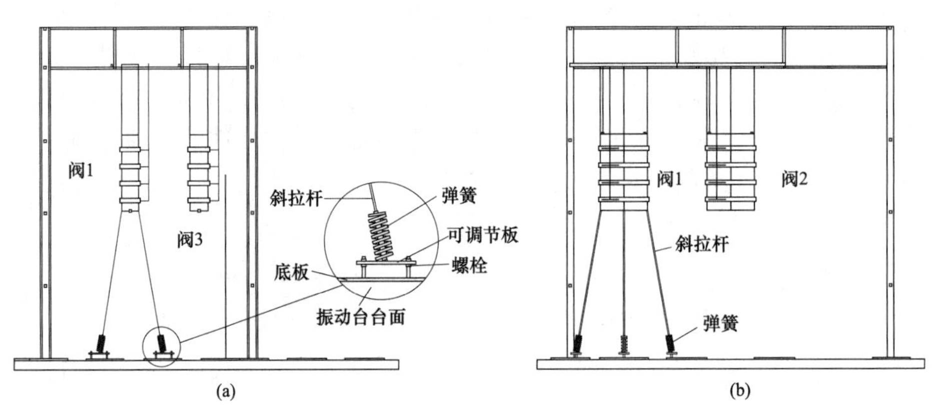


图 14-12　斜拉杆安装位置

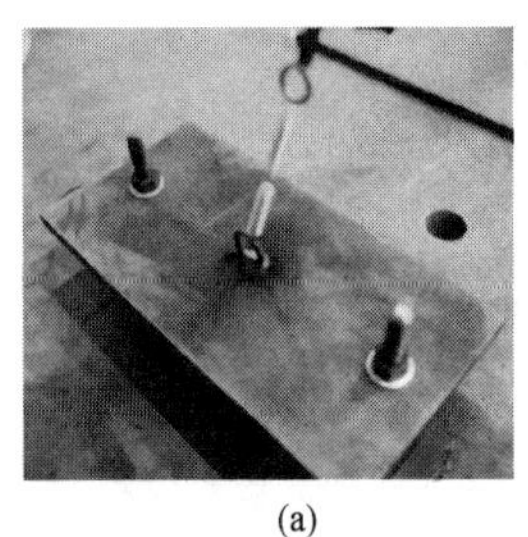

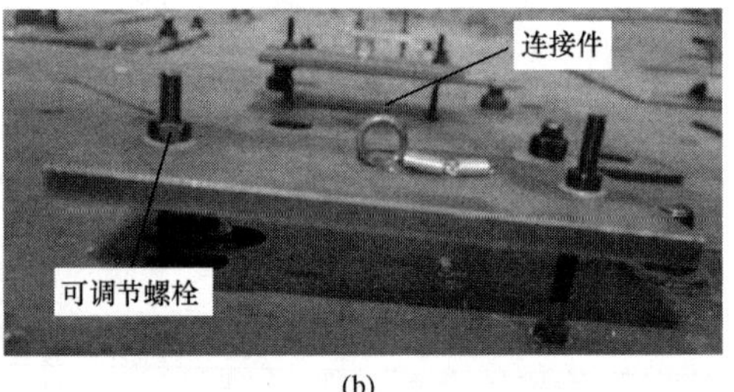


(a)　(b)

图 14-13　缩尺模型现场安装

（a）约束装置底部节点；（b）可调节底板

选取集集（Chi-Chi）波，埃尔莫尔（El Mayor）天然波和人工波 2 作为地震输入。其中，SE 代表抗震试验，RE 代表阀塔 1 已经安装预应力约束装置。人工波峰值从 0.1～0.6$g$，集集（Chi-Chi）波和埃尔莫尔（El Mayor）波峰值包括 0.2、0.4 和 0.6$g$。最后进行 0.6$g$ 工况试验，以防止在试验开始时对模型造成不可修复的损伤，试验的详细设置请见本章的 14.3.1 节。

2. 张拉式减振控制装置减振效果

减振模型的模态参数及与抗震模型的对比见表 14-5。安装预张力约束装置后，阀塔的基频显著增大，达到 0.77Hz。但阀塔的阻尼比仍为 0.5%，与抗震模型中的悬挂式换流阀接近。阀塔的阻尼比采用加速度响应时程曲线拟合的方式计算。

**表 14-5　　抗震模型和减振模型模态参数对比**

| 参数<br>模态 | 方向 | 模型频率（Hz） | 原型频率（Hz） | 阻尼比 |
|---|---|---|---|---|
| 抗震模型（阀 1） | $X$ 向 | 0.50 | 0.16 | 0.6% |
| | $Y$ 向 | 0.51 | 0.16 | 0.5% |
| 减振模型（阀 3） | $X$ 向 | 0.77 | 0.24 | 0.5% |
| | $Y$ 向 | 0.80 | 0.25 | 0.5% |

减振模型的前 4 阶振型如图 14-14 所示，采用加速度频响函数计算。其第 1 阶振型位移最大处位于阀塔中部阀层，但第 4～6 层运动基本一致。安装减振控制装置后，阀塔也有丰富的高阶振型，表现为阀塔的层间运动，如图 14-14 中第 2～4 阶振型图所示。由于底部阀层被带有预张力的下拉斜杆约束，阀塔中部在高阶振型下有较大的运动。

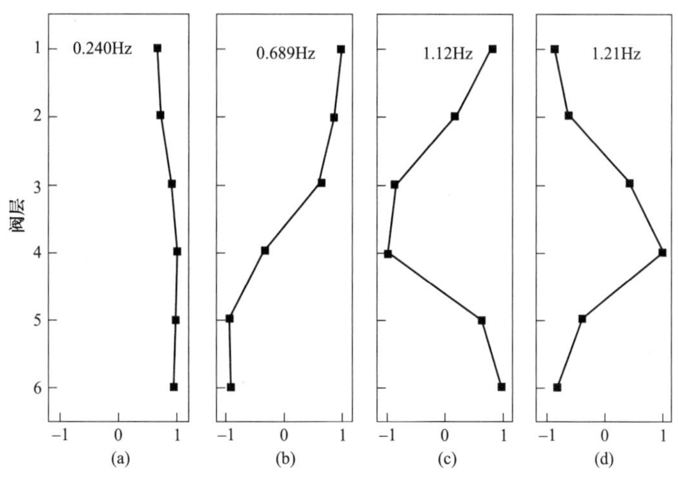


图 14-14　减振模型前 4 阶振型

（a）1 阶；（b）2 阶；（c）3 阶；（d）4 阶

在设置约束装置前后阀塔在 $X$ 和 $Y$ 向的位移峰值对比如图 14-15 所示。由于设置预张拉装置后加速度响应较为稳定，且加速度积分计算较为方便，因此，本节通过加速度积分计算对比阀塔水平位移。在设置约束装置后，阀塔的位移响应在大部分工况下显著减小。由于试验中没有安装黏滞阻尼器，减振控制装置的减振效果不佳。其中，约束装置在 $Y$ 向可有效减小阀塔的位移，但是在部分波输入下，阀塔在 $X$ 向位移响应增大。由于阀塔的阻尼并未显著提升，设置预张力下拉杆后阀塔整体频率升高，可能导致阀塔基频更为接近部分地震波的卓越周期，导致地震响应增大。但是，在强震输入（如 $PGA$ 达到 $0.6g$ 时）下，约束装置的减振效果明显。

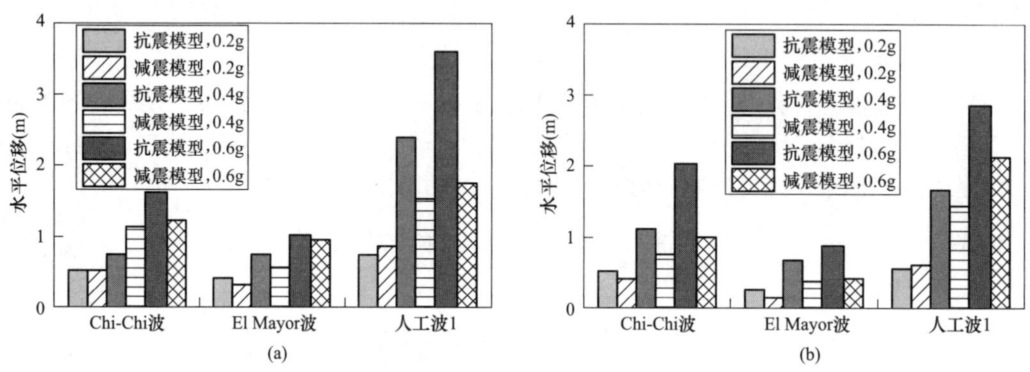


图 14-15　安装预张拉减振装置前后阀塔位移对比

（a）$X$ 向；（b）$Y$ 向

## 14.3　悬吊式换流阀—支柱体系相互作用及减震控制

### 14.3.1　悬吊式换流阀—换流阀厅缩尺模型振动台试验设计

1. 悬吊式换流阀试验方案概述

悬吊式换流阀因其特殊的结构形式和巨大的尺寸，难以进行真型振动台试验。在此前的研究中，曾对带阻尼装置的真型换流阀进行侧拉试验，用绳索将换流阀拉至一定位移处再剪断绳索，用于测试阻尼装置的约束效果、设备的自振频率和阻尼比，以便与数值结果作对比（Yang，et al. 2021）。但是由于换流阀价格昂贵且尺寸巨大，阀厅的动力特性较难模拟，因此，难以在振动台上容纳真型换流阀进行试验。

此前的阀塔—阀厅体系振动台试验研究主要关注的是阀厅的安全性，常采用高度简化的悬吊结构来模拟阀塔，如单层悬吊质量块，未对阀塔的地震响应进行深入研究。而阀塔自身为多层悬吊体系，其地震响应较为复杂，尤其是当吊杆存在松弛效应时。因此，有必要专门针对换流阀进行振动台试验。

2. 阀塔和阀厅模型构件设计

阀塔的结构设计参考第 5 章中的 800kV 层间铰接换流阀，悬吊阀塔的缩尺模型截面设置如图 14-16 所示。由于设备阀层内部结构复杂，难以在缩尺模型中精确模拟设备阀层内部的机械结构，且根据设备厂商的阀层振动台试验，设备阀层的基频高达 30Hz，远大于阀塔整体和阀厅屋架的特征频率。如在此前的阀厅—阀塔缩尺振动台试验中，设备阀层通常采用整块钢板或单圈钢构件进行模拟。因此，本次试验中的阀塔缩尺模型参考原有的阀塔设计，进行了一定程度的简化。

换流阀缩尺模型详细尺寸及构件截面如图 14-16 所示。换流阀的吊杆根据轴向刚度相似

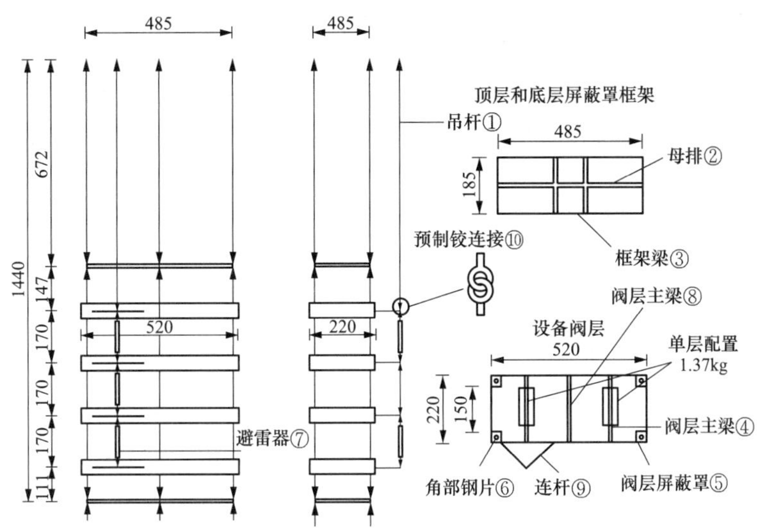


图 14-16　铰接阀缩尺模型设计（单位：mm）

比 $S_k$设计截面，根据几何相似比 $S_l$设计长度。此外，层间铰接换流阀吊杆端部均为万向铰，可沿任意水平轴转动。因此，在吊杆端部设置两个预制圆环制成铰连接。采用预制圆环构件可以最大限度地减小误差，且在试验前再次通过调整圆环大小，改善各吊杆间的长度误差，保证每根吊杆保持受拉状态。

阀塔的层间连接方式对阀塔的地震响应影响效果显著，但第 5 章中的层间刚接换流阀机械结构复杂，且难以与本章中的层间铰接换流阀进行对比。因此，本次试验中直接对层间铰接换流阀进行修改，将层间连接由双圆环的铰接改为焊接，制作出层间刚接换流阀缩尺模型，以便与层间铰接换流阀进行对比。层间铰接换流阀模型（阀 1）和层间刚接换流阀模型（阀 2）对比如图 14-17 所示。二者顶层均为两端圆环铰接，阀 1 层间仍为层间铰接，但阀 2 层间采用焊接，层间无法相对运动。

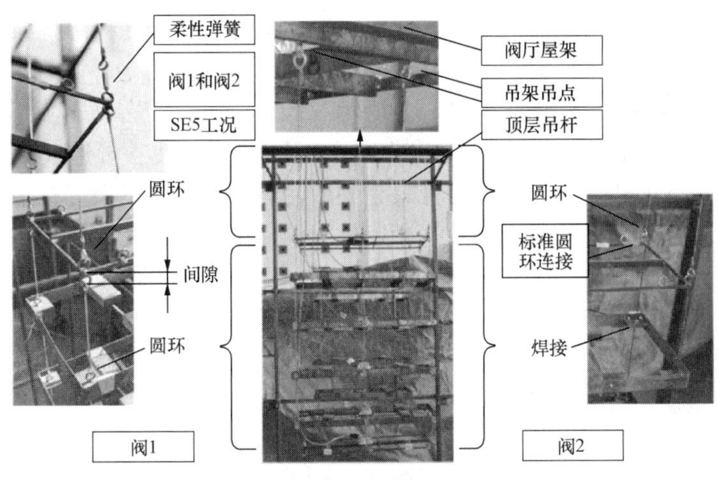


图 14-17　层间铰接和刚接换流阀模型对比

阀厅尺寸为 86m(长)×36m(宽)×33m(高)，考虑到振动台的尺寸（4m×4m），按照原始形状和构造设计的阀厅模型，将导致几何相似比 $S_l$ 较小。因此，考虑到本次试验的主要目的为研究悬吊式换流阀的地震响应，阀厅仅作为支撑结构模拟地震动的放大，本次试验中对阀厅进行了重新设计，通过抗弯刚度等代的方式设计新的阀厅缩尺模型。阀厅的缩尺模型详细设计如图 14-18 所示，阀厅尺寸为 3.3m(长)×2.16m(宽) ×3.3m(高)。

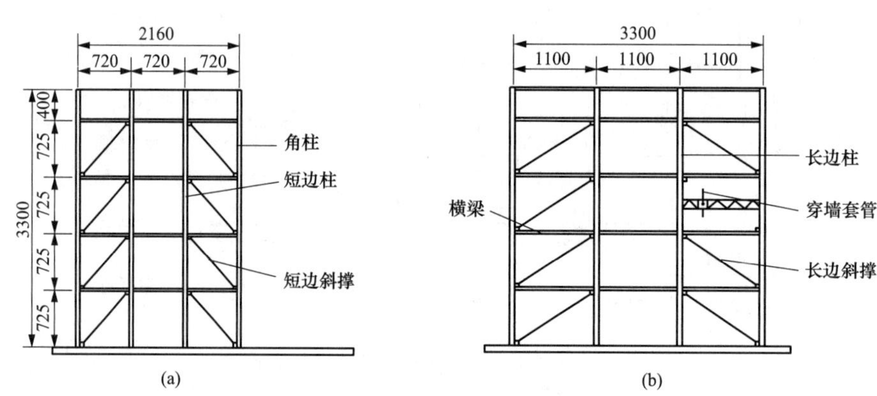


图 14-18　阀厅尺寸及构件设计（单位：mm）

（a）阀厅外侧面；（b）阀厅外正面

阀厅缩尺模型的长边和短边方向均设置了双侧斜撑，增加其抗侧刚度。刚度满足要求后，在阀塔的顶部设置附加配重 112kg，调整阀厅的水平和竖向振动刚度，使其满足频率相似比 $S_f$。配重通过紧固件安装在阀厅模型屋架的顶部。阀厅模型下弦设置有吊架，通过焊接与屋架下弦连接。此外，屋架下弦设置了斜撑，用于增加下弦的整体性，如图 14-18（b）所示。

阀厅模型内共设置 3 个悬吊式换流阀模型，分别为阀 1、阀 2 和阀 3。其中，阀 1 为层间铰接换流阀，悬挂于阀厅屋架跨中位置，用于研究单体悬吊式层间铰接换流阀的地震响应。阀 2 为层间刚接换流阀，靠近屋架长边，用于研究单体悬吊式层间刚接换流阀的地震响应，与层间铰接阀阀 1 作对比。阀 3 为层间铰接换流阀，靠近阀厅短边，通过刚性管母与阀侧支柱式绝缘子连接，用于研究悬吊式换流阀与支柱的相互作用。

阀厅及阀塔模型三维示意图如图 14-19 所示，阀厅内共 3 个悬吊式换流阀（阀 1、阀 2 和阀 3）及两个支柱绝缘子（P1 和 P2），其中阀 3 及 P1 通过硬管母连接。图 14-19（b）显示了阀厅模型内设备的相对位置和连接方式，阀厅内设备模型的吊架焊接于阀厅模型的屋架上，且阀厅屋架顶部的附加质量钢板通过紧固件与阀厅屋架连接。

阀 3 与支柱绝缘子 P1 的硬管母连接。支柱绝缘子模型根部设置应变片，硬管母两端采用圆环连接，与 P1 和换流阀 3 的阀侧避雷器部分进行连接。支柱绝缘子 P1 和阀 3 的硬管母连接方向设置为沿 $Y$ 轴方向，因此，该连接方案对阀 3 在 $X$ 向的响应影响较小，以便分别研究硬管母连接方案在 $X$ 向和 $Y$ 向的影响。

3. 测点布置

为测量悬吊式换流阀的运动，在换流阀的各层设置三向加速度计。由于实验室数据采集仪器的限制，部分测点的加速度计仅有 $X$ 向和 $Y$ 向，如图 14-20 所示。其中，A0 和 A1 由 3 个正交布置的单向加速度计组成，其中 A0 布置于振动台台面，用于测量地震动输入。A1

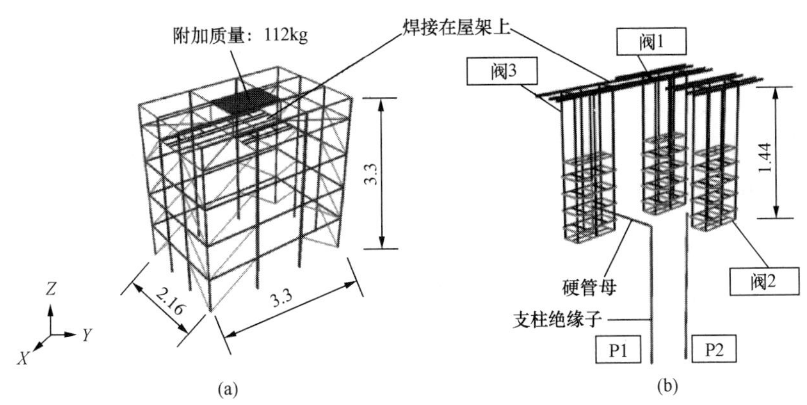


图 14-19　试验模型三维示意图（单位：m）

（a）阀厅模型；（b）阀厅内设备

布置于阀厅模型屋架的附加质量钢板上，此处有足够的空间布置 3 个单向加速度计，用于测量阀厅屋架的动力放大作用。

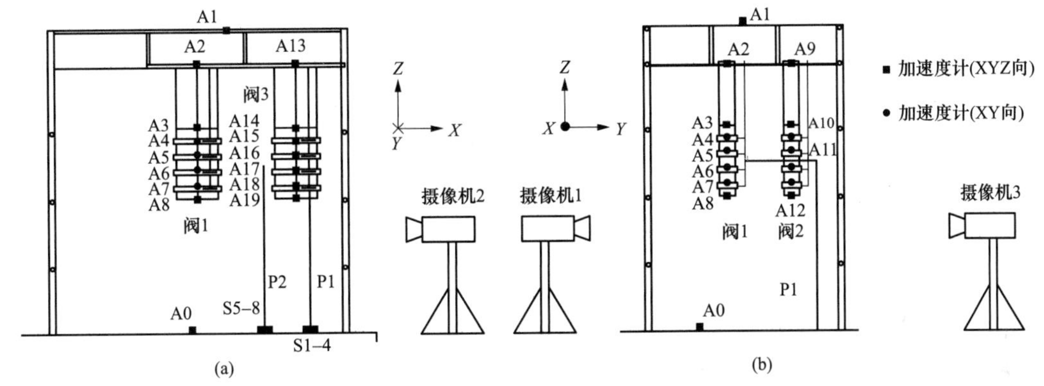


图 14-20　阀厅—阀塔模型传感器设置

（a）$Y$ 向侧视图剖面；（b）$X$ 向侧视

A2～A19 为三向加速度计。由于层间刚接阀塔各层间相对运动较小，受限于总通道数，阀 2 上仅布置 3 个三向加速度计。由于阀 3 与支柱绝缘子相连，运动较为复杂，所以 6 个加速度计均为三向加速度计。三向加速度计安装在阀塔上后，再安装数据连接导线，且需保证导线具有一定的裕度，在阀塔水平运动的情况下不至于拉直和产生牵拉力。

由于支柱绝缘子顶部空间不足，无法在 P1 和 P2 顶部设置加速度计，因此，在其根部设置应变片，测量耦联效果对支柱绝缘子的影响。P1 和 P2 根部共计 8 个应变片，应变片位置如图 14-20 所示。

悬吊式换流阀水平刚度较小，缩尺模型试验中更难以忽略外部拉线的力，且阀塔在地震下呈现明显的三向运动，因此，难以使用拉线式位移计测量阀塔的位移。在其他悬吊式结构的试验中，通常采用加速度积分的方式计算阀塔的位移。但此种方式会产生一定的误差，尤其是阀塔的基频较低，加速度的低频噪声会对位移积分造成较大干扰，且难以通过频域滤波进行消除。

目前，视频识别技术已经大量应用于各类建筑、桥梁、工业建筑的健康监测中，可以实现无接触的视频捕捉，且具有较高的精度。同时，悬吊式阀塔基频低，位移大，非常适合通过视频捕捉的方式测量其位移。因此，本次试验中布设了3台高精度摄像机，拍摄频率30Hz，远高于阀塔的基频，足以准确捕捉阀塔的位置。为了方便捕捉阀塔位置，试验前在阀塔上粘贴蓝色和橙色标记。

4. 地震输入

地震输入选择两组天然波及两组人工波，其中天然波选择RSN1244集集（Chi-Chi）地震波和RSN8161埃尔莫尔（El Mayor）地震波，并根据GB 50260—2013调幅。人工波1根据天然波调整得来，人工波2为第5章根据约书亚树（Joshua Tree）波修正得来的人工波。

4组地震波均有较为丰富的低频成分，但由于振动台的位移限制，需要进行滤波，考虑悬吊式换流阀的基频为0.51Hz（模型尺寸频率），振动台输入频段为0.4～50Hz。由于在输入前已进行了滤波，本章节的4组地震波与其他章节有所差别。经过滤波后的试验地震输入的加速度反应谱如图14-21所示。

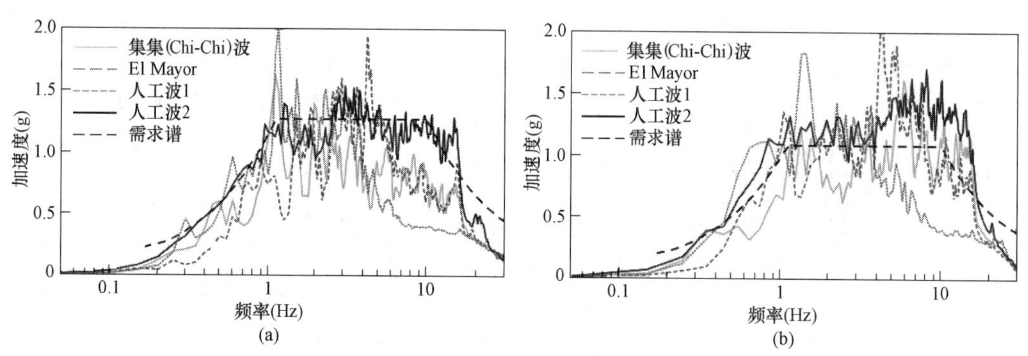


图14-21　试验中4组地震输入反应谱与GB 50260需求谱对比（0.4$g$峰值，2%阻尼比）

（a）$X$向；（b）$Y$向

对阀厅—阀塔模型分别输入4组地震波，PGA设置为0.2$g$及0.4$g$。其中，由于人工波2可以较好地拟合GB 50260中的需求谱，试验中额外输入0.1$g$和0.3$g$峰值的人工波2，使得人工波2的PGA为0.1$g$、0.2$g$、0.3$g$至0.4$g$连续变化。试验中地震输入按照PGA由0.1$g$至0.4$g$按顺序输入，分别称为SE1至SE4工况，工况和顺序设置见表14-6。

**表14-6　试验模型水平向频率及阻尼比**

| 位置 | | 频率（Hz） | | | | 阻尼比 |
|---|---|---|---|---|---|---|
| | | 试验值（模型） | 试验值（原型） | 有限元计算 | 误差 | |
| 阀1 | $X$ | 0.50 | 0.16 | 0.153 | 3.2% | 0.6% |
| | $Y$ | 0.51 | 0.16 | 0.153 | 5.1% | 0.5% |
| 阀2 | $X$ | 0.59 | 0.19 | 0.179 | 5.8% | 0.4% |
| | $Y$ | 0.59 | 0.19 | 0.182 | 4.2% | 0.4% |
| 阀3 | $X$ | 0.51 | 0.16 | 0.154 | 3.8% | 0.6% |
| | $Y$ | 0.63 | 0.20 | 0.190 | 4.6% | — |

续表

| 位置 | | 频率（Hz） | | | | 阻尼比 |
|---|---|---|---|---|---|---|
| | | 试验值（模型） | 试验值（原型） | 有限元计算 | 误差 | |
| P1 | $X$ | 4.09 | 1.29 | 1.34 | 3.9% | 0.2% |
| | $Y$ | 0.62 | 0.20 | 0.190 | 3.1% | — |
| P2 | $X$ | 4.45 | 1.39 | 1.36 | 2.2% | 0.1% |
| | $Y$ | 4.46 | 1.42 | 1.36 | 4.2% | 0.1% |

### 14.3.2　悬吊式换流阀—换流阀厅缩尺模型振动台试验结果

1. 层间铰接和刚接换流阀动力特性

根据白噪声工况下的结果计算阀塔和支柱水平向的动力特性，见表 14-6。为防止描述上的混乱，此后的试验结果均为换算至原型尺寸的结果。阀 1 和 3 的基频仅为 0.16Hz，如图 14-22 所示中白噪声工况下的加速度功率谱所示。层间刚接阀塔阀 2 基频为 0.19Hz，略高于层间铰接阀塔的基频。阀 1 和阀 2 由于没有外部连接，其基频在 $X$ 向和 $Y$ 向基本一致。但阀 3 与 P1 在 $Y$ 向通过硬管母连接，两者基频在 $Y$ 向均为 0.20Hz。见表 14-6，自由状态下的 P2 基频在 1.4Hz 左右，硬管母连接使得阀 3 和 P1 在 $Y$ 向共同运动，阀 3 由于有额外的支撑基频升高，而 P1 受阀 3 牵拉导致基频降低。

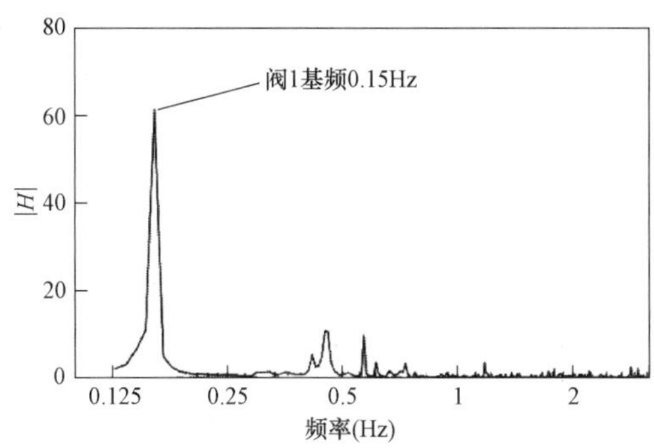


图 14-22　阀 1X 向加速度频响函数（SE2-4 工况，A8 测点）

2. 阀塔水平向加速度及位移响应

阀 1 和阀 2 分别为自由状态下的层间铰接和刚接换流阀，其水平向地震响应存在较大的不同。阀 1 上测点的水平向加速度频响函数如图 14-23 所示，纵轴为无量纲的频响函数幅值，其中 A4 和 A5 由于出现信号异常无法使用。层间铰接阀阀 1 具有丰富的高阶振型，且其第 1 阶振型的各层幅值有明显不同，A8 的幅值远大于 A3，即底层的水平振动远大于顶层。

通过图 14-23 中各测点的幅值，可以得出阀 1 的水平 $Y$ 向振型，如图 14-24 所示。阀 1 的一阶振型为各层的水平向运动，且层间有明显的位移。

阀 1 各层有高阶振型，如图 14-24 所示，包括在 0.5Hz 和 1.31Hz 处。与之相比，阀 2 在 0.25～2Hz 频段没有明显的峰值。阀 1 的高阶振型主要为层间位移，且各层出现了反相位运动。阀 1 有较为丰富的高阶振型，有与阀厅屋架发生共振的可能性。本次试验中阀 1 在

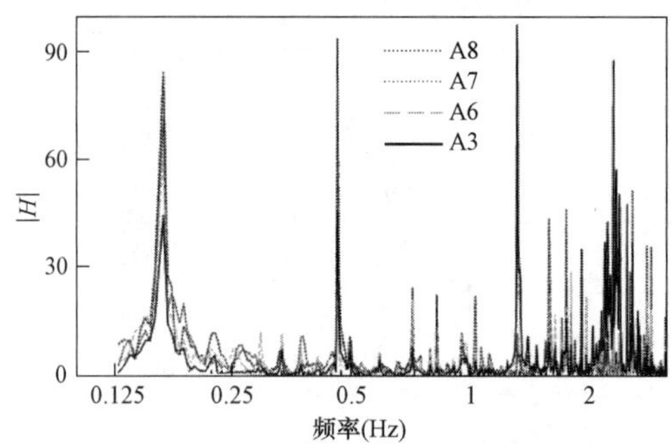


图 14-23　阀塔 1 上 4 个测点的 Y 向加速度频响函数（SE1-1 工况）

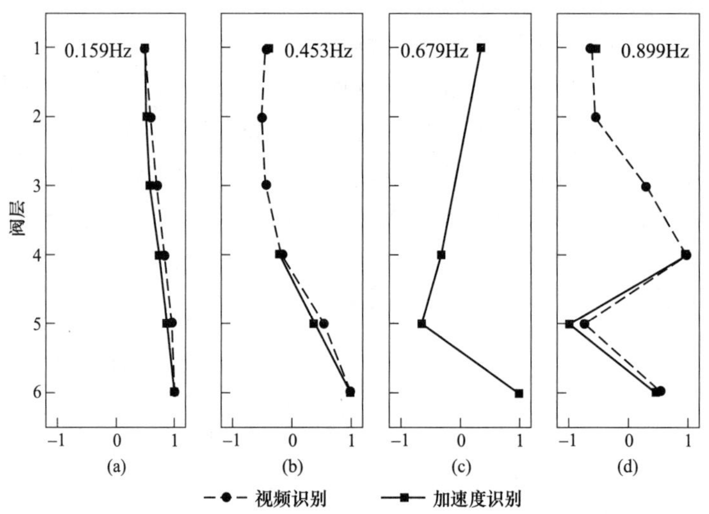


图 14-24　阀 1 在自由状态下 Y 向前 4 阶振型及特征频率

(a) 1 阶；(b) 2 阶；(c) 3 阶；(d) 4 阶

高频频段产生了较大的响应，可能与阀厅屋架出现了共振。

如第 5 章所述，悬吊式换流阀在低频成分丰富的地震波作用下容易产生较大的水平位移。本试验中采用视频识别的方式捕捉阀塔位移，阀 1 和阀 3 的 $X$ 向位移如图 14-25（a）所示，阀 1 和阀 2 的 $Y$ 向位移如图 14-25（b）所示。在 $X$ 向，阀 3 的位移峰值均略大于阀 1，二者运动相位基本一致，如图 14-26 所示，阀 3 仅在振幅上略大于阀 1。在 $Y$ 向 5 个试验工况中，阀 1 的水平位移均显著大于阀 2，表明层间刚接的连接模式可以有效降低阀塔的水平位移。但阀 2 在 $0.4g$ 的人工波输入下位移峰值仍超过 1m，对阀塔与相邻支柱设备的电气连接变形能力提出了较为严苛的要求。

3. 硬管母连接对阀塔一支柱体系响应的影响

阀 3 在 $Y$ 向与支柱绝缘子 P1 通过硬管母连接，连接后阀 3 的 $Y$ 向振型与阀 1 有较大不同，阀 3 的 $Y$ 向前 3 阶振型如图 14-27 所示。由于视频遮挡作用，A14 位置视频捕捉失败，在图 14-27 中未能显示，而 A3～A8 信号正常，均能识别出振型。视频识别振型和加速度识别振型整体形状较为接近，尤其是第一阶振型。塔的 3 层及 4 层处通过硬管母与 P1 连接，

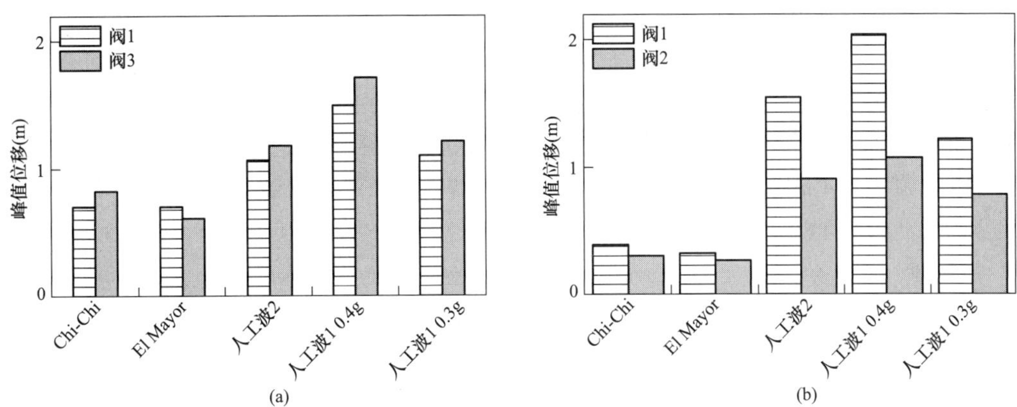


图 14-25　换流阀水平向位移峰值

(a) $X$ 向；(b) $Y$ 向

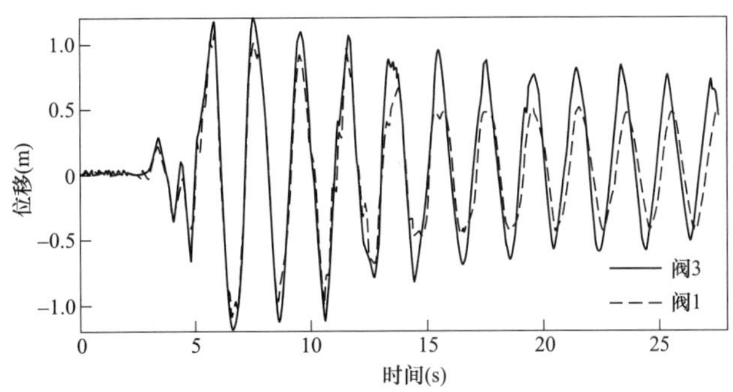


图 14-26　阀 1 和阀 3 在人工波 2 输入下 $X$ 向位移时程（SE3-1 工况）

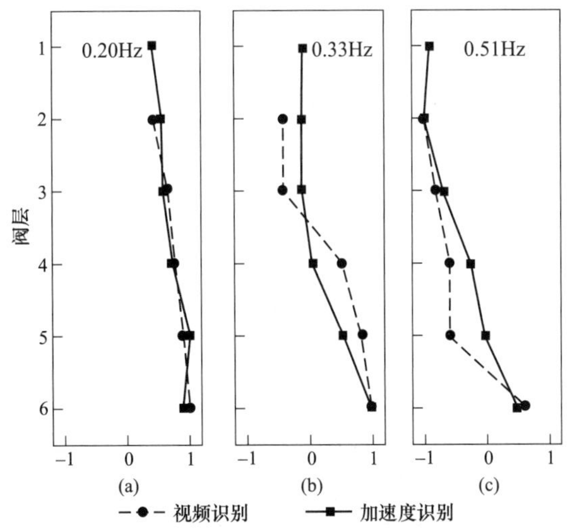


图 14-27　阀 3 与支柱 P1 连接后 $Y$ 向前 3 阶振型

(a) 1 阶；(b) 2 阶；(c) 3 阶

因此，前3阶振型中，3和4层位置处位移均较小。与图14-24中自由状态下的阀1振型相比，阀3的基频升高至0.2Hz，且仍有较为明显的高阶层间运动。

阀3与阀1在Y向的位移峰值对比如图14-28所示。除集集（Chi-Chi）波外，阀3的位移峰值均小于阀1，支柱绝缘子P1可以有效减小阀塔的水平位移。这是因为集集（Chi-Chi）波在0.33Hz附近（即阀3的第二阶振型频率）有显著的频率成分。而阀1基频0.159Hz和第2阶振型频率0.459Hz附近集集（Chi-Chi）波响应均较小，导致阀3与P1连接后，响应比自由状态下的阀1更大。

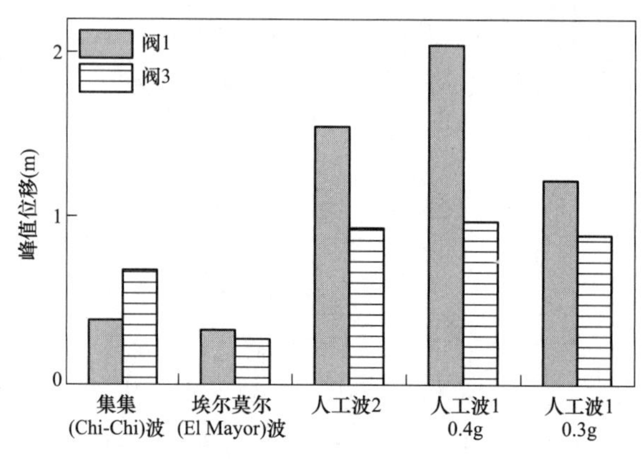


图14-28　阀1和阀3的Y向位移峰值

0.3$g$峰值人工波2输入下，阀1和阀3在Y向的位移响应对比如图14-29所示。阀3在与P1连接后，没有出现明显的衰减段，在地震输入的后期，位移明显小于阀1，因此，硬连接的支柱绝缘子P1对阀3的地震响应造成了较大的影响。

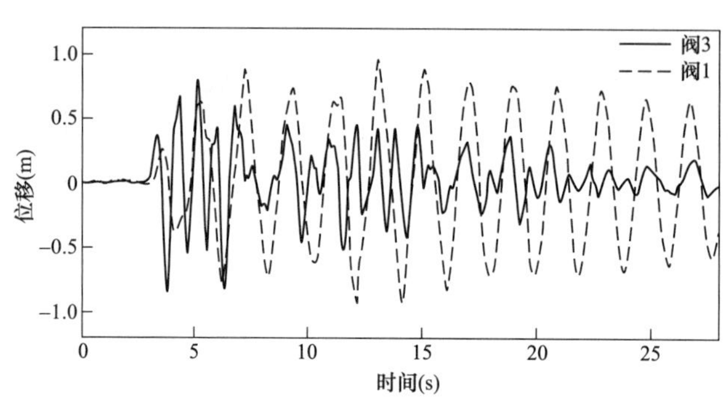


图14-29　阀1和阀3在人工波2输入下Y向位移时程（SE3-1工况）

由于支柱绝缘子可以为悬吊式阀塔提供额外的支撑，所以从结构上看，阀3的位移应小于阀1。图14-30所示为P1和P2在各工况下的折算基底弯矩对比，P1在所有工况和方向下的基底弯矩均远小于P2，即P1在受到阀3的牵拉力作用下，其基底弯矩仍小于自由状态下的P2。因此，硬管母连接同时减小了悬吊设备阀3和支柱绝缘子P1的地震响应。

P1和P2的基底应变傅立叶谱幅值对比如图14-31所示。P1与P2的结构和安装方式完全相同，在X向，P1基频略低于P2，且P1的阻尼比略大于P2。在Y向P2应变的傅立叶

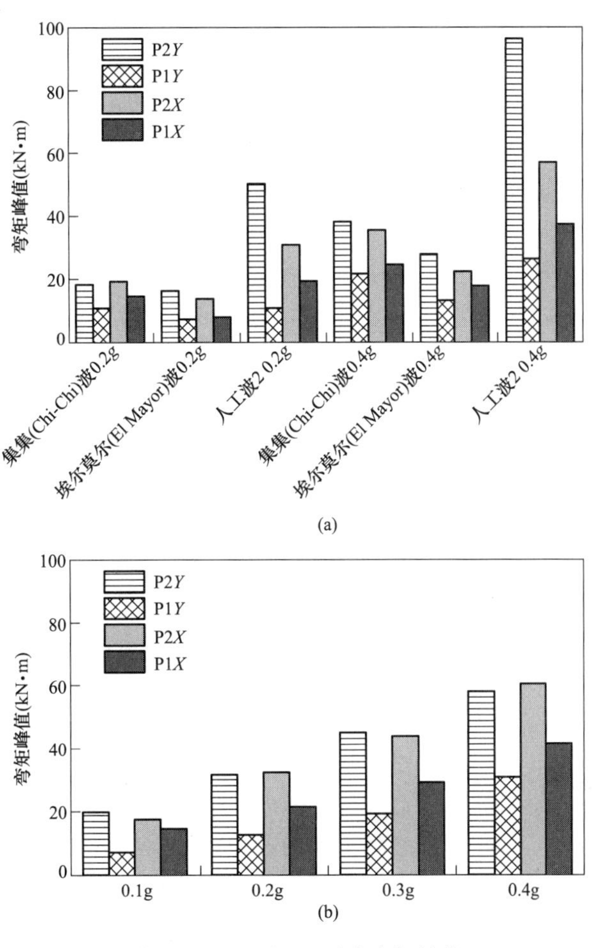


图 14-30　P1 和 P2 基底弯矩峰值

(a) 在 3 条地震波输入下；(b) 在人工波 1 输入下

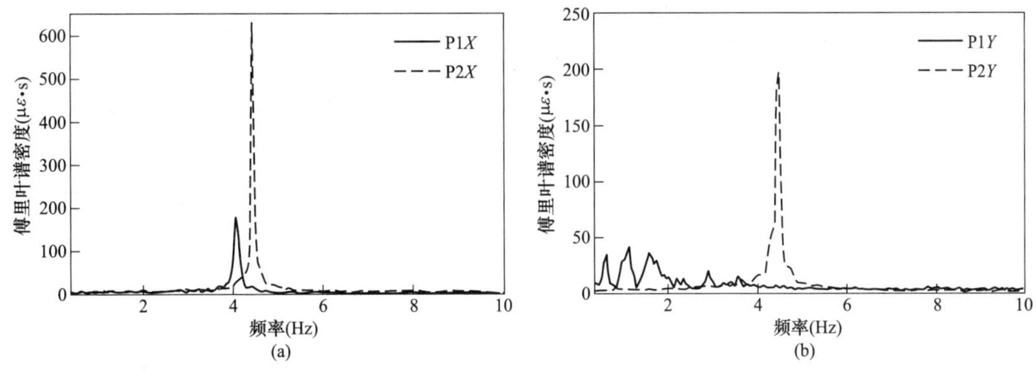


图 14-31　P1 和 P2 基底应变傅立叶谱幅值对比（SE4-4 工况）

(a) X 向；(b) Y 向

谱与 X 向类似，但 P1 的应变傅立叶谱则与 X 向差异较大，没有出现较大的峰。P1 的 Y 向应变响应呈现多阶振型，且前几个峰的频率正好为图 14-27 中阀 3 的特征频率，P1 与阀 3 由于耦联作用产生了共同运动，硬管母连接显著改变了 P1 的运动模式。

阀 1 和阀 3 的 $Y$ 向阻尼比如图 14-32 所示，阀 1 的前 4 阶阻尼比均减小，均不超过 3%，且呈线性分布，可用一次直线拟合，这表明自由状态的阀塔的阻尼近似于刚度比例阻尼。阀 3 在 $Y$ 向与 P1 连接后，其阻尼比显著增加，前 3 阶阻尼比在 3.5%左右。因此，阻尼可能是导致硬管母连接的阀塔—支柱体系地震响应减小的原因。

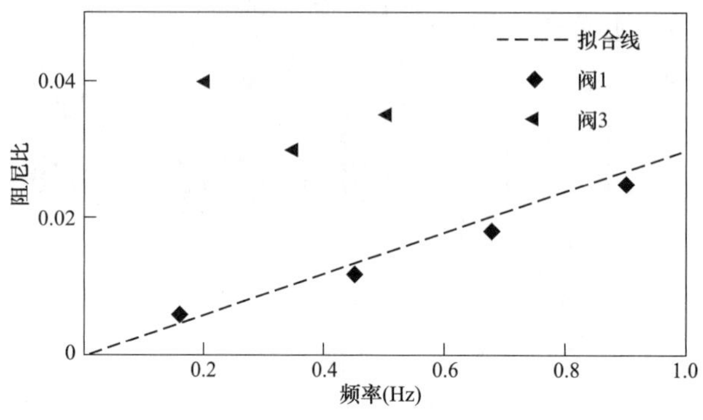


图 14-32　阀 1 和阀 3 阻尼对比

### 14.3.3　多层悬吊换流阀—支柱耦联体系分析模型

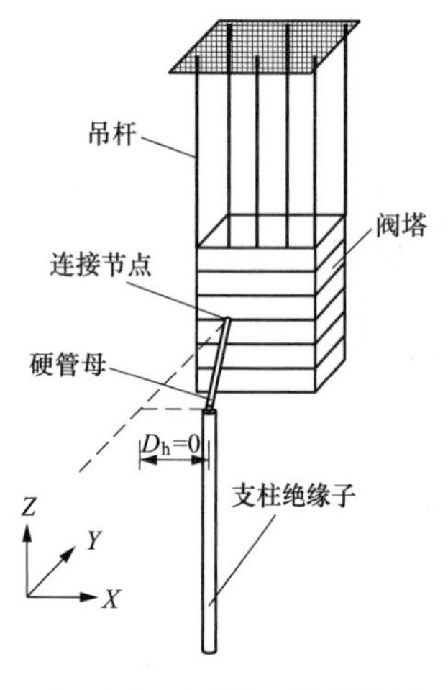


图 14-33　阀塔—支柱耦联分析模型示意

本章的分析模型仅考虑阀塔和支柱的水平向运动，模型中包含 1 组 6 层悬吊式换流阀和 1 根支柱绝缘子，如图 14-33 所示，其物理参数根据 14.3.1 节振动台试验中的层间铰接换流阀和支柱绝缘子确定，参数均缩放至原型尺寸。

阀塔的每层均简化为 3 自由度体系，包括平动 $X$ 向、$Y$ 向和绕 $Z$ 轴的转动向（称为 $T$ 向）。阀塔与支柱连接后，其扭转响应较为明显，因此，必须在模型中考虑阀层的扭转运动。阀塔共 6 层，因此，阀塔整体为 18 自由度体系。支柱绝缘子简化为 2 自由度体系（包含 $X$ 和 $Y$ 向），模型示意图如图 14-34 所示，图中符号含义在公式推导中介绍。

阀塔和支柱绝缘子之间通过 1 根硬管母线进行连接，管母线一端连接在支柱绝缘子顶部，另一端连接在阀侧避雷器中部，与阀塔的中间两层连接。因此，本模型中硬管母与阀塔的中间两层均相连，如图 14-34（a）中所示。通常情况下，硬管母与阀塔的第 3 和第 4 层连接。

考虑阀塔的 $X$、$Y$ 和绕 $Z$ 轴扭转向自由度，阀塔—支柱体系的运动方程可写为

$$[M]\{\ddot{u}\}+[C]\{\dot{u}\}+[K]\{u\}=-\{I\}_{g}^{T}[M]\{a_{g}\} \tag{14-12}$$

式中　$\{u\}$ ——体系的位移向量，包含阀塔 6 层的 3 向位移和支柱绝缘子顶部的 $X$、$Y$ 向位移

$$\{u\}=\{u_{1x},u_{1y},u_{1t},\cdots,u_{ix},u_{iy},u_{it},\cdots,u_{6x},u_{6y},u_{6t},u_{px},u_{py}\}^{T} \tag{14-13}$$

式中　$u_{ix}$、$u_{iy}$和 $u_{it}$——第 $i$ 层阀层在 $X$、$Y$ 和绕 $Z$ 轴转动向的位移；

$u_{px}$和 $u_{py}$——支柱绝缘子顶部在 $X$ 和 $Y$ 向的位移。

考虑到其他型号的换流阀中管母可能与不同层的阀层相连，本模型定义硬管母与第 $i$ 和 $j$ 层阀塔相连，且 $i$ 可以等于 $j$，表明硬管母仅连接在一个阀层上。阀塔—支柱耦联分析模

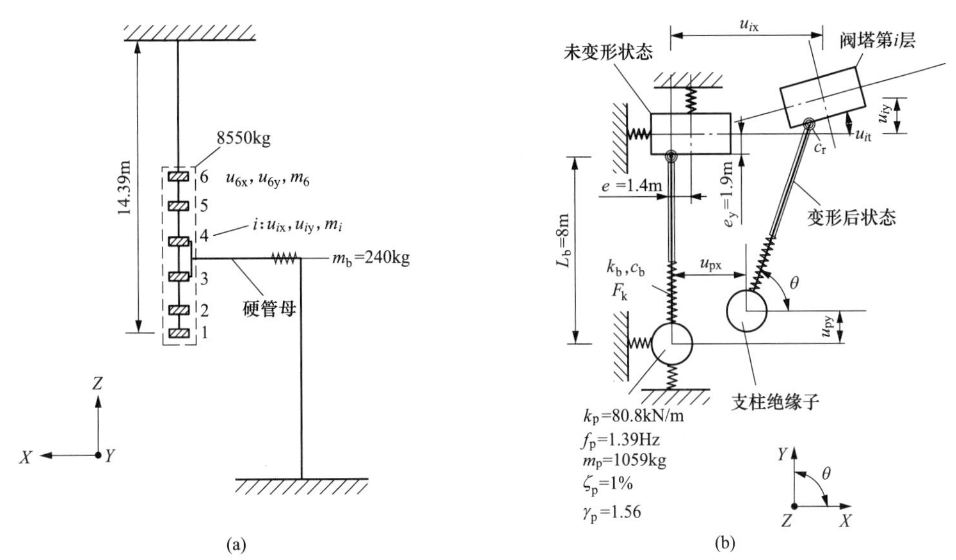


图 14-34 阀塔—支柱分析模型参数

(a) 侧视；(b) 俯视

型的质量矩阵 $[M]$、刚度矩阵 $[K]$ 和阻尼矩阵 $[C]$ 分两步建立，即首先分别对阀塔和支柱建立矩阵，再引入硬管母将其连接。

本模型采用中心差分法（显式动力分析）进行分析，因此，无需计算每一步的刚度矩阵，仅需提供各点的反力。因此，将式（14-12）改写为

$$[M]\{\ddot{u}\}+[C]'\{\dot{u}\}+[K]'\{u\}+\{F_b\}=-\{I\}_g^T[M]\{a_g\} \tag{14-14}$$

式中 $\{F_b\}$——硬管母导致的反力；

$[C]'$和 $[K]'$——不考虑硬管母情况下的阀塔—支柱阻尼及刚度矩阵。

此时，阀塔与支柱可视为独立构件，其刚度和阻尼矩阵分别建立，可写为

$$[K]'=\begin{bmatrix}\mathbf{K}_V & \mathbf{0} & \\ \mathbf{0} & k_p & 0 \\ & 0 & k_p\end{bmatrix} \tag{14-15}$$

$$[C]'=\begin{bmatrix}\mathbf{C}_V & \mathbf{0} & \\ \mathbf{0} & c_p & 0 \\ & 0 & c_p\end{bmatrix} \tag{14-16}$$

式中 0——零矩阵；

$\mathbf{C}_v$——阀塔的阻尼矩阵；

$\mathbf{K}_v$——阀塔自身的刚度矩阵。

刚度矩阵可写为

$$[K_V]=\begin{bmatrix} K_{V1} & -K_{V1} & 0 & 0 & 0 & 0 \\ -K_{V1} & K_{V1}+K_{V2} & -K_{V2} & 0 & 0 & 0 \\ 0 & -K_{V2} & K_{V2}+K_{V3} & -K_{V3} & 0 & 0 \\ 0 & 0 & -K_{V3} & K_{V3}+K_{V4} & -K_{V4} & 0 \\ 0 & 0 & 0 & -K_{V4} & K_{V4}+K_{V5} & -K_{V5} \\ 0 & 0 & 0 & 0 & -K_{V5} & K_{V5}+K_{V6} \end{bmatrix} \tag{14-17}$$

式中　$K_{Vi}$为第$i$层吊杆的刚度子矩阵，写为

$$K_{Vi}=\begin{bmatrix} k_i & 0 & 0 \\ 0 & k_i & 0 \\ 0 & 0 & k_{ti} \end{bmatrix} \tag{14-18}$$

对于层间刚接模型，可将其层间刚度近似取为较大值。对于层间铰接换流阀，其层间刚度由重力提供，水平向层间平动刚度写为

$$k_{ix}=k_{iy}=F_{ai}/L_i \tag{14-19}$$

式中　$L_i$——第$i$层吊杆的长度；

$F_{ai}$——第$i$层吊杆的轴力总和。

通过该层以下的质量计算为

$$F_{ai}=\sum_j^i m_{vj}g \tag{14-20}$$

式中　$m_{vj}$——第$j$层阀层的质量。

层间转动刚度为

$$k_{it}=\sum_j \frac{F_{ai}d_{ai}^2}{n_a L_i} \tag{14-21}$$

式中　$d_{ai}$——第$i$层吊杆至几何中心的距离；

$n_a$——吊杆总数，本模型中为6。

本模型中没有考虑阀层的质量偏心，因此，几何中心与质心重合。

阀塔的阻尼模型采用刚度比例阻尼，通过刚度阻尼比例系数$\beta$计算

$$[C_V]'=\beta[K_V]' \tag{14-22}$$

支柱绝缘子与阀塔通过水平向的硬管母连接，初始状态下，支柱绝缘子相对于阀塔的$X$向偏移量为$D_h$。在阀厅中，由于支柱绝缘子间距比阀塔间距更大，通常$D_h$不为0。支柱绝缘子被简化为单自由度体系，其质量为$m_p$，刚度为$k_p$，阻尼系数为$c_p$，且取悬臂梁的振型参与系数1.56，具体数值如图14-34所示。绝缘子端部刚度$k_p$可直接测量或计算，为了更方便地表示支柱绝缘子的其他物理参数，使用自振频率$f_{p0}$、阻尼比$\xi_p$替代$m_p$和$c_p$

$$m_p=\frac{k_p}{2\pi f_{p0}} \tag{14-23}$$

$$c_p=2m_p(2\pi f_{p0})\xi_p \tag{14-24}$$

阀厅仅在高频段放大地震输入，如振动台试验中阀厅基频高达1.67Hz，而阀塔的第4阶频率仅为0.9Hz。因此，为减小分析的复杂度，地震输入未考虑阀厅屋架水平向的放大系数。式（14-14）中的右侧为

$$\{I\}_g^T[M]\{a_g\}=\{1,0,0,\cdots,1,0,0,\cdots,1,0,0,\gamma_p,0\}[M]a_{gx}+ \\ +\{0,1,0,\cdots,0,1,0,\cdots,1,0,0,0,\gamma_p\}[M]a_{gy} \quad (14\text{-}25)$$

式中　$a_{gx}$和$a_{gy}$——地震波的$X$和$Y$向输入。

分析模型中没有硬管母自身的自由度，其质量被均分至支柱绝缘子顶部及阀塔上，设硬管母与阀塔连接在第$i$和$j$层，体系的质量矩阵［$M$］为

$$[M]=diag([m_1,m_1,I_1,\cdots, \\ m_i+m_{busbar}/4,m_i+m_{busbar}/4,I_i,\cdots, \\ m_j+m_{busbar}/4,m_j+m_{busbar}/4,I_j,\cdots, \\ m_6,m_6,I_6,m_p+m_{busbar}/2,m_p+m_{busbar}/2]) \quad (14\text{-}26)$$

式中　$m_i$和$I_i$——第$i$层阀层的平动质量和绕$Z$轴转动惯量；

$m_{busbar}$——硬管母的质量。

上述方程已求得式（14-14）所需的质量矩阵［$M$］、刚度矩阵［$K$］′、阻尼矩阵［$C$］′和方程右侧的地震输入向量，式（14-14）求解重点为求得反力向量$\{F_b\}$。限于篇幅此处不再列出反力向量的表达式，详情可参考文献（Yang，et al. 2021）。将式（14-15）、式（14-22）、式（14-26）及反力向量表达式代入式（14-14），通过显式动力求解，即可得出阀塔和支柱的地震响应。由于水平向体系的特征频率较低，其时间间隔可取0.003s。

阀塔—支柱分析模型中的管母为硬管母简化为轴向弹簧。目前已出现了轴向具有伸缩功能的管母线。如在高地震烈度区，已用多个换流站在阀侧设置可伸缩管母，用于吸收阀塔的水平位移。但是伸缩管母的可伸缩长度一般在0.5m以下，当阀塔水平位移过大时，无法使用伸缩管母。因此，本章中将尝试在轴向伸缩管母中加入黏滞阻尼和摩擦阻尼，用阻尼管母减小阀塔和支柱的地震响应。其中，轴向摩擦管母产品已经在部分变电站中应用，用于耦联支柱类设备的减振。限于篇幅，带有阻尼管母的阀塔—支柱计算方法详情请见。

本章采用第5章中引入的9组地震波作为地震输入，计算悬吊式换流阀的竖向地震响应，在后续14.3.4中给出。同时，为了更好地检验阀塔在竖向抗震性能，本章采用了PEER的West-2地震数据库中所有水平$PGA$大于$0.2g$的天然强震记录，除去无法下载的地震波，共计627条强震记录，在后续文章中称为水平强震记录集。地震输入时以阀塔—支柱耦联方向（$Y$向）为主震方向，如地震波的$X$向$PGA$比$Y$向大，则调换方向进行输入。

### 14.3.4　管母对阀塔一支柱体系的影响

1. 地震输入及支柱阻尼比的设定

目前，对于阀塔的水平位移的限制没有明确的要求。一方面，若阀塔的水平位移过大，可以通过加宽阀厅和使用柔性电气连接解决。但增大阀厅将进一步增加工程成本，且柔性电气连接的变形能力有限（轴向伸缩管母约0.5m，Z型管母约1.6m）。另一方面，阀厅内电气设备众多，在整个阀厅遭受地震输入的情况下，精确的空气净距限值难以确定。因此，阀塔的水平抗震性能可以通过基于性能的方法进行评估。

典型的基于性能的抗震设计可采用曲线拟合的方式，拟合出结构的易损性曲线。但本章中选取的627组水平地震波均为强震记录，并不符合一般的易损性曲线绘制中用到的地震波的要求。且本章的悬吊式换流阀为超长周期结构，与常见的建筑结构有较大差异。因此，本

章参考非超越概率曲线，计算出水平强震记录集下阀塔或支柱对某一位移的非超越概率，得到其性能指标为

$$P_{v}(x_{v})=1-\frac{N_{exceed}}{N_{total}} \tag{14-27}$$

式中 $N_{total}$——地震输入总数；

$N_{exceed}$——地震响应超越 $x_v$的地震数量；

$P_v$——非超越概率。

本章采用位移作为阀塔和支柱的性能指标。由于本章中涉及不同的支柱绝缘子，且支柱绝缘子均被等效为单自由度体系，因此，其顶部位移也代表了其一阶模态位移，即与其根部应力线性相关。

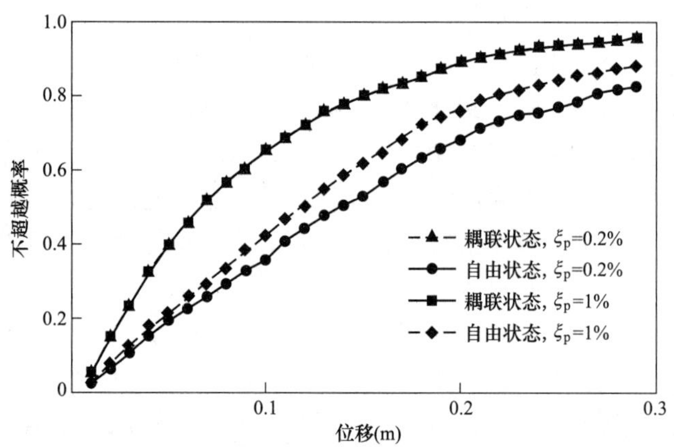


图 14-35 不同阻尼比和状态下支柱绝缘子顶部位移

振动台试验中的支柱绝缘子，由于仅用单根支柱代替，其阻尼比仅为 0.2%，远低于复合支柱绝缘子的实测阻尼比 0.8%～2.5%。阻尼比较小的支柱绝缘子，其顶部位移较大，因此，阀塔的约束作用更强。在水平强震记录集作用下，不同阻尼比的支柱绝缘子顶部位移非超越概率曲线，如图 14-35 所示。0.2%和 1%阻尼比下，阀塔—支柱耦联体系的曲线基本完全重合，表明此时支柱的阻尼比对体系响应的影响较小。而两种支柱绝缘子在自由状态下的曲线则明显不同，因此，阀塔的约束作用对于低阻尼（0.2%）的支柱绝缘子的减振效果更好。由于实际的复合绝缘子阻尼比在 0.8%～2.5%之间，参考此前的复合设备的振动台试验结果，支柱的阻尼比 $\xi_p$ 取 1%。

2. 地震输入的影响

阀塔—支柱体系在 9 组地震波作用下的地震响应见表 14-7。阀塔底部中心处位移为阀层几何中心处的位移，边缘位移为阀层 4 个角点中位移最大处的位移。由于阀塔存在显著的扭转变形，所以其角点的位移比中心处大。

如表 14-7 所示，阀塔底部中心处的位移比自由状态下显著减小。参考 14.3.2 节中的振动台试验结果，其阀塔位移为阀塔底层中心处的位移，表 14-7 中阀塔底层中心处的结果与试验现象相符。但由于阀塔存在扭转变形，阀塔底层外缘边长为 5.2m，因此，阀塔边缘处位移大于中心处位移。阀塔中心处位移均值为 1.36m，但边缘处位移均值已达 2.54m，仍比自由状态下的均值位移 2.63m 小。此外，硬管母连接的效果受地震输入影响。在 9 组地

震波输入下，阀塔边缘位移在 4 条波（RSN1244、RSN1541、RSN8161、人工波）下减小，在另外 5 条波下增大。在位移最大的 RSN8161 波输入下，支柱的约束效果最为明显，阀塔的位移减小也最为显著，从 5.38m 降为 2.63m。此外，阀塔底部边缘的位移最大值仅为 3.49m。而硬管母连接导致位移增大的情况多发生在阀塔位移较小的工况中。如在位移增幅最大的 RSN2114 波下，其自由状态下位移仅为 1.73m。因此，硬管母连接对阀塔位移具有一定的“削峰”作用，即对于位移较大的情况下可有效降低阀塔位移。

**表 14-7　硬管母连接的阀塔—支柱体系 Y 向地震响应**

| 地震输入 | 阀塔位移 | | | 支柱绝缘子 | |
|---|---|---|---|---|---|
| | 底部中心 | 底部边缘 | 自由状态 | 耦联状态 | 自由状态 |
| RSN15 | 0.45 | 0.95 | 0.93 | 0.11 | 0.16 |
| RSN777 | 1.18 | 2.34 | 2.22 | 0.21 | 0.36 |
| RSN1244 | 1.62 | 3.49 | 4.01 | 0.32 | 0.22 |
| RSN1541 | 1.97 | 2.82 | 2.88 | 0.34 | 0.31 |
| RSN1605 | 0.99 | 2.97 | 1.89 | 0.18 | 0.28 |
| RSN2114 | 1.85 | 2.96 | 1.73 | 0.39 | 0.27 |
| RSN8130 | 1.30 | 2.08 | 1.32 | 0.27 | 0.25 |
| RSN8161 | 1.30 | 2.63 | 5.38 | 0.23 | 0.14 |
| 人工波 | 1.58 | 2.64 | 3.35 | 0.24 | 0.39 |
| 平均值 | 1.36 | 2.54 | 2.63 | 0.25 | 0.26 |
| 最大值 | 1.97 | 3.49 | 5.38 | 0.39 | 0.39 |

不同的地震波导致耦联效应的效果不同，因此，需要采用大量的地震波进行计算。在地震波的选取上，本章采用的水平强震记录集包含了可以下载到的所有强震记录（水平 $PGA>0.2g$）。由于悬吊式阀塔本身已经采用了水平隔震装置，仅在较大的地震输入下才能产生有意义的位移结果，因此，本节中采用强震记录集进行计算。

图 14-36 所示为阀塔在自由状态和耦联状态下的位移非超越概率曲线，采用硬管母连接

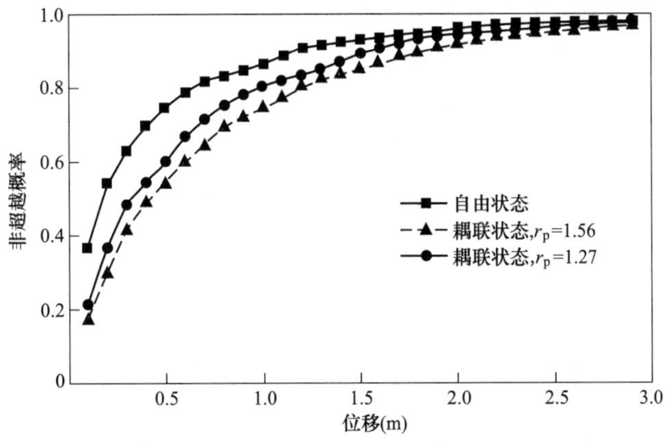


图 14-36　不同状态下悬吊式换流阀底部位移

后阀塔在小位移（小于 1.0m 区域）时非超越概率明显下降，表明此时支柱更有可能放大而非减小阀塔的水平位移，这与表 14-7 中小位移下阀塔的响应变化趋势一致。但在大位移（大于 2.0m 区域），阀塔在耦联前后的响应曲线没有明显区别。此外，支柱的一阶振型参与系数 $r_p$ 较小时，阀塔的位移响应也相应减小。

如图 14-37 所示，为进一步区分地震输入的影响，对耦联和自由状态的体系分别输入水平强震记录集中场地类别为 C 和 D 的地震波，分类依据根据 PEER 数据库中的剪切波速确定，其中 D 类地震波特征周期更长。

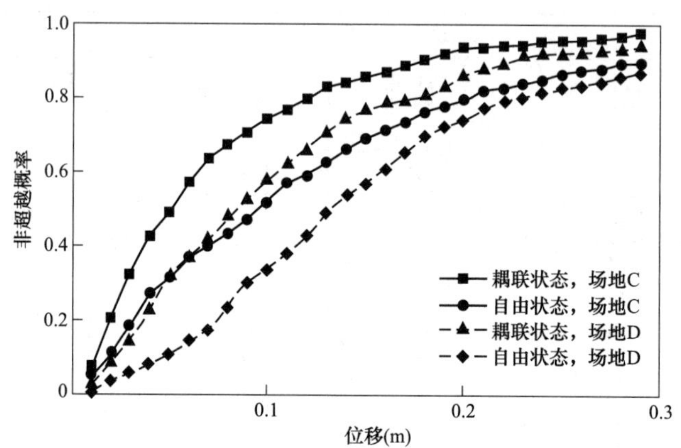


图 14-37　不同场地地震波下支柱绝缘子顶部位移

由于场地 C 地震波的特征频率高于场地 D 地震波，而支柱基频在 1.37Hz，也属于低频结构，因此，场地 D 地震波输入对于自由状态的支柱绝缘子更为不利，且场地类别对支柱响应的影响在小位移部分更为明显。耦联效应可以同时显著地减小场地 C 和 D 地震波输入下支柱的顶部位移响应。

3. 硬管母连接位置对体系地震响应的影响

14.3.3 节中的层间铰接换流阀可以作为支柱绝缘子的额外约束，但并非所有换流阀都可以起到侧向支撑的作用。如图 14-38 所示，若阀塔更改为层间刚接换流阀，且管母与阀层连接点处的偏心 $e_x$ 设为 0，则阀塔将增大支柱的顶部位移响应。当目标位移小于 0.1m 时，层间刚接换流阀仍可作为支柱的额外支撑，减小支柱的超越概率。但当目标位移超过 0.1m 后，与阀塔的连接降低了支柱绝缘子的抗震性能。

层间刚接换流阀可视为一个整体，因此，当遭受低频成分丰富的地震波时，层间刚接换流阀将直接对支柱绝缘子产生牵拉作用。而层间铰接换流阀由于层间可以移动，对支柱绝缘子的牵拉作用比层间刚接换流阀小。如图 14-38 所示，当水平偏心 $e_x$ 为 0 时，层间铰接换流阀的非超越概率曲线略高于层间刚接换流阀和支柱，但在大位移区段（大于 0.2m），减振效果有限。

阀塔和硬管母连接点偏心 $e_x$ 为 0 时，层间刚接和铰接换流阀的耦联效应在小位移区段（小于 0.1m）对支柱均有利，但在大位移区段则各异。不同连接点偏心 $e_x$ 下的支柱位移非超越概率曲线如图 14-39 所示，将连接点偏心 $e_x$ 从 0 增至 1.4m 后，支柱的位移非超越概率曲线明显升高，表明增大水平偏心 $e_x$ 可有效提高支柱的抗震性能。

阀塔和硬管母连接点偏心 $e_x$ 的变化对阀塔在自由状态下的水平位移没有影响，$e_x$ 对耦

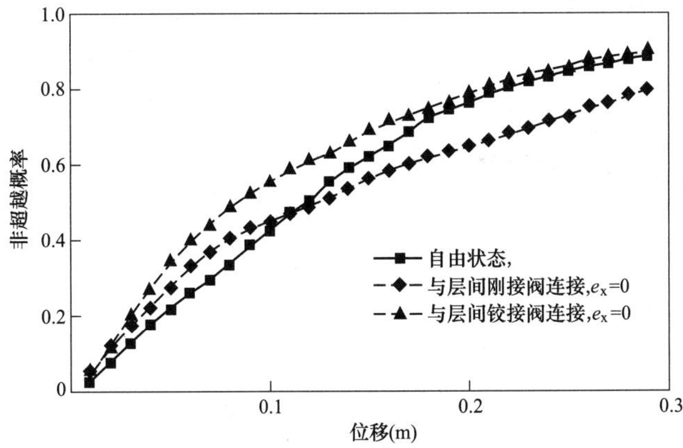


图 14-38　层间刚接阀塔连接支柱设备位移非超越概率曲线

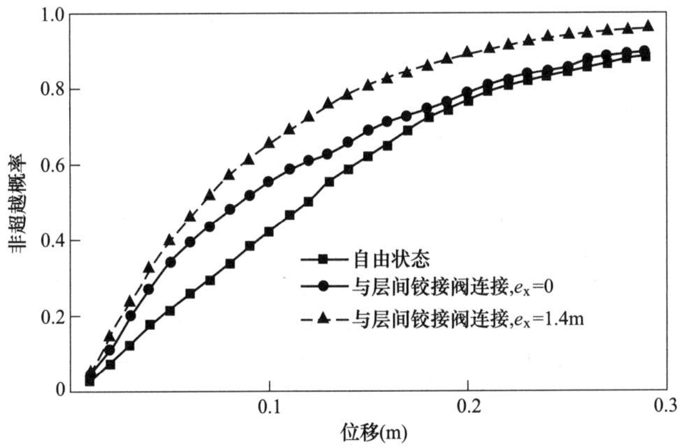


图 14-39　不同连接偏心 $e_x$ 下支柱位移非超越概率曲线

联后的阀塔位移的影响如图 14-40 所示。层间铰接换流阀与支柱通过硬管母连接后，阀塔中心处的位移下降，但边缘位移仍有所增加。且偏心 $e_x$ 为 0 时，阀塔的位移非超越概率更大。因此，$e_x$ 为 0 时虽然增大了支柱的响应，但可以减小阀塔的水平位移。

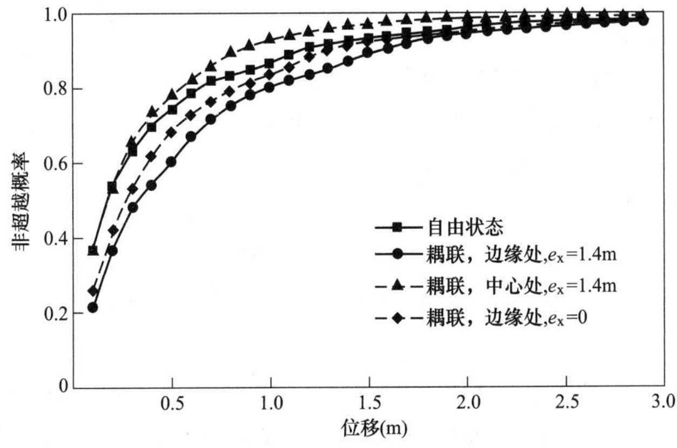


图 14-40　不同状态下换流阀位移非超越概率曲线

如图 14-41 所示，在硬管母在不同连接位置时对体系地震响应的影响。当连接点从 3～4 层中间处转移至第 4 层处后，阀塔和支柱的位移响应非超越概率曲线均发生上升，表明此时体系的地震响应减小。因此，在电气允许的情况下，应将硬管母连接点设置在第 4 层。

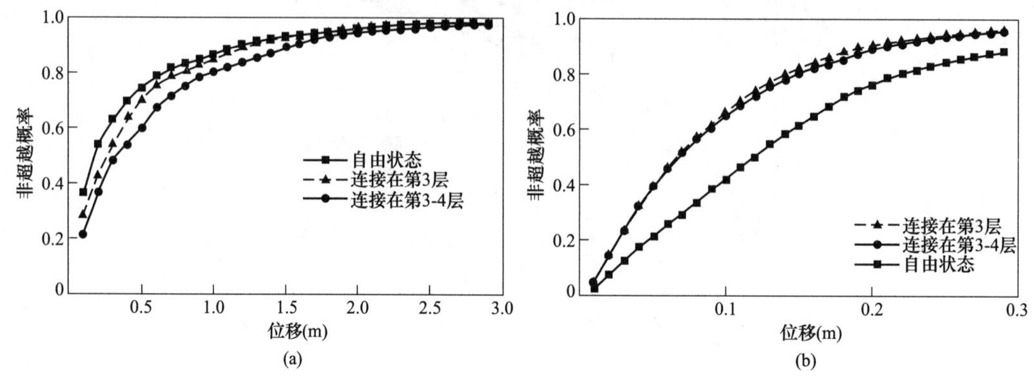


图 14-41　水平强震记录集下硬管母连接位置对体系响应的影响

（a）支柱顶部位移；（b）阀塔底部位移

4. 支柱绝缘子动力特性对体系地震响应的影响

悬吊阀塔的特性对阀塔—支柱体系有较大影响，但阀塔的结构种类较少，阀塔的结构优化仍需电气工程配合，因此，通过改变阀塔的结构来优化其抗震性能较为困难。在不同的换流站中，阀塔的结构一般没有太大变化，但支柱绝缘子的选型则差异较大，支柱绝缘子的高度、尺寸、质量等根据工程情况的不同，变化幅度较大。如在不同的换流站中，支柱绝缘子高度会由于阀厅电气设计的不同有较大差异，而不同的支柱绝缘子可能对阀塔—支柱体系的抗震性能造成较大影响。

支柱绝缘子一般是悬臂梁结构，因此，其振型参与系数仍保持 1.56。支柱绝缘子的阻尼比各异，由于绝缘子阻尼比难以精确控制，一般仅是通过试验测得，所以本节仍规定绝缘子阻尼比为 1%。本节中阀塔和支柱仍使用硬管母，除支柱绝缘子的物理参数外，其余参数均与原型结构一致。

本节中支柱绝缘子的关键参数为侧向刚度 $k_p$和自身频率 $f_p$，其取值范围参考目前实际中使用的复合和瓷质绝缘子，如图 14-42 所示。支柱的侧向刚度 $k_p$取值范围为 1～500kN/m，基频 $f_p$取值范围为 1.0～3.5Hz。如图 14-42 所示，复合支柱绝缘子通常基频较低，侧向刚度较小。而瓷质支柱绝缘子则基频较高，侧向刚度较大。

对 9 组波下不同参数的阀塔—支柱体系进行计算，得到其地震响应。分析中支柱的侧向刚度 $k_p$取值为 1、2、5、10、20、30、40、50、60、70、80、90、100、200、250、500kN/m，由于大部分支柱的刚度位于 10～100kN/m 范围内，该部分侧向刚度 $k_p$ 取值较为密集。支柱绝缘子自身频率 $f_p$取值较为均匀，在 1.0～3.5Hz 范围内隔 0.1Hz 进行取值。阀塔和支柱绝缘子位移在人工地震波输入下的变化率曲面如图 14-43 所示，其中黑色实线表示与设备单独计算时响应一致。

综合 9 组地震波下的支柱参数影响，高频率—大刚度支柱对于阀塔的位移减小更有帮助，高频大刚度支柱的位移更小，能为阀塔提供更有效的侧向支撑。对于支柱绝缘子本身的响应，9 组波下的参数分析均表明，低频率—大刚度支柱则适用于与阀塔通过硬管母连接，

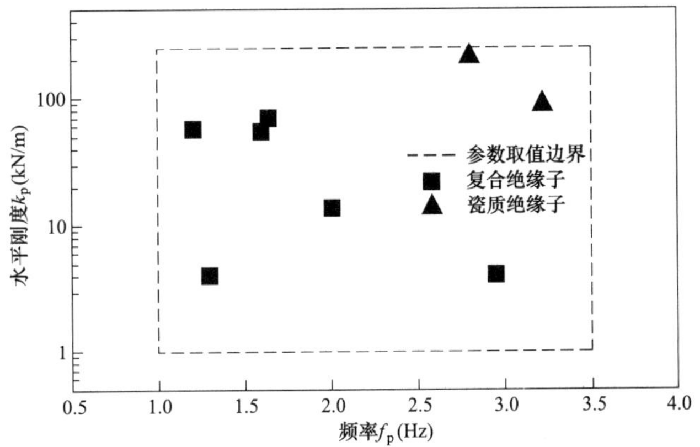


图 14-42　支柱绝缘子刚度 $k_p$ 和频率 $f_p$ 取值范围

低频率表明支柱顶部位移已经较大，可防止阀塔的过大牵拉力，高刚度则可防止阀塔的牵拉力导致过大的顶部位移。

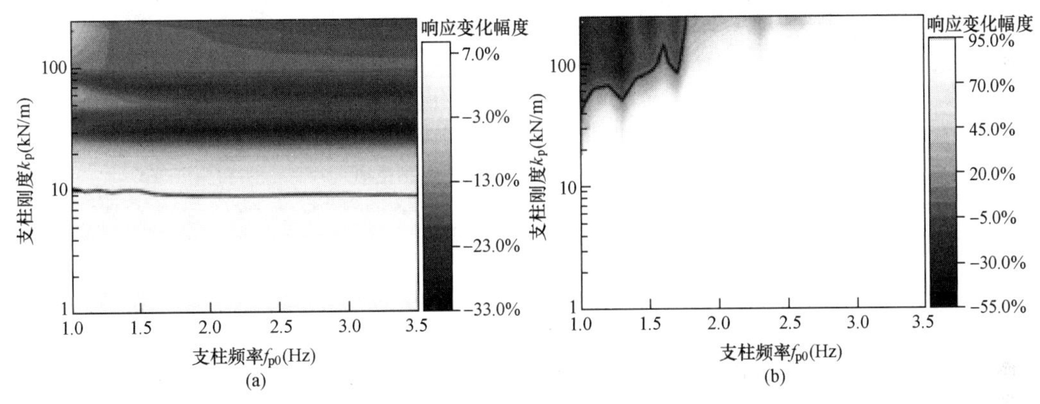


图 14-43　人工波输入下支柱参数的影响

（a）阀塔位移响应；（b）支柱顶部位移

5. 轴向伸缩式黏滞阻尼装置

14.3.3 节中的硬管母连接虽然可以减小体系的地震响应，但仅对少部分的低频率大刚度支柱绝缘子有效。但阀厅内的支柱绝缘子可能并不在适宜使用硬管母进行连接的参数范围内。因此，本节提出多种类型的带阻尼的管母线，扩大能使阀塔—支柱连接对体系抗震性能提高的支柱范围，使得管母连接可以适用于更多的阀塔—支柱体系。

本节提出将硬管母改为伸缩管母，并加上黏滞阻尼用于减小阀塔—支柱体系地震响应。目前的抗震设计中，已经应用可以自由伸缩的伸缩管母作为柔性电气连接，防止阀塔和支柱之间产生过大的牵拉力。此外，带轴向摩擦力的摩擦管母也已经应用到直流场支柱类设备之间。因此，本节在伸缩管母的基础上，安装轴向黏滞阻尼器，以减小阀塔—支柱体系的地震响应。

轴向黏滞阻尼管母方案包含两个待定参数，支柱偏心 $D_h$ 和轴向线性阻尼系数 $c_b$。支柱偏心 $D_h$ 取值范围与 14.3.4.5 节中一致，轴向线性阻尼系数 $c_b$ 取值范围为 0～200kN/m・$s^{-1}$。

在人工波作用下，轴向黏滞阻尼的减振效果如图 14-44 所示，其中黑色实线表示与设备单独计算时响应一致。阀塔和支柱的响应变化趋势均接近，但阀塔的响应减小幅度仍远大于支柱。此外，随着轴向阻尼的增大，阀塔－支柱体系的地震响应先急剧减小，后缓慢上升，因此，阻尼管母的轴向黏滞阻尼系数不应过大。根据 9 组波下的地震响应变化幅度，轴向黏滞阻尼系数 $c_b$在 5～10kN/ms$^{-1}$时减振效果最好。

不同地震波下最优支柱偏心 $D_h$不同，但 $D_h$在－2～2m 范围内均能起到较好的减小地震响应的效果。

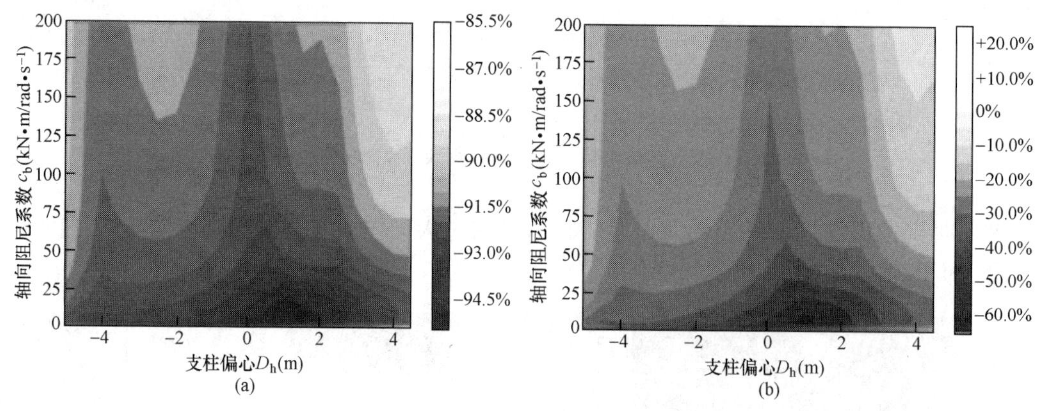


图 14-44　人工波输入下轴向黏滞阻尼参数的影响

（a）阀塔位移响应；（b）支柱顶部位移

综合参考带轴向黏滞阻尼管母的阀塔—支柱体系在 9 组地震波下的最优参数选择，结合阀厅内设备布置情况，选择轴向阻尼 $c_b$为 5kNm/rads$^{-1}$，支柱偏心 $D_h$为 0m。对采用优化参数的阀塔—支柱体系输入水平强震记录集进行分析，体系的位移非超越概率曲线如图 14-45 所示。优化设计的轴向黏滞阻尼管母能有效提高阀塔和支柱的位移非超越概率曲线，降低体系的地震响应。

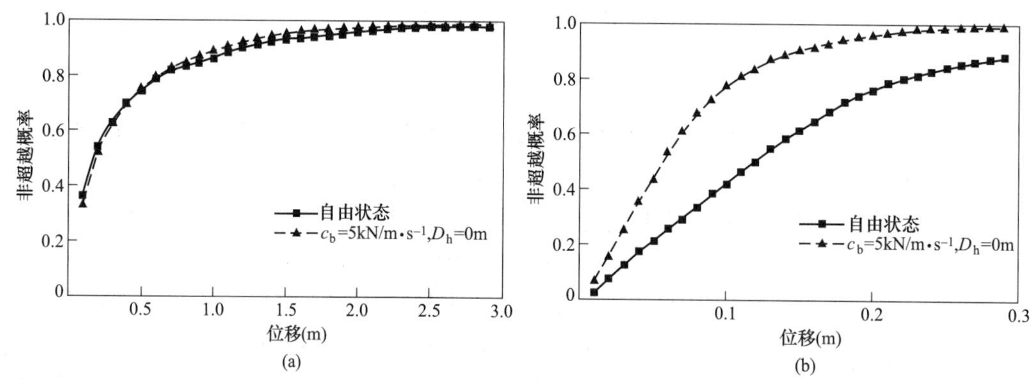


图 14-45　水平强震记录集输入下轴向黏滞阻尼对阀塔－支柱体系地震响应的影响

（a）阀塔底部位移；（b）支柱顶部位移

此外，使用轴向阻尼管母可以极大地扩展可选的支柱绝缘子范围。能使阀塔—支柱体系响应同时减小的支柱绝缘子，需具备低频率和大刚度的特点，仅有极少部分支柱绝缘子能满足此要求，大部分支柱绝缘子都需要使用柔性电气连接的方式与悬吊式阀塔解耦。但安装轴向黏滞阻尼管母后，绝大部分的支柱绝缘子均能达到同时减小阀塔和支柱响应的要求，即阻尼管母方案可以在大量的阀厅中使用，参见图 14-46。

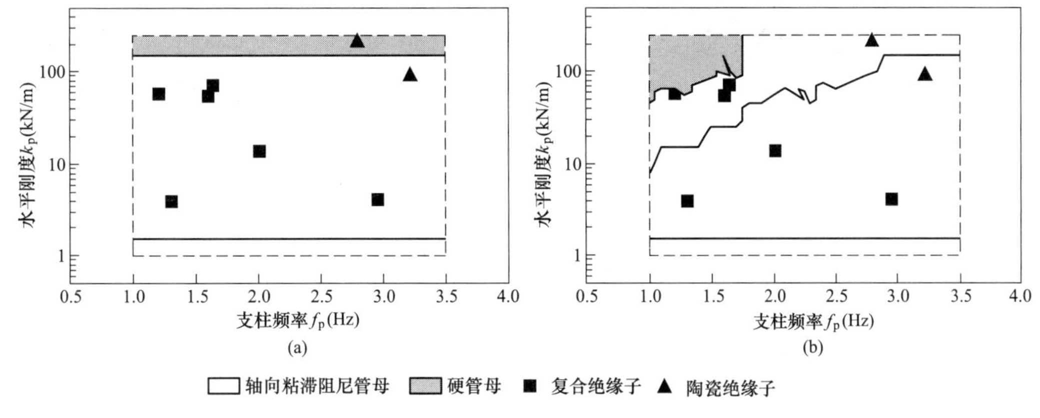


图 14-46　能使阀塔和支柱响应同时减小的支柱绝缘子参数范围

（a）阀塔底部位移；（b）支柱顶部位移

6. 轴向伸缩式摩擦阻尼装置

轴向黏滞阻尼管母虽可以有效降低阀塔—支柱体系在大部分地震波下的地震响应，但仍在部分地震波输入时会放大响应，尤其是当地震输入的卓越周期与耦联后的设备接近时。当地震输入较为苛刻时，可能会导致管母中轴力过大，将支柱绝缘子拉断，对整个阀厅内的电气回路造成严重影响。因此，可以采用摩擦阻尼管母代替黏滞阻尼管母，用于减小体系的地震响应。

与黏滞阻尼管母不同，摩擦阻尼管母的摩擦力较为恒定。且支柱绝缘子通常有附加端子力的需求，所以有一部分裕度可以用于承受额外的水平荷载。因此，摩擦阻尼管母可以在尽量减小对支柱绝缘子的影响的情况下，减小阀塔的位移。

本节的轴向摩擦阻尼管母优化方案包含两个待定参数，支柱偏心 $D_h$和轴向摩擦力 $c_F$。支柱偏心 $D_h$取值范围与 14.3.3 节一致，轴向线性阻尼系数 $c_F$取值范围为 0～10kN。

在人工波作用下，轴向摩擦阻尼的减振效果如图 14-47 所示。阀塔和支柱的响应变化趋

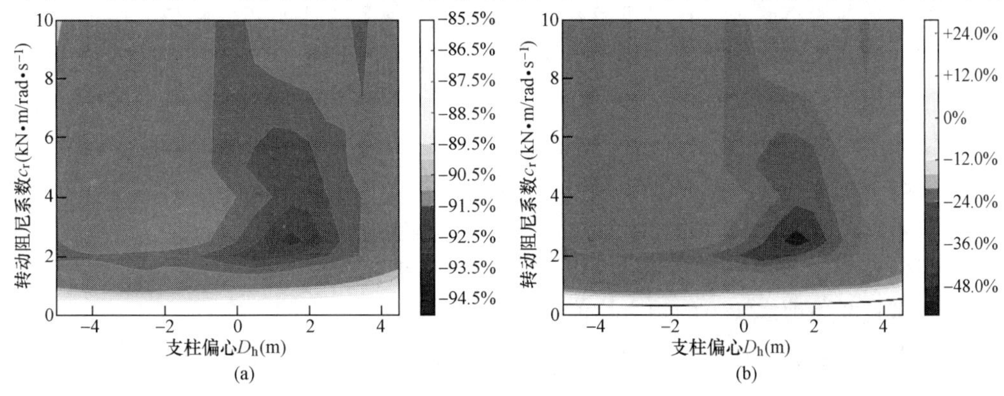


图 14-47　人工波输入下轴向黏滞阻尼参数的影响

（a）阀塔位移响应；（b）支柱顶部位移

势均接近，但阀塔的响应减小幅度仍远大于支柱。根据 9 组波下的地震响应变化幅度，轴向摩擦力 $c_F$ 在 2～4kN 时减振效果最好。不同地震波下最优支柱偏心 $D_h$ 不同，但 $D_h$ 在 −2～2m 范围内均能起到较好的减小地震响应的效果。

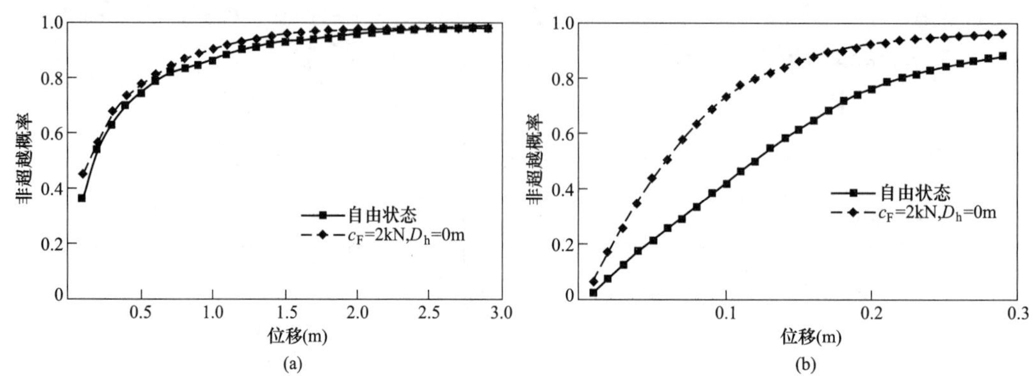


图 14-48　水平强震记录集输入下轴向摩擦阻尼对阀塔—支柱体系地震响应的影响

（a）阀塔底部位移；（b）支柱顶部位移

综合参考带轴向摩擦阻尼管母的阀塔—支柱体系在 9 组地震波下的最优参数选择，结合阀厅内设备布置情况，选择轴向摩擦力 $c_F$ 为 2kN，支柱偏心 $D_h$ 为 0m。对采用优化参数的阀塔—支柱体系输入水平强震记录集进行分析，体系的位移非超越概率曲线如图 14-48 所示。优化设计的轴向摩擦阻尼管母能有效提高阀塔和支柱的位移非超越概率曲线，降低体系的地震响应。

## 14.4 小　　结

本章通过预应力弹簧—阻尼器连接件的方法对阀塔进行减振控制，基于层间铰接换流阀建立阀厅—阀塔体系理论分析模型，研究不同的参数组合对带减振控制装置的换流阀地震响应的影响。此外，本章建立精细化有限元模型计算阀塔的响应，通过自定义单元考虑下拉杆的松弛效应，验证减振控制方案的效果。最后通过振动台试验，验证预张拉斜拉杆对阀塔水平位移的约束作用。获得的主要结论如下：

（1）对于离地面高度较大且层间为铰接的换流阀，采用大水平投影距离、中等阻尼、大张力和小刚度的减振控制方案能有效减小阀塔的水平位移响应，且不会导致阀塔产生过大的竖向拉力。

（2）使用本章 14.2.2 节的理论模型能有效地计算出阀塔减振控制的最优参数组合，但仍需使用考虑下拉斜杆松弛的有限元模型进行校核。

（3）与未进行减振控制时相比，采用预张拉斜杆减震后的阀塔竖向加速度及水平位移响应仅为未减振模型的 25％～37％，水平加速度响应和绝缘子拉力变化不明显。减振控制装置可以将阀塔在 9 条地震波下的响应均值控制在 0.6m 以内。

（4）根据缩尺模型振动台试验结果，预应力拉杆能有效减小层间铰接阀塔在大震下的位移。

本章基于第 5 章的换流阀和支柱绝缘子，将阀塔等效为多层悬吊体系，建立了多层悬吊阀塔—支柱耦联分析模型，研究硬管母连接的悬吊式阀塔和支柱的相互作用，设计阻尼管母装置减小体系的地震响应，并基于水平强震记录集检验优化设计方案的有效性。获得的主要结论如下：

（1）硬管母连接能同时减小原型结构中悬吊式层间铰接换流阀和支柱绝缘子地震响应。

（2）硬管母连接减小阀塔—支柱体系地震响应的前提是支柱绝缘子具有足够的刚度。

（3）轴向伸缩式黏滞阻尼管母和轴向伸缩式摩擦阻尼管母均能有效降低阀塔—支柱体系的地震响应。

（4）硬管母连接时，仅有低频率大刚度的支柱绝缘子满足同时减小阀塔和支柱绝缘子地震响应的要求。

（5）硬管母端部阻尼和轴向阻尼管母可以有效扩大可选支柱绝缘子范围，使得耦联方案中支柱绝缘子的选择范围显著扩大。

# 第15章

# ±800kV特高压直流穿墙套管的减震研究

## 15.1 引　　言

第8章介绍了提高±800kV特高压直流穿墙套管的抗震性能可以通过增加安装板的平面外刚度，或增强阀厅的侧向刚度等方法（Xie，et al. 2019a；He，et al. 2019；何畅等，2017），但在烈度较大或某些特殊情况下，仅依靠传统的“硬抗”和设备加固措施已经难以满足抗震要求（Xie，et al. 2019b；Yang，et al. 2021）。因此，可以采用减隔震措施，通过阻尼器的耗能减小地震输入到结构中的能量，从而减小结构的地震响应，提高设备的抗震性能。相对于传统的抗震及加固改造技术，减震隔震技术不仅能够削弱输入到结构的能量，从而减小结构的响应，而且能够减少结构为满足抗震能力所需要的生产成本。

与前几章的设备相比，穿墙套管由于其特殊的长悬臂结构，以及较高的电气性能要求，对减震技术要求更加严格。因此，针对特高压穿墙套管的减震技术，应予以专门研究。

基于此，本章提出了一种能够减小穿墙套管地震响应的减震设计方案，结合能量法对阻尼器的参数进行优化设计，借助有限元数值模拟方法对减震前后穿墙套管的地震响应进行分析和对比，计算其减震效率。然后通过振动台试验验证减震装置的有效性，并通过有限元数值模拟计算结果与试验结果的对比，验证有限元数值模拟计算结果的可参考性（Xie，et al. 2020）。该方案已运用于我国高地震烈度区的特高压项目建设中。

## 15.2 穿墙套管减震装置设计及参数选取

针对穿墙套管的结构特征和性能要求，本节对阻尼器类型、减震装置和安装方式进行了确定，通过数值仿真模拟对减震装置的参数进行了优化选取并对其减震的效果进行了分析。

### 15.2.1 减震装置参数分析

1. 阻尼器类型

综合阻尼器性能、稳定性及成本等多种因素，实际中采用具有较高初始起滑力和自复位特性的金属弹簧摩擦型阻尼器。该阻尼器是由金属外筒及楔形金属内、外环组成，耗能原理是利用内部楔形金属环的摩擦来实现对地震能量的耗散，其构成如图15-1（a）所示。在压力作用下，金属外环与内环之间受到挤压而膨胀，沿阻尼器轴向发生相对滑移，滑移过程中摩擦力做功，实现动能向热能的转化，从而起到减弱地震动输入能量的效果。当力消失后，金属环的挤压和膨胀随之消失，阻尼器可以恢复到初始状态。阻尼器的内力可认为由弹簧的弹性力和摩擦力构成，其简化模型如图15-1（b）所示。

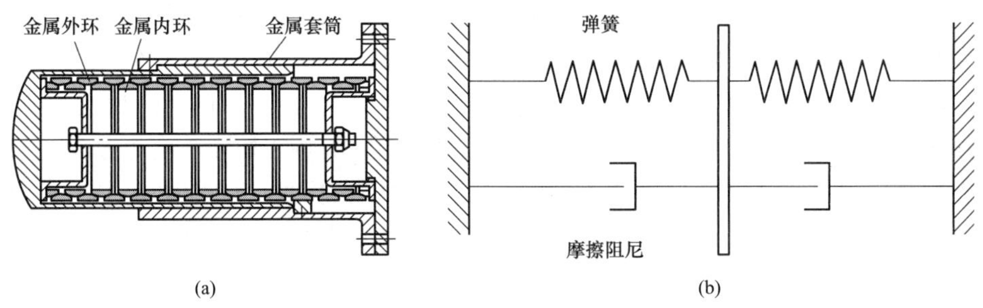


图 15-1　阻尼器构成及工作原理

（a）阻尼器构成；（b）阻尼器简化模型

阻尼器的各楔形金属环之间存在间隙，在楔形截面上产生摩擦力，当外力克服摩擦力时，金属环之间发生滑动，间隙被压缩，在此过程中，摩擦力做功实现能量的耗散，如图 15-2（a）所示。当各个金属内、外环间隙全部被压实时，阻尼器达到极限变形，形成一个钢柱，具有很大的极限承载力，如图 15-2（b）所示。在此状态下，阻尼器不能再沿该受力方向发生变形，在该受力方向上不再具有耗能能力，因此，应该尽量避免此种情况的出现。图 15-2（a）中，$\theta_r$ 为金属环楔形接触面的角度，$d_h$ 为阻尼器纵向压缩量，$\Delta R+\Delta r$ 为阻尼器横向压缩量。楔形金属环之间相对变形和纵向膨胀量的关系为

$$\Delta R+\Delta r=d_h\times\tan\theta_r \tag{15-1}$$

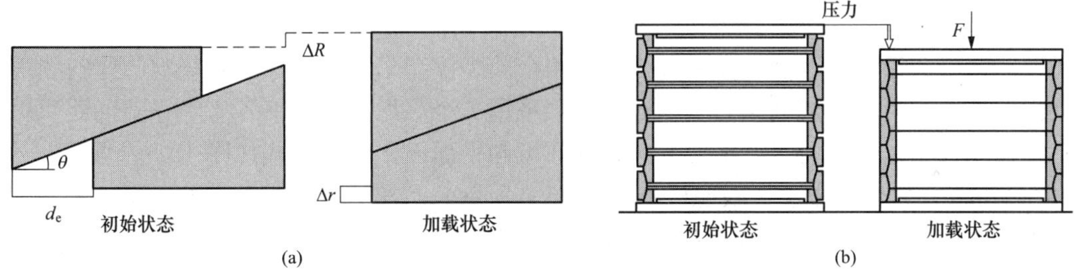


图 15-2　阻尼器内部构造

（a）单位楔形金属环变形；（b）整体楔形金属环变形

在工作状态下，阻尼器的摩擦力随阻尼器变形的增大而增大。为保证阻尼器在微风等小荷载作用下不出现滑移现象，且为了防止金属环相互脱落，沿阻尼器的金属环轴向施加预压力 $F_0$，作为阻尼器的初始起滑力。在整个运动过程中，无论阻尼器产生受压或受拉位移，阻尼器内部的金属环始终处于受压状态。金属环的滞回曲线如 15-3 所示。

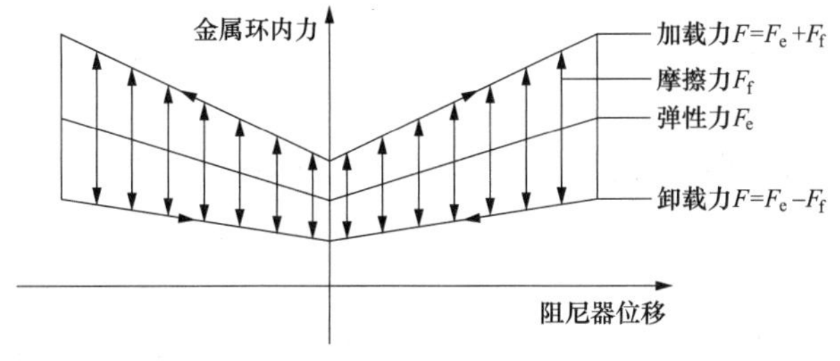


图 15-3　阻尼器内部金属环滞回曲线

当外力大于预压力时，阻尼器才会发生滑动，故阻尼器的滞回曲线为旗形，如图 15-4 所示。当预压力大于阻尼器楔形金属环间的静摩擦力时，阻尼器具有自复位能力，当外力消失时，阻尼器可恢复初始无变形状态。在受力过程中，摩擦力 $F_f$ 方向与阻尼运动方向一致，而弹性力 $F_e$ 始终与阻尼器变形方向相反，故在加载过程中摩擦力与弹性力方向一致，卸载过程中摩擦力方向发生突变，与弹性力反向。阻尼器的耗能效果为图 15-4 中阴影面积占加载力与横坐标轴围成面积的百分比，即当卸载段反力与加载力的比值 $F_2/F_1=1/3$ 时，阻尼器的耗能比例为 66.67%。

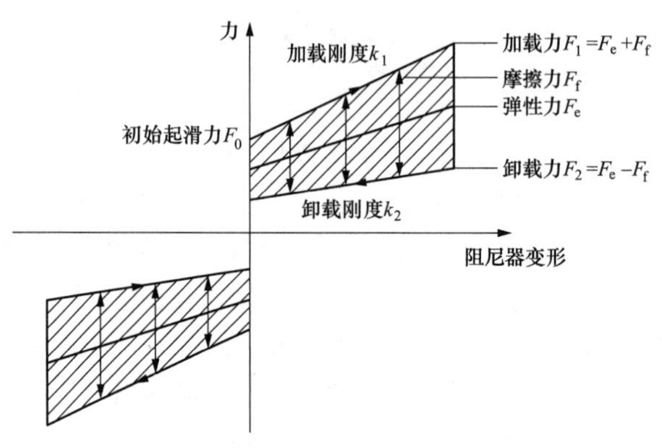


图 15-4　阻尼器在外力作用下滞回曲线

2. 减震装置安装方式及参数分析

针对穿墙套管在阀厅上的安装方式，采用金属摩擦型阻尼器将穿墙套管与阀厅安装板进行连接的方案，为了提供足够的刚度约束，共采用 8 个阻尼器，上下各 4 个，阻尼器两端与设备通过球铰相连，阻尼器沿不同方向布置在不同平面内，布置方式如图 15-5 所示。

在 Abaqus 软件建立了有限元模型（图 15-6 所示）对减震装置进行分析，通过 Axial 连接器可以模拟沿轴向发生相对位移的行为，如图 15-7 所示。

在静力状态下上部阻尼器承受拉力，下部阻尼器承受压力。为了实现最佳的减震效果，同时考虑经济因素，需要对阻尼器的参数选择进行研究，包括初始起滑 F0，加载刚度 k1、阻尼器的等效阻尼和极限位移。

（1）初始起滑力。

阻尼器的初始起滑力不应过小，应能充分抵抗穿墙套管重力和微风荷载，以及其他小荷载，保证穿墙套管在这些荷载作用下不发生滑动。但初始起滑力也不应过大，否则会限制阻尼器滑动变形，影响其耗能效果。本方案中，穿墙套管重量约为 9t，同时考虑到微风等其他小荷载，初步选定 30、50、70、90kN 和 110kN 作为备选参数。

采用控制变量法来分析单因素的影响。在 Abaqus 中，设置阻尼器的加载刚度 6.8 kN/mm、滞回耗能比例 66%不变，依次设置初始起滑力为 30、50、70、90kN 和 110kN，输入峰值为 0.8$g$ 的由该工程场地安评报告拟合的新松人工波，计算穿墙套管和阻尼器在地震作用下的响应。

为了获得阻尼器的实际耗能情况，对阻尼器的响应进行研究。其中，在初始起滑力为 30kN 和 110kN 下，安装在穿墙套管上部和下部的各一个阻尼器的滞回曲线如图 15-8 和图 15-9 所示。

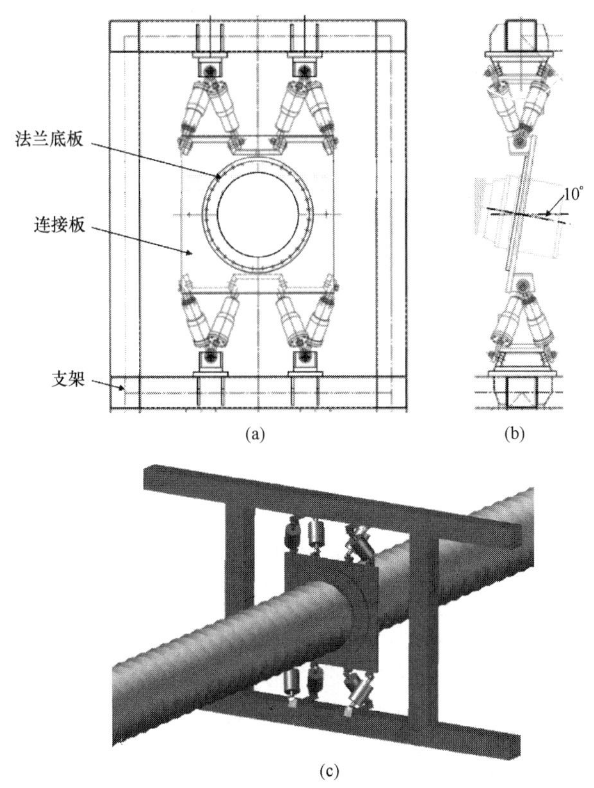


图 15-5 阻尼器布置方案

（a）安装正视图；（b）安装侧视图；（c）与穿墙套管连接示意图

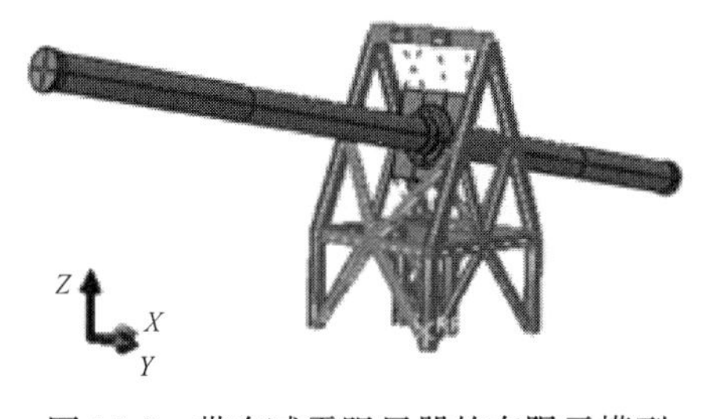


图 15-6 带有减震阻尼器的有限元模型

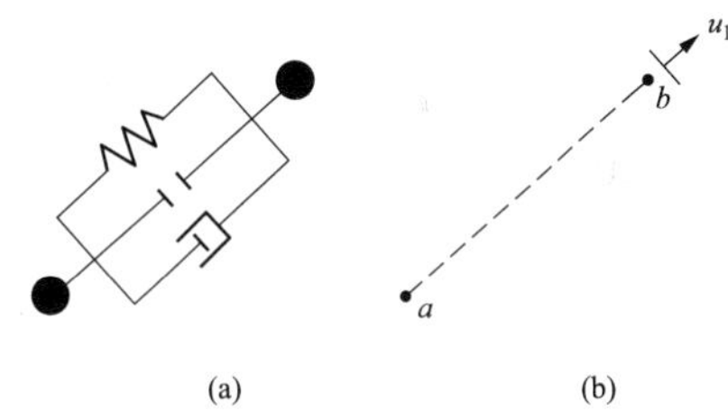


图 15-7 Axial 连接器模型

（a）简化力学模型；（b）连接器变形示意图

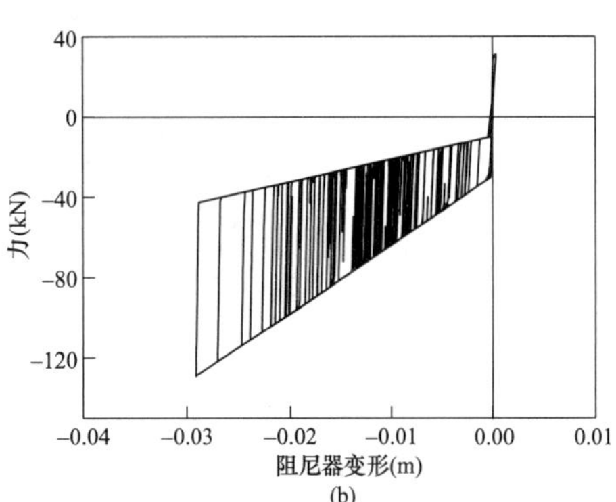

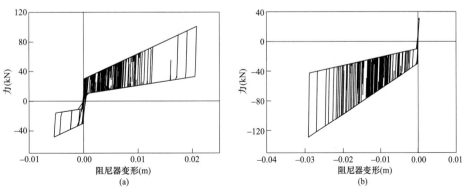


图 15-8 初始起滑力 30kN 下阻尼器的滞回曲线

（a）安装于上部的阻尼器的滞回曲线；（b）安装于下部的阻尼器的滞回曲线

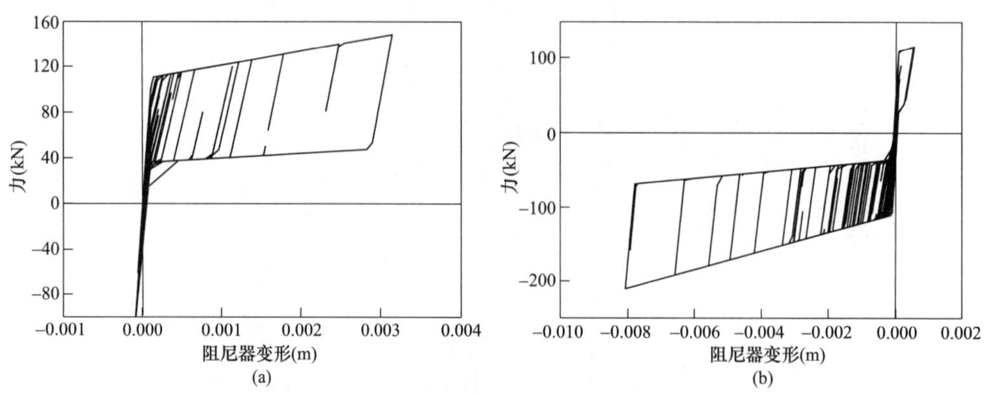


图 15-9 初始起滑力 110kN 下阻尼器的滞回曲线

(a) 安装于上部的阻尼器的滞回曲线；(b) 安装于上部的阻尼器的滞回曲线

阻尼器耗散的能量为地震过程中阻尼器滞回曲线围成面积的累积，地震输入总能量可以认为是整体结构的基底剪力对基底位移的积分。因此，提取 8 个阻尼器的滞回曲线数据，求出对应各个初始起滑力下阻尼器的总耗能曲线，提取整体结构的基底剪力和基地位移进行积分，求出对应各个初始起滑力下地震输入的总能量。其中，30kN 和 50kN 初始起滑力下阻尼器耗能能量和地震输入总能量，以及无阻尼器时地震输入总能量随地震波作用时间的变化趋势，如图 15-10 所示。各个初始起滑力下阻尼器耗能能量、地震输入总能量及结构自身耗散能量如图 15-11 所示。

由图 15-10 可见，在地震作用较强烈的区域，即地震波 5～25s 时间段内，阻尼器的耗能效果明显；而在地震作用较弱区段，即地震波 30～40s 时间段内，阻尼器几乎没有耗能，说明在该时间段内，阻尼器几乎没有发生滑动，验证了该阻尼器在小震下不滑动，大震下耗能效果明显的特征。

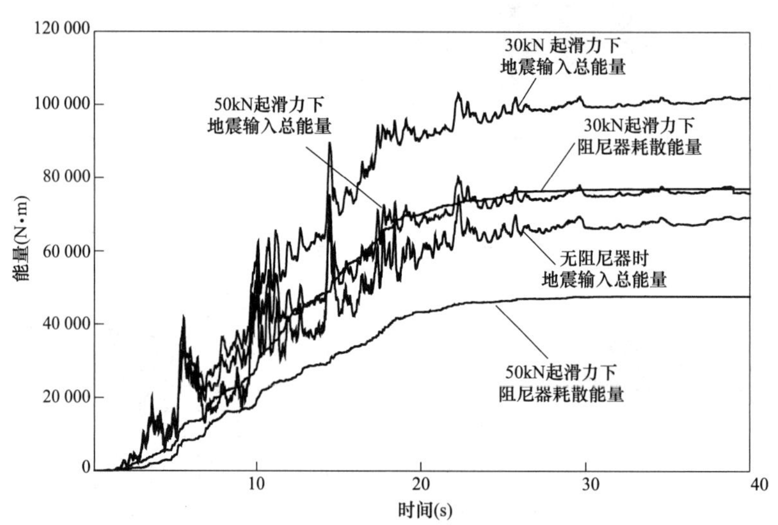


图 15-10 30、50kN 初始起滑力下地震输入总能量和阻尼器耗散能量随时间变化曲线

由图 15-11 可见：①当初始起滑力小于 70kN 时，随着阻尼器初始起滑力的增加，地震

输入总能量逐渐减小；但当初始起滑力大于 70kN 后，地震输入总能量变化不大。②当阻尼器的初始起滑力在 30～110kN 范围内，结构自身需要耗散的能量始终小于无阻尼器时结构需要耗散的能量。③随初始起滑力的增加，阻尼器耗散的地震能量依次减小，结构自身需要耗散的能量依次增大。对应于初始起滑力为 30、50、70、90kN 和 110kN，阻尼器耗散的能量占地震输入总能量的百分比依次为 76%、63%、50%、49%和 33%。

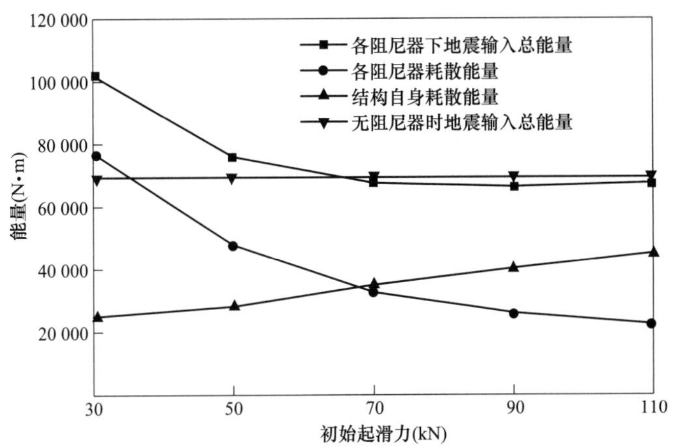


图 15-11　不同初始起滑力下地震输入总能量和阻尼器耗散能量

0.8$g$ 人工波作用下，各初始起滑力对应的穿墙套管的地震响应和阻尼器的最大相对位移见表 15-1。

**表 15-1**　　不同初始起滑力下穿墙套管及阻尼器地震响应

| 初始起滑力(kN) | 顶部加速度(m/s$^2$) | 顶部位移(m) | 根部应力(MPa) | 阻尼器最大相对位移(m) |
|---|---|---|---|---|
| 30 | 22.13 | 0.73 | 30.91 | 0.029 |
| 50 | 33.28 | 0.69 | 27.59 | 0.015 |
| 70 | 34.51 | 0.68 | 27.39 | 0.011 |
| 90 | 38.90 | 0.62 | 27.10 | 0.010 |
| 110 | 42.20 | 0.46 | 26.92 | 0.008 |

由表 15-1 可见：

1）在阻尼器的初始起滑力为 30kN 时，结构的基频较小，等于 0.37Hz，结构整体刚度较弱；当阻尼器的初始起滑力在 50～110kN 时，结构的基频维持在 0.84Hz。

2）随着阻尼器初始起滑力的增加，阻尼器发生的最大相对位移依次减小，结构的加速度响应依次增大，而位移和应力响应呈减小的趋势。

图 15-11 表明，随初始起滑力的增加，结构自身需要耗散的能量也增加，而表 15-1 中穿墙套管的位移和应力响应峰值却呈现减小的趋势。造成该现象的原因可以归为以下两条：①在相同的地震能量输入下，增大结构的刚度，结构的应力和位移响应会减小。②阻尼器的初始起滑力越大，在地震中阻尼器处于未滑动的状态越多，当阻尼器处于未滑动状态时，结构的刚度越大。故对应于阻尼器起滑力为 110kN 时，虽然穿墙套管需要耗散的能量较大，但由于阻尼器处于未滑动的状态较多，穿墙套管的位移和应力响应反而较小。

考虑到阻尼器的初始起滑力不宜过高，因此，结合穿墙套管的响应及阻尼器耗散能量的百分比，选取50～70kN 作为阻尼器较优的初始起滑力范围。

(2) 加载刚度。

为研究阻尼器的加载刚度对耗能的影响，设置阻尼器的初始起滑力为60kN，滞回耗能比例为66%不变，依次设置加载刚度为3.8、5.3、6.8、8.3kN/mm 和9.8kN/mm，计算穿墙套管和阻尼器的响应。其中，3.8 kN/mm 和5.3kN/mm 加载刚度下阻尼器耗散能量和地震输入总能量，以及无阻尼器时地震输入总能量随地震波作用时间的变化趋势如图15-12 所示。各个加载刚度下阻尼器耗散能量、地震输入总能量及结构自身耗散能量如图15-13 所示。

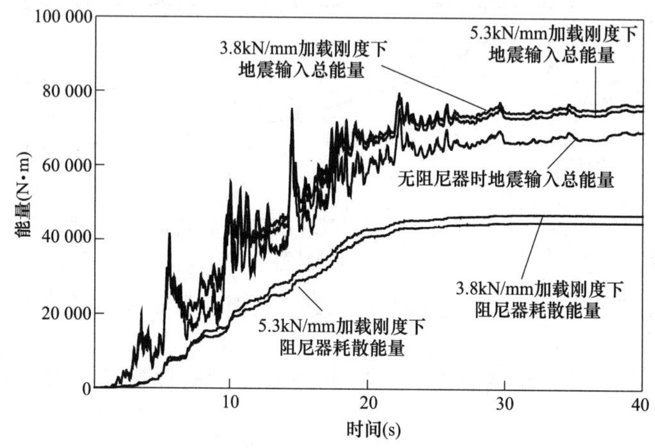


图 15-12　不同加载刚度下地震输入总能量和阻尼器耗散能量随时间变化曲线

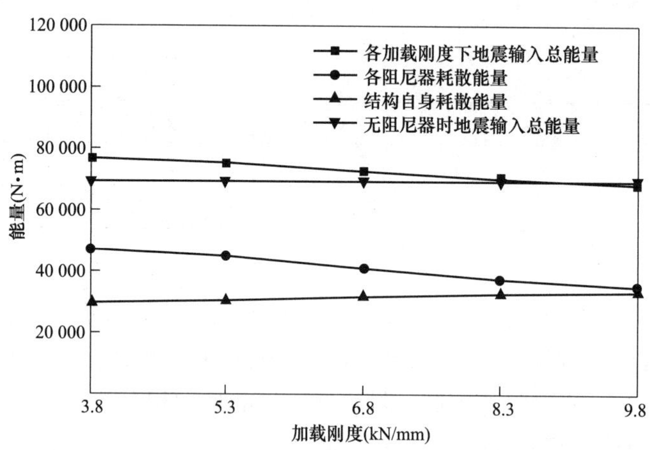


图 15-13　不同加载刚度下地震输入总能量和阻尼器耗散能量

由图15-13 可见，虽然随着加载刚度的增加，地震输入总能量和阻尼器耗散总能量呈减小趋势，结构自身需要耗散的能量呈增加趋势，但总体变化不大。随加载刚度的增大，地震输入总能量逐渐趋近于无阻尼器时地震输入的总能量。相应于3.8、5.3、6.8、8.3kN/mm 和9.8kN/mm 的加载刚度，阻尼器耗散的能量占地震输入总能量的百分比依次为61%、

60%、56%、53%和 51%。

0.8$g$ 人工波作用下，各加载刚度对应的穿墙套管的响应和阻尼器的最大相对位移见表 15-2。

**表 15-2　　不同加载刚度下穿墙套管及阻尼器响应**

| 加载刚度(kN/mm) | 顶部加速度(m/s$^2$) | 顶部位移(m) | 顶部应力(MPa) | 阻尼器最大相对位移(m) |
|---|---|---|---|---|
| 3.8 | 33.41 | 0.71 | 26.92 | 0.017 |
| 5.3 | 32.52 | 0.60 | 26.54 | 0.013 |
| 6.8 | 33.04 | 0.68 | 27.40 | 0.010 |
| 8.3 | 32.47 | 0.68 | 27.36 | 0.010 |
| 9.8 | 33.05 | 0.66 | 28.10 | 0.009 |

相应于图 15-13 中结构自身需要耗散的能量差别不大的情况，表 15-2 中，随加载刚度的增大，穿墙套管的应力响应整体呈增大趋势，但是峰值差别较小。可见，在确定的初始起滑力及阻尼器等效阻尼值的情况下，增大阻尼器的加载刚度对于阻尼器的耗能效果影响相对较小。

考虑到图 15-13 及表 15-2 的计算是以加速度峰值为 0.8$g$ 的人工波为峰值，当地震动加速度小于该值，例如 0.6$g$ 时，过高的加载刚度会减小阻尼器的耗能效果。故选取加载刚度为 4～8kN/mm。

(3) 等效阻尼。

为研究阻尼器的等效阻尼对耗能的影响，在 ABAQUS 中，设置阻尼器的初始起滑力为 60kN，加载刚度为 6.8kN/mm 不变，依次设置等效阻尼为 35%、45%、55%和 66%，计算穿墙套管和阻尼器的响应。其中，35%和 45%等效阻尼下阻尼器耗能能量和地震输入总能量、无阻尼器时地震输入总能量随地震波作用时间的变化趋势如图 15-14 所示。各个等效阻尼下阻尼器耗散能量、地震输入总能量及结构自身耗散能量如图 15-15 所示。

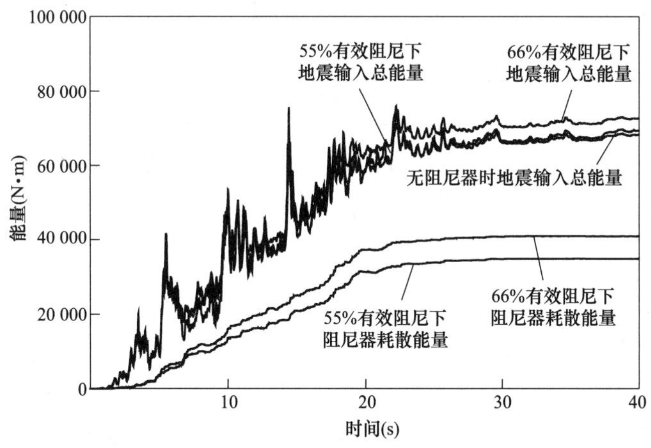


图 15-14　不同等效阻尼下地震输入总能量和阻尼器耗散能量随时间变化曲线

由图 15-14 可见，随着等效阻尼的增加，地震输入总能量和阻尼器耗散总能量呈增大趋

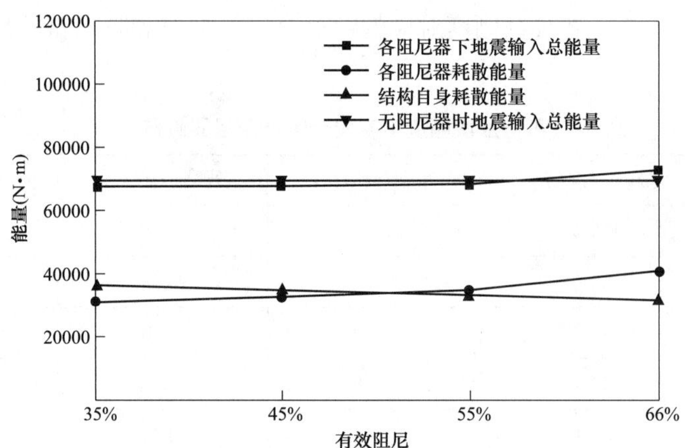


图 15-15　不同等效阻尼下地震输入总能量和阻尼器耗散能量

势，结构自身需要耗散的能量呈减小趋势，但总体变化不大。相应于 33%、45%、55% 和 66% 的等效阻尼，阻尼器耗散的能量占地震输入总能量的百分比依次为 46%、48%、51% 和 56%。

0.8$g$ 人工波作用下，各等效阻尼对应的穿墙套管的响应和阻尼器的最大相对位移见表 15-3。由表 15-3 可见，随阻尼器等效阻尼的增加，穿墙套管的地震响应整体呈减小趋势。因此，较高的等效阻尼能够更好地实现对结构的振动控制。

**表 15-3　　不同等效阻尼下穿墙套管及阻尼器响应**

| 等效阻尼(%) | 顶部加速度($m/s^2$) | 顶部位移(m) | 顶部应力(MPa) | 阻尼器最大相对位移(m) |
|---|---|---|---|---|
| 35 | 37.47 | 0.70 | 27.92 | 0.010 |
| 45 | 36.05 | 0.68 | 27.55 | 0.010 |
| 55 | 35.07 | 0.67 | 27.55 | 0.010 |
| 66 | 33.04 | 0.63 | 27.40 | 0.010 |

(4) 极限变形。

阻尼器的极限变形应大于阻尼器在设防烈度的地震中出现的最大变形，且应留有一定的冗余度，防止出现高于预期烈度的地震造成阻尼器破坏的情况。

### 15.2.2　减震效果分析

在实际工程中，通常会选用现有型号的阻尼器以降低成本和减少工期。当需求的滞回曲线不在提供的范围内时，可以通过对不同阻尼器的组装来达到要求。根据本书第 15.2.1 节的研究，结合阻尼器型号，分析所采用阻尼器的参数为：初始起滑力为 67kN，加载刚度为 5.9kN/mm，极限力为 550kN，极限位移为 0.818m。带有减震阻尼器的有限元模型如图 15-6 所示。对该有限元模型进行模态分析，前 4 阶特征频率，以及振型见表 15-4。

表 15-4 带减震阻尼器的穿墙套管前 4 阶振型及频率

| 振型 | 1 阶 | 2 阶 | 3 阶 | 4 阶 |
|---|---|---|---|---|
| 方向 | Y 向 | Z 向 | Y 向 | Z 向 |
| 振型 | 异向 | 异向 | 同向 | 同向 |
| 频率(Hz) | 0.95 | 1.54 | 2.94 | 3.00 |

对比表 8-1 和表 15-4 可见，由于减震装置的存在，穿墙套管的第 1 阶频率由 1.69Hz 降低为 0.95Hz，下降了 43%。相比于未减震时穿墙套管第 1、2 阶频率数值比较接近的情况，减震之后的穿墙套管前两阶频率数值差别较大。阻尼器两端以球铰的方式连接，在转动方向上没有约束，穿墙套管在地震作用下发生响应，阻尼器也会随之产生变形，在阻尼器内部相应地产生轴力，即在地震作用下减震装置实际上是全部由阻尼器的轴力来提供对于穿墙套管的约束。本方案中阻尼器的轴线安装方向与 Z 向夹角较小，穿墙套管根部沿 Y 向发生一定位移在阻尼器轴线方向的分量小于沿 Z 向发生相同位移在阻尼器轴向的分量，位移分量越小，产生的轴力约束越小，故减震装置在穿墙套管 Y 向的约束弱于 Z 向，因此，造成了 Y 向的频率小于 Z 向的现象。

1. 振动控制效果分析

计算选取两组天然波埃尔森特罗（EI-Centro）波和兰德斯（Landers）波，以及一组新松人工波，输入的地震波三向加速度峰值比为 Y∶X∶Z=1∶0.85∶0.65，计算穿墙套管在地震作用下的响应，并对比穿墙套管减震前后在相同地震激励下的加速度、位移及应力响应，其中 0.8$g$ 人工波作用下穿墙套管的响应时程图如图 15-16 所示。由图 15-16（a）加速度时程和图 15-16（c）应力时程可见，减震后穿墙套管的加速度和应力幅值在很大程度上得以减小；由图 15-16（b）位移时程可以看出，尽管减震后穿墙套管顶部位移幅值没有得到明显的减小，但减震装置的存在使得套管顶部位移的往复摆动频率明显减小。

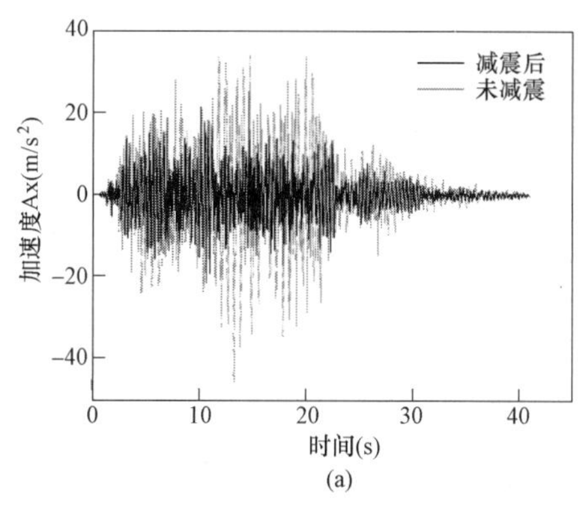


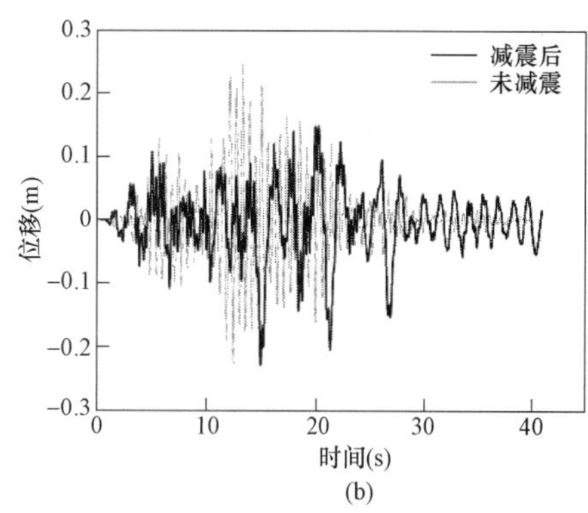


图 15-16 减震前后穿墙套管响应对比（一）

（a）外套管顶部加速度响应；（b）外套管顶部位移响应

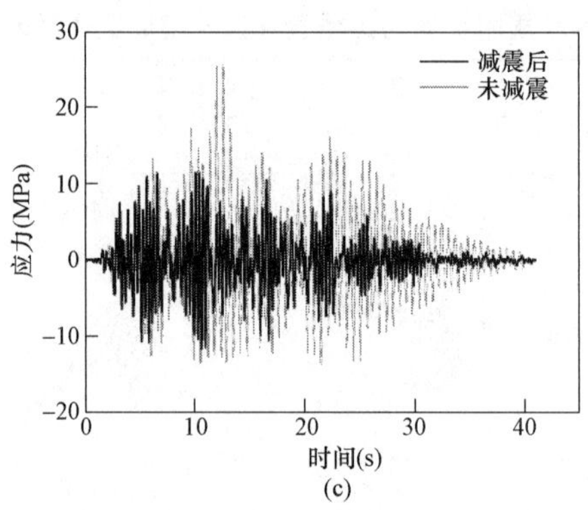


图 15-16 减震前后穿墙套管响应对比（二）
(c) 外套管根部应力响应

对比 3 条波作用下穿墙套管减震前后的地震响应，表 15-5 为未减震和减震后穿墙套管户外套管顶部最大加速度响应对比，表 15-6 为未减震和减震后外套管根部的最大应力响应对比，此处的应力仅为地震作用下的响应（未经荷载组合）。

**表 15-5 不同地震输入下户外套管顶部最大加速度减震效果**

| 输入波 | 分量 | 户外套管顶部加速度($m/s^2$) | | 减震率(%) |
|---|---|---|---|---|
| | | 未减震 | 减震 | |
| El-Centro | Ax | 13.94 | 12.80 | 8.18 |
| | Ay | 42.10 | 25.13 | 40.31 |
| | Az | 24.48 | 16.80 | 31.17 |
| 兰德斯（Landers）波 | Ax | 8.93 | 8.03 | 10.08 |
| | Ay | 42.74 | 25.70 | 39.87 |
| | Az | 18.46 | 12.67 | 31.37 |
| 人工波 | Ax | 18.53 | 13.24 | 28.55 |
| | Ay | 45.96 | 35.70 | 22.32 |
| | Az | 36.19 | 31.70 | 12.41 |

**表 15-6 各地震波作用下根部最大应力减震效果**

| 输入波 | 户外套管根部应力(MPa) | | 减震率(%) |
|---|---|---|---|
| | 未减震 | 减震 | |
| El-Centro | 15.72 | 6.42 | 59.16 |
| 兰德斯（Landers）波 | 17.48 | 8.67 | 50.40 |
| 人工波 | 28.95 | 13.44 | 53.58 |

由表 15-5 可见，安装金属摩擦阻尼器能有效降低穿墙套管顶部三向加速度幅值，主振方向（$Y$ 向）加速度峰值平均减小 34%，振动控制效果明显。

由表 15-6 可见，安装金属摩擦阻尼器能有效降低穿墙套管根部的最大应力，外套管根部应力平均降低 54%。在考虑 8.2 节所述的荷载组合之后，减震之后的穿墙套管根部总应力在人工波作用下为 30.44MPa，安全系数为 2.3，大于 1.67，符合规范要求（GB 50260—2013）。

2. 阻尼器性能

以 0.4$g$ 人工波下穿墙套管上方阻尼器和下方阻尼器受到的外力和产生的变形为例，绘制力—变形曲线，如图 15-17 所示。由图可见，由于穿墙套管重力的原因，下部阻尼器大部分处于受压状态，上部阻尼器大部分处于受拉状态。旗形滞回环面积所占加载曲线与位移横坐标围成梯形面积之比，为阻尼器的耗能效果。阻尼器两端在地震作用下发生往复运动，产生相对位移，位移过程中摩擦力做功将动能转化为热能，耗散了输入到穿墙套管的地震能量。

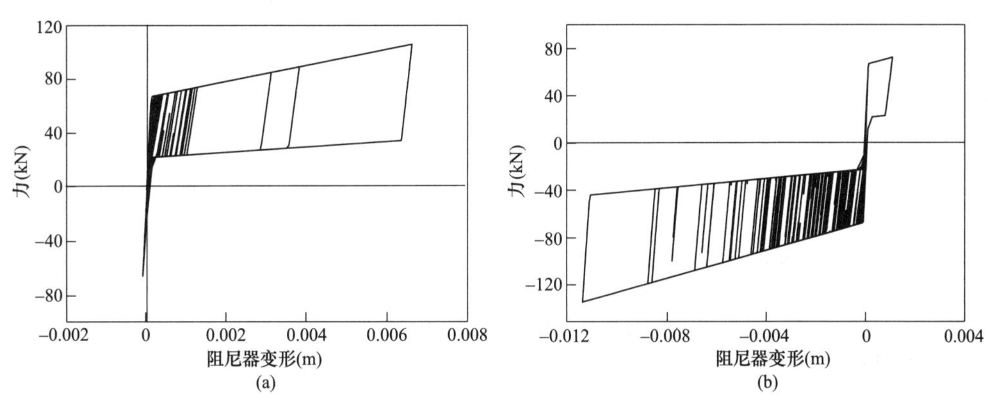


图 15-17　人工波下阻尼器力—位移曲线

（a）安装于上部的阻尼器的滞回曲线；（b）安装于上部的阻尼器的滞回曲线

## 15.3　穿墙套管减震前后振动台试验研究

针对第 15.2 节提出的穿墙套管减震装置，为验证其有效性及有限元计算的准确性，对带有减震装置的穿墙套管进行了振动台试验（Xie，et al. 2020；谢强等，2018），采用与数值仿真模拟相同的人工波作为输入，获取穿墙套管和阻尼器的真实地震响应，对响应特征及峰值进行分析，并与 8.3 节中介绍的未带有减震装置的穿墙套管振动台试验结果进行对比，确定减振装置的可行性，验证其减震效果。

### 15.3.1　试验概况

套管与减震装置一起安装于设计的刚性支架上，并锚固于振动台上，试验总体布置和坐标方向如图 15-18 所示。

1. 减震试验测点布置

（1）加速度计测点布置。

为获取穿墙套管在地震作用下的加速度响应，在穿墙套管内、外套管的端部及根部各布置三向加速度计 A1～A4；为考虑支架对穿墙套管的放大系数，在支架与穿墙套管安装中心同一高度处的位置布置三向加速度计 A5；为获取阻尼器在地震中的变形，沿阻尼器的轴向方向，在 8 个阻尼器的两端布置单向加速度计 A6～A13，以加速度积分的方式获得地震过程中阻尼器的相对变形，如图 15-19 所示。因此，整个体系共安装 31 个加速度传感器，部分加速度计的安装位置示意图如图 15-20 和图 15-21 所示。

图 15-18　带减震装置的穿墙套管振动台试验布置情况

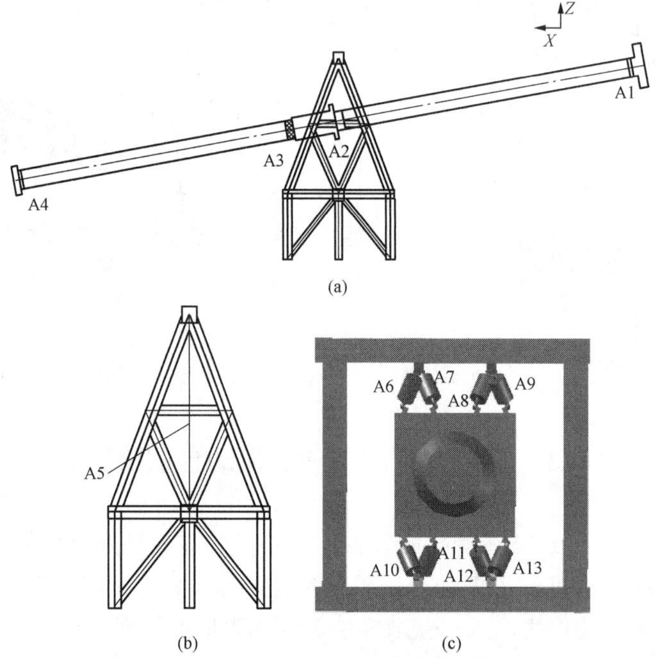


图 15-19　加速度计布置

(a)　　(b)

图 15-20　穿墙套管加速度计安装

(a) A1 加速度计；(b) A2 加速度计

(a)

(b)

图 15-21　A10 加速度计

(a) A10 上部加速度计；(b) A10 下部加速度计

(2) 应变计测点布置。

在内、外套管根部截面布置应变传感计，每个截面沿环向均匀布置 4 个应变片。整个体系共安装 8 个应变传感器。各传感器的布置如图 15-22 所示。

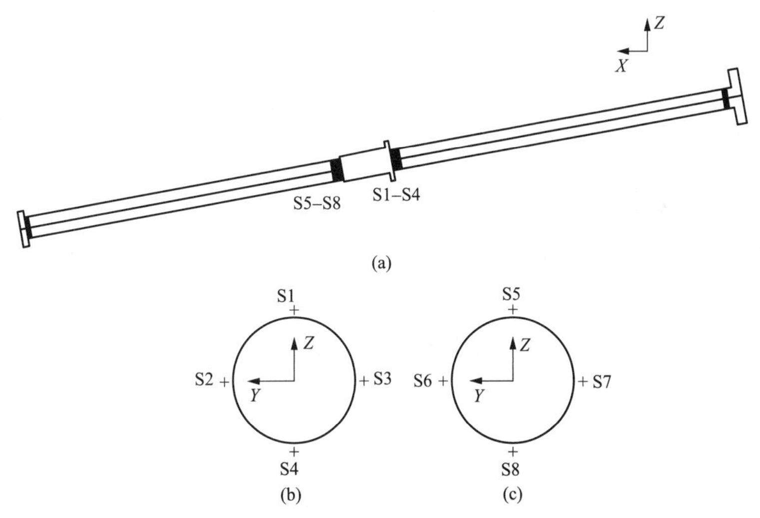


图 15-22　应变计测点布置

2. 减震试验地震波输入

试验采用白噪声和人工波两类地震激励。白噪声的频率范围为 0.1～50Hz，试验时，从 3 个方向同时输入，持续时间为 60s。人工波三向加速度均能覆盖该工程场地需求谱。本工程所在区域为 8 度设防，考虑变电设备重要性，提高 1 度设防，设计基本地震加速度峰值为 0.4$g$。

3. 减震试验工况

在该试验中，先输入峰值为 0.15$g$ 的地震波，根据 A5 加速度计的数据，确定支架对穿墙套管的实际放大系数为1.5。考虑到阀厅对穿墙套管的放大系数取为2（GB 50260—2013；IEEE Std 693—2018），取0.8*g*支架加速度放大系数作为目标峰值输入，试验的工况见表15-7。

表 15-7　　试验工况

| 工况 | 输入地震动 | *PGA*(g) |
|---|---|---|
| 1 | 白噪声 | 0.065*g* |
| 2 | 人工波 | 0.15*g* |
| 3 | 白噪声 | 0.065*g* |
| 4 | 人工波 | 0.8/1.5=0.533*g* |
| 5 | 白噪声 | 0.065*g* |

### 15.3.2　减震前后穿墙套管响应

在未减震的穿墙套管振动台试验中，实际的支架对穿墙套管的放大系数为1.2，即在0.2*g*人工波工况下，穿墙套管输入峰值为0.24*g*；在0.667*g*人工波工况下，穿墙套管输入峰值为0.8*g*。减震后的穿墙套管振动台试验中，实际的支架对穿墙套管的放大系数为1.5，即在0.15*g*人工波工况下，穿墙套管输入峰值为0.23*g*；在0.533*g*人工波工况下，穿墙套管输入峰值为0.8*g*。因此可认为未减震的0.2*g*和减震的0.15*g*为相同的输入，未减震的0.667*g*和减震的0.533*g*为相同的输入。因此，可对这两个工况下穿墙套管的响应进行对比。

1. 动力特性

根据白噪声工况下穿墙套管的响应来计算其传递函数，确定设备的自振频率。减震前、后穿墙套管的基频对比见表15-8。可见，减震装置的存在使穿墙套管的*Y*向基频下降约35%，*Z*向下降约19%。由半功率带宽法求得，穿墙套管在减震前*Y*向、*Z*向阻尼比约为1.14%和1.23%，在减震后*Y*向、*Z*向阻尼比约为3.01%和2.86%，阻尼得到明显增加。

表 15-8　　减震前、后穿墙套管频率对比　　(%)

| 方向 | 减震前（Hz） | 减震后（Hz） | 减小率 |
|---|---|---|---|
| *Y*向基频 | 1.56 | 1.01 | 35 |
| *Z*向基频 | 1.71 | 1.39 | 19 |

在第8章中已经提到，安装板的摆动放大效应对于穿墙套管地震响应影响巨大。减震装置的存在使得穿墙套管的面外摆动频率下降，但若面外摆动所占的成分太显著，则代表减震装置对于穿墙套管的约束不足。为了评估减震装置对于穿墙套管的约束刚度，需要获得目标峰值下穿墙套管各阶频率的参与成分。为此，对穿墙套管内外套管端部的加速度响应进行小波变换，其中小波基采用cmor小波，来获取穿墙套管的主要频率（王晓游，2018）。计算相应的时频图如图15-23所示。

由图15-22可见，在地震作用下，穿墙套管的*Y*向主要参与振型对应的频率为3.30Hz（最亮的位置对应的频率），*Z*向主要参与频率为3.27Hz，而对应于连接板摆动频率（1.01Hz及1.39Hz）的振型参与度很小。由此可见，安装了该减震装置后，穿墙套管的

面外摆动成分较小，证明该减震装置对穿墙套管能提供足够强的面外约束。

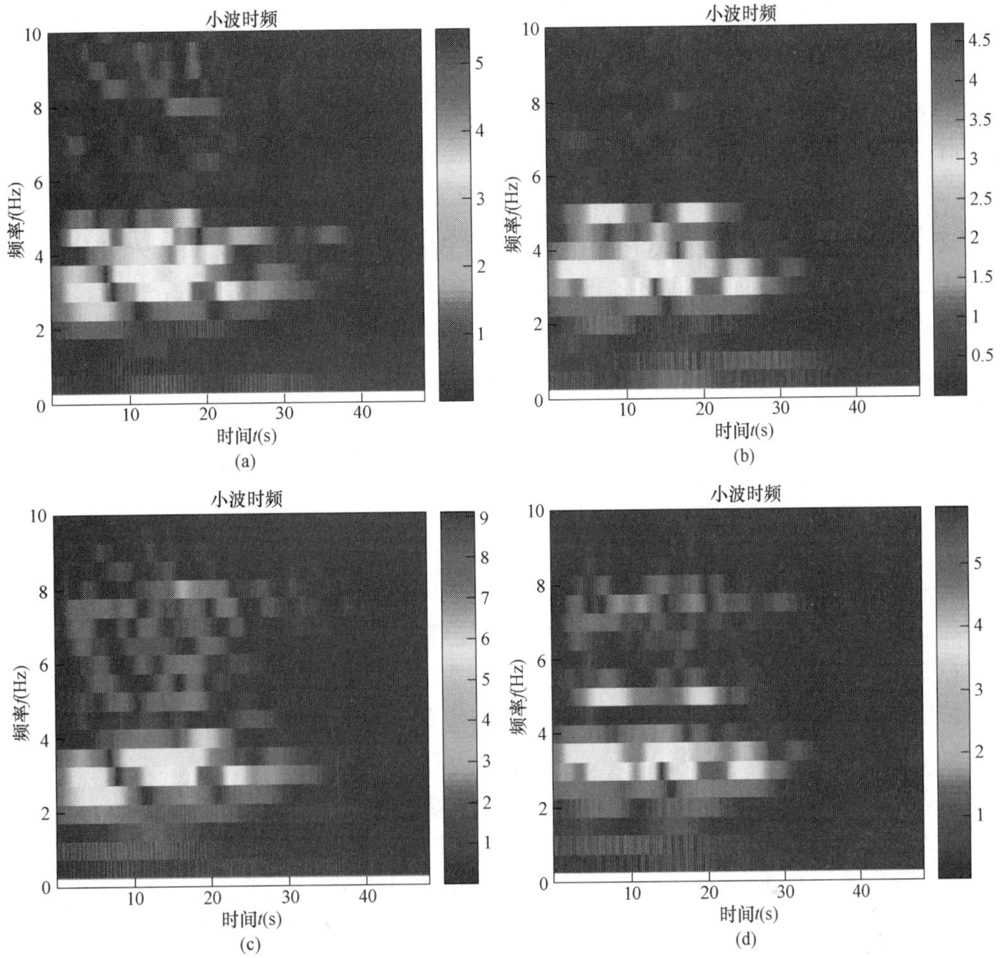

图 15-23　减震后目标峰值人工波下穿墙套管加速度响应时频

（a）外套管顶部 $Y$ 向加速度时频；（b）外套管顶部 $Z$ 向加速度时频；

（c）内套管顶部 $Y$ 向加速度时频；（d）内套管顶部 $Z$ 向加速度时频

2. 加速度响应

对各工况下穿墙套管减震前后的加速度响应进行对比，其中外套管的加速度响应对比及减震率见表 15-9。其中，由于减震试验中内套管顶部 $X$ 向的加速度计掉落，造成该位置 $X$ 向的数据丢失。

**表 15-9　　不同地震输入下穿墙套管顶部最大加速度减震效果**

| 工况 | 分量 | 外套管顶部加速度（$m/s^2$） | | | 内套管顶部加速度（$m/s^2$） | | |
|---|---|---|---|---|---|---|---|
| | | 减震前 | 减震后 | 减震率 | 减震前 | 减震后 | 减震率 |
| 0.15$g$<br>（0.15$g$×1.5=0.23$g$） | $A_X$ | 5.16 | 5.03 | 3% | 3.43 | — | — |
| | $A_Y$ | 15.75 | 10.58 | 33% | 19.38 | 13.03 | 33% |
| | $A_Z$ | 11.60 | 15.00 | −29% | 13.88 | 17.35 | −25% |

续表

| 工况 | 分量 | 外套管顶部加速度($m/s^2$) | | | 内套管顶部加速度($m/s^2$) | | |
|---|---|---|---|---|---|---|---|
| | | 减震前 | 减震后 | 减震率 | 减震前 | 减震后 | 减震率 |
| 0.533$g$ (0.533×1.5=0.8$g$) | $A_X$ | 14.63 | 10.39 | 29% | 18.16 | — | — |
| | $A_Y$ | 37.75 | 35.28 | 7% | 43.34 | 40.87 | 6% |
| | $A_Z$ | 38.56 | 31.56 | 18% | 39.53 | 36.46 | 8% |

由表15-9可见，在0.15$g$人工波工况下，减震装置的存在使得穿墙套管主振方向（$Y$向）上加速度得以减小，而$Z$向加速度反之增加。在0.533$g$人工波工况下，减震后穿墙套管的加速度响应都相应地得以减小，平均约减小10%。在小地震作用下，阻尼器大多数时刻处于未滑动状态，未滑动的阻尼器近似等于斜撑杆件，对穿墙套管具有较大的约束作用，由于阻尼器的安装方向与$Z$向接近，因此，在小震下阻尼器的存在使得$Z$方向上的约束较强时，可能会导致加速度的增加；而在大震下，阻尼器大多处于滑动状态，滑动状态的阻尼器刚度较小，对加速度响应会存在一定的削弱。

3. 位移响应

(1) 穿墙套管位移响应。

穿墙套管与直流场设备通过母线相连接，若位移过大，会对母线造成拉扯，故穿墙套管的位移在其抗震性能的评估中起着关键作用。在0.15$g$工况及目标峰值0.533$g$工况下，穿墙套管的位移响应见表15-10。在目标峰值0.533$g$下，内套管$X$向的加速度计发生脱落，造成此工况下该测点的数据丢失。

由表15-10可见，在未减震时，目标峰值下穿墙套管$Y$向最大位移为145mm，$Z$向最大位移为104.81mm，都发生在内套管一侧；减震之后，目标峰值下穿墙套管$Y$向最大位移为123.91mm，$Z$向最大位移为118.16mm，也相应地发生在内套管一侧。减震装置的存在使得穿墙套管的内、外套管在$Y$向的位移响应明显减小，而使得内套管在$Z$向的位移反而有所增加。地震过程中，阻尼器会发生相对滑动，带动穿墙套管发生位移，由于阻尼器的安装方向比较接近于$Z$向，因此，在$Z$向上发生的位移会响应增加，而$Y$向由于减震效果位移有所减小。

**表15-10　　不同地震输入下套管顶部位移减震效果**

| 工况 | 分量 | 外套管顶部位移（mm） | | | 内套管顶部位移（mm） | | |
|---|---|---|---|---|---|---|---|
| | | 未减震 | 减震 | 减震率 | 未减震 | 减震 | 减震率 |
| 0.15$g$ (0.15$g$×1.5=0.23$g$) | $D_X$ | 19.01 | 12.01 | 37% | 20.49 | — | — |
| | $D_Y$ | 62.10 | 42.29 | 32% | 57.57 | 38.03 | 34% |
| | $D_Z$ | 43.00 | 42.57 | 1% | 35.21 | 47.39 | −35% |
| 0.533$g$ (0.533×1.5=0.8$g$) | $D_X$ | — | 49.47 | — | 59.88 | — | — |
| | $D_Y$ | 137.77 | 100.53 | 27% | 145.00 | 123.91 | 15% |
| | $D_Z$ | 84.86 | 80.02 | 6% | 95.23 | 118.16 | −13% |

(2) 减震后安装板对穿墙套管动力特性的影响。

为了进一步确认安装板对于穿墙套管动力特性的影响，分析带有减震装置的穿墙套管在

$Y$、$Z$ 向上位移的组成成分，对穿墙套管提出如图 8-17 所示的力学模型，该模型对于外套管和内套管都适用。在如图 8-17 所示模型中，将穿墙套管的位移响应分为 3 个组成部分，包括由于阻尼器变形带动的穿墙套管平动位移分量 $d_1$，由于连接板面外摆动造成的穿墙套管刚体位移分量 $d_2$，以及穿墙套管自身弯曲造成的位移分量 $d_3$，形式如 8.3.4 节中的式（8-3）。

对 8 个阻尼器从左至右命名，上部 4 个依次为 1～4 号阻尼器，下部 4 个依次为 5～8 号阻尼器，如图 15-24 所示。

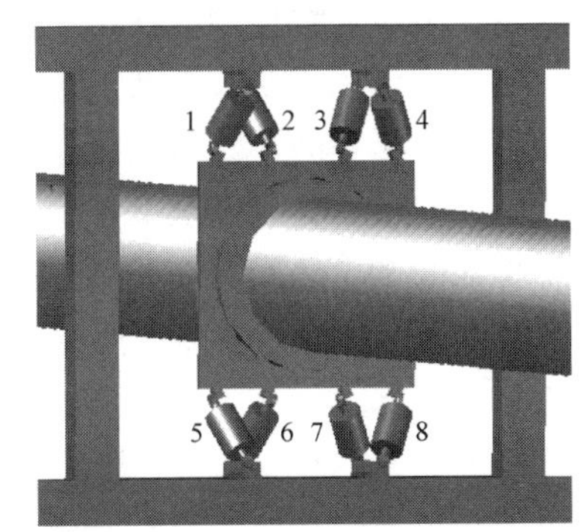

图 15-24　阻尼器布置及编号

对目标峰值下阻尼器两端的加速度响应进行积分，计算出各个阻尼器的轴向变形，见表 15-11。由于减震装置的 8 个阻尼器的安装具有对称的特征，因此，地震过程中呈对称位置的 8 个阻尼器的位移响应不应差别过大，5 号和 8 号阻尼器在安装位置上呈对称特征，而表 15-11 中 8 号阻尼器的位移明显远远大于 5 号阻尼器。考虑到这些数据是由加速度积分获得的，加速度计安装的微小偏差都会导致数据的失真，因此，可认为 8 号阻尼器的位移数据不可取，在以下的分析中仅采用前 7 个阻尼器的变形数据。

**表 15-11　　目标峰值下阻尼器最大位移响应**

| 阻尼器 | 1 号 | 2 号 | 3 号 | 4 号 | 5 号 | 6 号 | 7 号 | 8 号 |
|---|---|---|---|---|---|---|---|---|
| 变形(mm) | 26.7 | 6.5 | 7.1 | 20.1 | 18.2 | 15.6 | 14.3 | 78.9 |

进一步根据阻尼器和穿墙套管连接板的运动约束关系容易得到连接板的各运动分量，时程如图 15-25 所示。可见，在连接板的平动分量中，$Y$ 向平动最显著；在连接板的扭转分量中，$Z$ 向扭转最显著。

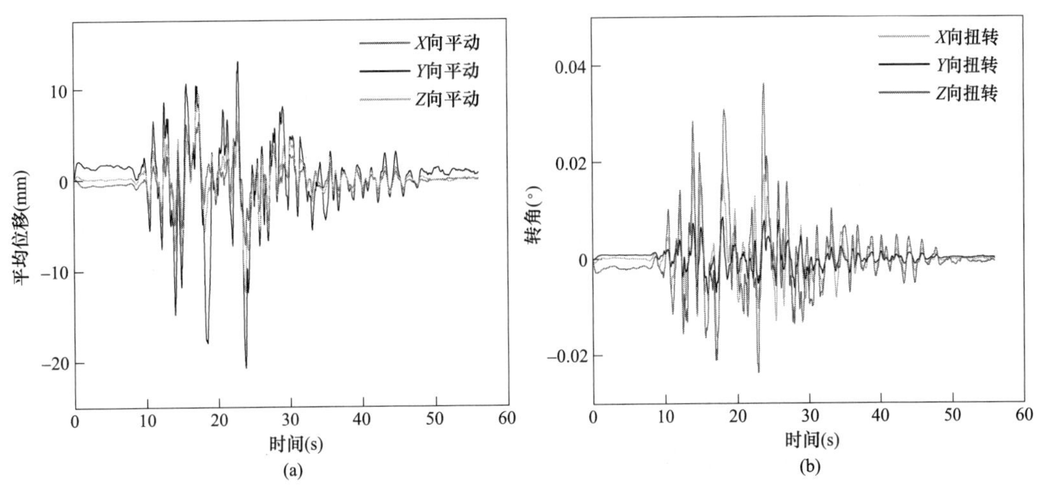

图 15-25　连接板位移分量

（a）连接板平动位移分量；（b）连接板扭转位移分量

计算得到连接板的平动位移和扭转位移，结合穿墙套管端部位移，可计算得出各成分在整体位移中所占的比例。在目标峰值下，穿墙套管最大位移响应发生在内套管，因此，对内套管 $Y$、$Z$ 向的位移响应进行分解，可得各分量位移。

在 $Y$ 向上，由于连接板平动位移造成的内套管端部位移峰值为 20.72mm，约占套管端部 $Y$ 向总位移峰值的 1/6；由于连接板扭转造成的位移相对较小，为 5.69mm，故在此减震方案下，由于连接板的面外摆动造成的套管位移相对较小，证明此减震方案具有较强的面外约束刚度。由于连接板平动造成的套管位移占有一定比例，故为减小穿墙套管的位移响应，可从控制连接板的平动为出发点。

在 $Z$ 向上，由于连接板平动位移造成的内套管端部位移为 12.40mm，约占套管端部总位移峰值的 1/10；由于连接板扭转造成的位移相对较小，为 1.61mm，在 $Z$ 向上的平动刚体位移在另一方面上反映了阻尼器的变形，平动位移越大，代表阻尼器变形越大。

4. 应力响应

穿墙套管复合材料的弹性模量为 17GPa，极限抗弯强度为 70.096MPa，为保证穿墙套管的复合材料不会在地震中发生破坏，要求应力的安全系数为 1.67。减震前、后穿墙套管根部应力响应对比见表 15-12。

**表 15-12　　不同地震输入下穿墙套管根部应力减震效果**

| 工况 | 应力(GPa) | 内套管 | | | 外套管 | | |
|---|---|---|---|---|---|---|---|
| | | 未减震 | 减震 | 减震率 | 未减震 | 减震 | 减震率 |
| 0.15$g$<br>(0.15$g$×1.5=0.23$g$) | 地震应力 | 11.24 | 4.73 | 58% | 12.23 | 5.27 | 57% |
| | 组合应力 | 28.24 | 21.73 | | 29.23 | 22.27 | |
| | 安全系数 | 2.48 | 3.23 | | 2.40 | 3.15 | |
| 0.533$g$<br>(0.533×1.5=0.8$g$) | 地震应力 | 27.02 | 10.25 | 62% | 31.19 | 11.25 | 64% |
| | 组合应力 | 44.02 | 27.25 | | 48.19 | 28.25 | |
| | 安全系数 | 1.59 | 2.57 | | 1.45 | 2.48 | |

由表 15-12 可见，未减震时，在目标峰值人工波下，穿墙套管内、外套管的应力响应达到 27.02MPa 和 31.19MPa，考虑重力、风荷载及内部压强作用产生的应力后，总应力为 44.02MPa 和 48.19MPa，相应的安全系数为 1.59 和 1.45，小于 1.67，表明穿墙套管的应力响应不符合抗震要求。而减震之后，在目标峰值人工波作用下，穿墙套管内套管根部最大弯曲应力为 10.25MPa，外套管为 11.25MPa，组合其余应力之后，总应力为 27.25MPa 和 28.25MPa，相应的安全系数为 2.57 和 2.48，大于 1.67，表明安装了减震装置后的穿墙套管满足抗震要求。

表 15-12 的两个工况下穿墙套管内、外套管的根部应力平均减小了 60%左右，证明了该减震装置的有效性。安装了减震装置后的穿墙套管符合抗震要求。

### 15.3.3 试验与数值仿真模拟结果对比

本节为了分析数值仿真模拟计算结果与实际响应的差别，通过振动台足尺试验获得的抗震后穿墙套管的地震响应，与由 Abaqus 有限元计算的结果进行对比，验证数值仿真中采用的阻尼器简化模拟方式的有效性。

由于减震试验中只测定了穿墙套管在人工波输入下的响应，因此，只能通过对比人工波下穿墙套管加速度、位移和应力响应，来验证有限元计算结果。套管频率对比见表 15-13，内套管加速度响应对比见表 15-14，位移响应对比见表 15-15，应力响应对比见表 15-16，各个阻尼器在地震中的变形见表 15-17。表中负号表示有限元值小于试验值，正号代表有限元值大于试验值。

**表 15-13　　穿墙套管前四阶振型及频率**

| 振型 | 1 阶 | 2 阶 | 3 阶 | 4 阶 |
|---|---|---|---|---|
| 方向 | $X$ 向 | $Z$ 向 | $X$ 向 | $Z$ 向 |
| 有限元频率（Hz） | 0.95 | 1.54 | 2.94 | 3.00 |
| 试验频率（Hz） | 1.01 | 1.39 | 3.27 | 3.30 |
| 误差 | −6% | 10% | −10% | −9% |

**表 15-14　　试验和数值仿真模拟加速度响应对比**

| 输入波 | 分量 | 内套管顶部加速度（$m/s^2$） | | 误差 |
|---|---|---|---|---|
| | | 有限元 | 试验 | |
| 人工波 | $A_X$ | 15.26 | — | — |
| | $A_Y$ | 37.21 | 40.87 | −9% |
| | $A_Z$ | 33.59 | 36.46 | −8% |

**表 15-15　　试验和数值仿真模拟位移响应对比**

| 输入波 | 分量 | 内套管顶部位移（mm） | | 误差 |
|---|---|---|---|---|
| | | 有限元 | 试验 | |
| 人工波 | $D_x$ | 45.96 | — | — |
| | $D_y$ | 128.59 | 123.91 | 4% |
| | $D_z$ | 98.51 | 118.16 | −17% |

**表 15-16　　试验和数值仿真模拟应力响应对比**

| 输入波 | 内套管根部应力（MPa） | | 误差 |
|---|---|---|---|
| | 有限元 | 试验 | |
| 人工波 | 12.06 | 10.25 | 18% |

**表 15-17　　试验和数值仿真模拟阻尼器最大位移响应对比**　　mm

| 阻尼器编号 | 1 号 | 2 号 | 3 号 | 4 号 | 5 号 | 6 号 | 7 号 |
|---|---|---|---|---|---|---|---|
| 数值仿真 | 26.7 | 6.5 | 7.1 | 20.1 | 18.2 | 14.6 | 13.3 |
| 试验 | 23.8 | 6.3 | 6.7 | 18.9 | 17.5 | 13.7 | 14.1 |
| 误差 | 12% | 3% | 6% | 6% | 4% | 7% | 6% |

由表 15-13 可见，由数值仿真模拟计算得到的带有减震装置的穿墙套管频率中，第 1 阶频率与试验结果最接近，误差约为 6%；第 2 阶频率与试验结果误差最大，最大误差为

10%。由表 15-14～表 15-16 可见，数值仿真模拟计算得到的带有减震装置的穿墙套管在地震下的响应与试验结果最小误差为 4%，最大误差为 18%，整体误差在可接受范围内。由表 15-17 可见，数值仿真模拟计算得到的阻尼器最大响应与试验误差最小为 3%，最大为 12%。

图 15-26 进一步对比了有限元模拟和试验测量得到的穿墙套管各关键位置的地震响应时程曲线，包括内套管端部沿 $Y$ 向的加速度和位移时程，以及外套管的根部应变时程。可见，有限元计算得到的响应时程曲线与试验测量得到的时程曲线吻合良好。

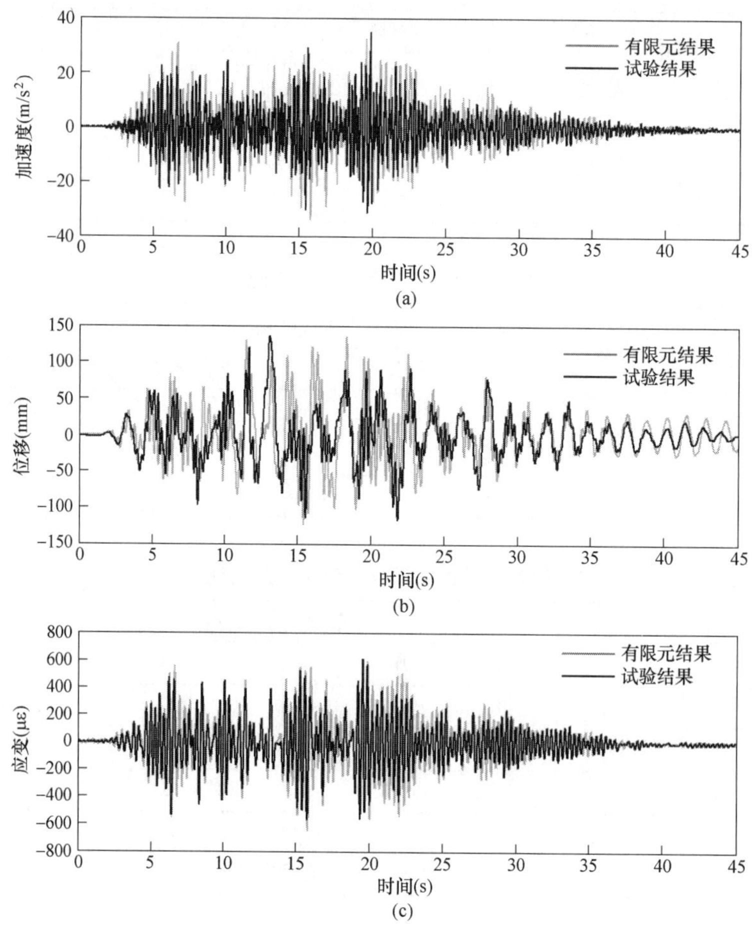


图 15-26　试验和数值响应时程曲线对比

(a) 加速度；(b) 位移；(c) 应变

综上可认为，该有限元中使用的 Axial 单元能够有效地模拟该阻尼器，建立的数值仿真模型能够比较准确地模拟真实结构。

## 15.4　工　程　案　例

经过 15.3 节的振动台试验研究验证了所提出的阻尼减震装置能够切实有效地减轻穿墙套管在地震作用下的动力响应，且该阻尼减震装置并不需要改变套管及连接金具的结构和尺寸，仅需要对其安装框架进行重新设计。本节结合一个位于地震高烈度地区的特高压换流站，具体介绍了针对特高压直流穿墙套管的抗震设计和施工安装工程实例。

### 15.4.1　减震设计的背景

为了解决我国能源分布和电力需求不平衡的问题，需要建设大量特高压输电线路，以完成“西电东送”任务。而我国西南部地区是高烈度地震频发区域，为了保障该地区特高压直流输电工程的安全平稳运行，穿墙套管等关键的电气设备需要满足更高的抗震要求。

本工程抗震设计案例位于我国云南省，地震设防烈度为 8 度，考虑变电设备的重要性，提高 1 度设防，设计基本地震加速度峰值为 0.4$g$。加固设计的对象为某±800kV 特高压穿墙套管（设备总重约 8.8t，总长约 21m，其中外套管长约 11m，内套管长约 8.5m，套管外径为 0.75m），传统的设计和安装方式如图 15-27 所示。但经过第 8 章节的有关计算评估和试验研究发现，按照原有设计该套管不能满足工程所在地区的抗震设计要求，因此，需要对其进行专门的抗震加固改造或减震设计，以提高其抗震性能。

图 15-27　特高压穿墙套管传统的设计和安装方式

### 15.4.2　减震设计的要点

在尽量不改变原有的阀厅结构设计，以及不改变选定的穿墙套管设备型号的前提下，决定采用本章提出的消能减震装置将穿墙套管的地震响应减小到我国规范规定的限值以下（GB 50260—2013）。该方案的好处还包括不影响工程建设的工期，其他相邻设备或结构也不会受到任何影响。

对减震装置中的阻尼器布置角度和阻尼器参数进行分析，以确定最优的抗震设计参数，结合现有阻尼器型号，最终确定针对该工程穿墙套管实际所采用的阻尼器参数为：初始起滑力为67kN，加载刚度为5.9kN/mm，极限力为550kN，极限位移为0.818m，布置方式如图15-5所示。经计算分析发现，采用设计的消能减震装置后能够大幅度地减小穿墙套管的地震响应，使其满足工程所在地区的抗震设计要求。因此，可将其运用于该换流站的实际建造中。

需要注意，为了满足减震装置的安装要求，同时保证穿墙套管与阀厅之间在地震作用下的可靠连接，需要在原有设计基础上对阀厅山墙安装位置的钢框架和穿墙套管的安装板进行重新设计：即在原有钢框架横梁上焊接稳固的阻尼器基座，同一个阻尼器基座上可以连接两个呈交叉状布置的阻尼器；在穿墙套管安装板上焊接稳固的呈波纹状结构的阻尼器连接座，且保证与阻尼器基座之间的距离符合选用阻尼器的连接尺寸和设计的连接角度。设计的阻尼减震装置在实际工程中的安装与应用如图15-28所示。

图15-28　所提出的针对穿墙套管的阻尼减震装置在实际工程中的安装与应用

## 15.5 小　　结

本章通过能量法对减震装置进行设计，以及参数的选取，通过数值仿真模拟方法计算减震前后穿墙套管的地震响应并进行对比，计算其减震效率，最后通过对带有减震装置的穿墙套管振动台试验的分析，验证减震装置的有效性和有限元模型的准确性。本章工作主要得到了如下的关键性结论：

（1）振动台试验结果表明，地震作用下由于连接板的面外摆动造成的套管位移相对较小，该减震方案具有较强的面外约束刚度；而由于连接板平动造成的套管位移约占总位移的1/6。为减小穿墙套管的位移响应，可进一步控制连接板的平动位移。减震后，穿墙套管的内、外套管在水平方向上的位移响应由于减震效果而明显减小，但由于阻尼器的变形会导致穿墙套管在竖向上的位移增大。

（2）振动台试验结果表明，穿墙套管在减震后，内、外套管的根部应力平均减小了60%左右，说明该减震装置可以有效减小穿墙套管在地震下的应力响应。减震前，穿墙套管应力安全系数为1.45，小于1.67，不满足抗震要求；安装了减震装置后的穿墙套管安全系数为2.48，满足我国规范GB 50260—2013中安全系数1.67的抗震要求。

（3）振动台试验结果表明，建立的数值仿真模型能够比较准确地模拟带有减震装置的穿墙套管地震响应特征，其中频率的最大计算误差为15%，响应的最大计算误差为18%，小于20%，在可接受范围内。

# 第16章

# 在运变电站抗震改造实例

对于在运行的变电站，其设计和施工过程已经完成考核，为了进一步提高其抗震性能，需要对其中重点的电气设备进行抗震改造。考虑到变电站的实际情况，选择的抗震改造方式为使用钢丝绳阻尼器进行隔震改造（如图16-1所示），使用惯容系统进行减震改造。

钢丝绳阻尼器具有张力硬化和压缩软化行为，在转动和平动方向具有非线性滞回耗能特性，利用钢绞线之间的摩擦移动可以很好地消耗大量的地震输入能量。惯容器作为一种新型的被动控制减震装置，具有两端点连接、可调谐、可实现较大的质量放大效应等优势，其与阻尼器共同使用组成惯容系统，可以提高阻尼器的能量耗散效率，如图16-2所示。

图16-1　钢丝绳阻尼器实物

图16-2　惯容系统实物

通过对电气设备进行有限元模拟与现场试验测试获得相关参数，设计所需的钢丝绳阻尼器与惯容系统对在运行的3台避雷器、1台电流互感器、1台电抗器完成了隔震改造，对在运行的1台断路器完成了减震改造。

## 16.1　避雷器现场改造

避雷器改造的施工流程中，首先拆除避雷器螺栓和连接导线，使用吊车将避雷器吊离原位置，吊至地面暂放；接下来拆除避雷器底部槽钢，磨平钢平台，吊装钢丝绳阻尼器，对钢丝绳阻尼器进行对中与调平之后进行焊接；之后，吊装避雷器至钢丝阻尼器上，连接避雷器底部螺栓，处理焊缝并涂漆，连接避雷器上部导线；最后，对改造后的避雷器进行电气功能检测，如图 16-3～图 16-8 所示。

图 16-3　改造前的避雷器

图 16-4　拆除避雷器螺栓和连接导线

图 16-5　吊离避雷器

图 16-6　安装钢丝绳阻尼器

图 16-7　吊装避雷器

图 16-8　改造后的避雷器

## 16.2 电流互感器现场改造

电流互感器改造的施工流程中，首先拆除电流互感器螺栓和连接导线，使用吊车将电流互感器吊离原位置，吊至地面暂放；接下来拆除连接槽钢，保留钢平台，分离长槽钢的连接并焊接同等规格槽钢，在电流互感器基座处布置钢板；之后，吊装钢丝绳阻尼器，对钢丝绳阻尼器进行对中与调平之后进行焊接，同时初步焊接加劲肋，吊装加强后的钢平台，确定钢平台的位置并进行初步焊接；接着吊装电流互感器，连接电流互感器底部螺栓，对之前的初步焊接的焊缝进行加强和补齐，补全焊接钢平台底部角钢和顶部平台，处理焊缝并涂漆，连接电流互感器导线，最后对电流互感器进行电气功能检测，如图 16-9～图 16-14 所示。

图 16-9　改造前的电流互感器

图 16-10　拆除连接槽钢，保留钢平台

图 16-11　增加加强槽钢焊接

图 16-12　吊装钢丝绳阻尼器

图 16-13　焊接加劲肋

图 16-14　改造后的电流互感器

## 16.3　电抗器现场改造

电流互感器改造的施工流程中，首先拆除电流互感器导线连接，使用切割的方式拆除底座，使用吊车将电抗器吊离原位置，吊至地面暂放；接下来将基底磨平，制作支座底板，确定阻尼器底板与基座板位置并调平；在原位置上焊接钢丝绳阻尼器底板，安装钢丝绳阻尼器并调平顶板；吊装回电抗器，使电抗器中心点与钢丝绳阻尼器合板的中心点重合并焊接；之后，拆除角钢连接换成绝缘材料以保证电气功能，安装导线，清理底座焊缝并进行防锈蚀处理，涂漆；最后，对电抗器进行电气功能检测，如图 16-15～图 16-20 所示。

图 16-15　改造前的电抗器

图 16-16　吊离电抗器

图 16-17 焊接基座底板与预埋件

图 16-18 安装钢丝绳阻尼器

图 16-19 绝缘处理

图 16-20 改造后的电抗器

## 16.4 断路器现场改造

惯容系统对结构的减震作用具有方向性，分别安装惯容系统控制断路器在结构平面内方向的运动，与正交于断路器结构平面的平面外方向的运动。

### 16.4.1 断路器在平面内方向改造

断路器在面外方向进行改造的施工流程为：首先焊接槽钢平台，使用螺栓连接导向定滑轮与支座，将支座与槽钢焊接；接下来使用螺栓连接角钢与柱腿顶板，使用螺栓在角钢上连接钢丝绳吊环；之后使用螺栓将惯容器和防护箱体连接在槽钢上，并涂防水胶；拉结钢丝绳，通过花篮螺栓施加预应力；清理焊缝并进行防锈蚀处理，涂漆，如图 16-21～图 16-26 所示。

### 16.4.2 断路器在平面外方向改造

断路器在面内方向进行改造的施工流程：首先焊接工字钢平台，使用螺栓连接导向定滑轮与支座，将支座与工字钢焊接；接下来使用螺栓连接角钢与柱腿底板，使用螺栓在角钢上连接钢丝绳吊环；之后使用螺栓将惯容器和防护箱体连接在工字钢上，并涂防水胶；拉结钢丝绳，通过花篮螺栓施加预应力；清理焊缝并进行防锈蚀处理，涂漆，最后对断路器进行电气功能检测，如图 16-27～图 16-31 所示。

图 16-21 改造前的断路器

图 16-22 焊接槽钢平台

图 16-23 安装定滑轮

图 16-24 安装钢丝绳吊环

图 16-25 安装惯容器

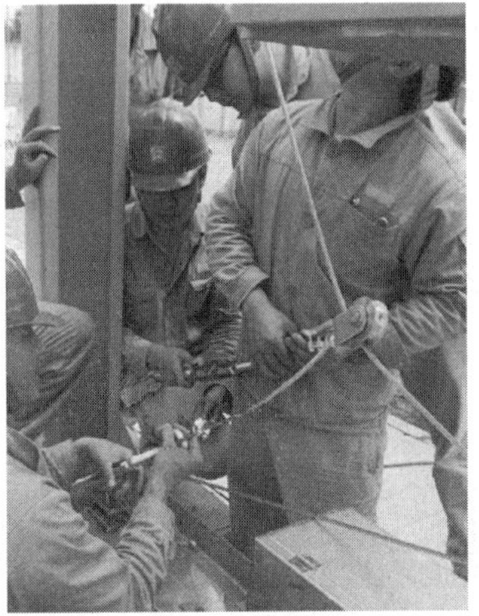

图 16-26 张紧钢丝绳

图 16-27　焊接工字钢平台

图 16-28　安装惯容器

图 16-29　安装防护箱体

图 16-30　张紧钢丝绳

(a)

(b)

图 16-31　改造后的断路器

(a) 安装平面内惯容系统后；(b) 安装平面外惯容系统后

## 16.5　小　　结

使用钢丝绳阻尼器对多种电气设备的中间层进行隔震改造，避免了基底隔震方案所需的大量施工工作，在降低经济成本的同时也避免了基础重新安装过程中可能产生的安全问题。使用惯容系统对断路器进行减震改造，避免了对原有基础进行施工；通过焊接安装少量构件，实现原结构与惯容系统的稳定连接，并充分利用了断路器结构下部的空间。通过对改造前、后各电气设备的原位动力测试进行比较可知，改造后的电气设备的抗震性能均有提升。本次改造在一个检修周期内完成，对变电站正常运行的影响较小。

# 参 考 文 献

[1] 程永锋，邱宁，卢智成，等．硬管母线连接的1000kV避雷器和电容电压式互感器抗震性能振动台试验[J]. 高电压技术，2014，40（12）：3882-3887.

[2] 国家地震局．中国地震烈度区划图［M]. 地震出版社，2017.

[3] 刘如山，刘金龙，颜冬启，等．芦山7.0级地震及电力设施震害调查分析［J]. 自然灾害学报，2013，22（05）：83-90.

[4] 谢强，王亚非，朱瑞元．不同垂度导线连接变电站实体耦联设备振动台试验研究［J]. 地震工程与工程振动，2011，31（01）：67-73.

[5] Bellorini S, Salvetti M, Bettinali F, et al. Seismic qualification of transformer high voltage bushings [J]. IEEE Transactions on power delivery, 1998, 13 (4): 1208-1213.

[6] Filiatrault A, Kremmidas S. Seismic interaction of interconnected electrical substation equipment [J]. Journal of structural engineering, 2000, 126 (10): 1140-1149.

[7] Filiatrault A, Matt H. Experimental seismic response of high-voltage transformer-bushing systems [J]. Earthquake Spectra, 2005, 21 (4): 1009-1025.

[8] Filiatrault A, Stearns C. Seismic response of electrical substation equipment interconnected by flexible conductors [J]. Journal of Structural Engineering-ASCE, 2004, 130 (5): 769-778.

[9] Filiatrault A, Stearns C. Flexural properties of flexible conductors interconnecting electrical substation equipment [J]. Journal of Structural Engineering, 2005, 131 (1): 151-159.

[10] Fujisaki E, Takhirov S, Xie Q, et al. Seismic vulnerability of power supply: Lessons learned from recent earthquakes and future horizons of research [C]. Proc., 9th Int. Conf. on Structural Dynamics, Porto, Portugal EURODYN, 2014: 345-350.

[11] Ghalibafian H, Bhuyan G S, Ventura C, et al. Seismic behavior of flexible conductors connecting substation equipment-part II: shake table tests [J]. IEEE Transactions on Power Delivery, 2004, 19 (4): 1680-1687.

[12] Karami Mohammadi R, Pourkashani Tehrani A. An investigation on seismic behavior of three interconnected pieces of substation equipment [J]. IEEE Transactions on Power Delivery, 2014, 29 (4): 1613-1620.

[13] Kiureghian A D, Neuenhofer A. Response spectrum method for multi-support seismic excitations [J]. Earthquake Engineering & Structural Dynamics, 1992, 21 (5): 471-495.

[14] Kwasinski A, Eidinger J, Tang A, et al. Performance of electric power systems in the 2010-2011 Christchurch, New Zealand, earthquake sequence [J]. Earthquake Spectra, 2014, 30 (1): 205-230.

[15] Mosalam K M, Günay S, Takhirov S. Response evaluation of interconnected electrical substation equipment using real-time hybrid simulation on multiple shaking tables [J]. Earthquake Engineering & Structural Dynamics, 2016, 45 (14): 2389-2404.

[16] Moustafa M A, Mosalam K M. Substructured Dynamic Testing of Substation Disconnect Switches [J]. EARTHQUAKE SPECTRA, 2016, 32 (1): 567-589.

[17] Paolacci F, Giannini R. Seismic Reliability Assessment of a High-Voltage Disconnect Switch Using an Effective Fragility Analysis [J]. JOURNAL OF EARTHQUAKE ENGINEERING, 2009, 13 (2): 217-235.

[18] Villaverde R, Pardoen G C, Carnalla S. Ground motion amplification at flange level of bushings mounted on electric substation transformers [J]. Earthquake Engineering & Structural Dynamics, 2001, 30 (5): 621-632.

[19] Whittaker A S, Fenves G L, Gilani A S J. Seismic evaluation and analysis of high-voltage substation disconnect switches [J]. Engineering Structures, 2007, 29 (12): 3538-3549.

[20] Xie Q, Zhu R Y. Damage to electric power grid infrastructure caused by natural disasters in China [J]. IEEE Power and Energy Magazine, 2011, 9 (2): 28-36.

[21] Zareei S A, Hosseini M, Ghafory-Ashtiany M. Evaluation of power substation equipment seismic vulnerability by multivariate fragility analysis: A case study on a 420kV circuit breaker [J]. Soil Dynamics and Earthquake Engineering, 2017, 92: 79-94.

[22] Gilani A S, Whittaker A S, Fenves G L, et al. Seismic evaluation and analysis of 230-kV disconnect switches [R]. Berkeley: PEER, 2000.

[23] Gilani A S, Chavez J W, Fenves G L, et al. Seismic evaluation of 196kV porcelain transformer bushings [R]. California: Pacific Earthquake Engineering Research Center, University of California at Berkeley, 1998.

[24] Wilcoski J, Smith S J. Fragility testing of a power transformer bushing: Demonstration of CERL equipment fragility and protection procedure [R]. Champaign, Illinois: US Army Corps of Engineers Construction Engineering Research Laboratories, 1997.

[25] Stearns C, Filiatrault A. Electrical substation equipment interaction-experimental rigid conductor studies [R]. Pacific Earthquake Engineering Research Center, University of California at Berkeley, 2003.

[26] 東京電力株式会社. 東北地方太平洋冲地震に伴う電気設備の停電復旧紀録 [R]. 東京: 東京電力株式会社, 2013.

[27] 梅柳. 500kV 大型变压器震害机理与抗震性能分析 [D]. 上海: 同济大学, 2009.

[28] 曹枚根. 大型电力变压器及套管体系抗震性能及隔减震技术研究 [D]. 广州: 广州大学, 2011.

[29] 韩晓言, 刘洋, 范少君, 等. 九寨沟 Ms7.0 地震四川电网受损分析及处置措施 [J]. 四川电力技术, 2018, 41 (02): 68-71.

[30] 孙景江, 李山有, 戴君武, 等. 青海玉树 7.1 级地震震害 [R]. 地震出版社, 2016 年 5 月: 281-286.

[31] 尤红兵, 赵凤新. 芦山 7.0 级地震及电力设施破坏原因分析 [J]. 电力建设, 2013, (08): 104-108.

[32] Goodno B J, Gould N C, Caldwell P, et al. Effects of the January 2010 Haitian Earthquake on Selected Electrical Equipment [J]. Earthquake Spectra, 2011, 27 (S1): S251-S276.

[33] Tokyo Electric Power Co. Ltd. Power failure recovery record of electrical equipment due to Tohoku Region Pacific Offshore Earthquake, Tokyo, Japan [Online]. Available: http: //www. tepco. co. jp/torikumi/thermal/images/teiden _ hukkyuu. pdf (in Japanese) . Accessed: 2021-11-10.

[34] 曹枚根, 周福霖, 谭平, 等. 变压器及套管隔震体系地震反应及隔震层参数分析 [J]. 中国电机工程学报, 2012, 32 (13): 166-174.

[35] 卿东生, 陈星, 李晓璇, 等. 大型变压器抗震加固方法及其经济效用分析 [J]. 高压电器, 2021, 57 (11): 139-147.

[36] 陈星, 谢强, 李晓璇, 等. 地震作用下变压器侧壁套管的理论建模及摆动效应分析 [J]. 电网技术, 2020, 44 (01): 114-121.

[37] 陈云龙, 谢强, 李晓璇. 换流变网侧套管电连接结构的地震响应分析 [J]. 高电压技术 (online) . 2021.

[38] 何畅, 谢强, 马国梁, 等. ±800kV 特高压换流变压器—套管体系抗震性能分析 [J]. 高电压技术, 2018, 44 (6): 1878-1883.

[39] 何畅, 谢强, 杨振宇. 1100kV 特高压气体绝缘开关套管-支架体系抗震性能加固试验研究 [J]. 电网

技术，2018，42 (6)：2016-2022.
[40] 黄忠邦．电力变压器的抗震加固 [J]. 高电压技术，1994，200 (1)：73-76.
[41] 曹枚根，周福霖，谭平，等．变压器及套管隔震体系地震反应及隔震层参数分析. 中国电机工程学报，2012，32 (13)：166-174.
[42] 马国梁，谢强，卓然，等．1000kV 电力变压器的抗震性能 [J]. 高电压技术，2018，44 (12)：3966-3972.
[43] 谢强，马国梁，何畅，等．1100kV 气体绝缘开关设备瓷套管抗震性能振动台试验研究 [J]. 高电压技术，2016，42 (08)：2596-2604.
[44] 谢强，马国梁，朱瑞元，等．变压器-套管体系地震响应机理振动台试验研究 [J]. 中国电机工程学报，2015，35 (21)：5500-5510.
[45] 谢强，孙新豪，赖炜煌．变压器-套管体系抗震加固理论分析及振动台试验 [J]. 中国电机工程学报，2020，40 (19)：6390-6399.
[46] 谢强，朱瑞元，屈文俊．汶川地震中 500kV 大型变压器震害机制分析 [J]. 电网技术，2012，35 (3)：221-225.
[47] 朱旺，毛宝俊，谢强．1100kV 特高压变压器套管震后力学性能快速评估方法 [J/OL]. 高电压技术，2022，(2)：1-11.
[48] Bender J，Farid A. Seismic vulnerability of power transformer bushings：complex structural dynamics and seismic amplification [J]. Engineering Structures，2018，162：1-10.
[49] Filiatrault A，Matt H. Experimental Seismic Response of Highvoltage Transformer-bushing Systems [J]. Earthquake Spectra，2005，21 (4)：1009-1025.
[50] He C，Xie Q，Yang Z Y. Influence of Supporting Frame on Seismic Performance of 1100 kV UHV-GIS Bushing [J]. Journal of Constructional Steel Research，2019，161：114-127.
[51] He C，Xie Q，Yang Z Y，et al. Seismic Evaluation and Analysis of 1100-kV UHV Porcelain Transformer Bushings [J]. Soil Dynamics and Earthquake Engineering，2019，123：498-512.
[52] He C，Xie Q，Zhou Y. Influence of Flange on Seismic Performance of 1，100-kV Ultra-High Voltage Transformer Bushing [J]. Earthquake Spectra，2019，35 (1)：447-469.
[53] Ma G L，Xie Q. Seismic analysis of a 500-kV power transformer of the type damaged in the 2008 Wenchuan earthquake [J]. Journal of Performance of Constructed Facilities，2018，32 (2)：04018007.
[54] Ma G L，Xie Q，Andrew S，et al. Dynamic Interaction of HV Bushings-Turrets-Tank System in High Voltage transformer-bushing System [J]. Earthquake Spectra，2018，34 (1)：397-421.
[55] Ma G L，Xie Q，Andrew S，et al. Physical and Numerical Simulations of the Seismic Response of a 1，100kV Power Transformer Bushing [J]. Earthquake spectra，2018，34 (3)：1515-1541.
[56] Ma G L，Xie Q，Andrew S，et al. Seismic Performance Assessment of Ultra-high Voltage Power Transformer [J]. Earthquake Spectra，2019，35 (1)：423-445.
[57] Oikonomou K，Roh H，Reinhorn A M，et al. Seismic performance evaluation of high voltage transformer bushings [J]. Proceedings.
[58] Yang Z Y，He C，Xie Q. Seismic performance and stiffening strategy of transformer bushings on side-wall cover plates [J]. Journal of Constructional Steel Research，2020，174 (2)：106268.
[59] 陈星．既有大型变压器抗震加固及试验研究 [D]. 上海：同济大学，2020.
[60] 何畅．特高压变电站设备耦联体系抗震性能及设计方法研究 [D]. 上海：同济大学，2019.
[61] 姜斌．变压器-套管体系抗震性能分析及振动台试验研究 [D]. 上海：同济大学，2019.
[62] 马国梁．大型变压器减隔震设计分析及振动台试验研究 [D]. 上海：同济大学，2019.
[63] 电力设施抗震设计规范：GB 50260—2013 [S]. 北京：中国计划出版社，2013.

[64] 朱瑞元．变压器-套管体系抗震分析与振动台试验研究［D］．上海：同济大学，2013.
[65] 李黎，汪国良，胡亮，等．特高压支架-设备体系动力响应简化分析及参数研究［J］．工程力学，2015，(3)：82-89.
[66] 李秋熠，朱瑞元，孙琪，等．1000kV 避雷器隔震性能的有限元分析［J］．电力建设，2013，34（2）：22-27.
[67] 王健生，朱瑞元，谢强，等．35kV 电容器成套装置抗震性能的仿真分析［J］．电力建设，2012，33（4）：1-5.
[68] 文嘉意，谢强，胡蓉，等．±800kV 隔离开关地震模拟振动台试验研究［J］．南方电网技术，2018，12（01）：14-20.
[69] 谢强，王健生，杨雯，等．220kV 断路器抗震性能地震模拟振动台试验［J］．电力建设，2011，32（10）：10-17.
[70] 谢强，朱瑞元，周勇，等．220kV 隔离开关地震模拟振动台实验［J］．电网技术，2012，36（9）：262-267.
[71] He C，Xie Q，Zhou Y. Influence of flange on seismic performance of 1100kV UHV transformer bushing［J］. Earthquake Spectra，2018，35（1）：447-469.
[72] He C，Xie Q，Yang Z Y，et al. Influence of supporting frame on seismic performance of 1100-kV UHV-GIS bushing［J］. Journal of Constructional Steel Research，2019，161：114-127.
[73] He C，Xie Q，Jiang L Z，et al. Seismic terminal displacement of UHV post electrical equipment considering flange rotational stiffness［J］. Journal of Constructional Steel Research，2021，183：106701.
[74] Xie Q，Wen J Y，Liu W C. Coupling effects of power substation equipment with multiple configurations［J］. Soil Dynamics and Earthquake Engineering，2021，150：106908.
[75] Xie Q，He C，Jiang B，et al. Linear-elastic analysis of seismic responses of porcelain post electrical equipment［J］. Engineering Structures，2019，201：109848.
[76] 国家电网公司．特高压瓷绝缘电气设备抗震设计及减震安装与维护技术规程：Q/GDW 11132—2013［S］．北京：中国电力出版社，2013.
[77] 云南省地震工程勘察院．滇西北至广东特高压直流输电工程新松换流站工程场地地震安全性评价报告［R］．昆明：地震工程勘察院，2014.
[78] Institute of Electrical and Electronics Engineers. IEEE Std 693-2018 recommended practice for seismic design of substations［S］. New York：IEEE Press，2018.
[79] 何畅，谢强，杨振宇，等．±800kV 特高压直流滤波电容器抗震性能分析［J］．南方电网技术，2017，11（5）：9-16，23.
[80] 赖炜煌，谢强，李晓璇，等．悬吊式滤波电容器单体与耦联状态抗震性能对比分析［J］．电力电容器与无功补偿，2020，41（03）：71-78，93.
[81] 刘朝丰，金松安，李龙，等．具有预应力的某型直流滤波电容器载荷分析［J］．高压电器，2015，51（4）：151-156.
[82] 秦亮，卓然，谢强，等．考虑金具滑移的±800kV 特高压管母耦联直流复合支柱绝缘子的抗震性能［J］．南方电网技术，2016，10（11）：16-23.
[83] 徐俊鑫，谢强，杨振宇．±800kV 特高压换流阀塔-厅整体抗震性能分析［J］．高压电器，2020，56（01）：96-103.
[84] 杨振宇，谢强，何畅，等．±800kV 特高压直流换流阀地震响应分析［J］．中国电机工程学报，2016，36（7）：1836-1841.
[85] 杨振宇，谢强，何畅，等．特高压直流换流阀减振控制技术及地震响应分析［J］．中国电机工程学报，2017，37（23）：6821-6828，7073.

[86] Larder R A, Gallagher R P, Nilsson B. Innovative seismic design aspects of the Intermountain Power Project converter stations [J]. IEEE Transactions on Power Delivery, 1989, 4 (3): 1708, 1714.
[87] Yang Z Y, Xie Q, Zhou Y, et al. Seismic performance and restraint system of suspended 800kV thyristor valve [C]. Engineering Structures, 2018, 169 (AUG. 15): 179-187.
[88] 陈辉，王健生，谢强．地震作用下软母线连接变电站设备的建模与分析 [J]. 电力建设，2013，34 (10): 17-23.
[89] 何畅，谢强，杨振宇，等．变电站分裂导线弯曲性能研究 [J]. 中国电机工程学报，2018，38 (15): 4585-4592.
[90] 谢强，王亚非．软母线连接变电站电气设备的地震响应分析 [J]. 中国电机工程学报，2010，30 (34): 86-92.
[91] 谢强，王亚非．软母线连接电气设备地震模拟振动台试验研究 [J]. 中国电机工程学报，2011，31 (4): 112-118.
[92] 谢强，王亚非，魏思航．软母线连接的变电站开关设备地震破坏原因分析 [J]. 电力建设，2009，30 (4): 10-14.
[93] 大友敬三，朱牟田善治，橋本修一．電力施設の被害と復旧 [J]. 基礎工，2005，10 (31): 48-52.
[94] 佐藤浩章，佐藤清隆，東貞成，等．電力施設での被害事例に学ぶ微動アイレ探査の耐震対策活用 [J]. 物理探査，2006，2 (59): 141-150.
[95] Chen G, Bai R. Modeling large spatial deflections of slender bisymmetric beams in compliant mechanisms using chained spatial-beam constraint model [J]. Journal of Mechanisms and Robotics, 2016, 8 (4): 041011.
[96] Dastous J, Filiatrault A, Pierre J R. Estimation of displacement at interconnection points of substation equipment subjected to earthquakes [J]. IEEE Transaction Power Delivery, 2004, 19 (2): 618-628.
[97] He C, Wei M, Xie Q, et al. Seismic responses of bundled conductor interconnected electrical equipment [J]. Structures, 2021, 33: 3107-3121.
[98] He C, Xie Q, Yang Z Y, et al. Modeling Large Planar Deflections of Flexible Bundled Conductors in Substations Using the Modified Chained-Beam Constraint Model [J]. Engineering Structures, 2019, 185: 278-285.
[99] Irvine H M, Caughey T K. The linear theory of free vibrations of a suspended cable [J]. Proceedings of the Royal Society of London. A. Mathematical and Physical Sciences, 1974, 341 (1626): 299-315.
[100] Sen S, Awtar S. A closed-form nonlinear model for the constraint characteristics of symmetric spatial beams [J]. Journal of Mechanical Design, 2013, 135 (3): 031003.
[101] Xie Q, He C, Yang Z Y, et al. Influence of flexible conductors on the seismic responses of interconnected electrical equipment [J]. Engineering Structures, 2019, 191: 148-161.
[102] 王建生．变电站设备耦联体系抗震性能试验研究 [D]. 上海：同济大学，2012.
[103] 王亚非．软母线连接变电站电气设备振动台试验研究 [D]. 上海：同济大学，2010.
[104] 佐藤浩章，佐藤清隆，当麻纯一，等．2000 年鸟取县西部地震における変圧器被害の発生要因の究明 [R]. 东京：日本电力中央研究所，2001.
[105] Dastous J B, Kiureghian A D. Application guide for the design of flexible and rigid bus connections between substation equipment subjected to earthquakes [R]. University of California, Berkeley: Pacific Earthquake Engineering Research Center, 2010.
[106] Institute of Electrical and Electronics Engineers. IEEE Std-693-2005 Recommended practice for seismic design of substations [S]. New York: IEEE Press, 2006.
[107] 程永锋，邱宁，卢智成，等．硬管母联接的 500kV 避雷器和互感器耦联体系地震模拟振动台试验研

究［J］. 电网技术，2016，(12)：3945-3950.

［108］李圣，程永锋，卢智成，等．支柱绝缘子互连体系地震易损性分析［J］. 中国电力，2016，49（04）：61-66.

［109］文嘉意，谢强．弱耦联体系地震响应的隔离分析求解［J］. 工程力学，2021，38（4）：10.

［110］谢强，张玥，何畅，等．管母连接±800kV 复合支柱绝缘子的抗震性能分析及试验研究［J］. 高电压技术，2020，46（02）：626-633.

［111］朱祝兵，代泽兵，崔成臣．连接方式对电气设备抗震性能的影响分析［J］. 武汉大学学报（工学版），2010，43（S1）：49-52.

［112］Wen J Y，Xie Q. A separation-based analytical framework for seismic responses of weakly-coupled electrical equipment［J］. Journal of Sound and Vibration，2021，491：115768.

［113］文嘉意．弱耦联体系抗震分析方法及试验研究［D］. 上海：同济大学，2022.

［114］张玥．特高压换流站支柱耦联体系抗震性能分析与试验研究［D］. 上海：同济大学，2019.

［115］Kiureghian A D，Sachman J，Hong K J. Interaction in Interconnected Electrical Substation Equipment Subjected to Earthquake Ground Motions［R］. Berkeley：University of California，1999.

［116］何畅，谢强，杨振宇，等．特高压直流穿墙套管-阀厅体系地震响应及抗震性能提升措施［J］. 高电压技术，2017，43（10）：82-90.

［117］梁黄彬，谢强，何畅，等．±800kV 特高压直流穿墙套管的地震易损性分析［J］. 地震工程与工程振动，2020，40（2）：91-100.

［118］廖德芳，卓然，谢强．±800kV 特高压直流穿墙套管抗震性能研究［J］. 智能电网，2017，(3).

［119］谢强，何畅，杨振宇，等．±800kV 特高压直流穿墙套管地震模拟振动台试验研究［J］. 电网技术，2018，42（1）：140-146.

［120］He C，Xie Q，Yang Z Y，et al. Seismic performance evaluation and improvement of ultra-high voltage wall bushing-valve hall system［J］. Journal of Constructional Steel Research，2019，154：122-133.

［121］Ray C，Joseph P. Dynamics of structures［M］. New York，USA：McGraw-Hill Publishing Company，1993，296-298.

［122］Xie Q，He C，Zhou Y. Seismic evaluation of ultra-high voltage wall bushing［J］. Earthquake Spectra，2019，35（2）：611-633.

［123］王晓游．特高压穿墙套管抗震性能及试验研究［D］. 上海：同济大学，2018.

［124］樊庆玲，陈晨，宋景博，等．户内变电站楼面 GIS 电气设备地震响应分析［J］. 高压电器，2020，56（09）：240-245，252.

［125］姜斌，谢强，何畅，等．不同连接方式下直流场回路支柱绝缘子抗震性能研究［J］. 高压电器，2019，55（06）：124-130.

［126］李晓璇，卿东生，刘匀，等．特高压换流站气体绝缘金属封闭输电线路（GIL）地震响应分析［J］. 高电压技术，2021，47（10）：7.

［127］陆军，谢强．层间铰接悬挂式换流阀塔的地震响应分析［J］. 高压电器，2020，56（11）：188-195.

［128］Yang Z Y，Xie Q，He C. Dynamic behavior of multilayer suspension equipment and adjacent post insulators with elastic-viscous connections［J］. Structural Control and Health Monitoring，2020，28（2）.

［129］郭锋，吴东明，许国富，等．中外抗震设计规范场地分类对应关系［J］. 土木工程与管理学报，2011. 28（2）：63-66.

［130］国巍，李宏男．多维地震作用下偏心结构楼面反应谱分析［J］. 工程力学，2008，25（7）：125-132.

［131］楼丹，武奇．72.5kV 气体绝缘开关设备的抗震计算分析［J］. 高压电器，2013，49（6）：78-80.

［132］文波，牛荻涛．考虑结构-电气设备相互作用的配电楼系统地震反应分析［J］. 世界地震工程，2009，25（3）：102-107.

[133] 谢强．电力系统的地震灾害研究现状与应急响应［J］．电力建设，2008，29（8）：1-6.

[134] 建筑抗震设计规范：GB 50011—2010［S］．北京：中国建筑工业出版社．2010.

[135] 工业企业电气设备抗震设计规范：GB 50556—2010［S］．北京：中国计划出版社．2010.

[136] BSI. Eurocode 8：Design of structures for earthquake resistance-part 1：general rules，seismic actions and rules for buildings：BS EN 1998-1［S］．Brussels：European Committee for Standardization，2004.

[137] 边晓旭，谢强．基于地震动聚类的变电站设备易损性分析［J］．中国电机工程学报，2021，41（08）：2671-2682.

[138] 梁黄彬，谢强．特高压换流站系统的地震易损性分析［J］．电网技术，2022，46（02）：551-557.

[139] 刘潇，谢强，朱旺．基于抗震韧性评估的变电站性能提升策略［J］．中国电机工程学报，2022，42（23）：8772-8780.

[140] 李晓璇，谢强．±800kV 换流变压器地震易损性分析［J］．振动与冲击，2022，41（15）：244-251.

[141] 李雪，余红霞，刘鹏．建筑抗震韧性的概念和评价方法及工程应用［J］．建筑结构，2018，48（18）：1-7.

[142] 吕西林．建筑结构抗震设计理论与实例［M］．上海：同济大学出版社，2015.

[143] 吕西林，武大洋，周颖．可恢复功能防震结构研究进展［J］．建筑结构学报，2019，40（2）：1-15.

[144] 谢强，孙新豪，李晓璇．2022. 特高压换流站换流变体系抗震韧性评估方法［J/OL］．高电压技术：1-12.

[145] 杨溥，李英民，赖明．结构时程分析法输入地震波的选择控制指标［J］．土木工程学报，2000，33（6）：33-37.

[146] 翟长海，刘文，谢礼立．城市抗震韧性评估研究进展［J］．建筑结构学报，2018，39（09）：1-9.

[147] Bruneau M，Chang S E，Eguchi R T，et al. A framework to quantitatively assess and enhance the seismic resilience of communities［J］．Earthquake Spectra，2003，19（4）：733-752.

[148] Holling C S. Resilience and stability of ecological systems［J］．Annual Review of Ecology & Systematics，1973，4（4）：1-23.

[149] Liang H B，Xie Q. System Vulnerability Analysis Simulation Model for SubstationSubjected to Earthquakes［J/OL］．IEEE Transactions on Power Delivery，2021.

[150] Macqueen J. Some methods for classification and analysis of multivariate observations. Proceedings of the 5th Berkeley Symposium on Mathematical Statistics and Probability［C］. Berkeley：University California Press，1965.

[151] Renschler C S，Frazier A E，Arendt L A，et al. A framework for defining and measuring resilience at the community scale：the peoples resilience framework［J］．2010.

[152] Sturges H A. The choice of a class interval［J］．Journal of the American Statistical Association，1926，21（153）：65-66.

[153] 郭锋．抗震设计中有关场地的若干问题研究［D］．武汉：华中科技大学，2010.

[154] 陆军．地震作用下变电站设备结构损伤识别方法研究［D］．上海：同济大学，2021.

[155] 孙新豪．换流变压器隔震体系地震响应分析及抗震韧性评估方法研究［D］．上海：同济大学，2021.

[156] 王东超．结构地震易损性分析中地震动记录选取方法研究［D］．哈尔滨：哈尔滨工业大学，2016.

[157] 中国地震烈度表：GB/T 17742—2008［S］．北京：中国标准出版社．2008.

[158] Applied Technology Council，Federal Emergency Management Agency. FEMA P695 Quantification of building seismic performance factors［S］． Redwood City，California：Applied Technology Council，2009.

[159] 曹枚根，范荣全，李世平，等．大型电力变压器及套管隔震体系的设计与应用［J］．电网技术，2011，35（12）：130-135.

[160] 刘季宇，罗俊雄，卢睿芃，等．隔震供电变压器之耐震试验与系统识别［J］．地震工程与工程振动，2001．(S1)：8．

[161] 马国梁，谢强．大型变压器的基础隔震摩擦摆系统理论研究［J］．中国电机工程学报，2017，37（03）：946-956．

[162] 马国梁，朱瑞元，谢强，等．变压器-套管体系基础隔震振动台试验［J］．高电压技术，2017，43（04）：1317-1325．

[163] 日本建筑学会．隔震结构设计［M］．刘文光译．北京：地震出版社．2006．

[164] 斯金纳 R I，罗宾逊 W H，麦克维里 G H．工程隔震概论［M］．谢礼立，周雍年，赵兴权，译．北京：地震出版社．1999．

[165] 孙新豪，谢强，李晓璇，等．带有滑动摩擦摆支座的 500kV 变压器地震响应［J］．高电压技术，2021，47（09）：3226-3235．

[166] 谢强，文嘉意，庞准．大型变压器-套管体系基底隔震及其经济效用分析［J］．高电压技术，2020，46（03）：890-897．

[167] 周庆文，周福霖，王清敏，等．叠层橡胶垫隔震性能及设计［J］．工业建筑，2000，30（8）：23-25．

[168] 朱瑞元，谢强．基于 IEEE 693 需求响应谱的变电设备隔震设计方法［J］．电网技术，2013，37（03）：773-781．

[169] Dastous J B，Pierre J R．Experimental investigation on the dynamic behavior of flexible conductors between substation equipment during an earthquake［J］．IEEE Transactions on Power Delivery，1996，12（2）：801-807．

[170] Ersoy S，Saadeghvaziri M A，Liu G Y，et al．Analytical and experimental seismic studies of transformers isolated with friction pendulum system and design aspects［J］．Earthquake Spectra，2001，17（4）：569-595．

[171] Li X J，Zhou Z H，Huang M，et al．Preliminary Analysis of Strong-Motion Recordings fromthe Magnitude 8．0 Wenchuan，China，Earthquake of 12 May 2008［J］．Seismological Research Letters，2008，79（6）：844-854．

[172] Murota N，Feng M Q，Liu G Y．Earthquake simulator testing of base-isolated power transformers［J］．IEEE Transactions on Power Delivery，2006，21（3）：1291-1299．

[173] Zayas V，Low S，Mahin S．A simple pendulum technique for achieving seismic isolation［J］．Earthquake Spectra，1990，6（2）：317-334．

[174] 建筑隔震橡胶支座：JG/T 118—2018［S］．北京：中国标准出版社．2018．

[175] 何清清，杨振宇，谢强，等．±800kV 直流旁路开关地震响应及减震措施［J］．高压电器，2018，54（02）：39-45．

[176] 谢强，王晓游，胡蓉，等．带有减震装置的±800kV 特高压直流穿墙套管振动台试验研究［J］．高电压技术，2018，44（10）：3368-3374．

[177] 谢强，杨振宇，何畅．带减震支座的 T 型开关设备地震响应分析及试验研究［J］．地震工程与工程振动，2020，39（01）：54-61．

[178] Demetriades G F，Constantinou M C，Reinhorn A M．Study of wire rope systems for seismic protection of equipment in buildings［J］．Engineering Structures，1993，15（5）：321-334．

[179] Ni Y Q，Ko J M，Wong C W，et al．Modelling and identification of a wire-cable vibration isolator via a cyclic loading test［J］．Imech E，1999，213（3）：163-172．

[180] Paolacci F，and Giannini R．Study of the effectiveness of steel cable dampers for the seismic protection of electrical equipment［C］．Proceedings of 14th World Conference on Earthquake Engineering Beijing，China，2008．

[181] Puff M, Kopanoudis A, Seck A V, et al. Introduction of an innovative base isolation system for seismic protection of HV components based on a combination of wire ropes and viscous dampers [C]. Proceedings of the World Conference on Earthquake Resistant Engineering Structures, 2015.

[182] Xie Q, Yang Z Y, He C, et al. Seismic performance improvement of a slender composite ultra-high voltage bypass switch using assembled base isolation [J]. Engineering Structures, 2019, 194: 320-333.

[183] Yang Z Y, Xie Q, He C, et al. Isolation design for slender ultra-high-voltage composite equipment using modal parameters considering multiple responses [J]. Engineering Structures, 2019, 200: 109709.

[184] Enblom R, Coad J N O, Berggren S. Design of HVDC converter station equipment subject to severe seismic performance requirements [J]. IEEE Transactions on Power Delivery, 2002, 8 (4): 1766-1772.

[185] Griffiths P, Crawshay M, Hunt I, et al. NZ Inter Island HVDC Pole 3 Project Update [C]. Proceedings of the EEA Conference & Exhibition, Auckland, 2009.

[186] 程永锋，朱祝兵，卢智成，等．变电站电气设备抗震研究现状及进展 [J]. 建筑结构，2019, 49 (S2): 356-361.

[187] 陈全杰，刘虹，郑宏宇，等．2020. 变电站电气设备减隔震技术研究进展综述 [C]. 2020 年工业建筑学术交流会论文集（下册）. 中冶建筑研究总院有限公司：工业建筑杂志社．2020.

[188] 王晓游，谢强，罗兵，等．±800kV 穿墙套管的地震响应与振动控制 [J]. 高压电器，2018, 54 (1): 16-22.

[189] 谢强，王晓游，胡蓉，等．带有减震装置的±800kV 特高压直流穿墙套管振动台试验研究 [J]. 高电压技术，2018, 44 (10): 3368-3374.

[190] Khoo H.-H, Clifton C, Butterworth J, et al. Development of the self-centering Sliding Hinge Joint with friction ring springs [J]. Journal of Constructional Steel Research, 2012, 78, 201-211.

[191] Xie Q, Liang H, Wang X. Seismic performance improvement of ±800kV UHV DC wall busing using friction ring spring dampers: [J]. Earthquake Spectra, 2021, 37 (2): 1056-1077.

[192] Yang Z, Xie Q, He C, et al. Numerical investigation of the seismic response of a UHV composite bypass switch retrofitted with wire rope isolators [J]. Earthquake Engineering and Engineering Vibration, 2021, 20 (1): 275-290.